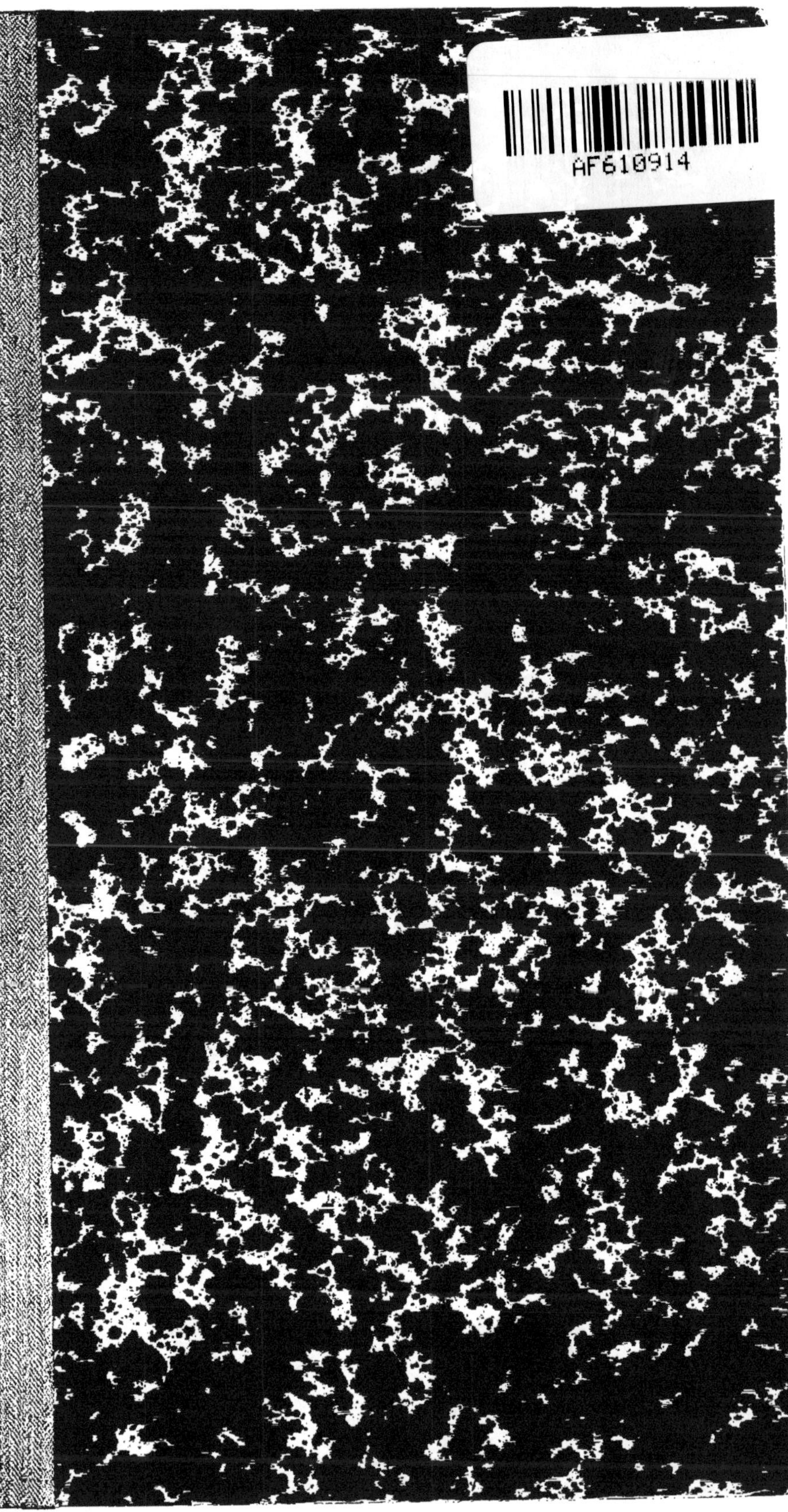

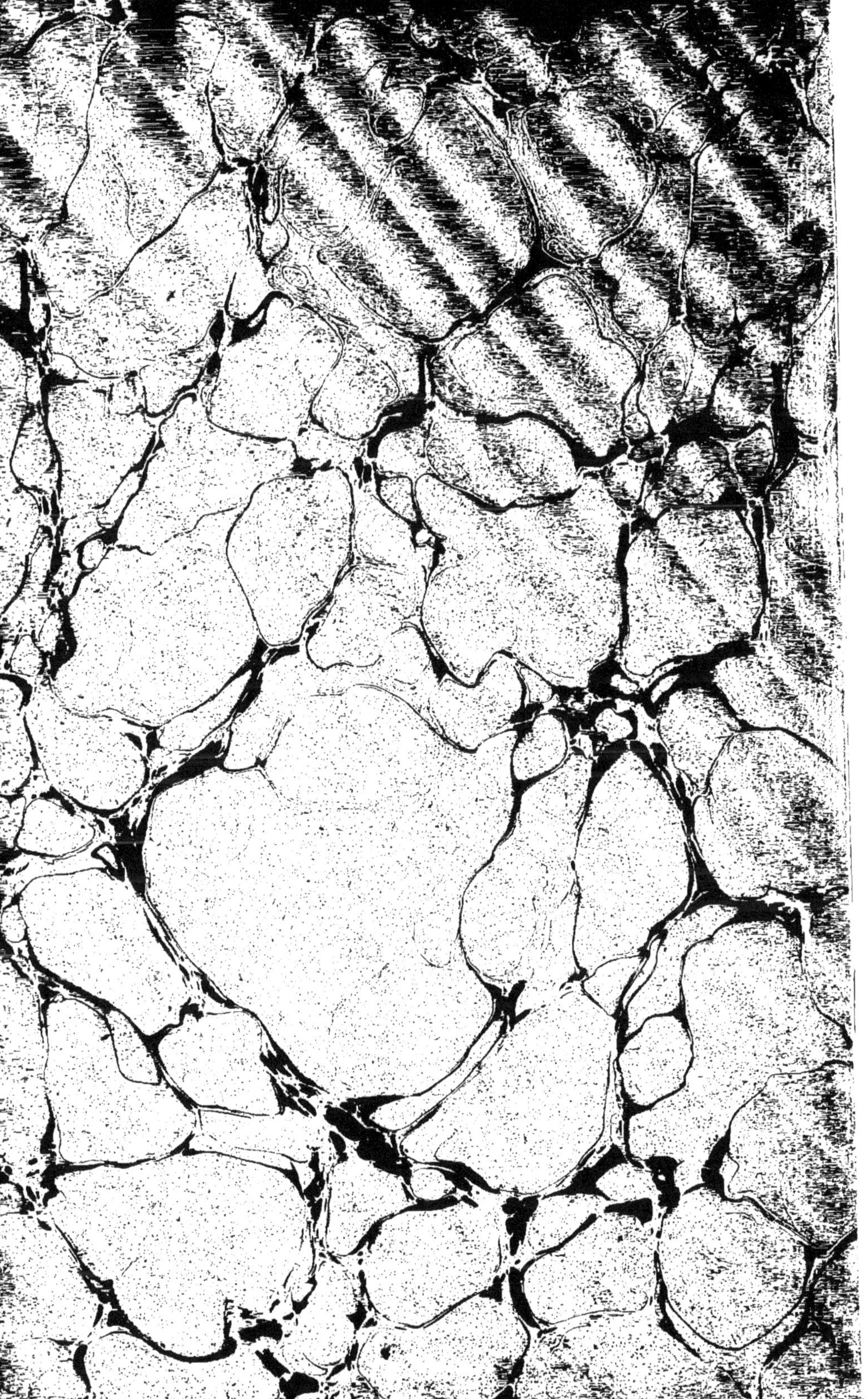

FLORE MÉDICALE

USUELLE ET INDUSTRIELLE

DU XIXe SIÈCLE

PAR MM.

A. DUPUIS
Professeur d'Histoire naturelle,
ancien Professeur de Botanique et de Sylviculture
à l'Institut agronomique
de Grignon, etc.

O. RÉVEIL
Docteur en médecine,
Pharmacien en chef des hôpitaux,
Professeur agrégé à la Faculté de Médecine de Paris
et à l'École supérieure de Pharmacie, etc.

NOUVELLE ÉDITION

COMPLÈTEMENT REFONDUE ET AUGMENTÉE D'IMPORTANTS SUPPLÉMENTS

PAR

M. J.-L. DE LANESSAN

Professeur agrégé d'Histoire naturelle à la Faculté de Médecine de Paris

TOME DEUXIÈME

PARIS

LIBRAIRIE ABEL PILON

A. LE VASSEUR ET Cie, ÉDITEURS

33, RUE DE FLEURUS, 33

FLORE MÉDICALE

USUELLE ET INDUSTRIELLE

DU XIXe SIÈCLE

TOME II

IMPie Vve P. LAROUSSE & Cie
ENCYCLOPÉDIE
PL
PARIS
RUE MONTPARNASSE 19
PARIS

FLORE
MÉDICALE
USUELLE ET INDUSTRIELLE
DU XIXe SIÈCLE

PAR MM.

A. DUPUIS
Professeur d'Histoire naturelle,
ancien Professeur de Botanique et de Sylviculture
à l'Institut agronomique
de Grignon, etc.

O. RÉVEIL
Docteur en médecine,
Pharmacien en chef des hôpitaux,
Professeur agrégé à la Faculté de Médecine de Paris
et à l'École supérieure de Pharmacie, etc.

NOUVELLE ÉDITION

COMPLÈTEMENT REFONDUE ET AUGMENTÉE D'IMPORTANTS SUPPLÉMENTS

PAR

M. J.-L. DE LANESSAN
Professeur agrégé d'Histoire naturelle à la Faculté de Médecine de Paris

TOME DEUXIÈME

PARIS
LIBRAIRIE ABEL PILON
A. LE VASSEUR ET Cie, ÉDITEURS
33, RUE DE FLEURUS, 33

FLORE MÉDICALE

DU XIXe SIÈCLE

ÉGLANTIER

Rosa canina L. et *R. sepium* Thuill.
(Rosacées-Rosées.)

L'Églantier, appelé aussi Rosier sauvage, Rosier des chiens, Rosier des haies, Cynorrhodon, etc., est un arbrisseau buissonnant, à tiges diffuses, rameuses, munies d'aiguillons recourbés, épars, ainsi que les rameaux, qui sont effilés, cylindriques et glabres. Les feuilles, alternes, pétiolées, munies de stipules ailées, imparipennées, se composent de cinq à neuf folioles sessiles, ovales, arrondies, obtuses, fortement dentées en scie, un peu glauques. Les fleurs, grandes, roses, plus rarement blanches, courtement pédonculées, sont groupées par cinq ou six en faux corymbes terminaux. Elles présentent un calice gamosépale, de ceux qu'on nomme adhérents, à tube ovoïde, allongé, glabre, à limbe divisé en cinq lobes foliacés, allongés, très-aigus, pinnatifides et étalés; une corolle à cinq pétales sessiles, cordiformes, un peu concaves, étalés; un nombre indéfini d'étamines incluses, insérées à la gorge du calice, en dehors d'un disque charnu qui double l'intérieur du réceptacle; des pistils, au nombre de douze à quinze, renfermés à l'intérieur du tube réceptaculaire et insérés sur ses parois, à ovaire velu, surmonté d'un style grêle et filiforme terminé par un stigmate capité glanduleux. Le fruit se compose d'akènes cornés, durs, anguleux, pointus, hérissés de poils rudes, renfermés dans le réceptacle persistant, dont les parois se sont épaissies en devenant charnues, et d'un rouge foncé.

HABITAT. — Les églantiers sont abondamment répandus dans presque toute l'Europe; ils habitent les bois, les buissons, les haies, etc.

CULTURE. — Le *Rosa canina* est cultivé en grand chez les pépiniéristes, qui l'emploient comme sujet pour greffer les rosiers. On le multiplie facilement de graines et de rejetons. Les individus sauvages sont seuls employés pour les usages médicaux, auxquels ils suffisent amplement.

Parties usitées.— Les réceptacles développés ou cynorrhodons, les pétales, le duvet des fruits, la racine, les galles ou bédéguars.

Récolte. — Les réceptacles charnus de l'églantier, connus en pharmacie sous le nom de cynorrhodons, sont récoltés à leur maturité parfaite, c'est-à-dire lors qu'ils ont pris une teinte jaune-rougeâtre ou d'un rouge de corail; ils sont assez gros, lisses, couronnés par les divisions flétries du calice; à l'intérieur, on trouve un parenchyme jaune, ferme, acide et astringent, au milieu duquel on remarque de petits fruits secs mêlés de poils et de débris des pistils. Pour préparer la *conserve de cynorrhodons*, on prend indistinctement les fruits des *Rosa canina*, *arvensis*, *sepium*, *Eglanteria*, que l'on récolte un peu avant leur maturité ; on sépare les débris du calice et du pédoncule, y compris le petit renflement qui est au sommet; on ouvre le réceptacle renflé, et on rejette les fruits (akènes) et les poils qui les accompagnent; on arrose les parties rouges et charnues avec du vin blanc, et on abandonne le tout dans un lieu frais, en ayant le soin d'agiter de temps en temps; lorsque la masse est ramollie, on écrase dans un mortier, et on passe à travers un tamis ; deux parties de cette pulpe, mêlées avec trois parties de sucre, constituent la *conserve de cynorrhodons*, qui est d'une couleur orange, et qu'on emploie comme astringente à la dose de 5 à 30 grammes.

Les pétales de l'églantier, très-rarement employés, sont blancs ou roses, peu odorants; on les récolte à leur parfait épanouissement.

La racine de l'églantier peut être récoltée à toutes les époques de l'année.

Le duvet qui entoure les akènes se récolte à la maturité du fruit; il est peu usité.

Composition chimique. — Toutes les parties du véritable églantier et des divers autres rosiers sauvages, tels que les *R. sepium*, *Eglanteria* L., *arvensis*, etc., sont riches en tannin. Les pétales sont peu odorants.

M. Bils (*Journ. de pharm. de Trommsdorf*, VIII, 63) a analysé les cynorrhodons: il y a trouvé une huile volatile, une huile grasse, du sucre incristallisable, de la myricine, une résine solide, une résine molle, du tissu fibreux, de l'albumine, de la gomme, de l'acide citrique, de l'acide malique, des sels, etc.

Usages. — Nous ne voulons parler ici que des usages du véritable églantier (*Rosa canina*) et de ses succédanés, et nullement des autres rosiers, pour lesquels nous renverrons à l'article Rosier (t. III, p. 238-242).

Quoique M. Loiseleur-Deslongchamps ait trouvé que les fleurs d'églantier pulvérisées purgeaient, à la dose de 15 à 20 grammes, elles ne sont jamais employées pour cet usage. La *conserve de cynorrhodons,* dont nous avons parlé, est la seule employée comme astringente contre la diarrhée ; elle agit très-bien chez les petits enfants, qui la prennent avec plaisir. En Allemagne, à Strasbourg, à Colmar, etc., on fait avec les cynorrhodons des confitures que l'on sert sur les tables, et que l'on mange avec les viandes. La décoction des réceptacles, préparés comme nous l'avons indiqué au paragraphe Récolte, est souvent employée contre la diarrhée.

Le duvet qui entoure les akènes, appliqué sur la peau, y détermine un prurit assez vif, avec gonflement et inflammation passagère des parties. On a proposé ces akènes à la dose de 15 à 50 centigrammes mêlés à du miel, contre les lombrics; ils ne déterminent aucune irritation intestinale; cependant, ils sont peu employés à cet usage.

Le nom de Rosier de chien (*Rosa canina*) ou Cynorrhodon a été donné au véritable églantier, parce qu'autrefois sa racine, quoique inefficace, était très-employée contre la rage. De nos jours encore, dans plusieurs localités, et notamment dans les départements de l'Isère, de la Haute-Loire, de la Loire, de l'Aveyron, du Puy-de-Dôme, etc., la racine d'églantier est la base de remèdes populaires contre cette maladie dans lesquels nos paysans ont malheureusement la plus grande confiance.

On trouve souvent sur les églantiers une excroissance spongieuse (*Fungus rosaceus, Spongia Cynobasti*), qui est le résultat de la piqûre d'un insecte hyménoptère, le *Cynips Rosæ*. Les anciennes pharmacopées désignent ces excroissances sous les noms de *Bédéguars* et de *Galles d'Églantier*. Elles sont divisées à l'intérieur en un grand nombre de cellules qui renferment des larves d'insectes, qui y passent l'hiver sous forme de *nymphes*, et en sortent au printemps avec la forme d'insectes parfaits; autrefois, les bédéguars étaient employés comme diurétiques, lithontriptiques, anthelminthiques, etc.; aujourd'hui, ils sont tout à fait inusités dans la médecine française. En Sicile, on s'en sert encore, dit-on, contre la dysenterie.

ELATERIUM

Ecbalium Elaterium Rich. *Momordica Elaterium* L.
(Cucurbitacées.)

L'*Elaterium*, appelé aussi Concombre sauvage, Concombre d'âne ou d'attrape, Giclet, Momordique piquante, etc., est une plante annuelle, à racine longue, grosse, charnue, fibreuse, blanchâtre. Ses tiges, longues de $0^{m},30$ à $0^{m},70$, cylindriques, striées, épaisses, charnues, succulentes, hérissées de poils rudes, un peu glauques, rameuses, couchées, portent des feuilles alternes, longuement pétiolées, à limbe large, cordiforme, à trois angles arrondis; ondulé et un peu denté sur les bords, épais, charnu, hispide, rude au toucher, d'un vert peu intense en dessus, plus pâle et blanchâtre en dessous. Les fleurs sont monoïques, d'un jaune pâle; les mâles en grappes axillaires, les femelles solitaires. Elles présentent un calice adhérent, à tube ovoïde, à limbe divisé en cinq lobes étroits, aigus, étalés; une corolle à cinq divisions, grandes, ovales, aiguës, étalées. Les mâles ont cinq étamines, insérées sur le calice, dont quatre sont unies deux par deux, à anthères uniloculaires, courbées en S; les femelles ont des étamines réduites aux filets; un ovaire infère, à trois loges multiovulées, surmonté d'un style cylindrique à trois divisions, terminées chacune par un stigmate en fer à cheval. Le fruit est une baie ovoïde, allongée, couronnée par le calice, hérissée de poils rudes, renfermant une pulpe mucilagineuse, dans laquelle sont disséminées de nombreuses graines. A la maturité, ce fruit se détache du pédoncule au moindre choc, ou même spontanément, et lance avec explosion, par l'ouverture qui en résulte, le mucilage et les graines.

Habitat. — L'*Elaterium* croît dans les régions méridionales de l'Europe. Il habite surtout les lieux stériles, les plages sablonneuses, les bords des champs et des chemins, les décombres, etc. On ne le cultive que dans les jardins botaniques.

Parties usitées. — Les fruits et les racines.

Récolte. — Les fruits d'*Elaterium* doivent être récoltés en automne, un peu avant leur maturité; la racine se récolte à la même époque ou au printemps ; elle ressemble un peu à celle de la Bryone ; ce qui est cause qu'on les donne quelquefois l'une pour l'autre dans le commerce.

Composition chimique. — Toutes les parties de l'*Elaterium* renferment un suc âcre et amer ; mais on n'extrait guère ce dernier que des fruits qu'on coupe en tranches et qu'on presse légèrement. Après quelques heures de repos, le suc abandonne un dépôt. On recueille celui-ci sur du calicot, on le lave rapidement, puis on le soumet à une pression légère entre des couches de papier buvard et des briques poreuses, et on le fait évaporer dans un endroit chaud. La substance ainsi obtenue est l'*Elaterium*. On y trouve bientôt des cristaux d'*Élatérine*.

L'*Élatérine* ($C^{20} H^{28} O^5$) cristallise en aiguilles ou en prismes hexagonaux. Sa saveur est amère et âcre ; elle est soluble dans l'alcool bouillant, dans le chloroforme, etc. Walz a encore retiré des fruits de l'Elaterium un glucoside, la *prophétine*, et d'autres substances peu connues : l'*ecballine*, l'*élatéride*, l'*acide élatérique* et l'*hydro-élatérine*.

Usages. — L'*elaterium* est un purgatif drastique très-violent, dont l'action se porte surtout sur le gros intestin, qu'il irrite et enflamme. On l'emploie peu aujourd'hui. Cependant, en France, on a quelquefois fait usage de l'extrait, qu'il ne faut pas confondre avec le sédiment féculent qui se dépose dans le suc. On a quelquefois employé en médecine ce dernier, desséché à une douce chaleur, mais il est bien différent de l'extrait du suc.

Les anciens faisaient grand usage de l'*Elaterium* contre les hydropisies. Sydenham le considérait comme un puissant hydragogue. Bontius, Mercurialis, Schulze, etc., lui ont attribué une grande efficacité contre les collections séreuses. Bright dit avoir guéri par l'*Elaterium* deux personnes atteintes d'albuminurie avec hydropisie. Quelques médecins d'Angleterre, parmi lesquels nous citerons M. Todd, en ont retiré de grands avantages dans l'anasarque, accompagné de signes évidents d'affection du cœur. Les Anglais en font grand usage : ils emploient surtout l'extrait préparé avec le sédiment du suc dont nous avons parlé, et qui est beaucoup moins actif que l'extrait de suc ; il doit être manié avec prudence, mais il ne présente pas plus de dangers dans son emploi que la Coloquinte ou l'huile de Croton.

L'action irritante qu'exerce l'*Elaterium* sur le rectum l'a fait prescrire contre l'aménorrhée, contre les ascarides vermiculaires et les autres entozoaires. Gilibert l'a vu administrer avec succès contre le tænia. Les Arabes l'emploient, dit-on, contre la jaunisse. Dioscoride l'administrait pour combattre les dyspnées. Hippocrate conseillait de faire manger de l'*Elaterium* à une chèvre pour en faire boire le lait aux enfants qu'on voulait purger. On a aussi employé cette plante contre la paraplégie, la scrofule, la goutte, etc., mais sans grands avantages.

M. Morus employait l'élatérine, à 5 centigrammes dans 30 grammes d'alcool; il en donnait 30 à 40 gouttes. D'après M. Devergie, c'est un poison énergique; un seizième de grain suffit pour produire les effets ordinaires de l'*Elaterium*.

Selon M. Bird, son action est plus certaine que celle de l'extrait; il la conseille dans les hydropisies essentielles et les maladies cutanées chroniques. La dose est de 1 à 3 milligrammes.

D'après M. Loiseleur-Deslongchamps (*Manuel des Plantes indigènes*, 71), la racine d'*Elaterium* desséchée purge doucement sans coliques. Dioscoride et Avicenne la donnaient comme purgative à la dose de 75 centigrammes; Fallope allait jusqu'à 1 drachme (1 gr. 20); elle était regardée comme vomitive.

EMBELIA

(Voyez le *Supplément* du T. II.)

ÉPIAIRE

Stachys sylvatica L., *S. recta* L. et *S. palustris* L., etc.
(Labiées-Stachydées.)

L'Épiaire ou Stachyde des bois (*S. sylvatica* L.), vulgairement Grande Épiaire, Ortie puante, etc., est une plante vivace, à rhizome longuement traçant, muni de racines fibreuses. La tige, haute de $0^m,50$ à 1 mètre, tétragone, simple, rarement rameuse, dressée, velue, porte des feuilles opposées, longuement pétiolées, assez grandes, ovales-acuminées, fortement dentées en scie, molles, ridées, velues, d'un vert foncé. Les fleurs, d'un rouge pourpré, sont groupées en fascicules axillaires opposés, formant de faux verticilles, dont la réunion constitue de longs épis lâches, terminaux. Elles présentent un calice tubuleux, évasé, velu, glanduleux, à cinq dents lancéolées-subulées, un peu piquantes ; une corolle bilabiée, beaucoup plus longue que le calice, tachée de blanc à la gorge ; quatre étamines didynames, à anthères blanches ; un ovaire composé de quatre demi-carpelles uniovulés, surmonté d'un style filiforme terminé par un stigmate bifide. Le fruit se compose de quatre akènes ovoïdes et glabres.

L'Épiaire dressée (*S. recta L.*, *S. Sideritis* Vill.), vulgairement Crapaudine, est aussi vivace et se distingue de la précédente par sa souche presque ligneuse ; par ses tiges, plus nombreuses, plus courtes, étalées ou ascendantes, diffuses ; par ses feuilles presque sessiles, les supérieures terminées en pointe épineuse ; enfin par sa corolle jaunâtre, à tube plus court que le calice.

HABITAT. — Ces deux plantes sont communes en Europe ; la première, dans les lieux frais et couverts, les bois, les buissons, les haies touffues ; la seconde, dans les lieux secs, au bord des champs, sur la lisière des bois, etc.

Citons encore, dans la tribu des Stachydées, les Épiaires ou Stachydes : des marais (*Stachys palustris* L.), abondant dans les fossés, le long des eaux et dans tous les lieux humides, facile à distinguer par ses feuilles lancéolées, dentées en scie, et par ses fleurs purpurines ; d'Allemagne (*S. germanica*) grande et belle plante, à duvet blanc abondant, à fleurs réunies en verticilles épais ; des champs (*S. arvensis* L.), plante annuelle, faible et peu élevée, à feuilles ovales, obtuses, à fleurs purpurines ponctuées de pourpre plus foncé, qui croît communément dans les champs en friche et parmi les moissons ; laineuse (*S. lanata* Jacq.), qui nous est venue de la Sibérie ; d'Héraclée (*S. Heraclea* All.) qui se trouve sur les coteaux du Roussillon, de la Provence ; grecque (*S. cretica*) ; épineuse (*S. spinosa*) ; à grandes fleurs (*S. grandiflora* Benth. ; *Betonica grandiflora* W.), originaire de Sibérie, et remarquable par ses grandes et belles fleurs roses ; des Alpes (*S. alpina* L.), qui se trouve abondamment sur toutes nos montagnes et même en plaine, dans les lieux couverts et frais ; Bétoine (*S. Betonica* Benth., *Betonica officinalis* L.), plante commune dans les prairies, les bois de toute l'Europe et de la Russie asiatique ; Alopecuros (*S. Alopecuros* Benth. ; *Betonica Alopecuros* L.), espèce commune dans les Pyrénées et les Alpes ; écarlate (*S. coccinea* W.) jolie espèce du Chili, introduite en Europe en 1800 ; annuelle *S. annua* L.) commune dans les champs, sur les tertres et les côteaux calcaires; hérissée (*S. hirta* L.), qui se trouve dans l'Europe méridionale et l'Afrique septentrionale; glutineuse (*S. glutinosa* L.), de la Corse, espèce glabre, très-rameuse, dont les rameaux, raides et glutineux, finissent par dégénérer en épine à leur extrémité; etc., etc.

Culture. — Les épiaires indigènes ne sont cultivées que dans les jardins botaniques; on les propage aisément par leurs graines, semées aussitôt après la maturité, ou par éclats de pieds, opérés au printemps. Les épiaires exotiques, comme l'épiaire écarlate, ont besoin de l'orangerie pendant l'hiver.

Parties usitées. — Les sommités fleuries, les rhizomes.

Récolte. — La plante entière se récolte à l'époque de la floraison, avant l'épanouissement des bourgeons floraux; on la met en petits paquets peu serrés et on en fait des guirlandes, que l'on fait sécher au soleil.

Composition chimique. — L'épiaire répand une odeur désagréable, repoussante; l'analyse n'en a pas été faite.

Usages. — L'épiaire ou stachyde des bois a été employée dans les campagnes comme emménagogue et anti-hystérique. On la considère comme diurétique. On s'en est servi en l'associant au Lierre terrestre, contre l'asthme humide et les catarrhes pulmonaires chroniques. Son suc a été administré avec succès, entre autres par M. Cazin, contre l'aménorrhée. Les paysans, dans certaines contrées, font macérer les feuilles dans de l'huile qu'ils emploient ensuite comme topique contre les brûlures.

Avec l'épiaire des bois, on obtient une couleur jaune assez belle; les fibres corticales de cette plante peuvent fournir de bons cordages.

L'épiaire dressée passe pour être excitante et vulnéraire. L'épiaire des marais a été préconisée comme fébrifuge. On retire de son rhizome une fécule amylacée. On le mange quelquefois cuit. En Angleterre, dans les temps de disette, on l'a mêlé, réduit en poudre, avec la farine de froment.

ÉPICHARIS

(Voyez le *Supplément* du T. II.)

ÉPIGÉE

(Voyez le *Supplément* du T. II.)

ÉPIMÈDE

Epimedium alpinum L.
Berbéridées.)

L'Épimède des Alpes, vulgairement appelé Chapeau d'évêque, est une plante vivace, à souche rampante. Les tiges, hautes de 0^m,20 à 0^m,30, sont cylindriques, grêles, trichotomes au sommet, garnies d'écailles à la base, munies de deux nœuds renflés et velus, d'où naissent des feuilles pétiolées, biternées, à folioles cordiformes-lancéolées, acuminées, dentelées, rougeâtres sur les bords. Les fleurs sont petites, groupées en panicules lâches, latérales, naissant au dessous des feuilles. Elles présentent : un calice à quatre sépales rouge-brun, accompagné de plusieurs petites bractées en dehors de la base; une corolle à huit pétales jaunes, disposés sur quatre rangs, les extérieurs plans, les intérieurs recourbés en cornet; quatre étamines à anthères valvicides; un ovaire ovoïde, uniloculaire, multiovulé, accompagné d'un style latéral, cylindrique, terminé par un stigmate en tête.

Le fruit est une capsule en forme de silique, oblongue, uniloculaire, polysperme, s'ouvrant en deux valves (Pl. 1).

Nous citerons encore l'Épimède à grandes fleurs (*E. macranthum* Dcne), facile à distinguer du précédent par ses tiges brunâtres, et ses fleurs blanches, plus grandes, munies de longs éperons droits.

HABITAT. — L'épimède des Alpes croît dans les régions montagneuses du centre de l'Europe, notamment dans les lieux ombragés. L'épimède à grandes fleurs est originaire du Japon.

CULTURE. — Les épimèdes ne sont cultivés que dans les jardins botaniques ou dans les massifs d'agrément. Ce sont des plantes assez rustiques et peu difficiles sur le sol, mais qui viennent mieux en terre de bruyère. On les multiplie facilement par la séparation des touffes, pratiquée en automne; les jeunes pieds fleurissent l'année suivante. Pendant l'hiver, il est bon de rentrer les espèces japonaises, en orangerie ou sous châssis froid.

PARTIES USITÉES. — Jadis la plante entière, les fruits, les graines.

RÉCOLTE. — Les fruits d'épimède, comme tous ceux des Berbéridées, se récoltent à leur maturité; les graines, séparées du péricarpe, se dessèchent à part.

Composition chimique. — On ne connaît pas la composition des fruits capsulaires des Épimèdes; les graines renferment du tannin.

Usages. — Matthiole (*Commentaires sur Dioscoride*, traduction française de A. du Pinet et J. Desmoulins, Lyon, 1572, in-fol., p. 366), fait remarquer que l'*Epimedium*, dont parlent Dioscoride, et, d'après lui, Pline et Galien, comme propre à affermir les mamelles en les empêchant de croître, et à rendre les femmes stériles, ne se reconnaît pas dans la plante qui porte aujourd'hui le même nom. D'après Dioscoride, en effet, l'épimède ne produit ni fleur, ni fruit, et sa racine est menue, noire, pesante et d'un goût fade. Les feuilles des épimèdes que nous connaissons ont été employées en médecine comme sudorifiques et alexipharmaques, c'est-à-dire contre le venin. Aujourd'hui ces plantes sont médicinalement tombées en désuétude, du moins en France.

Le suc que contiennent les fruits charnus de certaines Berbéridées, les rend propres à faire des sirops rafraîchissants.

ÉPINE-VINETTE

Berberis vulgaris L.
(Berbéridées.)

L'Épine-Vinette ou Vinettier est un arbrisseau buissonnant, à racines traçantes jaunes. Les tiges, hautes de 1 à 2 mètres ou plus, dressées, couvertes d'une écorce gris cendré, se divisent en rameaux diffus épineux, portant des feuilles d'abord fasciculées, plus tard alternes, pétiolées, ovales-obtuses, fortement dentées en scie, glabres, d'un vert glauque, plus pâle en dessous. Les fleurs, d'un beau jaune, portées sur des pédicules minces munis d'une petite bractée à la base, sont groupées en grappes axillaires, simples, allongées et pendantes. Elles présentent un calice à six sépales, disposés sur deux rangs, le plus souvent offrant en dehors une sorte de calicule formé de quelques petites bractées; une corolle à six pétales, également sur deux rangs, un peu concaves, échancrés au sommet, avec deux glandes rougeâtres à la base; six étamines à filets courts, aplatis, très-irritables; un ovaire simple, ovoïde, allongé, pauciovulé, surmonté d'un stigmate sessile, épais, discoïde, large, à rebords saillants. Le fruit est une petite baie, ovoïde-allongée, ombiliquée au sommet, d'un beau rouge (plus rarement violette ou blanchâtre), contenant deux ou trois graines oblongues (Pl. 2).

HABITAT. — Cet arbrisseau est assez abondamment répandu en Europe ; il croît dans les bois, les haies et les lieux incultes.

CULTURE. — L'épine-vinette est fréquemment cultivée dans les parcs et les jardins d'agrément. Elle est très-rustique et croît dans presque tous les sols et à toute exposition. On pourrait la propager de graines ; mais comme les jeunes plants ne lèvent que la seconde année et demandent quelques soins, on préfère la multiplication par boutures ou marcottes, ou bien encore par rejetons, que l'on sépare en automne pour les replanter. La taille se réduit à enlever le bois mort et à éclaircir les parties trop touffues.

Il y a une variété d'épine-vinette à fruits blancs, violets ou rouges, qui n'a point de semences; on la trouve dans les départements de la Seine-Inférieure, de l'Eure, du Rhône, de l'Isère; elle est connue des botanistes sous le nom de *Berberis asperma*. Il existe une autre variété à larges feuilles, venue du Canada (*B. canadensis*), qui est acclimatée en France.

Dans l'Inde, on fait usage des *Berberis aristata* DC., *Lycinus* ROYLE et *asiatica* ROXB., qui habitent l'Himalaya.

PARTIES USITÉES. — Le bois, l'écorce, les racines, les feuilles, les fruits, les semences.

RÉCOLTE. — L'écorce, le bois et les racines sont récoltés à l'automne pour les besoins de la teinture. Les feuilles se cueillent au moment de la floraison, les fruits à leur maturité.

COMPOSITION CHIMIQUE. — Le principe chimique le plus intéressant des épines-vinettes est la berbérine, $C^{20} H^{17} Az O^{4}$. La berbérine constitue la matière colorante non seulement des épines-vinettes, mais du Columbo, des *Zanthoxylum*, etc.

La *Berberine* appartient au groupe des alcaloïdes. Elle cristallise en aiguilles soyeuses, colorées en jaune clair, ou en petits prismes groupés concentriquement. Elle est peu soluble à froid dans l'eau et dans l'alcool, et tout à fait insoluble dans l'éther. D'après Bœdeker, quand on la distille avec un lait de chaux ou de l'hydrate de plomb, elle donne de la *quinoléine*.

On a extrait des *Berberis* un autre alcaloïde cristallisable, l'*oxyacanthine*, dont la saveur est âcre et amère, et dont la coloration est blanche. Elle est peu soluble dans l'eau froide, soluble dans l'eau bouillante, l'alcool, l'éther, les huiles grasses et volatiles. Elle forme avec les acides des sels incolores, amers.

Les feuilles ont une saveur aigrelette et renferment de l'acide malique ; les baies ont une saveur rafraîchissante agréable ; elles contiennent des acides malique et citrique. Les fleurs ont une odeur désagréable, semblable à celle des fleurs mâles du Châtaignier.

Usages. — L'épine-vinette, autrefois très-employée, est aujourd'hui à peu près complètement abandonnée par la thérapeutique; mais l'usage qui commence à être fait de son principe actif, la *berbérine*, montre que les vertus jadis attribuées à la plante n'étaient pas tout à fait chimériques. On en faisait usage surtout contre les diarrhées bilieuses, contre la jaunisse, les fièvres, les écoulements menstruels trop abondants, et, en topique, contre les plaies et les ulcères suppurants. La berbérine, récemment étudiée avec soin par M. Curci, se montre douée de propriétés très-énergiques. Appliquée sur une muqueuse, elle détermine le thrombus des vaisseaux superficiels et l'arrêt du sang dans le tissu, en même temps qu'elle occasionne dans le voisinage des points d'application, de l'hyperémie, de l'œdème, une hyperplasie cellulaire, de laquelle résulte un épaississement et même une induration des tissus, mais jamais ni suppuration ni gangrène. Appliquée sur une plaie saignante, elle arrête l'hémorrhagie ; sur un ulcère à suppuration abondante, elle arrête la suppuration. Dans l'intestin, elle augmente les mouvements péristaltiques, accroît la sécrétion des glandes, coagule le mucus et facilite les déjections. Elle est utile par là contre la diarrhée et la dysenterie chroniques et contre l'ataxie du tube intestinal. Administrée par injections hypodermiques ou par l'estomac, la berbérine provoque d'abord un peu d'élévation de température et d'accélération des mouvements cardiaques; mais bientôt les mouvements cardiaques se ralentissent, la température s'abaisse, et ces phénomènes deviennent de plus en plus marqués jusqu'à la mort, si la dose était assez élevée. Les urines deviennent promptement très acides même chez les herbivores, et elles contiennent beaucoup d'albumine. Sous son influence, le sang perd une partie de son action oxydante sur les éléments anatomiques. Tout cela justifie l'emploi de la berbérine contre la fièvre intermittente et contre toutes les pyrexies aiguës où il importe de déterminer l'abaissement de la température. (Voy. *Ann. th.*, 1882, p. 176.)

Les fruits de l'épine-vinette peuvent servir à faire de bonnes confitures. Dans quelques pays, on mange les feuilles en guise d'oseille, à cause de leur saveur aigrelette. La racine donne par l'ébullition une belle couleur verte, propre à teindre les peaux. Le suc des baies fournit avec l'alun une belle couleur rouge. L'écorce moyenne, lessivée, passe pour donner beaucoup de lustre au cuir corroyé.

ÉPURGE

Euphorbia Lathyris L.
(Euphorbiacées-Euphorbiées.)

L'Épurge, appelée aussi Catapuce, et quelquefois Grande-Ésule, est une plante bisannuelle, à racine pivotante, blanche, ramifiée, fibreuse. La tige, haute de 0^m,65 à 1 mètre, ferme, dressée, glabre, d'un vert glauque, simple à la base, rameuse au sommet, porte des feuilles opposées, décussées, sessiles, lancéolées, obtuses, entières, glabres, d'un vert glauque, plus clair en dessous. Les fleurs, vert-jaunâtre, monoïques, sont réunies en ombelles terminales; une fleur femelle est entourée de plusieurs mâles, le tout renfermé dans un involucre caliciforme, composé de feuilles de même forme que les caulinaires, soudées à la base, et de bractées, dont cinq extérieures en forme de croissant à cornes glanduleuses, cinq intérieures dressées, minces et frangées. L'ombelle est très-ample, ordinairement à quatre rayons dichotomes, terminés en grappes unilatérales. Les fleurs mâles, au nombre de quinze à vingt, consistent chacune en une étamine dressée, plus longue que l'involucre, à anthère didyme, à lobes globuleux. La fleur femelle, solitaire au centre de l'involucre et portée sur un long pédicelle recourbé, est réduite à un ovaire à trois loges uniovulées, surmonté de trois styles simples terminés chacun par un stigmate bifide. Le fruit est une capsule très-grosse, lisse, à péricarpe charnu-subéreux, composé de trois coques, dont chacune renferme une grosse graine ovoïde, tronquée à la base, rugueuse, réticulée et d'un brun mat ou jaunâtre.

HABITAT. — L'épurge croît dans l'Europe centrale et méridionale; on la trouve dans les lieux ombragés, les haies, les villages, au bord des chemins et des champs cultivés, dans le voisinage des vieux châteaux, etc.

Culture. — Cette plante n'est cultivée que dans les jardins botaniques. Elle demande une terre fraîche et substantielle, et se propage par ses graines, semées en place au printemps. Elle se resème d'elle-même.

Parties usitées. — Les racines, les feuilles, les graines.

Récolte. — La racine d'épurge se récolte au printemps et à l'automne; les feuilles, qui sont rarement employées, doivent être cueillies à l'époque de la floraison; elles exigent de grandes précautions pour la dessiccation, qui doit être faite très-promptement. On récolte les graines à la maturité du fruit.

Composition chimique. — L'épurge fraîche laisse écouler de toutes ses parties, quand on la coupe, un suc laiteux, âcre, corrosif, qui n'est pas utilisé; les graines, analysées par M. Soubeiran, ont fourni une huile fixe jaune (40 pour 100 environ), de la stéarine, une huile brune, âcre, une matière cristalline, une résine brune, une matière colorante extractive, de l'albumine végétale.

La stéarine est blanche et insipide; l'huile jaune est purgative; mais M. Soubeiran croit qu'elle doit cette propriété à des matières étrangères à sa nature; c'est l'huile brune-âcre qui est le principe actif; elle a une odeur et une saveur désagréables; elle est entièrement soluble dans l'alcool et dans l'éther.

L'huile d'épurge peut être obtenue par expression à froid ou à chaud, par les dissolvants, tels que l'alcool, l'éther, le sulfure de carbone, les essences de pétrole rectifiées, etc. L'huile obtenue par expression est adoptée de préférence.

Usages. — Les anciens connaissaient les propriétés actives de l'épurge. Hippocrate a cité deux cas d'empoisonnement par cette plante. Dioscoride et Pline la signalent comme un purgatif violent.

Orfila la rangeait dans les poisons irritants; elle cause une inflammation très-vive, irrite le système nerveux, produit des superpurgations, des selles sanguinolentes, des coliques violentes et souvent des vomissements; topiquement, elle détermine des boutons, des phlyctènes; et l'inflammation peut s'étendre au tissu cellulaire sous-cutané; c'est peut-être cette énergie d'action qui fait qu'elle est peu employée. Son meilleur contrepoison est l'opium.

Cependant les paysans de nos campagnes mâchent de la graine

d'épurge lorsqu'ils veulent se purger ; et l'émulsion des semences, ou l'huile émulsionnée par un jaune d'œuf, ou même associée à la magnésie, sont quelquefois administrées ; mais il est prudent d'employer simultanément les émollients, tels que les décoctions de racines de Guimauve et de graines de Lin.

Carlo Calderini, qui, le premier, a obtenu l'huile d'épurge, la considérait comme un purgatif doux, à la dose de trois gouttes chez les enfants, et de six à huit chez les adultes; elle produit, dit cet auteur, des évacuations alvines sans coliques et sans ténesme ; ce n'est que lorsqu'elle est rance qu'elle cause des coliques; cependant Lupis et Canella ont observé qu'elle déterminait souvent des vomissements; mais il paraîtrait que l'épurge d'Italie est plus active ; et qu'elle ne purge qu'autant qu'on l'administre à faibles doses.

L. Frank pensait que l'huile d'épurge pouvait être employée contre le tænia. Martin Solon l'a administrée à la dose de 1 à 2 grammes dans l'albuminurie chronique. Valleix a remarqué que son usage continué irritait le canal intestinal. On la fait prendre quelquefois en lavement à la dose de 1 à 2 grammes, soit émulsionnée, soit dans une décoction de mercuriale. Employée à l'extérieur, en frictions, elle est rubéfiante. On s'en est servi contre les affections bronchiques et contre la sciatique. Les feuilles en frictions déterminent une assez vive rubéfaction.

Le suc est employé pour détruire les verrues, et dans le traitement de la teigne ; mais, dans ce dernier cas, l'application de ce suc n'est pas toujours sans danger.

La racine et l'écorce de la tige de l'épurge sont aussi purgatives, mais à un moindre degré que les semences.

En médecine homœopathique on fait un assez fréquent usage de l'épurge. Son signe est *Aep*, son abréviation *Lath.*

ERANTHIS

Eranthis hyemalis Salisb., *Helleborus hyemalis* L.
(Renonculacées-Helléborées.)

L'*Eranthis* ou Hellébore d'hiver est une petite plante vivace, à rhizome épais, arrondi, charnu, tubéreux, couvert de fibres radicales sur toute sa surface. La tige, haute de $0^m,10$ à $0^m,15$, dressée, porte à sa base une seule feuille radicale, longuement pétiolée, arrondie, palmée ou presque peltée, à trois segments divisés chacun en trois lobes oblongs ou linéaires, glabres, d'un beau vert. Les fleurs, d'un beau jaune d'or, paraissent avant les feuilles, sont solitaires à l'extrémité de la tige et accompagnées d'un involucre formé de trois bractées foliacées, découpées, persistantes. Elles présentent un calice pétaloïde, composé de cinq à huit sépales jaunes, caducs; une corolle ayant un nombre variable de pétales, très-courts, tubuleux, tronqués obliquement, nectariformes, à deux lèvres inégales; des étamines en nombre indéfini; un pistil composé de trois à huit ovaires libres, uniloculaires, multiovulés, surmontés chacun d'un style court terminé par un stigmate obtus. Le fruit se compose de trois à huit follicules, libres, un peu divergents, prolongés en bec, s'ouvrant par la suture ventrale et contenant de nombreuses graines arrondies, un peu anguleuses, finement chagrinées (Pl. 3).

Habitat. — On ne connaît qu'un très-petit nombre d'espèces d'*Eranthis*, qui toutes sont originaires des régions montueuses, froides ou tempérées de l'Europe et de l'Asie.

Culture.—L'*Eranthis* d'hiver est quelquefois cultivé dans les parcs et les jardins d'agrément, à cause de la précocité de ses fleurs. Il demande une terre fraîche, légère, humide, et une exposition ombragée. On le multiplie de graines semées en place au printemps, ou mieux d'éclats de pieds, faits en automne.

Parties usitées. — Les fleurs, les rhizomes.

Récolte.—On récolte les fleurs avant les feuilles, vers le mois de janvier, et on les fait sécher à l'étuve. Les rhizomes possèdent leur maximum d'action après la chute des fleurs.

Composition chimique. — Vauquelin a analysé la racine d'*Eranthis* : il y a trouvé une huile extrêmement âcre, de l'amidon très-pur, une substance végéto-animale, du ligneux, des traces de sucre et de la matière extractive colorée (*Annales du Museum*, t. VIII, p. 87).

Usages.—Les *Eranthis* qui se placent à côté des Hellébores, dont ils ne paraissent pas devoir être génériquement séparés, non plus que les *Coptis* (Baillon, *Monog. des Renonculacées*, p. 16), exercent sur toute la paroi intestinale une irritation locale qui peut aller depuis la plus légère rougeur jusqu'aux accidents inflammatoires les plus graves. Ils agissent aussi sur le système nerveux. On assure que le rhizome de l'*Eranthis* est éminemment purgatif. Du reste, la médecine française ne recommande pas l'usage de cette plante dont il importe pourtant de connaître les effets.

ERGOT

Claviceps purpurea Tul.
(Champignons.)

On désigne vulgairement sous le nom d'Ergot du Seigle, un petit Champignon parasite qui occupe la place de l'ovaire dans certaines Graminées et particulièrement dans le Seigle. C'est d'abord une masse molle, visqueuse, d'un blanc jaunâtre; puis cette masse devient solide, s'allonge, sort de l'épi, et forme alors un corps brun-violet oblong, presque cylindrique ou irrégulièrement tétraédrique, long de $0^m,01$ à $0^m,03$ sur $0^m,003$ de diamètre, aminci aux deux extrémités, obtus au sommet où se trouve une matière molle, visqueuse et blanchâtre qui coule le long de la partie solide. Dans l'ergot du commerce, cette matière manque, le champignon est plus ou moins arqué, ressemblant pour la forme à un *ergot de coq*, souvent marqué d'un sillon longitudinal, crevassé en long et en travers; sa cassure est nette, compacte, homogène, blanchâtre vers le centre, teintée de couleur vineuse à la circonférence.

Il n'est pas que le Seigle qui soit sujet à l'ergot; les épis du Blé, du Maïs et de beaucoup d'autres graminées en peuvent être atteints. L'ergot du maïs se montre sous la forme d'un petit tubercule pisiforme, ou d'un cône enté sur le grain, dont la couleur et le volume sont très-peu altérés.

Habitat. — L'ergot, comme nous venons de le dire, s'établit en parasite sur les Graminées.

Parties usitées. — Tout le champignon.

Récolte. — L'ergot de seigle n'est pas récolté isolément; on le trouve dans les moissons où on le trie; puis on le fait sécher; il s'altère rapidement, surtout lorsqu'il est pulvérisé; aussi recommande-t-on de le réduire en poudre seulement au moment où on en a besoin. Aux caractères de l'ergot que nous avons donnés, nous ajouterons les suivants : il est ferme, solide, un peu élastique; sa saveur, peu marquée d'abord, est bientôt suivie d'une astriction dans l'arrière-bouche; son odeur rappelle celle des Champignons; respiré en masse, il présente une odeur forte et désagréable; à l'humidité, il se putréfie, devient la proie d'un Sarcopte analogue à celui du fromage et répand alors une odeur fétide.

Histoire. — Quelques auteurs ont pensé que Pline avait voulu parler de l'ergot dans le passage du l. XVIII, c. 17 de son *Histoire naturelle*, où il dit : *Inter vitia segetum et luxuria est, cum onerata fertilitate procumbunt*. Néanmoins, ce qu'on peut affirmer, c'est que les anciens ont absolument ignoré les propriétés de l'ergot. Ces propriétés ne furent connues qu'à dater de l'an 1540. Joachim Camerarius assure que de son temps (1534 à 1598) les femmes s'en servaient pour faciliter et hâter les accouchements dans les cas d'inertie de l'utérus. Matthiole qui, dans ses *Commentaires sur Dioscoride*, parle de la farine de seigle comme propre aux emplâtres maturatrices et de la décoction du grain comme vermifuge, ne dit rien de l'ergot. Dans les premières années du dix-huitième siècle pourtant, Dodart publia plusieurs observations sur ce qu'on appelait alors le *Blé cornu*. Les *Mémoires de l'Académie des sciences*, année 1710, contiennent une étude sur le *Blé cornu, appelé Ergot*. Tillet et Duhamel qui, dans la seconde moitié du même siècle, étudièrent le sujet, pensaient que l'ergot était une sorte de galle due à la piqûre d'une mouche. Le *Dictionnaire de Trévoux* résume ainsi l'état de la question à cette seconde époque : « *Ergot*, maladie des seigles. On appelle ainsi les grains de seigle qui deviennent, dans certaines années, longs, noirâtres et cornus. La farine de ce grain est blanchâtre et très-pernicieuse. Lorsqu'il est arrivé que les épis du seigle étaient chargés de ce mauvais grain, et qu'on n'a pas eu soin de le rejeter, on a vu régner à la campagne des maladies qu'on appelle *Feu Saint-Antoine*. On donne aussi le nom d'*ergot* à cette maladie singulière dont le seigle est attaqué. Quelques-uns l'ont attribuée aux brouillards qui gâtent les épis. Mais pourquoi les brouillards n'agiraient-ils que sur les grains de seigle, et n'attaqueraient-ils pas également le froment, l'avoine, etc. De plus, une cause générale devrait produire un effet général. Cependant tous les seigles ne sont pas ergotés dans tous les endroits où les mêmes brouillards ont régné ; dans le même champ, tous les épis voisins les uns des autres, et souvent dans le même épi, tous les grains ne sont pas ergotés. Il est plus raisonnable d'attribuer cette maladie à la piqûre de quelque insecte qui dépose ses œufs dans le grain du seigle ; et cela s'accorde avec les observations de M. Tillet qui a découvert de petits vers dans les grains de seigle ergoté. » Rosier regarda l'ergot comme une production morbide provenant d'une surabondance de sucs nourriciers de mauvaise nature. Bernard de Jussieu et Geoffroy le tinrent pour le résultat d'un défaut d'équilibre dans la fécondation. Tessier, dans un travail sur les *Maladies des grains*, figura le premier l'ergot. En 1802, De Candolle commença à renverser toutes les idées reçues, en le donnant comme un champignon du genre *Sclerotium ;* il le nomma *Sclerotium clavus* et le figura dans son beau mémoire sur les espèces de ce genre (*Mémoires du Museum d'histoire naturelle*, t. III, p. 416, tab. 14). Virey et quelques botanistes jetèrent ensuite des doutes sur la nature de l'ergot. Desfontaines, balançant, dans un rapport qu'il fit sur ce sujet, les raisons pour et contre, augmenta, plutôt qu'il ne diminua, l'incertitude. Vauquelin, à qui on doit la première analyse chimique de l'ergot du seigle, crut pouvoir combattre l'opinion de De Candolle, et donner comme probable que l'ergot n'était pas un *Sclerotium*, mais bien un grain altéré. En 1823, M. Fries composa de l'ergot du seigle et d'une autre espèce observée sur un *Paspalum*, un genre particulier de champignons auquel il donna le nom de *Spermœdia*, mais en admettant jusqu'à un certain point que ce pouvait être une maladie du grain. En 1827, le docteur Villeneuve publia une *Monographie* sur l'ergot, mais plutôt au point de vue médical que botanique. En 1823, le docteur Léveillé émit une opinion mixte en quelque sorte, et selon laquelle l'ergot comprend à la fois un champignon et une production anormale qui en fait la majeure partie. Selon lui « l'ergot du seigle et des graminées est une maladie de leur ovule causée par le développement d'un champignon parasite, qu'il a nommé *Sphacelia segetum*. Ce champignon se développe sur les graminées à la suite des pluies accompagnées d'orage, et peu de temps après la fécondation. Au début de l'invasion, le grain ne paraît pas malade ; il conserve sa forme et sa couleur, mais il s'écrase plus facilement que les grains sains. Alors l'ovule est encore blanc ; mais il est entouré d'une matière jaunâtre, visqueuse, qui l'enveloppe partout, excepté à son point d'insertion. Cette matière, développée entre le péricarpe et l'ovule, constitue la sphacélie encore jeune. Pendant qu'elle continue à croître, le péricarpe se détache à sa base et tombe ou reste collé sur elle ; celle-ci elle-même se détache à sa base, et ne fait plus que coiffer l'ovule déjà devenu violet. Dès lors le péricarpe et la sphacélie ne jouent plus qu'un rôle secondaire, et l'ovule ainsi affecté prend un accroissement tellement anormal qu'il finit souvent par acquérir 4 à 5 centimètres de longueur. Par suite de cet accroissement de la masse ovulaire altérée, la sphacélie finit par ne plus entourer que son extrémité. Exposée au contact de l'air, elle se dessèche ; elle ne forme le plus souvent qu'une pointe à l'extrémité de l'ergot, et même elle tombe pour l'ordinaire par le frottement des épis les uns contre les autres. Si la saison est humide, l'eau la dissout, l'entraîne dans les balles, ou la laisse sur l'ergot sous la forme d'une couche blanchâtre qui se détache par petites écailles. » M. Léveillé a résumé ses recherches sur l'ergot dans le *Bulletin de la Société philomatique* (séance du 28 août 1847). La sphacélie de ce savant cryptogamiste, partie blanchâtre qui surmonte l'ergot, ne doit pas être confondue avec le *Spermœdia* de M. Fries, qui, pour ce botaniste, est l'ergot lui-même. Divers observateurs, tels que MM. Philippar, Phœbus, Quekett, ont adopté l'opinion que l'ergot est une maladie du seigle causée par la présence d'un champignon de la nature de celui que M. Léveillé a décrit. M. Fée, à son tour, s'occupa de l'ergot auquel il donna le nom de *Nosocarya*, ce qui signifie *grain malade*. Après avoir admis que l'ergot est un champignon, il conclut néanmoins par une sorte de contradiction, en disant que c'est une production pathologique ou une hypertrophie du périsperme (*Mémoire sur l'ergot du seigle*, Strasbourg, 1843). Enfin, l'histoire complète de l'ergot de seigle fut faite par Tulasne (*Compt. rend.*, *Ac. sc.*, t. XXXIII, p. 645, et *Ann. sc. nat.*, sér. 3, t. XX, p. 1), dont les observations ont été contrôlées et complétées dans les détails par de nombreux naturalistes.

L'ergot du seigle représente l'une des phases du développement d'un champignon du groupe des Pyrénomycètes, le *Claviceps purpurea* TUL. C'est par cette phase, à laquelle on a donné le nom de *sclérote*, qu'on peut commencer l'histoire biologique très-curieuse du champignon. Lorsqu'on place sur de la terre humide et dans un milieu à température convenable un ergot de seigle ou sclérote, on ne tarde pas à voir se développer à sa surface de petits corps cylindriques, terminés par une tête arrondie, corps auxquels on a donné le nom de *réceptacles fructifères*. L'examen microscopique montre que le réceptacle fructifère est formé, comme l'ergot ou sclérote, de filaments pressés les uns contre les autres. Dans la portion renflée du réceptacle et au-dessous de sa surface, on voit, sur une coupe longitudinale, un grand nombre de cavités piriformes auxquelles on a donné le nom de *conceptacles*. Chaque conceptacle est rempli de tubes claviformes nommés *thèques*, contenant des cellules reproductrices (*spores*). Lorsque les spores sont entièrement développées, les conceptacles s'ouvrent, les thèques laissent sortir les spores, qui se répandent sur le sol. S'il se trouve sur le lieu des graines de seigle en voie de germination, la spore produit un tube très-grêle qui s'enfonce dans les tissus de la plante et qui s'allonge avec elle. Lorsque la fleur du seigle est formée, le filament produit par la spore pénètre dans les parois de l'ovaire et s'y ramifie, se substituant peu à peu aux tissus qui forment l'ovaire ; le sommet seul de ce dernier est, d'habitude, respecté. L'ovaire se trouve ainsi bientôt remplacé par un tissu mou, spongieux, creusé de sillons irréguliers à sa surface, désigné sous le nom de *sphacélie*. Au sommet de la sphacélie, qui conserve assez bien la forme de l'ovaire, on voit souvent le stigmate avec sa forme normale. Bientôt il se forme, à la surface de la sphacélie, de nombreuses petites cellules (conidies) qui se détachent les unes après les autres et vont produire sur d'autres ovaires du Seigle des sphacélies semblables à celle dont elles sont issues. Tandis que la portion supérieure de la sphacélie produit des conidies, sa portion inférieure s'épaissit, devient ferme et dure, puis prend un développement considérable en soulevant la portion conidifère. C'est la portion inférieure, durcie, de la sphacélie qui constituera plus tard le sclérote. Quant à la partie supérieure, elle cesse bientôt de produire des conidies, se dessèche, puis, souvent, se détache. L'ergot de seigle est alors entièrement formé. Il servira de point de départ à une série nouvelle de phases évolutives semblables à celles que nous venons de décrire.

Composition chimique. — La première analyse chimique de l'ergot de seigle fut faite par Vauquelin et Maas ; ils ne firent qu'entrevoir une substance alcaline, indéterminée, mélangée à des matières colorantes. En 1831, Wiggers en retira une substance neutre, complexe, à laquelle il donna le nom d'*ergotine*. Ayant traité par l'éther 100 parties d'ergot, il en obtint 36 parties d'une huile brun verdâtre, d'où l'alcool retira une petite quantité d'une huile grasse, rouge brun, d'une odeur fort désagréable, et un peu de cérine cristallisable ; le reste se composait d'une huile douce, blanche, très-soluble dans l'éther (35 p. 100). Le seigle ergoté, traité ensuite par l'alcool, lui cède 10, 56 p. 100 d'un extrait rouge, d'une odeur de viande rôtie, grenu, déliquescent, que l'on sépare en deux parties : l'une insoluble, pulvérulente, d'un rouge brun, d'une saveur amère un peu âcre, ni acide, ni alcaline, insoluble dans l'eau et dans l'éther, soluble dans l'alcool, et à laquelle M. Wiggers a donné le nom d'*ergotine ;* l'autre soluble dans l'eau, contenant un extrait azoté semblable à l'osmazone, du sucre cristallisable et des sels inorganiques.

L'*ergotine* de M. Wiggers est pulvérulente, d'un rouge brun, d'une saveur âcre, amère, infusible, insoluble dans l'eau, l'éther et les acides étendus ; soluble dans l'alcool, l'acide acétique et la potasse caustique ; l'acide azotique bouillant la décompose en lui donnant une teinte jaune ; l'acide sulfurique la dissout en se colorant d'un rouge brun.

M. Wiggers conseille, pour obtenir l'ergotine, d'enlever à l'ergot les matières grasses et cireuses, de reprendre le résidu par l'alcool, de concentrer la liqueur par évaporation, et de précipiter l'ergotine au moyen de l'eau.

Il ne faut pas confondre l'*ergotine* de M. Wiggers avec le produit de ce nom que l'on trouve dans le commerce, et dont on doit la connaissance à M. Bonjean, pharmacien à Chambéry. L'ergotine de M. Bonjean, que son auteur a proposée comme un spécifique contre les hémorrhagies de toute nature, et auquel il attribue aussi la propriété obstétricale, est un extrait variable dans sa composition comme dans ses propriétés, dont les effets sont moins certains que ceux de l'ergot. Pour préparer son produit, M. Bonjean épuise la poudre d'ergot par l'eau, et il fait évaporer après filtration jusqu'à consistance de sirop ; il y ajoute de l'alcool qui précipite les parties gommeuses et les sels insolubles dans l'alcool ; puis il fait évaporer à siccité. Il est évident qu'outre le principe extractif, il y a dans le produit obtenu les sels déliquescents, l'osmazone, le sucre et d'autres substances encore. D'ailleurs, cet extrait présente des consistances très-variables, et il est très-hygrométrique.

D'après Wenzel (1864), l'ergot de seigle contiendrait deux

alcaloïdes qu'il n'a pu obtenir qu'à l'état amorphe, c'est-à-dire impur : l'*ergotine* et l'*ecboline ;* leur saveur est amère ; leur réaction est alcaline ; elles forment, avec les acides, des composés déliquescents, amorphes ; l'ecboline possède les propriétés médicinales de l'ergot de seigle ; l'ergotine n'est que peu active ; ces deux corps sont combinés dans l'ergot avec un *acide ergotique* dont d'autres ont également reconnu l'existence.

Tanret (1873) a retiré de l'ergot de seigle un alcaloïde incolore et cristallisable, jouissant de propriétés hémostatiques très-prononcées, auquel il a donné le nom d'*ergotinine.*

L'ergot de seigle contient aussi une matière sucrée, la *mycose,* qui est voisine de la tréhalose et qui cristallise en octaèdres rhombiques. Elle a pour formule $C^{12}H^{22}O^{11}+2H^2O$. Mitscherlich en a aussi extrait de la *mannite.*

Enfin, en 1876 et 1877, Dragendorf a retiré de l'ergot de seigle les principes suivants : un *acide sclérotinique,* auquel il attribue plus particulièrement les propriétés thérapeutiques de l'ergot ; une matière gommeuse, la *scléromucine,* également active ; une matière colorante jaune, la *scléroxanthine,* $C^7H^7O^3+H^2O$; un anhydride de la substance précédente, la *sclérocrystalline ;* une matière colorante rouge, la *sclérérythrine ;* une matière colorante d'un bleu foncé, quand elle est dissoute dans la soude ou dans l'acide sulfurique concentré, la *sclérojodine ;* un alcaloïde amer, la *picrosclérotine,* et un acide probablement cristallisable, l'*acide fuscosclérotinique,* qui paraît avoir pour formule $C^{14}H^{24}O^7$.

Usages. — Au XVIe siècle, Camerarius entrevit quelques-unes des propriétés de l'ergot de seigle ; mais c'est seulement au XVIIe siècle qu'on l'administra pour provoquer la contraction de l'utérus et pour combattre les hémorrhagies utérines. Sparzani l'administra contre l'épistaxis, l'hémoptysie, l'hématémèse et l'hématurie. Puis on en fit usage contre la leucorrhée, la chute de la matrice, la métrite chronique, les engorgements de l'utérus, etc. On l'employa aussi contre l'atonie ou paralysie du rectum et de la vessie. Dans tous ces cas, on fit d'abord usage de l'ergot de seigle lui-même, puis on administra l'ergotine, qui produit les mêmes effets.

Les recherches modernes ont montré que l'ergot de seigle et

l'ergotine agissent comme excitants des fibres musculaires lisses. C'est en provoquant la contraction de ces fibres qu'ils déterminent les contractions de l'utérus pendant l'accouchement. En dehors de la grossesse, l'ergot de seigle et l'ergotine déterminent encore des contractions de l'utérus qui, en comprimant les vaisseaux de cet organe, font cesser les hémorrhagies. Mais ils agissent aussi directement sur les fibres musculaires lisses des vaisseaux capillaires, déterminent la contraction des vaisseaux, et font ainsi cesser les hémorrhagies capillaires de l'utérus, des poumons, etc. C'est encore par l'excitation des fibres lisses qu'ils se montrent utiles contre l'atonie du rectum et de la vessie. Un grand nombre d'observations ont montré que les injections hypodermiques d'ergotine agissent de la même façon que l'ergot ou l'ergotine introduits dans l'organisme par le tube digestif, soit contre les métrorrhagies récentes ou anciennes, soit contre les hémorrhagies des poumons.

En résumé, l'ergot de seigle et surtout l'ergotine, dont l'administration en potions ou injections hypodermiques est plus commode, sont des médicaments excellents dans tous les cas où il s'agit de déterminer la contraction des fibres musculaires lisses.

C'est aussi par cette action qu'on peut expliquer les troubles provoqués par l'ingestion de trop fortes doses ou de doses longtemps répétées de seigle ergoté, c'est-à-dire les sensations de fourmillement, le refroidissement et même la gangrène des membres, symptômes caractéristiques de l'ergotisme chronique, et qui sont dus au ralentissement de la circulation, consécutif à la contraction des capillaires. C'est encore à la contraction des capillaires cérébraux que sont dus le ralentissement du pouls, la chaleur de la face, la torpeur intellectuelle, les troubles de la vision, qui se manifestent dans les empoisonnements par l'ergot de seigle ou par l'ergotine. L'emploi prolongé de l'ergotine, même à faible dose, n'est pas sans danger ; il peut déterminer la gangrène des poumons. Malgré ces inconvénients, l'ergotine jouit aujourd'hui d'une grande réputation. (Voy. *Annuaire de thérapeutique*, 1883, p. 39.)

Des expériences qui ont été faites, particulièrement par M. Depaul, professeur de clinique d'accouchements à la Faculté de médecine de Paris, il résulte que l'ergot du blé agit de la même manière et à la même dose que celui du seigle.

On a décrit sous les noms d'*ergotisme*, de *convulsio cerealis*, de *peladero*, etc., des maladies épidémiques très-graves, que l'on attribuait à la consommation habituelle du seigle ergoté. Mais beaucoup d'épidémies, qui n'avaient sans doute rien de commun avec l'ergotisme véritable, ayant été confondues avec ce dernier, il s'est trouvé des médecins pour nier complètement l'existence de l'ergotisme. En France, c'est surtout sous les règnes de Louis XIV et Louis XV que régnèrent ces grandes épidémies, auxquelles on donnait alors les noms de *feu sacré*, *feu de Saint-Antoine*, *mal des ardents*, *peste noire*, etc. Sans doute, l'altération du blé et du seigle par l'ergot ne doit pas être considérée comme la seule cause productrice de ces épidémies ; il faut y ajouter la privation de nourriture, l'insuffisance des logements et des vêtements, et toutes les autres déplorables conditions hygiéniques dans lesquelles vivaient alors les classes laborieuses ; mais l'empoisonnement par l'ergot des céréales devait se produire d'autant plus facilement que les autres conditions de la vie étaient plus mauvaises.

Ce qui ne peut être contesté, c'est que dans les pays où le seigle fait la base de l'alimentation et où l'ergot existe en abondance, on constate fréquemment des accidents qui doivent être mis sur le compte de ce champignon.

Les premiers accidents provoqués par l'ergotisme sont la perte de l'appétit, la dyspepsie, la gastralgie, des douleurs plus ou moins vives à l'estomac, et même des vomissements ; en même temps surviennent de la diarrhée et de l'entéralgie. Puis on voit se produire des accidents externes : d'abord une sorte d'ivresse qui n'a rien de désagréable, puis de la céphalalgie, des vertiges, une somnolence habituelle, la diminution des facultés intellectuelles, des troubles de la vue, tels que la diplopie et même l'amaurose. Des convulsions générales ou limitées aux membres se produisent ensuite, de même que des douleurs musculaires ; la circulation devient moins active ; la face pâlit, les membres se refroidissent et il se produit finalement une gangrène plus ou moins étendue des membres et parfois même des organes internes.

Nous avons à peine besoin d'ajouter que la maladie épidémique dont nous venons de décrire les symptômes n'existe plus à notre époque.

Tout au plus constate-t-on, dans quelques pays où le seigle fait la base de l'alimentation, l'ivresse et le ralentissement de la circulation qui sont à la base de toutes les manifestations de l'ergotisme.

On a recommandé contre les accidents légers de l'ergotisme les boissons acidulées; contre les accidents graves, c'est-à-dire contre le refroidissement qui précède les convulsions et la gangrène des membres, les médicaments stimulants.

ÉRIGERON

(Voyez le *Supplément* du T. II.)

ÉRIODYCTION

(Voyez le *Supplément* du T. II.)

ÉRYTHRÉE

Erythræa Centaurium Rich., *E. Roxburghii* Don.
(Gentianées-Chironiées.)

L'Érythrée Centaurelle, vulgairement appelée Petite-Centaurée, Herbe au centaure, Herbe à Chiron, Herbe aux mille florins, etc., est une plante annuelle, à racines petites, blanchâtres, fibreuses. La tige, haute de $0^m,35$ environ, dressée, grêle, lisse, glabre, à quatre angles mousses, rameuse au sommet, porte des feuilles opposées, sessiles, ovales, aiguës, entières, vert-jaunâtre. Les fleurs, roses, plus rarement blanches, sont groupées en cymes corymbiformes terminales. Elles présentent un calice cylindrique, à cinq divisions étroites, dressées; une corolle en entonnoir, à tube étroit et strié, à limbe partagé en cinq divisions égales, ovales, obtuses; cinq étamines à peine saillantes; un ovaire simple, allongé, presque linéaire, à une seule loge contenant deux placentas multiovulés, surmonté d'un style simple, terminé par un stigmate bifide. Le fruit est une capsule allongée, pointue, polysperme, renfermée dans la corolle et le calice persistants.

L'*Erythræa Roxburghii* (Dhon., *Chironia Centauroides* Roxb.) est une plante herbacée, à tige dressée, à feuilles inférieures disposées en rosette, à cymes 1-2 dichotomes, à fleurs étoilées, roses.

Habitat. — L'*Erythræa Centaurium* est commune dans les bois et les prés de toute l'Europe. L'*E. Roxburghii* habite l'Inde.

Parties usitées. — Les sommités fleuries.

Récolte. — On cueille les plantes à l'époque de la floraison et on les dispose en petites bottes qu'on entoure de papier pour les empêcher de se décolorer pendant la dessication. On admet, d'après l'opinion de M. Henry (*Journ. anal. de médecine*, 1828, p. 165), que cette plante est d'autant plus active que sa floraison est plus avancée.

Composition chimique. — La petite centaurée a été étudiée au point de vue chimique par Vauquelin, et par MM. Henry, Moretti, Chevallier, Dulong d'Astafort, Stollmann et Méhu. D'après Moretti (*Journ. de pharm.*, t. V, p. 98), cette plante contient une matière amère extractive, un acide libre, une matière muqueuse, de l'extractif, des sels. En 1830, M. Dulong d'Astafort y a découvert un principe qu'il nomme *centaurium*, lequel serait, d'après lui, le principe actif.

C'est à M. Méhu, pharmacien en chef de l'hôpital Necker, que l'on doit l'étude la plus complète qui ait été faite sur la petite-centaurée. Il a vu qu'elle perdait 62 à 63 pour 180 de son poids par la dessiccation. A l'état sec, Cullen et Murray préféraient employer les feuilles; elles sont, disent-ils, plus amères; pour la même raison, Loiseleur-Deslongchamps choisissait les fleurs. Les remarques de M. Méhu donneraient raison aux premiers observateurs. D'ailleurs, l'âge de la plante, l'exposition, ont très-certainement une grande influence sur les propriétés de cette plante, et nous avons constaté nous-même que la variété naine des dunes de Gascogne était plus amère que celles d'autres pays.

La petite-centaurée laisse 56 à 58 pour 100 de cendres blanches, dont les cinq sixièmes sont du sulfate de chaux; le reste est formé de chlorure de potassium, de sulfate et de carbonate de potasse; la plante rend les quatre cinquièmes de son poids de poudre. Elle a donné à l'analyse, de l'apothème, une matière amère, une matière cristallisée ou *érythro-centaurine*, une matière céroïde (Méhu).

La matière cristallisée ou *érythro-centaurine* existe en très-minime quantité dans la petite centaurée, $\frac{1}{3000}$ à $\frac{1}{5000}$ du poids de la plante sèche, et elle disparaît si la plante a été soumise à l'insolation; elle se présente en beaux cristaux aiguillés incolores, solubles dans les divers dissolvants; ils rougissent sous l'influence de la lumière, redeviennent incolores en se dissolvant dans l'eau, pour reprendre la couleur rouge rubis au contact des rayons solaires; cette matière n'est pas azotée; l'analyse élémentaire n'en a pas été faite.

La matière céroïde produit, avec l'acide azotique, une résine que M. Méhu nomme *centauri-rétine*. Quant à la matière amère, les dissolvants la partagent en une matière *molle* et une matière *sèche* mal définies.

Usages. — C'est surtout sous la forme d'infusion qu'on emploie la petite-centaurée; la dose est de 10 à 30 grammes pour un litre d'eau bouillante. On emploie rarement le suc, le sirop et la teinture; le plus souvent on se sert de l'eau distillée, de la poudre, du vin et de l'extrait. A l'extérieur, la décoction a été quelquefois ordonnée en lotions, fomentations, lavements, etc., etc.

La petite-centaurée est placée parmi les toniques amers à côté de la Gentiane et du Ménianthe; elle est considérée comme tonique, stomachique, fébrifuge et vermifuge. Elle peut exciter la muqueuse intestinale de manière à produire des évacuations alvines et des vomissements, accidents qui persistent quelquefois assez longtemps pour qu'on soit obligé d'administrer de faibles doses d'opium. C'est le fébrifuge par excellence des campagnes; il guérit, d'après Biett, les fièvres intermittentes dites de saison, et les fièvres quotidiennes.

L'*Erythræa Roxburghii* de l'Inde est douée d'une amertume plus grande encore que celle de notre petite Centaurée. Elle est considérée par les indigènes comme un excellent tonique.

L'*Erythræa Chilensis* ou *Chanchalagua* du Chili est amère et considérée comme fébrifuge.

ERYTHRINA

(Voyez le *Supplément* du T. II.)

ESPELINA

(Voyez le *Supplément* du T. II.)

ÉSULE

Euphorbia Esula L.
(Euphorbiacées-Euphorbiées.)

L'Ésule ou Euphorbe Ésule est une plante vivace, à souche presque ligneuse, ramifiée, traçante, munie de racines fibreuses. Les tiges, hautes de $0^m,30$ à $0^m,80$, glabres, un peu glauques, dressées ou ascendantes, simples, quelquefois rameuses au sommet, portent des feuilles alternes, sessiles, oblongues, lancéolées ou linéaires, aiguës ou obtuses, atténuées à la base, entières ou légèrement dentées, assez fermes, glabres, un peu glauques. Les fleurs, monoïques, d'un vert jaunâtre, sont groupées en ombelles terminales, à rayons le plus souvent nombreux et bifurqués, entourés d'un involucre à feuilles ovales ou oblongues, à bractées libres, ovales-triangulaires, plus larges que longues, obtuses ou un peu aiguës, souvent jaunes lors de la floraison. Les fleurs mâles consistent chacune en une seule étamine, insérée vers la base de l'involucre, à filet articulé, à anthère divisée en deux lobes globuleux. Les fleurs femelles, solitaires au centre de l'ombelle et entourées de fleurs mâles, sont longuement pédicellées et réduites à un ovaire à trois loges uniovulées, surmonté de trois styles. Le fruit est une capsule formée de trois coques uniloculaires finement chagrinées et renfermant chacune une seule graine lisse et d'un blanc cendré.

On appelle souvent *Grande Ésule* l'Épurge (*Euphorbia Lathyris* L.) et l'Euphorbe des marais (*E. palustris* L.); *Petite Esule*, l'Euphorbe fluette (*E. exigua* L.) et l'Euphorbe petit-cyprès ou Tithymale (*E. Cyparissias* L.); *Ésule ronde*, l'*Euphorbia Peplus* L., etc. Citons encore l'Euphorbe de Gérard (*Euphorbia Gerardiana* Jacq.), qui a aussi porté le nom d'ésule.

Habitat. — L'euphorbe ésule est assez répandue en Europe, mais surtout dans les régions méridionales. Elle habite les coteaux pierreux, les bois sablonneux, les bords des chemins, etc. On ne la cultive que dans les jardins botaniques, où elle est facile à propager, soit par graines, soit par éclats de pieds.

Parties usitées. — La racine et l'écorce de la racine; la plante entière.

Récolte. — La racine d'ésule peut être récoltée vers la fin de l'année ou l'automne; c'est surtout l'écorce qu'on employait autrefois.

Composition chimique. — On trouve dans toute la plante un suc blanc gommo-résineux, très-abondant, très-âcre et très-actif; appliqué sur la peau, il détermine une vive rubéfaction, suivie bientôt de vésication; de sorte qu'il peut servir pour remplacer la moutarde, le garou et les cantharides. Il est très-probable que par son évaporation on obtiendrait une espèce de cire-résine analogue à celle de l'Euphorbe. (Voyez plus loin ce mot.)

Usages. — D'après Coste (*Mat. méd. indig.* 13) l'ésule était l'Ipécacuanha des anciens, qui ne possédaient ni cette dernière racine, ni l'émétique. Seulement, pour en diminuer l'énergie, on la faisait torréfier légèrement, ou tremper dans du vinaigre. Pris à l'intérieur à forte dose, le suc de l'ésule peut déterminer un empoisonnement, à la manière des poisons irritants et caustiques; aussi l'administre-t-on avec la plus grande prudence chez les sujets forts et robustes, et s'en abstient-on chez les personnes dont la constitution est faible et nerveuse. D'après Pallas, les habitants de certaines parties de la Russie se purgent avec le suc de cette plante ou avec la racine; ils emploient l'ésule contre les fièvres intermittentes, les maladies chroniques, etc. Néanmoins l'ésule est avec raison abandonnée en France comme trop âcre et trop active. Scopoli (*Flora carn.* 435) dit avoir vu la mort survenir chez une personne qui avait pris 1 gramme 50 centigrammes de poudre de racine, et qu'une autre personne perdit un œil pour s'être frotté les paupières avec le suc de la plante. C'est pourquoi avons-nous de la peine à comprendre qu'on l'ait autrefois conseillée contre la cataracte, quoiqu'on eût soin de l'étendre d'eau.

Dans un mémoire publié en 1811 sous le titre de *Recherches et observations sur la possibilité de remplacer l'ipécacuanha par les racines de plusieurs Euphorbes indigènes*, Loiseleur-Deslongchamps a indiqué surtout la racine de l'Euphorbe de Gérard (*E. Gerardiana* Jacq.), comme succédané de l'Ipécacuanha. Sur vingt-deux individus, âgés de six à soixante ans, auxquels il avait fait prendre de 30 centigrammes à 1 gramme 20 centigrammes de cette poudre, il y aurait eu chez tous, excepté chez quatre, des vomissements et des selles abondantes, sans coliques ou avec légères coliques. Les anciens l'employaient comme purgatif hydragogue; aujourd'hui l'Euphorbe de Gérard est abandonnée à cause de son action trop violente.

ÉTHUSE

Æthusa Cynapium L.
(Ombellifères-Sésélinées.)

L'Éthuse, ou Faux Persil, appelée aussi Petite-Ciguë, Ciguë des jardins, Ache des chiens, etc., est une plante annuelle, à racine fusiforme, allongée, un peu ramifiée, blanche, pivotante. La tige, haute de $0^{m},35$ à $0^{m},65$, droite, cylindrique, fistuleuse, striée, glabre, rameuse, ferme, rougeâtre à la base, d'un vert glauque au sommet, porte des feuilles alternes, à pétioles embrassants, à limbe deux ou trois fois penné, à folioles étroites, aiguës, découpées, vert-foncé en dessus, plus pâles en dessous, luisantes. Les fleurs, blanches, nombreuses, sont disposées en ombelles terminales, planes, d'environ vingt rayons, dépourvues d'involucre; mais munies d'involucelles composés de trois à cinq folioles longues, étroites, linéaires, capillaires, rabattues et pendantes du côté extérieur. Elles présentent un calice à cinq dents très-courtes; une corolle à cinq pétales inégaux, échancrés en cœur, étalés; cinq étamines à anthères blanchâtres, globuleuses; un ovaire simple, à deux loges uniovulées, surmonté de deux styles très-courts. Le fruit est un diakène arrondi, un peu comprimé, d'un vert foncé, présentant dix côtes saillantes.

Cette plante est souvent confondue avec le Persil, dont elle est pourtant facile à distinguer par sa tige rougeâtre à la base et glauque au sommet; ses feuilles, d'un vert foncé et sombre à découpures étroites, ses involucelles unilatéraux, et surtout par son odeur vireuse. Les mêmes caractères ne permettent pas de la confondre non plus avec le Cerfeuil.

Habitat. — L'éthuse se trouve dans presque toute l'Europe; elle habite surtout les bois, les lieux cultivés, les jardins, les décombres.

Culture. — Cette plante n'est cultivée que dans les jardins botaniques; il suffit de répandre ses graines au printemps, ou mieux d'en transplanter un pied sauvage, car elle se ressème d'elle-même très-facilement.

Parties usitées. — Les feuilles, les fruits.

Récolte. — L'éthuse qui tire son nom principal du grec αἴθω, je brûle, et celui de *Cynapium* de κύων chien, n'est pas employée par les médecins. On a cru pendant longtemps qu'elle jouissait des mêmes propriétés que la Grande-Ciguë, et qu'elle contenait les mêmes principes actifs; on verra plus bas qu'il y avait là autant d'erreurs.

L'éthuse se trouve, dans un très-grand nombre de jardins, mêlée au persil et surtout au cerfeuil, avec lequel elle a de très-grandes analogies. Elle fleurit pendant tout l'été, et c'est pendant la floraison que ses feuilles sont considérées comme atteignant le maximum de leur activité toxique. Il faut, après la récolte de la plante, la faire sécher rapidement à l'air et dans un endroit sec, parce qu'elle se décolore et jaunit très-facilement. On doit récolter les fruits avant la maturité complète.

La plante conserve après la dessication l'odeur vireuse très-prononcée qu'elle exhale quand elle est fraîche. Les fruits sont surmontés par le calice persistant ; ils ressemblent à ceux de la Grande-Ciguë, mais leurs dimensions sont moins considérables. Il faut récolter avant que la maturité soit complète, c'est-à-dire avant que les deux méricarpes dont ils sont formés se séparent ; ils présentent cinq côtes saillantes sur chaque méricarpe ; les deux côtes latérales étant beaucoup plus développées que les trois autres ; les commissures présentent chacune deux canaux sécréteurs ; les vallécules n'en ont chacune qu'un seul. Quand on les écrase, les fruits exhalent une odeur vireuse très-prononcée.

Composition chimique. — La mauvaise réputation de l'Éthuse vient de l'odeur vireuse qu'elle exhale, surtout quand on la froisse. C'est à cette propriété qu'elle doit d'être considérée comme contenant de la conicine, alors que jamais on n'a pu en trouver dans ses organes. Cependant, jusqu'à ces dernières années, les médecins sont restés convaincus que l'Éthuse contenait les mêmes principes actifs que la Grande-Ciguë. M. John Harley, en 1873, et M. Tanret, en 1882, sont les deux premiers qui, après des expériences physiologiques et des recherches chimiques à l'abri de toute critique, aient affirmé l'innocuité absolue de l'Éthuse. John Harley avait administré des doses considérables du suc de la plante sans provoquer aucun trouble, et Tanret a démontré chimiquement l'absence de tout principe actif.

Usages. — Les faits que nous venons de signaler font tomber dans l'oubli tout ce qui a été dit des précautions à prendre contre l'empoisonnement par l'Éthuse, et des remèdes à employer pour guérir ces empoisonnements. Ils sont aussi de nature à faire tomber dans l'oubli les propriétés thérapeutiques que l'on attribuait autrefois à cette plante.

EUPATOIRE

Eupatorium cannabinum L. *C. trifoliatum* Habl. non L.
(Composées-Corymbifères.)

L'Eupatoire à feuilles de Chanvre, Eupatoire Chanvrin, connue aussi sous le nom d'Eupatoire d'Avicenne, est une herbe vivace, plus ou moins poilue, haute de 0^{m},80 à 1^{m},20, à tiges dressées, souvent rougeâtres, un peu anguleuses ou striées. Les feuilles sont opposées, brièvement pétiolées, glanduleuses en dessous, lancéolées, rarement entières, le plus souvent divisées en 3 ou 5 segments dentés, dont le terminal est le plus grand. Les fleurs sont roses ou purpurines, toutes hermaphrodites, tubuleuses, réunies, ordinairement par 5, en petits capitules cylindriques, disposés en grappes corymbiformes très-rameuses. L'involucre est composé de folioles inégales, imbriquées, un peu concaves, obtuses, les extérieures sont ovales; les intérieures, linéaires-oblongues, scarieuses sur les bords, de couleur rosée au sommet. Le réceptacle est presque plan, dépourvu de paillettes. L'aigrette est composée de nombreux poils roides; la corolle est gamopétale, glanduleuse, à 5 dents, à tube s'évasant graduellement de la base au sommet. Les étamines, au nombre de 5, sont unies par les anthères qui se prolongent au sommet en un appendice lancéolé obtus. L'ovaire est infère, uniloculaire, uniovulé, surmonté d'un style dépassant le tube de la corolle, hérissé de petits poils à sa base, divisé au sommet en deux branches stigmatifères pubescentes, cylindracées, obtuses, arquées, convergentes par le haut. L'akène est oblong, à 5 côtes saillantes, de couleur noire, muni de glandes résineuses, couronné d'une aigrette de longs poils blancs dentelés, disposés sur un seul rang.

Habitat. — L'eupatoire à feuilles de Chanvre est très-commune dans toute la France ; elle croît sur le bord des eaux et dans les lieux marécageux.

Culture. — Cette plante n'est cultivée que dans les jardins botaniques; on la récolte à l'état sauvage pour l'usage médical.

Parties usitées. — Les racines, les feuilles, rarement les fruits.

Récolte. — La racine d'eupatoire à feuilles de Chanvre doit être récoltée au printemps ; on la lave pour en séparer la terre, et on la fait sécher. Elle est fibreuse et blanchâtre; plus active à l'état frais qu'à l'état sec. La plante doit être cueillie un peu avant la floraison. On emploie le plus souvent les sommités fleuries, prises au moment où les boutons floraux commencent à se montrer. En Russie on a employé les fruits que l'on récolte à leur maturité; on les sépare de l'aigrette, et on les fait sécher.

Composition chimique. — Toutes les parties de la plante ont une odeur faiblement aromatique, une saveur amère et piquante.

D'après M. Boudet (*Bull. de pharm.*, t. III, p. 97), la racine d'eupatoire contient de l'amidon, une matière animale, une huile volatile, de la résine, un principe amer, âcre, du nitrate de potasse, du malate et du phosphate de chaux, de la silice et des traces de fer.

M. Righini (*Journal de pharmacie*, t. XIV, p. 623) a trouvé dans les feuilles et les fleurs de l'eupatoire un principe qu'il a nommé *eupatorine*, et qu'il croit être un alcali organique : c'est une poudre blanche, d'une saveur amère et piquante, insoluble dans l'eau, soluble dans l'éther et dans l'alcool absolu; elle forme avec l'acide sulfurique un sel qui cristallise en aiguilles soyeuses.

Usages.—L'eupatoire était connue des anciens. Dioscoride, Galien, Paul d'Égine et surtout Avicenne en font mention. L'infusion des feuilles et des fleurs est indiquée par les vieux auteurs comme utile dans les obstructions. D'après Ferrein (*Mat. méd.*, t. III, p. 191), elle convient pour combattre l'engorgement splénique qui accompagne ou qui suit les fièvres intermittentes. En Russie on emploie les fruits contre la rage. Martius (*Bull. des sciences médicales de Férussac*, t. XIII, p. 355) dit qu'on applique l'eupatoire en cataplasmes résolutifs contre l'hydrocèle et les tumeurs.

La racine d'eupatoire est purgative et vomitive. Gessner dit avoir constaté ses propriétés diurétiques. Loiseleur-Deslongchamps assure n'en avoir obtenu aucun effet à la dose de 3 grammes; mais Chomel (*Hist. des plantes usuelles*, t. II, p. 167) a mieux réussi en portant la dose jusqu'à 60 grammes; il la donnait en infusion dans du vin blanc. Ces différences d'action peuvent tenir, d'après M. Guersant, à ce que cette racine aurait été recueillie à différentes époques. D'après Roques, les habitants des campagnes l'emploient contre l'hydropisie. Tournefort et Boerhaave en faisaient usage contre la chlorose, les engorgements abdominaux, etc. Dubois de Tournay affirme qu'elle est utile dans la grippe et la toux opiniâtre. M. Cazin dit en avoir retiré de bons effets contre les engorgements abdominaux, et, en lotions, contre les infiltrations cellulaires.

Nous citerons en outre plusieurs Eupatoires exotiques : l'Eupatoire à feuilles d'Arroche (*E. atriplicifolium* Vahl, *E. triangulare* Poir.) des Antilles, vulgairement *Herbe au chat*, *Langue de chat*, employée, aux colonies, comme emménagogue, apéritive et vulnéraire; l'Eupatoire Ayapana (*E. Aya-Pana* Vent., *E. triplinerve* Vahl) du Brésil, dont les racines, quoique peu usitées, ont été vantées comme alexitères, les feuilles comme stomachiques et pectorales (voir au mot AYAPANA, t. I, p. 138) ; l'Eupatoire crénelée (*E. crenatum* Gomès) du Brésil, vulgairement *Herbe aux serpents*, employée, en Amérique, en boissons et en applications locales, contre la morsure des serpents; l'Eupatoire Dalea (*E. Dalea* L., *Dalea fruticosa* Brown, *Critonium Dalea* D. C.) de la Jamaïque, dont les Espagnols substituent les feuilles sèches à la vanille dont elles ont l'odeur; l'Eupatoire Guaco (*Eupatorium Guaco* H. B. K., *E. saturæfolium* Lamk, *Mikania Guaco* W.) qui a été indiquée contre le choléra et la fièvre jaune; dont les feuilles fraîches et leur suc sont usités contre la morsure des serpents à sonnettes, et dont les feuilles sèches sont réputées stomachiques et vermifuges (voir au mot MIKANIER, t. II, p. 348); l'Eupatoire perfoliée (*E. perfoliatum* L., *E. connatum* Michx), de l'Amérique du Nord, indiquée, en son entier, comme diurétique, sudorifique, émétique, et employée en décoction comme fébrifuge aux États-Unis; l'Eupatoire à feuilles rondes (*E. rotundifolium* L.), vulgairement *Langue de vache*, aussi de l'Amérique du Nord, dont on a préconisé les feuilles en infusion dans la consomption; l'Eupatoire à feuilles de Sophie (*E. Sophiæfolium* L.) d'Amérique, qui passe pour jouir de propriétés astringentes, et dont on administre le suc des feuilles comme tonique, apéritif dans les affections du foie; l'Eupatoire à feuilles de *Teucrium* (*E. Teucrifolium* W.) d'Amérique, dont les feuilles sèches, très-usitées dans le sud des États-Unis, se donnent en infusion comme toniques et fébrifuges; enfin l'Eupatoire aromatique (*E. aromatisans* D. C.) de Cuba, qui sert à aromatiser les cigares de la Havane. (Voir, comme il a déjà été dit ci-dessus, aux mots AYAPANA, t. I, p. 138, et MIKANIER, t. II, p. 348.)

EUPHORBE RÉSINIFÈRE

Euphorbia resinifera Berg.
(Euphorbiacées-Euphorbiées.)

L'Euphorbe résinifère qui fournit la gomme résine d'Euphorbe est une jolie plante à port de Cactées, atteignant jusqu'à deux mètres de haut et plus, dressée, charnue, quadrangulaire, dépourvue de feuilles véritables. Les quatre angles de la tige font une saillie très-prononcée; ils sont munis de distance en distance d'épines droites, horizontales, dures, longues de 10 à 15 millimètres, disposées par paires divergentes à leurs extrémités, confluentes à la base où elles sont réunies sur un disque ovale, subtriangulaire. Les épines représentent les stipules qui existent à la base des feuilles d'un certain nombre d'Euphorbiacées; mais entre elles on ne voit pas la moindre trace de feuille véritable ou transformée. Au-dessus de chaque paire d'épines, il existe une petite dépression qui marque la place d'un bourgeon.

Les fleurs sont disposées au sommet des rameaux en petites cymes ordinairement triflorées, courtement pédiculées. Elles sont petites, régulières ou un peu irrégulières, munies d'un calice en forme d'involucre, ou de glandes alternes avec les sépales, d'étamines peu nombreuses, à filets articulés et d'un ovaire longuement stipité, arrondi, triloculaire. Le fruit est une capsule à trois loges ne contenant chacune qu'une seule graine.

Quelques autres espèces du genre Euphorbe, notamment les *Euphorbia officinarum* L., *Canariensis* L., *antiquorum* L., ont un port analogue à celui de l'espèce précédente et ont été considérées comme fournissant de la résine; mais d'après Berg, l'*E. resinifera* seul aurait cette faculté.

HABITAT. — L'*Euphorbia resinifera* habite le Maroc, sur les pentes inférieures de l'Atlas, dans la province de Suse.

RÉCOLTE. — Dioscoride et Pline ont décrit la récolte de la résine d'euphorbe sur l'Atlas, en Afrique. D'après Pline, le nom de la drogue viendrait de celui d'un médecin de Mauritanie, Euphorbe, attaché au service de Juba II. Le monarque avait laissé des ouvrages sur l'opium et sur la gomme-résine d'euphorbe qui étaient répandus à l'époque de Pline.

Culture. — Ces euphorbes exigent, sous nos climats, la serre tempérée ou une orangerie bien éclairée, et une terre sèche et légère. On les propage de graines, semées sur couche chaude ou sous châssis, et mieux de boutures faites avec des rameaux ou mamelons. On doit les arroser très-modérément.

Parties usitées. — La gomme-résine ou cire-résine, qu'on obtient par incision.

Actuellement, on récolte la résine d'euphorbe dans les districts situés à l'est et au sud-est de la ville de Maroc. Pour l'obtenir, on pratique sur la tige des incisions par lesquelles s'écoule un suc blanc laiteux, très-abondant. Ce latex se dessèche rapidement à l'air le long de la tige. La résine est tellement âcre, que les collecteurs sont obligés, pour se mettre à l'abri de sa poussière, de se couvrir la bouche et les narines.

La plus grande partie de la résine d'euphorbe qui entre dans le commerce européen est expédiée de Mogador. La plus grande partie est dirigée vers l'Angleterre où il en entre des quantités relativements considérables. En 1870, l'importation de cette drogue dans le Royaume-Uni fut, en effet, de 12 quintaux. En France on n'en fait presque pas usage.

Composition chimique. — La gomme-résine d'euphorbe a été analysée par Braconnot, Pelletier, Brandes et Flückiger. D'après ce dernier, elle contient : 1° Une résine amorphe qui a pour formule $C^{20}H^{32}O^{4}$ et qui se dissout facilement dans l'alcool contenant jusqu'à 30 pour 100 d'eau ; c'est à elle que la drogue doit son extrême acreté ; sa réaction est neutre. 2° Un principe cristalisable, l'*Euphorbone*, $C^{26}H^{44}O^{2}$, déjà trouvée, par Buchner et Herberger. L'euphorbine peut être obtenue, par des cristallisations répétées, à l'état de cristaux incolores et insipides ; elle est insoluble dans l'eau, soluble dans l'alcool, l'éther, le chloroforme, la benzine, l'acide acétique, l'acétone. 3° Une forte proportion de mucilage est précipité par l'acétate neutre de plomb, le silicate et le borate de sodium, ce qui le distingue de la gomme arabique. 4° Des malates acides de calcium et de sodium.

Quoique la gomme-résine d'euphorbe soit légèrement aromatique, M. Flückiger n'a pu en retirer aucune trace d'essence, même par la distillation de dix livres de drogue.

D'après Flückiger, l'euphorbone serait analogue à la lactucérine, par la plupart de ses caractères et surtout par la réaction suivante : Quand on verse une couche mince de dissolution alcoolique d'euphorbone dans une capsule en porcelaine et qu'on y ajoute quelques gouttes d'acide sulfurique, puis une goutte d'acide azotique, il se produit une belle coloration violette. Le même phénomène se produit avec la lactucérine.

Usages. — La résine de l'*Euphorbia resinefera* est un poison irritant et caustique, extrêmement violent; on en fait peu usage dans la pratique médicale. Elle constitue un purgatif drastique énergique ; on l'employait autrefois, à la place des cantharides, pour produire la vésication, mais elle irrite très-fortement la vessie. Bichat la conseillait comme sternutatoire, mêlée à la poudre de fleurs de muguet qui jouit de la même propriété. En Angleterre elle est recherchée en ce moment, d'après Flückiger et Hanbury comme ingrédient des peintures de la marine.

Dans la médecine indienne, on fait usage de diverses autres euphorbes. On emploie notamment la résine de l'*Euphorbia antiquorum* L. comme vésicante, drastique et émétique; on emploie au même usage le suc frais des *E. Cattinandoo* Ell. et *Tirucalli L.* Le suc frais de cette dernière espèce est utilisé surtout pour produire la vésication de la peau. Sur la côte du Malabar on l'administre, mélangé à du beurre, comme purgatif. Le suc des feuilles de l'*E. nivulia* Buch est administré comme purgatif; mêlé à l'huile de margosa, il sert à faire des frictions contre le rhumatisme. Les feuilles et les graines de l'*E. thymifolia* L. sont légèrement aromatiques et astringentes; on les administre comme vermifuges. L'E. *ligularia* Roxb. est considéré comme une plante sacrée; son suc et sa racine sont employés contre les morsures des serpents venimeux.

On a récemment proposé pour le traitement des cancers, cancroïdes, épithéliomas, etc., le suc d'une Euphorbe du Brésil, connue sous le nom d'*Alvélos* et qui paraît être l'*Euphorbia insulana* Well. Ce suc est très-actif; il détruit rapidement les tissus morbides. (Voy. *Nouv. remèdes*, 1885, n° 3, p. 64.)

On préconise en ce moment contre les accès de dyspnée qui accompagnent la bronchite et l'emphysème l'extrait hydroalcoolique d'*Euphorbia pilulifera* (*Nouv. Rem.*, 1885, p. 218).

EUPHORBE PILULIFÈRE

Voyez le *Supplément* du T. II.)

EUPHRAISE

Euphrasia officinalis L.
(Scrofulariacées-Rhinanthées.)

L'Euphraise officinale, appelée aussi des noms vulgaires de Casse-lunette, Herbe à l'ophthalmie, Luminet, etc., est une petite plante annuelle pubescente, haute de $0^m,05$ à $0^m,30$, considérée comme parasite par M. Decaisne. Sa tige est dressée, grêle, cylindrique, rameuse dès la base. Les feuilles sont sessiles, d'un vert gai, ovales, dentées, à dents obtuses dans les feuilles inférieures; les feuilles florales sont plus petites, ovales, à dents plus profondes et acuminées. Les fleurs sont presque sessiles, solitaires à l'aisselle des feuilles supérieures, blanches ou lilas, veinées de violet. Le calice est velu, glanduleux, gamosépale, à tube marqué de cinq côtes saillantes, divisé en quatre lobes lancéolés-acuminés. La corolle est un peu velue, gamopétale à deux lèvres, dont la supérieure, un peu en casque, est large, échancrée en deux lobes court-dentés et à palais jaune; l'inférieure est à trois lobes, maculée de jaune à sa base. Les étamines, au nombre de quatre, sont didynames, plus courtes que le casque, à anthères inégalement mucronées inférieurement, plus longuement aristées dans les deux étamines les plus courtes; de couleur brunâtre, chargées de poils le long de la ligne de déhiscence. L'ovaire est libre, à deux loges, surmonté d'un style filiforme, terminé par un stigmate en tête. Le fruit est une capsule, velue supérieurement, à deux loges polyspermes, ovoïde-oblongue, comprimée du côté de la cloison, s'ouvrant en deux valves bifides. Les graines sont ovoïdes-allongées, longitudinalement striées et parcourues dans la longueur par un raphé saillant.

Habitat. — Cette espèce est indigène à toute la France; elle croît dans les prairies, les pelouses sèches et le bord des bois.

Culture. — L'euphraise n'est pas cultivée pour le commerce des plantes officinales. Sa culture offre de grandes difficultés.

Parties usitées. — Les sommités fleuries.

Récolte. — On doit cueillir la plante avant le parfait épanouissement des boutons ; sa dessiccation, comme d'ailleurs celle de toutes les Pédiculariées, se fait avec difficulté ; il faut avoir soin de réunir les euphraises en petits paquets peu serrés qu'on enveloppe de papier ; on les dispose ensuite en guirlandes, et on les fait sécher au soleil. Malgré toutes ces précautions, l'euphraise présente toujours une teinte noire assez prononcée ; elle s'altère rapidement en vieillissant.

Composition chimique. — L'odeur de l'euphraise est douce et agréable ; elle se développe par la friction ; sa saveur est un peu amère et astringente ; elle est riche en tannin ou plutôt en *quercitron ;* car elle noircit fortement les sels de fer, et elle ne précipite pas la solution de gélatine. L'eau distillée en est laiteuse, aromatique, agréable.

Usages. — Le nom de cette plante (*Euphrasia*) exprime la joie, le plaisir. Les Anglais la nomment *Eye-bright* (Lumière de l'œil). On l'a, en effet, regardée comme propre à guérir les maladies des yeux. D'après Chaumeton, la tache jaune qu'on observe sur ses fleurs a la forme d'un œil, et à l'époque où l'étrange système des signatures était en vigueur, on en avait conclu que l'euphraise devait être un remède souverain dans la maladie des yeux ; de là le nom de *Casse-lunette* qui lui était donné.

Aujourd'hui l'euphraise est très-peu usitée, pour ne pas dire complètement abandonnée.

EVONYMUS

(Voyez le *Supplément* du T. II.

EXACUM

(Voyez le *Supplément* du T. II.)

EXOSTEMA

Exostema longiflorum caraction et *caribæum* Röm. et Sch.
(Rubiacées-Cinchonées.)

L'Exostème à longues fleurs (*E. longiflorum* Römer et Sch., *Cinchona longiflora* Lamb.) est un arbre d'environ 10 mètres de hauteur, à feuilles opposées, linéaires-lancéolées, atténuées aux deux extrémités, glabres, munies de stipules interpétiolaires. Les fleurs, blanc-rosé, odorantes, sont solitaires à l'extrémité de courts pédoncules axillaires. Elles présentent un calice ovoïde, à cinq dents longues, lancéolées-linéaires; une corolle à tube cylindrique, court, à limbe partagé en cinq lobes linéaires; cinq étamines, insérées sur la gorge de la corolle et alternant avec ses divisions, à anthères linéaires, saillantes; un pistil à ovaire infère, à deux loges multiovulées, couronné par un disque charnu, et surmonté d'un style filiforme, terminé par un stigmate en massue. Le fruit est une petite capsule, couronnée par le limbe du calice, divisée en deux loges qui contiennent chacune plusieurs graines imbriquées, arrondies, à albumen charnu, et entourées d'une aile membraneuse.

L'Exostème Caraïbe (*E. caribæum* R. et Sch., *Cinchona caribæa* L., *C. jamaicensis* Jacq.) vulgairement Quinquina caraïbe, Quinquina des Antilles, Bois-chandelle, Poirier de montagne, diffère surtout du précédent par sa taille plus petite, de 6 à 7 mètres; ses feuilles ovales-lancéolées, acuminées; ses fleurs blanches; son calice à cinq dents obtuses; sa corolle plus longue.

L'Exostème à fleurs nombreuses (*E. floribundum* Röm., *Cinchona floribunda* Swartz, *Cinchona Santæ-Luziæ* Davids., *Cinchona montana* Badier, etc.), qui donne une écorce dite *Écorce de Sainte-Lucie*, *Quinquina de Montagne*, *Quinquina-Badier*, *Quinquina de Saint-Domingue*, *Quinquina-Piton*, des pitons de montagne où elle se trouve, est un arbre de 10 à 13 mètres, découvert, en 1742, par Desportes, à Saint-Domingue, à feuilles courtement pétiolées, toutes glabres, très-ouvertes, longues de 14 à 16 centimètres, elliptiques-lancéolées; à stipules oblongues, obtuses, engaînantes; à panicule terminale très-étendue, à rameaux glabres, comprimés; calice à dents subulées très-petites, corolle glabre; tube long de 27 centimètres; limbe à 5 divisions longues et linéaires; filets et style capillaires, aussi longs que les divisions du limbe; stigmate ové, indivis ; capsule obovée, glabre.

Habitat. — Les *Exostema* croissent dans les régions chaudes de l'Amérique. L'exostème à longues fleurs est indigène de la Guyane et de la province de Caracas, dans le Vénézuéla. Les exostèmes caraïbe et à fleurs nombreuses croissent aux Antilles.

Nous citerons en outre l'Exostème à feuilles étroites (*E. angustifolium* R. et Sch., *Cinchona angustifolia* Lamb.) ; l'Exostème coriace (*E. coriacea* R. et Sch., *Cinchona nitida* Ruiz et Pav., *Cinchona coriacea* Poir.); l'Exostème à petites fleurs (*E. parviflora* Richard, *Cinchona micrantha* Ruiz et Pav. ?), tous trois des Antilles ; l'Exostème austral (*E. australe* A. S. H.) et l'Exostème cuspidé (*E. cuspidatum* A. S. H.), tous deux du Brésil; l'Exostème du Pérou ou Quina de Mato (*E. peruvianum* Humb. et Bonpl., *Cinchona peruviana* Poir.), arbuste de 3 à 4 mètres, décrit dans les *Plantes équinoxiales* de Humboldt et Bonpland; l'Exostème de Philipps (*E. philippica* R. et Sch., *Cinchona philippica* Cav.); l'Exostème en corymbe (*E. corymbosa* Spreng.); l'Exostème à fleurs dissemblables (*E. dissimiliflora* R. et Sch.; *Cinchona dissimiliflora* Mutis), ces quatre derniers du Pérou ; l'Exostème linéaire (*E. lineata* R. et Sch., *Cinchona lineata* Vahl), de Saint-Domingue ; l'Exostème brachycarpe (*E. brachycarpa* R. et Sch., *Cinchona brachycarpa* Lamb.), de la Jamaïque.

Culture. — Peu cultivés dans leur pays natal, les *Exostema* ne se trouvent, en Europe, que dans les serres chaudes des jardins botaniques. Ils exigent une chaleur constante et une terre substantielle. On les multiplie de boutures tenues sur couche chaude ou dans une bonne tannée.

Parties usitées. — Les écorces.

Récolte. — Les *Exostema* sont rangés parmi les faux Quinquinas. Leurs écorces portent les noms de Quinquina-Piton ou de Sainte-Lucie (*E. floribundum* R. et Sch.) ; de Quinquina Caraïbe (*E. caribæum* R. et Sch.) ; de Quinquina du Pérou ou *Quina de Mato* (*E. peruviana* H. et B.); de Quinquina-Piauhi ou du Brésil (*E. Souzanum* Mart.). L'écorce de ce dernier, au rapport de M. Guibourt, a été quelquefois reçue sous le nom d'*Esenbeckia febrifuga* Mart. (*Evodia febrifuga* A. S. H.); arbuste de la famille des Rutacées; M. Guibourt pense que c'est une erreur et que cette écorce ne saurait être celle de l'*Esenbeckia febrifuga*, parce qu'elle est semblable à tous égards au Quinquina caraïbe.

Le Quinquina-Piton se trouve dans le commerce sous différentes formes. Tantôt c'est une écorce roulée, cylindrique, grosse comme le doigt, recouverte d'un épiderme variable; tantôt cet épiderme est d'un gris foncé, très-mince, ridé longitudinalement; tantôt il est recouvert de plaques cryptogamiques, blanches et tuberculeuses, et marquées de légères fissures transversales; d'autrefois enfin, il est épais, fongueux, crevassé, blanchâtre à l'extérieur, jaunâtre à l'intérieur. Dans tous les cas, l'écorce elle-même est mince, légère, très-fibreuse, sans ténacité, facile à déchirer ou à fendre dans le sens de sa longueur. Sa cassure est d'un gris jaunâtre, mais sa surface interne est d'une couleur plus ou moins noire, entremêlée de fibres blanches longitudinales; son odeur, quoique faible, est nauséabonde; sa saveur est excessivement amère et désagréable; elle donne une poudre d'un brun terne; elle possède une propriété vomitive. (Guibourt, *Hist. des drogues simples*, 4e édit., t. III, p. 172.)

M. Guibourt décrit un autre Quinquina-Piton, que nous avons trouvé souvent dans les collections; les écorces en sont très-minces et très-larges; leur surface est lisse ou faiblement chagrinée; elles sont d'un gris sombre ou rougeâtre; la poudre est d'un brun pâle ou blanchâtre. Quelquefois on y trouve des écorces plus épaisses, mais ayant le même aspect; elles paraissent appartenir au tronc.

Le Quinquina Caraïbe (*E. caribæum*) a été décrit par Murray. L'écorce sèche du tronc est en fragments un peu convexes, d'une ligne et demie d'épaisseur, recouverts d'un épiderme profondément gercé, jaunâtre, spongieux, friable; le liber est dur, fibreux, d'un brun verdâtre, formé de fibres plates qui se séparent facilement les unes des autres. Dans une autre variété, décrite par M. Guibourt, laquelle paraissait appartenir à des branches plus jeunes, la cassure était nette, non fibreuse, d'un jaune orangé foncé.

Le Quinquina du Pérou, décrit par M. Guibourt, a été trouvé chez André Thouin, professeur au Jardin des Plantes de Paris. Il se rapporte à des descriptions faites par MM. de Humboldt et Bonpland dans leur beau livre des *Plantes équinoxiales*. Cette écorce, qui a presque l'apparence de celle du Cerisier, est lisse, luisante, d'un gris sombre, parsemée de petits tubercules blancs, ou couverte d'un épiderme mince et cendré, sur lequel se dessinent de petits cryptogames noirs, linéaires et quelques *Verrucaria*. Le liber est vert, mince, fibreux ; la poudre est verdâtre ; elle est amère, un peu sucrée ; son odeur est nauséabonde.

Le Quinquina du Brésil ou de Piauhi est une écorce tout à fait semblable au Quinquina Caraïbe. Nous avons déjà dit que M. Guibourt ne pensait pas que cette écorce fût produite par l'*Esenbeckia febrifuga*. Il l'attribue plutôt à un *Exostema*. Le liber en est fibreux, brunâtre ou verdâtre; il est amer; il colore la salive en jaune.

Composition chimique. — Le Quinquina-Piton a été analysé par Fourcroy (*Annales de Chimie*, t. VIII, p. 113). MM. Pelletier et Caventou, qui l'ont aussi soumis à quelques essais, n'y ont pas trouvé d'alcaloïde. Macéré dans l'eau, il donne un liquide rouge très-foncé, très-amer, ne rougissant pas le tournesol, présentant plutôt une réaction alcaline.

M. Buchner a extrait du Quinquina du Brésil un alcali organique, qu'il a nommé *esenbeckine*. Gomès prétend y avoir trouvé de la *cinchonine*.

Usages. — Quoique réputées fébrifuges dans les lieux de production, les écorces des *Exostema* sont loin de mériter cette réputation. Elles sont très-amères et agissent comme telles. (Voir l'article Quinquina blanc, lequel traite au long des faux Quinquinas, t. III, p. 158-162, de la *Flore médicale*.)

FABAGELLE

Zygophyllum Fabago L.; *Fabago alata* Mœnch.
(Rutacées-Zygophyllées.)

La Fabagelle officinale, appelée aussi Faux-Câprier, est une plante vivace, à racine épaisse au collet, rameuse et blanchâtre. Les tiges, hautes de $0^{m},70$ à 1 mètre, cylindriques, un peu grêles, droites, rameuses, glabres, verdâtres, portent des feuilles opposées, pédalées, à pétiole assez court, accompagné de deux petites stipules géminées, terminé par une pointe subulée, et muni de deux folioles latérales, planes, entières, lisses, vertes, un peu charnues. Les fleurs, axillaires ou terminales, naissant ordinairement par deux à chaque nœud, sont portées sur des pédoncules simples plus courts que les feuilles; elles ne s'ouvrent que médiocrement et paraissent un peu irrégulières. Le calice est à cinq folioles ovales ou oblongues; la corolle, à cinq pétales oblongs, obtus, un peu plus longs que le calice, d'un rouge orangé à la base et blanchâtre au sommet. A l'intérieur, on trouve dix étamines inclinées latéralement, ainsi que le style, et un ovaire oblong, prismatique, présentant à l'intérieur cinq angles, et divisé en cinq loges qui renferment plusieurs graines anguleuses (Pl. 5).

Habitat. — Cette plante est originaire de la Syrie, de la Mauritanie et des régions voisines. On la trouve surtout dans les lieux secs. Elle peut croître en pleine terre jusque sous le climat de Paris.

Culture. — La fabagelle officinale n'est cultivée que dans les jardins botaniques ou d'agrément. Elle demande une exposition chaude, une terre sablonneuse et sèche, car elle craint surtout l'humidité. On la propage de graines, de boutures ou d'éclats.

Nous nommerons aussi : les Fabagelles à feuilles de Pourpier (*Zygophyllum portucaloides* Forsk.; *Z. simplex* L.), originaire d'Arabie; écarlate (*Z. coccineum* L.; *Z. desertorum* Forsk.), d'Afrique; et la Fabagelle en arbre (*Z. arboreum* L.), d'Amérique.

Parties usitées. — Les feuilles, les bourgeons, la racine, les graines, et, dans la fabagelle en arbre, le bois.

Composition chimique. — L'analyse de la fabagelle n'a pas été faite; les feuilles renferment un suc âcre et très-amer.

Usages. — Autrefois la fabagelle officinale était usitée comme vermifuge et antivénérienne ; elle n'est plus employée dans la médecine française. Dans certains pays on confit ses bourgeons dans du vinaigre, en guise de câpres. Le suc des feuilles de la fabagelle à feuilles de pourpre, plante qui a été aussi donnée comme vermifuge, est usité comme ophthalmique chez les Arabes, qui l'emploient en outre pour faire disparaître les taches de la peau. Les semences aromatiques de la fabagelle écarlate servent de poivre en Arabie. On dit que le bois, très-dur, de la fabagelle en arbre peut remplacer le Gayac. Les Hottentots regardent la fabagelle herbacée comme un poison pour leurs troupeaux.

FENOUIL

Fœniculum officinale All. *Anethum Fœniculum* L.
(Ombellifères-Sésélinées.)

Le Fenouil officinal, Fenouil doux majeur, appelé aussi Aneth ou Anis doux, est une plante bisannuelle ou vivace, à racine fusiforme, allongée, de la grosseur du doigt, ronde et blanchâtre. Les tiges, hautes de 1 à 2 mètres, cylindriques, fistuleuses, rondes ou légèrement aplaties, glabres, lisses, un peu striées, d'un vert gai ou glauque, rameuses, dressées, portent des feuilles alternes, très-grandes, à pétiole membraneux et largement embrassant, à limbe plusieurs fois ailé, à divisions principales opposées, découpées en un grand nombre de segments simples, capillaires, subulés, d'un ver plus foncé que la tige. Les fleurs, jaunes et petites, sont groupées en ombelles terminales, composées d'une douzaine de rayons, dépourvues d'involucre et d'involucelles. Elles présentent un calice à cinq dents très-petites; une corolle à cinq pétales entiers, égaux, repliés en dedans au sommet; cinq étamines très-longues, étalées; un ovaire simple, à deux loges uniovulées, surmonté de deux styles courts. Le fruit, presque cylindrique, se compose de deux akènes oblongs, à cinq côtes saillantes, presque égales.

Habitat. — Le fenouil croît dans les régions chaudes et tempérées de l'Europe; on le trouve surtout dans les lieux secs. Cultivé depuis longtemps dans les jardins, et quelquefois dans les vignes, il a produit plusieurs variétés.

Culture. — Le fenouil vient bien dans tous les sols; il préfère cependant une terre sèche, légère et chaude. On le propage de graines semées en place. Il se ressème ensuite de lui-même. Le fenouil doux d'Italie se cultive comme le Céleri; mais il ne tarde pas à perdre en France les qualités qui le distinguent dans son pays natal. Aussi est-il bon de faire venir tous les ans de nouvelle graine de ce pays.

PARTIES USITÉES. — Les fruits (improprement semences), les racines, rarement les feuilles.

HISTOIRE et RÉCOLTE. — On doit à M. Guibourt (*Histoire des drogues simples*, t. III, p. 209-215, édit. de 1850) les meilleurs éclaircissements sur les Fenouils en général, plantes qui, bien que connues de toute antiquité, étaient naguère encore enveloppées de beaucoup d'incertitudes et surtout de contradictions. Il ne paraît pas douteux pour M. Guibourt que le *Marathron* de Dioscoride et le *Marathrum* de Pline et de Galien, ne soient des fenouils. Gaspard Bauhin (*Pinax theatri botanici*, 1671) compte sept espèces de fenouil; mais la plupart des auteurs n'en ont nettement désigné que deux : l'une à tige plus élevée, à akènes plus petits, âcres et bruns; l'autre à tige plus basse, à akènes plus gros, pâles et sucrés. A.-P. De Candolle, dans son Prodrome, divise le fenouil en trois espèces, qui sont : le Fenouil commun (*Fœniculum vulgare* Gaertn.), le Fenouil doux (*F. dulce* Gasp. et Jean Bauhin), et le Fenouil poivré (*F. piperitum* D.C.). Enfin, MM. Mérat et Delens (*Dictionnaire de mat. méd. et de thérap.*, t. III, p. 270, édit. de 1831) signalent quatre espèces de fenouil, à savoir : le Fenouil commun (*F. vulgare*), grande Ombellifère dont les fruits sont connus sous les noms de *fenouil noir* et de *fenouillet;* le Fenouil de Florence ou Fenouil officinal (*F. officinale*); le Fenouil doux (*F. dulce* des deux Bauhin et de De Candolle), et le Fenouil poivré (*F. piperitum* D. C.).

Mettant fin à ces contradictions et incertitudes, M. Guibourt (*Hist. des drog. simples*, t. III, p. 212), s'exprime ainsi : « 1° Le fenouil officinal de Mérat et de Delens est très-certainement le fenouil doux de Gaspard Bauhin, dont on a eu tort de faire une espèce distincte; 2° le fenouil officinal des mêmes auteurs paraît être non moins sûrement celui d'Allioni, qu'Allioni lui-même fait synonyme du *Fœniculum dulce* de Bauhin ; donc M. De Candolle aurait dû se dispenser de séparer le *Fœniculum officinale* d'Allioni du *Fœniculum dulce*, pour le joindre au *Fœniculum vulgare*. »

Ces préliminaires posés, M. Guibourt ayant réuni les diverses espèces ou variétés de fenouil que l'on peut trouver dans le commerce, établit les distinctions suivantes :

1° *Fenouil vulgaire d'Allemagne* (*Fœniculum vulgare germanicum* G. Bauhin), fruit entier, très-rarement divisé, cependant privé de son pédoncule, ovoïde-elliptique, long de 4 millimètres, large de moins de 2, surmonté de deux styles courts, très-épaissis à la base. Ce fruit est très-souvent droit, mais aussi souvent courbé en arc d'un côté par l'oblitération partielle ou par l'avortement d'un des carpelles. Il a une teinte générale d'un gris foncé; mais, à la loupe, il présente huit côtes linéaires un peu blanchâtres, dont deux doubles et plus grosses que les autres, et huit vallécules assez larges, noirâtres et à un seul canal oléifère. Il présente, lorsqu'on l'écrase, une odeur de fenouil forte et agréable, possède une saveur poivrée. On la cultive surtout près de Weissenfels, en Saxe.

2° *Fenouil âcre d'Italie* (probablement le *Fœniculum vulgare italicum, semine oblongo, gustu acuto,* de Gaspard Bauhin). Fruit presque semblable au précédent, mais d'une couleur beaucoup plus claire, tout à fait glabre, à côtes blanchâtres étroites et à vallécules verdâtres offrant un canal oléifère développé. Ce fruit, écrasé, présente une odeur forte qui se rapproche de celle du Cajeput; il a une saveur un peu âcre, non amère, très-aromatique, accompagnée d'un sentiment de fraîcheur.

3° *Fenouil doux majeur* (*Fœniculum dulce*, de Gaspard Bauhin; *Fœniculum dulce, majore et albo semine*, de Jean Bauhin; *Fœniculum officinale* All.). C'est le fenouil ordinaire du commerce, le véritable fenouil officinal, vulgairement Fenouil de Florence, parce qu'autrefois on le tirait des environs de cette ville. Il est très-cultivé dans le midi de la France, particulièrement aux environs de Nîmes. Fruit long de 10 à 15 millimètres, large de 3, de forme linéaire, quelquefois un peu renflé à la partie supérieure; il est pourvu de son pédoncule, qui forme presque toujours un angle marqué avec l'axe du fruit; il est toujours entier, cylindrique par conséquent, pourvu de huit côtes, dont deux doubles, toutes carénées au sommet, élargies à la base, laissant à peine apercevoir la vallécule. A proprement parler, il est cannelé; il est quelquefois droit, mais le plus souvent il est arqué d'un côté par l'avortement d'un des carpelles. Il est d'un vert très-pâle et blanchâtre, uniforme. Son odeur, douce et toujours agréable, devient plus forte par la friction; sa saveur, fort agréable également, est aromatique et sucrée.

4° *Fenouil doux mineur d'Italie* (*Fœniculum mediolanense* G.Bauh.; *Fœniculum dulce vulgari simile* J. Bauh.). Fruit long de 6 à 7 millimètres, épais de 2 et plus, quelquefois entier, droit ou recourbé, comme le précédent; le plus souvent séparé en deux méricarpes; côtes blanches, carénées au sommet, mais plus étroites que dans l'espèce précédente, et laissant apercevoir la vallécule renflée par le canal oléifère. Ce fruit, écrasé, dégage une odeur forte et franche de fenouil. Sa saveur est agréable et sucrée. Il ressemble beaucoup, à première vue, au fenouil âcre d'Italie, mais, indépendamment des caractères précédents qui l'en distinguent, il est plus large et d'une couleur générale plus pâle et plus blanchâtre.

5° *Fenouil amer de Nîmes*. Fruit plus petit que tous les précédents et presque semblable au Carvi; long de 3 à 4 millimètres, très-rarement de 5, entier ou ouvert, droit ou arqué, d'un vert brunâtre assez prononcé. Les côtes sont étroites, filiformes, d'un blanc verdâtre; les vallécules sont assez larges, d'un vert foncé, et offrent quelquefois l'apparence d'un second canal oléifère. Il présente en masse une odeur de fenouil vert, qui devient beaucoup plus forte quand on l'écrase. Sa saveur est amère et se joint à un goût aromatique et fort de fenouil. M. Guibourt, après avoir pensé que ce pouvait être le *Fœniculum semine rotundo minore* de Gaspard Bauhin, et avoir ensuite reconnu son erreur, se demande si ce ne serait pas le *Fœniculum sylvestre* du même auteur.

M. Guibourt, pour mieux déterminer les espèces précédentes, les a fait semer dans le jardin de l'École de pharmacie de Paris. Toutes ont levé, sauf le fenouil âcre d'Italie, et il a pu se convaincre de la valeur de ses distinctions.

De tous les fruits de fenouil qui viennent d'être décrits, le seul qui soit usité en pharmacie est le fenouil doux majeur (*Fœniculum officinale* All.). Il convient de le choisir gras, d'un vert pâle, et non jaunâtre ni brunâtre, comme il devient quand il est vieux ou altéré.

La racine de fenouil employée en pharmacie vient soit du fenouil vulgaire d'Allemagne, soit du fenouil doux majeur dégénéré qui, dans la plupart des jardins, prend la place du premier. Elle est formée d'une écorce fibreuse, blanchâtre, quelquefois ocreuse à sa surface, et d'un cœur ligneux, à couches concentriques. Son odeur est faible, douce, agréable. Sa saveur est celle de la carotte. Elle se distingue de la racine de persil par son cœur ligneux ; d'ailleurs elle est plus blanche.

Composition chimique. — Le fenouil doit son action stimulante à une huile essentielle répandue dans toutes les parties de la plante, et plus spécialement accumulée dans les conduits oléifères que l'on trouve dans les vallécules des fruits. Cette substance, que l'on sépare par distillation, est limpide comme de l'eau, d'une odeur très-suave, d'une pesanteur spécifique de 0,983 à 0,985. A 5 degrés au-dessus de 0, elle se dédouble en une essence isomérique avec l'essence de térébenthine et un stéaroptène cristallisable, l'*anéthol* ou *camphre d'anis*, $C^{10} H^{12} O$. Les fruits du Fenouil contiennent une petite quantité de sucre, et l'albumen renferme une huile fixe.

Usages. — Les fruits du fenouil étaient employés par Hippocrate pour augmenter la sécrétion du lait. On les considère comme toniques, stimulants, stomachiques, cordiaux et carminatifs. D'après Cullen, on les a employés, en Angleterre, contre la colique des enfants; on leur préfère en général le Coriandre et l'Anis. Seuls ou associés à d'autres substances, on les a autrefois prescrits comme emménagogues et fébrifuges. Ils entrent dans les électuaires de *Mithridate*, le *Philonium Romanum*, le *Diaphœnix*, le *Catholicon*, la *confection d'Hamech*, la *thériaque*, le *lénitif*, le *sirop de Stœchas*, l'*eau vulnéraire*. La racine fait partie, avec celles de Persil, d'Ache, d'Asperges et de petit Houx, des *cinq racines apéritives*. Elle entre dans l'*eau générale*, etc. Les fruits faisaient partie des *quatre semences chaudes majeures*. L'essence est prescrite quelquefois à la dose de 4 à 10 gouttes comme stomachique, cordiale et carminative. D'après Tragus et Arnaud de Villeneuve, les feuilles, en infusion ou sous forme d'eau distillée, jouissent de la réputation de conserver la vue. En cataplasmes ou en décoction dans l'eau et dans le vin, elles sont résolutives. A l'intérieur, les préparations de fenouil ont été autrefois prescrites contre la gastralgie, l'atonie de l'estomac et les coliques venteuses.

Les Italiens et les habitants de la Provence mangent les pétioles blancs et volumineux du fenouil cultivé, comme on fait en France le Carvi. On en use également, sans aucune préparation, comme des Artichauts à la poivrade. Au cap de Bonne-Espérance, on fait cuire ou rôtir les jeunes pousses. Les graines se confisent avec les cornichons. Toute la plante teint en jaune foncé. L'huile essentielle est très-employée en parfumerie. On met les graines du fenouil poivré dans les ragoûts comme condiment.

FENUGREC

Trigonella Fœnum-græcum L.
(Légumineuses - Lotées.)

Le Fenugrec, ou Trigonelle, appelé aussi Foin grec, Saine-grain, Sénégré, est une plante annuelle, à racine grêle, très-rameuse, fibreuse. La tige, haute de 0^m,35 environ, cylindrique, un peu creuse, striée, légèrement pubescente, dressée, presque simple, porte des feuilles alternes à pétioles courts, accompagnés de deux stipules entières, lancéolées, subulées, pubescentes, à limbe divisé en trois folioles ovales, oblongues, obtuses ou échancrées au sommet, dentelées sur les bords, glabres, d'un vert assez foncé en dessus, plus pâle et cendré en dessous. Les fleurs, d'un jaune pâle, sont sessiles, axillaires, solitaires ou géminées, dressées. Elles présentent un calice ubuleux, presque cylindrique, velu, un peu membraneux et transparent, à cinq divisions égales subulées et ciliées; une corolle papilionacée, beaucoup plus longue que le calice, comprimée latéralement, à étendard ovale, obtus, obcordé, comprimé et peu ouvert, à ailes rapprochées et obtuses, ainsi que la carène, qui est très-courte; dix étamines diadelphes, courtes, à anthères simples; un ovaire allongé, à une seule loge multiovulée, surmonté d'un style et d'un stigmate simples. Le fruit est une gousse très-longue, presque cylindrique, étroite, arquée, dressée, terminée en longue pointe conique, et renfermant une douzaine de graines oblongues, un peu comprimées, tronquées aux deux extrémités, bosselées et brunâtres.

Habitat. — Le fenugrec croît dans les régions méridionales de la France et de l'Europe; on le trouve surtout aux bords des champs. Il peut croître en pleine terre jusque dans nos départements du Nord.

Culture. — Cette plante demande une bonne exposition, une terre légère et chaude. Il suffit de semer ses graines en place, au printemps.

Parties usitées. — Les graines, la plante entière.

Récolte. — On récolte la graine à la maturité des fruits; elle doit être choisie grosse et récente, de couleur jaune, très-odorante; en vieillissant, elle perd son odeur et devient brune.

Composition chimique. — Deux principes dominent dans les graines de fenugrec : elles renferment environ trois huitièmes d'une matière mucilagineuse, et un principe actif d'une odeur très-agréable, analogue à celle du Mélilot et de la fève Tonka, qui appartiennent à la même famille, principe dont la nature est inconnue, mais qui pourrait bien être dû à la présence de la *coumarine*.

M. Bosson, pharmacien à Mantes, a trouvé dans le fenugrec une huile fixe et âcre, de l'acide malique, une huile volatile, une matière amère, une matière colorante jaune, et un principe aromatique.

Usages. — Le fenugrec était connu des anciens. Les Grecs et les Égyptiens le plaçaient au rang des meilleurs fourrages. Mésué le faisait entrer dans un looch et dans un sirop. Il a été, de tout temps, considéré comme émollient, résolutif, maturatif et adoucissant. On l'a employé en décoction, sous forme de lavements, contre la diarrhée, la dysenterie, et en général contre toutes les inflammations intestinales. A l'extérieur, il a été aussi utilisé en décoction, en raison de ses propriétés adoucissantes, contre les ophthalmies, les aphthes, les gerçures du mamelon; en cataplasmes, comme dépuratif, pour favoriser la résolution des phlegmons.

Les graines entrent dans l'Élæolé de fenugrec (autrefois *huile de mucilage*), qui lui-même est le principe aromatique de l'*onguent d'Althea*. Elles font partie des *farines émollientes*.

Dans le Levant, on mange les jeunes pousses de fenugrec. Du temps de Prosper Alpin, on leur attribuait, en Égypte, la propriété de faire engraisser. Les Arabes les considèrent comme un excellent stomachique et comme un spécifique contre la dysenterie.

La teinture et l'huile essentielle de fenugrec servent en parfumerie. La graine entre dans la composition d'un carmin factice. La décoction jaune donne sur la laine une couleur verte solide avec le sulfate de cuivre, une nuance olive avec les sels de fer, et avec la garance une nuance orange.

FERONIA

(Voyez le *Supplément* du T. II.)

FÉRULE A SAGAPENUM

Ferula Persica W. (?)
(Ombellifères-Peucédanées.)

Les Férules sont en général de grandes plantes herbacées, bisannuelles ou vivaces, à tige droite, fistuleuse, portant des feuilles alternes, dont le pétiole large et membraneux se termine par un limbe surdécomposé, à découpures menues, linéaires. Les fleurs, jaunâtres, sont disposées en ombelles terminales à rayons nombreux, entourées d'un involucre formé de quelques folioles membraneuses et caduques ; les ombelles latérales supérieures sont le plus souvent opposées ou ternées. Les ombellules, composées de fleurs régulières, toutes fertiles, sont entourées d'involucelles formés de folioles très-courtes et pointues. Chaque fleur présente cinq pétales presque égaux, cordés ou oblongs. Le fruit est ovale, comprimé, relevé, sur chaque face, de trois côtes longitudinales.

Le genre *Ferula* a été réuni par M. H. Baillon, dans son *Histoire des Plantes,* au genre *Peucedanum*, avec quelques autres genres également secondaires. Tel qu'il était autrefois constitué, il comprenait une douzaine d'espèces, presque toutes remarquables par le suc gommo-résineux, à odeur aromatique plus ou moins agréable, que sécrètent leurs tiges ou leurs racines, dans des canaux intercellulaires.

Nous avons déjà parlé du *Ferula* (*Peucedanum*), *Assa-fœtida*, et des autres espèces qui produisent la gomme-résine à odeur alliacée. (Assa-fœtida, t. Ier, p. 126.) Kindley a attribué au *F. tingitana* L. la gomme-résine *fusogh* ou *fasogh* de Tanger.

Nous ne parlerons ici que du *Ferula Persica* W., auquel on a attribué, sans que cela soit bien démontré, la gomme-résine connue sous le nom de *Sagapenum*.

Habitat. — Les férules sont des plantes propres aux régions chaudes et tempérées de l'ancien continent. Elles habitent surtout les bords du bassin méditerranéen.

Culture. — Ces plantes ne sont guère cultivées que dans les jardins botaniques ou d'agrément. Elles demandent une exposition chaude et éclairée, une terre légère, sèche et profonde. On les propage de graines, semées, autant que possible, en place aussitôt après leur maturité, ou au printemps, en terrines et sous châssis ; on arrose alors le semis, et on repique les jeunes plants dès qu'ils sont un peu forts.

Parties usitées. — Les sucs concrétés obtenus par incision, et formant diverses gommes-résines.

Récolte. — La férule de Perse est généralement regardée comme fournissant le *Sagapenum*, lequel était connu des anciens et figure dans plusieurs médicaments composés qu'ils nous ont laissés. Comme la résine de l'*Assa-fœtida*, le *sagapenum* est recueilli en Perse, en Médie, en Arabie, etc. Il se présente en masses et rarement en larmes; il est mou, demi-transparent, d'une couleur plus foncée que celle du galbanum, autre gomme-résine produite par des Férules (*Ferula galbaniflua*, *F. nubiscaulis* Boisd.). (Voy. Galbanum.)

Le sagapenum n'existe pour ainsi dire plus dans le commerce. C'est à peine si on en trouve à Bombay, où on l'apporte de la Perse.

La saveur et l'odeur du sagapenum sont analogues à celles de l'Assa-fœtida, mais beaucoup plus faibles. Il diffère encore de cette drogue en ce qu'il ne rougit pas au contact de l'air.

Le *sagapenum* se présente quelquefois en larmes arrondies, agglutinées, irrégulières, de la grosseur d'une noisette, légèrement transparente, d'une cassure cornée, d'une odeur résineuse, analogue à celle de la résine du Pin, un peu alliacée; il se ramollit par la chaleur, s'enflamme facilement et brûle avec beaucoup de fumée.

Enfin, on rencontre quelquefois dans le commerce un *sagapenum* très-impur, de couleur foncée, d'une odeur forte, qui arrive enveloppé dans des toiles bleues. On y trouve quelquefois mélangées des larmes de *Bdellium* et de Gomme ammoniaque, etc.

Composition chimique. — Le *sagapenum* est une gomme-résine ; le principe résineux y domine sur la gomme ; à la distillation, il fournit une huile volatile. Voici d'ailleurs la composition que lui a assignée M. Pelletier : résine, 54,26; gomme, 31,94; malate acide de chaux, 0,40 ; huile volatile et perte, 11,80; matière particulière à laquelle on attribue toutes ses propriétés, 0,60 ; bassorine, 1,00 (*Bulletin de pharm.*, t. III. p. 481).

Usages. — Le *sagapenum*, ou gomme séraphique, quelquefois aussi appelé *Serapinum*, a été employé comme emménagogue, antispasmodique et résolutif. Ferrein le regardait comme purgatif à la dose de 1 à 4 grammes. Il l'employait contre l'épilepsie, l'hystérie, etc. On s'en est servi à l'extérieur comme résolutif et maturatif. Les Grecs, les Romains et les Arabes, qui l'employaient aussi comme fondant, lui attribuaient la propriété d'activer les fonctions des organes digestifs. Il entre dans la thériaque et l'emplâtre de Diachylon gommé.

La *fausse gomme-ammoniaque de Tanger*, décrite par M. Guibourt (*Hist. des drog. simples*, t. III, p. 224-226), et qui, selon cet auteur, aurait été prise par Jackson pour la gomme ammoniaque vraie, serait produite, non pas, comme le dit Sprengel, par le *Ferula orientalis* L., mais bien, d'après M. Lindley, par le *Ferula tingitana* L. (Voir, pour plus amples renseignements, l'article Dorème, t. I, p. 470-473.)

FICAIRE

Ficaria ranunculoïdes Mœnch. L. *Ranunculus Ficaria* L.
(Renonculacées-Renonculées.)

La Ficaire, appelée aussi Éclairette, Grenouillette, Herbe aux hémorrhoïdes, Herbe du siége, Petite chélidoine, Petite Éclaire, Petite scrophulaire, Pissenlit doux, etc., est une petite plante vivace, à racines fibreuses, granuleuses, présentant des renflements tuberculeux, ovoïdes, charnus. La souche, très-courte ou presque nulle, donne naissance à plusieurs tiges ou hampes, longues de 0^m,10 à 0^m,20 au plus, lisses, couchées ou ascendantes et formant une large touffe. Elles portent des feuilles alternes, à pétiole élargi et engaînant à la base, à limbe cordiforme obtus, crénelé, anguleux, épais, luisant, très-glabre, d'un vert foncé en dessus, plus pâle en dessous. Les fleurs, jaune d'or, sont solitaires à l'extrémité de longs pédoncules axillaires et presque radicaux. Elles présentent un calice à trois sépales presque herbacés, caducs; une corolle de six à neuf pétales d'un beau jaune, souvent verdâtres en dehors, brièvement onguiculés et transparents à la base, munis intérieurement d'une fossette nectarifère cachée par une écaille; des étamines en nombre indéfini, libres et hypogynes, à anthères oblongues; un pistil composé d'ovaires nombreux, libres, à une seule loge uniovulée, disposés en capitule globuleux. Le fruit se compose de nombreux akènes obtus, portés sur un réceptacle arrondi (Pl. 6).

Habitat. — Cette plante se rencontre dans presque toute l'Europe et jusque dans le nord de l'Afrique. Elle habite surtout les prés humides, les lieux couverts et ombragés, les buissons, la lisière des bois, etc.

Culture. — On ne la cultive que dans les jardins botaniques ; elle demande un sol humide, et se propage très-facilement, soit de graines semées en place, soit d'éclats de pied.

Parties usitées. — Toute la plante, les racines.

Récolte. — La ficaire jouit de propriétés bien différentes, selon l'époque à laquelle on la récolte; très-jeune, elle peut être mangée en salade; dans le Nord on la vend en guise de pissenlit; plus âgée, on ne la mange que cuite; les racines, très-âcres avant la floraison, abondent plus tard en fécule et peuvent servir d'aliment. Galien et Dioscoride avaient remarqué que la ficaire devenait plus âcre en avançant en âge. Pour ses usages en médecine, on ne l'employait que fraîche; elle perd toutes ses propriétés par la dessiccation.

Composition chimique. — La ficaire exhale une odeur analogue à celle des Crucifères. Elle renferme un principe poivré, beaucoup moins âcre que celui des autres Renonculacées. Elle contient une matière volatile qui se dissipe ou se dissout par la coction.

Usages. — Boërhaave et Bulliard ont recommandé l'usage de la ficaire contre les hémorrhoïdes. Boërhaave employait contre cette maladie les racines et les feuilles pilées ; il en prescrivait aussi la décoction comme un remède puissant. Bulliard ordonnait les lotions pour apaiser les douleurs hémorrhoïdales. Il recommandait aussi de laver les ulcères invétérés avec le suc ou avec la décoction de ficaire. On employait encore cette plante en cataplasmes. C'était un préjugé populaire que les racines de ficaire, portées dans la poche, étaient un préservatif des hémorrhoïdes. L'odeur de la ficaire, analogue à celle des Crucifères, l'a fait longtemps conseiller comme antiscorbutique, purgative et diurétique. Enfin, on s'en est servi topiquement sur les tumeurs scrofuleuses, et ses racines ont été quelquefois employées comme rubéfiantes. La ficaire est aujourd'hui très-peu en usage dans la médecine.

Dans le Upland, on mange les feuilles de ficaire cuites en guise d'épinards. On confit aussi les boutons floraux dans du vinaigre pour tenir lieu de Câpres.

Les porcs recherchent les racines de la plante ; les abeilles butinent sur les fleurs ; les chèvres et les moutons broutent la ficaire ; les chevaux et les vaches la mangent, mais sans la rechercher.

FIGUIER

Ficus Carica L.
(Morées.)

Le Figuier est un arbre dont la tige peut atteindre la taille de 10 mètres, mais qui reste généralement beaucoup plus bas dans nos cultures. Elle se divise en nombreux rameaux, terminés par des bourgeons très-pointus, et portant des feuilles alternes, grandes, à pétiole cylindrique et pubescent, à limbe large, échancré en cœur à la base, palmé, à cinq lobes arrondis et obtus; épais, ferme, d'un vert foncé et luisant à la face supérieure, plus clair à l'inférieure, qui est couverte de poils rudes et courts, Les fleurs, monoïques, très-petites, blanchâtres, pédicellées, sont renfermées dans un involucre pyriforme charnu, dont elles occupent toute la face interne, et qui est muni, à la base, de deux ou trois petites écailles ; tandis que le sommet est percé d'un trou (*œil*) bouché par de nombreuses écailles scarieuses disposées sur plusieurs rangs. Les fleurs mâles, situées à la partie supérieure, présentent un calice à trois divisions, et trois étamines saillantes. Les fleurs femelles, beaucoup plus nombreuses, occupent le milieu et le fond du réceptacle, et présentent un calice à cinq divisions, un ovaire à une seule loge uniovulée, muni d'un style latéral terminé par un stigmate filiforme et bifide. Le fruit (ou ce que l'on désigne vulgairement sous ce nom) se compose du réceptacle, devenu épais et charnu, et de nombreux akènes très-petits (véritables fruits, vulgairement appelés *graines*) adhérant par des pédicelles charnus à la paroi interne du réceptacle.

HABITAT. — Les figuiers sont originaires de l'Asie. On en a trouvé des espèces en Amérique ; mais elles ne sont pas comestibles. Ils nous sont venus de l'Orient et paraissent avoir été introduits dans le midi de la France par les Phocéens. Le figuier est aujourd'hui cultivé en grand et en plein champ jusque sous le climat de Paris, où l'on connaît la figue d'Argenteuil. Dans nos départements du sud-ouest, dans ceux de l'ouest, particulièrement sur les côtes maritimes, dans le Maine-et-Loire, l'Indre-et-Loire, etc., les figuiers sont de la plus belle venue, pourvu qu'ils soient un peu abrités. Le figuier produit par la culture de nombreuses variétés dans la forme, le volume, la couleur, la qualité et l'époque de la maturité des fruits.

Culture. — Quoique le figuier s'accommode de toutes sortes de terres, il préfère cependant un sol sablonneux et doux. Il se multiplie de rejetons, de boutures, de marcottes et de tronçons de racines; mais le mode par rejeton est le plus court et le plus facile.

Parties usitées. — L'inflorescence fécondée et arrivée à maturité, nommée Figue.

Récolte. — Il y a deux sortes de figue, la *Figue-fleur* ou de printemps, et la *Figue d'été*. La première mûrit dans nos départements du Midi, selon les variétés plus ou moins hâtives, depuis le commencement de juin jusqu'au mois de juillet, et un peu plus tard dans les contrées du Nord; elle croît sur les rameaux de l'année précédente, et est d'ordinaire très-grosse. La seconde, ou d'automne, ne tarde pas à lui succéder, depuis le mois d'août jusqu'en septembre et octobre; elle est plus petite, plus succulente; si les gelées ne venaient pas en arrêter la production, elle donnerait encore durant tout le mois de novembre. Les figues du midi de l'Europe et de la France se conservent très-bien; celles des environs de Paris sont d'une moins bonne conservation. Les figues fraîches demandent, pour ainsi dire, à être mangées aussitôt après avoir été cueillies. Elles ne peuvent supporter le transport que quand on les cueille avant la maturité complète, et, dans cet état, elles ne sont pas bonnes à manger. Dans le Midi, on opère en grand la dessiccation des figues, qui forme une branche de commerce assez considérable. On les divise alors en trois classes : la figue grasse, la violette et la petite. Cette dernière est la meilleure. Les figues sèches se prennent parmi les variétés hâtives; on les place sous l'action la plus forte des rayons solaires, et lorsqu'elles sont à point, on les met dans des corbeilles que l'on dépose dans un lieu sec. La variété de figues à préférer pour l'usage médical est la figue monissonne, moissonne ou mouissonne; elle est petite, à peau d'un bleu violacé, très-fine, souvent crevassée, hâtive et délicate; on en fait deux récoltes dans le Sud-Est. (Voir pour les autres variétés et pour d'autres détails, l'article Figuier, dans l'*Horticulture potagère et fruitière*, qui fait partie du *Règne végétal*, p. 562 à 570.)

Composition chimique. — Les figues contiennent du sucre analogue à celui du raisin. Elles renferment en outre une matière mucilagineuse, abondante, et très-probablement de la pectine et de l'acide pectique.

Toutes les plantes du genre *Ficus* produisent, par incision, un suc blanc qui, par évaporation, fournit du caoutchouc. Parmi les figuiers, ceux qui donnent le plus de cette substance, que l'on trouve dans d'autres familles de végétaux, sont les Figuiers élastique (*F. elastica* L.), elliptique (*F. elliptica* K.), de l'Inde (*F. indica* L.), des pagodes (*F. religiosa* L.), qui fournit la gomme-laque, vénéneux (*F. toxicaria* L.), verruqueux (*F. verrucosa* Vahl), tous appartenant aux Indes Orientales ; et le Figuier Toka (*F. Toka* Forsk.), de l'Arabie. (Voir au mot CAOUTCHOUC, t. I, p. 250-253.)

Dans ces dernières années, on a retiré du suc d'un certain nombre de figuiers une pepsine végétale, analogue à celle que fournit le Papayer (voy. ce mot). Ce principe est particulièrement abondant dans le *Ficus doliaria* ou *Gamelleria* du Brésil. (Voy. GAMELLERIA dans notre supplément au tome II.)

USAGES. — Les figues sont laxatives. Elles entrent dans les tisanes pectorales lorsqu'elles sont fraîches ou sèches ; dans ce dernier cas, on les appelle *Cariques*, en Provence. On les emploie comme cataplasmes émollients. Elles font partie, avec la Datte, le Jujube et le Raisin, des quatre fruits pectoraux qui entrent dans la composition des pâtes pectorales et des sirops, si employés contre les rhumes, les catarrhes, les inflammations de poitrine, de la bouche, du larynx. Bouillies dans l'eau ou dans du lait, on s'en sert souvent sous forme de gargarisme. Les anciens les croyaient bonnes comme diurétiques, et pour dissoudre la pierre. Le suc de l'arbre est purgatif ; on l'emploie pour détruire les verrues.

Les figues sont la base de la nourriture de certaines populations, particulièrement en Afrique. On en mange beaucoup en Italie, en Espagne, dans le midi de la France. Partout où elles n'abondent pas, c'est un hors-d'œuvre ou un dessert. Aux Canaries et en Portugal, on prépare avec les figues, par fermentation, un vin qui, à la distillation, procure une eau-de-vie agréable et très-recherchée. Les Romains en tiraient du vin et du vinaigre.

Le suc du *Ficus anthelminthica* ou *Coajinjuva* (Voy. ce mot) du Brésil jouit de propriétés anthelmintiques très-prononcées.

La pepsine végétale, qu'on a récemment retirée des figuiers, jouit des mêmes propriétés.

FILIPENDULE

Spiræa Filipendula L.
(Rosacées-Spiréées.)

La Filipendule ou Spirée filipendule est une plante vivace, à racines fibreuses, grêles, donnant naissance, près de leur extrémité, à des renflements tuberculeux, ovoïdes, bruns, de la grosseur d'une noisette. Les tiges, hautes de $0^m,30$ à $0^m,60$, dressées, rondes, glabres, d'un vert clair, presque simples ou à peine rameuses au sommet, portent des feuilles alternes, très-longues, à stipules dentées, à limbe divisé en quinze à vingt paires de segments très-inégaux, à lobes ciliés, glabres, d'un beau vert foncé en dessus, plus clair en dessous; les radicales sont longuement pétiolées, les caulinaires embrassantes. Les fleurs, blanches, quelquefois rosées en dehors, odorantes, sont très-nombreuses et groupées en élégants corymbes terminaux. Elles présentent un calice à cinq divisions petites, courtes, réfléchies; une corolle à cinq pétales ovales, écartés; des étamines nombreuses, filiformes, plus courtes que les pétales, à anthères arrondies; un pistil composé d'une douzaine de carpelles verticillées, à une seule loge pluriovulée, surmontées de styles terminaux, marcescents. Le fruit se compose d'une douzaine de petits follicules secs, pubescents, renfermant chacun un petit nombre de graines.

Habitat. — Cette plante est répandue dans la plus grande partie de l'Europe; elle croît surtout dans les clairières des bois, sur les coteaux secs et sablonneux, quelquefois dans les prés.

Culture. — Assez abondante à l'état sauvage pour suffire aux besoins de la médecine, qui l'emploie rarement, la filipendule n'est cultivée que dans les jardins botaniques ou d'agrément. Peu exigeante pour le sol, elle se propage très-facilement par graines, par éclats de pieds ou simplement par tubercules.

Parties usitées. — Les racines, les feuilles.

Récolte. — Les racines de filipendule se récoltent à la fin de l'automne; elles sont brunes, rougeâtres en dehors, blanches en dedans; leur saveur est amère et astringente. On ne trouve généralement dans le commerce de la droguerie que les renflements tubériformes isolés.

Composition chimique. — Les racines fraîches de filipendule exhalent une odeur analogue à celle des fleurs d'oranger. Elles contiennent assez d'amidon pour qu'on ait pu y recourir dans les temps de disette. Elles sont riches en tannin comme la plupart des racines de la même famille; aussi les a-t-on quelquefois employées, ainsi que les feuilles, pour tanner les cuirs. Si on les râpe fraîches et si on les traite par l'eau, on obtient une dissolution de couleur rosée, renfermant du tannin, et il se dépose une fécule dont Bergius a obtenu une excellente colle. Après les avoir pulvérisées et fait cuire, Gilibert en a isolé une matière amylacée bonne à manger.

Usages. — La racine de filipendule est un léger astringent; on l'a employée, à la dose de 50 à 60 grammes, en décoction contre les diarrhées et la dysenterie. On la regardait autrefois comme diurétique et lithontriptique. On l'employait, ainsi que les feuilles, contre les hydropisies, La poudre des racines a été usitée contre la leucorrhée, les hémorrhoïdes et les scrofules.

Les cochons sont très-friands des tubercules auxquelles les racines donnent naissance. Ces tubercules peuvent servir à faire du pain en temps de disette. La plante entière peut être employée pour le tannage.

Parmi les plantes du genre *Spiræa*, qui jouissent des mêmes propriétés que la filipendule, nous citerons l'Ulmaire ou Reine des prés (*Spiræa Ulmaria* L.), qui fait le sujet d'un article spécial (t. III, p. 424); la Barbe de chèvre ou Barbe de bouc, ou Épine de bouc (*Spiræa Aruncus* L.), indigène de France; la Spirée cotonneuse (*Spiræa tomentosa* L.); la Spirée (Gillénie) à trois folioles (*S. trifoliata* L.), l'une et l'autre de l'Amérique septentrionale, où la seconde, appelée aussi *Ipécacuanha de Virginie*, est employée comme émétique, et contre les fièvres intermittentes. D'après Barton et Chapmann, la Spirée à trois folioles posséderait en effet des propriétés vomitives puissantes; mais Bigelow assure qu'elles ont été très-exagérées. Cependant Coxe croit qu'il existe dans le Kentucky une espèce de Spirée dont les propriétés émétiques sont très-accentuées.

FLACOURTIA

(Voyez le *Supplément* du T. II.)

FLUTEAU

Alisma Plantago L.
(Alismacées-Alismées.)

Le Fluteau ou Plantain d'eau est une plante vivace, à rhizome tubéreux, fibreux, blanchâtre. Les feuilles, toutes radicales, disposées en rosette ou en fascicule, ont un long pétiole engaînant à la base, terminé par un limbe ovale-oblong ou lancéolé, un peu cordiforme, entier, glabre, marqué de cinq ou sept nervures. La tige, haute de 0^m,50 à 1 mètre, est dressée, dépourvue de feuilles, glabre, cylindrique, et se divise au sommet en rameaux floraux verticillés. Les fleurs, assez petites, blanc rosé, sont groupées en petits bouquets terminaux, garnis de bractées scarieuses, et dont l'ensemble constitue une grande panicule terminale. Elles présentent un périanthe à six divisions, alternant sur deux rangs; les trois extérieures herbacées, lancéolées, concaves, persistantes; les trois intérieures pétaloïdes, plus grandes, caduques; six étamines opposées deux à deux aux trois divisions intérieures du périanthe, un pistil composé d'ovaires nombreux, uniovulés, verticillés, surmontés chacun d'un style court, latéral, terminé par un très-petit stigmate en tête. Le fruit se compose de nombreuses carpelles monospermes, arrondies au sommet et verticillées sur un seul rang.

Nous citerons encore les Fluteaux nageant (*A. natans* L.) et Renoncule (*A. ranunculoïdes* L.).

Habitat. — Ces plantes sont communes en Europe. Elles croissent dans les lieux humides ou marécageux, les terrains tourbeux, au bord des eaux, le long des fossés, etc. On ne les cultive que dans les jardins botaniques, où on les propage avec la plus grande facilité par la division des vieux pieds.

Parties usitées. — Le rhizome et les feuilles.

Récolte. — Les rhizomes du fluteau peuvent être récoltés pendant toute l'année; ils sont actifs lorsqu'ils sont frais; ils perdent à peu près toutes leurs propriétés par la dessiccation. Les feuilles peuvent être cueillies pendant la floraison.

Composition chimique. — Les feuilles du fluteau possèdent une saveur légèrement amère et styptique. Elles contiennent du tannin; du moins leur infusion précipite par le sulfate de fer. Les rhizomes frais présentent une odeur chloro-iodée des plus remarquables ; elle est due très-probablement à une huile essentielle très-fugace, car elle disparaît par la dessiccation. Cette plante mériterait un examen chimique plus approfondi.

USAGES. — Le fluteau est une des plantes les plus préconisées par le vulgaire contre la rage. Sa réputation date de 1717, époque à laquelle Lewshin annonça ses propriétés antirabiques. On l'employait non-seulement comme prophylactique de la rage, mais encore contre l'hydrophobie confirmée. En Russie, dans le gouvernement de Tula, on en fait usage depuis longtemps, et son efficacité ne s'est jamais démentie, dit Lewshin, qui assure avoir été lui-même témoin d'une guérison. Burdach a publié aussi des observations favorables à cette médication. Malheureusement de nombreux essais, faits en France et dans d'autres pays, n'ont pas été suivis de bons résultats.

Dans la méthode de traitement de la rage par le rhizome du fluteau, comme dans la plupart des traitements de la même maladie, on recommandait des précautions qui paraissaient être les conditions indispensables du succès. C'est ainsi que l'on recommandait de cueillir le rhizome pendant l'été, de le faire sécher à l'ombre, de le pulvériser. On faisait manger au malade une tranche de pain couverte de beurre saupoudré de poudre de rhizome de fluteau.

Les feuilles et les rhizomes frais sont certainement rubéfiants. Il paraît cependant que les Kalmoucks mangent ces tubercules. M. le professeur Fée dit en avoir ingéré une grande quantité sans éprouver d'accident. (*Hist. nat. pharm.*, t. I, p. 311.)

Dehaen regardait le fluteau comme diurétique ; il le substituait à la Busserole (voir ce mot, t. I, p. 209). Wauthers dit l'avoir employé avec succès contre les douleurs néphrétiques, l'hématurie et les rétentions d'urine.

D'après le docteur Hochstetter (*Revue de Thérap. médico-chirurg.*, mars 1858, p. 154), la poudre du rhizome du fluteau lui a réussi, à la dose de 15 centigrammes à 2 grammes, contre la chorée et l'épilepsie.

FONTAINEA

(Voyez le *Supplément* du T. II.)

FRAGON

Ruscus aculeatus L.
(Liliacées-Asparagées.)

Le Fragon épineux, appelé aussi Brusc, Houx-frelon, Petit houx, Buis piquant, Buis sauvage, Myrte épineux, etc., est un arbrisseau à souche horizontale, traçante, de la grosseur du doigt, émettant de nombreuses racines fibreuses, grêles, cylindriques, blanchâtres. Les tiges aériennes, hautes de $0^m,50$ à 1 mètre, verticales, fermes, très-flexibles, très-rameuses, portent des feuilles alternes, simples, très-petites, avortées et réduites à des écailles membraneuses, de l'aisselle desquelles naissent des rameaux aplatis, foliacés, ovales, pointus et piquants, qu'on a longtemps regardés et qu'on regarde souvent encore comme des feuilles. Les fleurs, diclines, petites, presque sessiles, blanches, sont solitaires ou peu nombreuses au milieu de la face supérieure des rameaux aplatis, et sont d'abord renfermées dans une petite spathe membraneuse. Elles présentent un calice à six sépales blanchâtres, disposés sur deux rangs ; trois étamines monadelphes, à filets formant par leur réunion un godet urcéolé, violacé ou rougeâtre, qui porte les anthères; un ovaire à une seule loge biovulée, surmonté d'un style simple, très-court, que termine un stigmate en tête. Le fruit est une baie globuleuse, d'un rouge vif, du volume d'une petite cerise, renfermant une graine assez grosse, globuleuse, dure et blanchâtre.

Citons encore le Fragon hypophylle ou Laurier alexandrin (*Ruscus hypophyllum* L.) ; le Fragon hypoglosse ou à foliole (*R. hypoglossum* L.) que l'on retrouve sur quelques monuments de l'antiquité ainsi que sur le revers de plusieurs médailles, et qui servait à couronner les poëtes et les triomphateurs ; et le Fragon à larges feuilles (*R. latifolius*), etc.

Habitat. — Le fragon épineux est répandu dans presque toute l'Europe ; le fragon à larges feuilles est fort commun dans notre Bretagne; les fragons hypophylle et hypoglosse sont propres aux régions méridionales.

Parties usitées. — La souche, appelée vulgairement racine.

Récolte. — La souche de fragon peut être récoltée à l'automne ou pendant l'hiver. On la coupe par fragments et on la fait sécher à l'étuve. Elle est blanchâtre, de la grosseur du petit doigt, longue, noueuse, articulée, présentant de distance en distance des anneaux rapprochés, et portant, à la partie inférieure surtout, un grand nombre de radicules blanches, longues, pleines et ligneuses. En masse elle présente une légère odeur térébinthacée. Sa saveur est sucrée et amère.

On peut substituer sans inconvénient à la racine de fragon épineux ou employer concurremment avec elle, celle des fragons hypoglosse et hypophylle.

Composition chimique. — L'analyse de la souche de fragon n'a pas été faite. On sait toutefois qu'elle renferme un principe amer peu abondant, du sucre, une matière légèrement odorante, et très-probablement de l'asparagine.

Usages. — La racine de fragon fait partie, avec celles d'Asperge, d'Ache, de Fenouil et de Persil, des cinq racines apéritives, si employées comme diurétiques ou apéritives, sous forme de sirop ou de tisane. On l'emploie dans les hydropisies, l'ictère, la gravelle, les engorgements viscéraux, etc. On en faisait usage dès le temps de Dioscoride. Le fruit du fragon a été regardé comme laxatif. D'après M. Pignol, les graines de fragon torréfiées sont employées, en Corse, comme succédanées du café. Les jeunes pousses, que l'on mange quelquefois en guise d'Asperges, sont considérées comme diurétiques.

FRAISIER

Fragaria vesca L.
(Rosacées-Dryadées.)

Le Fraisier est une plante vivace, à souche courte, donnant naissance à de nombreuses racines fibreuses, chevelues, rougeâtres. Les tiges sont de deux sortes : les unes rampantes (*stolons* ou *coulants*), présentant de distance en distance des nœuds qui produisent des feuilles en dessus et des racines adventives en dessous; les autres dressées, florifères, hautes de $0^m,10$ à $0^m,30$, nues ou portant une seule feuille florale, velues ainsi que le reste de la plante. Les feuilles, presque toutes radicales, sont longuement pétiolées et divisées en trois folioles sessiles, ovales, un peu onduleuses, dentées, vert foncé en dessus, pubescentes, blanchâtres en dessous. Les fleurs sont blanches, grandes, réunies en cymes corymbiformes pauciflores à l'extrémité des axes florifères. Elles présentent un calice à cinq divisions, étalé à la maturité du fruit et accompagné d'un calicule aussi à cinq divisions; une corolle rosacée, à cinq pétales entiers, arrondis, concaves, brièvement onguiculés; des étamines nombreuses, insérées sur le calice; un pistil composé de carpelles nombreux, réunis en capitule hémisphérique au centre de la fleur et portés sur un réceptacle globuleux et charnu. Le fruit (fraise) se compose de ce réceptacle, qui devient pulpeux, sucré et parfumé, et de nombreux akènes, petits, durs et granuleux, qui sont les véritables fruits.

Nous citerons encore dans ce genre les Fraisiers des collines (*F. collina* Ehrh.), à grandes fleurs (*F. grandiflora* Ehrh.), de Virginie (*F. virginiana* L.), etc.

Habitat. — Le fraisier est répandu dans presque toute l'Europe. On le trouve surtout dans les bois. Cultivé en grand dans les jardins et dans les champs, il a donné naissance à d'innombrables variétés.

Culture. — Le sol qui convient le mieux aux fraisiers est léger, sablonneux, amendé par des fumiers bien consommés. Les fraisiers se multiplient de graines ou de filets ou coulants. Du reste on trouvera de grands détails sur la culture des fraisiers et sur leurs nombreuses variétés dans l'*Horticulture potagère et fruitière,* qui fait partie du *Règne végétal* (p. 390 à 398).

Parties usitées. — Les racines, les feuilles, et les fruits.

Récolte. — Les racines du fraisier doivent être récoltées à l'automne ou pendant l'hiver; après les avoir arrachées, on les dépouille des radicelles, on les lave et on les fait sécher; ce sont des souches ligneuses longues de $0^{m},06$ à $0^{m},08$, de la grosseur du doigt, d'une couleur brune, inodores, d'une saveur astringente; elles sont recouvertes d'écailles accumulées vers le sommet. Les feuilles doivent être cueillies très-jeunes; on les fait sécher pour l'usage; elles sont peu usitées. Les fraises se récoltent à leur maturité; elles doivent être mangées immédiatement, car elles perdent promptement leur saveur agréable et leur arome. Pour la préparation du sirop et des confitures, il vaut mieux les cueillir un peu avant leur complète maturité.

Composition chimique. — La racine de fraisier contient du tannin et de l'acide gallique. Les feuilles, employées autrefois en infusion théiforme, renferment les mêmes principes. Les fraises ont été étudiées par M. Buignet, qui a suivi pas à pas la formation et les transformations du sucre dans ces fruits. Les proportions de ce principe varient beaucoup, selon les variétés et selon le climat. D'après ce chimiste, la variété fraisier des collines d'Erhardt, renferme pour 100 de matière sucrée : 56 de sucre de canne et 44 de sucre interverti.

Les fraises contiennent en outre de la pectine et de l'acide pectique, de l'acide malique, et un arome difficile à isoler, mais que, d'après M. Stanislas-Martin, l'on peut obtenir sous forme d'hvdrolat (*Bull. de Thérap.*, t. 48, p. 544).

Usages. — La racine et les feuilles de fraisier sont considérées comme diurétiques et astringentes. On les emploie encore quelquefois dans les affections des voies urinaires, dans l'hématurie, les hémorrhagies passives, contre la diarrhée, la gonorrhée, la blennorrhagie, etc. Nebel préconisait les feuilles pilées comme topique contre les ulcères. Distillées avec le fruit, ces feuilles donnent un hydrolat autrefois usité comme cosmétique. La décoction faite avec les racines est employée en gargarismes contre l'angine.

D'après M. Klekzinsky, de Vienne, les feuilles du fraisier des forêts cueillies immédiatement après la maturité des fruits, séchées et légèrement torréfiées sur des plaques chaudes, servent à préparer une infusion qui peut remplacer celle du thé de Chine.

Tout le monde connaît les usages économiques de la fraise. Comme elle est très-riche en sucre, on peut, par fermentation, en obtenir une liqueur vineuse, qui se conserve mal, mais qui produit un bon alcool par distillation. L'alimentation par les fraises a été souvent usitée comme médication. M. Gelnecke les a employées comme anthelmintiques contre le tænia. Il faut ajouter peu de foi aux faits rapportés par Van-Swieten, quand il dit avoir vu guérir des maniaques, qui avaient mangé des quantités énormes de fraises; à ceux de Schulze, de Hoffmann et de Gilibert, quand ils assurent avoir vu guérir des phthisiques par l'emploi de ces fruits. Leur usage immodéré ou exclusif peut déterminer, comme l'a démontré M. de Liebig, des changements notables dans la composition des urines; elles diminuent la quantité d'acide urique, et voilà pourquoi on comprend maintenant comment l'illustre Linné parvenait à se garantir des attaques de goutte en faisant des fraises son unique nourriture; comment encore on ne doit plus être surpris des faits signalés par Gessner et par Boerhaave, qui disent avoir vu employer ce moyen avec succès contre la gravelle, les calculs, les néphrites calculeuses, etc. Les recherches physiologiques sur l'alimentation par les végétaux et surtout par les fruits acides, rendent parfaitement compte du résultat de ces observations, et on se rappelle que MM. de Liebig et Woëlher ont démontré que tous les fruits renfermant de la potasse et un acide organique rendaient les urines alcalines. Or, la médication alcaline est une des plus préconisées contre les affections goutteuses et calculeuses. Manger des fraises, c'est un moyen détourné d'administrer des alcalis.

M. Champouillou a proposé, pour rendre les fraises plus diurétiques, de les arroser avec du nitrate de potasse en solution étendue.

En médecine homœopathique, on fait usage de la racine de fraisier; son signe est *Afg*, son abréviation *fragar ;* avec cette racine on prépare une teinture mère.

FRAMBOISIER

Rubus idæus L.
(Rosacées-Dryadées.)

Le Framboisier, ou la Ronce-Framboisier, est un sous-arbrisseau à racines ligneuses, rampantes. Les tiges, hautes de 1 à 2 mètres, ligneuses, assez grêles, vertes, striées, dressées, à rameaux arqués, cylindriques, glabres, d'un vert glauque, armées d'aiguillons faibles et droits, portent des feuilles alternes, à pétiole faiblement épineux, à limbe imparipenné, les inférieures à cinq, les supérieures à trois folioles sessiles, ovales, aiguës, cordées à la base, dentées en scie, glabres en dessus, tomenteuses-argentées en dessous. Les fleurs sont blanches et réunies en petites grappes à l'aisselle des feuilles supérieures, sur des pédoncules glabres, rameux, un peu épineux. Elles présentent un calice presque plan dans la partie centrale, à cinq divisions ovales, lancéolées, aiguës, un peu velues sur les bords et réfléchies en dessous ; une corolle à cinq pétales petits, arrondis, un peu obtus, dressés et connivents; des étamines assez nombreuses, plus courtes que la corolle ; un pistil composé de nombreux ovaires globuleux, réniformes, velus, réunis en capitule, sur un réceptacle conique, au centre de la fleur, et surmontés chacun d'un long style grêle que termine un stigmate très-petit. Le fruit (framboise) est une réunion de petites drupes rouges, jaunâtres ou blanches, charnues, succulentes, monospermes, très-serrées entre elles et portées sur un réceptacle conoïde allongé.

Habitat. — Le framboisier est assez répandu dans les régions tempérées et septentrionales de l'Europe; on le trouve surtout dans les bois humides, montueux, sur les rochers, etc.

Culture. — Le framboisier vient dans tous les terrains; il préfère néanmoins les sols pierreux et frais; il lui faut une exposition où, bien qu'à demi ombragé, il reçoive l'air et la lumière. Comme il appauvrit la terre et nuit aux autres plantes, on le cultive à part. On le multiplie de drageons qui poussent de la racine. Il a produit de nombreuses variétés que l'on trouvera énumérées dans notre *Horticulture potagère et fruitière* (p. 572).

Parties usitées. — Les feuilles, les fruits.

Récolte. — Les feuilles, rarement employées, doivent être récoltées à l'époque de la floraison. Les fruits, ou framboises, se cueillent à leur maturité pour être mangés, et un peu avant cette époque pour les préparations culinaires et pharmaceutiques. Ils s'altèrent rapidement.

Composition chimique. — Les feuilles du framboisier se rapprochent par leurs propriétés et leur composition de celles de la Ronce. Elles renferment du tannin en assez grande quantité. Les fruits contiennent, d'après M. Bley, une huile essentielle, de l'acide malique, de l'acide citrique, de la pectine, du sucre, une matière colorante rouge, et une matière azotée.

Usages. — On emploie en gargarismes les feuilles du framboisier comme styptiques et détersives contre les inflammations de la bouche, du pharynx et de la gorge.

D'après Macquart, les fleurs seraient sudorifiques, comme celles du Sureau.

Le fruit du framboisier, si recherché sur nos tables et dans la confiserie et la pâtisserie, est très-riche en sucre. On peut en obtenir un vin par fermentation et de l'alcool par distillation du liquide fermenté. Les framboises écrasées et abandonnées au frais pendant vingt-quatre heures, éprouvent la fermentation pectique. Par filtration, on obtient un suc qui, chauffé très-légèrement avec un peu moins que le double de son poids de sucre de canne, produit le sirop de framboises, très-employé, délayé dans l'eau, comme boisson d'agrément, et dont on fait usage dans les fièvres bilieuses et inflammatoires, dans l'angine, le scorbut, etc. On emploie dans les mêmes cas le *sirop de vinaigre framboisé*, que l'on obtient en faisant macérer des framboises dans du vinaigre blanc, en filtrant, et faisant dissoudre dans le liquide obtenu, et à froid, le double de son poids de sucre. Enfin la gelée de framboises s'obtient en chauffant avec un peu d'eau ces fruits, dans une bassine en cuivre rouge non étamée, passant avec expression légère à travers un linge très-propre et faisant dissoudre dans le jus produit une quantité suffisante de sucre de canne.

FRAZERA

(Voyez le *Supplément* du T. II.)

FRÊNE

Fraxinus Ornus L. (*Fraxinus europæa* Pers.).
(Oléacées.)

Le Frêne à manne ou Orne, souvent appelé aussi Frêne à fleurs, parce que ses fleurs sont plus visibles que celles des autres espèces, est un arbre de petite taille, dressé, à tête arrondie, à rameaux irréguliers, noueux, à écorce grisâtre, à bourgeons veloutés. Les feuilles sont opposées, sans stipules ; elles sont composées, imparipennées, à sept ou neuf paires de folioles ovales lancéolées, aiguës aux deux extrémités, barbues sur la face inférieure des pétioles et de la nervure dorsale, dentées sur les deux tiers supérieurs de leurs bords. Les fleurs apparaissent en même temps que les feuilles ; elles sont petites, colorées en blanc verdâtre, disposées en grappes souvent très-développées, axillaires et terminales, à ramifications opposées. Le périanthe est formé d'un calice gamosépale, petit, à quatre dents, et d'une corolle blanchâtre, beaucoup plus grande que le calice, à quatre sépales étroits, unis à la base, caducs. L'androcée est formé de deux étamines, et le gynécée se compose d'un ovaire à deux loges, surmonté d'un style court, bilobé. Le fruit est une samare étroite, à bords développés en une grande aile, émarginée au sommet ; par suite de l'avortement de l'une des loges, il est presque toujours uniloculaire et monosperme.

On a donné le nom de *Fraxinus rotundifolia* L. à une variété de l'espèce précédente qui se distingue par des folioles presque arrondies ; elle fournit également de la manne.

HABITAT. — Les deux variétés que nous venons de décrire sont localisées dans les régions méridionales de l'Europe, particulièrement daus le centre de l'Italie, la Sicile, la Corse, la Sardaigne, le Tyrol, la Grèce, l'Espagne et dans l'Asie Mineure; elles sont aussi cultivées dans le centre de l'Europe.

Dans le centre et dans le nord de l'Europe, l'espèce de Frêne la plus répandue est le *Fraxinus excelsior* L., bien facile à distinguer des précédentes par sa fleur sans corolle, ce qui lui fait souvent donner le nom de *Frêne sans fleurs*.

Il existe encore une soixantaine d'autres espèces de Frênes plus ou moins bien définies. Nous nous bornerons à citer : le Frêne argenté (*Fraxinus argentea* Desf.); le Frêne doré (*F. aurea* W.); le Frêne horizontal (*F. horizontalis* Desf.); le Frêne jaspé (*F. jaspidea* Desf.); le Frêne pleureur (*F. pendula* Desf.); le Frêne verruqueux (*F. verrucosa* Desf.); le Frêne à une feuille (*F. heterophylla* Vahl, *F. monophylla* Desf., *F. simplicifolia* W) d'Angleterre; le Frêne à feuilles de Noyer (*F. juglandifolia* Lamk., *F. viridis* Michx) de l'Amérique septentrionale; le Frêne sous-denté (*F. subintegerrima* Vahl, *F. subserrata* W.) d'Amérique; le Frêne à feuilles de Lentisque (*F. lentiscifolia* H. Par., *F. mycrophylla* Bosc.?, *F. parvifolia* Lamk, *F. tamariscifolia* Vahl) d'Orient; le Frêne à larges feuilles (*F. latifolia* Ait.); le Frêne à petites feuilles (*F. Theophrasti* Dub.), appelé aussi Frêne de Théophraste, Frêne de Montpellier; le Frêne pubescent ou Frêne rouge (*F. pensylvanica* Marsh., *F. pubescens* Lamk, *F. nigra* Duroi, *F. tomentosa* Michx); le Frêne quadrangulaire ou Frêne bleu (*F. quadrangulata* Michx, *F. tetragona* Cels); le Frêne à feuilles de Sureau ou Frêne noir (*F. sambucifolia* Lamk, *F. crispa* Hort., *F. nigra* Marsh.); le Frêne d'Amérique ou Frêne blanc (*F. americana* L.), ces quatre derniers de l'Amérique du Nord.

Parties usitées. — On fait usage de l'écorce des racines, des tiges et des branches, du bois, des feuilles, des fruits, et surtout du suc concrété qui constitue la *manne*.

Récolte. — On récolte les feuilles jeunes, vers les mois de mai et juin ; on les fait sécher à l'ombre ; c'est vers la même époque, ou mieux à l'automne, qu'il faut enlever les écorces ; on choisit de préférence celles des branches âgées de trois ou quatre ans ; après les avoir fait sécher, on les conserve à l'abri de l'humidité.

La manne officinale n'est aujourd'hui récoltée qu'en Sicile, notamment dans les districts voisins de Capaci, de Carini, de Cinisi, de Favarota et de Cefalu. Le Frêne est cultivé dans ces localités, en vue de la récolte de la manne, en plantations régulières connues sous le nom de « frassinetti ». On les dispose en rangées distantes de 2 mètres les unes des autres ; on laboure et on fume le sol entre les rangées. La récolte commence lorsque l'arbre atteint huit ans. Son tronc est alors épais d'environ 8 centimètres ; il ne donne de bons produits que pendant une dizaine d'années ; on le coupe alors près du sol, et on conserve un, deux ou trois des rejetons qui poussent de la souche.

On détermine l'écoulement de la manne par des incisions transversales, pratiquées sur le tronc des arbres, après le développement complet des feuilles, pendant les mois de juillet et août, qui correspondent à la saison sèche. Les incisions sont faites à 4 ou 5 centimètres l'une de l'autre, transversalement, sur un côté seulement du tronc ; elles pénètrent à travers toute l'épaisseur de l'écorce jusqu'au bois. On ne fait pas toutes les incisions à la fois, mais l'une après l'autre et à vingt-quatre heures de distance. La première est faite au moment de la floraison et dans le bas du tronc ; la seconde est faite le jour suivant, à 4 ou 5 centimètres au-dessus de la première ; et ainsi de suite chaque jour pendant toute la saison sèche. On enfonce parfois dans les incisions de petits morceaux de bois ou de paille qui se recouvrent d'une manne de qualité supérieure connue sous le nom de *manna a cannolo.* Mais la majeure partie se concrète simplement à la surface du tronc où on la récolte ; celle des incisions inférieures est recueillie sur des lames d'Opuntia, des feuilles de figuier ou des fragments de tuile. Après la récolte, on fait sécher la manne sur des planches, avant de l'emballer pour l'exportation.

La plus belle manne, après celle dont nous avons parlé plus haut, est celle qui se concrète sur l'arbre en gros morceaux ; après qu'elle a été récoltée, l'exsudation continue souvent et donne de petits morceaux que l'on désigne dans le commerce sous le nom de *petite manne.* Celle qui découle des incisions inférieures est habituellement moins riche en principe sucré que l'autre ; elle est moins cristalline, plus gommeuse et plus gélatineuse.

On ne trouve dans le commerce que les deux dernières espèces de manne dont nous venons de parler. La première est désignée par les pharmacologistes sous le nom de *manne en larmes* (*Flaka manna* des Anglais), et la seconde sous celui de *manne en sorte* (*Tolfa manna* des Anglais).

Les mannes ne peuvent guère être sophistiquées sans que l'on découvre promptement et facilement la fraude. La manne en larmes factices que l'on a trouvée dans le commerce, et qui était préparée en filtrant, évaporant et faisant cristalliser un soluté aqueux de sucre et de vieille manne en larmes ou de manne en sorte, était plutôt un produit de purification qu'un produit d'altération. Un pharmacien de Paris, M. Dausse, a présenté à l'Académie de médecine, en 1836, des morceaux de *manne en larmes artificielles* de la plus grande beauté, et jouissant de propriétés laxatives très-prononcées.

Composition chimique. — La manne se présente en fragments stalactiformes, dont les plus gros ont la forme de baguettes irrégulièrement triangulaires, ayant parfois jusqu'à 15 et 25 centimètres de long et 2 à 3 centimètres de large. Elle est poreuse, friable, cristalline, colorée en jaune brunâtre pâle ou en blanc jaunâtre. Elle croque sous la dent et fond dans la bouche avec une saveur agréable, sucrée, rappelant un peu celle du miel, mais suivie d'une sensation légère d'amertume et d'âcreté. Son odeur rappelle celle du miel ou du sirop de sucre. L'eau en dissout environ six parties à la température ordinaire en restant claire et neutre.

La manne de première qualité ne contient pas plus de 6 à 7 pour 100 d'eau ; celle de qualité inférieure en renferme jusqu'à 10 à 15 pour 100. La quantité de cendres donnée par la meilleure manne s'élève à 3,6 pour 100.

Le principe le plus important de la manne est une substance sucrée, à laquelle on a donné le nom de *mannite* et qui a pour formule $C^6 H^{14} O^6$. Les meilleures qualités de manne en contiennent jusqu'à 70 et 80 pour 100. La mannite est isomérique de la dulcite ; elle cristallise en prismes ou en plaques rhombiques, brillants. Elle fond à 165° C. et peut être sublimée par la chaleur, en petite quantité, sans changer de composition. Elle se dissout bien dans l'eau, moins aisément dans l'alcool étendu ; elle est insoluble dans l'alcool absolu et dans l'éther. La solution n'est pas altérée par l'ébullition avec les acides, les alcalis, ni le tartatre cuprique alcalin. Elle est susceptible de fermenter, mais moins facilement que les sucres véritables, c'est-à-dire appartenant au groupe des hydrates de carbone. Quand on mélange la mannite avec du noir de platine humide, elle s'échauffe et donne l'*acide mannitique*, $C^6 H^{12} O^7$, qui est incristallisable, et de la *mannitose*, $C^6 H^{12} O^6$, substance très-analogue au sucre du raisin. Traitée par l'acide nitrique, la mannite donne du sucre et de l'acide racémique. Par la distillation sèche, elle donne de l'acide formique, de l'acréléine, etc. On produit la mannite artificiellement en traitant la glucose par un amalgame de sodium ; elle se produit aussi pendant la fermentation du glucose et du sucre de canne. Elle existe dans un assez grand nombre de végétaux.

On trouve encore dans la manne environ 20 pour 100 de dextrine (Buignet), une petite quantité de dextro-glucose ordinaire et une faible proportion d'un mucilage dextrogyre qui est précipité par l'acétate neutre de plomb, et qui donne de l'acide mucique quand on le fait bouillir avec de l'acide nitrique concentré. Enfin, on trouve dans la manne une petite quantité de *fraxine*, $C^{16} H^{18} O^{10}$, substance cristallisable en prismes incolores, solubles dans l'eau chaude et dans l'alcool, amers et astringents ; c'est à elle qu'est due la fluorescence des solutions alcooliques de certaines mannes. Les acides dilués se décomposent en *fraxétine*, $C^{10} H^8 O^5$, et en glucose, $C^6 H^{12} O^6$. Elle existe en assez grande quantité dans l'écorce du Frêne.

USAGES. — La manne est fréquemment employée comme purgatif léger, à la dose de 20 à 40 grammes. C'est de la *manne en larmes* que l'on fait surtout usage, quoique nombre de praticiens la considèrent comme moins active que la *manne en sorte*. A dose de 2 à 6 grammes, la manne est regardée comme expectorante. La manne convient surtout pour la médication des enfants. Elle entrait jadis dans les compositions des médecines noires, de la marmelade de Zanetti, etc.

L'écorce de frêne, particulièrement celle du frêne verruqueux, était autrefois très-usitée comme fébrifuge. Aussi l'appelait-on *Quinquina d'Europe*.

Les feuilles du frêne purgent à double dose du séné, sans laisser une irritation aussi persistante dans les intestins. MM. Pouget et Peyraud leur ont attribué une action spécifique dans les affections rhumatismales et goutteuses; elles constituent aujourd'hui, à cet effet, un remède populaire qui produit quelquefois de bons effets. La dose est de 1 à 2 grammes, que l'on fait infuser pendant trois heures dans deux tasses d'eau bouillante. Dans les cas de goutte aiguë, on double la dose, surtout au commencement des accès. A diverses époques, les feuilles de frêne ont été vantées comme anthelminthiques; mais il a été constaté depuis qu'elles ne le sont pas.

Jadis on employait beaucoup les graines de frêne comme hydragogues et diurétiques contre les engorgements hépatiques et spléniques. Suivant M. Cazin, les graines, à dose élevée, sont plus purgatives que les feuilles.

Les racines de frêne verruqueux sont alimentaires. En Angleterre, on mange quelquefois les jeunes feuilles de cet arbre, qui servent en outre, dans ce même pays, à falsifier le thé. On confit les jeunes fruits avant leur maturité, dans le sel et le vinaigre, et on les emploie comme assaisonnement. L'écorce du frêne verruqueux, avec le sulfate de fer, teint en vert ou noir verdâtre; avec les alumineux en jaune; avec l'acétate de cuivre en vert-olive clair. Le bois frais teint la laine en couleur vigogne. L'écorce du frêne d'Amérique ou frêne blanc donne une belle couleur reconnue très-solide pour peaux, plumes, etc. C'est plus particulièrement sur le frêne verruqueux que l'on recueille les cantharides, ces insectes si employés dans la médecine à cause de leurs propriétés vésicantes. Le bois des frênes est très-propre aux ouvrages de charronnage, de menuiserie et d'ébénisterie.

FUMETERRE

Fumaria officinalis L.

(Papavéracées-Fumariées.)

La Fumeterre officinale, appelée aussi dans quelques localités *Fiel de terre, Pied de géline, Lait battu,* etc., est une plante annuelle, à racine pivotante, blanchâtre, grêle, chevelue. Les tiges, longues de $0^m,20$ à $0^m,80$, anguleuses, rameuses, diffuses, inclinées ou couchées, tendres, cassantes, succulentes, glabres, glauques, rarement rougeâtres, portent des feuilles alternes, pétiolées, bipennées, à folioles écartées, découpées en lobes étroits et aigus, glabres et d'un vert clair ou glauque.

Les fleurs, petites, d'un pourpre violacé, courtement pédonculées, et accompagnées de petites bractées, sont réunies en grappes lâches, terminales. Elles présentent un calice à deux sépales ovales-lancéolés, aigus, attachés par leur partie moyenne ; une corolle irrégulière, oblongue, tubulée, à quatre pétales inégaux, hypogynes, connivents et caducs ; le supérieur plus grand, prolongé à la base en éperon court et obtus ; les deux latéraux onguiculés à la base et cohérents au sommet ; l'inférieur long, étroit et canaliculé. Les étamines, au nombre de six, sont diadelphes et unies en deux faisceaux égaux. L'ovaire est libre, ovoïde, formé de deux carpelles, à une seule loge renfermant deux ou trois ovules, et surmonté d'un style articulé et caduc. Le fruit est une petite capsule ovoïde, un peu comprimée et glabre.

Nous citerons encore les Fumeterres jaune (*Fumaria lutea* L.), à petites fleurs (*F. parviflora* Lamk), à épis (*F. spicata* L.), grimpante (*F. capreolata* L.), moyenne (*F. media* Loisel.), de Vaillant (*F. Vaillantii* D. C.). Quant au *Fumaria bulbosa* Retz (*F. solida* L.; *Corydalis bulbosa* D. C.), c'est un *Corydalis* (voyez ce mot, t. I, p. 398).

Habitat. — Toutes ces espèces sont répandues en Europe ; elles croissent dans les champs, les jardins, les vignes, au bord des chemins, etc. On ne les cultive que dans les jardins botaniques, où il suffit de les semer en place, au printemps.

Parties usitées. — Toute la plante.

Récolte. — Elle se fait en mai, juin et juillet, au commencement de l'anthèse; on arrache la plante, on enlève les racines et les feuilles inférieures; on dispose par petits paquets peu serrés et on fait sécher rapidement au soleil; lorsqu'elle est mal desséchée, la fumeterre noircit.

La plupart des fumeterres jouissent des mêmes propriétés que la fumeterre officinale.

Composition chimique. — La fumeterre, quand elle est écrasée, répand une odeur herbacée; sa saveur possède une amertume prononcée et désagréable qui augmente par la dessiccation. M. Peschier, de Genève, y a découvert un alcaloïde, la *fumarine*, qui a été étudié ensuite par Hannon, et plus récemment par Preuss, mais qui est encore incomplètement connu. La fumarine cristallise en prismes rhomboïdaux à six pans ; elle est peu soluble dans l'eau, soluble dans l'éther, ce qui la distingue de la corydaline, soluble dans l'alcool, le chloroforme, la benzine, le sulfure de carbone. Broyée avec une goutte d'acide sulfurique, la fumarine se colore en violet foncé, devenant brun quand on ajoute un corps oxydant.

On a extrait encore de la Fumeterre un *acide fumarique*, $C^4H^4O^4$, identique à celui que Pfaff a retiré du Lichen d'Islande, cristallisable en aiguilles étroites et susceptible de former de nombreux sels.

USAGES. — Les médecins anciens, tels que Galien, Oribase, Aétius, Avicenne, Mésué, regardaient la fumeterre comme tonique, fondante, dépurative; ils l'administraient dans la débilité des voies digestives, l'ictère, les engorgements des viscères abdominaux, dans les affections scrofuleuses, cutanées et scorbutiques, etc. Les modernes, comme Gilibert, Pinel, Sprengel, Strandberg, Hoffmann, ont constaté son efficacité incontestable dans les scrofules et les maladies cutanées. On a certainement beaucoup exagéré les effets de la fumeterre contre les vers intestinaux et contre la lèpre. Strandberg et Pinel l'ont beaucoup vantée contre les dartres invétérées. Des Bois de Rochefort, qui plaçait le siége des affections cutanées dans le foie, considérait la fumeterre, infusée dans du lait, comme un des meilleurs herpétiques.

M. Hannon, de Bruxelles, loin de regarder la fumeterre comme tonique et dépurative, la considère comme hyposthénisante. La fumarine, d'après le même auteur, serait légèrement excitante.

La fumeterre a été quelquefois appliquée, sous forme de cataplasmes, contre les dartres.

La fumeterre donne beaucoup de potasse par l'incinération. Cette plante teint la laine traitée par un mordant de bismuth en jaune solide, d'une nuance plus jolie que la Gaude. Elle donne, avec addition d'alun, de tartre ou mieux de sel d'étain, un beau *stil de grain*. La racine teint en jaune foncé; elle donne de l'encre avec gomme et sulfate de fer.

Le *Fumaria parviflora*, plante de l'Inde, est employé, dans son pays d'origine, comme anthelminthique, diurétique et diaphorétique. La première de ces propriétés doit être réelle, car son emploi est très-répandu contre les ascarides.

GALANGA

Alpinia officinarum Hanc; A. *Galanga* Sw.
(Amomacées.)

L'*Alpinia officinarum* est une plante à rhizome vivace, allongé, rampant, couvert de glandes écailles glabres, blanchâtres, auxquelles succèdent des cicatrices annulaires, sinueuses. Ce rhizome émet chaque année des rameaux aériens, à port de roseau, hauts de $0^{m},60$ à 1 mètre, pourvus de feuilles engainantes, coriaces, très-glabres, lancéolées, rétrécies au niveau du point de jonction du limbe avec la gaine, et munies en ce point d'une ligule très développée, oblongue, scarieuse, dressée, un peu aiguë au sommet. La tige foliée est terminée par une grappe simple et dressée de fleurs blanches. Chaque fleur est accompagnée de deux bractées en forme de spathe, l'une, extérieure, verte; l'autre, intérieure, blanche. Le calice est tubuleux, blanc, tomenteux, divisé en deux ou trois lobes scarieux. La corolle est blanche, tomenteuse, tubuleuse, divisée en lobes oblongs, obtus, cucullés. L'androcée est formé d'une seule étamine fertile, à filet court, dressé, à anthère non appendiculée, biloculaire, et d'un staminode en forme de labelle très-développé, entier ou bilabié au sommet, muni à la base de deux cornicules charnues et rigides; le labelle est blanc, avec des stries rouge vineux se réunissant près du sommet en une tache étalée en éventail. Le gynécée est formé d'un ovaire-infère, triloculaire, tomenteux, surmonté d'un style dilaté au sommet et cilié. L'ovaire est surmonté de deux glandes jaune pourpre, entières ou lobulées. Le fruit est presque globuleux, tomenteux, triloculaire, à plusieurs graines arillées, anguleuses, très-cohérentes.

L'*Alpinia Galanga* Sw., qui fournit une variété de Galanga peu répandue sur le marché européen, se distingue du précédent par son rhizome plus volumineux et par ses tiges aériennes hautes de $1^{m},80$ à 2 mètres et plus. Les fleurs sont colorées en vert pâle; le labelle est profondément bilobé; l'ovaire est lisse; le fruit ne contient, d'ordinaire, à la maturité, qu'une seule graine dans chaque loge.

HABITAT. — L'*Alpinia officinarum* est cultivé dans l'île d'Haïnan, le golfe du Tonkin et dans quelques-unes des provinces méridionales de la Chine. Le rhizome est expédié de Canton.

L'*Alpinia Galanga* est une plante de Java, où on la trouve à l'état sauvage et cultivée. Son rhizome ne se montre que rarement sur le marché européen.

PARTIES USITÉES. — Les rhizomes.

RÉCOLTE. — On arrache la plante et on coupe le rhizome en morceaux longs de 3 à 7 centimètres. Leur diamètre est ordinairement de 2 centimètres pour les rhizomes de l'*Alpinia officinarum;* ceux de l'*Alpinia Galanga* sont plus épais.

La première sorte est connue sous le nom de *Galanga mineur* ou *Galanga de la Chine, Souchet babylonique, Galanga officinal* véritable. Les morceaux qu'on trouve dans le commerce sont durs, ridés ; ils sont colorés extérieurement en brun rougeâtre ; leur intérieur est plus pâle, mais jamais blanc, avec une portion centrale plus foncée. Broyé, le Galanga officinal exhale une odeur agréable, analogue à celle du Cardamone ; sa saveur est épicée, brûlante, très-forte. La poudre est rougeâtre ; elle donne, avec l'eau et l'alcool, des teintures également rougeâtres, dans lesquelles le sulfate de fer détermine un précipité noir. Le Galanga ne contient pas d'amidon, ou n'en contient que des proportions extrêmement faibles.

Le rhizome de l'*Alpinia Galanga* est connu sous le nom de *grand Galanga, Galanga majeur, Galanga de l'Inde, Galanga de Java.* La drogue se distingue de la précédente par son épaisseur beaucoup plus grande, par sa coloration blanc grisâtre à l'intérieur, par sa saveur moins aromatique et plus âcre, et par la présence dans son tissu d'une grande quantité d'amidon qui se précipite quand on le broie dans l'eau. Les sels de fer ne noircissent pas la teinture qu'il forme avec l'eau ou l'alcool.

COMPOSITION CHIMIQUE. — Le rhizome de Galanga doit son odeur et sa saveur aromatiques à une huile essentielle à laquelle Vogel assigne la formule $C^{10} H^{16} O$. Elle n'existe que dans la proportion de 1/2 à 1/3 pour 100. En traitant le Galanga par l'éther, Brandes en a extrait un principe neutre, inodore, insipide, cristallisé, auquel il a donné le nom de *Kampféride,* et qui est encore peu connu. On ignore encore quelle est la substance à laquelle le Galanga doit la saveur brûlante si prononcée qu'il possède.

USAGES. — Comme le gingembre et la zédoaire, le galanga est un stimulant ; il excite les fonctions digestives ; aussi est-il regardé comme stomachique et cordial. On l'emploie surtout en Angleterre et aux Indes orientales comme condiment. On en fait souvent un abus, qui peut devenir funeste en déterminant des inflammations chroniques des muqueuses digestives. On le prescrit dans les fièvres contagieuses pestilentielles, dans le typhus, dans les débilités de l'estomac, lorsqu'on veut donner de la tonicité aux tissus. On le fait prendre dans du vin contre quelques nécroses par atonie. On le regarde comme un remède contre le mal de mer. Il est peu usité en France. Il entre dans la composition de l'*eau thériacale*, de l'*eau générale*, du *baume de Fioraventi*, etc.

Les médecins homœopathes prescrivent quelquefois le galanga ; il est placé par eux parmi les stimulants ; son signe est *Aga*, et son abréviation *Galang*.

Les Arabes l'emploient pour donner du feu aux chevaux.

Le petit galanga est usité en parfumerie. On en retire, aux Indes orientales, une huile essentielle très-recherchée.

GALBANUM

Ferula galbaniflua Boiss. et Busch. ; *F. rubricaulis* Boiss.
(Ombellifères.)

On ne connaît pas exactement la plante qui produit le Galbanum; cependant tout permet de supposer que les deux espèces d'ombellifères indiquées plus haut, le *Ferula galbaniflua* et le *F. rubricaulis* contribuent à sa production.

Le *Ferula galbaniflua* est une plante à tige dressée, haute de 1 mètre à 1^m,50, épaisse, cylindrique, ramifiée seulement dans le haut, à rameaux disposés en pseudo-verticilles, et terminés par les inflorescences. Les feuilles caulinaires sont réduites à des gaines oblongues, aiguës, caduques ; celles qui partent de la souche sont grandes, quatre fois pennatiséquées, à divisions primaires et secondaires largement pétiolulées, à segments petits, ovales, subdivisés en lanières très-courtes, entières ou trifides, linéaires. Toutes les feuilles sont tomenteuses et cendrées. Les fleurs sont disposées en ombelles sans involucre, formées de six à douze rayons ; elles sont portées par des pédicelles courts et épais ; les pétales sont glabres et colorés en jaune pâle. Le fruit est elliptique ou oblong ; il est muni de bandelettes solitaires dans chaque vallécule. De même que dans tous les *Ferula,* il est comprimé par le dos et entouré d'une bordure plane, aliforme ; les méricarpes sont aplatis et pourvus chacun de cinq côtes, les trois médianes filiformes, les deux latérales en forme d'ailes.

Le *Ferula rubricaulis* Boiss. se distingue surtout de l'espèce précédente par ses rameaux et ses rayons d'inflorescence rougeâtres ; on ne reconnaît pas les feuilles ; les fruits offrent de nombreuses bandelettes dans chaque vallécule ; leurs côtes sont filiformes, peu prononcées.

Habitat. — Le *Ferula galbaniflua* fut découvert en 1848, dans le nord de la Perse, au pied du mont Demawend et sur les flancs de cette montagne, à une altitude de 1,200 à 2,800 mètres. On l'a trouvé aussi sur les montagnes qui environnent Kuschkak et Churchura, et à Subwazar. La plante est connue, dans ces pays, sous le nom de *Khassuih* et de *Boridsheh.* D'après Busche, les habitants de Demawend recueillent sur le bas de la tige et à la base des feuilles le galbanum qui s'en écoule spontanément.

Le *Ferula rubricaulis* a été trouvé par Kotschy dans le sud de la Perse, dans les gorges de la chaîne de montagnes du Kuh Dinar. Elle existe aussi dans le nord de la Perse, sur le mont Dalm Kuh, sur les pentes d'Elwund, près d'Hamadan, sur les bords du grand désert de la Perse, etc. D'après Borszczow, on récolterait près d'Hamadan la gomme-résine de cette plante, et cette substance serait le *galbanum persan.*

Parties usitées. — La gomme-résine qui s'écoule de la plante et que l'on connaît sous le nom de galbanum.

Récolte. — Elle n'est pas connue. On suppose seulement que l'on facilite à l'aide d'incisions l'écoulement de la gomme-résine qui exsude d'ailleurs spontanément en larmes, de la base à la tige et de celle des feuilles.

Le galbanum se présente tantôt à l'état de larmes isolées, tantôt et plus fréquemment sous forme de masses solides ou plus ou moins molles, formées de larmes agglutinées. Parfois, ces masses sont assez molles pour être fluides. Lorsque les larmes sont isolées, elles sont ordinairement cireuses, colorées en jaune clair à l'état frais, mais devenant ensuite d'un brun orange ; elles n'adhèrent que peu les unes aux autres, ou même elles sont tout à fait séparées ; dans ce cas, elles sont sèches et exhalent une odeur analogue à celle de la sabine. Le volume de ces larmes varie depuis celui d'une lentille jusqu'à celui d'une noisette. Cette variété constitue ce que les anciens droguistes nommaient le *galbanum en larmes,* tandis que la première variété porte le nom de *galbanum en masse.* L'odeur du galbanum est aromatique, non désagréable ; mais sa saveur est amère, alliacée, désagréable.

Composition chimique. — Le galbanum doit son odeur à une huile volatile incolore qu'on en peut retirer par distillation avec l'eau, dans la proportion de 7 pour 100 ; traitée par l'acide chlorhydrique, elle donne un composé cristallin qui a pour formule $C^{10} H^{16} HCL$. La drogue contient aussi 60 pour 100 environ d'une résine molle, soluble dans l'éther et dans les liquides alcalins ; on l'obtient par évaporation, en cristaux aciculaires ; traitée par l'acide chlorhydrique, elle donne de l'*ombelliférone ;* par l'acide nitrique, elle donne de l'acide *camphrétique* et de l'acide *styphnique.* Quand on fait fondre la résine du galbanum avec de la potasse, on obtient de l'acide acétique, des acides gras, volatils, et 6 pour 100 d'un corps très-intéressant, la *résorcine*, $C^6 H^4 (H^2 O)$. La résorcine est cristallisée ; sa saveur est douceâtre, désagréable ; elle est soluble dans l'eau, l'alcool, le chloroforme, etc.

Usages. — Le galbanum entre dans un grand nombre de vieilles préparations : le baume de Fioraventi, la thériaque, le diascordium, les emplâtres de dyachilon gommé et de diabotanum, etc. Il est considéré comme antispasmodique.

La *résorcine* est, au contraire, depuis quelques années, très employée par les médecins. On l'a préconisée surtout contre la fièvre intermittente. D'après MM. Lichtheim et Kahler, etc., elle exercerait contre les fièvres intermittentes une action aussi efficace que celle de la quinine. On l'a préconisée aussi contre les rhumatismes, la fièvre typhoïde ; en un mot contre toutes les pyréxies aiguës. On l'administre à la dose de 2 à 3 ou 4 grammes.

GAMELLERIA

(Voyez le *Supplément* du T. II.)

GARDENIA

(Voyez le *Supplément* du T. II.)

GAROU

Daphne Gnidium L.
(Thymélées.)

Le Garou, appelé aussi Daphné à feuilles de Gnidia, Sain-bois, Lauréole paniculée, Thymélée à feuilles de lin, Thymélée de Montpellier, Trintanelle, Bois d'oreilles, Camélée noir à feuilles déliées, Coquenaudier, etc., est un arbuste à racine longue, de la grosseur du doigt, fibreuse, grisâtre. La tige, haute de $0^m,60$ à 1 mètre, se divise presque dès la base en rameaux nombreux, effilés, flexibles, portant des feuilles alternes, sessiles, lancéolées-linéaires, aiguës, lisses, glabres et d'un vert foncé. Les fleurs, blanches, pubescentes, odorantes, sont groupées en bouquets terminaux. Elles présentent un calice pétaloïde, gamosépale, à quatre divisions; huit étamines; un ovaire simple, globuleux, surmonté d'un style court terminé par un stigmate arrondi. Le fruit est une petite baie globuleuse, sèche, noirâtre à la maturité, monosperme.

HABITAT. — Cet arbuste croît dans les lieux incultes et arides des régions méridionales de l'Europe. On le cultive dans les jardins, comme les autres espèces du genre *Daphne*.

PARTIES USITÉES. — L'écorce du bois et des racines, le bois lui-même, les feuilles, les fruits, les graines.

RÉCOLTE. — Le bois qui servait jadis à fabriquer des pois à cautères très-irritants était récolté à l'automne; les fruits et les graines étaient cueillis à leur maturité; les feuilles, en été, à l'époque de la floraison. L'écorce était autrefois détachée du bois sec, que l'on faisait tremper dans de l'eau ou dans du vinaigre; mais il faut préférer celle que nous fournit le commerce, et qui est récoltée au printemps, sur la plante fraîche : elle est mince, roulée longitudinalement en petits paquets, très-fibreuse et difficile à rompre; l'épiderme mince, ridé, gris foncé, demi-transparent, se détache facilement; il est marqué de distance en distance de taches blanches tuberculeuses; sous l'épiderme on trouve une enveloppe herbacée assez abondante, et sous celle-ci un liber formé de fibres longitudinales, très-tenaces, couvertes d'une soie fine, blanche, luisante, qui, en s'introduisant dans la peau, produit de vives démangeaisons; l'écorce de garou a une odeur faible, mais nauséeuse; sa saveur est âcre et corrosive ; les morceaux sont longs de 0m,30 à 0m,60, larges de 0m,025 à 0m,060 ; il faut choisir cette écorce large et bien séchée. Elle nous vient d'Italie, d'Espagne, de Grèce. On la récolte aussi dans les Alpes et les Pyrénées, aux environs de la Rochelle, et surtout à l'île de Noirmoutiers.

Composition chimique. — L'écorce de garou doit son action vésicante à une substance résinoïde qui n'a pas encore été étudiée. Martin a trouvé dans les fruits, en 1862, 40 pour 100 d'une huile grasse, vésicante, qui doit exister aussi dans l'écorce. Vauquelin a extrait du garou un glucoside cristallin non vésicant, la *daphnine*. Celle-ci est incolore, amère, astringente, très-soluble dans l'eau bouillante, l'alcool et l'éther. Zwenger lui assigne la formule $C^{31} H^{34} O^{19} + 4 H^2 O$. (Voyez Daphné, t. I, p. 449.)

L'écorce de garou contient une résine âcre, irritante, vésicante, qui paraît être la matière active ; mais c'est un principe complexe qui paraît devoir son action vésicante à l'huile jaune qu'elle renferme.

Usages. — Toutes les parties du garou sont purgatives, mais leur action, extrêmement irritante, rend leur emploi dangereux. Les graines étaient autrefois employées comme purgatives. Les feuilles sont moins actives, mais moins dangereuses que les graines. Dioscoride employait ces graines enveloppées dans de la farine ou dans du miel. Les feuilles de garou, d'après Garidel, sont extrêmement actives. Loiseleur-Deslongchamps assure, au contraire, qu'on peut les administrer à assez forte dose sans inconvénients ; il les employait en décoction à l'intérieur et en lotions contre les maladies cutanées.

Les anciens faisaient usage de l'écorce de garou, à l'intérieur, contre la syphilis invétérée, contre les maladies de la peau, etc., etc. Russel, Wright, Swédiaur l'employaient aussi dans ces maladies. Home assure que cette écorce guérit les engorgements de toute nature. Cullen la préconisait pour le pansement des ulcères, mais Wedelius et Hoffmann se sont élevés avec raison contre son usage ; c'est un remède dangereux, un poison violent, comme l'ont démontré les expériences d'Orfila. Aussi, à présent, en borne-t-on l'emploi aux usages externes.

L'écorce de garou fraîche, appliquée sur la peau, détermine une vésication rapide ; on obtient les mêmes effets avec l'écorce sèche que l'on a fait macérer dans du vinaigre. Cette même écorce sert à préparer une pommade épispastique très-active et très-irritante, qui agit bien lorsqu'on veut aviver et irriter les exutoires ; on s'en sert pour fabriquer des papiers irritants destinés aux pansements des vésicatoires, surtout chez les enfants et chez les vieillards, lorsqu'on craint l'action particulière des cantharides sur la muqueuse vésicale.

Les écorces des *Daphne Laureola* L., *Daphne Mezereum* L., *Daphne Thymelea* L., *Daphne Tarton-raira* L., jouissent des mêmes propriétés que celles du garou (*Daphne Gnidium*). Toutefois celle du *Daphne Laureola* (Lauréole, Lauréole mâle, Laurier des bois, Laurier épurge, Laurier purgatif de France) est regardée comme moins active; tandis que celle du *Daphne Tarton-raira* (Tartonraire, Trintanelle Malherbe, de la France méridionale), si commune sur les bords de la Méditerranée, est, d'après M. Hétet, beaucoup plus énergique.

Les *pois de garou* étaient faits avec le bois de la plante ; on s'en servait pour augmenter la suppuration des cautères ; ils sont aujourd'hui tout à fait inusités.

GAULTHÉRIE

(Voyez le *Supplément* du T. II.)

GAYAC

Guaiacum officinale L.
(Rutacées-Zygophyllées.)

Le Gayac officinal, appelé aussi jasmin d'Afrique, jasmin d'Amérique, est un arbre élevé, dont la tige, haute de 15 à 18 mètres, se divise en rameaux presque articulés, couverts d'une écorce rugueuse et grisâtre, portant des feuilles opposées, paripennées, composées de deux ou trois paires de folioles opposées, sessiles, ovales, obtuses, entières, glabres, longues de 0^m,03 à 0^m,04, persistantes. Les fleurs, bleues, portées sur de longs pédoncules pubescents, sont réunies, au nombre de huit à dix, à l'aisselle des feuilles supérieures. Elles présentent un calice profondément partagé en cinq divisions presque égales, obtuses, un peu pubescentes en dehors ; une corolle régulière à cinq pétales plans, étalés, obovales, obtus, rétrécis en onglet à la base ; dix étamines dressées, à filets grêles, à anthères allongées, s'enroulant après la fécondation ; un ovaire pédicellé, ovoïde, comprimé, à cinq loges, surmonté d'un style simple. Le fruit est une capsule un peu charnue en dehors, quelquefois globuleuse, à cinq côtes et à cinq loges, mais le plus souvent comprimée, presque cordiforme, présentant comme deux ailes et divisée en deux loges (Pl. 8). Les graines sont albuminées.

Le Gayac à feuilles de Lentisque, connu encore sous les noms de Bois de vie, de Bois saint (*Guayacum sanctum* L.) se distingue du précédent par sa taille moins élevée, par ses feuilles de cinq à sept paires de folioles plus petites et mucronées, par ses capsules tétragones, à quatre loges, renfermant des graines ovoïdes, rouges.

Habitat. — Ces deux espèces croissent dans les régions chaudes de l'Amérique centrale, au Mexique, aux Antilles, etc.

Culture. — Les gayacs sont peu cultivés dans leur pays natal, et chez nous, ils ne se trouvent guère que dans les serres chaudes des jardins botaniques. Leur accroissement est très-lent, et leur multiplication, qui se fait par boutures étouffées, présente quelques difficultés.

Parties usitées. — L'écorce, le bois, la résine ou gomme de gayac.

Récolte. — Le bois de gayac officinal nous vient de la Jamaïque, de Saint-Domingue, de Cuba, des îles Lucayes, etc. Il arrive en fragments d'un fort diamètre, recouverts souvent de leur écorce ; il est très-dur ; sa densité est de 1,33. L'aubier est jaune et moins dense que le duramen, qui est vert ; il est très-compact ; ses couches sont alternativement dirigées à droite et à gauche et se croisent en formant des angles de 30° environ ; quand il est coupé perpendiculairement à l'axe, et examiné à la loupe, après avoir été poli, il laisse voir une rayure rayonnante très-fine et très-serrée, parsemée de gros vaisseaux coupés renfermant de la résine verte. Ce bois est peu odorant à froid, mais chauffé, il répand une odeur de benjoin. C'est la râpure qu'on emploie le plus souvent pour les préparations pharmaceutiques ; elle est jaunâtre et verdit à l'air et à la lumière ; elle verdit également au contact des hypochl rites, ce que ne font pas les râpures des autres bois avec lesquels on la mélange, celle du buis, par exemple. Bouillie dans l'eau, la râpure du gayac fournit un extrait aqueux qui possède une odeur fort agréable, rappelant celle de la Vanille.

Dans le commerce, on trouve plusieurs variétés de bois de gayac : le plus commun, que M. Guibourt attribue au gayac officinal, est en bûches cylindiques de $0^m,18$ de diamètre offrant un aubier de $0^m,020$ à $0^m,023$ d'épaisseur, qui est régulier, séparé du bois, jaune, moucheté de vert ; le cœur est vert-noirâtre foncé ; il est inodore.

Dans une autre sorte, que M. Guibourt nomme *Gayac à couches irrégulières,* l'aubier est plus épais; la matière résineuse, qui donne au bois sa couleur verte, est irrégulièrement répartie; elle y est moins abondante; le bois est moins foncé, et les bûches ne sont pas cylindriques.

M. Guibourt nomme *Gayac à odeur de vanille* un bois très-dense, très-serré, d'un vert noirâtre foncé, d'une odeur aromatique vanillée fort prononcée même lorsqu'il est entier.

L'écorce de gayac est en morceaux plats ou un peu cintrés, très-durs, compactes, épais de 0m,003 à 0m,005, couverts d'une couche jaunâtre; au-dessous sa coloration est d'un vert foncé; le liber est jaune et très-uni à l'intérieur; cette écorce renferme une matière résineuse différente de celle du bois.

Le gayac à feuilles de lentisque ou bois saint fournit un bois jaune fauve, uniforme, à structure fibreuse; il ne verdit pas à la lumière; il présente, dans sa coupe transversale, une rayure fine parsemée de points blancs. L'écorce est recouverte d'un épiderme crevassé noirâtre; elle est enduite d'une résine transparente, jaune-verdâtre; c'est elle qu'Étienne-François Geoffroy a décrite dans son *Tractatus de materiâ medicâ,* traduit en français par Antoine Bergier.

Sous le nom de *Gayacan de Caracas,* M. Guibourt a décrit le bois du *Guaiacum arboreum* D. C. Il est fauve-verdâtre, nuancé de couches concentriques; le cœur est plus foncé; il verdit à l'air; il est plus âcre que les autres gayacs; aussi les ouvriers qui le travaillent le nomment-ils *Gayac pique-nez;* il se distingue surtout par sa rayure fine et rayonnante en lignes droites non ondulées, avec un nombre considérable de petits vaisseaux blanchâtres, disposés par lignes tremblées dirigées dans le sens des rayons.

Sous le nom de *Gayac du Chili,* le même auteur signale encore un bois produit par le *Porlieria* hygrométrique (*Porlieria hygrometrica* Ruiz et Pavon), dont l'aubier est jaune pâle et très-dur; le cœur, également très-dur et très-pesant; il est d'un vert noirâtre; il contient une résine qui verdit à la lumière comme celle de gayac. Les feuilles de la plante peuvent servir d'hygromètre.

La résine de gayac que l'on trouve dans le commerce, peut être obtenue en traitant la râpure par l'alcool; mais le plus souvent elle provient d'incisions, de blessures faites aux arbres; quelquefois aussi on perce les bûches dans leur axe avec une tarière, et on place ces bûches sur le feu de manière à liquéfier et faire couler la résine que l'on reçoit dans des calebasses; cette résine se présente en masses d'un brun verdâtre, friables ; les lames sont d'un vert jaunâtre; elle verdit à la lumière; elle contient des impuretés telles que débris d'écorces et autres; elle répand, lorsqu'on la frotte, une odeur très-agréable de Vanille et de Benjoin; elle se ramollit sous la dent; sa saveur, d'abord nulle, devient bientôt âcre; elle est soluble dans l'alcool; cette solution est précipitée en blanc par l'eau, en gris cendré par l'acide chlorhydrique, en vert par l'acide sulfurique, en bleu pâle par le chlore. L'acide azotique la colore d'abord en vert, puis en bleu, enfin en brun, avec précipité de même couleur. Un papier imprégné de teinture de gayac, exposé aux vapeurs nitreuses, prend une belle teinte bleue.

La résine de gayac n'est pas soluble dans les huiles fixes et l'essence de térébenthine. Ce caractère la distingue d'autres résines avec lesquelles on pourrait la confondre. Certaines substances organiques, comme le mucilage de gomme arabique, les racines fraiches de Guimauve, de Raifort, de Chicorée, la bleuissent; le savon et le sublimé corrosif lui donnent la même coloration.

Composition chimique. — Hadelich a trouvé, en 1862, dans la résine de Gayac : acide guayaconique, 70,3 ; acide guayarétique, 10,5; béta-résine de Gayac, 9,8 ; gomme, 3,7 ; cendres, 0,8 ; acide guyacique, matière colorante (jaune de gayac) et impuretés, 4,9. L'*acide guayaconique* a pour formule $C^{38} H^{40} O^{10}$; il est amorphe, brun, insoluble dans l'eau, soluble dans l'alcool, l'éther, le chloroforme, etc. Les agents oxydants le colorent passagèrement en bleu. L'*acide guayarétique,* $C^{20} H^{26} O^{4}$, est cristallin, insoluble dans l'eau, soluble dans l'alcool, l'éther, le chloroforme ; il n'est pas coloré en bleu par les agents oxydants. L'*acide guayacique,* $C^{12} H^{16} O^{6}$, cristallise en aiguilles incolores ; il a été découvert par Thierry, en 1841. La *béta-résine de gayac* est insoluble dans l'éther, soluble dans l'alcool, l'acide acétique et les alcalis ; elle ne paraît pas différer par sa composition de l'acide guayaconique. Le *jaune de gayac* cristallise en octaèdres colorés en jaune pâle ; c'est à lui que la résine doit sa coloration ; sa saveur est d'une amertume très-prononcée. Par la distillation sèche de la résine de gayac, on obtient d'abord de la *guayacine,* $C^{5} H^{8} O$, liquide incolore, neutre, doué d'une saveur aromatique, brûlante; puis du *guayacol*, $C^7H^8O^2$, et du *Krésol*, $C^8H^{10}O^2$, liquides épais et incolores, analogues à l'acide eugénique, et enfin des cristaux de *pyroguayacine*, $C^{38}H^{44}O^6$.

USAGES. — Le bois de gayac râpé fait partie, avec la Squine, le Sassafras et la Salsepareille, des quatre bois sudorifiques. Il est employé sous forme de tisane, d'extrait, de teinture, de résine, contre les affections vénériennes anciennes, les maladies de la peau, etc. Les Espagnols, qui le rapportèrent d'Amérique, en 1508, le présentèrent comme un antisyphilitique précieux. Ils le regardaient comme un remède surnaturel, et de là lui vinrent les noms de *bois saint*, *bois de vie*. Hutten le vanta contre la syphilis. Jérôme Fracastor, célèbre poëte et savant médecin italien du seizième siècle, en fit un pompeux éloge dans le troisième livre de son poëme de la *Syphilis*. Aujourd'hui le bois de gayac est à peu près abandonné. Cependant on l'emploie quelquefois comme adjuvant du mercure, et la plupart des pilules mercurielles renferment de l'extrait de gayac. Mead, Pringle, Solenander, Tode, Barthey ont beaucoup vanté le gayac contre la goutte et les rhumatismes, contre les névralgies rhumatismales, les maladies de la peau, les scrofules, la leucorrhée, etc. La résine de gayac a été surtout préconisée contre la goutte; dissoute dans du rhum ou tafia, elle constitue le fameux *Remède des Caraïbes*, si employé à la Martinique contre cette maladie. Fowler préférait la teinture alcoolique. Dewes, de Philadelphie, associait cette teinture aux alcalins pour faciliter la menstruation. Cullen et Hunter l'ont aussi vantée comme antisyphilitique, et pour le pansement des ulcères. La teinture de gayac entre dans plusieurs eaux dentifrices anglaises.

En médecine vétérinaire, on s'est servi du bois et de la résine de gayac contre le farcin et les maladies de la peau.

La résine de gayac a été employée pour falsifier celle de Jalap.

Le bois de gayac est très-dur; de sorte qu'on l'emploie beaucoup pour les ouvrages de tour et la marqueterie. On en fait aussi des roues et des lanternes de moulins à sucre, aux Antilles.

GELSEMIUM

(Voyez le *Supplément* du T. II.)

GENÊT

Genista tinctoria, scoparia et *purgans* L.
(Légumineuses-Lotées.)

Le Genêt des teinturiers ou Genestrole (*Genista tinctoria* L.) est un arbuste, dont les tiges, hautes de 0^m,50 à 1 mètre, cylindriques, striées, un peu anguleuses, glabres, ascendantes, portent des feuilles alternes, lancéolées, aiguës, glabres ou un peu pubescentes, d'un vert foncé. Les fleurs, jaunes, sont réunies en grappes à l'extrémité des rameaux. Elles présentent un calice à deux lèvres terminées, la supérieure par deux dents, l'inférieure par trois; une corolle papilionacée, à étendard redressé, à carène abaissée, ne recouvrant pas complétement les organes sexuels; dix étamines monadelphes; un ovaire simple, uniloculaire, pluriovulé, surmonté d'un style simple un peu courbé au sommet et terminé par un petit stigmate. Le fruit est une gousse allongée, comprimée, glabre, brune à la maturité, renfermant plusieurs graines réniformes.

Le Genêt à balais (*Genista scoparia* Lamk, *Sarothamnus scoparius* Godr., *Spartium scoparium* L.) a une tige d'un à deux mètres; des rameaux nombreux, effilés, anguleux, dressés; des feuilles pubescentes-soyeuses, les inférieures pétiolées et à trois folioles; les supérieures presque sessiles et réduites à une foliole. Les fleurs, jaunes d'or, sont groupées en grappes terminales; le style est filiforme, très-allongé, roulé en spirale pendant la floraison. Le fruit est une gousse comprimée, polysperme, velue-hérissée sur les bords.

Le Genêt purgatif ou Griot (*G. purgans* D. C., *Sarothamnus* Godr., *Spartium* L.) est caractérisé par ses tiges hautes de 0^m,50 au plus, droites et très-rameuses; ses rameaux presque nus, les plus jeunes soyeux; ses feuilles alternes, petites et lancéolées; ses fleurs jaunes, latérales et solitaires; sa gousse noire, velue sur les bords.

Habitat. — Ces trois espèces croissent en Europe, dans les bois et les buissons, les terrains montueux et sablonneux, etc. On ne les cultive guère que dans les jardins botaniques.

Parties usitées. — La plante entière, les fleurs, les graines, l'écorce.

Récolte. — Les feuilles et les rameaux des genêts doivent être récoltés avant la floraison, les fleurs à l'époque de leur entier épanouissement. On fait sécher celles-ci rapidement à l'ombre et on les conserve à l'abri de la lumière. Il ne faut les cueillir que lorsqu'elles ne sont pas mouillées; dans le cas contraire, elles noircissent par la dessiccation. L'écorce de genêt, rarement employée, est détachée à l'automne. On cueille les graines quand les gousses sont parfaitement sèches et avant leur déhiscence.

Composition chimique. — M. Stenhouse a extrait des divers genêts, et spécialement du genêt à balais, une matière gélatineuse qu'il nomme *scoparine;* elle se présente sous la forme de cristaux étoilés jaunes, solubles dans l'eau bouillante et dans l'alcool; leur formule est $HC^{21} H^{22} O^{10}$. Ce chimiste assure que c'est à la *scoparine* que sont dus les effets des genêts. Il a extrait des eaux-mères qui lui ont fourni la scoparine un autre principe qu'il nomme *spartéine;* c'est une base organique, liquide, volatile, incolore, amère, qui jouit de propriétés narcotiques; sa formule est $C^{15} H^{26} Az^2$.

Usages. — Dioscoride mentionne les fleurs et les semences du genêt comme purgatives. Pline leur attribue les mêmes propriétés; il ajoute qu'elles sont diurétiques, et il les dit efficaces contre la sciatique. Arnaud de Villeneuve affirme que la poudre des fleurs de genêt guérit l'hydropisie et les scrofules. Cardan préconisait les racines dans les mêmes cas. Cullen employait comme purgative et diurétique la décoction des jeunes pousses. Mead rapporte un cas de guérison d'hydropisie ascite obtenue par l'administration des graines de moutarde, associées à la décoction de sommités de genêt. A peu près abandonnées de nos jours par la médecine française, les préparations de genêt ont été vantées par des médecins anglais contre l'albuminurie. M. Rayer dit en avoir obtenu de bons effets, et M. le docteur Grazia y Alvares a cité un cas de guérison de néphrite albumineuse obtenue par l'administration de l'infusion des fleurs de genêt. Dans les mêmes cas, ainsi que dans l'anasarque, la gravelle, les engorgements viscéraux survenus à la suite de fièvres intermittentes, on prétend avoir employé avec succès le vin préparé avec les cendres de genêt.

Dans les abcès froids, l'œdème, les tumeurs scrofuleuses, on a employé les cataplasmes préparés avec les branches, les fleurs et les gousses des genêts.

Levrat employait les fleurs de genêt d'Espagne contre l'ascite.

M. Cazin dit les avoir administrées avec avantage dans l'albuminurie avec anasarque. Le docteur Marochetti a vanté l'usage du genêt des teinturiers contre la rage. Plusieurs médecins l'ont employé sans succès dans ces cas. Les paysans emploient pour se purger le genêt purgatif ou genêt griot, qui est considéré comme vénéneux. La spartéine et la scoparine sont diurétiques.

Les observations de M. Rymon (Thèses de Paris, 1880) ont établi d'une manière certaine les propriétés toxiques de la spartéine ; la respiration est ralentie, puis tout à fait arrêtée ; les battements du cœur sont d'abord accélérés, puis ralentis et enfin totalement arrêtés peu de temps après la cessation des mouvements respiratoires.

La matière jaune des genêts, et plus spécialement celle du genêt des teinturiers, était autrefois fort employée en teinture. De nos jours, on l'a remplacée par la Gaude (*Reseda luteola* L.). Avec la dissolution du fer, les feuilles et les jeunes branches de genêt teignent en olive très-solide.

Dans certains pays, les boutons de fleurs des genêts se confisent comme des Câpres et servent d'assaisonnement.

Les genêts sont riches en fibres textiles. En Espagne, en Italie, on en extrait, par le rouissage, des fibres solides qui servent à fabriquer des toiles très-résistantes et susceptibles de prendre la teinture.

GENÉVRIER

Juniperus communis et *Oxycedrus* L.
(Conifères-Cupressinées.)

Le Genévrier commun est un petit arbre ou un arbrisseau, à racines fortes, très-rameuses. La tige se ramifie souvent dès la base en formant un buisson ; d'autres fois elle atteint la hauteur de 4 à 5 mètres, et se couvre d'une écorce rougeâtre et rugueuse, ainsi que les rameaux, qui sont nombreux, diffus et terminés par de jeunes pousses un peu pendantes. Les feuilles sont verticillées par trois, sessiles, linéaires, très-aiguës, piquantes, glabres, fermes, d'un beau vert, marquées d'une raie blanche longitudinale. Les fleurs sont dioïques, disposées en petits chatons axillaires et solitaires, dépourvues d'enveloppes florales et réduites aux organes sexuels, qui sont abrités par des bractées. Les mâles, réunies au nombre de dix environ, en petits chatons un peu coniques, présentent trois ou quatre étamines. Les femelles sont groupées par trois en chatons plus ou moins petits et se réduisent chacune à un ovule nu, situé à l'aisselle d'une écaille. Le fruit (vulgairement *baie*) est un petit strobile charnu, bleu, noirâtre à la maturité et renfermant trois graines.

Le Genévrier Cade (*Juniperus Oxycedrus* L.) se distingue du précédent par sa taille plus élevée, ses feuilles marquées de deux raies blanches longitudinales, et son fruit plus gros, arrondi et jaune orangé.

Nous citerons encore le Genévrier de Phénicie (*Juniperus phœnicea* L.), et le Genévrier de Lycie (*J. lycia* L.), qui n'en est qu'une variété.

Habitat. — Le genévrier commun est répandu dans les forêts et sur les bruyères de presque toute l'Europe. Il paraît rechercher de préférence les terrains crayeux. Les genévriers Cade et de Phénicie habitent les bords du bassin méditerranéen. Ces espèces ne sont guère cultivées que dans les jardins botaniques.

Parties usitées. — Le bois, l'écorce, les rameaux, les fruits.

Récolte. — On doit récolter le bois et l'écorce de genévrier à l'automne. Les rameaux, peu employés d'ailleurs, se cueillent à l'époque de la floraison. Les fruits se récoltent à leur maturité, en octobre et novembre; on les fait sécher au grenier, sur des claies. Ils ne mûrissent qu'au bout de deux ans. Ils renferment une pulpe succulente, aromatique, d'une saveur résineuse, amère et sucrée. On doit rejeter de l'usage ceux qui sont trop secs.

Composition chimique. — Les fruits du genévrier contiennent de petites quantités d'acides malique, acétique et même prussique; d'après Donath ils renferment 23 pour 100 de sucre; d'après Tromsdorff, une substance encore peu connue, la *junipérine,* non cristallisable, soluble dans l'eau chaude, une résine également mal déterminée et une proportion d'huile essentielle qui varie entre 1 et 2 pour 100. Cette huile est constituée par un mélange de deux essences lévogyres : l'une bout à 205° C.; elle prédomine dans le fruit mûr et a pour formule $C^{20}H^{32}$; l'autre, $C^{10}H^{16}$, bout à 155° C.

Usages. — Les fruits du genévrier sont stimulants, toniques, diurétiques, stomachiques, diaphorétiques, etc.; ils facilitent la digestion, dissipent les flatuosités, augmentent l'appétit, provoquent les sueurs, augmentent les sécrétions muqueuses. C'est surtout dans les affections catarrhales de la vessie et du poumon qu'on s'en est servi. Van-Swieten, Hoffmann, Vogel, Rosenstein, Meckel, Smidt, Hecker, Loiseleur-Deslongchamps, Lange, Demangeon, les ont employés dans les maladies de poitrine et de la vessie, contre la leucorrhée, la blennorrhée, la bronchorrée, le scorbut, les engorgements viscéraux, l'asthme humide, les affections goutteuses et rhumatismales, les dyspepsies, les maladies de la peau, les scrofules, etc. Macérés dans du vin, on les a employés dans les fièvres intermittentes automnales; il est vrai qu'on leur associait souvent l'Absinthe et d'autres plantes amères et stimulantes. En fumigations, soit seules, soit mélangées avec d'autres plantes aromatiques, les baies de genièvre ont été employées dans les aphonies, les laryngites et les pharyngites, les catarrhes pulmonaires, l'asthme, etc. Leur décoction à l'extérieur a été appliquée comme tonique et résolutive dans un grand nombre de maladies.

L'huile de cade, employée depuis longtemps comme remède populaire dans certaines maladies de la peau, a été préconisée par M. Serre, d'Alais. On l'emploie tantôt pure, tantôt mélangée à l'axonge, sous forme de pommade. C'est surtout contre la gale et contre les affections eczémateuses qu'elle a produit de bons effets. M. Devergie en reconnaît l'utilité dans le traitement des dartres sécrétantes et des ophthalmies scrofuleuses. Cette huile est très-usitée en médecine vétérinaire pour guérir la gale des chevaux et des moutons.

Dans le nord de la France, en Belgique, en Allemagne et en Hollande, on obtient des fruits du genévrier, par fermentation et distillation, une liqueur alcoolique nommée *genièvre* ou *eau de vie de genièvre*. Les Suédois préparent, avec ces mêmes fruits, une espèce de bière regardée comme saine et salutaire. L'*extrait de genièvre* des pharmacies, qui est mou, grenu, aromatique et sucré, s'obtient par macération dans l'eau des fruits contusés et évaporation. On assure que dans les pays chauds les genévriers laissent couler, spontanément ou par incision, une résine nommée *gomme* ou *vernis de genévrier*, qui n'a reçu aucune application. On a dit que le *Cedria*, espèce de goudron liquide dont les Égyptiens se servaient pour les embaumements, provenait du genévrier de Phénicie qui, selon quelques auteurs, donnerait l'*encens d'Afrique*. Le bois des génévriers ressemble à celui du Cyprès et peut être employé aux mêmes usages (voir au mot CYPRÈS, t. I, p. 444. Voir aussi l'article CÈDRE, t. I, p. 294).

GENTIANE

Gentiana lutea L.; *purpurea* L.; *punctata* L., etc
(Gentianées-Chironiées.)

La Gentiane jaune ou Grande-Gentiane (*Gentiana lutea* L.) est une belle plante vivace, à racine cylindrique, longue et grosse, charnue, spongieuse, ridée, rugueuse, brun-jaunâtre, rameuse, pivotante. La tige, haute d'environ un mètre, cylindrique, simple, dressée, porte des feuilles opposées, grandes, entières, d'un vert clair, lisses, à nervures fortement saillantes en dessous : les radicales rétrécies en pétiole à la base, les caulinaires sessiles, largement connées, ovales, un peu aiguës. Les fleurs, grandes, nombreuses et d'un beau jaune, sont réunies en grappe feuillée terminale. Elles présentent un calice membraneux, mince, à cinq divisions aiguës, fendu d'un côté jusqu'à la base; une corolle régulière, gamopétale, presque rotacée, profondément partagée en cinq divisions aiguës, lancéolées, étroites, ponctuées; cinq étamines courtes, dressées, à anthères oblongues; un ovaire ovoïde, allongé, conique au sommet, à une seule loge multiovulée, surmonté d'un style simple terminé par deux stigmates divergents. A la base de l'ovaire se trouvent cinq nectaires glanduleux, arrondis. Le fruit est une capsule ovoïde, à quatre angles arrondis, allongée, uniloculaire, s'ouvrant en deux valves, et renfermant, attachées sur deux placentas pariétaux, un grand nombre de graines orbiculaires, aplaties et membraneuses sur les bords (Pl. 9).

HABITAT. — La grande gentiane habite les régions centrales de l'Europe. Elle croît dans les lieux montueux, surtout dans les terrains calcaires, dans les bois, les pâturages, les prés secs, etc. Comme elle est assez abondante à l'état sauvage pour suffire aux usages médicaux, on ne la cultive que dans les jardins botaniques ou d'agrément.

Nous citerons encore les Gentianes pourprée (*G. purpurea* L.); ponctuée (*G. punctata* L.), l'une et l'autre fort répandues dans les Alpes; sans tige (*G. acaulis* L.), aussi des Alpes; Amarelle (*G. amarella* L.); des champs (*G. campestris* L.); des marais ou Pneumonanthé (*G. Pneumonanthe* L.); Croisette (*G. cruciata* L.); à feuilles épaisses, de Sibérie (*G. macrophylla* Pallas); de Catesby (*G. Catesbœe* Ait.), commune aux États-Unis; verticillée (*G. verticillata* L.) de l'Hindoustan; etc.

Parties usitées. — Les racines.

Récolte. — La racine de gentiane ne doit être récoltée qu'à la fin de la deuxième année, après la chute des feuilles. Quand on l'a arrachée, mondée des radicelles et des écailles du collet, on la lave pour en séparer la terre, et on la fait sécher, tantôt entière, tantôt coupée par tronçons d'un centimètre de long environ; quelquefois aussi on la fend longitudinalement.

La racine de gentiane du commerce nous vient des Alpes, des Pyrénées, de la Bourgogne, des Vosges, de la Franche-Comté, où elle croît abondamment dans les bois; sa grosseur varie depuis celle du pouce jusqu'à celle du poignet; elle est longue et rameuse, rugueuse à l'extérieur, jaune et spongieuse à l'intérieur; son odeur forte rappelle un peu celle des miels communs; sa saveur est franchement amère. On doit là choisir bien saine et médiocrement grosse.

Les racines des Gentianes pourprée et ponctuée jouissent des mêmes propriétés que celles de la grande gentiane; cependant elles sont plus amères; la première est surtout employée en Allemagne et dans le nord de l'Europe.

Composition chimique. — La racine de la gentiane doit son amertume si prononcée à un principe d'abord décrit à l'état impur par plusieurs chimistes, sous le nom de *gentianine*, obtenu pour la première fois à l'état de pureté, en 1862, par Kromayer, et nommé par Gmelin *gentiopicrine* ou *amer de gentiane*. Sa formule est $C^{20}H^{30}O^{12}$; il est neutre, cristallise en aiguilles incolores, est soluble dans l'eau, l'alcool étendu froid, l'alcool absolu chaud; il est insoluble dans l'éther. Avec la potasse caustique ou la soude, il forme des solutions jaunes; sous l'influence des des acides minéraux dilués, il se décompoee en glucose et en une substance neutre, amorphe, la *gentiogénine;* il existe dans les racines dans la proportion de 0,1 pour 100.

On trouve encore dans la racine de gentiane un autre principe auquel on a donné les noms de *gentisine, acide gentisique* ou *acide gentianique;* on lui attribue la formule $C^{14}H^{10}O^{5}$. Il cristallise en aiguilles soyeuses, colorées en jaune pâle, insipides, peu solubles dans l'eau et dans l'éther, solubles dans l'alcool concentré chaud, et dans les alcalis aqueux avec lesquels elle forme des composés cristallisables.

On trouve encore dans la racine de gentiane de la pectine et 12 à 15 pour 100 d'un sucre cristallisable ; grâce à ce sucre, en Bavière et en Suisse on fabrique avec la gentiane, une eau-de-vie recherchée par certaines personnes.

Usages. — La racine de gentiane est rangée dans la classe des toniques amers ; on la considère comme fébrifuge, anthelmintique et antiseptique ; elle a été employée en poudre sous forme de tisane, de sirop, d'extrait, de teinture et de vin, contre les fièvres intermittentes automnales, ainsi que dans les dyspepsies, les flatuosités, les scrofules, l'ictère, le scorbut, la chlorose, certaines hydropisies, les maladies de la peau, etc. Haller la regardait comme un excellent anti-goutteux. Tout en reconnaissant son efficacité dans certains cas, MM. Trousseau et Pidoux lui refusent toute action spéciale. Boërhaave la vantait contre les fièvres intermittentes. Dans le nord, elle est souvent administrée dans du vin contre la cachexie paludéenne. Vicat, Willis, Eller, Alibert, Julia de Fontenelle en font le plus grand cas. Quant à nous, nous croyons, avec MM. Trousseau et Pidoux, que c'est un fébrifuge relatif, qui peut être utile pour s'opposer au retour des accès pendant les convalescences, mais qui est loin de valoir le quinquina.

La racine de gentiane entre dans les *Élixirs de longue vie* et de Peyrilhe, si longtemps employés comme anti-scrofuleux. Le sirop et le vin de gentiane conviennent parfaitement dans les cas d'atonie générale, et plus spécialement dans celle des organes digestifs.

En chirurgie, la racine de gentiane est employée avec de grands avantages pour dilater les trajets fistuleux à la place d'éponges préparées.

Les sommités fleuries de la Gentiane verticillée servent, aux Antilles, contre les fièvres intermittentes. Les fleurs de la Gentiane de Catesby sont employées, en décoction, dans le sud des États-Unis, contre la pneumonie, comme toniques et sudorifiques. Les habitants des bords du lac Baïkal se servent de la Gentiane à feuilles épaisses (*G. macrophylla* Pallas) contre les convulsions et le délire. En Russie, on emploie la gentiane des marais contre l'épilepsie.

Les médecins homœopathes emploient la gentiane comme tonique amer dans un grand nombre de maladies. Son signe est *Agt*, et son abréviation *Gent.*

GERANIUM

(Voyez le *Supplément* du T. II)

GERMANDRÉE

Teucrium Chamædris L. (*Chamædris officinalis* Mœnch.)
(Labiées-Ajugoïdées.)

La Germandrée chamædris, appelée aussi Germandrée officinale, Petit-chêne, Thériaque d'Angleterre, etc., est une plante vivace ou un petit sous-arbrisseau, à racines ligneuses, un peu fibreuses, traçantes. Les tiges, hautes de 0m,15 à 0m,25, sous-frutescentes, à quatre angles mousses, grêles, pubescentes, couchées ou ascendantes, portent des feuilles opposées, presque sessiles, ovales-obtuses, crénelées, épaisses et fermes, luisantes, glabres et d'un vert foncé en dessus, vert jaunâtre et légèrement pubescentes en dessous. Les fleurs, purpurines, rosées ou blanchâtres, courtement pédonculées à l'aisselle de petites bractées, forment de faux verticilles, dont la réunion constitue un épi lâche, terminal. Elles présentent un calice tubuleux, rougeâtre, pubescent, à deux lèvres, la supérieure entière, l'inférieure à quatre petites dents aiguës; une corolle monopétale, irrégulière, pubescente, à tube cylindrique, un peu comprimé, recourbé, à limbe divisé en deux lèvres, la supérieure très-courte et profondément bilobée, l'inférieure à trois lobes, dont deux latéraux très-petits, ovales, aigus, et un médian très-grand, dilaté, arrondi, un peu concave et échancré; quatre étamines didynames, à filets grêles, subulés, glabres, saillants et coudés au sommet, à anthères ovoïdes, surmonté d'un style simple et d'un stigmate bifide. Le fruit est un tétrakène, entouré par le calice persistant.

Habitat.—La germandrée chamædris se trouve dans presque toute l'Europe; elle croît dans les lieux montueux, stériles et pierreux, dans les bois, etc.

Culture. — La germandrée croît à peu près dans tous les sols. Elle se propage très-facilement de graines semées en place ou sur couche, ou par la séparation des pieds, faite au printemps ou à l'automne.

Parties usitées. — Les feuilles et les sommités fleuries.

Récolte.—La germandrée chamædris doit être récoltée à l'époque de la floraison; en juin, elle perd par la dessiccation, la plus grande partie de son odeur, mais elle conserve son amertume; elle doit être rejetée lorsqu'elle est tout à fait inodore; on en fait de petits paquets que l'on dispose en guirlandes et que l'on fait sécher au grenier enveloppés dans du papier gris.

Composition chimique. — Cette plante répand une odeur faiblement aromatique, due à une huile essentielle; elle renferme un principe amer et une matière extractive. L'eau dissout des principes actifs; l'alcool n'en prend qu'une partie.

Usages. — Depuis Pline, qui préconisait la germandrée comme très-efficace contre la toux invétérée, les affections pituitaires, l'hydropisie commençante, etc., jusqu'à nos jours, cette plante a été employée comme expectorante et tonique amer. D'après Prosper Alpin, les Égyptiens l'employaient contre les fièvres intermittentes. Matthiole, Boërhaave, Rivière, Chomel, Baumer, etc., ont proclamé ses bons effets dans ce cas. En Italie, où on la désigne sous le d'*Erba delle febbri* (Herbe aux fièvres), c'est un remède populaire. Les Grecs et les Arabes l'employaient contre les engorgements de la rate et du foie; ce qui pourrait bien avoir, comme le font remarquer MM. Trousseau et Pidoux, quelques rapports avec ses propriétés fébrifuges.

Au rapport de Vésale, la germandrée fut employée pour combattre la goutte, dont fut atteint Charles-Quint. Senner et Solenander l'ont vantée contre cette maladie. Tournefort constate que de son temps c'était un remède populaire contre cette affection; il ajoute que, pour son compte, il n'en a obtenu aucun bon résultat. Cependant Carrère prétend l'avoir employée avec avantages, et Bodart croyait à ses propriétés anti-goutteuses; il est vrai que ce dernier ajoute qu'elle agit alors en rétablissant les fonctions digestives perverties. Peut-être aussi, en raison de son huile volatile, pourrait-elle activer la circulation et la respiration, et conséquemment rendre plus complète la combustion des aliments plastiques. Mais encore, dans cette hypothèse, beaucoup d'autres Labiées devraient lui être préférées.

GILLENIA

(Voyez le *Supplément* du T. II.)

GINGEMBRE

Zingiber officinale Rosc. (*Amomum Zingiber* L.)
(Zingibéracées.)

Le Gingembre est une grande plante vivace, à rhizome tuberculeux, irrégulièrement coudé, de la grosseur du pouce, coriace, jaunâtre, produisant des tiges aériennes ou hampes cylindriques hautes de $0^m,60$ à $0^m,70$; elles portent des feuilles alternes, distiques, lancéolées, longues, glabres, terminées à la base en une longue gaîne fendue. Les fleurs portées sur des hampes nues, longues de $0^m,25$ à $0^m,30$ et placées à côté des tiges feuillées, forment un épi ovoïde, imbriqué d'écailles verdâtres, et marqué à son sommet d'une pointe rouge; elles sont jaunâtres, avec un *labelle* ou tablier pourpre, varié de brun ou de jaunâtre. Elles n'ont qu'une seule étamine épigyne, à anthère bilobée; un ovaire à trois loges, un style grêle, terminé par un stigmate concave. Le fruit est une capsule polysperme, à trois loges, s'ouvrant en trois valves (Pl. 10).

Habitat. — Cette plante est originaire des Indes orientales; elle croît, d'après quelques voyageurs, aux environs de Zingi ou Gingi, d'où lui viennent ses différents noms. On la trouve, sur les côtes de Malabar, à Ceylan, dans les îles de la Sonde, aux Moluques, aux Philippines, à Java, à Sumatra, en Chine etc. On l'a importée au Mexique, au Brésil et aux Antilles; elle est cultivée en grand à la Jamaïque et à la Guadeloupe.

Culture. — Le gingembre demande une terre substantielle, fraîche et ombragée; après l'avoir ameublie par des labours énergiques, on y plante des tronçons de rhizomes dans des sillons profonds de $0^m,15$ à $0^m,20$ et espacés de $0^m,40$ à $0^m,50$; cette plantation se fait ordinairement dans la saison des pluies, au moment où ces rhizomes entrent en végétation. Il n'y a plus ensuite qu'à chausser les jeunes plants dès qu'ils se montrent, et à les garantir des mauvaises herbes par des binages. Dans nos climats, on ne peut élever le gingembre qu'en serre chaude.

Parties usitées. — Les rhizomes.

Récolte. — Le commerce nous fournit deux sortes de gingembre, qu'on distingue par les noms de *Gingembre décortiqué* et de *Gingembre cortiqué*. Cette dernière vient du Bengale et d'Afrique. C'est la plus estimée. Elle est constituée par des fragments de rhizomes qui ont été séchés avec leur écorce. Cette dernière est brune, ridée et striée; beaucoup de morceaux sont cornés et résineux; la coloration interne est jaunâtre. Le gingembre décortiqué vient surtout de Cochin et de la Jamaïque. Aussitôt après la récolte on racle les rhizomes pour enlever l'épiderme, on les lave et on les fait sécher au soleil. Souvent aussi on les blanchit soit par l'acide sulfureux, soit par l'immersion pendant quelques instants dans une solution d'hypochlorite de chaux; parfois aussi on les badigeonne à la chaux. Cette sorte de gingembre offre extérieurement une coloration chamois pâle; sa couleur interne est plus pâle que dans l'autre sorte. Les deux sortes se présentent en morceaux longs de 5 à 10 centimètres, comprimés latéralement et comme palmés par les lobes qui sortent de leurs faces latérales, d'où le nom de *mains* que leur donnent souvent les épiciers. Chaque lobe répond à la base d'un rameau et offre, au niveau de son sommet, une dépression qui représente la cicatrice de l'axe feuillé qui le terminait.

Le gingembre a une odeur aromatique, un peu poivrée, agréable; sa saveur est très-prononcée, aromatique et brûlante.

Composition chimique. — Le seul principe constituant du gingembre qui soit encore connu est une huile essentielle qu'il renferme dans la proportion de 1/4 pour 100 environ. Cette huile est jaune pâle, douée d'une odeur analogue à celle du gingembre, mais dépourvue de la saveur brûlante de ce dernier. La saveur du gingembre est due à une résine mal déterminée.

Usages. — Le gingembre entrait dans la plupart des médicaments officinaux des Grecs et des Arabes, tels que la *thériaque*, le *diascordium*, la *confection Hamech*, etc. C'est un excellent stimulant stomachique, très-vanté par Dioscoride. On en fait un très-grand usage aux Indes orientales et en Angleterre pour faciliter la digestion. On en met dans les sauces, dans certaines bières, etc. Les nourrices le mêlent aux tisanes des petits enfants pour guérir la colique. On s'en sert contre les catarrhes chroniques, les extinctions de voix. On l'associe aux cathartiques pour rendre leur administration plus facile et pour dissiper les coliques venteuses.

Le gingembre, comme toutes les autres racines ou graines aromatiques des Amomées, est un excellent stomachique; c'est un des digestifs les plus efficaces que l'on connaisse; il agit en surexcitant le tube digestif, en activant ses fonctions et en augmentant les sécrétions gastriques, intestinales et biliaires, sécrétions si nécessaires surtout dans les pays chauds à l'accomplissement d'une bonne digestion. Malheureusement on fait souvent abus du gingembre, et alors il fatigue et peut déterminer des inflammations du canal digestif.

GINSENG

Aralia quinquefolia Decne. *Panax quinquefolium* L.
(Araliacées.)

Le Ginseng ou Gen-seng, connu chez nous sous le nom de Mandragore de Chine, est une plante vivace, à racine simple, un peu striée, blanche, pivotante. La tige, haute de $0^m,40$ à $0^m,50$, cylindrique, simple, grêle, glabre et lisse, porte dans sa partie supérieure trois feuilles verticillées, longuement pétiolées, digitées, à cinq folioles presque sessiles, ovales, dentées, divergentes. Les fleurs, blanches, polygames, sont groupées en ombelle terminale. Elles présentent un calice à cinq petites dents, une corolle à cinq pétales planes, cinq étamines, un ovaire infère surmonté de deux styles. Le fruit est une petite baie globuleuse, un peu comprimée, à deux loges monospermes.

Habitat. — Cette plante croît en Chine, au Japon, dans la grande Tartarie. On la trouve également au Canada, dans la Pensylvanie, la Virginie. Elle n'est cultivée que dans quelques jardins botaniques.

Parties usitées. — Les racines.

Récolte. — La racine de ginseng est de la grosseur du petit doigt, fusiforme, cylindrique ou renflée à sa partie supérieure ; elle est marquée d'un grand nombre d'impressions circulaires; souvent elle se partage en deux branches ressemblant aux cuisses d'un homme, ce qui, dit-on, au temps des signatures, lui a valu son nom et la réputation d'être aphrodisiaque. La racine varie pour sa couleur du blanc au jaunâtre; elle possède une faible odeur de racine d'ombellifère; sa saveur est amère, âcre et sucrée.

On a longtemps confondu la racine de ginseng avec une autre racine qui lui ressemble, laquelle vient de la Morée et est cultivée en Chine et au Japon. C'est le Ninsin (*Sium Nensi* L.), ombellifère voisine du Chervi (*Sium Sisarum* L.); mais on distingue facilement la racine de gin-sing par le collet tortueux qui la surmonte, et où se trouve marquée, tantôt à droite, tantôt à gauche, l'empreinte de la tige unique que la plante pousse chaque année, tandis que le Ninsin produit un amas de racines tuberculeuses.

La racine de ginseng se trouve quelquefois dans le commerce disposée en chapelets à l'aide d'une ficelle.

Composition chimique. — Il n'a pas été fait d'analyse sérieuse du Ginseng. On admet simplement qu'il contient une substance sucrée, analogue à celle de la réglisse et un principe amer. Garrigues a trouvé une substance spéciale, bien définie, qu'il désigne sous le nom de *Panaquilone*. Elle est jaune, amère, soluble dans l'alcool et dans l'eau, insoluble dans l'éther. On lui assigne la formule $C^{24} H^{50} O^{18}$. Sous l'influence de l'acide sulfurique concentré, elle se dédouble en acide carbonique, en eau et en *panacone*, $C^{22} H^{38} O^{8}$, substance blanche, cristalline, insoluble dans l'eau.

Usages. — Le docteur Vandermonde a traduit un ouvrage chinois (*le Pan-Sau-Kan-Mou-Li-Tchi-Sin*), d'après lequel les Asiatiques considèrent le ginseng comme une panacée universelle; ils l'emploient dans toutes les maladies, et leurs médecins ont écrit des volumes entiers sur ce merveilleux spécifique qu'ils nomment *Simple spiritueux, Esprit pur de la terre, Recette d'immortalité*, etc. C'est surtout contre la diarrhée, les dérangements d'estomac, les engourdissements, les paralysies, les convulsions qu'ils l'emploient. Les médecins hollandais en ont fait aussi un fréquent usage. Mais c'est plus particulièrement comme aphrodisiaque, comme propre à soutenir les forces, que le ginseng a été très-vanté. Aujourd'hui il est abandonné de la médecine française. Sans nier qu'il ne puisse exercer des effets légèrement excitants, nos médecins ont bien fait de nier les propriétés merveilleuses qu'on lui attribuait jadis.

GIROFLÉE

Cheiranthus Cheiri L.
(Crucifères - Arabidées.)

La Giroflée commune, appelée aussi Giroflée de muraille, Muret, Ravenelle jaune, Violier jaune, etc., est une plante vivace, à racines rameuses et traçantes. La tige, haute de $0^m,25$ à $0^m,50$, sous frutescente dans sa partie intérieure, se divise dès la base en rameaux anguleux, pubescents au sommet, portant des feuilles alternes, atténuées en pétiole, oblongues-lancéolées, entières, un peu charnues, d'un vert pâle en dessous, persistant quelquefois pendant l'hiver. Les fleurs jaunes et d'une odeur suave, sont groupées en un corymbe terminal qni s'allonge et se transforme en grappe par les progrès de la floraison. Elles présentent un calice à quatre sépales disposés sur deux rangs et opposés en croix, les deux intérieurs gibbeux à la base; une corolle à quatre pétales onguiculés et opposés en croix ; six étamines tétradynames; un ovaire simple, allongé, tétragone, à deux loges multiovulées, surmonté d'un style simple, très-court, épais, terminé par un stigmate bifide à lobes courbés en dehors. Le fruit est une silique linéaire, à quatre angles arrondis, deux valves convexes renfermant de nombreuses graines ovoïdes-comprimées (Pl. 11).

La Giroflée blanchâtre ou des jardins (*C. incanus* L., *Matthiola incana* R. Br., *Hesperis violaria* Lamk) se distingue de la précédente par sa tige et ses feuilles blanchâtres et cotonneuses, ses sépales et ses pétales violets, sa silique cylindrique comprimée, ses graines à rebords membraneux. Quelques botanistes rapportent à cette espèce, comme variété, la Giroflée annuelle ou Quarantaine (*C. annuus* L., *Matthiola annua* Swert).

Habitat. — La giroflée commune habite presque toute l'Europe; elle se trouve perticulièrement sur les rochers et les vieux murs. La giroflée blanchâtre croît dans les sables maritimes. Ces plantes ne sont cultivées que dans les jardins botaniques et d'agrément.

Parties usitées. — Les rameaux fleuris, les fleurs, les semences.

Récolte. — La giroflée est une des premières fleurs du printemps; elle fleurit en mai et juin ; on en cueille les rameaux fleuris à l'époque de la floraison, on les dispose en petits paquets peu serrés, que l'on attache en guirlandes, et on les fait sécher au grenier ou au séchoir; les fleurs isolées se décolorent facilement; on doit les conserver à l'abri de la lumière; elles perdent en grande partie leur arome par la dessiccation. Lorsqu'on veut employer les graines, on cueille les fruits avant leur déhiscence et on fait sécher les siliques; la maturité des graines achevées, on les sépare du péricarpe et on les fait sécher à l'ombre dans un lieu chaud.

Composition chimique. — La giroflée n'a pas été analysée. L'odeur assez forte qu'elle exhale et sa saveur piquante font supposer qu'elle renferme une huile essentielle toute faite, ou que, comme d'autres plantes de la même famille, elle contiendrait les éléments nécessaires à la formation de cette essence, probablement sulfurée, et qui ne prendrait naissance qu'au contact de l'eau et d'une température convenable.

Usages. — Galien rapporte (*Simpl.*, liv. VII) que les Grecs employaient la giroflée contre l'avortement; ses fleurs étaient regardées comme céphaliques, cordiales, anodines, antispasmodiques; on les employait comme diurétiques et emménagogues dans la chlorose, l'aménorrhée, les paralysies. Dans les campagnes ces mêmes fleurs étaient un remède vulgaire contre la gravelle et les hydropisies; on les employait infusées dans du vin blanc. Dans quelques pharmacopées, on trouve sous le nom d'*huile de keiri*, la formule d'une huile obtenue par digestion des fleurs de giroflée. Les semences étaient administrées en poudre à la dose de 4 à 6 grammes contre la dysenterie; l'huile était appliquée topiquement contre les contusions et les douleurs nerveuses et rhumatismales.

GIROFLIER

Eugenia Caryophyllata Thunb. (*Coryophyllus aromaticus* L.)
(Myrtacées-Myrtées)

Le Giroflier est un arbre de moyenne grandeur, dont la tige, haute de 8 à 10 mètres, se divise en rameaux dont l'ensemble forme une cime pyramidale très-élégante. Ils portent des feuilles opposées, un peu soudées à la base, ovales, entières, pointues, lisses, longuement pétiolées et marquées de nombreuses nervures latérales presque perpendiculaires à la nervure médiane; ces feuilles sont persistantes. Les fleurs roses, à pédoncules articulés, sont groupées en corymbe terminal et munies de petites bractées caduques. Elles présentent un calice rougeâtre, rugueux, en entonnoir, à tube étroit, allongé, soudé avec l'ovaire, à limbe partagé en quatre divisions épaisses, charnues, aiguës; une corolle à quatre pétales, des étamines nombreuses insérées, comme les pétales, autour du sommet de l'ovaire, qui est infère et à une seule loge uniovulée. Le fruit est une drupe sèche, ovoïde, couronnée par les dents du calice persistant (Pl. 12).

Habitat. — Le giroflier est originaire des Moluques, d'où il a été successivement importé aux îles Maurice (île de France) et de la

Réunion (Bourbon), à Mahé, à Sumatra, à la Guyane, dans les Antilles françaises, etc.

Culture. — Cet arbre est très-délicat ; il préfère l'exposition de l'est et les terres fortes, profondes et fraîches. On le propage par graines semées en place ou par boutures, faites à l'époque où la séve commence à monter. Les jeunes sujets exigent beaucoup de soins; il leur faut un ombrage qui les abrite contre le soleil, sans les soustraire aux influences de la pluie et de la rosée. Aussi le giroflier vient-il très-bien sous le couvert des arbres à feuillage clair et léger et à racines peu étendues, ou mieux encore sur les défrichements partiels opérés dans les parties humides des bois.

En Europe, on ne peut le cultiver qu'en haute serre chaude, où du reste sa culture et sa conservation sont assez difficiles.

Parties usitées. — Les fleurs non épanouies ou clous de girofle, les pédoncules brisés ou griffes de girofle, l'essence de girofle.

Récolte. — Les clous de girofle viennent surtout des Moluques, de Zanzibar, de la Réunion et de Maurice. En Angleterre on classe leurs variétés, d'après la valeur, dans l'ordre suivant : Clous de girofle de Pénang, de Bencoolen, d'Amboine et de Zanzibar. Il n'existe, entre ces variétés, que des différences de taille et de richesse en huile essentielle.

Les clous de girofle ont la forme d'un petit clou brunâtre, à tête arrondie ; cette dernière, formée par les sépales étalés en quatre petites pointes et par les pétales non épanouis enveloppant de nombreuses étamines; le corps du clou est formé par l'ovaire infère et par le pédoncule. Toutes ces parties contiennent une grande quantité de glandes remplies d'huile essentielle.

L'odeur des clous de girofle est aromatique, un peu épicée, très-forte, agréable. Leur saveur est aromatique, très-prononcée, brûlante même.

Sous les noms *d'Antofle* ou *Mère de girofle*, on trouve quelquefois dans le commerce les fleurs du giroflier épanouies sur l'arbre. On en distingue deux sortes, selon qu'elles ont été cueillies à une époque plus ou moins éloignée de la floraison. Tantôt ces fleurs sont tubuleuses, cylindriques, terminées par les quatre pointes du calice, sans corolle et sans étamines, celles-ci étant tombées, et elles possèdent une odeur prononcée de girofle. Tantôt, elles sont bien épanouies, ayant l'aspect de corps ovoïdes couronnés par les quatre dents du calice qui sont recourbées en dedans, et à l'intérieur on trouve une semence dure, marquée d'une rainure longitudinale, ondulée. Ce dernier produit est peu aromatique et peu estimé.

On désigne sous le nom de *Griffes de girofle* les pédoncules brisés du giroflier. Ce sont de petites branches grisâtres, minces, d'une odeur et d'une saveur assez prononcées ; elles sont employées par les distillateurs en guise de girofle.

Composition chimique. — La substance la plus importante parmi celles que fournissent les clous de girofle est l'huile essentielle, qu'ils renferment dans la proportion de 16 à 17 pour 100, et qu'on désigne dans les pharmacopées sous le nom d'*Oleum Caryophylli*. Elle est incolore ou jaunâtre ; son odeur et sa saveur sont très-prononcées et semblables à celle des clous de girofle. Elle est formée d'un hydrure de carbone et d'une huile oxygénée. L'hydrure de carbone, $C^{20} H^{32}$, est parfois désigné sous le nom d'*essence légère de clous de girofle* parce qu'il se dégage au début de la distillation. L'huile oxygénée a reçu le nom d'*Eugénol;* elle a pour formule $C^{10} H^{12} O^{2}$; sa saveur et son odeur ressemblent à celles de la drogue ; comme elle forme, avec les bases alcalines, des composés critallisables, on lui donne souvent le nom d'*acide eugénique*. Elle entre dans la composition d'un certain nombre d'huiles essentielles, notamment de celle du piment, des feuilles du cannellier de Ceylan, de l'écorce de cannelle blanche, etc.

Les clous de girofle contiennent encore de l'acide salycilique, $C^{7} H^{7} O^{3}$; un corps cristalisable en lamelles insipides, l'*eugénine*, qui a la même composition que l'eugénol, et une substance neutre, insipide, inodore, cristallisable en aiguilles incolores, isomérique du camphre commun, à laquelle on a donné le nom de *caryophilline*, $C^{20} H^{32} O^{2}$. Mylius a encore obtenu des cristaux d'*acide caryophyllique*, $C^{20} H^{32} O^{6}$. Musprat et Dawson, en faisant dissoudre des clous de girofle dans l'acide nitrique, ont obtenu un produit artificiel, l'*acide carmufellique*. Les clous de girofle sont encore riches en gomme et en tannin.

Usages. — Le girofle entre dans le *laudanum de Sydenham* et dans un grand nombre d'alcoolats composés. On en fait grand usage, ainsi que de son essence, en parfumerie et pour la fabrication des liqueurs. C'est un des excitants les plus puissants que possède la thérapeutique. C'est surtout comme condiment qu'on l'emploie dans l'art culinaire; on s'en sert pour rehausser la saveur des sauces et les rendre plus digestives. En médecine on l'emploie comme la Cannelle et aux mêmes doses (voyez au mot CANNELIER, t. I, p. 250). L'essence de girofle placée sur du coton sert à cautériser les dents cariées.

GLAUCIÈRE

Glaucium flavum Krantz. *Chelidonium glaucum* L.
(Papavéracées.)

La Glaucière jaune, vulgairement Pavot cornu, est une plante bisannuelle, à racines fibreuses et traçantes. La tige, haute de 0m,30 à 0m,60, robuste, glabre, glauque, rameuse, ascendante, porte des feuilles alternes, grandes, pinnatifides, à lobes sinués ou dentés, velues, pulvérulentes, glauques; les inférieures pétiolées, les supérieures sessiles et embrassantes. Les fleurs, grandes, d'un beau jaune doré, sont généralement solitaires, à l'extrémité de pédoncules courts, épais, glabres, qui terminent la tige et les rameaux. Elles présentent un calice à deux sépales caducs, verdâtres, à poils transparents; une corolle à quatre pétales larges, obovales, disposées sur deux rangs et décussés; des étamines au nombre de vingt environ, hypogynes; un ovaire simple, allongé, à deux loges multiovulées, surmonté d'un style très-court et d'un stigmate à deux lobes lamelleux. Le fruit est une capsule siliquiforme, longue de 0m,15 à 0m,25, rude, légèrement tuberculeuse, divisée en deux loges par une cloison spongieuse, s'ouvrant en deux valves du sommet à la base et renfermant de nombreuses graines attachées sur deux placentas persistant avec la cloison.

Nous citerons aussi les Glaucières fauve (*Glaucium fulvum* Sm., *Chelidonium fulvum* Poir.), et corniculée (*G. corniculatum* Curt., *Chelidonium corniculatum* L.) qui a des fleurs d'un rouge ponceau, noires-brillantes à la base.

HABITAT. — Ces trois espèces habitent les lieux sablonneux et maritimes du midi de l'Europe. La première est naturalisée dans quelques localités du nord de la France. Elle n'est guère cultivée que dans les jardins botaniques. Dans ces derniers temps, on a proposé de la cultiver en grand, comme plante oléagineuse.

Parties usitées. — Les feuilles, les fleurs.

Récolte. — On récolte la plante pendant la floraison ; sa dessiccation s'opère avec difficulté et doit se faire rapidement au séchoir.

Composition chimique. — La glaucière répand une odeur vireuse ; sa saveur est amère et piquante ; son extrait exhale une odeur narcotique qui rappelle celle de l'opium ; aussi s'en sert-on, d'après Landerer, pour falsifier ce produit ; quand on blesse la plante, il s'en écoule un suc jaune, âcre, caustique et vénéneux. M. Probst a trouvé dans la racine de glaucière de *l'acide chélidonique* et deux alcaloïdes, la *chelidonine* et la *chélérythrine*, semblables à ceux que l'on trouve dans la Grande Chélidoine (voir t. I, p. 325). Les graines renferment une huile fixe analogue à celle que l'on extrait du Pavot noir ou Pavot à œillette. M. Cloëz a démontré que cette plante pouvait être exploitée avec avantage comme plante oléagineuse.

Usages. — La glaucière jaune et surtout la glaucière corniculée possèdent des propriétés narcotiques très-prononcées. D'après Charles Worth, elles provoquent des accidents graves qui se manifestent plus particulièrement par une altération de l'organe de la vision, altération par suite de laquelle tous les objets sont vus jaunes.

Dans certaines provinces, d'après Garidel, les paysans emploient les feuilles de glaucière pour déterger les plaies et panser les ulcères qui surviennent à la suite des contusions et des écorchures. On les applique à cet usage en médecine vétérinaire, surtout pour les chevaux. Ces feuilles pilées et mélangées à l'huile sont employées en cataplasmes, contre les panaris commençants, l'irritation phlegmasique des vésicatoires. M. Girard de Lyon a constaté les bons effets de cette préparation contre les plaies contuses avec déchirement, et les douleurs hémorrhoïdales. M. Cazin dit avoir employé avec succès le suc jaune mêlé au suc de Jusquiame et au jaune d'œuf contre la constriction spasmodique de l'anus. Ce n'est là toutefois qu'un remède populaire peu employé de nos jours et tout à fait inusité dans la médecine rationnelle. En Portugal, on faisait autrefois prendre les feuilles de glaucière infusées dans du vin blanc aux personnes atteintes de la pierre.

GLÉCHOME

Glechoma hederacea L. *Nepeta Glechoma* Benth.
(Labiées-Népétées.)

Le Gléchome hédéracé, vulgairement appelé Lierre terrestre, Lierrette, Rondotte, Terrette, Herbe de Saint-Jean, etc., est une plante vivace, à racines grêles, rampantes, blanchâtres. La tige, haute de 0^m,25 à 0^m,50, tétragone, rougeâtre, un peu pubescente, couchée ou ascendante, émet de distance en distance de nombreux rejets rampants. Elle porte des feuilles opposées, longuement pétiolées, réniformes, arrondies, crénelées, d'un vert foncé, quelquefois rougeâtres en dessous. Les fleurs, rose violacé, plus rarement blanches, sont courtement pédonculées et réunies au nombre de deux à quatre à l'aisselle des feuilles supérieures. Elles présentent un calice tubuleux, cylindrique, strié, à cinq dents très-aiguës, un peu inégales; une corolle à tube très-long, à gorge très-dilatée, à limbe partagé en deux lèvres, la supérieure droite presque plane, échancrée, l'inférieure étalée à trois lobes, dont le médian est beaucoup plus grand; quatre étamines didynames rapprochées sous la lèvre supérieure de la corolle, portant des anthères à lobes divergents, rapprochées par paire en forme de croix; un ovaire composé de quatre carpelles surmonté d'un style simple, que termine un stigmate bifide. Le fruit se compose de quatre akènes ovoïdes, finement ponctués, entourés par le calice persistant.

Habitat. — Le lierre terrestre est commun dans toutes les régions de l'Europe; il croît dans les bois, les haies, les prairies, les buissons, les lieux ombragés, le long des murs et des fossés, etc.

Culture. — Cette plante, étant assez abondante à l'état sauvage pour suffire aux besoins, n'est cultivée que dans les jardins botaniques. On la propage très-facilement par graines semées en place au printemps ou par éclats de pied faits dans cette saison ou à l'automne.

Parties usitées. — Les feuilles, les sommités fleuries.

Récolte. — Le lierre terrestre doit être récolté lorsqu'il est en fleurs, ce qui arrive en juin et juillet; après l'avoir arraché on en coupe la racine, et on détache les feuilles inférieures pour les attacher en paquets, que l'on dispose en guirlandes et que l'on fait sécher à l'étuve ou au soleil ; on emploie rarement les feuilles isolées ; elles doivent être conservées dans un lieu sec à l'abri du contact de l'air ; elles sont sujettes à noircir.

Composition chimique. —Quoique possédant une odeur forte, assez prononcée, le lierre terrestre est loin de posséder le principe aromatique si abondant dans la plupart des Labiées. Cependant il renferme une petite quantité d'huile essentielle ; il est riche en principe amer ; il possède une saveur douceâtre, amère, âcre et piquante.

Usages. — Dans les campagnes, le lierre terrestre est considéré comme un léger excitant auquel on attribue la propriété de faciliter l'expectoration. Baglivi l'a vanté, sous la forme de teinture, contre les débilités de l'estomac, les flatuosités et la dyspepsie. Cullen, Simon Paulli, Ettmuller, Morton, Willis, l'ont recommandé contre la phthisie, la pneumonie et la pleurésie. Daniel Senner et Plater l'employaient contre les calculs, les graviers et les maladies de vessie. On en faisait aussi grand cas à une certaine époque comme fébrifuge ; mais on nie, non sans raison, aujourd'hui, ses propriétés merveilleuses, et c'est tout au plus si, sur les indications très-anciennes de Lazare Rivière, de Sauvages, etc., on l'emploie encore quelquefois comme expectorant, sous forme de tisane, dans les catarrhes chroniques et dans la période atonique des bronchites. Son infusion facilite certainement l'expectoration, mais elle est bien loin de posséder les propriétés bienfaisantes qu'on lui avait attribuées.

A l'extérieur, le lierre terrestre a été employé autrefois comme tonique et résolutif. J. Bauhin en faisait des cataplasmes, qu'il appliquait chauds sur le ventre des femmes pour calmer les tranchées qui précèdent et qui suivent les couches. On en faisait un onguent contre la brûlure ; on l'employait pour déterger les vieux ulcères. Ces remèdes sont aujourd'hui justement abandonnés.

Les maquignons mêlent quelquefois du lierre terrestre dans l'avoine de leurs chevaux pour leur faire rendre des vers et les guérir de la pousse (A. Duchesne, *Répertoire des plantes utiles*, p. 81.)

On s'est servi, en Angleterre, du lierre terrestre pour donner de l'amertume à la bière, qu'il a, dit-on, la propriété de clarifier.

GLOBULAIRE

Globularia Alypum L.
Globulariées.)

La Globulaire-Turbith, Alypon, Herbe terrible, Séné des Provençaux, Turbith blanc, est un arbrisseau à racines épaisses et noirâtres. La tige, haute d'environ un mètre, droite, brun-rougeâtre, se divise en nombreux rameaux anguleux, striés, rougeâtres, un peu glauques, glabres, effilés, dressés, devenant grisâtres en vieillissant, portant des feuilles alternes, presque sessiles, obovales, lancéolées, aiguës, entières, fermes, d'un vert glauque, dressées, les inférieures courtement pétiolées. Les fleurs petites, bleuâtres, sont réunies en capitules globuleux, terminaux, sessiles, à réceptacle spongieux, convexe et garni de paillettes, entouré d'un involucre à écailles imbriquées, brunes, scarieuses, ciliées sur les bords. Elles présentent un calice gamosépale, légèrement tubuleux, très-velu, fendu aux deux tiers de sa hauteur en cinq dents linéaires, aiguës, subulées; une corolle irrégulière, gamopétale, ligulée, à tube un peu arqué et évasé vers la gorge, à limbe allongé, roulé en dehors, fendu jusqu'au tiers de sa longueur en trois lanières étroites et obtuses; quatre étamines égales, dressées, saillantes, insérées au sommet du tube de la corolle : un ovaire libre, ovoïde, allongé, glabre, uniloculaire, uniovulé, surmonté d'un style assez court, grêle, filiforme, incliné et terminé par un très-petit stigmate bifide. Le fruit est un akène ovoïde, très-petit, jaunâtre, lisse et luisant, complétement enveloppé par le calice persistant.

La Globulaire commune (*G. vulgaris* L.) ou Marguerite bleue, est une petite plante vivace, à tige courte, rameuse, formant une touffe qui se termine par des capitules de fleurs bleuâtres ou blanchâtres. On cite encore, comme ayant les mêmes propriétés, la Globulaire à tige nue (*G. nudicaulis* L.).

Habitat. — La globulaire turbith croît dans les régions méridionales de l'Europe. La globulaire commune s'avance jusque dans le Nord. La globulaire à tige nue se trouve surtout dans les Alpes. Ces plantes ne sont cultivées que dans les jardins botaniques, où la première est assez difficile à conserver.

Parties usitées. — Les feuilles, l'inflorescence.

Récolte. — Les feuilles de Globulaire doivent être récoltées à l'époque de la floraison ; on les fait sécher rapidement au soleil.

Composition chimique. — On a extrait récemment de la Globulaire un principe amer du groupe des glucosides, la *globularine*, $C^{30}H^{44}O^{14}$, et une substance tannique spéciale, à laquelle on a donné le nom d'*acide globularitannique*. La globularine, traitée par l'acide sulfurique étendu, se dédouble en un sucre, $C^6H^{12}O^6$, en *globularétine*, $C^{12}H^{14}O^3$, et en *paraglobularétine*, $C^{12}H^{16}O^4$. On a encore retiré de la Globulaire une substance colorante jaune et une résine à odeur forte, agréable, la *globularétine*, $C^{20}H^{32}O^5$.

Usages. — La Globulaire est un médicament d'épargne, comme le thé, le café, etc., grâce à la globularine. A la dose progressivement croissante de 15 à 56 centigrammes en six jours, la Globularine agit à la façon de la caféine ; elle diminue le nombre des battements du cœur, abaisse la température, augmente l'appétit et facilite les garde-robes en provoquant les contractions intestinales ; elle excite les facultés cérébrales et facilite le travail. En un mot, elle agit comme médicament d'épargne, en ralentissant la dénutrition.

La décoction des feuilles de Globulaire est purgative ; cette action est due à la globularétine.

GLORIOSA

(Voyez le *Supplément* du T. II.)

GOMMIER (EUCALYPTUS)

Eucalyptus globulus Labill., *E. resinifera* Labill., etc.
(Myrtacées-Leptospermées.)

Le Gommier bleu (*Eucalyptus globulus* Labillardière), est un arbre à racines fortes, pivotantes et traçantes. La tige, haute de 50 mètres, droite, régulière, couverte d'une écorce glabre, gris-cendré, se divise en rameaux tétragones, dressés ou étalés, à feuilles opposées et presque cordiformes sur les jeunes pousses, alternes, pétiolées, falciformes, coriaces et d'un vert glauque sur les rameaux adultes. Les fleurs sont ordinairement solitaires, quelquefois géminées ou ternées, à l'aisselle des feuilles. Elles présentent un calice gamosépale, campanulé, à tube turbiné, anguleux ; des étamines nombreuses, insérées sur le calice, à filets allongés, à anthères ovoïdes ; un ovaire simple, arrondi, à quatre loges multiovulées, surmonté d'un style simple terminé par un petit stigmate convexé.

Le fruit est une capsule turbinée, anguleuse, déprimée, ordinairement à quatre loges, renfermant plusieurs graines ovoïdes et noirâtres.

Le Gommier résineux appelé aussi Arbre à gomme (*E. resinifera* Smith, *Metrosideros gummifera* Gærtn.), se distingue du précédent par ses branches flexibles et pendantes; ses feuilles oblongues, terminées en pointe allongée, et ses fleurs en ombelles.

Nous citerons encore les Gommiers gigantesque (*Eucalyptus robusta* Sm.), à feuilles en cœur (*E. cordata* Labill.), huileux (*E. oleosa* F. Muell.), poivré (*E. piperita* Labill.), à manne (*E. mannifera* Bot. Soc.).

Habitat. — Ces arbres sont originaires de l'Australie, où ils croissent dans les lieux sablonneux, sur les bords de la mer, etc. Presque tous peuvent être cultivés en pleine terre, en Algérie et jusque dans le midi de la France. Mais, sous le climat de Paris, ils exigent l'orangerie ou la serre tempérée.

Parties usitées. — Les feuilles, l'écorce, les fruits, l'huile essentielle, la matière sucrée, la matière résineuse souvent nommée *Kino*.

Récolte. — Les feuilles et l'écorce des *Eucalyptus* ne se trouvent pas dans le commerce. Les fruits employés à la Nouvelle-Hollande pour remplacer les épices, ne nous arrivent pas en France.

Murray (*Apparatus med.*, t. VI, page 203) a décrit sous le nom de *Kino*, un produit très-rare en Europe que M. Duncan, d'Édimbourg, appelle *Kino de Botany-Bay* (*Edimburgh new dispensary* 1830, p. 448); on l'appelle aussi *Kino de la Nouvelle-Hollande* et *Gomme rouge*. Ce produit est en morceaux paraissant avoir été moulés dans un vase. On coupe ces masses en fragments du poids de 500 grammes environ, qui sont déformés par le frottement réciproque et qui présentent des fissures. A la partie inférieure on trouve des bandes de feuilles de palmiers. Leur face supérieure présente des sortes d'efflorescences grisâtres, ou une poussière rouge-brun venant des masses elles-mêmes. Ce *kino* est assez friable, inodore, peu astringent; il se dissout dans l'alcool, et la solution est précipitable par l'eau. D'après Thompson, cette espèce de *kino* n'aurait pas été revue dans le commerce depuis 1810. M. Guibourt pense que c'est un produit artificiel obtenu par l'évaporation du suc provenant d'incisions faites sur le tronc du gommier résineux.

Nous citerons encore, parmi les plantes qui donnent des produits dits *kinos*, les *Butea frondosa* et *Butea superba* de la famille des Papilionacées, et les *Pterocarpus marsupium* Roxb., et *erinacea* D. C., qui produisent la *Gomme astringente de Gambie* de Fothergill, et le *Kino* des Indes orientales ou d'Amboine. (Voir au mot PTÉROCARPE, t. III, p. 141.)

Le *Kino de la Jamaïque* est le *troisième Kino en extrait de* M. Duncan (*Edimburgh new disp.*, p. 489). On en distingue de plusieurs sortes, qui toutes sont estimées. On croit qu'il est produit par le Raisinier à grappes, des Antilles, *Coccoloba uvifera*, de la famille des Polygonées.

Le *Kino de la Colombie* et celui de *New-York* ou du *Brésil*, sont attribués au Manglier. (Voir au mot MANGLIER, p. 283 de ce volume.)

COMPOSITION CHIMIQUE. — Il découle spontanément des tiges des gommiers résineux et gigantesque un suc abondant qui se dessèche sur le tronc. Lorsqu'il est desséché, il se présente sous forme de masses irrégulières, dures, compactes, composées de larmes agglutinées. Ce suc n'est pas opaque. A l'intérieur sa couleur est d'un rouge foncé. Il est inodore, peu friable. Sa saveur est peu astringente. Dans l'eau froide, il se gonfle et devient mou et gélatineux. Il est complétement soluble dans l'eau bouillante, sauf les impuretés qu'il peut contenir. Sa solution est précipitée par l'alcool ; ce qui démontre la présence d'une gomme mêlée au suc concret des *Eucalyptus*, suc qui renferme en outre une matière colorante rouge soluble dans l'eau, ainsi que du tannin.

Par distillation des feuilles des *Eucalyptus*, on obtient une huile essentielle incolore, dextrogyre, peu soluble dans l'eau, soluble dans l'alcool ; on lui a donné le nom d'*eucalyptol ;* sa formule est $C^{12} H^{20} O$. Ce corps est un homologue du camphre. Distillé sur l'anhydride phosphorique, l'eucalyptol donne un hydrocarbone, l'*eucalyptène*, $C^{10} H^{16}$. En absorbant de l'acide chlorhydrique, l'eucalyptol se transforme aussi en eucalyptène. Celui-ci, traité par l'acide sulfurique, se transforme en cymène.

La manne d'Australie qui vient de la terre de Van-Diemen, et qui est produite par plusieurs *Eucalyptus*, a été étudiée par M. le professeur Berthelot, qui en a extrait un sucre analogue à celui qui est fourni par la Canne, et qu'il a nommé *mélitose*. Sa formule est $C^{12} H^{22} O^{11}$. Desséché à 130°, il présente la même composition que le sucre de canne ; il est dextrogyre, ne réduit pas l'oxyde de cuivre; il fermente en se dédoublant et produisant de l'*eucalyne;* les acides le dédoublent en glycose et en eucalyne; traité par l'acide azotique, il donne de l'acide mucique. L'*eucalyne*, $C^6 H^{12} O^6$, est dextrogyre; elle réduit l'oxyde de cuivre.

Usages. — Le sucre concret des *Eucalyptus* est analogue au *kino*. On l'a employé comme astringent.

La manne de l'*Eucalyptus mannifera* est analogue à celle des Frênes, et on l'emploie aux mêmes usages. L'huile essentielle extraite des feuilles d'*Eucalyptus* jouit de propriétés stimulantes analogues à celles des essences des Labiées. Les feuilles sont prescrites en cigarettes contre les maladies des bronches. Walcker prescrit l'alcoolature d'*Eucalyptus globulus* contre la laryngite pseudomembraneuse des enfants. Lescure recommande l'infusion et l'alcoolature d'Eucalyptus contre la fièvre intermittente (*Ann. de thérap.*, 1880). L'eucalyptol remplace avec avantage l'acide phénique comme antiseptique.

Les bois des divers *Eucalyptus* sont, en général, durs et liants; ils peuvent servir pour les constructions navales. La très-grande rapidité avec laquelle les *Eucalyptus* se développent les a fait employer, en Australie, en Algérie, etc., au dessèchement des marais.

GOYAVIER

Psidium pyriferum L.

(Myrtacées-Myrtées.)

Le Goyavier blanc ou Goyavier poire est un arbre à racines longues et fortes. La tige, haute de 6 à 7 mètres, rarement droite, ordinairement tordue, couverte d'une écorce très-mince, unie, vert rougeâtre, se divise en rameaux opposés, tétragones, qui portent, surtout vers leur extrémité, des feuilles opposées ovales, entières, longues de $0^m,10$ et larges de $0^m,05$, d'un vert clair en dessus, pâles en dessous. Les fleurs, blanches et d'une odeur agréable, sont réunies en petites grappes axillaires pédonculées. Elles présentent un calice à quatre divisions, muni extérieurement à la base de deux petites écailles; une corolle à quatre pétales; des étamines nombreuses, épigynes; un ovaire ovoïde, adhérent, à quatre loges multiovulées. Le fruit est une drupe jaunâtre, de la grosseur d'un œuf de poule, à quatre loges remplies d'une pulpe charnue, dans laquelle se trouvent de nombreuses graines blanchâtres.

Le Goyavier pomme, appelé aussi Goyavier rouge ou des savanes (*Psidium pomiferum* L.) est regardé par quelques botanistes comme une simple variété du précédent; il s'en distingue surtout par ses fruits arrondis, plus acides, plus astringents, et moins agréables au goût.

Nous citerons encore les Goyaviers à fruit pourpre (*P. Cattleyanum* Lindl.), de la Trinité (*P. polycarpum* Lamb.), savoureux (*P. sapidissimum* Jacq.), citronnelle (*P. aromaticum* Aubl.), à grandes fleurs (*P. grandiflorum* Aubl.).

Habitat. — Le goyavier blanc et le goyavier rouge habitent les Indes orientales et plusieurs contrées de l'Amérique; on les cultive en grand aux Antilles. Le goyavier à fruit pourpre est originaire de Chine. Les goyaviers citronnelle et à grandes fleurs croissent à la Guyane.

Culture. — Les goyaviers sont surtout cultivés comme arbres fruitiers, dans les régions chaudes et tempérées des deux continents; on les trouve même en Algérie et jusqu'en Provence.

Parties usitées. — Les fruits.

Récolte. — On récolte les goyaves ou fruits du goyavier, un peu avant leur maturité, lorsque l'épicarpe est encore vert : il jaunit plus tard. Suivant les variétés, la chair et les semences sont blanches ou rouges; en vieillissant, le mésocarpe devient comme blet; la pulpe est sucrée, juteuse, agréable, un peu astringente avant la maturité.

Composition chimique. — On ne connaît pas d'analyse des goyaves; on sait cependant que leur épicarpe contient une huile essentielle aromatique, et que leur pulpe est riche en sucre; on peut, par fermentation et distillation, en obtenir un bon alcool, qui est légèrement aromatisé. Elles renferment probablement encore un acide organique cristallisable, de la pectine et de l'acide pectique.

Usages. — Les racines, les feuilles et les bourgeons de goyaviers sont employés comme astringent au Brésil et aux Antilles, contre la diarrhée, la dysenterie, etc. Les fruits mûrs sont quelquefois donnés aux malades, comme laxatifs, rafraîchissants et pectoraux.

On mange les fruits du goyavier crus, pelés et privés de leurs graines; on les coupe par quartiers et on les assaisonne avec du vin, du sucre, de la cannelle, etc. Pour les conserver, on les fait sécher ou on les confit, soit au sirop, soit à l'eau-de-vie; on en fait des compotes et diverses autres préparations.

Les fruits du *Psidium Cattleyanum* sont petits, peu sucrés ; ceux du *Psidium aromaticum* sont bons à manger, tandis que ceux du *Psidium grandiflorum* Aubl., également de Cayenne, sont âcres et astringents. A la Havane on prépare avec les fruits du goyavier des marmelades et des gelées ; mais pour celles-ci, on est obligé d'ajouter une petite quantité de colle de poisson.

GRATIOLE

Gratiola officinalis L.
(Scrofulariacées - Gratiolées.)

La Gratiole officinale, appelée vulgairement Herbe à pauvre homme, et aussi Hysope de haie, Petite Digitale, Séné des prés, est une plante vivace, à rhizome noueux, blanchâtre, rampant, émettant de chaque nœud des racines fibreuses, capillaires, verticales. La tige, haute de $0^m,35$ à $0^m,50$, simple, arrondie, noueuse, glabre, marquée de deux sillons opposés et alternativement interrompus à chaque nœud, dressée, porte des feuilles opposées, sessiles, un peu embrassantes, ovales-lancéolées, légèrement dentées, lisses, glabres, d'un vert jaunâtre et marquées de trois sillons en dessus. Les fleurs, purpurines ou blanchâtres, sont solitaires à l'extrémité de pédoncules grêles et axillaires, dont chacun est muni, à son sommet, de deux bractées lancéolées, aiguës, entières, redressées, dépassant les sépales. Elles présentent un calice à cinq sépales lancéolés, aigus, étroits, le supérieur un peu plus grand ; une corolle gamopétale, irrégulière, à tube allongé, à limbe partagé en deux lèvres, la supérieure échancrée et redressée, l'inférieure trifide et munie de poils jaunes en dedans ; quatre étamines, dont deux seulement fertiles, à anthères globuleuses ; un ovaire simple, ovoïde, pointu, à deux loges multiovulées, inséré sur un disque jaune qui forme un bourrelet autour de sa base, et surmonté d'un style simple, glabre, et s'épaississant vers le sommet, qui se termine par un stigmate aplati. Le fruit est une capsule ovoïde, glabre, à deux loges renfermant chacune un grand nombre de petites graines d'un jaune roussâtre (Pl. 13).

Habitat. — La gratiole est commune dans toutes les régions tempérées de l'Europe. Elle croît dans les endroits humides, sur les bords des ruisseaux, des étangs, etc. Assez abondante naturellement pour suffire aux besoins de la médecine, elle n'est cultivée que dans les jardins botaniques, où on la propage facilement, dans un sol frais, par graines ou par éclats.

Parties usitées. — La plante entière et la racine.

Récolte. — On doit récolter la gratiole au moment de la floraison ou pendant la floraison ; on la fait dessécher au grenier ou au séchoir, disposée en paquets et en guirlandes ; l'opération doit être terminée rapidement, car la gratiole noircirait et perdrait de ses propriétés ; elle n'est guère employée que sèche.

Composition chimique. — La Gratiole paraît devoir son action purgative à un glucoside auquel Marchand a donné le nom de *gratioline,* et que Valz considère comme répondant à la formule $C^{20} H^{34} O^{7}$. Elle est cristalline, peu soluble dans l'eau même bouillante, soluble dans l'alcool, insoluble dans l'éther. Valz a trouvé dans la gratiole un autre glucoside auquel il a donné le nom de *gratiosoline.* La gratioline se dédouble, sous l'influence de l'acide sulfurique, en *gratiolétine*, $C^{17}H^{28}O^{5}$, et en *gratiolérétine*, $C^{17}H^{28}O^{3}$, résine et glucose. Quant à la gratiosoline, $C^{46} H^{84} O^{25}$, elle est dédoublée par les acides en glucose et en *gratiosolétine*, $C^{40} H^{68} O^{17}$, qui est soluble dans l'eau.

Usages. — L'usage fréquent que font de la gratiole les habitants des campagnes, comme purgatif, lui a valu son nom d'*Herbe à pauvre homme ;* mais comme elle est assez énergique, il en résulte quelquefois des accidents fâcheux ; à dose un peu élevée, c'est un drastique puissant, aussi énergique, sans contredit, que l'Aloès et la gomme-gutte ; mais à dose modérée, c'est un cathartique actif qui est certainement trop négligé, et qui pourrait remplacer la Séné comme purgatif.

Cependant, il faut se rappeler qne la gratiole est une plante vénéneuse. Orfila la place parmi les irritants; il a vu des chiens périr en trois heures, après avoir pris 3 grammes de cette plante. M. Bouvier a cité quatre cas d'accidents graves produits par des lavements de gratiole. Il y eut toujours irritation très-violente du rectum, fièvre et délire intense accompagné de nymphomanie durant pendant plusieurs jours ; l'une des malades succomba au bout de six jours après avoir présenté non-seulement la nymphomanie délirante propre à cet empoisonnement, mais ensuite des contractions spasmodiques du pharynx et des convulsions générales. Il faut traiter les malades par les émollients locaux et généraux, les opiacés, les bains de siège et de corps, les antispasmodiques et les antiphlogistiques.

On a préconisé la gratiole contre les fièvres intermittentes de saison. Cazin l'associait à l'écorce de saule, à l'absinthe, à l'angélique ; il la faisait prendre dans du vin blanc ou dans de la bière ; mais on sait que ces fièvres guérissent le plus souvent sans médication ; il n'y a donc rien à conclure des faits cités.

Hufeland employait la poudre de gratiole à la dose de 8 grammes dans la scrofule; Joel l'administrait à la même dose, mêlée à la Cannelle et à l'Anis vert, dans l'hydropisie. D'après Hanin, un herboriste de Paris s'était acquis une grande réputation en faisant prendre du vin de gratiole dans les hydropisies; mais, nous l'avons déjà dit, c'est un remède dangereux, qui a besoin, pour être employé, de toute la science et la prudence du médecin. Quoique Muhebeck, Wolff et Scudamore l'aient employée contre la goutte, elle n'est plus usitée aujourd'hui dans cette maladie. L'eau *médicinale d'Husson*, dont l'usage est si répandu en Angleterre contre les affections goutteuses et qui contient de la Gratiole, doit surtout son action au Colchique.

La gratiole a encore été prescrite sous la forme de lavements comme anhelmintique et surtout contre les ascarides vermiculaires. On l'a employée sous la même forme comme révulsif dans les affections cérébrales.

D'après Kroskevski (Desruelles, *Mal. vénér.*, t. I, page 280), la gratiole est très-utile dans les ulcères, les nécroses, les caries, les douleurs ostéocopes, etc. Stoll et Swediaur l'annexaient au rob de Sureau et au sublimé corrosif, contre les dartres et les plaies syphilitiques ; mais c'est certainement au sublimé qu'il fallait rapporter dans ces cas les bons effets observés. Matthiole et Césalpin croyaient que la gratiole pilée et appliquée sur les plaies en hâtait la cautérisation ; Murray adopte cette opinion sans qu'elle ait jamais été démontrée par aucun fait.

Au résumé, la gratiole est une plante qui pourrait très-certainement rendre de grands services, si les médecins l'employaient plus souvent et s'ils la soumettaient à une observation clinique rigoureuse.

Les racines et les tiges de la gratiole de Brown (*Gratiola Monnieria* L., *Herpestris Brownii* Pers.), des Indes orientales, sont usitées, dans leur pays d'origine, comme apéritives, diurétiques et alexitères. La gratiole du Pérou (*G. peruviana* L.) jouit des mêmes propriétés que la gratiole officinale.

Quoique peu employée en médecine homœopathique, la gratiole

est mentionnée dans les auteurs de cette école ; son signe est *Agi* et son abréviation *Grat.*

GRENADIER

Punica Granatum L.
(Myrtacées-Granatées.)

Le Grenadier commun est un arbre de moyenne grandeur. Sa tige, haute de 5 à 7 mètres, irrégulière et tordue, se divise presque dès la base en nombreux rameaux opposés, tétragones, épineux, portant des feuilles opposées, courtement pétiolées, lancéolées, entières, lisses et luisantes, glabres, d'un beau vert. Les fleurs, d'un beau rouge, sont presque solitaires et sessiles au sommet des rameaux. Elles présentent un calice en entonnoir, épais et charnu, coloré, à tube adhérent avec l'ovaire, à limbe partagé en cinq divisions triangulaires, obtuses; une corolle à cinq pétales sessiles, arrondis, entiers, un peu chiffonnés, insérés au sommet du tube calicinal, ainsi que les étamines qui sont très-nombreuses, à filets rouges et subulés, à anthères réniformes. L'ovaire est infère, adhérent avec la base du tube du calice, à plusieurs loges disposées sur deux étages superposés, renfermant un grand nombre d'ovules attachés à des placentas gros et saillants qui occupent le côté interne ou externe de chaque loge ; il est surmonté d'un style simple, renflé à la base, lisse, glabre, terminé par un stigmate glanduleux, discoïde et aplati. Le fruit est une capsule globuleuse, de la grosseur du poing, couronnée par les dents du calice ; le péricarpe dur, coriace, d'un jaune rougeâtre, est partagé intérieurement en un grand nombre de loges disposées sur deux étages, séparées par des cloisons membraneuses et renfermant chacune une graine polyédrique, irrégulière, à tégument charnu et succulent.

Habitat. — Le grenadier passe pour être originaire du nord de l'Afrique; il s'est propagé dans le midi de l'Europe, où on le cultive en grand comme arbre fruitier.

Parties usitées. — L'écorce de la racine, les fleurs, les fruits, l'écorce des fruits.

Récolte. — Les fleurs du grenadier, sauvage ou cultivé, sont connues dans le commerce sous le nom de *balaustes ;* on les récolte à leur parfait épanouissement ; on doit préférer celles de l'arbre sauvage ; on les fait dessécher rapidement et on les conserve dans un endroit sec, pour ne pas leur enlever leur belle couleur rouge. Les fruits, nommés grenades, sont récoltés à leur maturité. Ils se conservent très-longtemps si l'on a soin de fermer l'ouverture calicinale supérieure avec un petit tampon d'étoupe. Ce sont les graines que l'on mange; leur tégument charnu et succulent est rouge, sucré et un peu acide. L'écorce du fruit, formée par le calice, porte le nom de *Malicorium* (cuir de pomme); elle se trouve dans la droguerie en fragments secs, durs, coriaces, d'un brun rougeâtre à l'extérieur et jaunâtre en dedans; sa saveur est amère et astringente.

La racine de grenadier, dont on emploie surtout l'écorce, est noueuse, ligneuse, pesante, jaune; sa saveur est astringente; l'écorce est gris cendré en dehors, jaune en dedans; elle porte des fragments de bois qui y adhèrent; son liber est rude; elle est fibreuse et astringente; elle n'est pas amère. Humectée d'eau, elle teint le papier en jaune, qui devient noir au contact d'un sel de fer.

Composition chimique. — L'écorce des fruits du grenadier est très-riche en tannin; son infusion aqueuse donne, sous l'influence du perchlorure de fer, un précipité bleu foncé très-abondant; elle contient aussi du sucre et de la gomme.

L'écorce de la racine de grenadier contient aussi une grande quantité d'un acide tannique auquel Rembold a donné le nom d'*acide prussico-tannique* et assigné la formule $C^{20} H^{16} O^{13}$. Les propriétés ténifuges de l'écorce de grenadier sont dues à des alcaloïdes qui ont été récemment découverts par M. Tanret. Le plus important est la *pelletiérine*, $C^{16} H^{15} AzO^{2}$; elle est liquide, incolore, soluble dans l'eau, l'éther et le chloroforme; elle s'altère assez rapidement, ce qui doit faire préférer comme ténifuge l'écorce fraîche à celle qui a été desséchée et longtemps conservée. Les autres alcaloïdes de l'écorce de racine de grenadier découverts par Tanret sont : la *méthylpélctiérine*, $C^{18} H^{17} AZO^{2}$, liquide, soluble dans l'eau, dans l'alcool, l'éther, le chloroforme; la *pseudo-pelletiérine*, $C^{18} H^{15} AzO^{2}$, cristallisable; et l'*isopelletiérine*, qui est liquide comme les trois premières; sa formule est la même que celle de la pelletiérine, $C^{16} H^{15} AzO^{2}$, dont elle est isomère.

Usages. — Les fleurs ou balaustes et l'écorce des fruits du grenadier sont d'excellents astringents que l'on emploie dans le Levant pour expulser les vers et surtout le tænia. L'écorce de racine et surtout l'écorce fraîche de racine de grenadier sauvage est un des tæniacides les plus constants dans leurs effets. Les propriétés anthelmintiques de cette écorce étaient connues des anciens. Dioscoride les mentionne. Oubliées pendant longtemps, elles furent rappelées avec succès par Buchanan en 1807. L'écorce de grenadier réussit très-bien contre le botryocéphale à anneaux courts, mais elle est moins efficace contre le botryocéphale à anneaux longs. Le plus souvent les insuccès doivent être attribués au mauvais choix de l'écorce, ou au mode vicieux d'administration.

Les sulfates de pelletiérine et d'isopelletiérine jouissent de propriétés ténicides très-prononcées. On les emploie à la dose de 30 à 40 centigrammes dans de l'eau où il est bon de faire dissoudre au préalable 50 centigrammes de tannin.

La pelletiérine et les autres alcaloïdes du grenadier jouissent de propriétés analogues à celles du curare, c'est-à-dire qu'ils paralysent les nerfs moteurs sans atteindre la sensibilité et sans détruire la contractilité musculaire (Voy. *Ann. de thérap.*, 1879, p. 245; 1880, p. 193).

Les différentes parties du grenadier, mais plus spécialement les fleurs et les écorces des fruits, ont été employées souvent en raison de leur astringence, contre la diarrhée, la dysenterie, les flux muqueux, les engorgements articulaires, les inflammations de la bouche, des gencives, du larynx, dans la leucorrhée, la chute du rectum. Avec les graines charnues de la grenade, on prépare un sirop d'agrément, qui jouit de propriétés tempérantes et rafraîchissantes.

La médecine homœopathique fait usage de l'écorce de grenadier comme astringente et anthelmintique; son signe est *Mga* et son abréviation *granat.*

GREWIA

(Voyez le *Supplément* du T. II.)

GRINDÉLIE

(Voyez le *Supplément* du T. II.)

GROSEILLIER

Ribes rubrum et *nigrum* L.
(Saxifragacées-Ribésiées.)

Le Groseillier commun (*Ribes rubrum* L.) est un arbrisseau haut de 1 à 2 mètres, dont la tige, couverte d'une écorce d'un brun cendré, se divise dès la base en rameaux portant des feuilles alternes, pétiolées, échancrées à la base, à cinq lobes dentés, d'un vert clair, glabres ou à peine pubescentes. Les fleurs, d'un jaune verdâtre, sont disposées en grappes axillaires pendantes ; les pédicelles sont munis, à leur base, de bractées très-courtes, obtuses. Elles présentent un calice glabre, tubuleux, à limbe rotacé, partagé en cinq lobes étalés; une corolle à cinq pétales glabres, insérés à la gorge du calice, ainsi que les cinq étamines; un ovaire infère, simple, globuleux, pluriovulé, surmonté de deux styles plus ou moins soudés. Le fruit est une petite baie globuleuse, charnue, succulente, rouge, plus rarement blanche, couronnée par les dents du calice, et renfermant un petit nombre de graines mucilagineuses.

Le Groseillier noir ou Cassis (*R. nigrum* L.) se distingue du précédent par ses feuilles glanduleuses, aromatiques; ses fleurs verdâtres, rougeâtres en dedans; son calice pubescent, glanduleux, à limbe élargi et campanulé; son fruit noir et aromatique.

Le Groseillier à maquereau (*R. Uva crispa* L.) est un arbrisseau très-rameux, à branches diffuses, armées de fortes épines, portant des feuilles velues pubescentes, et des fleurs solitaires, géminées ou ternées, à pétales pubescents. Le fruit, verdâtre ou rougeâtre, est plus gros et moins acide que dans le groseiller commun.

Habitat. — Ces trois arbrisseaux, qui habitent les bois et les haies de l'Europe centrale, sont cultivés dans tous les jardins fruitiers.

Parties usitées. — Les fruits.

Récolte. — Lorsqu'on veut les manger, les fruits des divers groseilliers doivent être récoltés à leur maturité. Pour la préparation des gelées, des sirops et des conserves, on doit cueillir les fruits avant qu'ils soient tout à fait mûrs.

Composition chimique. — Les fruits des divers groseilliers, et surtout ceux du groseillier rouge contiennent de l'acide citrique, de l'acide malique, de la pectine, du sucre, une matière azotée, une matière colorante. La quantité d'acide citrique contenu dans les groseilles rouges et les groseilles à maquereau, est assez grande pour que M. Tilloy de Dijon ait proposé de l'extraire industriellement. Les fruits et les feuilles du cassis (*R. nigrum* L.), renferment en outre un principe aromatique très-odorant.

Usages. — La groseille est beaucoup plus importante sous le rapport économique et industriel qu'au point de vue médical. Dans les années d'abondance, les fruits écrasés donnent, par fermentation, un vin assez agréable, qui se conserve mal, mais qui produit par distillation un alcool très-estimé. Ces fruits écrasés avec quelques Cerises aigres (Merises), donnent un suc épais, visqueux, qui, étant abandonné à la cave pendant vingt-quatre heures, subit la fermentation pectique, pendant laquelle il se prend en masse et s'éclaircit; ce suc, filtré, peut se conserver d'une année à l'autre dans des bouteilles, par le procédé d'Appert. Lorsque dans ce suc on fait fondre, à une très-douce chaleur, le double de son poids de sucre, on obtient le sirop de groseilles, très-employé à la dose de 60 à 100 grammes dans un litre d'eau, comme tempérant et rafraîchissant dans les phlegmasies aiguës, les fièvres adynamiques, etc., etc. Les groseilles chauffées avec un peu d'eau, donnent un suc qui, étant additionné d'une quantité suffisante de sucre, produit la *gelée de groseilles*.

On assure que la gelée de groseilles, appliquée sur les brûlures, calme les douleurs et prévient la formation des phlyctènes. Le suc et le sirop de groseilles sont regardés comme diurétiques.

Dans quelques contrées du Nord, on fait sécher les groseilles dans un four légèrement chauffé; on les conserve ensuite dans des bocaux ou des boîtes de fer-blanc parfaitement closes.

La groseille à maquereau tire son surnom de l'usage que l'on en fait en Angleterre pour accommoder les poissons de ce nom.

Les fruits du groseillier noir, écrasés et mêlés à de bonne eau-de-vie, servent à préparer la liqueur connue sous le nom de *Cassis*.

GUACHAMACA

(Voyez le *Supplément* du T. II.)

GUAREA

(Voyez le *Supplément* du T. II.)

GUAZUMA

(Voyez le *Supplément* du T. II.)

GUI

Viscum album L.

(Loranthacées.)

Le Gui, généralement désigné sous le nom de Gui de Chêne, est un arbrisseau parasite, s'implantant sur l'écorce des arbres par un empâtement radiculaire. La tige, longue de 0^m,35 à 0^m,65, se divise dès la base en rameaux nombreux, articulés, dichotomes ou polychotomes, divergents, diffus, rudes au toucher, glabres, formant une touffe globuleuse; ils portent des feuilles opposées, épaisses, charnues, oblongues, obtuses, d'un vert jaunâtre, marquées de cinq nervures parallèles et convergentes, et atténuées en une base canaliculée un peu embrassante. Les fleurs dioïques, verdâtres, petites, peu apparentes, sessiles, accompagnées de courtes bractées, sont groupées en petit nombre à l'extrémité des rameaux. Les mâles présentent un calice à limbe quadrifide; quatre étamines, à anthères sessiles, soudées dans toute leur étendue à la face interne des divisions du calice. Les femelles ont un calice à tube soudé avec l'ovaire, à limbe très-court, partagé en quatre petites dents; une corolle à quatre pétales écailleux, charnus, élargis à la base; un ovaire infère à une seule loge contenant trois ovules dont deux rudimentaires, surmonté d'un stigmate sessile et obtus. Le fruit est une baie mucilagineuse, blanche, du volume et de la forme d'une groseille, couronnée par le rebord du calice, et renfermant une petite graine verte.

Habitat. — Le gui se trouve dans la plus grande partie de l'Europe. Il vit en parasite sur les arbres, notamment sur le Pommier, le Poirier, le Peuplier, le Sorbier, l'Aubépine, etc. On le trouve très-rarement sur le chêne. C'est, dans certaines contrées, un fléau redouté des agriculteurs, et qui se propage avec une déplorable facilité. Il n'y a donc pas lieu de s'occuper de sa culture, qui ne pourrait guère intéresser que les physiologistes.

Parties usitées. — Autrefois l'écorce et les fruits.

Récolte. — Lorsqu'on croyait aux propriétés dites merveilleuses du gui, on récoltait la plante en automne. On en séparait l'écorce que l'on faisait sécher et que l'on conservait dans des vases bien fermés, en lieu exempt d'humidité. Les fruits n'étaient employés qu'à l'état frais.

Composition chimique. — A l'état frais, le gui possède une odeur désagréable, une saveur âcre et amère. On a trouvé dans son écorce une matière glutineuse analogue au caoutchouc, un extrait résineux, un extrait muqueux et un principe astringent. D'après M. Henry (*Journ. de pharm.*, t. V, p. 338), les fruits du gui contiennent de la glu, de la cire, de la gomme, une matière visqueuse insoluble, de la chlorophylle, des sels à base de potasse, de chaux et de magnésie, de l'oxyde de fer, etc. Les feuilles et les tiges du gui, tombées à l'état de pourriture dans un lieu humide et pilées avec de l'eau fraîche, donnent une sorte de glu qui contient un principe particulier auquel M. Macaire a donné le nom de *viscine* (*Journal de chimie médicale*, février 1834).

Usages. — Tout le monde a entendu parler de l'espèce de culte que les Gaulois professaient pour le gui, plante sacrée que les Druides, leurs prêtres fatidiques, recueillaient en grande pompe, avec une serpette d'or, à certaines époques de l'année. Selon eux, cette plante magique, dont on se servait pour la bénédiction de l'eau qu'on distribuait au peuple, pour purifier, pour répandre les grâces de la fécondité, pour guérir toutes les maladies, et combattre les sortiléges, était la panacée universelle.

Les vieilles idées, surtout celles qui tiennent à un culte même abandonné, traversent les siècles, et l'on est tout étonné d'en retrouver la trace, encore vivante, dans les époques de civilisation avancée. Ce n'est pas seulement Pline, Théophraste, Matthiole, Paracelse, qui ont exalté les vertus du gui, particulièrement contre l'épilepsie. Dalechamp, Boyle, Koelder, Kolbatch, Jacobi, Fraser, etc., prétendaient avoir obtenu de cette plante de grands succès contre la même maladie. Dehaen la plaçait sur la même ligne que la Valérianne. Boëerhaave disait s'en être servi avantageusement contre les névroses, Koelder contre l'asthme convulsif, Kolbatch contre la chorée, Brandley contre l'hystérie, Frank contre la toux convulsive rebelle, Dumont de Gand contre la coqueluche. Dubois de Tournay publia même un travail circonstancié à l'appui des propriétés du gui, plante à laquelle Tissot, Cullen, Des Bois de Rochefort et Peyrilhe refusent toute espèce d'action.

Récemment, M. Constantin Paul a signalé les effets diurétiques du Gui de Peuplier. Une malade atteinte d'hydropéritonite, à laquelle il administrait chaque jour une décoction de 75 grammes de Gui dans 1 litre d'eau, rendit pendant trois mois jusqu'à 3 litres d'urine par vingt-quatre heures (*Annuaire de thérapeut.*, 1880, p. 105).

GUIMAUVE

Althæa officinalis L.

(Malvacées-Malvées.)

La Guimauve officinale est une plante vivace, à racine longue, d'environ 0^m,35, de la grosseur du doigt, fusiforme, charnue, mucilagineuse, blanc jaunâtre, simple ou quelquefois rameuse, pivotante. La tige, haute de 1 mètre à 1^{m},50, cylindrique, cotonneuse, rameuse, dressée, ferme, porte des feuilles alternes, pétiolées, cordiformes, à trois ou cinq lobes peu marqués, aigus, crénelés, molles et douces au toucher, d'un vert blanchâtre, surtout en dessous. Les fleurs, blanchâtres ou rosées, presque sessiles à l'aisselle des feuilles supérieures, forment une sorte de grappe terminale. Elles présentent un calicule de six à neuf divisions étroites et aiguës; un calice monosépale à cinq divisions ovales, très-aiguës, acuminées; une corolle à cinq pétales cordiformes, légèrement soudés à la base entre eux et avec les filets des étamines, qui sont en nombre indéfini et monadelphes; un ovaire composé de plusieurs carpelles cunéiformes verticillés, surmontés par un nombre égal de styles. Le fruit est déprimé, orbiculaire, composé de carpelles nombreux, tomenteux, verticillés autour du prolongement de l'axe, se séparant à la maturité, et renfermant chacun une seule graine réniforme et mucilagineuse.

Habitat. — La guimauve croît dans presque toute l'Europe centrale et méridionale; elle habite les champs, les bords des ruisseaux, etc.

Culture. — Cette plante est cultivée en grand pour les usages médicinaux. Elle est rustique et croît dans tous les terrains, mais de préférence dans les sols légers, frais, humides même et assez profonds. On la propage en général par graines, que l'on sème au printemps, en planches ou sur couche, et de préférence à l'exposition de l'est. On peut encore la multiplier par éclats de pied faits à l'automne; mais ce procédé ne donne pas d'aussi bons résultats.

Parties usitées. — Les racines, les feuilles, les fleurs.

Récolte. — La racine de guimauve peut être arrachée dès la seconde année; celle que le commerce nous fournit vient du midi de la France, et principalement de Nîmes et de Narbonne; elle est blanche, mondée de son écorce, d'une odeur faible, d'une saveur mucilagineuse, un peu sucrée. Elle doit être choisie sèche et peu fibreuse; on la fait sécher au soleil ou au four très-légèrement chauffé. On lui a, dit-on, substitué quelquefois la racine de la Rose-trémière ou alcée dont nous avons parlé (tome I, page 42); elle est plus grosse, plus fibreuse, moins mucilagineuse; elle jouit d'ailleurs des mêmes propriétés et est très-employée en Orient.

On a prétendu à tort que l'on blanchissait la racine de guimauve avec l'eau de chaux ; il est certain, au contraire, que les alcalis caustiques et terreux colorent cette racine en jaune.

Les feuilles de guimauve sont d'autant plus mucilagineuses, qu'elles sont cueillies plus jeunes. On attend cependant qu'elles aient acquis leur parfait accroissement, ce qui a lieu en juin, avant la floraison ; on préfère celles du sommet des rameaux ; on les fait sécher à l'étuve et mieux au grenier. Les fleurs doivent être cueillies en juillet, vers midi, lorsque la rosée est parfaitement dissipée et par un temps sec ; on doit les faire sécher rapidement à l'ombre et les conserver à l'abri de l'humidité ; on rejette celles qui sont noirâtres.

Composition chimique. — Toutes les parties de la guimauve sont riches en matière mucilagineuse. La racine renferme de la gomme, de l'amidon, une matière colorante jaune, de l'albumine, de l'asparagine, du sucre de canne, une huile fixe, de la pectine.

Le mucilage de la Guimauve aurait pour formule, d'après Schmidt et Mulder, $C^{12} H^{20} O^{10}$, c'est-à-dire qu'il différerait de celui de la gomme arabique par une molécule d'eau en moins ; il en diffère encore par la propriété qu'il a, et dont est dépourvu le mucilage de la gomme, d'être précipité de ses solutions aqueuses par l'acétate neutre de plomb. Il n'est pas soluble dans la solution ammoniacale d'oxyde de cuivre.

Usages. — Les feuilles et les racines de guimauve constituent un de nos meilleurs émollients. On les emploie en décoction *intus et extra* dans toutes les inflammations, les phlegmasies aiguës, locales ou générales. On s'en sert en décoction et sous forme de cataplasmes, pour calmer les douleurs et hâter la maturité des abcès, des phlegmons ; en infusion, sous forme de lavements, comme émollientes et légèrement laxatives. Les fleurs, en infusion, sont données sous forme de tisane, dans les catarrhes, pour calmer la toux. On préfère la décoction des racines dans les inflammations gastriques et intestinales, ainsi que pour combattre les empoisonnements par les substances âcres et irritantes.

Une racine de guimauve, bien propre et bien nettoyée, constitue le meilleur hochet que l'on puisse donner aux enfants pour calmer les douleurs de la dentition. On s'en est servi quelquefois, en guise d'éponges préparées, pour dilater les trajets fistuleux ; mais on préfère en général, la racine de gentiane pour cet usage.

La racine de guimauve entre dans le sirop de guimauve ; mais la pâte dite de guimauve du *Codex* n'en contient pas.

GULANCHA

(Voyez le *Supplément* du T. II.)

GUTTIER

Garcinia Morella Desr.
(Clusiacées.)

Le *Garcinia Morella*, vulgairement désigné sous le nom de *Guttier* ou *Mangostan-Guttier*, est un arbre dioïque, de sept à huit mètres de haut, très-ramifié, à feuilles opposées, luisantes, entières, lancéolées, pétiolées, terminées par une pointe allongée et obtuse, et à petites fleurs jaunes. Les fleurs mâles sont disposées par petits fascicules de trois à cinq dans l'aisselle des feuilles ; elles sont sessiles dans une variété, pédonculées dans une autre variété, qui paraît être la plus productive en gomme-gutte. Les fleurs femelles sont plus grosses que les fleurs mâles, sessiles et solitaires dans l'aisselle des feuilles. Dans les fleurs des deux sexes, le calice et la corolle sont semblables, tétramères, formées de folioles indépendantes, imbriquées alternativement. L'androcée de la fleur mâle se compose de trente à quarante étamines sessiles sur un réceptacle très-bombé, hémisphérique ; les anthères sont uniloculaires et s'ouvrent à l'aide d'un couvercle bombé. Dans la fleur femelle, l'androcée n'est représenté que par une vingtaine d'étamines unies à la base en une couronne membraneuse du bord supérieur de laquelle s'étendent des filets courts, terminés chacun par une anthère stérile. L'ovaire est supère, globuleux, quadriloculaire, à loges uniovulées ; il est surmonté d'un stigmate sessile très-large, divisé en quatre lobes. Le fruit est une baie de la grosseur d'une cerise ; les graines contiennent un embryon à radicule très-grosse et à cotylédons à peine visibles.

Habitat. — Le *Garcinia Morella* est un arbre du Cambodge, de la Cochinchine et du Siam.

Parties usitées. — Le latex jaune contenu dans toutes les parties de la plante et retiré du tronc, connu sous le nom de *gomme-gutte*.

Récolte. — On a longtemps ignoré qu'elle est l'espèce de *Clusiacées* qui fournit la gomme-gutte du commerce, et la confusion la plus regrettable a été introduite parmi ces espèces. C'est à Hanbury et à M. de Lanessan qu'on doit la solution définitive de cette question. (Voy. de Lanessan, *Recherches sur le genre Garcinia et sur l'origine de la Gomme-Gutte.*) Un certain nombre d'espèces produisent un latex coloré, analogue à la gomme-gutte, mais la drogue qui se trouve dans le commerce et qui vient à peu près exclusivement du Siam n'est fournie que par le *Garcinia Morella*, var. *pedicellata*, à fleurs mâles pédicellées. La récolte du latex a lieu au commencement de la saison des pluies. Les collecteurs se dirigent alors vers les forêts, à la recherche des arbres qui, dans quelques localités, sont très-abondants ; ils ne s'attaquent qu'aux arbres ayant atteint une belle taille ; ils font dans l'écorce une incision spiralée qui occupe la moitié de la circonférence du tronc ; à la partie inférieure de l'incision, ils adaptent un entrenœud de bambou destiné à recevoir le latex ; celui-ci coule lentement pendant plusieurs mois. A la sortie de l'arbre, il est fluide et jaunâtre, puis il devient visqueux, et finalement très-dur et pulvérisable.

Dans le commerce, on trouve la gomme-gutte à l'état de bâtons cylindriques, ayant de 3 à 5 centimètres de diamètre et 10 à 15 centimètres de long, munis à la surface de sillons longitudinaux produits par le bambou dans lequel la drogue a été recueillie et sur la face interne duquel elle s'est moulée en durcissant. On trouve encore dans le commerce une sorte de gomme-gutte de qualité inférieure, se présentant sous l'aspect de masses comprimées et très-irrégulières, ou bien de bâtons lisses et agglutinés ; mais c'est la même plante qui fournit les deux variétés.

La gomme-gutte est dure, homogène, cassante, à cassure conchoïdale ; elle est peu translucide, même en lames minces ; sa coloration est d'un jaune brunâtre sale ; mais, quand on la mouille, elle prend une belle coloration jaune brillant que présente également son émulsion dans l'eau, car elle est simplement émulsionnable dans ce liquide et non soluble. Quand on la triture dans un mortier, on la transforme aisément en une poudre d'un beau jaune brillant ; son odeur est à peu près nulle ; sa saveur est âcre et très-désagréable.

Le *Garcinia Morella*, var. *sessilis* (à fleurs mâles sessiles) indigène de l'Inde et de Ceylan, fournit une gomme-gutte d'assez bonne qualité, mais qui n'entre guère dans le commerce européen. Quelques autres espèces de *Garcinia,* notamment le *G. travancorica* Bedd., des forêts du sud de Travancore, fournissent aussi un produit analogue, mais qui ne paraît pas être exploité.

Composition chimique. — La gomme est formée essentiellement par un mélange de résine et de gomme. Celle-ci est dans la proportion de 15 à 20 pour 100; elle diffère de la gomme arabique en ce qu'elle n'est pas précipitée par l'acétate neutre de plomb, et qu'elle ne rougit pas le tournesol. La résine forme dans l'alcool une solution limpide, colorée en rouge jaunâtre; fondue dans la potasse, elle donne des acides gras et de la *phloroglucine.*

Usages. — La gomme-gutte est surtout employée dans les arts, pour la peinture à l'eau. Elle sert à colorer en jaune les fleurs artificielles. C'est la variété en canon qui est la plus estimée.

La gomme-gutte est un des purgatifs drastiques les plus puissants que l'on connaisse. Elle entre dans la composition des pilules de Bontius, et des pilules écossaises d'Anderson. Elle agit plus particulièrement sur le gros intestin. On l'administre à la dose de 30 centigrammes à 1 gramme. Elle peut agir aussi comme abortive en déterminant une congestion très-forte des organes génitaux internes et particulièrement de l'utérus.

Les médecins homœopathes l'emploient quelquefois; son signe est *Igt,* et son abréviation *Gutt.* Ils la prescrivent comme dérivatif contre les hémorrhoïdes.

HABZÉLI

Habzelia æthiopica Alph. D.C. *Unona æthiopica* Dunal. *Xilopia* A. Rich.
(Anonacées.)

L'Habzéli d'Éthiopie, appelé aussi Kanang ou Canang d'Éthiopie, Poivre d'Éthiopie, Maniguette, Poivre des nègres, etc., est un arbre de moyenne grandeur et d'un port élégant. La tige, haute de 8 à 10 mètres, se divise en rameaux portant des feuilles alternes, ovales lancéolées, aiguës, glabres, lisses, d'un vert glauque en dessous. Les fleurs, blanches, sont solitaires à l'extrémité de pédoncules axillaires. Elles présentent un calice à trois divisions ; une corolle à six pétales disposés sur deux rangs, les intérieurs plus petits ; des étamines en nombre indéfini, à filets très-courts, claviformes, à anthères allongées ; un pistil composé d'ovaires nombreux, libres, sessiles, à une seule loge pluriovulée, surmontés d'un style court, terminés par un stigmate obtus. Le fruit se compose de plusieurs gousses charnues, cylindriques, noirâtres, longues de $0^{m},07$ à $0^{m},08$, de la grosseur d'une plume, fibreuses, flexibles, ridées, partagées en plusieurs loges dont chacune renferme une graine ovoïde et noirâtre (Pl. 14).

L'Habzéli aromatique (*Habzelia aromatica* Alph. D. C.) se distingue du précédent par ses feuilles oblongues, acuminées, glabres, à pétioles velus ; ses fleurs violettes, solitaires ou géminées ; ses fruits pédicellés.

Nous citerons encore les Habzélis ondulés (*H. undulata* Alph. D. C.) et à fruits en ombelle (*H. discreta* Alph. D. C.).

HABITAT. — Ces arbres habitent les régions chaudes des deux continents ; ils se trouvent surtout dans les bois.

CULTURE. — Les habzélis ne peuvent être cultivés chez nous qu'en serre chaude ; ils demandent une bonne terre franche et douce, mélangée de terre de bruyère. On ne les a guère multipliés jusqu'ici.

PARTIES USITÉES. — Les fruits.

RÉCOLTE. — Il y a, d'après plusieurs auteurs, une distinction à établir entre les fruits de l'*Habzelia æthiopica* Alph. D. C. (*Unona æthiopica* Dunal), que l'on nomme *graines de Sélin*, *poivre d'Afrique*, *poivre de singe*, *poivre des Maures*, *poivre d'Éthiopie*, et ceux de l'*Uvaria aromatica* Lamk (*Unona aromatica* Dunal, *Unona conco-*

lor W.) qui, outre le nom de *Poivres d'Éthiopie* qu'ils ont de commun avec les premiers, portent ceux de *Maniguette* et de *Poivre des nègres.*

Usages. — La présence du principe aromatique doit faire placer le *poivre d'Éthiopie* dans les stimulants généraux, et parmi les épices destinées à faciliter la digestion. Il est considéré comme sialagogue. Les Abyssins s'en servent contre les maux de dents. Les fruits de plusieurs espèces d'Habzéli sont prescrits, dans leur pays d'origine, comme stomachiques et digestifs.

HAMAMELIS

(Voyez le *Supplément* du T. II.)

HEDEOMA

(Voyez le *Supplément* du T. II.)

HELLÉBORE

Helleborus niger L., *H. grandiflorus* Salisb.
(Renonculacées-Helléborées.)

L'Hellébore noir appelé aussi Rose de Noël, Fleur de Noël, Hellébore à fleurs rouges, Herbe de feu, Rose d'hiver, est une plante vivace, à racine de la longueur et de la grosseur du doigt, brun noirâtre, marquée d'anneaux circulaires, portant des vestiges d'écailles foliacées, couverte de fibres radiculaires grêles. Les feuilles, toutes radicales, sont grandes, longuement pétiolées, coriaces, fermes, pennatiséquées, à folioles dentées, d'un beau vert foncé et luisant. Les tiges, ou hampes, sont nues, hautes de $0^{m},20$ à $0^{m},30$. Les fleurs, grandes, blanc rosé, sont solitaires ou géminées au sommet de ces tiges. Elles présentent un calice pétaloïde, à cinq sépales persistants ; une corolle à dix pétales très-courts, tubuleux, nectariformes ; des étamines très-courtes, en nombre indéfini ; un pistil composé de cinq à dix ovaires à une seule loge multiovulée, surmontés d'un style simple. Le fruit se compose de deux à dix follicules verticillés, coriaces, couronnés par le style, s'ouvrant par la suture interne et renfermant de nombreuses graines (Pl. 15).

Nous devons citer également, comme ayant des propriétés analogues : l'Hellébore fétide (*Helleborus fœtidus* L.) appelé aussi Fève de loup, Herbe au fi, Herbe aux bœufs, Herbe du cru, Marfouré, Parménie, Pas de lion, Patte d'ours, Pied de griffon, Pied de lin, Pommelée ; l'Hellébore d'hiver (*H. hyemalis* L., *H. monanthus* Mœnch, *Eranthus hyemalis* Salisb., *Kœllea hyemalis* Birm., *Robertia hyemalis* Mérat), appelé aussi Fleur d'hiver et Tue-loup ; l'Hellébore d'Hippocrate ou d'Orient (*H. officinalis* Salisb. *H. orientalis* Tourn.), qui est peut-être le fameux Hellébore des anciens si en usage parmi eux dans les maladies mentales ; l'Hellébore à trois feuilles (*H. pumilus* Salisb., *H. trifolius* L., *H. trilobus* Lamk, *Anemone groenlandica* Müll., *Chrysa borealis* Schmaltz, *Coptis trifolia* Salisb.) ; enfin l'Hellébore vert (*H. viridis* L., *Hellereboraster viridis* Mœnch).

Habitat. — L'Hellébore noir est commun dans la France méridionale. L'Hellébore fétide est également propre à la France. L'Hellébore d'hiver est une plante des Alpes. L'Hellébore d'Hippocrate est originaire de l'Orient. L'Hellébore à trois feuilles croît en Sibérie. L'Hellébore vert est indigène de France.

Parties usitées. — Les racines.

Récolte. — La racine d'Hellébore se récolte en automne. On la tire plus particulièrement de l'Allemagne et de la Suisse. Elle perd la plus grande partie de ses propriétés par la dessiccation. Elle s'altère rapidement, surtout lorsqu'elle est pulvérisée. Il importe donc de la choisir de date récente. On trouve souvent mélangées les racines des Hellébores fétide, noir et vert. Il est impossible à un œil même médiocrement attentif, de les confondre avec celles des *Veratrum album* (Varaire blanc, vulgairement Hellébore blanc) qui appartient à une autre famille (voir t. II, p. 439).

La racine d'Hellébore noir est noire en dehors et blanche en dedans ; elle présente un tronçon très-court avec des radicules très-cassantes, de la même couleur ; sa saveur est âcre, nauséeuse, désagréable. Une fraude, plusieurs fois signalée, est la substitution de l'Actée des Alpes ou Herbe de Saint-Cristophe (*Actea spicata* L.) à celle de l'Hellébore noir. La racine de l'Hellébore vert est formée de plusieurs tronçons d'un brun noirâtre, irréguliers, portant un grand nombre de radicelles ; elle est plus dure et plus ligneuse que la précédente, ce qui tient à ce qu'elle est vivace, tandis que celle de l'Hellébore noir est bisannuelle, c'est-à-dire se détruit tous les deux ans, à mesure que la nouvelle se produit ; son odeur est forte et nauséeuse ;

sa saveur est très-amère; cette amertume, signalée par Murray, est, d'aprèsM. Guibourt, un bon caractère de l'Hellébore vert. La racine de l'Hellébore fétide présente un tronc pivotant, ligneux, d'un gris noirâtre, avec de nombreuses radicules ramifiées; son goût est désagréable; à peine âcre, elle n'est nullement amère. Très-souvent on vend la racine de l'hellébore fétide à la place de celle de l'hellébore noir.

Composition chimique. — Le principe le plus intéressant parmi ceux qui ont été retirés de l'Hellébore, est l'*helléborine*, découverte, en 1852, par Bastick. Cette substance est cristalline, neutre; elle est douée d'une saveur amère, accompagnée d'une sensation de picotement de la langue; elle est peu soluble dans l'eau, assez soluble dans l'éther et surtout dans l'alcool; par cristallisations répétées dans l'alcool, on l'obtient en aiguilles brillantes, incolores, répondant à la formule $C^{36} H^{42} O^{6}$. Quand on la fait bouillir dans l'acide sulfurique dilué ou dans une solution de chlorure de zinc, elle se dédouble en sucre et en *helléborétine*, qui a pour formule $C^{30} H^{38} O^{4}$. On a extrait aussi de l'Hellébore un glucoside auquel on a donné le nom d'*helléboréine*, $C^{26} H^{44} Q^{15}$, et qui se dédouble, quand on le fait bouillir avec des acides dilués en *helléborétine*, $C^{14} H^{20} O^{3}$, et en sucre. L'Helléborétine n'a aucune action physiologique; l'Helléboréine est toxique, Bastick a trouvé dans l'Hellébore un acide qu'il croit être l'acide *aconisique*.

Usages. — Les racines des divers hellébores sont vénéneuses. D'après Orfila elles perdent une grande partie de leurs propriétés en vieillissant; leur saveur d'abord douceâtre, devient, par la dessiccation, âcre et mordicante. Employées à l'extérieur, elles excorient la peau, et, d'après Emmert, déterminent des vomissements lorsqu'on les applique sur les plaies. Employées à l'intérieur, elles amènent des vomissements, des déjections alvines abondantes, des vertiges, des tremblements, une grande prostration des forces, des convulsions, un froid excessif, finalement la mort. A l'autopsie, on constate une vive inflammation du canal digestif. Vessel combattait les accidents produits par l'hellébore avec des laxatifs et des aromatiques; mais les boissons délayantes et émollientes, et l'opium conviennent beaucoup mieux. Quant aux tisanes acidulées qui ont été quelquefois conseillées, elles sont certainement plus nuisibles qu'utiles.

Les propriétés de la racine d'hellébore ont été mises à profit. Cullen employait cette racine en décoction contre la teigne et la gale, mais en l'associant à un sulfure alcalin. Les Anglais en font encore usage dans les mêmes cas. Peyrilhe conseillait de faire avec la racine d'hellébore des pois à cautères. Elle a été surtout employée pour combattre les névroses et les névralgies; il n'est peut-être pas de maladies ou de lésions des centres et des conducteurs nerveux contre lesquelles elle n'ait été administrée. Musa, Brassavole, Lorris, Vogel, Freinel, Brunner, Hildanus, Mead, etc., se sont disputés à qui ferait le plus d'éloges des propriétés médicinales de la racine d'hellébore, qui est incontestablement un purgatif drastique très-énergique, mais dans tous les cas fort dangereux. Dans les temps anciens, Hippocrate, Mésué, Arétée, Avicenne, Celse, avaient vanté l'usage de la racine d'hellébore d'Orient contre la folie. Naguère encore Baglivi, Juncker et plusieurs autres la prescrivaient dans le même but. Mais, de nos jours, l'hellébore est abandonné à l'empirisme dans le traitement des maladies de l'homme; ce qui tient probablement à l'action irritante, caustique, dangereuse que cette plante exerce sur l'économie animale, et aussi aux substitutions, aux mélanges dont elle est l'objet.

Si la racine d'hellébore est à peu près délaissée pour la médecine de l'homme, elle est au contraire, et à bon droit, fort usitée dans la médecine vétérinaire. On emploie les racines des hellébores noir, fétide et vert, pour entretenir les cautères et les sétons des chevaux et des bœufs, et pour guérir le farcin.

HEMIDESMUS

(Voyez le *Supplément* du T. II.)

HENNÉ

Lawsonia inermis L., *L. alba* Lamk., *Alcana Arabum* Bell.
(Salicariées.)

Le Henné d'Orient, appelé aussi Alcana, Lausone, Mindi, Réséda des Antilles, Racine à farder, Troène d'Égypte, est un arbrisseau dont la tige, haute de 3 à 4 mètres, couverte d'une écorce ridée, se divise en rameaux étalés, diffus, glabres, roides, aigus, légèrement tétragones au sommet, portant des feuilles opposées, presque sessiles, petites, ovales-lancéolées, entières, atténuées aux deux extrémités, glabres. Les fleurs, petites, blanches ou blanc jaunâtre, odorantes, sont disposées en panicules rameuses terminales. Elles présentent un calice à quatre divisions aiguës, glabres, persistantes ; une corolle à quatre pétales ovales, étalés ; huit étamines, plus longues que les pétales ; un ovaire arrondi, à quatre loges multiovulées, surmonté d'un style et d'un stigmate simples. Le fruit est une capsule arrondie, pisiforme, brunâtre, à quatre loges polyspermes, surmontée par le style persistant.

Le Henné épineux de Linné, appelé aussi Orcanette de Constantinople (*Lawsonia spinosa* L.), n'est qu'une simple variété du précédent, dont il se distingue par les extrémités de ses ramuscules plus aiguës et un peu piquantes.

Le Henné à fleurs pourpres (*Lawsonia purpurea* Lamk.), que Linné a confondu avec le *Lawsonia inermis*, en diffère surtout par ses feuilles deux fois plus longues ; ses fleurs inodores, d'un pourpre bleuâtre, à calice velu et à pétales connivents ; ses fruits bacciformes, oblongs et bleuâtres

Habitat. — Le henné se trouve aux Indes orientales, en Perse, en Arabie, en Égypte et jusqu'en Algérie ; il a été introduit et naturalisé aux grandes Antilles.

Culture. — Le henné est l'objet de cultures assez importantes aux Indes orientales, en Algérie et aux Antilles. En Europe, on ne le trouve que dans les jardins botaniques, où il exige la serre chaude. On le propage assez facilement de boutures et de graines, mais il est peu répandu.

Parties usitées. — Les feuilles.

Récolte. — On trouve rarement entières dans le commerce les feuilles de henné des Indes orientales ; elles sont le plus souvent en poudre, d'un brun jaunâtre. Le henné d'Égypte, qui est moins estimé, contient 20 pour 100 de sable. Celui d'Arabie n'en renferme que 5 pour 100. D'ailleurs, d'après le docteur Figari-Bey, professeur d'histoire naturelle au Caire, et selon M. Abd-el-Aziz-Herraouy, qui a publié un travail important sur le henné, celui d'Égypte et celui d'Arabie, en tenant compte des impuretés qu'ils renferment, sont identiques.

Composition chimique. — D'après Berthollet, le henné ne contient pas de tannin, mais bien de l'acide gallique. Son infusion précipite en noir la solution de sulfate de fer (*Journ. de pharm.*, t. X, p. 405). Les fleurs exhalent une odeur fort hircine ; néanmoins on prépare avec ces mêmes fleurs une eau distillée que l'on vend comme cosmétique en Orient.

D'après M. Abd-el-Aziz-Herraouy, l'eau froide n'enlève rien au henné; l'eau bouillante lui prend son principe colorant; l'éther s'empare de la matière colorante verte, tandis que l'alcool dissout le principe actif; celui-ci est brun, résinoïde, soluble dans l'eau bouillante ; il possède toutes les propriétés du tannin, c'est-à-dire qu'il précipite la gélatine, noircit les sels de fer et réduit les sels de cuivre. M. Abd-el-Aziz nomme ce principe *acide henno-tannique*.

USAGES. — Le suc des feuilles du henné épineux (*Lawsonia spinosa* L.) est employé, au Malabar, contre la purulence des urines et contre les affections de la peau. On prescrit les feuilles elles-mêmes contre les maladies cutanées. Ces feuilles, réduites en poudre fine et mises en pâte avec du suc de limon, servent, dans toute l'Asie, pour teindre en rose-orangé les mains, les pieds et les ongles des femmes. Les Égyptiens les emploient pour teindre leur barbe et leurs cheveux. Les feuilles, broyées avec un peu d'eau de chaux, servent à teindre les cheveux, en Perse et en Turquie, et aussi la laine et le cuir.

Les chefs de bourgades, au Sénégal, teignent la crinière et la queue des chevaux avec un cataplasme de feuilles de henné; les marques ainsi produites sur le poil des animaux sont en quelque sorte ineffaçables. La racine sert de fard en Orient. Avec les fleurs, on prépare une eau distillée qui sert aux femmes comme cosmétique (consultez pour les usages du henné aux Indes orientales la *Matière méd. ind.* d'Ainslie, t. II, p. 190).

HÉPATIQUE

Hepatica triloba Chain. *Anemone Hepatica* L.
(Renonculacées - Anémonées.)

L'Hépatique trilobée, appelée aussi Anémone hépatique, Hépatique printanière, Herbe de la Trinité, etc., est une petite plante vivace, à souche courte, émettant inférieurement des racines fibreuses. Les feuilles, toutes radicales, sont longuement pétiolées, échancrées à la base, à trois lobes arrondis, un peu aigus, coriaces, d'un beau vert foncé et luisant en dessus, plus pâles en dessous. Les fleurs, bleues, rosées ou blanches, sont solitaires à l'extrémité de hampes grêles, velues, soyeuses, longues de $0^{m},10$ à $0^{m},15$. Elles présentent un involucre caliciforme, très-rapproché de la fleur, à trois folioles entières, ovales, aiguës, pubescentes ; un calice pétaloïde, de six a neuf sépales ovales-lancéolés ; des étamines en nombre indéfini, très-courtes, à anthères blanc jaunâtre ; un pistil composé d'ovaires nombreux, libres, à une seule loge uniovulée, surmontés d'un style court et simple. Le fruit se compose de nombreux akènes surmontés du style persistant (Pl. 16).

On trouve encore dans ce genre quelques espèces si peu distinctes de la précédente, que plusieurs auteurs n'en font que des variétés.

Habitat. — L'anémone hépatique est répandue dans les diverses régions de l'Europe ; elle habite surtout les bois montagneux. On la cultive fréquemment dans les jardins, où elle fleurit au premier printemps.

Culture. — Cette plante est très-rustique ; et, bien que préférant la terre de bruyère, elle réussit dans tous les terrains frais et ombragés. On la propage aisément par graines. On peut aussi, quand les touffes sont fortes, les diviser, soit pendant la floraison, soit en automne, en éclats qu'on aura soin de ne pas faire trop petits.

Parties usitées. — Les feuilles et les fleurs.

Récolte. — Les fleurs de cette plante paraissent au commencement de mars ; les feuilles peuvent être récoltées à l'époque de la floraison ; on les fait sécher à l'étuve ou au grenier.

Composition chimique. — L'analyse de l'hépatique n'a pas été faite ; mais c'est à tort que Peyrilhe la signale comme inerte et insipide ; quoique moins âcre que les autres Renonculacées, elle n'en renferme pas moins un principe actif.

Usages. — On a écrit que le nom d'hépatique avait été donné à la plante dont nous nous occupons, parce qu'on l'avait employée contre les affections du foie, dans les obstructions particulièrement. Toute la plante était regardée, et l'est même encore dans certains pays, comme vulnéraire, apéritive et astringente. On s'en servait en gargarismes contre les maux de gorge. En Amérique, on a employé l'hépatique contre les maladies des poumons. Sous forme de cataplasmes, on l'a vantée contre les hernies, les affections des voies urinaires, et les maladies cutanées. Les feuilles d'hépatique passaient pour détersives. On préparait jadis une eau distillée d'hépatique, à l'usage des dames, pour faire disparaître les taches de rousseur et pour blanchir la peau brunie par le soleil. Aujourd'hui l'hépatique n'est plus usitée en France, tandis que dans d'autres pays elle a encore des partisans. (Voir aux mots Anémone, t. I. p. 82, Pulsatille, t. III, p. 145, Renoncule, t. III, p. 200.)

HERNIAIRE

Herniaria glabra L., *H. alpestris* Aubr., *H. fruticosa* Gouan.
(Paronychiées-Illécébrées.)

L'Herniaire glabre, vulgairement appelée Herniole, Herbe aux Hernies, Turquette, Herbe du Turc, etc., est une petite plante annuelle ou bisannuelle, à racines grêles, fibreuses, blanchâtres. Les tiges, longues de 0^m,10 à 0^m,20, très-nombreuses, grêles, étalées et appliquées sur le sol, glabres, très-rameuses, diffuses, portent des feuilles opposées à la base, alternes à l'extrémité, entières, petites, ovales oblongues, glabres, vert jaunâtre, accompagnées de petites stipules scarieuses. Les fleurs, très-petites, vertes, herbacées, forment de petits bouquets latéraux, presque sessiles à l'aisselle des feuilles, dès la base de la plante. Elles présentent un calice à cinq divisions obtuses, un peu concaves, glabres, jaunâtres à la face interne ; une corolle à cinq pétales filiformes ; cinq étamines, insérées sur un disque charnu qui revêt la gorge du calice ; un ovaire libre, uniloculaire par avortement, uniovulé, surmonté de deux styles courts. Le fruit est une petite capsule membraneuse, oblongue, monosperme, indéhiscente, enveloppée par le calice persistant.

L'Herniaire velue (*Herniaria hirsuta* L.), regardée par quelques botanistes comme une simple variété de la précédente, en diffère par ses feuilles pubescentes et fortement ciliées ; ses tiges velues, hérissées, ainsi que le calice, dont chaque division se termine au sommet par une longue soie ; ses fleurs plus grandes et ses fruits plus gros.

Habitat. — L'herniaire est commune dans presque toutes les régions de l'Europe ; elle croît en abondance dans les terrains incultes et sablonneux, les champs en friche, au bord des étangs, etc. On ne la cultive que dans les jardins botaniques, où il suffit de semer ses graines en place, au mois de mars.

Nommons aussi l'Herniaire Payco du Chili (*H. Payco* Molina).

Parties usitées. — Toute la plante.

Récolte. — Cette plante peut être cueillie pendant tout l'été.

Cependant il vaut mieux la récolter à l'époque de la floraison, qui a lieu en juillet et août. On la fait sécher au grenier et au séchoir, et on la dispose en petites bottes cubiques un peu comprimées ; elle se conserve très-bien à l'abri de l'humidité.

Composition chimique. — L'herniaire est inodore ; elle possède une saveur légèrement amère et astringente ; son infusion colore en brun foncé les persels de fer, ce qui indique la présence de la matière astringente nommée *quercitrin*, plutôt que celle du tannin.

Usages. — La plante dont nous nous occupons a été vantée, par Matthiole, contre les hernies, d'où lui sont venus les noms d'herniaire, d'herniale, d'herbe aux hernies. Cet auteur la prescrivait contusée et appliquée en cataplasmes. La vertu de faire disparaître les hernies est aujourd'hui complétement déniée à l'herniaire, qui a été aussi prônée contre la morsure des vipères, contre les maladies des yeux, et surtout contre celles des voies urinaires. Les médecins n'en font plus usage. On pourrait tout au plus employer l'herniaire, à défaut d'autre plante plus active, comme astringente soit à l'extérieur, soit plutôt à l'intérieur et surtout en lavements ou en injections vaginales.

Cependant, il est encore des pays où on l'emploie. Au Chili et au Pérou on se sert de l'*Herniaria Payco* comme stomachique et antipleurétique.

HIÈBLE

Sambucus Ebulus L., *S. humilis* Lamk.
(Caprifoliacées-Sambucées.)

L'Hièble ou Yèble, appelée aussi Petit-Sureau, Sureau-en-herbe, Eble, Euble, est une plante vivace, à racines longues, grosses, charnues, rameuses, blanchâtres. Les tiges, hautes de 1 mètre à 1^{m},50, herbacées, annuelles, robustes, glabres, cannelées, à moelle très-abondante, simples, dressées, portant des feuilles opposées, à pétiole muni de deux stipules foliacées, ovales-aiguës, dentées, inégales, à limbe imparipenné, composé de cinq à onze folioles presque sessiles, oblongues-lancéolées, dentées, glabres et d'un vert foncé. Les fleurs, blanches, quelquefois rougeâtres en dehors, odorantes, sont groupées en faux corymbes plans, terminaux. Elles présentent un calice à tube soudé avec l'ovaire, à limbe divisé en cinq lobes très-petits; une corolle rotacée, à limbe partagé en cinq divisions; cinq étamines libres, à anthères noirâtres, insérées sur le tube de la corolle; un ovaire infère, offrant trois à cinq loges uniovulées, surmonté d'un même nombre de stigmates sessiles. Le fruit est une petite baie charnue, noire, à suc d'un rouge foncé, et renferme trois à cinq petites graines.

Habitat. — L'hièble est répandue dans toute l'Europe; elle croît dans les champs incultes, particulièrement dans les bonnes terres fortes et argileuses, au bord des chemins, des fossés humides, etc.

Culture. — Cette plante, étant assez abondante à l'état sauvage pour suffire aux besoins de la médecine, n'est cultivée que dans les jardins botaniques, et quelquefois aussi dans les parcs d'agrément. Elle croît dans tous les sols, mais mieux dans les terres fortes et fertiles. On la propage aisément de graines, semées au printemps ou à l'automne, ou mieux par éclats de racines. Elle pousse avec une grande vigueur, et ne demande aucun soin.

Parties usitées. — La seconde écorce de la racine, la moelle, les feuilles, les fleurs, les baies et les semences.

Récolte. — L'écorce de la racine doit être récoltée à l'automne : on enlève la première couche (épiderme) et on coupe par petites lanières; on fait sécher le reste de l'écorce à l'étuve, et l'on conserve à l'abri de l'humidité. Les feuilles, rarement employées sèches, sont récoltées pendant tout l'été. Les fleurs doivent être cueillies à leur parfait épanouissement, par un temps sec, et après que la rosée du matin a été dissipée; on les fait sécher rapidement au soleil et on les enferme en les comprimant dans des sacs en papier que l'on a soin de placer à l'abri de l'humidité. Lorsque la dessiccation est mal opérée, elles noircissent. Les fruits sont récoltés lorsqu'ils sont bien mûrs, c'est-à-dire lorsqu'ils sont tout à fait noirs. La moelle peut être séparée de la tige à l'automne, lorsqu'elle commence à sécher et qu'elle est tout à fait blanche.

Composition chimique. — Toutes les parties de l'hièble correspondent, par leur composition et leurs propriétés, à celles des Sureaux. Toutefois l'odeur de ses feuilles est plus vireuse, et celle de ses fleurs moins suave. Les baies contiennent les mêmes principes; cependant leur suc est plus rouge et plus persistant. (Voir l'article Sureau, t. III, p. 363.)

Usages. — La partie la plus active de l'hièble paraît être l'écorce de la racine. A petite dose, elle est considérée comme diurétique. Les paysans font un fréquent usage de l'écorce et même des feuilles de l'hièble comme purgatif diurétique. On a regardé pendant quelque temps cette racine comme un spécifique des hydropisies. Les semences d'hièble, quoique purgatives, sont rarement usitées; elles contiennent une huile mucilagineuse que Haller recommandait dans les hydropisies. Les fleurs, comme celles du Sureau, sont calmantes et sudorifiques; on les emploie en infusion, sous forme de lotions et de fomentations. Le suc des baies, évaporé en consistance d'extrait, constitue le *Rob d'hièble*, léger laxatif que l'on administre à la dose de 4 à 10 grammes. Les feuilles d'hièble, contusées ou bouillies dans l'eau, sont employées dans les campagnes, sous forme de cataplasmes, contre les engorgements articulaires, lymphatiques, glanduleux, etc. La moelle de la plante, séchée et imprégnée d'une solution de nitrate de potasse, a été usitée pour appliquer des moxas. Les fleurs d'hièble, en infusion théiforme, entrent dans des boissons alcooliques fermentées; on s'en sert pour imiter le bouquet du vin de Sauterne. Avec le jus des baies d'hièble et de l'alun, on fabrique une liqueur destinée à colorer les vins, qui est connue sous le nom de *teinte* ou *vin de Fismes*.

En général, on préfère les préparations du Sureau à celles de l'Hièble. (Voir l'article Sureau, t. III, p. 853.)

HOLARRHŒNA

(Voyez le *Supplément* du T. II.)

HORMIN

Salvia Horminum L. *S. colorata* Thore. *Horminum sativum* Mill.
(Labiées-Monardées.)

L'Hormin, appelé aussi Sauge-Ormin ou Prudhomme, est une plante annuelle, à racines grêles et fibreuses. La tige, haute de 0^{m},30 à 0^{m},50, tétragone, velue, dressée, rameuse dès la base, porte des feuilles opposées, ovales oblongues, irrégulièrement crénelées, obtuses, hérissées de poils blanchâtres; les supérieures ovales cordiformes; les florales larges, aiguës, bractéiformes, bleu violacé, fortement veinées de bleu plus foncé, formant par leur réunion une touffe membraneuse colorée. Les fleurs très-petites, pourpre violacé, sont réunies par cinq ou six en faux verticilles, dont l'ensemble constitue une fausse grappe allongée. Elles présentent un calice tubuleux, pubescent, à cinq dents inégales; une corolle irrégulière, à deux lèvres, la supérieure voûtée et un peu échancrée, l'inférieure trilobée; deux étamines, à filets très-courts, à anthères séparées par un connectif filiforme très-long; un ovaire composé de quatre demi-carpelles, surmonté d'un style simple à stigmate bifide. Le fruit se compose de quatre akènes ovoïdes trigones, entourés par le calice persistant.

Cette plante présente une variété à bractées et à fleurs blanches.

Habitat. — L'hormin croît dans les régions méridionales de l'Europe. Il habite surtout les lieux secs.

Culture. — Cette plante est peu cultivée en dehors des jardins botaniques ou d'agrément. Elle demande une exposition chaude et une terre légère. On sème en place, en avril et mai. On peut aussi semer en pépinière, et repiquer de même, pour planter à demeure, quand le jeune plant est assez fort.

Parties usitées. — Les feuilles, les fruits.

Récolte. — Les feuilles d'hormin doivent être récoltées au moment de la floraison; on les fait dessécher au grenier; elles perdent la plus grande partie de leur odeur et de leurs propriétés par la dessiccation. Les fruits se cueillent à leur maturité; on en sépare le péricarpe, et l'on fait sécher les graines qui sont très-petites.

Composition chimique. — L'hormin, comme toutes les plantes du genre *Salvia*, renferme deux principes : une huile essentielle volatile, et une substance amère fixe.

Usages. — Dioscoride et Pline ont mentionné l'hormin qui a été longtemps regardé comme aphrodisiaque et employé contre les maux d'yeux. En médecine française, l'hormin a cessé d'être usité. Il n'en est pas de même dans certains pays. Infusé dans du vin ou de la bière, il communique à ces liquides une propriété promptement enivrante. (Voir l'article Sauge, t. III, p. 284 à 287.)

HOUBLON

Humulus Lupulus L.
(Urticées-Cannabinées.)

Le Houblon est une plante vivace, à racines fortes, rameuses, drageonnantes. Les tiges, longues de plusieurs mètres, grêles, un peu anguleuses, rudes, couvertes de poils courts, robustes et crochus, sarmenteuses et volubiles, portent des feuilles opposées, munies de stipules, pétiolées, cordées à la base, palmées, à trois ou cinq lobes ovales-acuminés dentés, vert foncé et rudes en dessus, munies en dessous de glandes résineuses. Les fleurs sont petites, verdâtres et dioïques. Les fleurs mâles, disposées en grappes de cymes, axillaires et terminales, ont un calice à cinq sépales presque égaux; cinq étamines à filets très-courts, à anthères longues, dressées, munies d'un connectif prolongé en pointe. Les fleurs femelles sont réunies par paires à l'aisselle de bractées membraneuses foliacées, dont l'ensemble constitue des épis compactes, ovoïdes ou arrondis, axillaires et terminaux, pédonculés, solitaires ou groupés en panicule. Elles présentent un calice formé d'un sac d'une seule pièce, membraneux et accrescent; un ovaire libre, ovoïde, à une seule loge uniovulée, surmonté de deux styles terminés par de longs stigmates filiformes. Le fruit est une sorte de cône, composé des bractées et des sépales foliacés, à l'aisselle desquels se trouvent des akènes ovoïdes un peu comprimés, entourés de granules jaunes, résineux, odorants et amers (*lupuline* ou *lupulin*).

Habitat. — Le houblon est répandu dans presque toutes les régions de l'Europe; il croît dans les haies, les buissons, sur la lisière des bois, dans les lieux frais et ombragés. On le cultive en grand dans quelques provinces, telles que l'Alsace, les Flandres, etc., pour la fabrication de la bière.

Culture. — La culture du houblon présente quelques difficultés et exige une attention particulière. Son succès dépend du choix du terrain, plus encore que de la manière dont elle est conduite. Le sol dans lequel le houblon réussit le mieux est léger et en même temps un peu substantiel. Rarement les tiges de la plante atteignent une hauteur satisfaisante dans une terre sèche et pierreuse. Elle réussit surtout dans les lieux humides et abrités contre les vents dominants.

Du reste la culture du houblon appartient surtout à l'économie rurale; aussi renvoyons-nous pour les développements à cet égard à la *Flore agricole et forestière* qui fait partie du Règne végétal.

Parties usitées. — Les inflorescences femelles, ou cônes, les feuilles, jeunes pousses, la matière jaune que l'on trouve à la base des écailles (*lupulin* ou *lupuline*), les racines.

Récolte. — Les cônes verts du houblon se récoltent vers la fin du mois d'août. Par la dessiccation qui s'opère au four ou à l'étuve, ils deviennent jaunâtres; lorsqu'ils sont secs, on les comprime dans des sacs. Les jeunes pousses du houblon, que l'on mange dans le Nord en guise d'asperges, se cueillent lorsqu'elles sont encore très-tendres. Les feuilles, rarement employées, se récoltent en juillet, les racines en automne.

Le houblon du commerce, passé à travers un tamis de crin, donne de petits granules jaunes, que l'on monde des impuretés, par plusieurs tamisages successifs. C'est le *lupulin* ou la *lupuline*. Ces granulations sont des glandes épidermiques qui se forment sur les bractées des inflorescences femelles. Une cellule épidermique se soulève en un cul-de-sac elliptique qui est bientôt isolé au niveau de sa base par une cloison transversale; la cellule nouvelle ainsi formée, se divise ensuite, par une cloison transversale, en deux cellules superposées, dont la supérieure ne tarde pas à se renfler beaucoup en même temps qu'elle se remplit d'une substance granuleuse. Bientôt elle se divise, par des cloisons perpendiculaires les unes aux autres, en quatre cellules collatérales qui se divisent à leur tour radialement de manière à former un plateau pluricellulaire. Les bords de ce plateau se relèvent ensuite et chaque glande se montre sous l'aspect d'une cupule portée par un court pédicule. Les cellules de ce plateau commencent alors à sécréter très-activement un liquide huileux qui traverse par exosmose leur paroi supérieure, et s'accumule dans la cuticule qu'il soulève fortement. Dans l'eau, la cuticule se déchire et met le liquide sécrété en liberté. C'est ce liquide qui donne au lupulin ses propriétés.

Composition chimique. — Le lupulin exhale une odeur aromatique, un peu résineuse, très-spéciale; sa saveur est aromatique, amère, un peu âcre. Ses propriétés sont dues à une huile essentielle et à un principe amer. Ce dernier, isolé par Lermer, a été désigné par lui sous le nom d'*acide amer du houblon;* c'est lui qui était connu des anciens sous le nom de *lupuline* ou *lupulite.* Sa composition, $C^{32} H^{50} O^{7}$, le rapproche de l'absinthine ; il cristallise en grands prismes aromatiques ; il est presque insoluble dans l'eau, soluble dans l'alcool, l'éther, etc. C'est à lui que la bière doit son amertume quoiqu'elle n'en contienne qu'une très-faible proportion. Lermer a signalé aussi dans les glandes du houblon un alcaloïde encore mal déterminé. Les principes qui prédominent dans ces glandes sont une cire et des résines dont une est cristalline. D'après Lermer, la cire que l'on extrait des cônes du Houblon serait un *palmitate myricilique.* L'odeur des cônes est due à l'huile essentielle qu'ils renferment dans la proportion de 1 à 2 pour 100 et qui contient du *valérol*, $C^{6} H^{10} O$. Griessmayer a trouvé dans les cônes de la *triméthylamine* et un alcoloïde liquide, volatil, imparfaitement connu, auquel il a donné le nom de *lupuline;* il faut éviter de confondre ce principe avec la lupuline des anciens chimistes dont nous avons parlé plus haut. D'après les recherches de M. Flückiger, l'huile volatile et les acides existeraient dans la proportion d'environ 3 pour 100.

Usages. — Les cônes de houblon sont regardés comme fondants, toniques, amers et dépuratifs. On les emploie sous forme de tisane, et rarement d'extrait, dans les maladies de la peau, les scrofules, le rachitisme, etc. Le houblon excite l'appétit et favorise les digestions: Il augmente l'énergie vitale et la vigueur des organes. A dose élevée, il détermine l'accélération du pouls, élève la chaleur animale, produit de la cardialgie, des troubles intestinaux sans déjections alvines; il excite le système nerveux, détermine des pesanteurs de tête, l'engourdissement des membres, quelquefois des vomissements, sans vertiges ni céphalalgie. On lui attribue des propriétés narcotiques que M. J. Personne n'a pu constater. D'après M. Walter-Jauncey, il est sédatif et anodin, c'est-à-dire qu'il calme la douleur sans produire le sommeil.

Toutes les propriétés du houblon se trouvent réunies et même exagérées dans le lupulin ; aussi a-t-on cherché à substituer celui-ci aux cônes autrefois employés. Suivant M. Yves, le lupulin serait aromatique, tonique et narcotique; il pourrait, dit-il, remplacer l'opium, sans avoir, comme celui-ci, l'inconvénient de fatiguer l'estomac et d'amener la constipation. Cette propriété a été constatée par M. W. Byrd Page, de Philadelphie, qui ajoute que le lupulin exerce une action sédative puissante sur les organes génitaux de l'homme. Aussi M. Pescheck l'a-t-il employé contre les pollutions nocturnes, et MM. Debout et Van Den Corput s'en sont-ils servi contre la spermatorrhée. M. Zambaco a constaté ses propriétés antiérectiles. D'après M. Debout, c'est à l'élément volatil du lupulin qu'il faudrait attribuer les propriétés anaphrodisiaques. Le lupulin pur, en teinture ou sous forme de saccharure, a été employé avec succès à la dose de 1 à 6 grammes contre les érections nocturnes, et pour combattre l'éréthisme morbide des organes génitaux.

La propriété qui paraît être la moins contestable est celle d'un amer, apéritif et tonique. Dans certaines localités on mange les jeunes pousses comme les asperges.

Le houblon, outre sa propriété tonique incontestable, a été regardé, avec moins de raison peut-être, comme diurétique, diaphorétique, anthelmintique. Quoique ses propriétés sédatives soient encore contestées, les médecins anglais l'emploient pour combattre l'insomnie, en faisant coucher les malades sur un oreiller rempli de houblon odorant. On l'emploie dans toutes les cachexies, dans les cas de débilité générale, d'affaiblissement des organes digestifs. C'est à tort, on le pense du moins aujourd'hui, que Desroches l'a vanté contre le rhumatisme, Freake, contre la goutte, Graunt, contre les calculs. D'après Coste et Willemet, la racine de houblon peut être substituée à la Salsepareille.

En médecine homœopathique, on emploie le houblon comme sédatif et dépuratif ; son signe est *Shu*, et son abréviation *Hum.*

Tout le monde connaît l'usage que l'on fait du houblon dans la fabrication de la bière, pour donner à cette boisson une saveur amère, pour l'aromatiser et l'empêcher de s'acidifier. Malheureusement on substitue au houblon d'autres plantes amères moins chères, qui sont loin de posséder les mêmes propriétés, et dont quelques-unes sont dangereuses. C'est ainsi qu'on a employé la Gentiane, le Buis, le *Quassia amara*, l'Absinthe, le Trèfle d'eau, et même, dit-on, la Noix vomique. Depuis quelques années, on s'est servi aussi de l'*acide picrique*.

Tous les bestiaux mangent le houblon. Les abeilles en recherchent les cônes. Les tiges, macérées dans l'eau, servent à faire des liens.

HOUX

Ilex Aquifolium L.
(Ilicinées.)

Le Houx épineux ou commun, appelé aussi Aquifoux, Agrion, Bois Franc, Épine du Christ, Gréou, Housson, etc., est un arbre de moyenne grandeur, à racines fortes et ramifiées. La tige, haute de 6 à 8 mètres, droite, couverte d'une écorce lisse et d'un vert grisâtre, se divise en rameaux droits, flexibles, verts, portant des feuilles alternes, pétiolées, ovales, ondulées sur les bords, dentées et fortement épineuses, épaisses, coriaces, lisses, d'un vert foncé et très-luisant en dessus, plus pâle en dessous. Les fleurs, polygames, petites, blanchâtres, presque sessiles, forment de petites cymes courtes et serrées dans les aisselles des feuilles. Elles présentent un calice très-petit, à quatre dents aiguës ; une corolle gamopétale, rotacée, très-profondément divisée en quatre lobes obtus, étalés, un peu concaves ; quatre étamines courtes, dressées, à anthères ovoïdes; un ovaire globuleux, déprimé, à quatre loges uniovulées, surmonté d'un style simple et d'un stigmate quadrilobé. Le fruit est une drupe globuleuse, pisiforme, déprimée, ombiliquée au sommet, d'un rouge vif, renfermant quatre petits noyaux osseux.

Habitat. — Le houx épineux est très-répandu en Europe; il croît dans les lieux incultes, frais, un peu couverts ; on le trouve surtout dans les bois, les haies, les buissons, etc.

Le Houx Apalachine, appelé aussi Thé des Apalaches, Houx purgatif (*Ilex vomitoria* Ait.), est un arbrisseau de 2 à 5 mètres de hauteur, qui croît spontanément dans les parties maritimes de la Caroline et des Florides ; ses feuilles sont oblongues ou elliptiques, obtuses à leurs deux extrémités, glabres ainsi que les rameaux, bordées de crénelures aiguës ; ses fleurs sont réunies en fausses ombelles latérales presque sessiles

Nous citerons encore les Houx à feuilles épaisses (*Ilex crassifolia* Ait.) ; hérisson (*I. ferox* Ait.) ainsi nommé à cause des épines qui hérissent la surface de ses feuilles ; en scie (*I. serrata* Ait.) ; panaché *I. variegata* Hort.) ; safrané (*I. crocea* Thunb.), ce dernier du Cap ; et enfin le Houx du Paraguay appelé aussi Houx Maté (*I. paragua-*

iensis, ou I. Mate A. S. H.) (voir MATÉ, p. 305 de ce vol.); l'*Ilex, Cassina* ou *Yanpon* de la Caroline. (Voir YANPON, t. III, Suppl.)

CULTURE. — Le houx ordinaire demande une bonne terre et une exposition ombragée.

PARTIES USITÉES. — Les feuilles, l'écorce, les fruits, la racine.

RÉCOLTE. — Les feuilles de houx peuvent être récoltées pendant toute l'année ; on préfère les cueillir à l'automne. Les fruits, rarement employés, sont récoltés à la maturité, c'est-à-dire lorsqu'ils ont pris une belle couleur rouge. La seconde écorce du houx (liber) qui sert à préparer la glu, se récolte en juillet.

COMPOSITION CHIMIQUE. — Le principe le plus important du Houx a été découvert par Deleschamps, qui lui a donné le nom d'*Ilicine*. C'est une substance amère, encore imparfaitement connue et qu'on ne paraît pas avoir obtenu à l'état de pureté parfaite. Celle qu'on obtient par le procédé de Deleschamps est amorphe, brune, hygrométrique, soluble dans l'eau et dans l'alcool, insoluble dans l'éther; elle contient un peu de potasse. Lebourdais a indiqué un autre procédé par lequel on obtient une ilicine ayant l'aspect d'une gelée incolore, très-amère, neutre, soluble dans l'eau et dans l'alcool. Benneman paraît avoir obtenu la même substance à l'état pur, cristallisée en aiguilles. Moldentaner a pu obtenir un sel de chaux dont l'acide serait un acide ilicique qu'il n'a pas pu isoler. Il a extrait aussi des feuilles de Houx une matière colorante, jaune, à laquelle il donne le nom d'*ilixantine*, et assigne la formule $C^{17} H^{22} O^{11}$. Les feuilles du Houx contiennent une assez forte proportion de gomme et de la pectine.

USAGES. — Le Houx commun a été employé à une foule d'usages ; on l'a tour à tour considéré comme antiarthritique, antirhumatismal, fébrifuge, etc. ; mais toutes ces propriétés n'ont pu résister à l'examen attentif de la science moderne. L'ilicine a été préconisée comme succédané de la quinine, mais sa réputation n'a pas été de longue durée.

La seconde écorce du Houx sert à la préparation de la glu. On la fait bouillir pendant huit ou dix heures ; on la met dans un pot que l'on enfouit pendant vingt jours environ dans la terre ; puis on lave avec de l'eau et l'on bat fortement dans un mortier ; on obtient alors une substance visqueuse, molle, tenace, élastique, qui a longtemps été ordonnée, comme maturative et résolutive, contre les engorgements scrofuleux et les tumeurs blanches, mais qui aujourd'hui ne sert plus guère qu'aux oiseleurs.

Le houx purgatif tire son nom spécifique (*Ilex vomitoria*) des propriétés vomitives que possèdent ses fruits et l'infusion de ses feuilles prise à haute dose sous le nom de *Thé des Apalaches*. (Voir MATÉ.)

HURA

(Voyez le *Supplément* du T. II.)

HYDRASTIS

(Voyez le *Supplément* du T. II.)

HYDROCOTYLE

Hydrocotyle vulgaris et *asiatica* L., etc.
(Ombellifères-Hydrocotylées.)

L'Hydrocotyle commun (*H. vulgaris* L.) appelé aussi Écuelle d'eau, est une plante vivace, à racines grêles, fibreuses, blanchâtres. La tige, de longueur très-variable, grêle, vert-pâle, noueuse, rampante, émettant à chaque nœud des faisceaux de racines, porte des feuilles alternes ou géminées, longuement pétiolées, arrondies, peltées, à nervures rayonnantes, à bords crénelés, d'un vert pâle, glabres. Les fleurs, blanchâtres, très-petites, sont disposées en ombelles entourées d'involucelles formés de quelques folioles, et portés sur des pédoncules nus, axillaires. Elles présentent un calice à cinq petites dents; une corolle à cinq pétales très-petits, entiers, à sommet droit; cinq étamines épigynes, courtes; un ovaire infère, ovoïde, à deux loges uniovulées, surmonté de deux styles distincts. Le fruit est un diakène lenticulaire, presque didyme, échancré à la base, à columelle adhérente.

L'Hydrocotyle d'Asie (*H. asiatica* L.) est également une plante vivace. Ses tiges, légèrement velues, émettent à chaque nœud, comme dans l'espèce précédente, des racines fasciculées, des feuilles solitaires ou géminées et des pédoncules floraux. Les feuilles arrondies, réniformes, échancrées à la base, à sept nervures rayonnantes, à bords régulièrement crénelés, sont portées sur des pétioles pubescents. Les fleurs, petites, purpurines, sont groupées par trois ou quatre en ombelles capitulées au sommet de courts pédoncules pubescents.

Nous mentionnerons aussi l'Hydrocotyle en ombelle (*H. umbellata* L.)

HABITAT. — L'hydrocotyle commun est répandu dans toute l'Europe. L'hydrocotyle d'Asie se trouve aux Indes orientales et au cap de Bonne-Espérance. L'hydrocotyle en ombelle est originaire du Brésil. Ces plantes croissent dans les lieux très-humides, dans les marais tourbeux, au bord des étangs et des ruisseaux, etc.

CULTURE. — Les hydrocotyles ne sont cultivés que dans les jardins botaniques. On les multiplie facilement par la séparation des rejetons. Les hydrocotyles en ombelle et d'Asie exigent l'orangerie sous nos climats.

PARTIES USITÉES. — Les racines, les feuilles.

COMPOSITION CHIMIQUE. — M. Lépine, pharmacien de la marine, a extrait de l'hydrocotyle d'Asie une substance particulière qu'il a nommée *vellarine*, du nom tamoul de la plante (*Vellaraï*). Il décrit cette substance comme un liquide huileux, volatil, ayant l'odeur et la saveur de l'hydrocotyle asiatique frais, soluble dans l'alcool, l'éther, l'ammoniaque caustique. En réalité, cette substance n'est pas suffisamment déterminée. Flückiger et Hanbury ont essayé en vain de la retrouver. En épuisant l'herbe sèche par l'alcool, ils n'ont obtenu qu'un extrait vert, soluble dans l'eau chaude et ne contenant presque que de l'acide tannique.

USAGES. — A l'état frais, l'hydrocotyle d'Asie, seule espèce qui paraisse être active, possède une odeur aromatique et une saveur amère, piquante, désagréable. Elle perd ces propriétés par la dessication.

L'hydrocotyle d'Asie est employé dans l'Inde comme diurétique, antifébrifuge et antidysentérique.

L'hydrocotyle vulgaire a également été considéré comme diurétique.

L'extrait hydro-alcoolique d'hydrocotyle asiatique a été préconisé contre la lèpre et les autres maladies de la peau. Les faits rapportés par M. le docteur Boileau, de l'île Maurice, par M. Poupeau, chirurgien de la marine, et par MM. Houbert et Leroux, ont démontré l'efficacité de cette préparation contre l'éléphantiasis des Grecs et l'éléphantiasis des Arabes. On l'a employée contre les dartres avec le même succès. Plusieurs faits rapportés par les médecins que nous venons de nommer, tendraient à faire penser, s'ils étaient confirmés, que cette plante pourrait être employée avec succès contre les syphilides, les ulcères, les rhumatismes chroniques et les scrofules.

En France on a employé l'hydrocotile d'Asie. M. Devergie en a constaté les bons effets dans les eczémas chroniques rebelles. M. Cazenave a amélioré un éléphantiasis des Arabes et guéri plusieurs éruptions vésiculeuses par l'usage de l'extrait hydro-alcoolique d'hydrocotyle asiatique. Les hypersthésies douloureuses, avec ou sans papules, ont été calmées par le même moyen.

On fait avec l'extrait hydro-alcoolique un sirop et des granules; mais il vaut mieux que le médecin formule lui-même ces préparations. M. Devergie conseille des pilules contenant chacune deux centigrammes et demi d'extrait; il en prescrit de une à six par jour. Les feuilles sont administrées sous forme de tisane, qui se prépare par infusion, à la dose de huit grammes pour un litre d'eau; on en prend trois verres par jour.

D'après M. de Martius, le suc de l'hydrocotyle à ombelle (*H. umbellata* L.) est employé, au Brésil et aux Antilles, contre les affections du foie et des reins, contre l'hypocondrie. A haute dose et frais, ce suc est émétique. La racine est aussi employée dans les maladies du foie et des reins. Lorsqu'elle est confite, on l'ordonne comme masticatoire. Aublet assure que cette racine est vulnéraire et diurétique (*Plantes de la Guyane*, p. 284).

HYDROPELTIS

Hydropeltis purpurea Michx., *Brasenia peltata* Pursh.
(Nymphæacées-Cabombées.)

L'Hydropeltis pourpre est une plante vivace, aquatique, à rhizome rampant, submergé, émettant en dessous des racines fibreuses. Elle est couverte, dans toutes ses parties, d'une matière visqueuse. La tige, assez faible, porte des feuilles alternes, pétiolées, à limbe ovale, pelté ou en bouclier, d'où vient le nom de la plante. Les fleurs, pourpres, larges de $0^m,03$, sont solitaires à l'extrémité de longs pédoncules axillaires. Elles présentent un calice à trois sépales un peu colorés; une corolle à trois pétales; des étamines nombreuses, hypogynes; un pistil composé de plusieurs carpelles libres, uniloculaires. Le fruit se compose de plusieurs capsules, couronnées par le style, entourées par le calice persistant et renfermant des graines globuleuses ovoïdes (Pl. 17).

Habitat. — L'hydropeltis, comme le *Cabomba*, autre plante aquatique qui a donné son nom à la petite famille des Cabombées, est originaire des régions chaudes de l'Amérique.

Culture. — Les hydropeltis ne sont cultivés que dans les jardins botaniques.

Parties usitées. — Les feuilles.

Usages. — Les feuilles de l'hydropeltis pourpre sont légèrement astringentes. Elles ont joui autrefois d'une assez grande réputation, mais elles sont aujourd'hui tout à fait abandonnées, et ce n'est que justice.

HYPOCISTE

Cytinus Hypocistis L.

(Cytinées.)

L'Hypociste, appelé aussi Cytinelle ou Cytinet, est une plante vivace, parasite, charnue. La tige, haute de $0^m,15$ environ, simple, épaisse, droite, rougeâtre, quelquefois jaunâtre, porte, au lieu de feuilles, de petites écailles charnues, imbriquées, ovales, rouges, souvent teintées de jaune à la base. Les fleurs, monoïques, petites, rougeâtres, axillaires, presque sessiles, accompagnées de bractées, sont groupées en épi terminal, globuleux. Elles présentent un calice coloré, pétaloïde, campanulé ou tubuleux, à limbe partagé en quatre divisions ovales oblongues, un peu inégales, velues extérieurement et ciliées sur les bords, persistantes. Les fleurs mâles, placées à la partie supérieure de l'épi, renferment huit étamines ou plutôt des étamines en nombre double de celui des divisions du calice, à filets unis entre eux en une colonne cylindrique, et avec le tube du calice par des cloisons membraneuses qui alternent avec ses divisions, à anthères unies aussi en un seul corps, surmonté d'appendices qui sont des stigmates rudimentaires. Les fleurs femelles, situées au-dessous des mâles, ont un ovaire infère, à une seule loge présentant huit placentas pariétaux multiovulés, surmontés de styles réunis en un cylindre adhérent au tube du calice par des cloisons membraneuses, et terminé par un stigmate arrondi, charnu, marqué de huit sillons en étoile. Le fruit est une baie ovoïde, couronnée, coriace, à intérieur pulpeux, renfermant un grand nombre de petites graines arrondies.

Habitat. — L'hypociste se trouve dans tout le pourtour du bassin méditerranéen, où il vit en parasite sur les racines des Cistes, notamment du Ciste de Montpellier. Il n'est pas cultivé.

PARTIES USITÉES. — Le suc extrait de la plante.

RÉCOLTE. — Le suc d'hypociste du commerce est en masses de 2 à 3 kilogrammes qui sont formées par la réunion de petits pains orbiculaires du poids de 30 grammes à peu près. La cassure est noire et luisante; la saveur est aigrelette et astringente. On l'altère souvent avec du suc de réglisse qui lui donne une saveur douceâtre et sucrée.

COMPOSITION CHIMIQUE. — On dit que le suc d'hypociste, avec du sulfate de fer, forme de l'encre. Il précipite, la gélatine, quoiqu'il ne contienne pas de tannin. D'après MM. Pelletier et Caventou, qui l'ont analysé, il contient une matière charbonneuse insoluble dans l'eau et l'alcool, une matière colorante soluble dans l'eau, et une autre dans l'alcool ne précipitant pas la gélatine; de l'acide gallique, une matière soluble dans l'eau précipitant la gélatine, une autre matière soluble dans l'alcool qui ne précipite pas la gélatine.

USAGES. — Le suc d'hypociste entre dans la *thériaque;* il faisait partie autrefois du *mithridate,* de l'*emplâtre contre les ruptures,* etc. On le regardait comme astringent et tonique; on le conseillait contre les gonorrhées, les diarrhées rebelles, la dysenterie, les hémorrhagies, etc.; on l'administrait à la dose de 1 à 2 grammes dissous dans un liquide approprié. Il est très-peu employé aujourd'hui.

HYSSOPE

Hyssopus officinalis L.
(Labiées-Saturéiées.)

L'Hyssope officinale est une plante vivace, à racine ligneuse, forte, rameuse et fibreuse. La tige, haute de $0^{m},35$ à $0^{m},65$, sous-frutescente à la base, tétragone au sommet, dressée, se divise en rameaux peu nombreux, effilés, tétragones, un peu pulvérulents, d'un vert clair, dressés, portant des feuilles opposées, sessiles, ovales-lancéolées, étroites, aiguës, entières, vert foncé, glabres ou légèrement pubescentes, un peu pulvérulentes et glanduleuses, surtout à la face inférieure. Les fleurs, bleues, roses ou blanchâtres, sont groupées, à l'aisselle des feuilles supérieures, en petits glomérules, dont la réunion constitue un épi feuillé, terminal et unilatéral. Elles présentent un calice tubuleux, cylindrique, un peu évasé au sommet, d'un vert plus ou moins violacé, strié, à cinq dents aiguës, un peu inégales; une corolle irrégulière, gamopétale, à tube grêle, recourbé, à limbe divisé en deux lèvres, la supérieure courte et un peu échancrée, l'inférieure trilobée; quatre étamines didynames, saillantes; un pistil composé de quatre demi-carpelles, surmonté d'un long style, à stigmate bifide. Le fruit est un tétrakène.

HABITAT. — Cette plante croît dans les régions tempérées et méridionales de l'Europe; elle habite surtout les lieux montueux.

CULTURE. — L'hyssope est cultivée en grand dans quelques localités pour l'usage de la médecine. Elle préfère les terres légères, calcaires, sèches et bien exposées au soleil. On la propage de graines, semées en planches ou en terrines bien drainées, au commencement du printemps, ou bien encore de boutures ou d'éclats de pieds, faits à la même époque. Les jeunes plants sont repiqués en place, dès qu'ils sont assez développés. Il est bon de renouveler les planches tous les trois ou quatre ans, en éclatant les pieds, au printemps ou à l'automne.

PARTIES USITÉES. — Les sommités fleuries et les feuilles.

RÉCOLTE. — Les sommités fleuries et les feuilles de l'hyssope se récoltent pendant la floraison; on dispose la plante en paquets de la grosseur du bras et en guirlandes; on fait sécher au grenier ou au séchoir. On conserve la plante sèche à l'abri de la lumière et de l'humidité.

COMPOSITION CHIMIQUE. — Quoique M. Herberger ait cru avoir trouvé dans l'hyssope un précipité immédiat qu'il a nommé *hyssopine*, on attribue avec raison les propriétés de cette plante à l'huile essentielle qu'elle contient. Elle renferme en outre un principe amer. D'après Proust, l'hyssope des pays chauds donne à la distillation un camphre artificiel analogue à celui des Laurinées.

Récemment préparée, l'essence d'hyssope est incolore, mais elle jaunit au contact de l'air et se résinifie. D'après M. Stenhouse, elle bout à 160°, et son point d'ébullition s'élève à 180°; ce qui indique que c'est un mélange d'au moins deux essences. Celle qui se vaporise à 160°, renferme : carbone, 84,18; hydrogène, 11,00; oxygène, 4,82. Celle qui bout à 180°, contient : carbone, 80,31; hydrogène, 10,43; oxygène, 9,24.

USAGES. — L'hyssope est regardée avec raison comme expectorante et béchique. Moins stimulante que la Mélisse et les Menthes, elle l'est plus que le Marrube, la Germandrée et le Lierre terrestre, qui d'ailleurs sont plus spécialement toniques. Elle a plus d'action que ces plantes, d'après MM. Trousseau et Pidoux, dans l'asthme et dans les affections nerveuses des organes respiratoires. Le professeur Chomel l'administrait souvent, ainsi que la Germandrée, dans la convalescence des fièvres typhoïdes à forme adynamique, ainsi que dans les maladies aiguës, suivies d'épuisement et d'atonie des organes.

Quoiqu'on prépare un sirop et une eau distillée d'hyssope, c'est presque uniquement l'infusion que l'on emploie à la dose de 10 à 15 grammes pour un litre d'eau bouillante. Cette infusion, sucrée avec du miel et quelquefois avec de l'oxymel scillitique, convient parfaitement dans les affections catarrhales du poumon ; on l'a souvent associée dans ces maladies à la Gomme ammoniaque. Elle agit puissamment dans la débilité des voies digestives, les coliques venteuses, l'aménorrhée. Quoiqu'on l'ait beaucoup vantée dans les affections des reins et les exanthèmes, en raison des propriétés diurétiques et sudorifiques qu'on lui attribuait, elle est peu usitée dans ces cas. Quant à ses propriétés vermifuges, signalées par Roseinstein, elles sont nulles ou à peu près.

La décoction d'hyssope a été employée à l'extérieur, sous forme de gargarismes, dans les inflammations de la gorge, et en lotions ou en cataplasmes contre les contusions.

ICIQUIERS

Icica (Bursera) heptaphylla Aubl., *I. Icicariba* DC., *I. Guyanensis*, *I. Tacahamaca* H. B. K., *Iciba* (?) *Abilo Blaneo.*
(Térébinthacées-Burserées.)

Les Iciquiers (*Icica*) sont aujourd'hui réunis par les botanistes au genre *Bursera*, dont ils ne se distinguent par aucun caractère important. Ce sont des arbres à fleurs régulières et hermaphrodites. Leur réceptacle est légèrement concave : leur calice est petit, à cinq dents obtuses ; la corolle est formée de cinq pétales alternes, lisses, recourbés en dedans, à préfloraison valvaire. L'androcée est composé de dix étamines, dont cinq insérées en face des sépales, et cinq en face des pétales ; en dedans de l'androcée se trouve un nectaire ou disque charnu, glanduleux, en forme de couronne découpée en dix lobes obtus. L'ovaire est sessile, divisé en cinq loges ; il est surmonté d'un style très-court, terminé par un stigmate pentagonal ; chacune de ses loges contient deux ovules. Le fruit est une drupe globuleuse, obtuse ; par suite d'avortement, il ne présente qu'une, deux ou trois loges, entourées chacune d'un noyau dur et épais ; à la maturité, les noyaux sont mis à nu par la dessication et la division du péricarpe en autant de valves qu'il y a de loges. Les graines sont dépourvues d'albumen ; elles contiennent un embryon à cotylédons foliacés, minces et condupliqués. Les feuilles de ces plantes sont alternes, pétiolées, imparipennées, à 3, 5, 7 folioles. Les fleurs sont petites, blanches ; elles sont disposées sur les rameaux en panicules ou en grappes.

L'*Icica* (*Bursera*) *heptaphylla* Aubl. doit son nom à ses feuilles formées ordinairement de sept folioles pétiolulées, oblongues, acuminées. Les fleurs sont disposées en grappes corymbiformes, pauciflores, six fois au moins plus courtes que les feuilles. D'après Aublet, on le désigne à la Guyane française sous le nom d'*Encens*.

L'*Icica* (*Bursera*) *Icicariba* DC. n'a que trois à cinq folioles aux feuilles. Ses feuilles sont disposées en fascicules axillaires, subsessiles. On le nomme, au Brésil, *Icicariba*.

L'*Icica* (*Bursera*) *Aracouchini* Aubl. n'a, comme le précédent, que trois à cinq folioles aux feuilles. Ses fleurs sont disposées en grappes simples, à peine plus courtes que les feuilles. Son nom vulgaire, à la Guyane, est *Aracouchini*.

L'*Icica* (*Bursera*) *Guyanensis* Aubl. se distingue par ses fleurs en inflorescences cupuliformes, beaucoup plus courtes que les pétioles des feuilles dans l'aisselle desquelles elles se développent. Les feuilles n'ont pas plus de trois à cinq folioles. D'après Aublet, cette espèce porte, dans la Guyane française, le nom de *Bois d'encens*.

L'*Icica* (*Bursera*) *altissima* Aubl. présente des feuilles à sept folioles oblongues, ovales, acuminées, et des fleurs en grappes simples, plus courtes que le pétiole des feuilles. Il en existe deux variétés, dont l'une à bois blanc et l'autre à bois rouge; à cause de cette différence dans la coloration du bois, on donne, à la Guyane, le nom de *Cèdre blanc* à la première, et celui de *Cèdre rouge* à la seconde.

L'*Icica* (*Bursera*) *Carana* H. B. K. se distingue par des feuiles à trois folioles, blanches et cotonneuses en dessous.

L'*Icica* (*Bursera*) *Tacahamaca* H. B. K. a des feuilles à cinq folioles elliptiques oblongues, acuminées, coriaces, et des fleurs en panicules axillaires trois fois plus courtes que le pétiole des feuilles; il se distingue encore par son androcée, formé par exception de huit étamines seulement.

Habitat. — Toutes les espèces dont nous venons de parler habitent les régions tropicales et équatoriales de l'Amérique. L'*Icica Icicariba* est Brésilien; l'*I. Aracouchini* habite les forêts de la Guyane, sur les bords du fleuve Kourou; les *I. heptaphylla, Guyanensis* et *altissima* ont également été découverts par Aublet dans les forêts de la Guyane; l'*I. Carana* vit sur les bords de l'Orénoque; l'*I. Tacahamaca* habite dans les Llanos, près de Calaboro, dans la Colombie, sur les bords des affluents supérieurs de l'Orénoque.

Parties usitées. — L'oléo-résine qui découle du tronc des Iciquiers a été confondue avec beaucoup d'autres substances analogues, produites par des plantes différentes, et elle a reçu des noms très-divers. Nous dirons plus bas ce qu'il en faut penser. Cette oléo-résine est contenue dans des canaux sécréteurs situés uniquement dans l'écorce, du moins chez les espèces d'*Icica* dont il nous a été permis de faire l'anatomie. Ces canaux se développent, comme ceux des Baumiers (voy. ce mot), des Pins, etc., entre les cellules et par dilatation des méats intercellulaires. Ils sont bordés de plusieurs zones concentriques de cellules qui sécrètent l'oléo-résine et la déversent par exosmose dans le canal.

Récolte. — On a attribué en partie aux Iciquiers trois sortes de résines autrefois assez recherchées par la médecine, aujourd'hui entièrement abandonnées par elle, mais encore utilisées dans l'industrie, où elles sont capables de rendre de réels services, les Elémis et les Tacamaques, ou du moins une partie des diverses sortes de ces substances qui entrent dans le commerce européen. C'est seulement pendant ces dernières années que quelque lumière a été projetée sur l'origine de ces substances.

Le nom d'Elémi ne commence à se montrer dans la littérature des drogues médicinales que vers le milieu du xve siècle. Dans une liste de drogues vendues à Francfort en 1450, MM. Hanbury et Flückiger ont relevé le *Gommi Elempnij;* Saladinus cite, vers la même époque, parmi les drogues que vendaient les apothicaires italiens, le *Gummi Elemi*. Pline parle d'une drogue *Enhæmon*, qui a été désignée plus tard sous le nom d'*Enhæmi*, puis sous celui d'*Animi*, et qu'on a confondu très-souvent avec l'Elémi. D'après Flückiger et Hanbury, l'Elémi du moyen âge serait une sorte d'Oliban (voy. ce mot plus bas, t. II, p. 450) produite par le *Boswellia Frereana* Birdw. de l'Afrique orientale. Vers le milieu du xviie siècle, on commença à substituer à cet Elémi primitif, devenu très-rare, une drogue analogue, provenant d'Amérique et produite très-probablement par des *Icica*. En 1658, Pison décrit la résine d'un Icica, qu'il préconise pour le traitement des plaies et qu'il dit être semblable à l'Elémi (primitif). Pomet, en 1694, « se plaint de ce que la drogue américaine est vendue par quelques-uns comme Elémi, et par d'autres comme Animi ou Tacamaca; » mais cela n'empêche pas la drogue américaine, c'est-à-dire très-probablement l'oléo-résine des Iciquiers, de pénétrer en Europe en grande quantité, et de s'y substituer presque entièrement à l'Elémi primitif ou africain, devenu très-rare.

Au commencement du xviiie siècle, l'Elémi américain commença à être lui-même concurrencé par un produit nouveau venant des Philippines, produit qui, aujourd'hui, a pris, sous le nom d'*Elémi,* une importance considérable, qui s'est substitué à tous les autres Elémis, au point qu'il est le seul vendu en Angleterre, et dont cependant l'origine botanique nous est à peu près entièrement inconnue; nous ne pourrons que le désigner sous le nom d'*Elémi de Manille.* C'est lui qui figure seul, depuis 1867, dans la pharmacopée anglaise. L'arbre qui le produit est désigné, aux Philippines, par les Espagnols, sous le nom d'*Arbol abrea*, c'est-à-dire *Arbre à poix;* dans l'île de Luzon, où il est surtout abondant, les indigènes le désignent sous le nom tagal d'*Abilo*, d'où le nom d'*Icica Abilo* sous lequel, en 1845, il a été décrit par le botaniste Blanco (*Flora de Philippinas*, p. 256); mais ce nom ne paraît pas convenir à la plante qui fournit l'Elémi de Manille. D'après les caractères que Blanco attribue à sa plante, elle ne doit pas appartenir à l'ancien genre *Icica* ni au genre plus vaste *Bursera.* Il y a là une intéressante question à résoudre. Quant aux *Icica* décrits plus haut, ils fournissent diverses variétés d'Elémis; 1° on leur doit l'Elémi que l'on désigne dans le commerce sous le nom d'*Elémi du Brésil :* cette sorte paraît être fournie par l'*Icica* (*Bursera*) *Icicariba,* qui, comme nous l'avons dit plus haut, habite les forêts du Brésil; 2° l'*encens de Cayenne*, ou *tacamaque huileuse incolore* de Guibourt, produite surtout par les *Icica Guianensis, heptahylla*, et probablement par d'autres espèces de la Guyane, et peut-être aussi par l'*Icica Tacamahaca* H. B. K.; 3° la *tacamaque jaune huileuse* de Guibourt, due probablement aux mêmes espèces que la précédente; 4° la *tacamaque jaune terreuse de la Nouvelle-Grenade*, que Triana attribue à l'*Icica heptaphylla;* 5° la *résine Alouchi,* probablement produite par l'*Icica Aracouchini* de la Guyane. D'autres sortes de résines analogues sont peut-être encore produites par des espèces d'*Iciquiers.*

Composition chimique. — Toutes les résines produites par les Iciquiers sont formées par le mélange d'une huile essentielle et deux résines, l'une cristalline, l'autre non cristalline, toutes les deux neutres, la première se séparant sous la forme d'un magma blanc lorsqu'on traite la résine brute par l'alcool froid. Les huiles essentielles des différentes sortes d'Elémis montrent entre elles des différences analogues à celles qui existent entre les essences de térébenthine et de copahu. Les parties cristallines de la résine de l'Elémi de Manille a reçu de Baup le nom d'*amyrine*. Ce chimiste a retiré de la résine amorphe du même Elémi une petite quantité de cristaux de trois autres substances auxquelles il a donné les noms de : *bréine, bryoïdine* et *bréidine*, substances encore imparfaitement connues.

L'Elémi de Manille est mou, assez semblable à du vieux miel; incolore quand il est frais, il est souvent coloré en gris ou en noirâtre par des substances albumineuses et autres matières, même de petits copeaux. A l'air, il devient dur et jaune; son odeur est forte, agréable, analogue à celles du citron et du fenouil. Sous le microscope, il se montre formé de cristaux aciculaires.

L'encens de Cayenne se présente en bâtons demi-cylindriques, amincis aux deux extrémités; il est opaque; son odeur est forte; sa saveur est d'abord douce et parfumée, puis amère.

L'Elémi du Brésil se présente en masses translucides, colorées en jaune verdâtre, ou bien opaques et d'un blanc grisâtre, assez semblables à du vieux mortier; au microscope, il se montre formé de petits cristaux aciculaires; l'alcool froid le divise en deux parties : l'une formée de cristaux, l'autre incolore, dissoute dans l'alcool.

La tacamaque jaune huileuse se présente en larmes dont la taille varie depuis celle d'une aveline jusqu'à celle d'un abricot, opaques, couvertes d'une poussière blanche, à odeur rappelant celle du cumin, à saveur douce, agréable; ou bien en fragments irréguliers, paraissant avoir fait partie de cylindres qui ont été brisés.

La tacamaque jaune terreuse, abondante dans le commerce, se présente en masses volumineuses, irrégulières, aplaties, ayant entièrement l'aspect de morceaux de plâtre noircis, jaunes en dedans; elle est entièrement soluble dans l'alcool; son odeur est analogue à celle de la racine d'arnica; sa saveur est faible, amère.

Usages. — Les résines des Icîquiers ne sont plus employées par les médecins européens. Elles jouissent cependant de propriétés analogues à celles de la térébenthine; elles peuvent être employées, comme cette dernière, contre les maladies des bronches et de la vessie et comme stimulantes. Elles entrent dans la composition d'anciens baumes, tels que le baume de Fioraventi, l'onguent styrax, etc. Mais elles servent surtout dans l'industrie à la fabrication des vernis. On les emploie aussi comme parfums, à la place de l'encens.

IF

Taxus baccata L.
(Conifères-Taxinées.)

L'If commun est un arbre à tige dressée atteignant jusqu'à dix mètres de haut, à rameaux nombreux, minces, flexibles, à feuilles alternes, distiques, sessiles, étroites, aiguës, persistantes. Les fleurs sont dioïques. Les mâles sont disposés en très-petits chatons presque globuleux, solitaires; elles sont formées chacune d'une petite écaille portant sur sa face inférieure de trois à huit loges anthériques disposées circulairement. Les femelles sont également disposées en très petits chatons, mais une seule fleur se développe ordinairement. Chaque fleur est formée d'un disque accrescent, devenant rouge et charnu et enveloppant en partie un ovaire uniloculaire, uniovulé, à ovule orthotrope.

Habitat.—Toute la partie centrale et méridionale de l'Europe.

Parties usitées. — Les feuilles, les fruits, le bois.

Récolte. — Les feuilles peuvent être récoltées en tout temps. Le fruit est cueilli à sa maturité ; le bois est coupé en toute saison.

Composition chimique. — Les fruits sont riches en mucilage. Les feuilles contiennent une huile volatile amère, et une résine encore peu connue, à laquelle est due probablement leur action.

Usages. — Les feuilles et les jeunes rameaux de l'if sont des poisons irritants, violents.

L'if a été préconisé contre les affections catarrhales et calculeuses. Dans l'ouest de la France, il est regardé par les paysans comme un puissant abortif. Les faits cités par MM. Duchesne, Chevallier et Raynal ne laissent aucun doute à cet égard. Percy regardait les fruits comme adoucissants et béchiques ; il les administrait sous forme de gelée contre la toux, la coqueluche, la gravelle, les catarrhes, etc.

IMBÉRI

(Voyez le *Supplément* du T. II.)

IMPÉRATOIRE

Imperatoria Ostruthium L. *Peucedanum Ostruthium* Koch.
(Ombellifères-Peucédanées.)

L'Impératoire des montagnes, appelée aussi Benjoin français, Autruche, etc., est une plante vivace, à racine tuberculeuse, ovoïde, charnue, brune, rugueuse, sillonnée transversalement, divisée en de nombreuses ramifications qui sont souvent terminées par de petits tubercules. La tige, haute de $0^m,50$ à 1 mètre, cylindrique, fistuleuse, forte, glabre, dressée, porte des feuilles alternes, pétiolées, larges, glabres, d'un vert clair ; les radicales très-grandes, longuement pétiolées, à trois ou cinq folioles larges, ovales, à trois lobes ou segments dentés ; les caulinaires peu nombreuses, à pétiole court, élargi et membraneux à la base, à limbe divisé en trois folioles dentées et lobées. Les fleurs, blanches, sont disposées en ombelles terminales, ouvertes, assez grandes, dépourvues d'involucre, munies d'involucelles à bractées peu nombreuses, courtes et étroites. Elles présentent un calice adhérent, à cinq dents; une corolle à cinq pétales presque égaux, cordiformes, réfléchis en dedans ; cinq étamines assez courtes, à anthères arrondies; un ovaire infère, surmonté de deux styles à stigmate globuleux. Le fruit est un diakène, marqué sur chaque face de trois côtes saillantes, entouré d'une aile membraneuse, échancrée au sommet.

Habitat. — L'impératoire croît dans toutes les régions centrales et méridionales de l'Europe. On la trouve dans les régions montagneuses, les prairies élevées et quelquefois dans les plaines.

Culture. — Cette plante vient à toutes les expositions et dans tous les sols, à l'exception de ceux qui sont trop humides. On peut la propager par graines; mais il vaut mieux le faire par la division des vieux pieds, opérée à l'automne. Enfin, on peut encore relever les rejetons, et les replanter en bonne terre.

Parties usitées. — Les racines.

Récolte. — La racine d'impératoire nous vient plus spécialement des montagnes de la Savoie, où elle porte le nom d'*otours*. Il en vient aussi de l'Auvergne. On l'arrache en hiver, et, après l'avoir lavée, on la fait sécher ; quelquefois on la coupe en morceaux; elle perd une partie de son action par la dessiccation, surtout en vieillissant.

Elle est grosse comme le doigt, rugueuse à l'extérieur et marquée d'espèces d'anneaux. Son odeur est analogue à celle de l'angélique, mais moins forte; sa saveur est âcre et aromatique; il faut rejeter celle qui est inodore, noire et vermoulue.

Composition chimique. — Lorsqu'on coupe la racine fraîche d'impératoire, il s'écoule un suc blanc laiteux qui renferme une matière résineuse et une huile essentielle que l'on peut séparer par distillation et à laquelle elle doit son action.

Usages. — Elle entre dans l'eau thériacale, l'esprit carminatif de Sylvius, l'orviétan, etc. Les vétérinaires l'emploient comme fortifiante; Hoffmann l'appelait *divinum remedium;* il l'employait contre les coliques. Forestus l'a vantée contre l'hystérie; Horstius dans les hydropisies; Chomel dans la néphrite, l'asthme et les rétentions d'urine; Lesage dans les fièvres intermittentes, et il prétend avoir obtenu des résultats plus avantageux qu'avec le quinquina dans les fièvres quartes rebelles. C'est là une assertion que nous ne chercherons même pas à réfuter. Baglivi l'administrait en poudre dans les fièvres adynamiques, et Roques la regarde comme très-utile dans ces cas. Il est nécessaire d'ajouter qu'on a reconnu l'inexactitude des assertions de Decker, qui disait l'avoir employée avec succès contre les paralysies de la langue; celles de Spitta, qui assure avoir guéri le delirium tremens avec cette racine; et surtout celles de Millius (*Bull. des sciences médicales de Férussac*, t. I, p. 153), qui dit avoir guéri un cancer ulcéré de la face avec la poudre de cette racine. Ce sont là autant d'observations dont il ne faut tenir aucun compte.

L'impératoire mâchée, soit seule, soit mêlée avec d'autres substances aromatiques ou irritantes, excite la salivation; aussi Cullen la conseillait-il comme anti-odontalgique. C'est en excitant la salivation qu'elle agit. Elle peut certainement, dans certains cas, calmer les douleurs de dents, et alors la pyrèthre est bien préférable ; mais nous ne pouvons admettre avec quelques auteurs que cette supersécrétion salivaire puisse être utile contre les paralysies de la langue. En résumé, la racine d'impératoire jouit des mêmes propriétés que celles d'angélique, de méum, d'ache, de livêche, etc., et, comme celle-ci se conserve mieux, il faut la préférer et bannir l'impératoire de la matière médicale.

En Suisse, on se sert de cette racine pour aromatiser les fromages de Glaris.

INDIGOTIER

Indigofera tinctoria, anil et *argentea* L.
(Légumineuses-Lotées.)

L'Indigotier tinctorial ou des Indes (*Indigofera tinctoria* L., *I. Indica* Lam.) est un sous-arbrisseau, dont les tiges dressées, hautes d'un mètre environ, portent des feuilles alternes, munies de stipules, pétiolées, imparipennées, à trois ou quatre paires de folioles ovales, un peu pubescentes en dessous. Les fleurs, rougeâtres, sont réunies en grappes axillaires plus courtes que les feuilles. Elles présentent un calice petit, campanulé, urcéolé, à cinq divisions presque égales, aiguës; une corolle papilionacée, à étendard arrondi et réfléchi, à ailes de même longueur que la carène, qui est gibbeuse à la base; dix étamines diadelphes, à anthères mucronées; un ovaire simple, pluriovulé, surmonté d'un style filiforme et d'un stigmate simple. Le fruit est une gousse cylindrique, bosselée, arquée, réfléchie, divisée, par de fausses cloisons membraneuses transversales, en plusieurs loges ou articles monospermes.

L'Indigotier franc ou Anil (*I. anil* L.) diffère du précédent par ses feuilles de trois à sept paires de folioles presque glabres en dessous; ses fleurs pourpres; sa gousse arquée, réfléchie, comprimée, non bosselée, à sutures écailleuses saillantes.

L'Indigotier argenté (*I. argentea* L.; *I. articulata* Gouan ; *I. glauca* Lam.; *I. tinctoria* Forsk., non L.) est un sous-arbrisseau à tiges de 0m,60, rameuses, pubescentes soyeuses, blanchâtres, ainsi que les feuilles, qui ont trois à cinq paires de folioles obovales; à fleurs pourpres; à gousses pendantes un peu comprimées, bosselées, blanchâtres, renfermant deux à quatre graines.

Habitat. — Les indigotiers tinctorial et argenté habitent l'Inde, l'Égypte, l'Afrique centrale, etc. L'indigotier anil est propre aux régions chaudes de l'Amérique.

Culture. — Cultivés en grand, comme plantes annuelles, dans les régions chaudes des deux continents, ces indigotiers ne se trouvent, en Europe, que dans les jardins botaniques, où ils exigent l'orangerie ou la serre tempérée.

Parties usitées. — Les feuilles, la matière colorante qu'on en extrait.

Récolte. — L'indigo est une matière colorante extraite des feuilles des plantes suivantes : 1° l'indigotier sauvage, *I. argentea*, qui fournit le plus bel indigo, mais en petite quantité; 2° l'*I. disperma*, de Guatemala; 3° l'*I. anil;* 4° l'*I. tinctoria* ou indigotier français, qui donne beaucoup de produits, mais moins beau que les précédents. Dans d'autres familles, nous citerons le *pastel*, *guède* ou *vouède isatis tinctoria* des crucifères, et un indigo de Chine, produit par le *polygonum tinctorium*, polygonées, sur lesquels nous reviendrons plus loin.

L'indigotier des légumineuses est une plante bisannuelle ; mais le plus souvent on l'épuise par des coupes successives; la première donne le meilleur produit; la plante est mise à tremper dans l'eau, dans une cuve nommée *trempoir;* jusqu'à ce qu'une écume irisée vienne surnager, on soutire et on fait couler le liquide dans une autre cuve inférieure nommée batterie ; on agite très-fortement, jusqu'à ce que la liqueur soit devenue bleue et qu'elle soit caillebotée ; on y ajoute alors de l'eau de chaux pour précipiter la matière colorante et empêcher la putréfaction ; on laisse déposer, on décante, on lave et on fait égoutter sur des toiles, puis on fait sécher à l'ombre, dans des caisses en bois à fond de toile.

L'indigo est une substance sèche d'un bleu foncé, avec des reflets violets et cuivrés; sa cassure est uniforme et fine. Il ne happe pas à la langue, comme le bleu de Prusse, avec lequel on peut le confondre. Frotté avec l'ongle, il prend un aspect cuivré. Il est insoluble dans l'eau.

Les diverses sortes d'indigo sont distinguées par le nom du pays qui les fournit; ainsi l'indigo de l'Inde se distingue en *Bengale*, *Madras*, *Coromandel*, etc.; l'*indigo Guatemala* ou *indigo flore*, qui est le plus estimé ; l'*indigo de la Louisiane*, etc. L'indigo flore est le plus léger et le plus recherché; il se distingue par sa belle couleur bleue violette. L'indigo du Bengale s'en rapproche le plus; celui de la Louisiane est plus compacte, plus foncé.

Composition chimique. — L'indigo du commerce doit sa coloration et ses propriétés tinctoriales à une substance chimique spéciale, l'*Indigotine*, C^8H^5AzO, qu'on peut en extraire en le sublimant. L'indigotine ne préexiste pas dans les plantes; elle se produit pendant la manipulation, par dédoublement d'une substance préexistante, l'*indican*, en indigotine et en *indiglucine*.

D'après Schunck, l'indican aurait pour formule $C^{26} H^{31} AzO^{17}$. Il est extrêmement altérable ; il suffit d'une légère élévation de température pour l'altérer. Il existe non-seulement dans les *Indigofera*, mais encore dans un certain nombre d'autres plantes, parmi lesquelles nous nous bornerons à citer le Pastel (*Isatis tinctoria*) où il a été découvert en premier lieu. Il paraît exister aussi normalement dans l'urine, mais on ne l'y trouve en proportion sensible que dans certains cas pathologiques. Carter a également signalé sa présence dans le sang normal et dans la bile.

L'indigo chauffé doucement laisse dégager de belles vapeurs pourpres qui se condensent et constituent l'indigotine ou indigo pur, que l'on peut d'ailleurs isoler par la méthode des dissolvants ; elle est d'un très-beau bleu violet, inaltérable à l'air ; la chaleur la volatilise et la décompose en partie ; elle est insoluble dans l'eau, l'alcool, les alcalis et les acides faibles ; l'acide sulfurique la dissout avec belle coloration bleue, et forme le *bleu en liqueur*, qui est la base du *bleu de Saxe*. D'après Berzélius, cette solution contient deux acides copulés, qu'il nomme acides *sulfo-indigotique*, et *hyposulfo-indigotique*. Il se forme en même temps un composé pourpre insoluble dans la liqueur acide étendue, mais soluble dans l'eau pure. C'est l'acide *sulfo-purpurique*. L'indigotine oxydée par un mélange d'acide sulfurique et de bichromate de potasse forme l'isatine, $C^{8} H^{5} AzO^{2}$, découverte par Laurent, qui en a fait une étude si complète. Elle cristallise en prismes rhomboïdaux de couleur aurore foncée très-éclatante.

L'indigotine jouit d'une propriété très-utilisée par l'industrie, celle de fixer de l'hydrogène pour se convertir en une substance incolore, à laquelle on a donné le nom d'*indigo blanc* ou *indigotine blanche*. Ce corps est lui-même capable de reproduire l'indigotine bleue en s'oxydant ; il est soluble dans les alcalis et les terres alcalines. Pour produire l'indigo blanc on emploie de préférence les alcalins ou une solution de zinc dans l'acide sulfureux. Les métaux alcalins agissent en décomposant l'eau et fournissant de l'hydrogène naissant qui se porte sur l'indigotine bleue et la transforme en indigotine blanche. On peut, d'une façon générale, représenter la réaction par l'équation suivante : $2(C^{8} H^{5} AzO)$ indigotine $+ H^{2} = C^{16} H^{12} Az^{2} O^{2}$, indigo blanc.

Usages. — L'indigo est une des matières tinctoriales les plus précieuses; elle fournit une des couleurs bleues des plus solides. Aussi, sa consommation dans l'industrie est-elle considérable.

En médecine, l'indigo est peu usité; cependant on l'a vanté contre l'épilepsie à la dose de 30 à 40 grammes, à prendre dans la journée; mêlé à du miel, il a souvent produit de bons effets. D'après Laënnec, les racines de l'*indigofera anil* sont néphrétiques et combattent l'action des poisons, mais ce sont là des assertions que rien ne justifie. Les feuilles sont purgatives; on les emploie, d'après Ainslie, contre les affections des reins, et les nègres les font macérer, dit-on, dans du rhum, pour détruire la vermine.

L'*Indigofera tinctoria* L. est l'*Ameri* de Ramphius, le *Colinil* de Rheede. On l'emploie aux Antilles comme fébrifuge, et contre l'épilepsie. C'est la racine dont on fait usage. Les feuilles sont employées comme celles du précédent. D'ailleurs, tous ces produits sont inconnus et inusités chez nous.

INÉ

(Voyez le *Supplément* du T. II.)

IPÉCACUANHA

Cephælis Ipecacuanha Rich.

(Rubiacées-Coffées.)

L'Ipécacuanha vrai ou Ipécacuanha annelé est un petit arbuste, à rhizome rampant, horizontal, émettant des racines fibreuses, capillaires, presque ligneuses, brunâtres, souvent tuberculeuses et marquées d'empreintes annulaires très-rapprochées. La tige, haute d'environ $0^m,50$, à quatre angles mousses, légèrement pubescente, simple, dressée, porte, dans sa partie supérieure, six ou huit feuilles opposées, décussées, presque sessiles, longues, ovales, acuminées, entières, à peine pubescentes, accompagnées de deux stipules assez grandes, opposées, réunies à leur base, pubescentes, placées entre les feuilles et dont le sommet est découpé en cinq ou six lanières étroites. Les fleurs, petites, blanches, sont groupées en un petit bouquet terminal, dont la base est entourée d'un involucre, formé de quatre grandes bractées ou folioles pubescentes. Elles présentent un calice adhérent, à cinq dents; une corolle en entonnoir, à tube cylindrique, à limbe divisé en cinq lobes longs et aigus; cinq étamines, insérées sur le tube de la corolle; un ovaire infère, ovoïde, à deux loges uniovulées, surmonté d'un style simple terminé par deux stigmates linéaires divergents. Le fruit est une petite drupe, ovoïde, peu charnue, noirâtre, renfermant deux petits noyaux blanchâtres, qui se séparent à la maturité (Pl. 18).

HABITAT. — L'ipécacuanha est originaire du Brésil; il habite les lieux ombragés et surtout les forêts épaisses. On le cultive dans plusieurs contrées de l'Amérique méridionale. En Europe, on ne le trouve guère que dans les grands jardins botaniques; il exige la serre chaude, où il est assez difficile de le conserver et de le multiplier.

PARTIES USITÉES. — Les racines ou rhizomes.

RÉCOLTE. — Nous ne parlerons ici que de l'ipécacuanha officinal; nous traiterons plus loin de l'ipécacuanha strié (*Psychotria emetica* L.), et de l'ipécacuanha ondulé (*Richardsonia Brasiliensis*). Nous dirons alors quelques mots des faux ipécacuanhas.

Lorsque, en 1672, l'ipécacuanha fut apporté en Europe, il était connu sous le nom de *béconquille* et de *mine d'or;* il fut d'abord peu employé : ce n'est qu'en 1686 qu'il fut préconisé par Adrien Helvétius, médecin de Reims, et, en 1690, Louis XIV en acheta le secret d'un nommé Grenier, et le publia; il était à cette époque extrêmement rare, et son nom fut donné à plusieurs racines plus ou moins vomitives; il en résulta une certaine confusion dans l'histoire de cette racine. Aujourd'hui que l'origine des différentes racines qui ont usurpé ce nom est parfaitement connue, on ne range plus parmi les ipécacuanhas que la première espèce employée, et quelques autres analogues fournies par des plantes de la même famille; celles qui appartiennent à d'autres familles, quoique possédant des propriétés vomitives, sont désignées sous le nom de *faux ipécacuanha.*

Le *Cephælis ipécacuanha* produit seul la racine officinale; on en distingue plusieurs sortes ou variétés. M. Guibourt admet les suivantes :

1° *Ipécacuanha officinal* ou *annelé mineur*, deux variétés.

A. *Ipécacuanha gris noirâtre* Guib.; *ipécacuanha brun* Lem.; *ipécacuanha gris, ou annelé* Mérat; il est de la grosseur d'une plume à écrire, mince à son extrémité supérieure, long de $0^m,08$ à $0^m,12$, tortu, recourbé dans tous les sens; le cœur ligneux ou *meditullium* est blanc jaunâtre ; l'écorce est épaisse, disposée en anneaux qui font le tour de l'axe, facile à séparer; l'épiderme gris noirâtre recouvre une écorce dure, cornée, grise, d'une saveur âcre un peu aromatique ; son odeur, lorsqu'elle est respirée en masse, est irritante et nauséeuse.

B. *Ipécacuanha annelé gris rougeâtre* Guib. ; *ipécacuanha gris rouge* de Lémery et de Mérat; son écorce est moins foncée, plus rouge, sa saveur n'est pas aromatique ; son odeur est moins forte ; Mérat dit qu'il est plus amer, mais ce caractère, d'après M. Guibourt, est peu appréciable; l'écorce est plus amylacée et moins active ; Pelletier y a trouvé moins d'émétine.

2° *Ipécacuanha annelé majeur, ipécacuanha gris blanc* Mérat ; les racines rompues sont longues de 0m,15 et épaisses de 0m,005 à 0m,006 ; moins tortueuses que les précédentes, les anneaux sont plus réguliers, moins saillants, quelquefois nuls ; l'écorce, très-épaisse, est dure, cornée, translucide, d'un gris jaunâtre ou rougeâtre ; l'odeur est forte, la saveur âcre et irritante.

C. *Ipécacuanha de la Nouvelle-Grenade* ou *de Carthagène*. Sous ce nom, on a importé à Londres, pendant ces dernières années, une variété de racines d'Ipécacuanha qui diffèrent de celles du Brésil par leur diamètre beaucoup plus considérable, car elles ont 0m,008 d'épaisseur ; les anneaux sont moins prononcés ; elles contiennent moins d'émétine. MM. Flückiger et Hanbury, qui ont observé la plante de la Nouvelle-Grenade à laquelle est due cette drogue, la considèrent comme identique au *Cephœlis Ipécacuanha* de Richard.

Composition chimique. — Les principes chimiques importants de l'Ipécacuanha sont l'*émétine* et l'*acide ipécacuanhique*, mais c'est à la première seule de ces deux substances que la drogue doit ses propriétés. L'émétine est un alcaloïde amer, incolore, inodore, amorphe à l'état de pureté et sous la forme de la plupart de ses sels. D'après Lefort, sa formule serait $C^{30} H^{22} AzO^4$. L'acide ipécacuanhique est amorphe, amer, brun rougeâtre ; il appartient au groupe des glucosides.

Usages. — La poudre d'Ipécacuanha irrite vivement la peau dénudée et les muqueuses. Son action vomitive est moins rapide que celle de l'émétique, mais elle dure plus longtemps ; il faut l'administrer en poudre très-fine, délayée dans une grande quantité d'infusion chaude. On le fait prendre en petites doses, souvent répétées. Il purge quelquefois, surtout lorsqu'il ne fait pas vomir. On l'associe souvent à l'émétique.

La décoction de la racine d'Ipécacuanha est l'un des remèdes les plus efficaces contre la dysenterie et contre la diarrhée ; on en fait surtout dans les pays chauds un très-grand usage. Il faut l'administrer pendant plusieurs jours de suite. D'après les recherches récentes de Rutherdorf, l'Ipécacuanha agirait en excitant la sécrétion biliaire et celle des glandes de l'intestin (*Ann. de thérap.*, 1881, p. 176). Récemment (voy. *Ann. de thérap.*, 1880), M. Carriger a recommandé la poudre d'Ipécacuanha, à la dose de 10 à 20 centigrammes, comme un excellent moyen de régulariser les contractions utérines dans les accouchements, de diminuer les douleurs et d'augmenter la force d'expulsion de l'utérus.

La poudre ou le sirop d'Ipécacuanha sont souvent employés à faibles doses comme d'excellents expectorants. Ils combattent la dyspnée ; ils sont très-précieux contre la coqueluche et dans l'état puerpéral.

L'ipécacuanha a été vanté par Barbeyrac, Gianelli, Dalberg, contre la ménorrhagie, l'hémoptysie, le flux immodéré des hémorrhoïdes. Baglivi l'appelle *infallibile remedium influxibus dysentericis aliisque hemorrhagiis*. Dans le croup, l'angine couenneuse, etc., il faut préférer comme vomitif l'ipécacuanha à l'émétique. Il en est de même dans les empoisonnements par les irritants.

Sous le signe *Aic* et l'abréviation *Ipec,* l'ipécacuanha est employé par les médecins homœopathes dans un grand nombre d'affections : dans les embarras gastriques, les affections nerveuses, etc.

IRIS

Iris Germanica, *Florentina*, *pseudo-acorus*, *versicolor*, etc. L.

(Iridacées.)

L'Iris germanique ou d'Allemagne, appelée aussi Iris ou Glayeul des jardins, Flambe, etc., est une plante vivace, à rhizome épais, charnu, tubéreux, rameux et rampant, émettant de nombreuses fibres radicales. Les feuilles, radicales, sont ensiformes, pliées longitudinalement et soudées dans presque toute leur longueur par les deux moitiés de leur face interne, équitantes à la base, assez larges, un peu arquées, plus courtes que la tige, qui est haute de 0m,50 à 0m,80, rameuse et pluriflore. Les fleurs, très-grandes, d'un beau violet veiné, sont solitaires, sessiles à l'extrémité des rameaux et entourées chacune d'une spathe herbacée dans sa partie inférieure. Elles présentent un périanthe régulier, à tube très-long, trigone, herbacé, à limbe partagé en six divisions pétaloïdes, disposées et alternant sur deux rangs, les trois extérieures munies en dedans d'une tige longitudinale de poils blanchâtres à sommet jaune, les intérieures obovales, brusquement rétrécies et canaliculées à la base; trois étamines insérées à la base des divisions extérieures du périanthe, à filets grêles, appliqués contre la face intérieure des stigmates, à anthères longues et linéaires; un pistil à ovaire infère, à trois loges multiovulées, surmonté d'un style trigone et de trois stigmates dilatés, pétaloïdes, carénés en dessus, concaves en dessous et élargis au sommet. Le fruit est une capsule trigone, à trois loges renfermant un grand nombre de graines déprimées-planes, bordées, à testa membraneux.

L'Iris de Florence (*I. florentina* L.) se distingue de la précédente par son rhizome vivace, plus odorant; ses feuilles plus étroites; sa tige plus courte; ses fleurs toujours blanches et son tube calicinal plus court. Elle est aussi vivace, comme les espèces suivantes.

L'Iris des marais, vulgairement Glayeul des marais (*I. pseudo-acorus* L.) a ses feuilles radicales lancéolées-linéaires, égalant presque la longueur de la tige, qui est haute de 0m,50 à 0m,90, rameuse et pluriflore; les fleurs grandes, d'un beau jaune, pédicellées, réunies en petit nombre au sommet des rameaux.

L'Iris fétide (*Iris fœtidissima* L.), vulgairement Gigot, spatule ou glayeul puant, est caractérisée par ses feuilles, qui exhalent par le frottement une odeur désagréable; sa tige, de 0m,40 à 0m,60, anguleuse d'un côté; ses fleurs bleuâtres, assez petites, longuement pédicellées; enfin, par ses graines rouges et arrondies.

L'*Iris versicolor* P., ou *Blue Flag* des États-Unis et du Canada, se distingue des espèces précédentes par ses fleurs bleues.

Habitat. — Ces diverses espèces sont communes dans les lieux incultes de l'Europe centrale et méridionale; l'iris des marais croît, comme son nom l'indique, dans les terrains humides ou inondés. On ne les cultive guère que dans les jardins botaniques ou d'agrément.

Parties usitées. — Les rhizomes, improprement appelés racines.

Récolte. — La souche de l'iris flambe est horizontale, charnue, articulée, recouverte d'un épiderme gris; son odeur est vireuse, sa saveur âcre ; à l'intérieur elle est grisâtre; sèche, elle répand une odeur prononcée de violette.

L'iris des pharmacies est produit par l'iris de Florence. Il nous vient de la Toscane et d'autres parties de l'Italie. Il est blanc, d'une saveur âcre et amère ; il a une odeur de violette. C'est avec lui que l'on prépare les pois d'iris destinés au pansement des cautères. Il entre dans plusieurs compositions pharmaceutiques. Les parfumeurs en font très-grand usage.

La souche de l'iris des marais est rougeâtre, légère, percée de trous. La graine torréfiée a été employée comme succédanée du café.

Composition chimique. — Le rhizome de l'iris distillé avec de l'eau donne une substance solide, cristalline, qui a reçu le nom de *camphre d'iris;* Umnez l'a obtenue dans la proportion de 12 pour 100. D'après MM. Hanbury et Flückiger (*Hist. des drog. d'orig. végét.*, trad. fr., II, p. 475), cette substance aurait pour formule $C^{14} H^{21} O^{2}$, c'est-à-dire qu'elle serait identique à l'*acide myristique.* Ils l'ont obtenue en grosses écailles brillantes, peu volatilisables, à réaction acide, solubles dans l'ammoniaque, formées en majeure partie d'acide myristique mélangé à une faible proportion d'huile essentielle. Le rhizome de l'iris contient encore du tannin et une résine molle, brunâtre, âcre.

Usages. — L'odeur de violette très-prononcée que possèdent les rhizomes des iris les font souvent employer en parfumerie et en confiserie. En raison de leur âcreté on les emploie pour fabriquer des pois destinés à irriter et faire suppurer les cautères. C'est aujourd'hui à peu près leur seul usage admis dans la médecine rationnelle. Nos paysans les emploient comme purgatifs. A haute dose ils sont vomitifs. A faible dose, on les a regardés comme un stimulant des poumons et comme propres à faciliter l'expectoration dans les catarrhes chroniques.

On emploie depuis quelque temps, sous le nom d'*iridin,* une oléorésine extraite de l'*Iris versicolor*. Cette substance se présente sous la forme de très-petits granules colorés en brun noirâtre, à reflets brillants, à saveur amère et âcre ; ces granules se réunissent facilement en masses irrégulières. L'iridin figure dans la pharmacopée des États-Unis ; on l'emploie contre les troubles de la fonction hépatique ; il faut aider son action par les purgatifs.

On a employé l'iris contre les maladies de la peau, et, malgré ce qu'en ont dit un grand nombre d'auteurs, il est inefficace contre la rage.

Le rhizome de l'iris des marais a été employé en Flandre comme sternutatoire; on le faisait priser pour dissiper les céphalagies opiniâtres et les odontalgies. Ce remède n'est pas sans danger. L'iris fétide, autrefois vanté par Bourgeois comme emménagogue et antihystérique, n'est plus employé aujourd'hui, du moins dans la médecine rationnelle; il est purgatif et vomitif.

ISONANDRA

(Voyez le *Supplément* du T. II.)

ISPAGHULA

(Voyez le *Supplément* du T. II.)

IVRAIE

Lolium temulentum L.
(Graminées-Triticées.)

L'Ivraie enivrante est une plante annuelle à racines fibreuses, capillaires, fasciculées. Les tiges, solitaires ou peu nombreuses, hautes de 0m,60 à 0m,90, dressées, fistuleuses, noueuses, portent des feuilles alternes, glabres, à gaîne fendue dans toute sa longueur, à limbe plan, très-long, presque linéaire, un peu rude au toucher. Les fleurs, verdâtres, herbacées, peu apparentes, sont groupées en épillets sessiles, alternes, comprimés d'avant en arrière, et dont la réunion constitue un épi distique à la partie supérieure de la tige ou chaume. Chaque épillet, qui regarde l'axe de l'épi par le dos des fleurs, présente une glume à deux valves, la supérieure ordinairement nulle dans les épillets latéraux; l'inférieure herbacée, mutique, non carénée, égalant ou dépassant l'épillet. Chaque fleur présente en outre une glumelle à deux valves, la supérieure à double carène ciliée, l'inférieure convexe, ovale-oblongue, munie ou non d'une arête au-dessous du sommet; deux glumellules entières ou vaguement bilobées; trois étamines à filets grêles et pendants, à anthères bilobées; un ovaire simple, glabre, surmonté de deux stigmates plumeux, sessiles, terminaux. Le fruit est un caryopse oblong, plan d'un côté et convexe de l'autre.

Habitat. — Cette plante est commune dans toute l'Europe; on la trouve dans les moissons, les champs sablonneux, les terrains en friche.

PARTIES USITÉES. — Les fruits.

RÉCOLTE. — L'ivraie enivrante ne possède pas les mêmes propriétés à diverses époques de sa végétation ; c'est à la maturité des fruits qu'elle est plus active ; aussi la récolte-t-on à cette époque. Cependant, d'après Loiseleur-Deslongchamps, elle serait plus active avant leur maturité.

COMPOSITION CHIMIQUE. — L'ivraie, mêlée à la farine de froment, dont on se sert pour faire du pain, peut déterminer des accidents mortels. D'après Tessier, elle empêche la fermentation panaire lorsqu'elle est mêlée à la farine dans la proportion d'un neuvième ; son action vénéneuse a été constatée par MM. Tessier, Gallet, Sarazin, Clabaud et Gaspard. D'après ces derniers auteurs, elle ne l'est point pour les cochons, les vaches, les canards et les poulets. Bourgeois ajoute qu'on engraisse les volailles avec la pâte d'ivraie.

M. Gallet attribue à une matière résineuse et à l'eau de végétation les accidents produits par l'ivraie. Au moyen de l'éther, l'un de nous a extrait des fruits une matière résineuse très-active ; mais ce sont MM. Filhol et Baillet qui nous ont appris la véritable composition de cette substance ; ils ont vu que l'huile verte contenait de la chlorophylle et de la xanthine, qu'elle n'était pas complétement saponifiable ; la partie qui ne se saponifie pas est solide, molle, de couleur jaune orangé, insoluble dans l'eau, très-soluble dans l'alcool et l'éther ; elle est neutre et incristallisable ; elle est vénéneuse et détermine des tremblements généraux sans narcotisme. Le résidu laissé par l'éther étant épuisé par l'eau, on obtient du sucre, de la dextrine, des matières albuminoïdes, une substance extractive qui possède une action narcotique prononcée, et qui ne détermine aucun des phénomènes convulsifs produits par la substance jaune.

MM. Filhol et Baillet ont constaté que le *L. linicole* est au moins aussi actif que le *temulentum ;* le *L. perenne* est peu actif et le *L. Italicum* ne l'est pas du tout.

USAGES. — En Allemagne, les fruits du *L. temulentum* sont employés comme stupéfiants ; on compare leurs effets à ceux produits par l'aconit. On en fait usage en poudre, à la dose de cinq à dix centigrammes, quatre à six fois par jour, contre la céphalalgie, la méningite rhumatismale, etc.

Les symptômes produits par l'ivraie à dose toxique sont les suivants : pesanteur de tête avec douleur frontale, vertiges, tintements d'oreilles, tremblement de la langue, gêne de la déglutition, de la prononciation et de la respiration, épigastralgie, vomissements, inappétence, envies d'uriner, tremblement général, sueurs froides, grande lassitude, assoupissement. Séeger, qui a observé plusieurs cas d'empoisonnement par cette substance, considère le tremblement général comme le symptôme dominant et caractéristique. Gallet regarde le sucre comme l'antidote de l'ivraie. Il vaut certainement mieux provoquer ou faciliter les vomissements, et recourir aux boissons légèrement excitantes, comme l'infusion de camomille, puis on administre des boissons alcooliques et éthérées.

Parmentier a proposé de soumettre le blé mélangé d'ivraie à la chaleur du four avant de le faire cuire. Rien ne démontre l'efficacité de cette méthode, et il vaut mieux, certainement, *séparer l'ivraie du bon grain.*

D'après Dioscoride (lib. II, p. 93), on employait de son temps l'ivraie en topique contre les ulcères, les dartres et les écrouelles. On l'a considérée comme anti-septique, résolutive et détersive. On en appliquait des cataplasmes sur les articulations gonflées et douloureuses. Aujourd'hui elle est à peu près inusitée; mais les travaux de MM. Filhol et Baillet ayant éclairé son étude, elle pourra recevoir d'utiles applications.

IXORA

(Voyez le *Supplément* du T. II.)

JABORANDI

(Voyez le *Supplément* du T. II.)

JALAP

Exogonium Jalapa H. Bn (*E. Purga* Benth., *Ipomæa Jalapa* Nutt., etc.).
(Convolvulacées.)

Le Jalap est une plante vivace, à racine portant des tubercules charnus, arrondis ou ovoïdes, brunâtres, lactescents. La tige, haute de plusieurs mètres, cylindrique, rameuse, volubile, porte des feuilles alternes, pétiolées, entières, cordiformes, aiguës, à lobes arrondis, glabres, d'un vert clair en dessus, glauques en dessous. Les fleurs, d'un rose clair, sont solitaires, rarement géminées à l'extrémité de longs pédoncules axillaires, munis de deux petites bractées vers leur partie supérieure. Elles présentent un calice persistant, à cinq divisions profondes; une corolle campanulée ou en entonnoir, à tube long, renflé dans sa partie moyenne, à limbe vaguement divisé en cinq lobes ; cinq étamines saillantes; un ovaire simple, surmonté d'un style que termine un stigmate bilobé. Le fruit est une capsule globuleuse, à deux loges monospermes, entourée par le calice persistant (Pl. 19).

Habitat. — Cette plante est originaire du Mexique.

Parties usitées. — Les racines, la résine qu'on en extrait.

Récolte. — Le jalap vient du Mexique et tire son nom de la ville de *Xalapa*, aux environs de laquelle il croît en abondance.

En 1570, Monardès publia son histoire des *Médicaments du nouveau monde;* il y parle du *méchoacan* et du *méchoacan sauvage*, qui pourrait être le jalap.

En 1619, Antoine Colin, apothicaire lyonnais, dans sa traduction de l'ouvrage de Monardès, décrivit le jalap.

En 1620, Gaspard Bauhin, dans son *Prodromus Theatri Botanici*, décrivit le jalap sous le nom de *Bryona mechoacana nigricans ab Alexandrinis et Massiliensibus Jalapium dicta.* Il en fait remonter l'arrivée en France en 1609, et il le nomme *méchoacan noir* ou *mâle*. Plus tard Ray, Plunkenet, Sloane, firent du jalap un convolvulus.

Plumier et de Lignon, et plus tard Tournefort le mentionnent sous le nom de *Jalapa* (*Mirabilis* L.) *officinarum fructu rugoso*. Linné l'attribua au *Mirabilis longiflora*, et Bergius au *M. dichotoma*. A la même époque, Houston avait rapporté d'Amérique une plante à racine purgative, que B. de Jussieu reconnut pour un liseron et que Linné nomma *Convolvulus jalapa*.

En 1777, Thierry de Menonville décrivit une plante trouvée près de la Vera Cruz. C'était la même que celle de Houston et de Linné, et que Michaux avait décrite sous le nom d'*Ipomœa macrorhyza*. Desfontaines la décrivit sous le nom Linéen, et on a cru jusqu'en ces derniers temps que cette plante, qui est le *Batatas jalapa* Chois., produisait le jalap officinal.

C'est Redman Coxe qui a décrit le premier, en 1827, le vrai jalap. Il le crut semblable à l'*Ipomœa macrorhyza;* et il le nomma *Ipomœa jalapa vel macrorhyza*. En 1831, M. Daniel Smith démontra que la plante décrite par Coxe fournissait le vrai jalap. Un pharmacien français, qui a longtemps habité le Mexique, M. Ledanois, a mis hors de doute l'origine du jalap. La plante a été décrite par M. G. Pelletan sous le nom de *Convolvulus officinalis*, et M. Guibourt, auquel nous empruntons ces détails, le nomme, avec M. Bentham, *Exogonium purga*. Les Mexicains le nomment *Tolonpad*.

Le jalap officinal est pyriforme, avec ou sans radicules ; les tubercules sont quelquefois accolés entre eux ; les fragments sont plus ou moins gros, ils peuvent peser jusqu'à une livre. On y trouve souvent des incisions profondes, qu'on y a pratiquées pour faciliter la dessiccation. Souvent aussi les tubercules sont coupés par moitié ou par quart. Sa surface est grise rougeâtre, veinée de noir ; l'intérieur, gris sale, est ondulé et présente des points brillants. L'odeur est nauséabonde ; la saveur âcre et irritante ; il est souvent piqué de vers, selon l'observation de M. Henry ; il est alors plus actif, plus riche en résine et doit être réservé pour la préparation de cette substance.

Sous le nom de *jalap mâle*, ou *jalap léger*, on trouve souvent, dans le commerce, une racine que M. Guibourt désigne avec juste raison sous le nom de *Jalap fusiforme*. Elle est produite par l'*Ipomœa Orizabensis* Ledanois, *Convolvulus Orizabensis* Pell. C'est une racine grosse, fusiforme, ramifiée à sa partie inférieure. Dans le commerce, il est en rouelles larges de $0^m,055$ à $0^m,080$, ou en fragments plus longs et moins larges. Leur couleur est noire à l'extérieur et plus blanche à l'intérieur. L'odeur et la saveur sont les mêmes que celles du jalap officinal, mais plus faibles.

On trouve depuis quelques années, dans le commerce, de petits tubercules de jalap, gros comme une noix et au-dessus, pyriformes, durs, peu riches en résine, et contenant beaucoup d'amidon. Cette drogue est connue sous le nom de *Jalap de Tampico*. Hanbury la considère comme produite par l'*Ipomœa simulans* Hanb.

On trouve aussi souvent de *faux jalaps*, isolés ou mélangés à des jalaps vrais, souvent produits par des *Mirabilis*.

Guibourt a décrit, sous les noms de *Jalap digité majeur* et *Jalap digité mineur*, deux sortes de Jalap introduites accidentellement dans le commerce, moins riches en résine que le Jalap officinal. Il les attribuait à l'*Ipomœa metistlanica* Chois.

Composition chimique. — Le principe actif du jalap officinal est une résine contenue dans la drogue, dans la proportion de 12 à 13 pour 100. A l'état brut, cette résine constitue la *resina jalapæ* des pharmacopées ; on en extrait, à l'aide de l'éther, 5 à 7 pour 100 d'une résine qui, d'après Kayser, se solidifie partiellement en aiguilles cristallines quand on la met en contact avec l'eau. La portion de la résine brute qui ne se dissout pas dans l'éther a reçu de Mayer le nom de *convolvuline ;* elle figure parmi les substances diverses et mal déterminées auxquelles on donnait le nom de *jalapine*. Mayer attribue à la convolvuline la formule $C^{31} H^{50} O^{16}$. La convolvuline possède au plus haut degré les propriétés purgatives du jalap. Elle est incolore, faiblement soluble dans les alcalis fixes, soluble dans l'acide azotique dilué, sans dégagement de gaz ni décoloration, insoluble dans l'ammoniaque et dans l'huile de térébenthine. Elle se transforme, par absorption d'eau, en *acide convolvulique*. Ce dernier et la convolvuline sont transformés par les acides dilués chauds et les ferments en *convolvulinol*, $C^{26} H^{50} O^{7}$, et en sucre. Sous l'influence des alcalis aqueux, le convolvulinol se transforme en *acide convolvulinolique*, $C^{26} H^{48} O^{6}$. Traitée par l'acide nitrique ou par ses dérivés, la convolvuline se décompose en acide oxalique et en *acide ipomœique*, $C^{10} H^{18} O^{4}$, qui est isomérique de l'acide sébacique.

Usages. — Le jalap est un purgatif drastique des plus puissants ; on l'emploie en poudre, à la dose de un à deux grammes, tantôt pure, tantôt mélangée avec 10 à 20 centigrammes de calomel ; les teintures, simple ou composée (eau-de-vie allemande) purgent à la dose de 15 à 50 grammes ; on en fait un extrait alcoolique qui est peu employé; la résine l'est plus souvent à la dose de 20 à 60 centigrammes ; on l'administre dans du lait ou dans une émulsion d'amandes.

La médecine homœopathique fait quelquefois usage du jalap comme purgatif, lorsque, surtout, on veut agir sur le gros intestin. Son signe est *Ajp*, et son abréviation *Jalap*.

JASMIN

Jasminum officinale L.
(Jasminées.)

Le Jasmin blanc ou officinal est un arbrisseau dont la tige, longue parfois de plusieurs mètres, sarmenteuse et volubile, se divise en rameaux longs, grêles, arrondis, striés, glabres, d'un vert foncé, portant des feuilles opposées, pétiolées, pennatifides, à cinq ou sept folioles ovales, aiguës, entières, glabres et d'un vert très-foncé, surtout en dessus. Les fleurs, blanches, d'une odeur suave, longuement pédonculées, sont réunies en petits bouquets axillaires et terminaux, accompagnés de deux bractées linéaires. Elles présentent un calice campanulé, à tube court, à limbe divisé en cinq lanières longues et très-étroites; une corolle en coupe, à tube très-long et un peu strié, à limbe partagé en cinq divisions ovales, lancéolées, aiguës, un peu concaves; cinq étamines incluses, insérées vers le milieu de la hauteur du tube, à filets courts et aplatis, à anthères ovoïdes, oblongues, un peu comprimées; un ovaire simple, libre, arrondi, à deux loges biovulées, surmonté d'un style filiforme terminé par deux stigmates allongés. Le fruit est une baie ovoïde, glabre, à deux loges contenant chacune ordinairement une graine aplatie.

Habitat. — Originaire de l'Orient, le jasmin blanc est aujourd'hui presque naturalisé dans le midi de l'Europe. On le cultive dans un grand nombre de jardins.

Culture. — Le jasmin peut croître en plein air jusque dans le nord de la France; il vient dans tous les sols et à toute exposition, mais mieux dans une terre légère et chaude et à l'exposition du midi, surtout s'il est palissé contre un mur. On le multiplie facilement de graines, de rejetons, de boutures et de marcottes.

PARTIES USITÉES. — Les fleurs.

RÉCOLTE. — Les fleurs du jasmin officinal sont récoltées à l'époque de leur épanouissement ; il faut les cueillir le matin. Elles ne sont employées que fraîches ; par la dessiccation elles perdent tout à fait leur odeur, qui est extrêmement fugace.

COMPOSITION CHIMIQUE. — Outre le jasmin officinal, on peut employer, pour la parfumerie, le jasmin d'Arabie, *J. sambac* Ait, qui est cultivé dans l'Inde et dans toute l'Arabie ; le jasmin Jonquille *J. odoratissimum* L., cultivé en Europe ; le jasmin d'Espagne ou jasmin grandiflore *J. grandiflorum*, originaire de l'Inde.

Les fleurs de toutes ces plantes doivent leur odeur suave à une huile essentielle, qui est tellement fugace qu'on ne peut l'obtenir qu'en dissolution dans l'huile (huile de jasmin) dans la graisse (graisse de jasmin) ou dans l'eau et l'alcool (esprit de jasmin). Pour obtenir cette odeur, on imprègne d'huile d'olives de coton cardé, que l'on place au milieu des fleurs dont on veut enlever le parfum. Ce coton est ensuite soumis à la presse, et on obtient ainsi une huile d'une odeur suave, qui, traitée par l'alcool, cède son parfum à ce liquide.

Ce procédé est connu sous le nom d'*enfleurage*. On est parvenu à isoler l'essence du jasmin par une autre méthode ; elle consiste à traiter les fleurs par du sulfure de carbone et à chauffer celui-ci en vase clos, à la température de 65° environ (Millon). L'essence de jasmin, ainsi isolée, possède une odeur des plus agréables. Refroidie à 0°, elle laisse déposer un stéaroptène blanc, cristallisé, inodore, fusible à 125°, peu soluble dans l'eau, très-soluble dans l'alcool, l'éther, les huiles fixes et volatiles. Ce stéaroptène forme, avec l'iode, un composé brun qui prend peu à peu une teinte vert-pré.

USAGES. — L'essence de jasmin n'est usitée qu'en parfumerie ; elle sert à préparer des eaux de senteur et des pommades.

JEQUIRITI

(Voyez le *Supplément* du T. II.)

JONC

(Voyez le *Supplément* du T. II.)

JOUBARBE

Sempervivum tectorum L.
(Crassulacées.)

La grande Joubarbe ou Joubarbe des toits, appelée aussi Artichaut bâtard, est une plante vivace, à racines fibreuses, ramifiées, fasciculées, traçantes. La tige, haute de 0^m,30 à 0,60, cylindrique, épaisse, robuste, velue glanduleuse, dressée, émet à sa base de nombreux rejets terminés par des rosettes globuleuses de feuilles imbriquées, et se divise au sommet en rameaux nombreux, étalés et recourbés en dehors. Elle est couverte de feuilles alternes, sessiles, oblongues ou obovales, pointues, épaisses, charnues, tendres, d'un vert gai; les radicales plus larges, ciliées, réunies et imbriquées en rosettes globuleuses; les caulinaires velues et distantes. Les fleurs, rose pourpre, striées, grandes, insérées sur des pédoncules très-courts, sont disposées en épis unilatéraux scorpioïdes dont la réunion constitue un corymbe terminal au sommet de la tige. Elles présentent un calice velu glanduleux, à douze divisions linéaires-lancéolées; une corolle à douze pétales lancéolés linéaires, velus glanduleux, deux fois plus longs que le calice; vingt-quatre étamines rougeâtres, à anthères arrondies; douze écailles hypogynes, très-petites, convexes, dentées, glanduliformes; un pistil composé de douze carpelles distincts, à une seule loge multiovulée, surmontés de styles très-courts et de stigmates très-petits. Le fruit se compose de douze petits follicules velus glanduleux, rapprochés à la base, divergents au sommet, et renfermant chacun plusieurs graines oblongues.

Habitat. — La joubarbe des toits est commune en Europe. On la trouve dans les fentes des rochers, dans les lieux pierreux, sur les vieux murs, les toits de chaume, etc.

Culture. — Cette plante se multiplie très-facilement par graines, par drageons ou par éclats de touffes, et ne demande aucun soin.

Parties usitées. — Les feuilles.

Récolte. — Les feuilles de joubarbe ne sont employées que fraîches; il faut les choisir grosses et charnues, et les cueillir avant que la tige soit développée.

Composition chimique. — Le suc de la joubarbe est âcre et astringent; il contient beaucoup d'albumine et de malate de chaux.

Usages. — La joubarbe est un remède vulgaire contre les cors, les plaies gangreneuses, les ulcères sordides, la brûlure, etc. Le suc était autrefois employé contre les fièvres bilieuses, inflammatoires et même intermittentes. On l'a conseillée contre la diarrhée, les maladies convulsives, la chorée, l'épilepsie, etc. Boerhaave recommandait le suc dans la dysentérie, et Roques affirme qu'il lui a réussi. Un médecin bavarois, Reichel, le regardait comme un narcotique spécifique contre certaines affections spasmodiques. Tournefort dit qu'il n'y a pas de meilleur remède pour les chevaux fourbus que de leur faire avaler 500 grammes de suc de joubarbe ; mais, en médecine humaine comme en médecine vétérinaire, cette plante est justement abandonnée. C'est surtout à l'extérieur que le jus de joubarbe a été préconisé. On le conseillait sur du coton contre la surdité. Forestus l'employait en onctions mêlé à la craie contre les ulcérations serpigineuses de la face chez les enfants. M. Cazin dit l'avoir employé avec succès contre l'eczéma aigu. On l'a vanté contre les ophthalmies, et le professeur Boyer l'appliquait sur les irritations de la peau, les dartres, les ulcérations profondes ; on en faisait des pommades et des onguents qu'on prescrivait contre les brûlures, les hémorroïdes, et les feuilles en cataplasmes avec du vinaigre appliquées sur le scrotum arrêtent, dit-on, à l'instant les hémorragies nasales !

La joubarbe est aujourd'hui tout à fait abandonnée et inusitée dans la thérapeutique rationnelle.

JUJUBIER

Rhamnus Zizyphus L. *Zizyphus vulgaris* Lam.
(Rhamnées-Zizyphées.)

Le Jujubier est un arbre de moyenne grandeur, à racines traçantes et très-drageonnantes. La tige, haute de 6 à 10 mètres, tortueuse, couverte d'une écorce brune, raboteuse, rude, crevassée, se garnit, dès la base, de nombreuses branches à écorce brun rougeâtre, émettant des rameaux annuels verts, grêles, filiformes, flexueux, épineux ; ceux-ci portent des feuilles alternes, brièvement pétiolées, ovales-oblongues, acuminées, arrondies à la base, dentées, assez fermes, d'un vert clair et brillant, et marquées de trois ou cinq nervures longitudinales fortement saillantes. Les fleurs, d'un jaune pâle, petites, sont solitaires à l'extrémité de courts pédoncules axillaires. Elles présentent un calice à cinq sépales; une corolle à cinq pétales; cinq étamines, à filets courts, à anthères d'un beau rouge vif; un pistil composé de deux carpelles insérés sur un disque glanduleux, surmonté d'un style simple que termine un petit stigmate globuleux. Le fruit (*jujube*) est une drupe ovoïde, à peau lisse, coriace et rouge brun; à chair jaunâtre, molle et visqueuse à la maturité; à noyau allongé, ligneux, très-dur, rugueux, divisé en deux loges, dont chacune renferme une graine aplatie, arrondie, lenticulaire et jaunâtre.

HABITAT. — Cet arbre habite le bassin méditerranéen; il est assez répandu dans toute l'Europe méridionale. Il peut croître en pleine terre jusque sous le climat de Paris; mais il y végète péniblement et son fruit n'y mûrit pas.

CULTURE. — Le jujubier est surtout cultivé comme arbre fruitier; on le trouve aussi dans les plantations d'agrément, et on le plante même pour faire des haies. Nous ne nous étendrons pas sur ce sujet, qui appartient essentiellement au domaine de l'arboriculture.

PARTIES USITÉES. — Les fruits.

RÉCOLTE. — Le jujubier, originaire de la Syrie, a été apporté en Italie sous le règne d'Auguste. Il est aujourd'hui naturalisé dans la Provence et surtout aux îles d'Hyères, d'où nous recevons ses fruits. On les récolte à leur maturité et on les fait sécher au soleil. Il faut les choisir gros, rouges, bien charnus.

COMPOSITION CHIMIQUE. — L'analyse des fruits du jujubier n'a pas été faite; leur saveur est douce, mucilagineuse et sucrée, un peu astringente. C'est le mucilage et le sucre qu'ils contiennent qui les font rechercher.

USAGES. — La jujube fait partie des quatre fruits pectoraux avec le raisin, la datte et la figue. On en faisait autrefois un sirop et on l'employait en tisane comme émollient et béchique. Elle entrait dans la pâte de jujubes, d'où on l'a supprimée à tort depuis longtemps, de sorte que la prétendue pâte de jujubes des pharmaciens et des confiseurs n'est qu'une préparation de sucre et de gomme aromatisée avec un peu d'eau de fleurs d'oranger.

Les jujubes, à peu près inusitées en médecine, ont une saveur légèrement styptique. Les Indiens les mangent. D'après Ainslie (*Mat. ind.*, t. II, p. 96), les Witiens prescrivent les racines en décoction contre les fièvres. En Cochinchine, on mange les fruits du *Z. agrestis* Lour.

D'après Leprieur et Perrotet, les fruits du *Z. bardei* du Sénégal sont vénéneux, et les Nègres emploient ses racines contre la gonorrhée (*Flora Senegalensis*, page 146). On croit que c'est la même espèce dont Adanson assure que les Sénégaliens usent contre les maladies vénériennes (Ferrein, *Mat. méd.*, t. III, p. 339), et Forskal dit qu'en Arabie on lave les ulcères avec la décoction des feuilles sèches du *Z. Napeca* Lam., *Rhamnus spina Christi* L., ainsi nommé parce que la couronne d'épines qui figure dans la Passion fut faite avec ses rameaux ; les Arabes le nomment *Nabka*. Les fruits des *Z. Ænoplia* Lam. (*Rhamnus œnoplia* L.), *Orthacaulha* Dec., *Sativus*, *Trinervius* Rottler sont mangés dans différents pays.

Le *Zizyphus sativa* Gaertner, *Z. Lotus* Lam., *Z. Lotos* Desf., *Rhamnus Lotus* L., vient en abondance dans la régence de Tunis, dans l'île de Zerbi, pays habité par les Lotophages. Clusius, Shaw et J. Bauhin avaient signalé cet arbre comme fournissant le fameux *Lotos* des anciens. Théophraste et Polybe nous ont appris que les habitants de ce pays s'en nourrissaient, ainsi que leurs esclaves et leurs bestiaux. Ils en préparaient une sorte de liqueur dont ils s'abreuvaient, et Homère ajoute que ces fruits avaient un goût si délicieux qu'ils faisaient perdre aux étrangers le souvenir de leur patrie, et qu'Ulysse fut obligé d'enlever de force ceux de ses compagnons qu'il avait envoyés pour reconnaître le pays (Guibourt, *Drog. simple*, t. III, p. 493, 4e édition).

On extrait par décoction, des feuilles et des rameaux du jujubier, un extrait très-astringent, que l'on prépare en grande abondance en Algérie, et qui nous paraît devoir remplacer un jour le cachou dans toutes ses applications.

JULIENNE

Hesperis matronalis L.
(Crucifères-Sisymbriées.)

La Julienne des jardins, appelée aussi vulgairement Beurrée, Cassolette, Damas, Girarde, etc., est une plante vivace, à racine ramifiée, fibreuse. La tige, haute de $0^m,40$ à $0^m,80$, rude, pubescente ou velue, dressée, simple ou rameuse dans sa partie supérieure, porte des feuilles alternes, dentées, un peu rudes ; les radicales oblongues, atténuées à la base en pétiole ; les caulinaires ovales-lancéolées, acuminées, presque sessiles. Les fleurs, pourpres, violettes ou blanches, très-odorantes, sont groupées en un corymbe terminal qui s'allonge et se transforme en grappe par les progrès de la floraison. Elles présentent un calice à quatre sépales dressés, connivents, disposés sur deux rangs, les deux extérieurs gibbeux à la base ; une corolle à quatre pétales longuement onguiculés, à limbe obovale, apiculé, arrondi ou échancré au sommet ; six étamines tétradynames ; un ovaire simple, allongé, presque cylindrique, à deux loges multiovulées, surmonté d'un style très-court et d'un stigmate presque sessile, à deux lobes lamelleux dressés et connivents. Le fruit est une silique linéaire, allongée, presque cylindrique, à deux valves convexes, glabre, ascendante, un peu toruleuse, à deux loges renfermant de nombreuses graines oblongues (Pl. 20).

Cette plante présente plusieurs variétés, dont une à fleurs inodores, d'autres à fleurs doubles diversement colorées, etc.

Habitat. — La julienne habite les régions centrales et méridionales de l'Europe. On la trouve dans les endroits ombragés, les haies, les buissons, les bois montueux, etc.

Culture. — Cette plante est surtout cultivée dans les jardins d'agrément. Elle croît dans tous les sols et à toute exposition. On la propage très-facilement de graines ou d'éclats de pieds.

Parties usitées. — La plante entière.

Récolte. — On récolte la julienne pendant la floraison ; elle n'est vraiment active que fraîche ; elle perd à peu près toutes ses propriétés par la dessiccation.

Composition chimique. — Par sa composition chimique et ses propriétés, cette plante se rapproche du cresson, du cochléaria, du raifort, de la cardamine, etc. Sa saveur est piquante, un peu âcre; contusée et appliquée sur la peau, elle détermine une vive rubéfaction. Cette action irritante est due à une huile essentielle, qui, probablement, ne préexiste pas, et qui ne se forme que lorsqu'on vient à briser le tissu de la plante, car l'odeur forte ne se développe que lorsqu'on froisse les parties.

Usages. — Boerhaave et Clusius regardaient la julienne comme sudorifique, incisive et apéritive. Dans les vieux dispensaires, elle est désignée sous le nom de *viola matronalis*, parce que les dames aimaient à s'en parer, et que ses fleurs sont violettes. Elle est antiscorbutique au même titre que les autres crucifères ses congénères, quoique moins active. Autrefois employée contre l'asthme, les convulsions, la toux, le cancer, la gangrène, etc., elle est aujourd'hui inusitée ; on peut cependant l'employer comme rubéfiante.

JUREMA

(Voyez le *Supplément* du T. II.)

JURUBEBA

(Voyez le *Supplément* du T. II.)

JUSQUIAME

Hyoscyamus niger L.
(Solanacées.)

La Jusquiame noire ou commune, appelée aussi Hanebane, Potelée, Herbe de Sainte-Apolline, herbe caniculaire, etc., est une plante annuelle ou bisannuelle, à racine fusiforme, épaisse, ridée, brunâtre. La tige, haute de $0^m,30$ à $0^m,80$, cylindrique, robuste, dressée, recourbée, vert grisâtre, couverte de longs poils visqueux, rameuse dans sa partie supérieure, porte des feuilles alternes, grandes, ovales, aiguës, profondément sinuées, molles, velues et visqueuses ; les radicales pétiolées ; les caulinaires sessiles et un peu embrassantes. Les fleurs, jaune pâle, veiné de pourpre noirâtre, presque sessiles, sont groupées en épi feuillé terminal, unilatéral, roulé en crosse au sommet. Elles présentent un calice campanulé, à tube renflé et pubescent, à limbe divisé en cinq lobes lancéolés mucronés ; une corolle en entonnoir, à tube cylindrique, à limbe oblique divisé en cinq lobes inégaux et obtus ; cinq étamines un peu saillantes, à filets un peu arqués ; un ovaire à deux carpelles, à deux loges multiovulées, surmonté d'un style simple terminé par un stigmate en tête. Le fruit est une pyxide, s'ouvrant au sommet par un opercule en ferme de calotte, contenue dans l'intérieur du calice persistant, et renfermant de nombreuses graines petites, arrondies, ridées, réticulées et d'un blanc grisâtre (Pl. 21).

La jusquiame blanche (*H. albus* L.) est annuelle et se distingue de la précédente par sa taille moins élevée ; ses tiges moins rameuses, plus blanches, plus cotonneuses ; ses feuilles pétiolées ; sa corolle jaune pâle, plus petite, à tube verdâtre intérieurement.

Habitat. — La jusquiame noire est commune en Europe; elle croît dans les décombres, les lieux incultes, au bord des chemins, etc. La jusquiame blanche habite le Midi. Ces deux plantes ne sont cultivées que dans les jardins botaniques.

Parties usitées. — Les racines, les feuilles, les graines.

Récolte. — On récolte la jusquiame lorsqu'elle est en pleine végétation, un peu avant l'anthèse. On la fait sécher d'abord au soleil ou au séchoir, puis à l'étuve. La racine, rarement employée, doit être préférée à la fin de la seconde année. Sa ressemblance avec celles du navet, de la chicorée et surtout du panais a souvent été la cause d'accidents mortels. Les graines sont cueillies à la maturité du fruit. On les fait sécher à l'étuve. La jusquiame mal desséchée est noire ; il faut alors la rejeter.

Composition chimique. — Les *H. niger*, *albus* et *aureus* L. possèdent à peu près la même composition et jouissent des mêmes propriétés. La première est seule employée. Toutes dégagent, lorsqu'elles sont fraîches, une odeur vireuse repoussante, qui disparaît en partie par la dessiccation. Leur saveur, d'abord fade, devient bientôt âcre, nauséabonde et amère. Geiger et Hesse en ont extrait un alcaloïde qu'ils ont nommé *Hyosciamine*. Elle cristallise en aiguilles soyeuses. Sa saveur est âcre et désagréable. Elle dilate fortement la pupille. Elle est volatile sans décomposition. L'iode la précipite en brun; l'infusion de noix de Galle en blanc; le chlorure d'or en blanc jaunâtre; le chlorure de platine ne la précipite pas. Abandonnée dans l'eau et au contact de l'air, elle s'altère, se colore, devient incristallisable, sans rien perdre de ses propriétés physiologiques et thérapeutiques. L'hyoscyamine a pour formule $C^{15} H^{23} AzO^{3}$. Bouillie avec la baryte, elle se décompose en *hyoscine*, $C^{6} H^{13} Az$, et en *acide hyoscianique*, $C^{9} H^{10} O^{3}$.

Usages. — La jusquiame est un des poisons nartico-âcres des plus violents. Moins active que le stramonium et la belladone, elle détermine des accidents graves qui peuvent occasionner la mort. D'après Wepfer (*Tractatus de cicuta aquatica*), des moines qui avaient mangé par erreur de la jusquiame en salade, éprouvèrent, quelques heures après, des douleurs d'entrailles, des malaises, des vertiges, des hallucinations, du délire, de la diplopie chez quelques-uns; de l'amblyopie chez d'autres; tous guérirent.

La jusquiame s'administre dans les mêmes cas que la belladone et le stramonium ; seulement à dose plus élevée. Elle était peu connue chez les anciens. Dioscoride la donnait pour calmer les douleurs (lib. 6, cap. 69). Celse s'en servait en collyre, et il injectait son suc dans les oreilles contre l'otorrhée purulente. C'est Storck (*de Stramonio, Hyosciamo*, etc., p. 28) qui l'a le mieux étudiée. Il cite des faits nombreux qui prouvent ses bons effets dans les névroses ; et, malgré les dénégations de Greding, les observations de Storck, appuyées d'ailleurs par celles de Collin, sont restées l'expression de la vérité, tout en faisant la part de l'exagération habituelle du médecin de Vienne. Witt l'employait dans les maladies nerveuses. Stoll la préférait à l'opium. Woltze la faisait prendre dans la colique saturnine. Roseinstein l'administrait avec succès contre la toux nerveuse (Murray, *App. méd.*, t. I, p. 666). On l'a souvent employée dans la coqueluche avec autant de succès que la belladone ou que le stramonium.

Mais c'est surtout dans les névralgies que la jusquiame est efficace. Les faits rapportés par Breiting, Méglin, Chailli, Burdin, etc., ne laissent aucun doute à cet égard. Il n'y a pas jusqu'aux rhumatalgies qui n'en aient été heureusement modifiées. M. Michéa l'a appliquée au traitement de l'aliénation mentale. Elle a paru bien agir dans l'épilepsie. M. Troubine a conseillé les fumigations de jusquiame contre l'odontalgie. Plater l'a vantée dans les flux hémorroïdaux. MM. Chanel et Magliari assurent qu'elle aide à la réduction des hernies et des paraphymosis. Enfin la jusquiame est souveraine pour calmer la toux et procurer le sommeil. A l'extérieur, sous forme de cataplasmes, elle est maturative et narcotique.

On emploie aussi directement l'hyoscyamine, soit l'hyoscyamine cristallisée et pure, soit une substance à laquelle Merck a donné le nom d'*extrait d'hyoscyamine*, et qui est de l'hyoscyamine impure. Ces deux substances agissent très-énergiquement. Empis a cité le cas d'un malade atteint de paragsie agissante, chez lequel une dose de 5 milligrammes d'hyoscyamine non cristallisée détermina des accidents toujours graves : délire violent, secousses tétaniques, etc. Il faut avoir soin d'employer les alcaloïdes à l'état de pureté ou de sels purs.

JUSTICIA

(Voyez le *Supplément* du T. II.)

KALADANA

(Voyez le *Supplément* du T. II.)

KALMIE

Kalmia latifolia et *angustifolia* L.
(Éricinées-Rhodorées.)

La Kalmie à larges feuilles (*K. latifolia* L.) est un arbrisseau, dont la tige, haute de 2 à 4 mètres, ordinairement courbée, à écorce rude et légèrement colorée, porte des feuilles alternes, pétiolées, lancéolées, entières, longues de 0^m,08, larges de 0^m,03, épaisses, glabres et d'un vert foncé. Les fleurs, d'abord blanches et panachées de rouge, plus tard carnées, sont disposées en corymbes terminaux. Elles présentent un calice persistant, à cinq divisions petites, ovales, aiguës, épaisses; une corolle monopétale, en coupe, à tube cylindrique, plus long que le calice, à limbe entier, creusé à sa base et dans son pourtour de dix fossettes nectarifères, qui font saillie au dehors; dix étamines, à filets courts, subulés, droits, étalés, à anthères simples, encastrées avant la fécondation dans les fossettes de la corolle; un ovaire arrondi, à cinq loges multiovulées, surmonté d'un style simple, filiforme, terminé par un stigmate obtus. Le fruit est une capsule globuleuse, à cinq loges polyspermes.

La kalmie à feuilles étroites (*K. angustifolia* L.) diffère de la précédente par sa taille plus petite; ses feuilles ovales, longues de 0^m,04, larges de 0^m,01, et d'un vert clair; ses fleurs d'un beau rouge.

Habitat. — Ces arbrisseaux sont originaires de l'Amérique du Nord, particulièrement des États-Unis, où ils croissent dans les endroits humides et ombragés.

Culture. — Les kalmies ne sont guère cultivées que dans les jardins botaniques ou d'agrément. Elles demandent la terre de bruyère un peu humide, et une exposition demi-ombragée. On les propage de rejetons, de boutures faites avec les jeunes rameaux, et mieux de graines, semées, aussitôt la maturité, en terrines remplies de terre de bruyère, qu'on abrite sous châssis ou sous bâche durant l'hiver.

Parties usitées. — Les feuilles, les fleurs.

Récolte. — Les feuilles, toujours vertes, peuvent être récoltées à toutes les époques de l'année, particulièrement au printemps, où elles sont plus actives. Les fleurs, très-recherchées des fleuristes, sont cueillies au moment de leur épanouissement. On trouve sur les feuilles, les pédoncules, et autour des graines une poussière brune que l'on voit également sur les *Andromeda* et les *Rhododendrum*, qui est employée vulgairement, aux États-Unis, comme sternutatoire. Son usage peut présenter de graves inconvénients.

COMPOSITION CHIMIQUE. — Le principe actif et même vénéneux des kalmias est attribué à une matière résineuse, dont la nature est inconnue, l'analyse n'en ayant pas été faite. Certains insectes, et notamment les abeilles, butinent sur les fleurs une matière sucrée ; le miel qu'elles produisent alors est toxique. En général, le miel récolté dans les pays de bruyères (*mel ericeum*, de Pline) est jaune, sirupeux et peu estimé (*Encyclop. métod.*, *Botanique*, t. I, 477). Mais celui que les abeilles de la Pensylvanie, de la Caroline méridionale, de la Géorgie et des deux Florides recueillent sur les *Kalmia angustifolia*, *latifolia* et *hirsuta* L. et sur l'*Andromeda Mariana* L. cause souvent, selon B.-S. Barton (*Trans. of American soc. at Philadelphia*, V. 51), des maux d'estomac, des vertiges et du délire. D'ailleurs, les empoisonnements par les miels ne sont pas rares. Xénophon (*de Exped. Cyri*, lib. IV) rapporte qu'en Colchide les soldats de l'armée des dix mille furent pris d'un délire furieux pour avoir mangé un miel particulier, dans plusieurs villages. Ce fait, révoqué en doute par quelques écrivains, a été confirmé par le P. Lambert (Tournefort, *Voyage du Levant*, II, 228), et par Guldenstaedt, le compagnon de Pallas, qui ont reconnu que les fleurs de l'*Azalea Pontica* L., et peut-être celles du *Rhododendrum ponticum* donnaient au miel de la Mingrélie des propriétés délétères, et plus récemment A. de Saint-Hilaire a rapporté un cas d'empoisonnement dont il faillit être victime, avec deux de ses guides, produit par un miel fourni par une guêpe du Brésil nommée *Lecheguana* (*Polistas Lecheguana* Latr.). Mais ce miel n'est délétère que lorsqu'il a été récolté sur des plantes vénéneuses, appartenant probablement à la famille des apocinées.

USAGES. — Les feuilles et les fleurs des kalmies sont tout à fait inusitées en France. D'après Barton, la décoction des feuilles sert, en Amérique, à empoisonner les animaux et même les hommes. Bigelow assure que les faisans qui mangent les jeunes pousses périssent et ont leur chair vénéneuse. On leur a attribué des effets narcotiques que cet auteur n'a pu constater. La décoction du *K. latifolia* et sa poudre ont été employées contre la teigne et la gale, et à l'intérieur, à faible dose, contre les dartres et la syphilis. Ce sont, en résumé, des plantes vénéneuses, susceptibles probablement de rendre quelques services à la thérapeutique, mais encore très peu connues. Elles pourraient faire l'objet d'études qui ne manqueraient pas d'intérêt.

KANANG

Uvaria odorata, tripetala, etc. Lam.
(Anonacées.)

Le Kanang odorant, appelé aussi Alanguilan de la Chine, Uvaire odorante, etc., est un arbre dont la tige, haute de 12 à 15 mètres, épaisse, cylindrique, se divise en rameaux lisses, divergents, à écorce gris cendré ou jaunâtre, portant des feuilles alternes, courtement pétiolées, ovales-oblongues ou lancéolées, arrondies et obliques à la base, acuminées au sommet, lisses et glabres. Les fleurs, vert brunâtre, pendantes, sont axillaires, solitaires, pédonculées. Elles présentent un calice très-petit, à trois divisions réfléchies ; une corolle à six pétales linéaires lancéolées, alternant sur deux rangs ; des étamines nombreuses, à filets très-courts, à anthères linéaires ; un pistil composé d'une dizaine de carpelles à une seule loge uniovulée. Les fruits sont des baies oblongues, cylindriques, à pulpe visqueuse.

Le Kanang à trois pétales (*U. tripetala* Lam.) est un arbre de la taille du précédent, à feuilles alternes, grandes, lancéolées, granuleuses en dessus, cotonneuses en dessous, à fleurs verdâtres, odorantes, presque solitaires, ayant les trois pétales extérieurs très-grands ; à baies ovoïdes, de la grosseur d'une prune, contenant, dans un brou un peu dur, une pulpe mucilagineuse où se trouvent trois graines aplaties.

Le Kanang narum (*U. narum* D. C.) est un arbrisseau rampant, à tige sarmenteuse, portant des feuilles lancéolées, pointues ; à fleurs d'abord vert brunâtre, puis rouge foncé ; à fruits presque lisses, jaune rougeâtre et portés sur de longs pédoncules.

Nous citerons encore les kanangs de Ceylan (*U. Zeilanica* L.), à longues feuilles (*U. longifolia* Lam.), etc.

Habitat. — Ces arbres croissent en Chine, aux Moluques, aux Philippines, dans l'Inde, à Ceylan, etc.

Parties usitées. — Les feuilles, le bois, les racines, les fruits.

Récolte. — Les produits des kanangs ou canangs ne se trouvent pas dans le commerce de la droguerie. On les récolte à mesure du besoin et on en fait usage exclusivement sur les lieux de production.

Composition chimique.—Les différentes parties des *Uvaria* possèdent une odeur et une saveur aromatique qui les font employer comme condiments, en guise de poivre. Les fleurs sont très-odorantes; on en fait des pommades et des huiles qui sont employées comme cosmétiques. Leur arome, qui se rapproche de ceux du narcisse et de l'œillet, les font rechercher. Aussi les Malais, les Chinois et les Javanais les plantent-ils autour de leurs habitations; ils en décorent leurs vêtements, leurs lits, leurs appartements. Les feuilles et les écorces sont fibreuses; on en fait des tissus et des cordes d'instruments de musique. Les fruits sont mangés crus dans plusieurs pays.

Usages. — Les Indiens préparent avec les fruits de l'*U. odorata* les fleurs de *champac*, le *curcuma* et l'*huile de Palme* une pommade qu'ils nomment *Borri-Borri* ou *Borbori*, dont ils enduisent le corps des fébricitants pour rappeler la chaleur, surtout par les temps froids et pluvieux. On pense que ce cosmétique est analogue ou semblable à celui que l'on vend à Paris sous le nom d'*huile de Macassar*.

Aux îles Moluques, on emploie contre la colique l'écorce et la racine du kanang musical *U. Musaria* Dun.

Les racines du *kanang narum* servent à préparer, par distillation, une huile aromatique, légère, limpide, verdâtre, à laquelle on attribue des propriétés toniques. Elle est employée comme stimulante, ainsi que l'écorce. Celle-ci, broyée dans l'eau, sert à préparer au Bengale et aux Moluques un gargarisme qu'on emploie contre les aphtes et le scorbut. Son infusion est appliquée en fomentation dans les maladies vermineuses. On l'administre à l'intérieur contre les affections du foie et les fièvres.

L'*Uvaria Tripetala* Lam., que l'on trouve aux Moluques et aux Philippines, présente des graines d'une odeur agréable et aromatique dont les femmes d'Amboine préparent une espèce d'onguent dont elles se frottent le corps pour se parfumer. Quand on incise cet arbre, il s'écoule un suc visqueux et aromatique qui se concrète en une gomme blanche qui est très-balsamique.

Le bois des *U. Longifolia* Lam., *Tripetala* Lam., quoique blanc léger, est très-employé pour les constructions.

Les graines de l'*U. amayon*, en Tamoul *amayon* sont appelées par les Espagnols *Granos del Paraiso*, graines du Paradis. Elles sont rouges et odorantes. Elles sont considérées comme vomitives, et on les fait mâcher comme contre-poison. L'herbe qui les produit croît à Java, au Bengale, à Pondichéry et sur les côtes de Coromandel. Il ne faut pas les confondre avec la *maniguette*, qui porte aussi le nom de *graine du Paradis*, qui est produite par un amome.

Les *U. Lanotan*, et *Cabog*, en Tamoul *Lanotan* et *Cabog* donnent aussi des bois de construction. L'*U. camphorata* en Tayal *Taghivaiai*, en Bissaya, *Dalaganum*, *Dalaga* donne des racines qui, d'après Blanco, répandent l'odeur de camphre lorsqu'on les brûle. Elles sont regardées comme un puissant abortif.

KAVA

(Voyez le *Supplément* du T. II.)

KETMIE

Hibiscus esculentus et *Syriacus* L.
(Malvacées-Hibiscées.)

La Ketmie comestible (*H. esculentus* L.), appelée aussi Gombaud, Gombo, Guiabo, etc., est une plante annuelle, dont la tige, haute de $0^m,60$ à $1^m,30$, épaisse, simple, porte des feuilles alternes, pétiolées, très-grandes, cordées à la base, palmées, à cinq lobes obtus et dentés, d'un vert foncé. Les fleurs, d'un jaune soufre, à centre pourpre, sont solitaires à l'extrémité de pédoncules axillaires. Elles présentent un calicule à dix folioles caduques; un calice monosépale, à cinq divisions, se rompant en long; une corolle à cinq pétales obovales; des étamines nombreuses, monadelphes; un ovaire à cinq loges pluriovulées, surmonté d'un style simple qui passe au centre du tube staminal, et se divise à son sommet en cinq branches terminées chacune par un petit stigmate en tête. Le fruit est une capsule conique ou pyramidale, sillonnée, longue de $0^m,08$ à $0^m,10$ sur $0^m,03$ à $0^m,04$ de diamètre à la base, s'ouvrant par cinq valves et divisée en cinq loges dont chacune renferme plusieurs graines assez grosses, réniformes, verdâtres, légèrement sillonnées d'aspérités grises.

La ketmie de Syrie (*H. Syriacus* L.), vulgairement Guimauve en arbre, est un arbrisseau, dont la tige, haute de 2 mètres et plus, se divise en rameaux portant des feuilles alternes, pétiolées, ovales, cunéiformes, à trois lobes dentés. Le calicule est à six ou sept folioles ; les fleurs sont d'un rouge pourpre, quelquefois blanches ou panachées.

Nous citerons encore les Ketmie vésiculeuse (*H. trionum* L.), Rose de Chine (*H. Rosa Sinensis* L.), rose (*H. roseus* Thor.), etc.

Habitat. — La ketmie comestible est originaire de l'Amérique méridionale. Les autres espèces croissent dans des régions très-diverses des deux continents. On les cultive dans les jardins.

Parties usitées. — Les racines, les fruits.

Récolte. — La racine, employée aux Antilles et en Turquie pour remplacer celle de la guimauve, est arrachée avant la floraison. On la lave à grande eau ; on en sépare l'écorce et on la fait sécher.

Les fruits sont récoltés très-jeunes, lorsque l'ovaire est à peine développé. On les enfile avec une ficelle et on les fait sécher, sous forme de chapelets. Ils ont une couleur grisâtre. Ils sont recouverts d'un duvet un peu rude. Au sommet, ils présentent une espèce de bec, formé par les cinq divisions de la capsule.

Composition chimique. — Toutes les parties des ketmies sont riches en mucilage; mais il abonde surtout dans les fruits. Ceux-ci renferment, en outre, un peu d'acide libre qui leur donne quelque chose d'agréable au goût. La racine renferme de l'*asparagine*.

Usages. — Dans les contrées chaudes de l'Asie, de l'Afrique et de l'Amérique on fait une grande consommation des fruits de ketmie, appelés gombo ou *bamia*. On en prépare des potages et on en extrait, au moyen de l'eau bouillante, un mucilage abondant que l'on emploie pour donner de la consistance aux aliments liquides. On mange ce fruit cuit au naturel ou assaisonné d'épices. Aux Antilles, on en fait l'espèce de potage nommé *calalou*. En Égypte, on croit que l'alimentation par le gombo préserve de la pierre. Les feuilles des ketmies sont acidules et comestibles. On les emploie comme émollientes. Dans l'Indoustan, l'écorce de ces malvacées sert à fabriquer des cordes. Les graines, un peu musquées lorsqu'elles sont sèches, sont utilisées en parfumerie ; on les torréfie pour les employer comme succédanées du café. Au Japon, on fait du papier avec les fibres de l'*Hibiscus Manihot* L. D'après Thunberg (*Voyage au Japon*, t. IV, p. 139), on met la racine de cette espèce à macérer dans l'eau, et, par ce moyen, on obtient un mucilage émollient. L'*Hibiscus populneus* L. croît dans les îles de la mer des Indes et dans l'Indoustan. Son suc est administré à l'intérieur, à Calcutta, contre diverses maladies de la peau. Les Javanais se servent de l'écorce pour fabriquer des nattes. D'après Lesson (*Voyage médic.*, p. 46), la ketmie rose de Chine (*H. Rosa sinensis*) est employée contre les maladies des yeux, et Rhéede dit que dans l'Indoustan sa racine, saturée avec de l'huile, est regardée comme utile dans la ménorrhagie. Il ajoute que son usage rend les femmes stériles, et Rumphius assure qu'elle les fait avorter. Les pétales sont employés, en Chine, pour noircir les sourcils, les cheveux et le cuir des souliers (De Candolle, *Essai*, p. 82). Toutes les autres ketmies jouissent de propriétés analogues. Le fruit du gombo est la base des préparations dites pectorales, que le charlatanisme vante sous les noms de pâte et de sirop de *nafé d'Arabie*, et qui n'agissent certainement pas mieux que ne le feraient la pâte et le sirop de guimauve.

KOLA

(Voyez le *Supplément* du T. II.)

KOUSSO

Hagenia abyssinica Lamk (*Brayera anthelmintica* K.)
(Rosacées-Agrimoniées.)

Le Kousso ou Cousso est un arbre dont la tige, haute de 10 à 20 mètres, se divise en nombreux rameaux inclinés, marqués de cicatrices annelées, velues à l'extrémité, portant des feuilles alternes, pétiolées, grandes, imparipennées, à six ou sept paires de folioles sessiles, lancéolées aiguës, dentées, vert foncé, entremêlées d'autres folioles arrondies, bien plus petites. Les fleurs, très-petites, blanchâtres, polygames, accompagnées de bractéoles, sont groupées en larges panicules terminales et compactes. Elles présentent un calice turbiné à la base, très-velu, terminé par un limbe à cinq divisions oblongues, obtuses, glabres, étalées; une corolle à cinq pétales linéaires; une vingtaine d'étamines; un pistil composé de deux ovaires libres, à style terminal.

HABITAT. — Le kousso croît sur les montagnes de l'Abyssinie.

PARTIES USITÉES. — Les inflorescences.

RÉCOLTE. — La récolte du kousso se fait en Abyssinie. Lorsque, en 1824, Kunth examina le kousso rapporté de Constantinople sous le nom de *cabotz* et de *cotz*, par le docteur Brayer, ce savant botaniste lui donna le nom de *Brayera anthelminthica*. Cependant il avait été décrit antérieurement par Bruce sous le nom de *Bankesia abyssinica* et par Lamark sous celui de *Hagenia abyssinica*.

Les inflorescences du kousso ou cousso, telles qu'elles existent dans le commerce, présentent l'aspect de fleurs de muguet de mai ou de tilleul brisées. Leur saveur, d'abord fade ou mucilagineuse, devient bientôt très-âcre. Leur odeur, quoique très-faible, rappelle un peu celle du sureau et devient plus sensible au contact de l'eau bouillante. On croit qu'après trois ans de récolte, il perd ses propriétés, mais en vase bien fermé, dans un lieu sec et à l'obscurité, il peut très-certainement être conservé plus longtemps.

En Abyssinie, on distingue deux sortes de kousso : le rouge, qui est formé par les fleurs femelles, et un second nommé *cosso esels*, qui est fourni par les fleurs mâles. En France, ils nous arrivent mélangés.

Composition chimique. — Le principe actif par excellence du Kousso a été découvert, en 1858, par Pavesi, qui lui a donné le nom de *Kossine* ou *Coussine*. D'après les analyses de M. Flückiger, sa formule serait $C^{31} H^{38} O^{10}$. C'est une substance cristallisée dans le système rhombique, jaune, insipide, soluble dans la benzine, le chloroforme, l'éther, le bisulfure de carbone, peu soluble dans l'acide acétique, insoluble dans l'eau ; elle est neutre et peut être précipitée de ses solutions par les acides sans subir d'altération ; elle forme alors une masse blanche, amorphe. Elle fond à 142° C.; après le refroidissement, elle se présente sous l'aspect d'une masse jaune, transparente, amorphe, qu'une goutte d'alcool dissout et abandonne en s'évaporant à l'état de cristaux disposés en touffes étoilées. Avec l'acide sulfurique concentré la Kossine forme une solution jaune, que l'eau trouble par précipitation de Kossine blanche amorphe ; il se dégage alors une odeur de fève de caroubier.

Par la distillation des fleurs du Kousso avec l'eau, on obtient une stéaroptène à odeur de Kousso et des traces d'acides acétique et valérianique. Viale et Latini en ont retiré un *acide hagénique* qui n'a pas été retrouvé par les chimistes plus modernes.

Usages. — Le kousso est le téniacide le plus efficace que l'on connaisse. Les Abyssiniens sont tous atteints du tœnia, ce qui tient à l'usage immodéré qu'ils font de la viande crue ou peu cuite du porc ; car il est parfaitement démontré aujourd'hui que les cysticerques qui constituent la ladrerie de cet animal ne sont que les larves du tœnia. Les expériences de MM. Kuchenmeister, Leukart et Van Bénéden, Humbert, etc., ne laissent aucun doute à cet égard. Le kousso s'administre, en Abyssinie, dans une sorte de bière (Bouga) faite avec le *Poa abyssinica*. Ils le prennent le matin à jeun, et ils ne font le premier repas qu'après l'expulsion du ver. M. Courbon rapporte que le jour de l'administration du remède, le domestique se présente à son maître avec une croix de paille à la main, en disant *encotach* (cadeau). Le maître prend le kousso et donne une étrenne.

La dose de kousso est de 30 à 35 grammes. On l'administre en poudre délayée dans un liquide chaud. Après l'avoir pris, on ressent une certaine âcreté, des nausées, du malaise, du dégoût. Une heure après l'administration, il survient une selle ordinaire; une heure plus tard, une selle liquide, et quatre ou cinq heures après le tœnia est expulsé sous forme de pelotte blanchâtre.

M. Hannon, de Bruxelles, a administré le kousso avec succès à la dose de 4 à 10 grammes contre les ascarides lombricoïdes des enfants.

Le kousso est employé depuis longtemps en Angleterre et en Allemagne. En France, on ne le connaît bien que depuis 1840, époque à laquelle M. Aubert Roche le présenta à l'Académie de médecine. Deux ans plus tard, M. Rochet d'Héricourt en rapporta de grandes quantités. L'arbre qui le produit est abondant sur tout le plateau éthiopien, dans les provinces du Samen, du Lasta, du Gojam et du Golta.

La Kossine exerce sur le tœnia une action analogue à celle du Kousso, mais moins énergique, ce qui a fait croire à certaines personnes que le Kousso agit en partie physiquement par les poils dont il est couvert. Cette opinion est cependant contredite par le fait que la drogue agit avec d'autant plus d'efficacité qu'elle est plus fraîche, ce qui doit faire supposer que son action est due à un principe assez rapidement altérable.

LAITUE

Lactuca sativa et *virosa* L.
(Composées - Chicoracées.)

La Laitue commune ou cultivée (*L. sativa* L.) est une plante bisannuelle, à racine pivotante, un peu fibreuse. La tige, haute de 0m,50 à 1 mètre et plus dans quelques variétés, cylindrique, presque pleine, glabre, lisse, dressée, simple à la base, rameuse au sommet, porte des feuilles alternes, sessiles, succulentes; les radicales ovales, arrondies, ondulées, entières, sinuées ou dentées, obtuses, atténuées à la base, semi-amplexicaules, disposées en rosette; les caulinaires cordiformes, dentées, presque auriculées, amplexicaules. Les fleurs, jaunes, sont groupées en capitules dont la réunion constitue une panicule corymbiforme terminale, et dont le réceptacle plane est entouré d'un involucre ovoïde, allongé, à folioles ovales, allongées, presque obtuses, glabres et imbriquées. Chaque fleur présente un calice en aigrette; une corolle ligulée, partagée en cinq dents à l'extrémité; cinq étamines épigynes, soudées par les anthères; un pistil à ovaire infère, à une seule loge uniovulée, surmonté d'un style simple terminé par un stigmate bifide. Les fruits sont des akènes ovoïdes, comprimés, striés, surmontés d'une aigrette stipitée à soies capillaires.

Cette plante a produit par la culture un grand nombre de variétés appelées Laitues frisées, pommées, romaines, etc.

La laitue vireuse (*L. virosa* L.) est aussi bisannuelle et diffère de la précédente par sa tige un peu moins élevée, fistuleuse; ses feuilles entières, à nervure moyenne couverte d'aiguillons; ses capitules disposées en panicule étalée, et ses akènes d'un brun foncé. Quelques auteurs rapportent à cette espèce, comme variété, la Laitue scariole (*L. scariola* L.) et la *Lactuca altissima*, dont la tige atteint 3 à 4 mètres de haut.

Habitat. — La laitue cultivée, originaire d'Asie, est aujourd'hui cultivée dans tous les jardins maraîchers, et quelquefois aussi en grand pour l'usage médical. La laitue vireuse habite l'Europe; elle croît dans les lieux incultes, au bord des chemins, sur la lisière des bois, au voisinage des vieux murs, etc.

Parties usitées. — Les tiges, les feuilles, le suc laiteux.

Récolte. — Les fruits de la laitue ont été autrefois employés; on les récoltait à leur maturité; ils sont aujourd'hui inusités. Les tiges et les feuilles sont employées fraîches : elles servent à préparer une eau distillée. L'extrait sec des tiges de laitues montées était autrefois employé sous le nom de *thridace*. On ne fait plus usage aujourd'hui que du suc laiteux recueilli par section des tiges et desséché, sous le nom de *lactucarium*.

Les régions dans lesquelles on prépare le lactucarium sont peu nombreuses. Aubergier en a introduit l'usage dans les environs de Clermont-Ferrand. Goeris en a fait autant dans le voisinage de la petite ville de Zell, sur la Moselle, entre Coblentz et Trèves; on en fait de 300 à 400 kilogrammes aux alentours de Zell et une vingtaine de quintaux dans tout le district; on en prépare aussi en Écosse et en Russie. On cultive de préférence pour cela la *Lactuca altissima,* dont les tiges sont plus hautes et plus grosses. Lorsque la plante est sur le point de fleurir, on coupe la tige à environ $0^m,30$ au-dessous du sommet; et, chaque jour, après avoir récolté le suc écoulé par la surface de section, on coupe quelques centimètres de la tige. La récolte faite de la sorte peut durer jusqu'au mois de septembre. On laisse le suc s'évaporer et se dessécher au soleil; en se desséchant, il passe du blanc au brun plus ou moins foncé. Son odeur est forte, désagréable, vireuse; sa saveur amère, assez analogue à celle de l'opium.

Composition chimique. — On retire du lactucarium, à l'aide de l'alcool bouillant, une substance neutre, cristalline, inodore, insipide, insoluble dans l'eau, soluble dans l'éther, la *lactucérine* ou *lactucone,* $C^{16} H^{26} O$. L'alcool froid enlève au lactucarium une autre substance cristallisable, amère, la *lactucine,* $C^{11} H^{12} O^3$. On a retiré de la liqueur même de cette dernière un *acide lactucique,* d'abord amorphe, jaune brillant, cristallisable après un repos prolongé; enfin, on a obtenu de la *lactucopicrine*, $C^{44} H^{64} O^{21}$, qui paraît être un produit d'oxydation de la lactucine. Le lactucarium contient encore de la gomme, du sucre, une résine, de l'arparagine, de la mannite, des acides malique, citrique, etc.

Usages. — Les anciens vantaient les propriétés calmantes de la laitue. Hippocrate la connaissait. Celse la plaçait à côté de l'opium et la donnait aux phthisiques. Galien la mangeait en salade pour se procurer le sommeil. Le poëte Martial la mangeait pour rafraîchir ses entrailles; il l'appelait le *repos de la bonne chère, grataque nobilium requies lactuca ciborum.* Abandonnée pendant longtemps, la laitue fut remise en honneur au dix-septième siècle par Lanzoni. Employée depuis cette époque sous forme d'eau distillée, elle a été regardée comme narcotique et calmante et employée contre la toux, les maladies nerveuses, etc.

Quoique la laitue vireuse soit généralement considérée comme narcotique, cette propriété lui a souvent été contestée. Cependant, en 1876, M. Boc a publié, dans le *Bulletin de thérapeutique* (p. 368), une observation d'empoisonnement de trois personnes par des feuilles de laitue vireuse fraîches, qui paraît mettre hors de doute les qualités toxiques de cette plante; les malades eurent du délire, des hallucinations de la vue, etc., et ne furent remis qu'après vingt-quatre heures de souffrances. Les observations de M. Guéneau de Mussy mettent également hors de doute l'action narcotique du lactucarium provenant de la laitue gigantesque. A la dose de 20 à 30 centigrammes, l'extrait alcoolique de lactucarium produit les mêmes effets que l'opium, mais avec moins d'intensité; il convient pour combattre l'insomnie et pour calmer la toux. Le lactucarium convient surtout aux enfants chez lesquels l'administration de l'opium n'est pas sans danger, et dans tous les cas où on cherche un effet narcotique faible.

La laitue et ses préparations sont rarement prescrites par les médecins homœopathes. Cependant on trouve cette plante consignée dans leur Codex, sous le signe *Alt.*, et l'abréviation *Lact.*

LAMIER

Lamium album L.
(Labiées - Stachidées.)

Le Lamier blanc, appelé aussi Lamion, Ortie blanche, Ortie morte, Archangélique, est une plante vivace, à racines fibreuses, un peu rampantes, blanchâtres. Les tiges, hautes de 0^{m},25 à 0^{m},50, tétragones, succulentes, velues, ascendantes, simples ou rameuses, portent des feuilles opposées, pétiolées, ovales, cordées à la base, longuement acuminées, dentées. Les fleurs, blanches, assez grandes, sont groupées en petits glomérules à l'aisselle des feuilles supérieures. Elles présentent un calice tubuleux campanulé, pubescent, à cinq dents presque égales, aiguës, ciliées; une corolle à tube ascendant, contracté à la base, portant à l'intérieur un anneau de poils, oblique, à gorge insensiblement dilatée, à limbe bilabié; quatre étamines didynames, à anthères noirâtres; un ovaire composé de quatre carpelles uniovulés, surmonté d'un style simple terminé par un stigmate bifide. Le fruit se compose de quatre akènes, à trois angles aigus, tronqués au sommet, et entourés par le calice persistant.

Le Lamier maculé (*L. maculatum* L.) est aussi vivace, et diffère du précédent par sa taille plus élevée, et ses corolles purpurines, ponctuées de rouge, à anneau de poils horizontal.

Le Lamier pourpre, vulgairement Ortie rouge (*L. purpureum* L.) et le Lamier amplexicaule (*L. amplexicaule* L.) sont des plantes annuelles, dont la corolle purpurine a le tube droit et la gorge très-dilatée.

Le Lamier jaune ou Galéobdolon, vulgairement Ortie jaune (*L. galeobdolon* Crantz, *Galeopsis Galeobdolon* L., *Galeobdolon luteum* Huds.), est une plante vivace, à souche longuement traçante, émettant de longues fibres radicales, et à fleurs assez grandes, d'un beau jaune.

Habitat. — Ces plantes sont communes en Europe; on les trouve dans les lieux cultivés et herbeux, les friches, les décombres, les bois, au bord des chemins, etc. On ne les cultive que dans les jardins botaniques.

Parties usitées. — Les feuilles et les fleurs.

Récolte. — On peut récolter la plante, pour la faire sécher, au moment de la floraison. Mais le plus souvent on emploie les fleurs mondées, que l'on fait dessécher rapidement au soleil, car elles sont sujettes à noircir. Par la dessiccation, les plantes et les fleurs perdent leur saveur et le peu d'odeur qu'elles possédaient.

Composition chimique. — La saveur amère de cette plante est due à un principe résineux. Son astringence doit être attribuée au tannin qu'elle renferme en petite proportion. Quoique son odeur soit forte et désagréable, on n'en a extrait aucune huile essentielle.

Usages. — Le nom d'Ortie blanche a été donné à cette plante à cause de la forme de ses feuilles. Du temps de Pline, on l'estimait déjà comme astringente, et on l'utilisait contre les hémorrhagies, la leucorrhée, etc. On l'administrait en infusion ou on faisait prendre le suc à assez forte dose. On l'a employée aussi comme anti-scrofuleuse; mais, malgré l'opinion du docteur Consbruch, qui assure n'avoir jamais rien trouvé de meilleur contre la leucorrhée, elle est aujourd'hui à peu près tout à fait abandonnée, et nous croyons que c'est avec juste raison. Cependant l'infusion des fleurs est quelquefois prescrite contre la bronchorrée et les affections catarrhales en général.

On a également donné le nom d'ortie morte au *stachys palustris* L., de la même tribu.

Les médecins homœopathes indiquent le *Lamium album* comme étant peu connu dans ses effets. Cependant ils l'ont inscrit dans leur Codex sous le signe *Mil* et l'abréviation *Lam.* Ils indiquent son emploi dans une foule de maladies.

LAMINAIRE

Laminaria saccharina et *digitata* Lamk.
(Algues-Phéosporées.)

Les Laminaires sont des algues à crampons (vulgairement racines) fibreux, ramifiées; à stipe cylindrique, épais, plus ou moins long, terminé par une fronde membraneuse ou coriace, brun verdâtre, recouverte d'un enduit muqueux, renfermant à l'intérieur un principe gélatineux et sucré très-abondant, qui, par la dessiccation, apparaît à la surface sous forme d'efflorescence farineuse et blanchâtre. Les fructifications forment des sortes de renflements pyriformes, disposés dans le tissu des lames de la fronde.

La laminaire sucrière (*Laminaria saccharina* Lamk., *Fucus saccharinus* L.) a un stipe cylindrique, court, de la grosseur du doigt; une fronde longue de 2 à 3 mètres, membraneuse, un peu coriace, roux verdâtre, ovoïde, lancéolée, aiguë, ondulée et frisée sur les bords.

La liminaire digitée (*L. digitata* Lamk., *Fucus digitatus* L.), vulgairement appelée Fouet des sorcières, a un stipe semblable à celui de l'espèce précédente, brun, devenant noirâtre par la dessiccation, terminé par une fronde épaisse, coriace et comme cornée, brunâtre, d'abord cordée et entière, puis se divisant très-profondément à son extrémité en longues lanières (Pl. 22).

La laminaire bulbeuse (*L. bulbosa* Lamk., *Fucus bulbosus* L.) a une sorte de bulbe creux, souvent très-gros, donnant naissance à un stipe très-long, épais, comprimé, simple, terminé par une fronde conique, flabelliforme, profondément divisée en lanières longues et linéaires.

Habitat. — Les laminaires habitent généralement les mers septentrionales. Les trois espèces que nous avons décrites sont abondamment répandues sur toutes les côtes océaniques de la France. Elles flottent dans l'eau, et se fixent par leurs crampons sur les rochers sous-marins.

Parties usitées. — Toute la plante.

Récolte. — Pour les usages industriels comme pour les emplois en médecine, les divers fucus peuvent être récoltés à toutes les époques de l'année. On les fait dessécher au soleil.

Composition chimique. — D'après M. Gaultier de Claubry, c'est la laminaire digitée qui fournit le plus d'iode. D'après M. John, le *Fucus vesiculosus* contient : corps gras, 2; squelette du fucus (*fungine*), 78; mucilage brun rougeâtre, matière extractive, sulfate de soude, chlorure de sodium, 4; sulfate de chaux, sulfate de magnésie, phosphate de chaux, 12,9; sulfate de soude, chlorure de sodium, 3,1 ; iodure de sodium indéterminé, oxyde de fer de manganèse, silice, acide particulier, traces. La *fungine* se rapproche de la cellulose. La substance la plus importante des Laminaires et d'un grand nombre d'autres algues est la *gelose*, qui se forme par épaississement et ramollissement de leurs membranes. C'est une substance amorphe qui se gonfle beaucoup dans l'eau froide, se dissout dans l'eau bouillante et se prend en gelée par le refroidissement en absorbant 500 fois environ son poids d'eau pure.

Nous avons dit précédemment que les cendres de la laminaire digitée étaient celles qui renfermaient le plus d'iode; voici d'ailleurs quelle est la composition de ces cendres : potasse, 20,66; soude, 7,65 ; chaux, 10,94 ; magnésie, 6,86; oxyde de fer, 0,57; chlorure de sodium, 26,18; iodure de sodium, 3,34; acide sulfurique, 12,23 ; acide phosphorique, 2,36 ; silice, 1,44; acide carbonique, 8,18; charbon, 0,53 (Pelouze et Frémy, *Traité de chimie générale*, t. VI, p. 438). Tandis que la proportion d'iodure de sodium contenue dans les cendres des autres algues varie de 0,40 à 1,50.

La plupart des algues, et principalement la *L. saccharina*, se recouvrent apres leur mort d'efflorescences sucrées qui ont été confondues avec le sucre cristallisable (Leman., *Diction. des sciences naturelles*). Étudiées par Biarne Povelsen, rapprochées de la mannite par Vauquelin, qui cependant les distinguait de cette substance, elles ont été confondues avec elle par T.-L. Phipson, tandis qu'il est très-probable que ces cristaux sucrés sont un isomère de la mannite et semblables à la *phycite*, extraite du *Protococcus vulgaris*, algue, phycée, celle-ci cristallise en prismes rectangulaires d'une saveur sucrée, fondant à 112° et dégageant à 160° une odeur caractéristique qui les distingue. M. L. Soubeiran, qui a étudié la substance sucrée des fucus, croit avec Phipson qu'elle est le produit de l'oxydation de la matière mucilagineuse intercellulaire, mais il la décrit sous le nom de mannite, et c'est par erreur qu'il confond la matière albumineuse avec le mucilage.

Usages. — Plusieurs algues sont employées comme aliments dans l'Islande, le Nordland, la Norwége, etc. On les fait sécher et on les réduit en poudre que l'on mélange à la farine pour faire du pain.

A l'intensité près, toutes les algues jouissent des mêmes propriétés; aussi M. Boinet les emploie-t-il indistinctement en poudre pour les faire entrer dans l'alimentation iodée; il en prépare un vin par fermentation avec le jus de raisin, qui est très-iodé et agréable à boire; il en fait fabriquer un pain iodé, etc.

Les frondes de la laminaire digitée sextuplent environ de volume lorsqu'on les fait tremper dans l'eau; elles sont de la grosseur d'une plume à écrire environ. M. Sloane d'Ayr et M. Wilson de Glascow ont proposé ces cylindres pour remplacer l'éponge à la ficelle et dilater les trajets fistuleux. On peut à volonté amincir ces cylindres ou en réunir plusieurs selon le diamètre de la plaie; il faut, dans tous les cas, les râcler pour effacer les rides de la surface. Nous devons ajouter que la laminaire digitée essayée pour dilater la plaie que le général Garibaldi portait au pied a parfaitement réussi.

On prépare avec les grandes algues des gelées qui servent à falsifier les gelées de groseille et autres, et qui sont très-utiles dans l'apprêt des étoffes. Sous le nom de *Haï-Thao*, il vient de Chine un de ces apprêts qui est très-estimé.

LAPSANE

Lapsana communis L.
(Composées - Chicoracées.)

La Lapsane ou Lampsane, appelée aussi Herbe aux mamelles, est une plante annuelle, à racines fibreuses, fasciculées, blanchâtres. La tige haute de $0^{m},30$ à $0^{m},60$, légèrement pubescente, rameuse, dressée, porte des feuilles alternes, les inférieures lyrées, à lobe terminal très-grand et anguleux, les supérieures simplement dentées. Les fleurs, jaunes, sont groupées en capitules terminaux, solitaires à l'extrémité de pédoncules grêles et nus, et dont la réunion constitue une panicule lâche terminale. Le réceptacle est nu et entouré d'un involucre de huit à dix folioles égales, glabres, disposées sur un seul rang, muni d'écailles courtes à sa base. Les corolles sont toutes ligulées. Le fruit est un akène un peu comprimé et strié.

La petite Lapsane (*L. minima* Lam., *Arnoseris minima* Gærtn., *Hyoseris minima* L.) se distingue de la précédente par sa taille plus petite, et ses akènes terminés par un rebord court, anguleux, en forme de couronne.

Habitat. — Ces deux plantes sont communes en Europe. On les trouve dans les lieux cultivés, les champs sablonneux, les remblais, etc.

Parties usitées. — Les feuilles, les racines.

Récolte. — Cette plante ne croît guère chez nous que dans les jardins, elle est peu usitée et on ne l'emploie que fraîche, on la récolte avant la floraison.

Composition chimique. — Par ses propriétés thérapeutiques et alimentaires, et par sa composition, la *lapsane* ou *lampsane* se rapproche de la chicorée, l'analyse n'en a pas été faite.

Usages. — On regardait autrefois les feuilles comme calmantes et astringentes, on les appliquait sous forme de cataplasmes sur les endroits enflammés, contre les engorgements mammaires, chez les nourrices et les nouvelles accouchées, d'après Pline (*lib.* XX, *c.* 9). Son nom vient de λάπτω, purger, on lui attribue en effet des propriétés laxatives, mais c'est bien à tort; les feuilles et surtout les racines, ainsi que celles de l'*Hyoseris minima* L. ou petite lapsane, sont mangées dans plusieurs localités du Levant, on les dit aussi bonnes que celles du salsifis, d'après Belon (Singularités 465), on les vend en bottes sur les marchés de Constantinople, on en fait la soupe et on accommode les feuilles comme les épinards.

Les anciens désignaient sous le nom de *Lampsane* une espèce de chou sauvage; le *Brassica arvensis* L. probablement.

LARDIZABAL

Lardizabala biternata Ruiz et Pav.
(Berbéridées-Lardizabalées.)

Le Lardizabal biterné est un arbrisseau, dont la tige, haute de plusieurs mètres, couverte d'une écorce brune et rude, se divise en rameaux grimpants, volubiles, portant des feuilles alternes, à pétioles articulés, à limbe deux fois terné, à folioles entières, dentées, coriaces, lisses et luisantes. Les fleurs, dioïques, violet foncé, sont réunies en grappes axillaires rameuses, à pédoncule commun accompagné de deux grandes bractées cordiformes, luisantes. Elles présentent un calice à six divisions disposées sur deux rangs; une corolle à six pétales hypogynes, coriaces, carénés à la base, plus courts que le calice. Les mâles ont six étamines opposées aux pétales, à filets monadelphes, à anthères munies d'un connectif saillant; un pistil rudimentaire. Les femelles présentent six étamines libres et stériles; un pistil composé de trois ovaires distincts, uniloculaires, multiovulés, surmontés d'un stigmate sessile et aigu. Le fruit est ovoïde, arrondi, charnu, lisse, vert jaunâtre, renfermant un grand nombre de graines petites et réniformes (Pl. 23).

Le lardizabal triterné (*L. triternata* R. et P.), diffère surtout du précédent par ses feuilles trois fois ternées.

Habitat. — Ces deux espèces habitent le Pérou et le Chili; on les trouve dans les vallées abritées, les bois humides, les haies, etc. On les cultive dans quelques localités.

Culture. — Le lardizabal est encore peu répandu dans nos jardins. Il est probable qu'il pourrait être cultivé en pleine terre, à la condition d'être couvert de litière pendant l'hiver. Il demande une exposition aérée, la terre de bruyère ou un mélange de terre franche et de gravier. On le multiplie de boutures sous cloche et sous châssis.

Parties usitées. — Les fruits.

Récolte. — Au Chili, le fruit de lardizabal biterné porte le nom de *Coguil*, sa saveur est agréable, il est assez recherché ; on prétend qu'il est dangereux, et qu'il acquiert des propriétés nuisibles lorsque la plante a pris pour appui le *Rhus causticus*, mais ce fait n'est pas démontré.

Composition chimique. — Les fruits sont très-sucrés et très-mucilagineux, l'analyse n'en a pas été faite.

Usages. — Les tiges flexibles du lardizabal biterné, sont employées au Chili, par les habitants des campagnes, comme on fait chez nous l'osier; on en fait des toits, des clôtures, des palissades, des cerceaux, des paniers; on croit que c'est le *Cogul* de Molina dont on se sert pour faire des câbles qui résistent à l'humidité; on enlève l'écorce, on les fait macérer dans l'eau pendant vingt-quatre heures et on les passe au feu pour les rendre plus flexibles.

Au Chili et au Pérou, on confond souvent le *L. triternata* avec le précédent; il jouit d'ailleurs de propriétés identiques.

Dans la même famille des Lardizabalées, on trouve encore les *Burasaia* qui se distinguent par leur amertume et leurs propriétés toniques; les *Stauntonia*, dont les fruits sont émollients et rafraîchissants, et qui donnent un suc employé contre les ophthalmies. Les fruits du *Stauntonia angustifolia* du Népaul, sont désignés par les habitants du pays sous le nom de *Goupli* et de *Bégal*, ils font partie du régime alimentaire des habitants de cette région asiatique.

LASER

Laserpitium siler et *Gallicum* L.
(Ombellifères - Thapsiées.)

Le Laser siler est une plante vivace, à racine épaisse. La tige haute de $0^{m},50$ à 1 mètre, porte des feuilles alternes, deux ou trois fois ailées, à segments lancéolés ou ovales, atténués en coin à la base, mucronés, entiers, d'un vert pâle, à nervures transparentes; les inférieures à pétiole comprimé, les supérieures sessiles sur une gaîne ventrue. Les fleurs, blanches ou rosées, sont groupées en ombelles terminales de trente à quarante rayons, à involucre et involucelles formés de plusieurs folioles étalées. Elles présentent un calice à cinq dents; une corolle à cinq pétales obovales échancrés; cinq étamines saillantes; un ovaire infère, cylindrique, un peu comprimé, à deux loges uniovulées, surmonté de deux styles divergents. Le fruit est un diakène cylindrique, oblong, presque linéaire, arrondi à la base, glabre, portant sur chaque face quatre ailes larges, membraneuses, entières.

Le laser de France (*L. Gallicum* L.) est aussi vivace, et se distingue du précédent par ses feuilles décomposées, à segments opposés, divariqués, cunéiformes à la base, entiers ou lobés, verts et luisants en dessus, plus pâles en dessous; les inférieures à pétioles cylindriques; les supérieures sessiles sur une gaîne courte, non ventrue; ses ombelles de vingt à cinquante rayons; son fruit ovale, tronqué à la base, glabre, à ailes marginales plus larges que les dorsales.

Citons aussi le laser à larges feuilles (*L. latifolium* L.).

Habitat. — Sauf cette dernière espèce, qu'on trouve dans le Nord, les lasers sont propres aux régions méridionales, où ils croissent dans les bois montueux, sur les rochers, etc. Ces plantes ne sont cultivées que dans les jardins botaniques.

Parties usitées. — Les feuilles, les racines, les fruits, la résine.

Récolte. — Les feuilles sont récoltées au moment de la floraison, les racines au printemps ou à l'automne, les fruits à leur maturité. Toutes ces parties perdent la plus grande partie de leurs propriétés par la dessiccation ; on préférait les employer fraîches.

Composition chimique. — Les laserpitium doivent leur odeur forte et pénétrante à un suc laiteux, amer, âcre, qui n'a pas été examiné chimiquement; on ne sait pas non plus quelle était la nature et la composition du laser des anciens.

Usages. — L'origine du *Laser* des anciens est encore aujourd'hui douteuse, c'est une substance gommo-résineuse que les Romains estimaient au poids de l'or; on le tirait de la Cyrénaïque, les Grecs le nommaient *sylphion*, la plante qui le fournissait était appelée *Laserpitium*, et le pays qui le produisait était désigné sous le nom de *Regio sylphifera*. D'après Sprengel, sa découverte est due à Aristée, qui vivait 607 ans avant l'ère chrétienne. Le laserpitium croissait non-seulement en Cyrénaïque, mais encore en Syrie et en Médie. Dioscoride rapporte que ses racines, qui étaient employées comme condiment, s'appelaient *magydaris;* ses tiges, grosses comme celles des férules, *maspeton;* ses feuilles semblables à celles de l'ache, *maspeta*. Le *Laser*, ou résine obtenue par incision de la racine, était roux, transparent, d'une odeur forte, d'une saveur âcre et piquante. On lui attribuait des propriétés merveilleuses, comme celle de rajeunir, de rendre la vue, de guérir de tout poison, les plaies venimeuses, etc. A Rome, on l'enfermait dans le trésor de l'État. L'histoire rapporte que sous le consulat de C. Valérius et de M. Herennius, on en vendit publiquement trente livres, et sous J. César, cent onze livres furent vendues pour subvenir aux frais de la première guerre civile (*Pline*, lib. XIX, c. 3). Plus tard il vint à manquer tout à fait, et une tige de laserpitium fut présentée à l'empereur Néron en grande pompe, comme une chose très-rare; il devint inconnu aux générations suivantes et on ne le connaissait que par son image, qui était représentée sur les médailles frappées en son honneur.

On a beaucoup discuté sur l'origine du laser; on s'accorde généralement à dire qu'il était produit par une ombellifère. Stapel l'attribue, dans son commentaire sur Théophraste, au *Ligusticum latifolium* L.; Linné désigne le *Laserpitium siler* L.; Sprengel le *Ferula Tingitana* L.; Desfontaines le *Laserpitium gummiferum*; l'abbé Della Cella le *Thapsia sylphium*, et M. Pacho croit qu'il était produit par le *Laserpitium derias* (*Voyage dans la Cyrénaïque*, Paris, 1827, in-4°). Scaliger a écrit de longues considérations sur le laser; rappelons enfin que l'opopanax a été attribué au *Laserpitium chironium*, confondu aujourd'hui avec l'*Opopanax chironium* Koch, qui paraît être le même que le *Laserpitium latifolium* L., dont la racine était employée comme carminative, anti-hystérique et échauffante; ses propriétés purgatives lui avaient valu le nom de Turbith des montagnes. Peyrilhe dit que c'est un purgatif violent et Bergius se plaint de ce qu'on le néglige. C'est le *Seseli d'Éthiopie*, la *Panacée d'Hercule* des anciens, et la *Gentiana alba* des vieux formulaires.

Tous ces produits sont aujourd'hui tout à fait inusités.

LATHRÉE

Lathræa clandestina et *squamaria* L.

(Orobanchées.)

La Lathrée clandestine (*Lathræa clandestina* L., *Clandestina rectiflora* Lam.) appelée aussi Clandestine de Léon, madrate, herbe cachée, herbe de la matrice, etc., est une plante vivace, dont les racines sont remplacées par de petits suçoirs tuberculeux, et la tige et les feuilles réduites à une souche souterraine munie d'écailles courtes, épaisses, charnues, blanchâtres, imbriquées. Les fleurs, pourpre violacé, assez longuement pédonculées et accompagnées de bractées demi-embrassantes, sont groupées en corymbe terminal. Elles présentent un calice campanulé, à quatre divisions; une corolle à deux lèvres, la supérieure longue, concave, courbée, apiculée, l'inférieure plus courte et trilobée, quatre étamines didynames, à anthères velues, presque saillantes; un ovaire uniloculaire, multiovulé, muni d'une glande à sa base, surmonté d'un style simple, recourbé au sommet et terminé par un stigmate bilobé. Le fruit est une capsule ovoïde, uniloculaire, se séparant à la maturité en deux valves, et renfermant un grand nombre de graines très-petites, attachées à deux placentas pariétaux, linéaires.

La lathrée écailleuse (*L. squammaria* L.) diffère de la précédente par son rhizome rameux et tortueux; sa tige aérienne dressée, simple, haute de $0^{m},10$ à $0^{m},15$; ses bractées grandes, obovales, blanches, lavées de pourpre, imbriquées; ses fleurs pendantes, blanches, lavées de pourpre, en grappe terminale unilatérale, et ses capsules coniques.

Habitat. — Ces plantes sont assez répandues en Europe; elles habitent surtout les lieux humides et ombragés, et vivent en parasites sur les racines des aunes, des peupliers et de quelques autres arbres. On ne les cultive pas.

Parties usitées. — La plante entière.

Récolte. — Cette plante vit en parasite sur les racines de plusieurs arbres; à l'époque où elle jouissait d'une grande célébrité, on préférait celle qui croissait sur les racines du hêtre. Les fleurs sont les seules parties saillantes au-dessus du sol.

Composition chimique. — La clandestine n'a jamais été analysée, on ne sait rien sur sa composition chimique.

Usages. — La clandestine est aujourd'hui tout à fait inusitée. Linné a réuni, sous le nom de *Lathræa*, les genres *clandestina*, *phelippæa* et *amblatum*, que les botanistes modernes ont séparés de nouveau.

Nous signalons la clandestine comme un nouvel exemple de la crédulité populaire; elle a joui en effet à une certaine époque d'une très-grande réputation, comme propre à rendre fertiles les femmes stériles; on l'employait dans ce but, dans le plus profond mystère, et Daléchamps lui attribue cette propriété avec bien d'autres; il ne dit pas qu'à sa connaissance elle ait réussi, mais il paraît que les gens riches, qui désirent avoir des enfants, en font assez souvent usage. MM. Mérat et Delens disent qu'en 1814 ils ont été consultés sur les propriétés de cette plante, qu'on voulut administrer à une princesse; ils ajoutent « qu'elle eut le bon esprit de se refuser à l'usage que désiraient lui en faire faire les officieux de sa cour. »

LAURIER

Laurus nobilis L.
(Laurinées.)

Le Laurier noble ou franc, appelé aussi Laurier d'Apollon, Laurier sauce, etc., est un arbre, dont la tige, haute de 8 à 10 mètres, cylindrique, grisâtre dans le bas, verte dans le haut, dressée, se divise en rameaux droits, flexibles, dressés, glabres, d'un beau vert, portant des feuilles alternes, courtement pétiolées, lancéolées, aiguës, ondulées sur les bords, fermes, coriaces, glabres, luisantes, d'un vert foncé surtout en dessus, persistantes. Les fleurs dioïques, d'un jaune blanchâtre ou herbacé, sont groupées en petits fascicules axillaires, entourés d'un involucre formé de quatre petites bractées écailleuses, concaves, obtuses, brunes, caduques. Elles présentent un calice à quatre divisions profondes, obovales, obtuses, concaves, étalées. Les mâles ont douze étamines presque égales, disposées et alternant sur trois rangs, à filets un peu comprimés et légèrement soudés par leur base au fond du calice, à anthères munies d'un connectif saillant. Les femelles renferment quatre rudiments d'étamines; un ovaire ovoïde à une seule loge uniovulée, surmonté d'un style épais, court, recourbé, marqué d'un sillon longitudinal et terminé par un très-petit stigmate glanduleux. Le fruit est une drupe ovoïde, noire, légèrement charnue, renfermant une graine blanchâtre à testa assez solide et à cotylédons très-volumineux.

Habitat. — Le laurier franc est originaire des bords du bassin Méditerranéen. Il croît assez bien en pleine terre dans le centre et l'ouest de la France.

Culture. — Cet arbre demande une terre légère, fraîche et substantielle. On le propage de graines, semées en pots, sur couche et sous châssls, ainsi que de boutures, de marcottes et de rejetons.

PARTIES USITÉES. — Les feuilles et les fruits.

RÉCOLTE. — Les feuilles plus particulièrement employées fraîches, peuvent être cueillies pendant toute l'année; elles perdent une grande partie de leurs propriétés par la dessiccation. Les fruits improprement appelés *baies de laurier*, nous viennent secs de la Provence, de l'Espagne, de l'Italie et du Maroc; ils sont noirs, globuleux, un peu allongés, très-aromatiques, lorsqu'on les brise on trouve sous le péricarpe desséché une graine renfermant deux gros cotylédons huileux très-odorants. Le bois assez dur répand une odeur agréable, il est assez recherché pour la marqueterie.

COMPOSITION CHIMIQUE. — Par expression à chaud des fruits de laurier pulvérisés, on obtient une *huile*, dite *de laurier*, qui est molle, verte, de la consistance de l'huile d'olives figée, granuleuse, très-aromatique; dans le commerce elle est souvent préparée avec de l'axonge, chargée par digestion des principes colorant et odorant des feuilles et des fruits de laurier; c'est ce produit que l'on nomme *onguent de laurier*, il ne faut pas le confondre avec l'huile.

M. Bonastre a trouvé dans les fruits de laurier : une huile volatile, de la laurine, de la laurane, une huile grasse de couleur verte, de la cire, une huile liquide, de la résine, de la fécule, un extrait gommeux, de la bassorine, une substance acide, du sucre incristallisable, de l'albumine.

D'après M. Marson, la laurine qui forme la partie solide de l'huile de laurier, constitue une matière grasse particulière; elle est blanche, cristalline, fond à 45°. Elle est peu soluble dans l'alcool et l'éther froid, très-soluble dans l'alcool bouillant. La *laurane* ou *lauro-stéarine,* est sans importance au point de vue médical. La matière grasse peut être extraite des semences de laurier au moyen du sulfure de carbone (Berjot, Lepage).

USAGES. — Les fruits du laurier entrent dans l'eau Thériacale, le baume de Fioraventi, l'esprit carminatif de Sylvius, etc. Toutes les parties de cette plante sont considérées comme excitantes; quant aux propriétés stomachiques, carminatives, expectorantes, diurétiques, sudorifiques, anti-spasmodiques et emménagogues, qu'on a attribuées aux feuilles et aux fruits, s'il est vrai qu'elles peuvent se réaliser dans certaines conditions, il faut ajouter qu'elles ne produisent ces effets que dans certains cas d'atonie et de débilité générale, et alors il existe d'autres stimulants, qui exerceront la même action et qui sont plus faciles à administrer; c'est plus spécialement dans l'inappétence, la débilité de l'estomac, l'aménorrhée avec atonie et le catarrhe pulmonaire, que les feuilles de laurier ont été conseillées. Tantôt en infusion dans l'eau, d'autres fois dans de la bière ou dans du vin; les fruits jouissent des mêmes propriétés, mais ils sont plus actifs. Autrefois très-employés comme abortifs, ils sont tout à fait inusités pour l'usage interne; l'huile et l'onguent de laurier sont employés contre les douleurs rhumatismales; on s'en sert quelquefois pour le pansement des plaies et des ulcères atoniques.

Les feuilles du laurier d'Apollon sont très-employées dans l'art culinaire, aussi lui donne-t-on quelquefois le nom de *laurier sauce*.

LAURIER-CERISE

Cerasus lauro-cerasus Lois. *Prunus lauro-cerasus* L.
(Rosacées-Amygdalées.)

Le Laurier-cerise, appelé aussi Laurier-amande ou Laurier aux crèmes, est un arbre dont la tige, haute de 6 à 8 mètres, se divise en rameaux portant des feuilles alternes, distiques, ovales allongées, acuminées, dentées, coriaces, lisses, luisantes, d'un beau vert, surtout en dessus, persistantes. Les fleurs, blanches, petites, très-odorantes, sont groupées en épis axillaires dressés. Elles présentent un calice campanulé, à cinq divisions courtes et obtuses; une corolle rosacée, à cinq pétales; des étamines nombreuses, insérées sur le calice; un ovaire simple, à une seule loge uniovulée, surmonté d'un style et d'un stigmate simples. Le fruit est une petite drupe ovoïde, allongée, aiguë, noirâtre, glabre, renfermant un noyau monosperme. (Pl. 24.)

Habitat. — Originaire des bords de la mer Noire, cet arbre a été naturalisé dans les contrées méridionales de l'Europe. On ne le cultive que dans les jardins botaniques ou d'agrément.

Parties usitées. — Les feuilles fraîches.

Récolte. — Il existe dans les jardins deux variétés de laurier-cerise : l'un est appelé *officinal* et l'autre *laurier de la Colchide*. Celui-ci a les feuilles plus courtes, plus obtuses; les nervures sont moins prononcées, d'où il résulte qu'à poids égal il fournit plus de principe actif.

Des recherches intéressantes, faites par MM. Mayet, Marais, Adrian, Plauchud, etc., ont démontré que l'on pouvait récolter les feuilles de laurier-cerise à toutes les époques, pour la préparation de l'eau distillée, mais que cette eau, faite dans les mêmes conditions, était plus active à l'époque de la maturité des fruits, qui a lieu en février et mars. D'après Soubeiran, elle serait plus active en juillet et août. D'ailleurs, tout fait présumer que le nouveau Codex prescrira l'emploi pour l'usage médical d'une eau distillée de laurier-cerise titrée. Il importera moins alors de déterminer d'une manière précise l'époque de la récolte. La dessiccation détruit les principes actifs du laurier-cerise, ou du moins elle annihile les substances qui contribuent à le former; mais elles renferment le principe qui, mis en contact avec l'émulsine, produit l'essence de laurier-cerise et l'acide cyanhydrique.

Composition chimique. — L'eau distillée de laurier-cerise doit son action à une huile essentielle et à l'acide cyanhydrique. Ces corps ne préexistent pas dans les feuilles, car, traitées intactes par l'alcool absolu, on ne dissout pas l'essence et l'acide cyanhydrique, mais bien une substance qui a été isolée par M. Simon de Berlin, et qui concourt à la formation de ces deux principes actifs. Ce corps est analogue à l'amygdaline, et la formation de l'essence et de l'acide cyanhydrique dans le laurier-cerise est analogue, sinon identique avec celle des amandes amères. (Voyez ce mot.)

Il est facile et important de doser l'acide cyanhydrique dans l'eau distillée de laurier-cerise. On se sert, pour cela, d'un des procédés d'analyse par les volumes indiqués par MM. Liebig, Fordos, et Gélis, et Buignet; mais malheureusement on ne peut pas titrer l'huile essentielle qui concourt puissamment à l'action thérapeutique. Aussi la commission du Codex propose-t-elle avec raison de titrer les eaux distillées de laurier-cerise, de manière à ce qu'elles soient toujours les mêmes dans toutes les pharmacies : l'époque de la récolte des feuilles, l'âge de la plante, le procédé de distillation employé, la quantité d'eau recueillie étant autant de causes qui peuvent influer sur sa composition et sur ses propriétés. De nombreuses expériences ont démontré que l'eau distillée, bien bouchée, se conservait parfaitement.

Usages. — A part l'usage des feuilles de laurier-cerise, que l'on fait quelquefois servir dans l'art culinaire, pour aromatiser les crèmes à l'amande amère, c'est le plus souvent l'eau distillée que l'on emploie ; l'essence trop active est réservée pour les besoins de la parfumerie. On prescrit quelquefois les feuilles en infusion, dans les cas où l'eau distillée est indiquée.

L'eau distillée de laurier-cerise convient dans tous les cas où l'acide cyanhydrique médicinal a été employé. C'est surtout comme narcotique et calmant qu'elle produit de bons effets. On l'emploie avec succès dans les névralgies, dans la dyspnée ; elle agit moins bien dans les névroses. On a prétendu qu'elle guérissait des maladies réputées incurables, telles que la rage, le cancer ; mais on ne doit ajouter aucune foi aux récits merveilleux que l'on a faits à ce sujet.

A l'extérieur, l'eau de laurier-cerise a été conseillée contre les affections de la peau. En général, elle ne produit, dans aucune d'elles, des effets assez marqués pour que son emploi se soit étendu.

Le laurier-cerise est un médicament dont les médecins homœopathes font un assez fréquent usage. Ils le considèrent comme narcotique et stupéfiant, mais son action varie selon les cas dans lesquels en l'emploie et la dose que l'on administre. Son signe est *Slo,* et son abréviation *Lauro.-c.*

LAURIER-ROSE

Nerium oleander L.
(Apocynées-Échitées.)

Le Laurier-rose, appelé aussi Laurose, Rosage, Nérion, etc., est un arbrisseau à racines traçantes. La tige, haute de 3 à 5 mètres, se divise en rameaux trifurqués, allongés, pubescents, portant des feuilles verticillées par trois, rarement opposées, sessiles, lancéolées, aiguës, fermes, coriaces, roides, d'un vert souvent grisâtre, persistantes. Les fleurs, grandes, d'un beau rose, sont groupées en cymes corymbiformes terminales. Elles présentent un calice assez petit, campanulé, profondément partagé en cinq lanières linéaires, aiguës, rougeâtres; une corolle monopétale, régulière, en entonnoir, à tube long et un peu renflé au milieu, à gorge munie de cinq appendices pétaloïdes frangé, à limbe divisé en cinq lobes obtus, égaux, obliques; cinq étamines incluses, insérées vers le milieu du tube de la corolle, à filets courts, un peu renflés et arqués, à anthères sagittées, amincies au sommet, qui se termine par une longue pointe renflée, couverte de poils blancs, laineux ; un pistil composé de deux carpelles à une seule loge multiovulée, surmonté d'un style court dilaté au sommet et terminé par un stigmate obtus. Le fruit se compose de deux follicules ovoïdes très-allongés, aigus, renfermant un grand nombre de graines munies d'une aigrette soyeuse.

Le Laurier-rose de l'Inde (*N. odorum* Sol.; *N. Indicum* Mill.) se distingue du précédent par ses feuilles plus vertes, plus longues et plus étroites ; ses fleurs odorantes, à divisions plus larges, à appendices plus longs ; et les soies de ses anthères dépassant la gorge de la corolle.

Ces deux espèces ont produit par la culture de nombreuses variétés à fleurs pourpres, roses ou blanches, simples ou doubles.

Habitat. — Le Laurier-rose habite le bord du bassin méditerranéen. On le cultive beaucoup dans les jardins d'agrément; mais, dans le Nord, il exige l'orangerie durant l'hiver.

Parties usitées. — Les feuilles.

Récolte. — Les feuilles doivent être récoltées au commencement de la floraison. Elles sont plus actives dans le Midi que dans le Nord. Dans les pays chauds, elles laissent écouler, lorsqu'on les coupe, un suc blanc très-abondant et très-âcre ; dans les pays froids et tempérés, ce suc est plus rare et moins actif.

Composition chimique. — Lukomski a extrait du laurier-rose deux principes auxquels il a donné les noms de *pseudocurarine* et d'*oléandrine*. La première de ces substances est très-mal connue. Betelli, considère la pseudocurarine comme un mélange de divers principes, mal définis, avec l'oléandrine. Celle-ci est une substance colorée en jaune clair, résinoïde, inodore, douée d'une saveur amère très-prononcée. Elle est peu soluble dans l'eau, soluble dans l'alcool, l'éther, le chloroforme. Injectée en solution aqueuse dans la veine jugulaire d'un chien, elle détermine instantanément la mort. Ingérée par le tube digestif, elle provoque des vomissements, de la diarrhée, des convulsions tétaniques et finalement la mort. Appliquée sur une muqueuse, elle détermine une vive irritation.

Usages. — A diverses époques on a essayé d'introduire les préparations du laurier-rose dans la thérapeutique, sans qu'on ait pu y réussir. C'est un poison des plus violents. Les faits rapportés par Morgagni, Orfila et Loiseleur-Deslongchamps le prouvent surabondamment. L'on a cité le cas d'empoisonnement de tout un corps d'armée du maréchal Suchet, qui, en Espagne, avait mangé de la viande cuite et embrochée avec des rameaux de cette plante.

Les feuilles sèches sont moins actives que fraîches; pulvérisées, elles sont sternutatoires et peuvent alors devenir dangereuses.

Les feuilles digérées dans l'huile cèdent à ce liquide une grande partie de leur principe actif, et on obtient ainsi un remède populaire contre la gale, employé dans le midi de la France, et que l'on applique avec moins de raison et de succès contre la teigne et les dartres. L'infusion des feuilles fraîches, autrefois employée contre la syphilis, n'est plus usitée, et il en est de même de toutes les plantes du même genre.

Ce que nous avons dit plus haut du principe actif du Laurier-rose montre qu'il faut apporter une grande réserve dans l'emploi de cette plante. Il n'est pas douteux qu'elle soit susceptible de rendre de réels services à la thérapeutique; mais elle n'a pas encore été étudiée d'une façon scientifique.

LAVANDE

Lavandula vera D.C. *L. officinalis* Auct.
(Labiées-Ocimoïdées.)

La Lavande officinale ou vraie est un sous-arbrisseau à souche ligneuse, courte, rameuse. Les tiges, hautes de $0^m,30$ à $0^m,60$, ligneuses à la base, rapprochées en touffe, se divisent en rameaux tétragones, allongés, grêles, pubescents, blanchâtres, nus dans leur partie moyenne, et portant, dans la partie inférieure, des feuilles opposées, sessiles, lancéolées-linéaires, aiguës, entières, velues et blanchâtres dans leur jeune âge, à bords roulés en dessous. Les fleurs, petites, bleu violacé, sessiles, sont groupées en petits verticilles insérés à l'aisselle des feuilles supérieures transformées en bractées scarieuses, ovales arrondies, aiguës; l'ensemble de ces verticilles constitue un épi grêle terminal, interrompu à la base. Chaque fleur présente un calice ovoïde tubuleux, velu, strié, bleuâtre, à cinq dents inégales, les quatre inférieures très-courtes, la supérieure plus large prolongée en un appendice dilaté en forme d'opercule; une corolle à tube plus long que le calice, à limbe divisé en deux lèvres, la supérieure bilobée, l'inférieure trilobée; quatre étamines incluses, didynames, les deux plus longues en bas; un pistil composé de quatre petits carpelles libres, surmonté d'un style simple terminé par un stigmate bifide. Le fruit se compose de quatre akènes oblongs, lisses, convexes au sommet.

La lavande en épi, vulgairement Spic ou Aspic, Lavande mâle, Grande lavande, Faux nard, etc. (*L. spica* L.), longtemps confondue avec la précédente, s'en distingue surtout par ses bractées linéaires, ses feuilles spatulées, son calice moins cotonneux, etc.

La lavande à larges feuilles, vulgairement Lavande femelle (*L. latifolia* Vill.), espèce très-voisine ou peut-être même simple variété de la lavande en épi, en diffère par sa taille plus petite; sa tige moins ligneuse, à rameaux étalés; ses feuilles linéaires lancéolées, longuement atténuées à la base; ses bractées étroites et cotonneuses.

La lavande Stéchas, ou Stéchas arabique (*L. stœchas* L.), est aussi un sous-arbrisseau, dont la tige, haute de $0^m,35$ à $0^m,65$, sous-ligneuse à la base, épaisse, presque droite, se divise en rameaux nombreux, dressés, portant des feuilles opposées, sessiles, oblongues linéaires, entières, à bords roulés en dessous. Les fleurs, petites, pourpre foncé, solitaires à l'aisselle de bractées ovales, pubescentes, forment par leur réunion des épis terminaux, serrés, ovoïdes, courts, imbriqués, couronnés par une touffe de bractées colorées en pourpre bleuâtre.

Habitat. — Toutes ces plantes croissent sur les bords du bassin méditerranéen. Elles habitent surtout les lieux secs et arides, et peuvent croître en pleine terre dans le centre et l'ouest de la France.

Culture. — Les lavandes ne sont guère cultivées que dans les jardins botaniques, et en bordures dans les jardins d'agrément. On peut les propager de graines semées au printemps; mais il vaut mieux les multiplier par éclats de pieds, faits dans cette saison ou à l'automne.

Parties usitées. — Les sommités fleuries, avant le complet épanouissement des fleurs.

Récolte. — Toutes les lavandes sont récoltées lorsque les corolles commencent à s'ouvrir. On coupe les sommités fleuries, on les dispose en paquets et en guirlandes que l'on fait sécher au grenier ou au séchoir. Quelquefois on trouve les fleurs isolées, dans le commerce de l'herboristerie; celles du stœchas le sont toujours.

La lavande officinale sert dans le Nord à faire des bordures dans les jardins. Son odeur est moins forte mais plus agréable que celle de la lavande spic ; elle est préférée pour les préparations de l'alcoolat de lavande. La lavande anglaise est la plus usitée ; on la cultive en grand à Mitcham, comté de Surrey.

La lavande mâle ou *Spic* nous vient du midi de la France, de la Sicile, de toute l'Italie et d'Afrique. Elle exhale une odeur forte, très-aromatique ; sur les lieux de production, on en extrait une essence désignée dans le commerce sous le nom d'huile ou d'*essence de spic* ou d'aspic. Elle est employée dans la fabrication des vernis et des peintures fines.

Les fleurs de stæchas nous arrivaient autrefois d'Arabie ; aussi les nommait-on *stæchas d'Arabie* ou *arabique*. Mais aujourd'hui la Provence en fournit suffisamment. Ce sont des sortes d'épis serrés, ovales oblongs, de la grosseur d'une petite olive. Leur couleur est pourpre, blanchâtre ; leur odeur est forte et térébinthacée ; leur saveur âcre, chaude et amère. Elles fournissent moins d'huile essentielle que les précédentes. Elles entrent dans le *sirop de stæchas composé,* qui n'est plus employé.

Composition chimique. — Les lavandes doivent leurs propriétés à une huile essentielle qu'on en retire par distillation. Celle du L. *vera* est légèrement colorée ; son odeur est forte, aromatique ; sa saveur est brûlante et amère ; sa densité est de 0,898 ; elle est soluble dans l'alcool, l'éther et l'acide acétique concentré. D'après Proust, elle laisse déposer un camphre semblable à celui des Laurinées. M. Dumas, qui a vérifié cette assertion, a vu que l'essence produite par la plante des pays chauds laissait déposer, jusqu'à moitié de son poids, de ce stéaroptène, qui est identique au camphre commun.

L'essence du *L. spica* est analogue à la précédente, mais son odeur est moins suave. Elle laisse également déposer du camphre.

Usages. — Les essences de lavande sont employées dans la parfumerie commune : le vinaigre, l'alcoolé et l'alcoolat de lavande, employés comme eaux de senteur, sont regardés comme anti-septiques. On fait avec les sommités fleuries des bouquets et des sachets que les ménagères mettent dans les armoires à linge pour les parfumer.

En médecine, les lavandes sont rarement employées ; elles sont stimulantes ; on les a conseillées dans les affections nerveuses, atoniques, contre la débilité digestive, les catarrhes chroniques, l'asthme humide. Les propriétés emménagogues qu'on leur a attribuées sont nulles. A l'extérieur, les infusions aqueuses ou vineuses sont regardées comme toniques et résolutives. On s'en sert pour lotionner les contusions. L'huile volatile a été employée quelquefois sous forme de liniment contre les douleurs. Bodart dit que l'on fait respirer les fleurs de lavande avec succès dans la dyspnée. D'ailleurs, leur action est analogue à celle de l'hyssope ; celle-ci est préférée.

LÉDON

Ledum palustre et *latifolium* L.
(Éricinées - Rhodorées.)

Le Lédon des marais ou à feuilles étroites (*L. palustre* L.), appelé vulgairement Romarin sauvage, est un arbuste de 0^{m},35 à 0^{m},65, rameux, diffus, à tige brune, à jeunes rameaux velus et roussâtres, portant des feuilles alternes, sessiles, étroites, linéaires, coriaces, persistantes, à bords repliés en dessus, à face inférieure couverte d'un duvet épais et roussâtre. Les fleurs, blanches, à pédoncules courbés après la floraison, sont réunies en ombelles terminales. Elles présentent un calice petit, à cinq dents ; une corolle à cinq pétales hypogynes, libres, étalés ; dix étamines, plus longues que la corolle ; un ovaire à cinq loges pluriovulées, inséré sur un disque hypogyne glanduleux, et surmonté d'un style simple, que termine un stigmate discoïde, à cinq rayons. Le fruit est une capsule, s'ouvrant, par le décollement des cloisons, en cinq loges, à placentas pendants au sommet de la columelle et portant un grand nombre de petites graines.

Le Lédon à larges feuilles (*L. latifolium* L.), vulgairement appelé Thé du Labrador, se distingue du précédent par sa taille plus élevée, sa forme arrondie plus régulière, son écorce brunâtre, ses feuilles plus larges, ovales oblongues, d'un vert noirâtre en dessus, jaunâtre en dessous ; ses cinq étamines, égalant à peu près la corolle.

Habitat. — Le lédon à feuilles étroites se trouve surtout dans le nord de l'Europe, où il vit dans les marais. Le lédon à larges feuilles habite les régions septentrionales de l'Amérique.

Culture. — Ces arbrisseaux demandent une exposition ombragée et la terre de bruyère fraîche. On les multiplie de graines semées en terrine, de rejetons et de marcottes faites au printemps.

Parties usitées. — Les feuilles et les sommités.

Récolte. — La récolte des feuilles doit être faite avant la floraison; celle des sommités, lorsque les bourgeons floraux commencent à s'ouvrir.

Composition chimique. — Toutes les parties des Ledum présentent une odeur forte, vireuse et résineuse, une saveur chaude, piquante, amère et astringente. Les feuilles du *L. palustre* ont été analysées par le docteur Meissner de Halle, qui y a trouvé une huile volatile plus légère que l'eau, de la chlorophylle, de la résine, du tannin, du sucre incristallisable, une matière colorante brune. (*Bulletin des sciences, méd. de Férussac,* tome XII, page 179.) On croit que l'odeur de cette plante éloigne les insectes; elle concourt, avec le bouleau, à donner au cuir de Russie l'odeur qu'on lui connaît. On prétend qu'en Allemagne on le fait entrer dans certaines bières qui sont ainsi rendues plus enivrantes, et même narcotiques.

M. Bacon, qui a analysé les feuilles du *L. latifolium* y a trouvé du tannin, de l'acide gallique, une matière amère, de la cire, de la résine et des sels. (*Journal de pharm.*, t. IX, p. 558.)

Usages. — D'après Linné, les feuilles du *L. palustre* sont employées en Westro-Gothie contre la coqueluche (*Amœn. Acad.*, VIII, p. 268), ce qui n'aurait rien de surprenant, puisqu'on leur attribue des propriétés narcotiques et un peu vomitives, on les a crues propres à calmer et à guérir les fièvres éruptives. D'après Odhelius, la décoction est employée contre la lèpre et préconisée contre la gale et la teigne. L'eau distillée a été conseillée contre la céphalalgie. Hufeland prescrivait la tisane par infusion contre les toux nerveuses. Aujourd'hui les ledum sont inusités.

LENTILLE

Lens esculenta Mœnch. *Ervum lens* L. *Vicia lens* Coss.-Germ.
(Légumineuses-Viciées.)

La Lentille, appelée aussi dans quelques localités Arousse ou Arroufle, est une plante annuelle, dont la tige, haute de $0^m,20$ à $0^m,40$, tétragone, pubescente, rameuse, dressée, porte des feuilles alternes, petiolées, paripennées, présentant cinq à sept paires de folioles oblongues, obovales ou linéaires, accompagnées de deux stipules lancéolées et terminées par une vrille simple ou bifurquée.

Les fleurs, petites, blanches, veinées de violet, sont réunies, au nombre d'une à trois, à l'extrémité de pédoncules axillaires égalant à peu près la longueur des feuilles. Elles présentent un calice à cinq dents égales, velues, longues, linéaires, subulées; une corolle papilionacée; dix étamines diadelphes; un ovaire simple, allongé, comprimé, à une seule loge pauciovulée, surmonté d'un style filiforme terminé par un très-petit stigmate en tête. Le fruit est une gousse pendante, presque rhomboïdale, terminée en bec, glabre, fauve à la maturité, renfermant une ou deux graines comprimées, lenticulaires, lisses, jaunâtres, brunes ou marbrées.

La lentille à une fleur (*Ervum monanthos* L., *Vicia monantha* Coss. — Germ.) est aussi annuelle, et se distingue de la précédente par ses feuilles à folioles linéaires tronquées ou échancrées; ses stipules de deux formes différentes pour la même feuille, l'une linéaire, l'autre réniforme et laciniée; ses fleurs solitaires, à dents calicinales plus courtes.

On donne le nom de lentille du Canada à une variété à graines blanches de la vesce commune (*Vicia sativa* L.).

Habitat. — La lentille croît dans les moissons, sur les terrains secs et sablonneux du midi de l'Europe. On la cultive en grand dans les champs et les jardins maraîchers.

Parties usitées. — Les semences.

Récolte. — Les graines de lentilles sont récoltées à l'automne, un peu avant la déhiscence du fruit; on les bat sur un drap pour faire ouvrir les gousses; et après avoir vanné les graines, on les fait dessécher et on les conserve pour la consommation de l'hiver.

Composition chimique. — Les lentilles sont riches en fécule; leur épisperme contient un peu de tannin. Fourcroy a trouvé dans la farine de l'albumen et un peu d'huile verte (*Ann. du Muséum,* t. VII, p. 12). D'après Braconnot, elles contiennent une quantité considérable d'une matière azotée, soluble dans l'eau, coagulable par l'acide acétique, soluble dans un excès d'acide, très-analogue à la caséine du lait, et que, pour cette raison, on a nommée *caséine animale*, mais qui est cependant plus souvent désignée sous celui de *légumine*. et qui constitue la partie essentiellement nutritive des graines des légumineuses.

Usages. — Les quatre farines résolutives autrefois très-employées en médecine étaient préparées avec le lupin blanc, *Lupinus albus* L., la fève, *Faba sativa*, l'orobe, *orobus vernus*, que l'on remplaçait souvent par la lentille, *Ervum lens*, ou par l'ers, *Ervum, Ervilia*, et la vesce, *Vicia sativa*, appartenant à la famille des légumineuses. Aujourd'hui toutes ces farines sont très-peu employées.

C'est surtout comme plante alimentaire que la lentille est importante; on la mange en purée, en ragoûts, en potages, en salades, etc. La farine, mélangée avec un peu de sel marin, de sucre ou de mélasse, constitue ces préparations dépourvues de toutes qualités médicinales ou hygiéniques, quoique si vantées par la spéculation et le charlatanisme, comme guérissant de tous les maux, sous les noms de *Revalescière*, de *Revalenta* et d'*Ervalenta*.

Les anciens prescrivaient la décoction de lentilles comme sudorifique et l'employaient contre la variole; Zacutus la disait utile contre la pleurésie, mais Murray a fait voir qu'elle ne pouvait agir que comme émolliente (*App. méd.*, t. II, p. 453).

D'après Lange, le café de lentilles est un puissant diurétique dont usent les habitants de Cronstadt contre l'hydropisie (*Ancien Journ. de méd.*, t. LXXX, p. 47). On emploie quelquefois la farine en cataplasmes comme résolutive; elle n'est qu'émolliente. C'est sans raison que l'on a prétendu que l'usage de ce légume dispose aux engorgements, à l'éléphantiasis, etc.

L'*Ervum monanthos* L., que l'on a placée dans les *Vicia* et qui produit la jarosse, est cultivée comme fourrage; les semences comprimées sont plus épaisses et un peu moins grandes que celles de la lentille; leur couleur est rougeâtre.

LENTISQUE

Pistacia lentiscus L.

(Térébinthacées-Pistaciées.)

Le Lentisque est un arbrisseau à racines traçantes. Sa tige, haute de 2 à 3 mètres, tortueuse, rameuse, diffuse, porte des feuilles alternes, pétiolées, paripennées, offrant huit à douze folioles ovales, lancéolées, obtuses, glabres, odorantes, persistantes. Les fleurs, petites, rougeâtres, dioïques, sont groupées en panicules axillaires. Elles présentent un calice profondément divisé en cinq lobes lancéolés-linéaires. Les mâles ont cinq étamines; les femelles, un ovaire à une seule loge uniovulée, surmonté d'un style simple terminé par trois stigmates épais. Le fruit est une drupe sèche, très-petite, pisiforme, rougeâtre, contenant un noyau osseux.

HABITAT. — Cet arbrisseau est répandu sur tout le pourtour du bassin méditerranéen. Il croît surtout dans les lieux arides et montueux. On ne le cultive que dans les jardins botaniques. Dans le Nord, il exige l'orangerie durant l'hiver.

PARTIES USITÉES. — La résine qui en découle ou mastic, le bois, les fruits, les graines.

RÉCOLTE. — Le bois du lentisque est jaunâtre, un peu aromatique, résineux; sa saveur est un peu astringente, et on peut le couper en toute saison, mais de préférence à l'automne. Les fruits que l'on mange sont cueillis à leur maturité. Le produit le plus important de cette plante est le *mastic*. La plante n'en donne pas partout; ainsi en Provence, d'après Gassendi, elle n'en fournit pas, ou elle en fournit si peu que cela ne vaut pas la peine d'être ramassé; il en est de même en Algérie. Cette exploitation est particulièrement faite dans l'île de Scio ou de Chio; c'est une des sources de la fortune de cette île; le sultan des Turcs défendait qu'on cultivât ailleurs cette plante. Pour obtenir le *mastic*, on fait au tronc et aux principales branches, du 15 au 20 juillet, des incisions légères et nombreuses; il découle de chacune d'elles un suc liquide qui se concrète sur l'arbre, et forme des larmes sèches qui quelquefois tombent à terre. La première récolte se fait vers la fin d'août; on incise de nouveau pour récolter une seconde fois en septembre. Il est défendu de ramasser cette production. Le mastic se recueille dans vingt et un villages de l'île. Les arbres couchés et rampants en donnent plus que ceux qui sont dressés. La récolte s'élève, dit-on, annuellement à soixante mille ocques (l'ocque vaut 2,500 grammes). La meilleure qualité est destinée à l'usage du sultan; l'autre est envoyée au Caire (Olivier, *Voyage dans l'empire ottoman*, t. I, p. 292). D'après le P. Labat, le lentisque croît en Sénégambie, et il y produit du mastic. Du temps de Galien, il y en avait en Égypte, et il paraît qu'il y en a aussi dans la Natolie.

Le mastic se présente sous la forme de petites larmes dures, sèches, d'un jaune pâle, lisses, cassantes, transparentes, presque sphériques, d'une odeur un peu térébenthacée, brûlant sur les charbons ardents en répandant une fumée noire et épaisse; chauffées dans la bouche, elles adhèrent aux dents. On désigne sous le nom de *mastic mâle* les larmes les plus grosses; la seconde sorte, appelée *mastic femelle*, est celle que l'on ramasse par terre; il est moins transparent et souvent souillé par des corps étrangers.

La sandaraque (*Thuya articulata*), produite par une conifère, ressemble beaucoup au mastic; on la distingue en ce que les larmes sont plus allongées, plus jaunes, et en ce qu'elles se brisent sous la dent sans y adhérer, à leur complète solubilité dans l'alcool, et à leur solubilité beaucoup moins grande dans l'éther et dans l'alcool.

COMPOSITION CHIMIQUE. — Les larmes du mastic sont recouvertes d'une poussière blanchâtre provenant de leur frottement réciproque; leur cassure est vitreuse, leur transparence un peu opaline, leur odeur est douce et agréable, leur saveur un peu aromatique; elles sont incomplétement solubles dans l'alcool, la partie non dissoute a reçu le nom de *Masticine* ou *Béta-résine de mastic*. La portion soluble a été nommée *Alpha-résine de mastic;* elle est acide et répond à la formule $C^{28} H^{32} O^{3}$. Elle représente environ 90 p. 100 de la drogue. Celle-ci contient, indépendamment des deux résines que nous venons de rappeler, une petite quantité d'huile volatile.

USAGES. — Wrenck a vanté le bois de lentisque comme une sorte de panacée contre la goutte; on l'a employé en gargarismes; on en fait des cure-dents. D'après Pline, les fruits du lentisque étaient mangés de son temps confits dans des olives; il raconte que Damocrate guérit la fille du consul Servilius, atteinte d'une maladie chronique, avec le lait d'une chèvre nourrie de feuilles de lentisque (lib. XXIV, c. 7). En Espagne, dans le Levant et en Algérie, on retire de l'amande par expression une huile qui sert à l'éclairage; on en fabriquait aussi en Provence, du temps de Clusius (Tournefort, *Voyage*, t. II, p. 65).

Le mastic est très-employé par les femmes grecques, turques, américaines, juives, etc.; elles le mâchent sans cesse; il parfume l'haleine, raffermit les gencives, conserve la blanchenr des dents, augmente la sécrétion salivaire, agit sur l'estomac; il est regardé comme astringent et anti-spasmodique; on l'a employé avec succès pour combattre la diarrhée rebelle des phthisiques. On fait usage en Algérie dans le même but de l'extrait alcoolique de lentisque.

En Orient, le mastic sert à parfumer les liqueurs; on en met dans le pain, on en brûle dans les appartements; on le mélange aux eaux de senteur, aux poudres dentifrices; on en fait des fumigations contre le rhumatisme, la goutte, le rachitisme, les spasmes de la poitrine, différentes douleurs; à l'intérieur on le donne contre le catarrhe chronique, la leucorrhée, etc. En France, il est peu employé; Dubois de Rochefort l'a cependant quelquefois administré. En Allemagne, on en prépare une huile, un sirop, une teinture, un élixir, etc. Chez nous, il sert surtout pour la fabrication des vernis fins.

LÉONTICE

Leontice leontopetalum L. *Leontopodium vulgare* Mor.
(Berbéridées.)

La Léontice commune ou Pied-de-Lion est une plante vivace, à rhizome tubéreux, émettant des fibres radicales. La tige, haute de $0^m,30$ à $0^m,40$, verte, striée de pourpre, cylindrique, dressée, porte des feuilles alternes, pétiolées, deux fois ternées, à folioles obovales, presque sessiles. Les fleurs jaunes, fortement veinées, sont groupées en une panicule terminale, accompagnée de bractées foliacées, ovales, entières, stipitées, plus courtes que les pédicelles. Elles présentent un calice à six pétales alternant sur deux rangs, colorés, caducs; une corolle à six pétales également sur deux rangs, onguiculés, plus courts que les sépales; six étamines sur deux rangs, à filets planes et très-courts, à anthères biloculaires; un pistil à ovaire ovoïde-oblong, à une seule loge renfermant quatre ovules, surmonté d'un style court terminé par un stigmate obtus. Le fruit est une capsule membraneuse, vésiculeuse, uniloculaire, renfermant trois ou quatre graines noires et globuleuses (Pl. 25).

La léontice pigamon (*L. thalictroïdes* L., *Caulophyllum thalictroïdes* Mich.) est aussi vivace, et caractérisée par sa tige nue, terminée par trois feuilles pétiolées, deux fois ternées; ses fleurs jaunes en grappe rameuse, et ses graines d'un bleu foncé.

Habitat. — La léontice commune croît sur les bords du bassin méditerranéen; on la trouve dans les terres labourées, les moissons, etc. La léontice pigamon habite les bois montueux de l'Amérique du Nord, et particulièrement de la Virginie.

Culture. — Les léontices demandent une terre légère et une

bonne exposition. On les multiplie par la division des tubercules. On doit les couvrir pendant les hivers rigoureux.

Parties usitées. — Les feuilles, les racines.

Récolte. — Cette plante n'existe pas dans le commerce de la droguerie. Son nom de *pied-de-lion* lui vient de la forme de ses feuilles, qui imitent, dit-on, la trace du pied du lion.

Composition chimique. — On ne sait rien de positif sur la composition des *léontices;* on prétend que les Arabes mangent les feuilles acides du L. *chrysogonum* L. (*Journ. de Pharm.*, t. IX, p. 209). Ce qui ferait supposer qu'elles renferment de l'acide oxalique ou plutôt de l'acide malique, si communs dans les feuilles et les fruits des plantes de la même famille. Ce qui nous paraît moins probable, c'est qu'on a dit qu'en Perse et dans tout l'Orient, sa racine savonneuse sert à dégraisser les cachemires, ce qui ferait supposer qu'elle est riche en *saponine*, substance neutre très-décrassante qu'on n'a jamais trouvée dans aucune autre berbéridée ; cette assertion d'Olivier est peu probable, et nous croyons avec Mérat et de Lens, que la plante employée en Orient pour dégraisser les laines (*Journ. de Pharm.*, t. XIII, p. 203), est une caryophyllée du genre *gypsophila*, analogue à celui qui produit le *kalvagi* des Arabes, ou saponaire d'Égypte.

Usages. — D'après Dioscoride, les *léontices* apaisent les douleurs de dents ; administrés en lavement ils calment la sciatique et guérissent la morsure des serpents (lib. III, c. 94).

D'après M. Bentley, le *L. Thalictroides* ou *Caulophyllum Thalictroides* ou *cohost bleu* est employé par les peuplades du Nord, comme l'ergot de seigle chez nous, pour faciliter les accouchements; la dose est de un à deux grammes, le principe actif qu'on en a isolé a été nommé *caulophyllin*. C'est une matière résineuse qui se dépose lorsqu'on traite la teinture alcoolique par l'eau.

LEPTANDRA

(Voyez le *Supplément* du T. II.)

LERIA

(Voyez le *Supplément* du T. II.)

LEUCÆNA

(Voyez le *Supplément* du T. II.)

LICHENS

Cetraria islandica Ach., *Lobaria pulmonacea* Nyl., *Lecanora esculenta* Ev., *Roccella tinctoria* DC., etc.

Les Lichens sont des végétaux symbiotiques, c'est-à-dire formés de deux organismes associés pour la vie. Ces organismes sont : un champignon du groupe des Ascomycètes et une Algue inférieure, c'est-à-dire un végétal dépourvu de chlorophylle et, par suite, incapable de produire lui-même des matières organiques, et un végétal vert, jouissant de la fonction chlorophyllienne. Dans cette association, l'algue produit des matières alimentaires organiques sous l'influence de la lumière; le champignon vit en parasite sur l'algue; mais il est probable qu'il joue le rôle de réservoir dans lequel s'accumulent des matières de réserve qu'il cède à l'algue lorsqu'elle en a besoin.

Rien n'est plus variable que l'organisation des Lichens ; on trouve parmi eux des formes très-simples réduites à une sorte de poussière ; d'autres en forme de croûtes, de lames, d'arbrisseaux minuscules. etc. ; mais quel que soit l'aspect genéral du Lichen, sa structure est toujours celle que nous venons de résumer, et ses procédés de reproduction sont ceux du champignon et de l'algue dont il est formé. Le champignon se présente sous l'aspect de filaments ramifiés, incolores, tout à fait semblables aux *hyphas* des Champignons Ascomycètes. Dans l'intervalle des hyphas, souvent dans des zones limitées de la plante, l'algue se montre sous l'aspect de cellules vertes, sphériques, auxquelles on donne le nom de *gonidies*. Les organes reproducteurs les plus importants appartiennent au champignon ; ce sont des cellules renflées en massues, nommées *asques*, portées par les hyphas, et contenant de quatre à six ou huit *spores*. Les asques sont toujours réunies en assez grand nombre en un même point, où elles forment une plaque ordinairement bien distincte par son aspect et sa coloration du reste du thalle ; ces plaques portent le nom d'*apothécies ;* leur forme, leur structure, leur coloration, etc., jouent un grand rôle dans la classification des Lichens. Indépenpendamment des apothécies, il existe chez un grand nombre de Lichens des organes nommés *spermogonies* dont le rôle est peu connu ; ce sont de petites cavités contenant des cellules très-petites, en forme de bâtonnets, nommées *spermaties*. On ignore le rôle des spermaties. Quant aux spores contenues dans les asques, elles ne donnent, en germant, que des hyphas; pour qu'un Lichen se forme, il faut que ces derniers trouvent à leur disposition les cellules de l'algue qui entrent dans la composition du Lichen par lequel les spores ont été produites. Les Lichens se multiplient beaucoup plus par des sortes de petites bulbilles ou *sorédies*, formées de quelques hyphas et de quelques gonidies, bulbilles qui s'isolent du Lichen, tombent sur le sol et y germent en produisant un individu nouveau, semblable à celui qui les a formées.

Le nombre des espèces de Lichens qui intéressent le médecin est très-peu considérable; un plus grand nombre d'espèces offrent une réelle importance au point de vue industriel; ce sont celles qui fournissent des matières colorantes.

Le *Cetraria islandica* Ach. est l'espèce la plus employée en médecine. Il est formé d'un thalle foliacé, dressé, haut de $0^m,10$ à $0^m,12$, lisse et coloré en brun olivâtre clair sur sa face supérieure, plus pâle et muni de dépressions irrégulières sur sa face inférieure. Il est fixé au sol par une base étroite, au-dessus de laquelle il est très-ramifié; ses rameaux sont pliés ou même roulés en tubes et terminés par des lobes étalés, tronqués, à bords frangés, munis de petites proéminences qui répondent aux spermogonies. Les apothécies sont situées à l'extrémité des lobes; elles ont la forme de petites plaques arrondies, un peu saillantes, colorées en jaune de rouille foncé (Pl. 26, fig. 1).

Le *Lobaria pulmonacea* Nyl. (*Sticta pulmonaria* Ach.) est formé d'un thalle membraneux, atteignant jusqu'à $0^m,30$ et $0^m,40$ de diamètre, profondément découpé en lobes larges et étalés; il est fixé à son support par des points épais de sa face inférieure, mais il n'offre jamais d'adhérence continue. Sa face supérieure est d'un beau vert à l'état frais; après dessication, elle est d'un vert glauque, pâle ou fauve; elle est couverte de bosselures aréolées, nombreuses, qui lui donnent un peu l'aspect d'un poumon; la face inférieure est pâle et couverte d'un tomentum grisâtre. Les apothécies sont petites, colorées en brun rougeâtre, situées sur les bords du thalle. La face supérieure est couverte de sorédies grisâtres (Pl. 26, fig. 2).

Le *Lecanora esculenta* Ever. se présente sous la forme d'une masse globoïde, irrégulière, mamelonnée, dure, extérieurement gris-cendré ou brunâtre, intérieurement blanche. Les apothécies sont peu nombreuses, cachées dans la profondeur du thalle. Ce dernier croît probablement sur les rochers, dans les montagnes, mais on le trouve d'habitude sur le sol des déserts et sans adhérence avec le sol.

Le *Roccella tinctoria* DC. a la forme d'un arbuscule à souche épaisse, courte, arrondie, portant un grand nombre de rameaux cylindriques, amincis à l'extrémité, simples ou ramifiés, blanchâtres ou livides, portant des apothécies articulaires, noires. A la suite de cette espèce, nous nous bornons à citer les *R. phycopsés,* DC.; *fuciformis* Ach., *Montagnei* Bell., qui n'en diffèrent que par des caractères secondaires et jouissent des mêmes propriétés.

Les *Ramalina,* les *Usnea,* les *Parmelia,* les *Evernia,* les *Physcia,* les *Pertusaria* ne peuvent être que cités ici. Tous ces genres contiennent des espèces susceptibles de fournir des matières tinctoriales qui sont déjà utilisées ou qui sont utilisables par l'industrie.

HABITAT. — Le *Cetraria islandica* existe en abondance dans toutes les régions septentrionales de l'Europe et dans l'Amérique ; on l'a signalé dans l'Himalaya; Hooker le considère comme n'existant, dans l'hémisphère austral, qu'au cap Horn. On le trouve, en France, dans les Pyrénées, les Vosges, l'Auvergne, les Alpes et, en général, dans toutes les montagnes de l'Europe à une certaine altitude; il offre, dans ces diverses localités, des variétés assez distinctes. Le *Lobaria pulmonacea* vit sur les arbres de toutes les forêts de l'Europe tempérée, de l'Amérique du Sud, de l'Australie; mais on le trouve aussi en Algérie, aux Canaries, au cap de Bonne-Espérance, au Pérou, etc. Le *Roccella tinctoria* appartient surtout aux régions intertropicales de l'Afrique et de l'Amérique; on le trouve en abondance dans les îles Canaries, sur les côtes de la Sénégambie, sur celles du Chili, etc.; il existe aussi, mais moins développé et plus rameux, sur les côtes de la France et de l'archipel grec. La *Roccella phycopsis* se trouve sur toutes les côtes de la Méditerranée, à Madagascar, au Pérou, sur les côtes de la Manche, etc. Le *R. fuciformis* abonde aux îles du Cap-Vert.

Récolte. — Le Lichen d'Islande (*Cetraria islandica*) est récolté sur les arbres et sur le sol; il nous arrive desséché; le Lichen pulmonaire est moins employé que le précédent; il croît surtout sur les arbres. Les *Roccella* sont connus dans le commerce sous le nom d'*Orseilles*. Le *R. tinctoria* nous vient surtout des Canaries où on le récolte sur les rochers, au bord de la mer, en se suspendant avec des cordes. Le *R. phycopsis* est récolté sous le nom d'*Herbe de Mogador;* le *R. fuciformis* est récolté surtout à Madère, d'où le nom d'*Herbe de Madère* ou *Orseille de Madère*, etc. Après la récolte, on fait sécher les lichens et on les expédie en ballots.

Composition chimique. — Le principe le plus important des lichens est une matière analogue à l'amidon, connue sous le nom de *lichénine*, jouissant de la propriété de se gonfler beaucoup dans l'eau. On l'obtient en faisant bouillir longtemps les lichens dans l'eau et en traitant la décoction par l'alcool. La lichénine est insoluble dans l'eau froide qui la fait seulement gonfler; elle est soluble dans l'eau chaude, insoluble dans l'alcool et l'éther; la diastase la transforme en dextrine et en sucre; les acides étendus bouillants, l'acide sulfurique, l'acide chlorhydrique la transforment en glucose qui, par fermentation, donne de l'alcool. La lichénine est probablement de la cellulose modifiée; sa formule est $C^6H^{10}O^5$. Elle est accompagnée d'amidon et d'inuline. La plupart des lichens contiennent encore un principe amer, auquel on a donné le nom de *cétrarin* ou *acide cétrarique*, et assigné la formule $C^{18}H^{16}O^8$; il cristallise en aiguilles blanches, brillantes; il est à peine soluble dans l'eau, très-soluble dans l'alcool absolu; sa saveur est très-amère. Il est accompagné d'un acide gras, l'acide *lichénostéarique*, $C^{14}H^{24}O^3$. Celui-ci se présente en cristaux nacrés, inodores, doués d'une saveur âcre; il est insoluble dans l'eau, soluble dans l'alcool et les huiles essentielles. On trouve encore dans les lichens un acide *lichénique*, $C^4H^6O^4$, isomère de l'acide fumarique, et une série d'acides très-importants au point de vue tinctorial, les acides *érythrique, lécanorique, orsellique, usnique, évernique*, etc. Ces acides sont naturellement incolores, mais ils se transforment en principes colorants sous l'influence de diverses réactions, dans l'étude desquelles nous croyons qu'il est inutile d'entrer ici. Enfin les lichens doivent leur coloration à des acides naturellement colorés et dont les réactions permettent souvent de reconnaître les espèces; les plus importants sont : l'*acide chrysophanique* et l'*acide vulpinique* ou *vulpique* ou *chrysopicrine* et l'*acide lécithophanique*.

Usages. — Le *Cetraria islandica* et le *Lobaria pulmonacea* sont à peu près les seules espèces employées en médecine. Comme toniques amers, on les emploie à l'état de nature; mais comme émollients et expectorants, on les débarrasse de la cétrarine soit par l'alcool, soit par l'ébullition dans l'eau et un lavage prolongé. On en fait alors des gelées et des pâtes. Dans certains pays, on mange diverses espèces de lichens réduits en poudre; ils sont nutritifs, surtout par la lichénine qu'ils renferment. Parmi ces espèces, la plus célèbre est le *Lecanora esculenta*, qui abonde dans les déserts de l'Afrique et de l'Asie et qui paraît être la *manne des Hébreux;* il se développe sur les montagnes et il est entraîné dans les déserts par les vents, en simulant des pluies de manne. Dans les pays du nord où l'on mange les lichens, on les prive du principe amer par l'ébullition et le lavage. Les orseilles, qui sont très-nombreuses, jouent un rôle important dans l'industrie de la teinture.

LIERRE

Hedera helix L.

(Araliacées.)

Le Lierre est un arbrisseau à tiges sarmenteuses, grimpantes ou rampantes, de longueur et de grosseur très-variables, émettant sur l'une de leurs faces une ligne presque continue de racines adventives blanchâtres. Elles portent des feuilles alternes, pétiolées, fermes, coriaces, luisantes et d'un beau vert foncé en dessus, plus pâles en dessous, persistantes; les inférieures cordées à la base, palmées, à trois, cinq ou sept lobes triangulaires ; les supérieures atténuées à la base, ovales, aiguës, entières. Les fleurs, d'un jaune verdâtre, sont portées sur des pédoncules pubescents, et réunies en ombelles très-denses, arrondies, rapprochées en panicule terminale. Elles présentent un calice pubescent, à tube adhérent, à limbe divisé en cinq dents très-courtes, écartées; une corolle à cinq pétales ovales, aigus, larges et tronqués à la base, pubescents, étalés et un peu réfléchis; cinq étamines courtes, droites, saillantes ; un ovaire infère, globuleux, à cinq loges uniovulées. Le fruit est une baie globuleuse, coriace, noire.

HABITAT. — Le lierre est commun dans toute l'Europe; il croît dans les lieux frais et ombragés.

CULTURE. — Le lierre n'est pas cultivé.

PARTIES USITÉES. — Les feuilles, les baies, l'écorce, la résine.

RÉCOLTE. — Les feuilles et l'écorce peuvent être recueillies pendant toute l'année ; on récolte les fruits à la maturité.

La seconde sorte de résine est en fragments irréguliers d'un brun noirâtre, avec des taches ocreuses et des fragments d'écorce adhérents. Leur cassure est brillante et vitreuse, opaque dans les points colorés. Ils sont inodores, donnent une poudre brune et brûlent comme du bois lorsqu'on les expose au feu. Ils sont formés de matières gommeuses analogues à la précédente; mais dans les cavités on trouve des larmes petites, résineuses, d'un rouge rubis.

Enfin, la troisième sorte de résine de lierre est brun noirâtre, salie extérieurement par une poussière jaune. Elle offre plus rarement des débris d'écorce. Sa cassure est vitreuse, transparente, d'un rouge rubis foncé. Son odeur est résineuse et rance; sa saveur est forte; elle donne une poudre jaune très-odorante. C'est cette variété qui a été décrite par De Meuve et Lémery, et qui doit être seule employée.

COMPOSITION CHIMIQUE. — Les feuilles de lierre qui n'ont pas été analysées ont une saveur âcre très-irritante. La résine, appelée quelquefois *hédérée* ou *hédérine*, contient, d'après M. Pelletier, gomme, 7 ; résine, 23 ; acide malique, 0,30; ligneux, 69,70. Mais on comprend, d'après ce que nous venons de dire, que sa composition doit beaucoup varier. M. Guibourt, qui a soumis cette résine à l'action de divers dissolvants et réactifs, pense qu'elle renferme un principe immédiat différent des gommes et des résines, et qui pourrait être utilisé en teinture.

USAGES. — Il y a quelques années encore, on se servait des feuilles de lierre pour panser les exutoires. Aujourd'hui on les remplace par des papiers épispastiques. Quoique vantées par Celse contre l'érysipèle, par Baillou contre les engorgements mésentériques, elles sont tout à fait inusitées. Dans les campagnes, la décoction aqueuse est quelquefois employée contre la gale.

Les fruits sont éméto-cathartiques. Hoffmann et Simon Pauli les regardent avec raison comme dangereux. La résine était employée comme aromatique et balsamique; l'écorce comme purgative.

LILAS

Syringa vulgaris L. *Lilac vulgare* Tourn.
(Oléinées-Syringées.)

Le Lilas commun ou Lilac est un arbrisseau dont la tige, haute de 3 à 4 mètres, se divise en rameaux opposés, terminés par deux bourgeons géminés, et portant des feuilles opposées, pétiolées, cordiformes, aiguës, entières, glabres, d'un beau vert sur leurs deux faces. Les fleurs, violettes ou pourpre violacé, quelquefois blanches, sont groupées en thyrses terminaux. Elles présentent un calice court, tubuleux, un peu globuleux, persistant, à quatre dents ; une corolle en coupe ou en entonnoir, à tube grêle, cylindrique, trois à quatre fois plus long que le calice, un peu renflé vers la gorge, à limbe divisé en quatre lobes un peu concaves, étalés ; deux étamines incluses, presque sessiles, insérées vers la partie supérieure du tube de la corolle ; un ovaire simple, libre, globuleux, à deux loges biovulées, surmonté d'un style court, inclus, terminé par un stigmate allongé et profondément bifide. Le fruit est une capsule ovoïde, coriace, un peu comprimée, pointue au sommet, s'ouvrant en deux valves carénées qui entraînent chacune la moitié de la cloison adhérente au milieu de leur face interne ; l'intérieur est divisé en deux loges qui renferment chacune deux graines planes, étroitement ailées.

Le Lilas de Perse (*S. Persica* L.) se distingue du précédent par sa taille plus petite ; ses feuilles lancéolées aiguës, entières ou irrégulièrement pennatifides ; ses fleurs plus grêles, d'un pourpre clair.

Nous citerons encore le Lilas Josika (*S. Josikæa* Jacq.)

Habitat. — La véritable patrie du lilas commun n'est pas bien connue ; on croit cependant que cet arbrisseau est originaire de l'Orient. Le lilas Josika vient de la Hongrie. Toutes ces espèces sont fréquemment cultivées dans les jardins d'agrément.

Parties usitées. — Les feuilles, l'écorce, les fleurs, les fruits et les semences.

Récolte. — Les feuilles doivent être récoltées avant la floraison ; l'écorce au printemps ou à l'automne ; les fruits à leur maturité, mais avant la déhiscence des capsules ; les fleurs au moment de leur épanouissement, car leur odeur, très-fugace, se dissipe après leur éclosion.

Composition chimique. — Toutes les parties du lilas sont d'une amertume très-prononcée. MM. Pétroz et Robinet, qui ont analysé les fruits, y ont trouvé une matière résineuse, une substance sucrée, une autre amère, une matière qui précipite les sels de fer en gris, une espèce de gomme se rapprochant de la bassorine, de l'acide malique, du malate acide de chaux, du nitrate de potasse, et d'autres sels; plus, une matière incristallisable, que l'on trouve surtout dans l'écorce, les bourgeons et les feuilles, qui a été nommée *syringine*. Ce sont des aiguilles radiées, solubles dans dix parties d'eau, et dans l'alcool, insolubles dans l'éther. Leur saveur est amère, douceâtre, nauséabonde et astringente. Elles sont solubles dans l'acide sulfurique concentré avec une coloration jaune verdâtre, qui vire au vert violacé. La dissolution, étendue d'eau, présente une couleur améthyste.

Les fleurs du lilas, très-odorantes, sont employées en parfumerie, où on extrait l'arome par les huiles fixes très-fines par un procédé analogue à celui que l'on emploie pour la tubéreuse et le jasmin, et qui porte le nom d'*enfleurage*. Un chimiste allemand, nommé Weismann, a cependant obtenu, par distillation, de cinq cents grammes de fleurs de lilas, quatre grammes d'une huile essentielle d'une odeur très-suave, analogue à celle du bois de Rhodes.

Usages. — Les feuilles de lilas sont très-amères; les cantharides les mangent avec avidité. C'est, en effet, sur ces arbres qu'on les trouve le plus souvent. Le bois est dur, d'un grain fin, susceptible de prendre un beau poli, et pourrait servir pour faire des ouvrages de tour. A défaut de jasmin, les Turcs emploient les jeunes pousses du lilas pour faire des tuyaux de pipe.

Sans un travail que M. le professeur Cruveilhier, alors médecin à Limoges, publia en 1822, sur l'emploi de l'extrait des fruits de lilas contre les fièvres intermittentes, le lilas n'aurait peut-être jamais été employé en médecine. On l'a considéré comme un tonique amer propre à combattre les affections asthéniques; mais, malgré l'éloge qu'en fit en 1853 M. le docteur Clément de Vallenoy (Cher), le lilas est aujourd'hui tout à fait abandonné, depuis surtout que la société de médecine de Bordeaux a déclaré que ses propriétés fébrifuges étaient nulles. En Russie, on prépare par macération des fleurs, pratiquée au soleil, une *huile de lilas*, qui est très-vantée contre le *rhumatisme articulaire*.

LIN

Linum usitatissimum L.
(Linées.)

Le lin commun ou usuel est une plante annuelle, à racine grêle, simple ou un peu fibreuse. La tige, haute de $0^{m},35$ à $0^{m},65$, cylindrique, effilée, grêle, glabre, dressée, simple à la base, un peu rameuse au sommet, porte des feuilles alternes, sessiles, lancéolées, étroites, aiguës, entières, d'un vert glauque, glabres, marquées en dessous de trois nervures longitudinales parallèles. Les fleurs, bleu clair ou violacé, assez grandes, sont groupées, sur des pédoncules filiformes, en corymbe terminal. Elles présentent un calice presque campanulé, à cinq sépales ovales, lancéolés, aigus, mucronés, verts au milieu, scarieux et blanchâtres sur les bords, persistants; une corolle à cinq pétales longs, obovales, arrondis, obtus ou un peu crénelés au sommet, atténués en onglet à la base, très-caducs; dix étamines alternativement stériles et fertiles, à filets soudés à la base, à anthères cordiformes sagittées; un ovaire globuleux, à dix loges uniovulées, surmonté de cinq styles filiformes, grêles, terminés par des stigmates obtus. Le fruit est une capsule globuleuse, pointue, entourée par le calice persistant, et divisée en dix loges, dont chacune renferme une graine ovale, aplatie, brune, lisse et luisante.

Le lin cathartique ou purgatif (*L. catharticum* L.) est aussi annuel, et se distingue par sa taille de $0^{m},20$ au plus; ses feuilles caulinaires opposées; ses fleurs petites, blanches, à onglet jaunâtre; ses capsules obtuses au sommet, et ses graines un peu concaves d'un côté.

Habitat. — Ces plantes sont communes en Europe; on les trouve surtout dans les champs, au bord des chemins, etc.

Culture. — Le lin usuel est cultivé en grand, dans plusieurs localités, comme plante textile et oléagineuse. Le lin purgatif n'est cultivé que dans les jardins botaniques.

Parties usitées. — Les semences, les fibres des tiges.

Récolte. — Il existe un grand nombre de variétés de lin; on s'accorde à préférer celle qui vient de Livonie; celle de Riga ne se ramifie pas, produit peu de graines, mais sa tige s'élève très-haut et donne de bonne filasse; celle de Window produit de la filasse plus fine; les variétés d'Italie donnent de très-belles graines, mais peu de filasse; d'ailleurs les graines importées dégénèrent bientôt.

On doit choisir les graines pesantes, brillantes, d'un jaune d'or ou brun clair, lisses, luisantes, glissantes dans les mains; elles petillent lorsqu'on les jette au feu; placées sur une éponge mouillée, elles doivent germer dans les vingt-quatre heures.

La récolte du lin se fait avant sa parfaite maturité, c'est-à-dire avant la déhiscence des fruits; on l'arrache et on le met en javelles, que l'on appuie les unes contre les autres, les capsules en haut; lorsque les tiges sont sèches, on en fait des bottes de six à huit kilogrammes, en les attachant avec deux liens placés au-dessus des racines et au-dessous des fruits; on l'entasse alors sous des hangars; les graines sont ensuite détachées en étendant les bottes déliées sur des toiles, et en les battant avec un large instrument de bois à manche recourbé que l'on nomme *batte;* les tiges, privées des graines, sont liées en bottes de dix ou douze kilogrammes, et on les soumet au rouissage dans une eau courante ou dans des routoirs, en se réglant sur les principes indiqués pour le chanvre; lorsque les fibres se détachent de la tige, on délie les bottes et on étend le lin sur le gazon, où il sèche et blanchit; il faut avoir le soin de le retourner souvent; quand il est sec, on le teille au moyen d'un instrument nommé *espadon;* puis on le peigne et on le brosse.

La graine de lin, avant d'être livrée au commerce, est vannée et séchée.

Composition chimique. — Lorqu'on fait macérer la graine de lin dans l'eau, les cellules de l'épidermique se gonflent beaucoup et donnent naissance à une épaisse couche de mucilage, qui forme avec l'huile de l'embryon la partie utile des graines. Le mucilage correspond à la formule $C^{12} H^{20} O^{10}$. Traité par l'acide nitrique, il donne des cristaux d'*acide mucique,* $C^{6} H^{10} O^{8}$; il contient, à l'état sec, plus de 10 pour 100 de matières minérales. Les graines contiennent jusqu'à 1/3 de leur poids d'huile fixe. Celle-ci, quand elle est tout à fait fraîche et obtenue par simple pression, sans intervention de la chaleur, est à peu près sans saveur et d'une coloration jaune pâle; mais l'huile du commerce a une coloration brunâtre; son odeur et sa saveur sont repoussantes. Exposée à l'air en couche assez mince, elle se dessèche rapidement en formant un vernis transparent, composé en majeure partie de *linoxyne*, $C^{32}H^{54}O^{11}$. Par la saponification, elle donne de la glycérine et 95 pour 100 d'acides gras : oléique, palmitique, myristique et *linoléique*, $C^{16}H^{26}O^{2}$.

USAGES. — La farine de graine de lin est un des émollients le plus souvent et le plus utilement employés; tout le monde connaît les usages si fréquents des cataplasmes que l'on applique quand il s'agit de calmer la douleur et d'apaiser les inflammations. La décoction des graines vantée par Sydenham, Gesner, Dehaen, van Swienten, etc., est employée en lotions, fomentations, injections, etc., et même en tisane comme adoucissant. L'huile de lin est émolliente et laxative; on l'emploie à l'intérieur et à l'extérieur; on l'a administrée contre les hémorrhoïdes, le carreau, les ascarides vermiculaires, dans les phlegmasies diverses, et plus particulièrement dans celles des organes respiratoires. Baglivi la vantait contre les pleurésies; aujourd'hui elle est peu employée.

Pour l'usage extérieur, l'huile de lin a été conseillée contre les maladies de la peau; battue avec de l'eau de chaux, elle forme une sorte de liniment oléo-calcaire qui est très-efficace pour les brûlures, mais en général on préfère pour cet usage l'huile d'olives.

Dans certains pays, on fait manger aux animaux à l'engrais des tourteaux de lin; leur chair devient alors d'une odeur et d'une saveur des plus désagréables, qui doit les faire rejeter de l'alimentation publique. Jean Bauhin, qui vivait de 1541 à 1613, rapporte qu'à une époque de disette, les habitants de Middelbourg, dans l'île de Walcheren (Hollande), furent obligés de se nourrir de pain fabriqué avec la farine de lin; il en résulta chez les consommateurs des tuméfactions des différentes parties du corps, et plus spécialement des hypocondres et de la face.

L'huile de lin est siccative; on l'emploie en peinture; on la rend plus siccative en la faisant bouillir avec de l'oignon et un peu de litharge; elle sert à préparer l'encre typographique; elle entre dans la composition de certains vernis gras; on l'utilise pour huiler les machines; en l'épaississant avec de la litharge, on en fabriquait autrefois des bougies uréthrales, des sondes, des pessaires et divers instruments de chirurgie, pour lesquels on préfère aujourd'hui le caoutchouc.

LINAIRE

Linaria vulgaris Mœnch., *Antirrhinum linaria* L.
(Scrofulariacées-Antirrhinées.)

La Linaire commune, appelée aussi quelquefois Lin sauvage, est une plante vivace, à rhizome ligneux, fibreux, blanchâtre, rampant, oblique. Les tiges, hautes de $0^m,25$ à $0^m,50$, cylindriques, lisses, glabres, vert pâle, simples ou à peine rameuses, dressées, portent des feuilles alternes, très-rapprochées, sessiles, lancéolées ou linéaires, entières, glabres, un peu glauques, à nervure moyenne seule très-distincte, dressées contre la tige. Les fleurs, jaunes, sont groupées en grappes terminales compactes. Elles présentent un calice à cinq divisions lancéolées aiguës; une corolle irrégulière, personée, grande, jaune pâle, tachée de jaune safrané, prolongée à la base en un éperon très-long, droit, renflé à sa naissance et pointu à l'extrémité; quatre étamines didynames, incluses, à filets blancs et à anthères jaunes; un ovaire à deux loges multiovulées, surmonté d'un style simple terminé par un stigmate obtus. Le fruit est une capsule arrondie-oblongue, à deux loges renfermant de nombreuses graines ailées, noires, lisses et presque planes.

La linaire auriculée ou velvote (*L. elatine* Desf., *Antirrhinum elatine* L.) est une plante annuelle, à tiges de même longueur que dans l'espèce précédente, mais couchées-diffuses, velues, ainsi que les feuilles, qui sont ovales-hastées ou auriculées; les fleurs, jaune pâle, tachées de bleu violacé à l'intérieur, sont solitaires à l'aisselle des feuilles et ont l'éperon un peu arqué; le pédoncule est très-long et glabre. Les graines sont ovoïdes et tuberculeuses.

Habitat. — Ces deux plantes sont communes en Europe; elles croissent dans les champs en friche, les lieux sablonneux, au bord des chemins. On ne les cultive que dans les jardins botaniques.

Parties usitées. — Les feuilles et les fleurs.

Récolte. — La linaire n'est employée que sèche; on peut la récolter pendant toute la saison, c'est-à-dire de mai à septembre; on la fait sécher au grenier ou au séchoir.

Composition chimique. — L'analyse de la linaire n'a pas été faite;

elle possède une odeur vireuse faible, et une saveur amère et nauséabonde; elle n'a pas de suc blanc, ce qui la distingue de l'*Euphorbia Cyparissias* L., à laquelle elle ressemble.

USAGES. — Autrefois très-vantée comme diurétique, les anciens auteurs ont désigné la linaire sous le nom d'*Urinalis;* elle était aussi regardée comme purgative. Simon Pauli et Horst, etc., l'ont vantée en fomentations contre les tumeurs hémorroïdales; les habitants des campagnes l'emploient quelquefois à cet usage; les médecins ne la prescrivent presque jamais.

Les fleurs employées seules en infusion ou associées à celles du bouillon blanc ont été conseillées dans les maladies de la peau, et Jérôme Wolfius, principal du collége d'Augsbourg, en préparait, au XVIe siècle, un onguent qui a été très-célèbre contre les mêmes maladies.

En Suède, on suspend la linaire dans les chambres pour tuer les mouches; bouillie dans du lait, on s'en sert dans ce pays contre les hémorroïdes. Le secret de l'onguent de Jérôme Wolfius fut acheté par le landgrave Guillaume de Hesse, protecteur des arts et des sciences, qui pensait s'en être bien trouvé, moyennant une rente annuelle viagère d'un bœuf gras. En faisant connaître sa formule, Wolfius, qui était un linguiste distingué et qui avait traduit du grec en latin Isocrate et Démosthène, afin qu'on ne confondît pas la linaire avec l'ésule, à laquelle elleressemble avant la floraison, composa ce vers :

Esula lactescit, sine lacte linaria crescit,

auquel un plaisant ajouta le suivant :

Esula nil nobis, sed dat linaria taurum.

Aujourd'hui la linaire est tout à fait inusitée.

La *velvote* ou *linaire auriculée* passe pour être purgative.

LINNÉE

Linnœa borealis L.
(Caprifoliacées-Lonicérées.)

La Linnée boréale est une petite plante vivace, à racines fibreuses. Les tiges, longues de 1 à 2 mètres, sous-frutescentes, grêles, rampantes, pubescentes, rameuses, portent des feuilles opposées, arron-

dies, crénelées, persistantes. Les fleurs, blanches en dehors, veinées de rouge en dedans, un peu velues, penchées, accompagnées chacune de deux bractées subulées et opposées, sont situées à l'extrémité de pédoncules droits, nus, solitaires, terminaux, bifurqués et biflores. Elles présentent un calicule à quatre folioles hispides, glutineuses, alternativement pointues, très-petites, ovales, grandes, conniv
entes; un calice à tube ovoïde, à limbe divisé en cinq lanières lancéolées, subulées, caduques; une corolle campanulée, turbinée, à limbe partagé en cinq divisions obtuses, presque égales; quatre étamines didynames, incluses, à filets subulés, à anthères comprimées et vacillantes; un ovaire infère, arrondi, à trois loges, dont deux renferment plusieurs ovules stériles, la troisième un seul ovule fertile; l'ovaire est surmonté d'un style simple, grêle, incliné, à peine saillant, terminé par un stigmate globuleux, couvert de petits poils roides. Le fruit est une petite baie sèche, ovoïde, à trois loges, renfermant une graine arrondie, brune, et entourée par le calice persistant.

Habitat. — La linnée croît dans les régions septentrionales et sur les montagnes élevées des régions moyennes de l'Europe; elle se trouve aussi en Sibérie et aux États-Unis; elle habite en général les forêts et préfère les localités ombragées, point trop humides.

Culture. — Cette plante demande une exposition ombragée et la terre de bruyère un peu tourbeuse et fraîche. Elle se multiplie aisément par la division de ses tiges rampantes et traçantes, qui forment des marcottes naturelles. On emploie rarement le semis.

Parties usitées. — Toute la plante.

Récolte. — Le genre Linnæa a été dédié par Grovonius à l'illustre auteur du système végétal. La *Linnæa Borealis* croît dans les forêts ombragées du Nord. On la trouve sur les hautes montagnes, telles que les Alpes, les Cévennes et les Vosges. Elle est commune en Suède et Norwége et en Laponie, etc. On l'emploie sèche. On la récolte lorsqu'elle est en fleurs.

Composition chimique. — L'usage que l'on a fait de cette plante, en guise de thé, peut faire supposer qu'elle possède des propriétés stimulantes et aromatiques.

Usages. — Elle est inusitée en général aujourd'hui hors du royaume de Suède, où on la donne en infusions; on en fait des fomentations ou on l'applique en cataplasmes contre les rhumatismes, la goutte, la sciatique, etc.

LIQUIDAMBAR

Liquidambar orientalis Mill., *Styraciflua* L., *Formosana* Hance, *Altingia* Bl.
(Saxifragacées-Balsamifluées.)

Le *Liquidambar orientalis* (*L. imberbe* Ait.) qui produit le *Styrax liquide* est un joli arbre de 9 et 12 mètres de haut, assez semblable au platane. Il forme dans le sud-ouest de l'Asie Mineure de véritables forêts. Ses feuilles sont alternes, simples, palmées, découpées en cinq lobes principaux, subdivisés chacun en trois lobes secondaires, découpés sur les bords en dents de scie obtuses. Les fleurs sont monoïques; les mâles disposées en épis cylindriques ou en grappes de capitules ordinairement terminaux; les femelles, en capitules longuement pédiculés, solitaires au sommet des rameaux ou à l'aisselle des feuilles supérieures. Les fleurs mâles n'ont pas de périanthe ; elles se composent d'un nombre indéfini d'étamines biloculaires, disposées en une sorte de capitule globuleux. Le capitule des fleurs femelles est creusé d'un grand nombre de cavités réceptaculaires, entourées chacune d'un bourrelet saillant que l'on a comparé à un calice. En dedans de ce bourrelet se trouvent une vingtaine de staminodes stériles; parfois quelques-unes contiennent du pollen.

Dans la partie concave située au centre des étamines s'insère un ovaire à deux loges pluriovulées, en partie logé dans la cavité et surmonté de deux styles. A la maturité, les fruits sont logés en partie dans les fossettes du réceptacle devenu ligneux. Ils sont formés d'une capsule déhiscente en deux valves. Les rameaux et le tronc de l'arbre contiennent de nombreux canaux sécréteurs, analogues à ceux des clusiacées, des conifères, des ombellifères, etc. Le *Liquidambar styraciflua* L., désigné aux États-Unis sous le nom de *Swet-gum,* et qui produit une variété de styrax liquide, ressemble beaucoup à l'espèce précédente, mais sa taille est plus élevée ; il atteint de 12 à 15 mètres; il ne se distingue guère que par la présence de poils sur la face inférieure des nervures des feuilles. Le *Liquidambar Formosana* Hance se distingue des précédents par son fruit qui est couvert de longues épines formées par les dents des calices accrues et durcies. Le *Liquidambar Altingia* Bl. se distingue de tous ceux que nous venons de citer par des feuilles penninerviées.

Habitat. — Le *Liquidambar orientalis* habite l'Asie Mineure; le *L. styraciflua* est indigène des États-Unis et de l'Amérique centrale; le *L. Altingia* habite l'archipel indien, le Burma et l'Assam; il abonde à Java. Le *L. Formosana* habite l'île de Formose et le sud de la Chine. C'est probablement lui qui est désigné dans le *Pun-Tsao* des Chinois sous le nom de *Fungheang*.

Culture. — La plupart des espèces peuvent être cultivées avec des soins dans l'ouest et dans le midi de la France.

Parties usitées. — Le liquide résineux contenu dans les canaux sécréteurs.

Récolte. — Le styrax liquide du commerce européen a été longtemps attribué au *Liquidambar styraciflua;* cependant, dès 1841, Krinos l'attribua au *L. orientalis;* mais son travail passa inaperçu, et c'est à Hanbury que revient l'honneur d'avoir résolu définitivement la question, en 1857 (Voy. *Hist. des drogues d'orig. végét.*, trad. fr., I, p. 483). Le mode d'extraction a été décrit dans cet ouvrage, d'après les témoignages de Maltass, de Mc Craith, de Smyrne, et de Campbell, consul anglais à Rhodes. La récolte est faite par une tribu errante de Turcomans nommés Yuruks. On enlève d'abord l'écorce extérieure du tronc de l'arbre, qui est très-subéreuse et que l'on rejette; puis on détache avec un couteau en fer particulier, ou un grattoir, l'écorce interne, qu'on conserve dans des trous jusqu'à ce qu'on ait recueilli une quantité suffisante. On la fait alors bouillir avec de l'eau dans de larges chaudières et l'on écume la résine qui s'en détache et qui vient flotter à la surface du liquide; on place ensuite l'écorce bouillie dans des sacs en cuir qu'on soumet à une forte pression pour en extraire la résine qu'elle contient encore et qui se mélange avec celle qui a été recueillie à la surface des chaudières pendant l'ébullition. Les écorces pressées se trouvent parfois dans les pharmacies européennes, où on les désigne sous le nom de *Cortex Thymiamatis;* elles se présentent sous l'aspect de gâteaux odorants, foliacés, colorés en brun.

Le *styrax liquide* du commerce est une substance molle, visqueuse, ayant à peu près la consistance du miel, plus lourde que l'eau, colorée en brun grisâtre. Son odeur est forte, peu agréable, analogue à celle du bitume; sa saveur est aromatique, brûlante, désagréable. Il contient toujours un peu d'eau qu'il perd quand on le chauffe, en devenant transparent et brun foncé, tandis que les impuretés tombent au fond du vase. Quand on l'étale en couche mince, il se dessèche en partie, mais il reste toujours visqueux. Il est soluble dans l'alcool, le chloroforme, l'éther et la plupart des huiles essentielles.

Les couches minces de résine montrent au microscope, sur leurs bords, des cristaux plumeux ou spiculés de *styracine,* et des gouttes aqueuses contenant des plaques rectangulaires ou des prismes courts d'*acide cinnamique.*

Le *Liquidambar styraciflua* ne fournit aux États-Unis qu'une très-petite quantité de résine qui paraît ne pas être récoltée. Dans le Guatemala et le Mexique, la sécrétion est plus abondante; la résine s'écoule spontanément par des fissures ou par des incisions faites à l'écorce; elle n'entre pas dans le commerce européen. Un échantillon observé par Hanbury et Flückiger était opaque, jaune pâle et de la consistance du miel; par exposition à l'air, elle devient transparente, ambrée et cassante; son odeur est térébenthineuse, balsamique, agréable; sa saveur est faible; elle se ramollit dans la bouche comme le mastic. Un autre échantillon provenant, comme le précédent, du Guatemala était transparent, brun doré.

La résine des *Liquidambar formosana* et *Altingia* ressemble assez à la précédente.

Composition chimique. — Le styrax liquide est formé en majeure partie par un hydure de carbone, $C^8 H^8$, dont on connaît deux formes : l'une nommée *styrol, cinnamène* ou *cinnamol,* liquide, incolore ; l'autre, nommée *métastyrol,* se produit quand on chauffe le premier; il est solide, incolore et transparent. Le styrol est soluble dans l'alcool et l'éther; le métastyrol est insoluble dans ces deux liquides. On trouve encore dans le styrax liquide, de l'*acide cinnamique,* $C^9 H^8 O^2$, et de la *styracine* ou *cinnamate cinnamylique.* Le styrax contient aussi probablement de l'*alcool benzylique,* $C^7 H^8 O$. Enfin il est formé en partie d'une résine peu connue.

Usages. — Le styrax liquide jouit des mêmes propriétés que la térébenthine; il est stimulant et peut être employé dans les maladies des bronches et de la vessie. Il entre dans la composition de l'onguent de styrax qui est employé contre les ulcères.

LIS

Lilium candidum L.
(Liliacées - Tulipacées.)

Le Lis blanc est une plante vivace, bulbeuse, à tige très-courte ou plateau, émettant en dessous des racines grêles, fibreuses, fasciculées, blanchâtres, et portant en dessus un bulbe ou oignon arrondi, formé d'écailles charnues, épaisses, lancéolées, blanches, imbriquées. Du centre de ces écailles naît une hampe (vulgairement tige), haute de 0^{m},60 à 1 mètre, cylindrique, glabre, simple, dressée, vert brunâtre, portant, dans toute sa longueur, des feuilles alternes, sessiles, lancéolées, aiguës, glabres, lisses, ondulées, d'un vert clair. Les fleurs, très-grandes, blanches, très-odorantes, longuement pédonculées, sont disposées en grappe terminale. Elles présentent un périanthe à six divisions libres, marquées d'un sillon glanduleux médian, longitudinal, alternant sur deux rangs, les trois intérieures plus larges; six étamines à filets longs, grêles, blancs, dressés, à anthères très-longues, jaune doré, oscillantes; un ovaire simple, à trois angles arrondis, à trois loges multiovulées, surmonté d'un style simple que termine un stigmate trilobé, verdâtre, glanduleux. Le fruit est une capsule allongée, à trois angles arrondis, à trois loges contenant chacune un grand nombre de graines plates, disposées sur deux rangs.

Habitat. — Le lis est originaire de l'Orient; il est cultivé aujourd'hui dans tous les jardins de l'Europe.

Culture. — Cette belle plante n'est pas cultivée spécialement pour l'usage médical. Elle croît dans presque tous les sols assez profonds, excepté dans ceux qui sont trop secs ou trop compactes, et de préférence à l'exposition du midi. On la propage de graines, et plus souvent de bulbilles qui croissent en abondance autour du bulbe principal, et qu'on sépare quand les feuilles de la plante sont desséchées.

Parties usitées. — Les bulbes, les fleurs.

Récolte. — Les bulbes, qui ne sont employés que frais, peuvent être récoltés à toutes les époques de l'année; mais ils sont plus âcres et plus actifs en hiver et au printemps, avant le développement de la hampe. Les fleurs sont récoltées fraîches pour les usages de la parfumerie. En pharmacie, elles sont peu employées; cependant, l'huile de lis, autrefois usitée, était préparée souvent avec des fleurs fraîches, mais quelquefois aussi avec des sèches. Elles perdent, d'ailleurs, tout leur arome par la dessiccation.

Composition chimique. — Les fleurs de lis, formées par des sépales blancs, sont extrêmement odorantes. Leur odeur, suave, flagrante, se rapproche de celle de la jacinthe et de la tubéreuse. Elle est très-recherchée par les parfumeurs, mais elle se dissipe et se détruit par la distillation, de sorte que, pour isoler cet arome, on est obligé, comme pour le jasmin, d'employer des moyens détournés, c'est-à-dire l'expression des fleurs au contact de flanelles imprégnées d'huile d'olives ou de ben, ou le procédé de dissolution par le sulfure de carbone indiqué par M. E. Millon, de la pharmacie centrale d'Alger. Ce procédé consiste à faire macérer les fleurs fraîches dans du sulfure de carbone, et à laisser évaporer spontanément celui-ci. Le parfum du lis reste pour résidu.

Les étamines du lis portent un pollen abondant, riche en matière colorante jaune, employée dans les campagnes pour colorer le beurre, ainsi que pour donner au lait la teinte jaunâtre qui lui est naturelle, et effacer ainsi la couleur bleuâtre qu'il acquiert quand on l'a mélangé d'eau, abus si commun.

Les bulbes imbriqués du lis renferment deux principes essentiels : l'un est une essence âcre, irritante, un peu caustique, qui est quelquefois utilisée comme rubéfiant, et alors on applique la pulpe du bulbe cru; l'autre est une matière mucilagineuse abondante, usitée comme calmante et dépurative, et dans ce cas on prépare la pulpe cuite par ébullition des bulbes dans l'eau, ou par la coction sous la cendre; par la chaleur, le principe âcre et irritant est volatilisé ou détruit.

Usages. — L'eau distillée de fleurs de lis, autrefois employée dans les maladies des yeux, et l'huile de lis, dont on frictionnait les membres endoloris, ne sont plus employées aujourd'hui. La pulpe du bulbe cuit dans de l'eau ou dans du lait est quelquefois appliquée dans les campagnes sur les tumeurs, les phelgmons, les furoncles, les anthrax, et surtout les panaris, comme résolutive et maturative. Nous ne pensons pas qu'elle agisse mieux que ne le ferait un cataplasme de farine de lin. Aussi cette pulpe est-elle peu employée dans la médecine rationnelle. L'huile servait aussi au pansement des plaies et des brûlures, et l'eau distillée était vantée contre la toux ; les anthères étaient regardées comme anodines et anti-spasmodiques.

LISERON

Convolvulus sepium L., *C. arvensis* L., *C. althæoides* L.
(Convolvulacées-Convolvulées.)

Le Liseron des haies ou Liset est une plante vivace, à rhizome long, mince, blanchâtre, traçant, émettant un grand nombre de racines fibreuses. La tige, qui atteint souvent plusieurs mètres de longueur, est grêle, anguleuse, plus ou moins torse, striée, glabre, lisse, souvent rougeâtre, et s'enroule autour des corps voisins. Elle porte des feuilles alternes, pétiolées, grandes, ovales aiguës, cordées à la base, presque sagittées, à lobes obliquement tronqués, sinués ou lâchement dentés. Les fleurs, très-grandes, blanches, terminent des pédoncules solitaires à l'aisselle des feuilles, très-longs, anguleux, munis, immédiatement au-dessous du calice, de deux ou quatre bractées foliacées, ovales, cordées, allongées. Elles présentent un calice à cinq divisions ovales lancéolées ; une corolle campanulée ou en entonnoir, très-évasée, marquée de cinq plis longitudinaux ; cinq étamines incluses ; un ovaire globuleux, à deux loges biovulées, entouré à sa base d'un disque annulaire charnu, et surmonté d'un style simple, filiforme, terminé par deux stigmates. Le fruit est une capsule arrondie, à deux loges incomplètes, renfermant chacune deux graines trigones, assez grosses.

On remarque aussi dans ce genre le Liseron des champs (*C. arvensis* L.), la soldanelle (*C. soldanella* L., *Calystegia* R. Br.), et surtout plusieurs espèces exotiques, Jalap, Méchoacan, Scammonée, Turbith, etc., pour lesquelles nous renvoyons aux articles spéciaux.

Habitat. — Le liseron des haies est commun en Europe ; il croît surtout dans les endroits humides et ombragés, au bord des eaux, etc. On ne le cultive que dans les jardins botaniques, et quelquefois dans les parcs d'agrément, où il suffit de replanter ses rhizomes.

Parties usitées. — Les racines, les feuilles.

Récolte. — Les feuilles sont récoltées au mois de juillet, soit qu'on les fasse sécher, soit qu'on veuille en extraire le suc. Les racines sont plus actives à la fin de l'automne, ou au commencement de l'hiver. C'est donc à cette époque qu'il faut les arracher.

Composition chimique. — Les fleurs et les feuilles du liseron des haies sont inodores et amères. La racine peut fournir, par l'alcool, une résine âcre et purgative, analogue à celles du jalap et de la scammonée. Elle contient, en outre, des matières grasses, de l'albumine, du sucre, des sels, du soufre, de la silice et du fer

Usages. — Déjà employé au temps de Dioscoride, et presque oublié de nos jours, le liseron est cependant une plante active que Mérat et Delens regardent avec juste raison comme un de nos meilleurs purgatifs indigènes. Ce fut Haller (*Mat. méd.*, t. I, p. 225) qui proposa de substituer cette racine à la scammonée d'Orient. Coste et Wilmet, d'après ce que l'on voit dans leur *Matière médicale*, employaient le suc laiteux comme purgatif à la dose de un à deux grammes. M. Chevallier a constaté que la résine extraite de la racine était aussi purgative que celle du jalap et de la scammonée. M. Cazin dit même qu'elle agit aussi bien que la scammonée, tout en étant moins irritante. Il pense que le suc épaissi du liseron est fébrifuge.

Les feuilles contusées du grand liseron ont été employées en infusion, dans de l'eau, comme purgatives. Les enfants prennent cette infusion sans répugnance, lorsqu'elle est sucrée avec du miel; on peut remplacer les feuilles fraîches par celles qui ont été desséchées. Les feuilles, broyées entre les doigts et appliquées sur les furoncles, jouissent d'une grande réputation dans les campagnes comme maturatives.

Le Petit Liseron, ou *Liseron des Champs, Petit Liset, Campanette,* jouit des mêmes propriétés. Le Liseron à feuilles de guimauve (*C. athæoïdes* L.), si abondant dans les contrées méridionales de l'Europe, et qui est commun en Languedoc et en Provence, a été expérimenté par Loiseleur-Deslongchamps (*Dic. des scienc. méd.*, t. XVIII, p. 329). Ce savant a constaté que la teinture alcoolique purgeait très-bien les enfants, et sans coliques.

Les *Convolvulus paulistanus*, *pendulus*, *puniceus*, *polyrrhizos*, *giganteus*, *ventricosus*, du Brésil, sont employés dans leur pays d'origine comme purgatifs. Le dernier y porte le nom, à cause de son activité, de *purga de cavallo* (purgatif de cheval).

LIVÊCHE

Levisticum officinale Koch. (*Ligusticum Levisticum* L. *Angelica Levisticum* All.)
(Ombellifères - Angélicées.)

La Livêche ou Lévêche, appelée aussi Ache de montagne, Angélique à feuilles d'ache, Sermontaine, Séséli de montagne, etc., est une plante vivace, à racine assez grosse, charnue, rameuse, fibreuse, brunâtre. La tige, haute de 1 à 2 mètres, arrondie, fistuleuse, noueuse, un peu striée, glabre, simple, dressée, porte des feuilles alternes, très-grandes, pétiolées, deux fois ailées, composées de folioles grandes, rhomboïdales, irrégulières, pointues, dentées dans leur partie supérieure, planes, luisantes, d'un vert foncé en dessus, plus pâles en dessous. Les fleurs, jaunes, sont groupées en ombelles terminales, entourées d'un involucre à folioles lancéolées, bordées de blanc, réfléchies et munies d'involucelles semblables. Elles présentent un calice à bord oblitéré, à cinq dents peu marquées; une corolle à cinq pétales presque égaux, arrondis, entiers, recourbés en dedans, avec une lanière courte, infléchie; cinq étamines un peu saillantes; un ovaire infère, adhérent, à deux loges uniovulées, surmonté de deux styles simples, divergents, terminés chacun par un petit stigmate. Le fruit est un diakène oblong, comprimé, à dix côtes longitudinales ailées, formé de deux carpelles dont chacun renferme une graine aplatie d'un côté.

Habitat. — La livêche croît dans les régions montagneuses des contrées méridionales; on la trouve surtout dans les prés couverts.

Culture. — Cette plante, étant assez abondante à l'état sauvage pour suffire aux besoins de la médecine, n'est cultivée que dans les jardins botaniques. Une terre fraîche et profonde est celle qui lui convient le mieux. On la propage de graines, semées aussitôt après la maturité, et d'éclats de pieds, faits au printemps ou à l'automne. Elle ne demande ensuite que les soins ordinaires.

Parties usitées. — Les racines, rarement les fruits improprement appelés semences.

Récolte. — Nous avons dejà dit en parlant de l'ache, que les fruits et les racines de la livêche étaient les seuls que l'on trouvait dans le commerce en France, sous les noms de *fruits et de racine d'ache*. La racine de livêche est épaisse, noirâtre en dehors, blanc iaunâtre en dedans; son odeur est fort analogue à celle du céleri; sa saveur est âcre et aromatique; sèche, cette racine est de la grosseur du pouce, grise à l'extérieur, ridée dans tous les sens, et présentant souvent des renflements dus a de nouveaux collets; l'intérieur est jaunâtre, spongieux, parfumé, un peu sucré et âcre; l'odeur est celle de toute la plante; elle rappelle celle des ombellifères en général et en particulier celle de l'angélique.

Les fruits d'ache peu odorants en masse, acquièrent une odeur térébenthinée lorsqu'on les froisse; leur saveur amère rappelle un peu celle de la térébenthine. Ils sont peu usités.

Composition chimique. — L'ache fraîche laisse écouler souvent par sa racine un suc gommo-résineux; les fruits renferment une huile essentielle très-odorante, et il est probable que la racine en contient également, ainsi que les autres parties de la plante.

Usages. — Par ses propriétés, la livêche se rapproche de l'angélique et de l'impératoire; sa racine et ses fruits excitent les voies digestives. On leur a attribué la propriété de stimuler l'utérus; aussi Gilibert les employait-il contre l'hystérie avec asthénie, l'aménorrhée, la chlorose; et Pierre Forest, dit Forestus, savant médecin du seizième siècle, regardait la racine comme emmenagogue et l'administrait en poudre ou en macération dans du vin; mais quoique excitante, la livêche est loin d'avoir une action spéciale sur l'uterus et de ranimer les règles comme le prétend Roques. Loiseleur-Deslonchamps a reconnu aux fruits des propriétés carminatives, qu'ils partagent d'ailleurs avec tous les fruits non vénéneux de la même famille. Aujourd'hui on n'en fait plus usage, et contrairement à l'opinion de Mérat et Delens, nous pensons que la livêche, quoique très-aromatique, peut être remplacée avec avantage par l'angélique et d'autres ombellifères très-communes.

D'après Jacques Horstius, qui florissait au seizième siècle, les lotions faites avec la décoction de livêche et de raves guérissent des engelures. La plante fraîche pilée avec du sel de cuisine et du vinaigre, forme une espèce de pulpe que les paysans emploient contre la gale. Enfin on a prétendu que la livêche mêlée aux fourrages guérissait la toux des bestiaux.

En réalité, la livêche ne mérite pas plus qu'une foule d'autres plantes de nos pays la réputation dont elle a joui autrefois.

LOBÉLIE

Lobelia syphilitica L., *inflata* L., *urens* L., *longiflora* L.
(Campanulacés-Lobéliécs.)

La lobélie syphilitique, appelée aussi Cardinale bleue, est une plante vivace, à racine fibreuse, charnue, blanchâtre. La tige, haute de 0m,35 à 0m,65, droite, ferme, anguleuse, velue, simple ou à peine rameuse, porte des feuilles alternes, sessiles, rapprochées, ovales-lancéolées, aiguës, dentées, velues, d'un vert foncé, étalées. Les fleurs, d'un beau bleu violacé, sont solitaires à l'extrémité de courts pédoncules axillaires, et forment par leur réunion un long épi feuillé terminal. Elles présentent un calice à cinq divisions profondes, lancéolées, aiguës, velues, ciliées, à bords repliés en dehors à la base; une corolle monopétale, irrégulière, à tube plus long que le calice, un peu recourbé, à limbe divisé en deux lèvres subdivisées, la supérieure en deux, l'inférieure en trois lobes; cinq étamines, soudées à la fois par les anthères et par les filets, insérées sur le tube du calice ; un ovaire semi-infère, à deux loges multiovulées, surmonté d'un style simple, cylindrique, glabre, dépassant les étamines, recourbé et un peu renflé dans sa partie supérieure, qui se termine par un stigmate velu et violacé. Le fruit est une capsule anguleuse, s'ouvrant en deux valves et divisée en deux loges polyspermes (Pl. 27).

Nous citerons encore les lobélies brûlante (*L. urens* L.) et à longues fleurs (*L. longiflora* L.) et la lobélie enflée (*L. inflata* L.).

Habitat. — Les lobélies syphilitique et à grandes fleurs sont originaires de l'Amérique du Nord. On les cultive en Europe depuis l'an 1665. La lobélie brûlante est commune dans nos contrées; elle croît dans les lieux sablonneux, au bord des chemins, etc.

Culture. — La lobélie syphilitique est souvent cultivée dans les jardins d'agrément. Elle demande la terre de bruyère et une exposition demi-ombragée. On la multiplie par le semis en pépinière ou sur couche, par éclats de pieds ou par boutures de racines.

Parties usitées. — Les racines, les feuilles, les tiges.

Récolte. — Aux États-Unis on emploie surtout en médecine le L. *inflata* L. Les quakers du Nouveau-Liban (*New-Lebanon*) récoltent les tiges et les feuilles, les coupent et les compriment sous forme de carrés longs du poids de 250 à 500 grammes. La masse est d'un vert jaunâtre, d'une odeur un peu nauséeuse et irritante; sa saveur est âcre, brûlante, analogue à celle du tabac

En Amérique on emploie aussi la racine de *Lobelia syphilitica*, qui est cultivée dans nos jardins sous le nom de *Cardinale bleue*. On ne peut pas assurer que la racine du commerce soit produite par le *L. syphilitica;* on croit même que celle qui vient des Alpes doit être attribuée au *L. laurentia* L. (*Laurentia Michelii* D. C.). Quoi qu'il en soit, elle est grosse comme le petit doigt, d'un gris cendré, striée, avec la superficie des lignes dirigée dans tous les sens, de sorte que l'épiderme ressemble un peu à la peau d'un lézard ; sa cassure transparente est jaune, comme feuilletée, avec un grand nombre de cellules rayonnantes; elle est molle et cède sous la moindre pression; ce caractère suffit pour la faire distinguer du genseng qui est dur et résistant et avec lequel on pourrait la confondre. D'ailleurs la lobélie présente une odeur aromatique et une saveur sucrée qui se rapprochent de celles des aristoloches.

Composition chimique. — On a trouvé dans la lobélie un principe que Reinsch a découvert en 1843, et qu'il a nommé *Lobéline*. Elle fut plus tard préparée et étudiée par MM. Procter et William Bastick qui ont constaté qu'elle possédait des propriétés analogues à celles de la lobélie, seulement qu'elle était plus active.

La lobélie enflée ou *indian tabacco* des Anglais, contient, d'après M. Procter, un principe odorant volatil, probablement une huile essentielle, un alcaloïde nommé *lobéline*, un acide déjà isolé par M. Péreira et appelé *acide lobélique*, de la gomme, de la chlorophylle, une huile fixe, du ligneux et des sels; les graines sont beaucoup plus riches en lobeline que les feuilles ; elles contiennent en outre 30 p. 100 d'une huile fixe incolore.

Par ses propriétés chimiques, la lobeline se rapproche de l'hyosciamine, mais elle est incristallisable; c'est une huile visqueuse, aromatique, jaunâtre, alcaline, plus légère que l'eau, d'une odeur aromatique, d'un goût piquant analogue à celui du tabac; elle est volatile, soluble dans l'eau, mais plus dans l'alcool et dans l'éther; les alcalis la décomposent. Elle forme avec les acides sulfurique, azotique et chlorhydrique, des sels cristallisables que le tannin précipite.

Boissel a analysé la racine de lobélie; il y a trouvé une matière grasse, du sucre, du mucilage, du malate acide de chaux, du malate de potasse, une matière amère très-fugace, des sels et du ligneux.

Toutes les lobélies, quand on les coupe, laissent écouler un suc blanc qui contient du caoutchouc; on peut extraire cette substance du L. *caoutchouc* Humb., qui croît dans la province de Popayan (Nouvelle-Grenade).

Le suc blanc des Lobélies est contenu dans des canaux laticifères articulés.

Usages. — En France, les lobélies sont peu usitées. En Angleterre et en Amérique, on en fait un très-fréquent usage. D'après M. Procter, 5 centigrammes de lobéline suffisent pour tuer un chat; à dose un peu élevée, elle est vomitive et cathartique; à dose plus faible, elle agit comme diaphorétique et expectorante.

La lobélie enflée (*Lobelia inflata*) jouit de propriétés émétocathartiques très-énergiques; c'est surtout elle qui est employée dans l'Amérique du Nord. A haute dose, elle constitue un poison narcotico-âcre très-dangereux. On l'a recommandée contre l'asthme; mais, d'après M. Fournier, elle n'agit pas contre l'asthme essentiel, mais seulement contre l'asthme cardiaque, c'est-à-dire dans lequel il y a œdème pulmonaire déterminé par une affection cardiaque. Dans ce cas, si les malades sont pris d'accès de suffocation, la lobélie réussit presque toujours à calmer les accès. Il ne faut pas dépasser la dose de 2 grammes.

La lobélie brûlante (L. *urens* L.), dont le suc âcre est extrêmement irritant, a été proposée contre les fièvres intermittentes; elle est aujourd'hui justement oubliée. Les sauvages de l'Amérique septentrionale emploient la lobélie cardinale comme fébrifuge; aux Antilles, la lobélie à grandes fleurs (L. *longiflora* L.) est appelée *matta cavallo* et en Espagne où on la cultive, *rabicula cavallos*. Les nègres s'en servent comme poison. Selon Jacquin, elle détermine des ophthalmies violentes quand on la touche.

LOCO

(Voyez le *Supplément* du T. II.)

LUFFA

(Voyez le *Supplément* du T. II.)

LUNAIRE

Lunaria odorata et *inodora* Lam.
(Crucifères-Alyssinées)

La Lunaire vivace ou odorante (*L. odorata* Lam., *L. rediviva* L.), appelée aussi Bulbonac ou Satinée, est une plante vivace, dont les tiges, hautes de 0^{m},40 à 0^{m},60, dressées, simples à la base, un peu rameuses au sommet, portent des feuilles alternes, longuement pétiolées, ovales cordiformes, dentées, velues, rugueuses, les supérieures plus étroites, ovales acuminées. Les fleurs, petites, d'un bleu gris de lin ou lilacé, très-odorantes, sont groupées en corymbes terminaux et axillaires, dont l'ensemble constitue une panicule terminale. Elles présentent un calice à quatre sépales disposés sur deux rangs, les deux extérieurs bossués à la base; une corolle à quatre pétales longuement onguiculés, obovales, étalés; six étamines tétradynames, à anthères d'un jaune foncé; un ovaire simple, ovale, aplati, à deux loges multiovulées, surmonté d'un style très-court et d'un stigmate bilobé. Le fruit est une silicule ovale lancéolée, très-aplatie, à cloison mince, large, soyeuse, satinée, brillante, séparant deux loges dont chacune renferme plusieurs graines aplaties, réniformes, ailées (Pl. 28).

La lunaire bisannuelle ou inodore (*L. inodora* Lam., *L. biennis* Mœnch., *L. annua* L.), appelée aussi grande lunaire, monnayère, clef de montre, monnaie du pape, passe-satin, médaille de Judas, etc., est bisannuelle, et diffère de la précédente par sa taille plus élevée; ses feuilles plus pâles, sessiles dans le haut de la tige; ses fleurs inodores, plus grandes, violet pourpré; ses styles trois fois plus longs; ses silicules beaucoup plus grandes, presque rondes, à cloison cartilagineuse, nacrée, persistante.

Habitat. — Ces deux plantes se trouvent dans les régions centrales et méridionales de l'Europe; elles habitent les forêts montagneuses, les bois escarpés, etc. On ne les cultive que dans les jardins d'agrément, où on les propage par graines, et la première aussi par éclats de pieds.

Parties usitées. — Les feuilles, les semences.

Récolte. — Les lunaires, comme toutes les plantes de la même famille, perdent leurs propriétés par la dessiccation, aussi ne les employait-on que fraîches; les semences sont récoltées à la maturité des fruits, avant leur déhiscence.

Composition chimique. — Les feuilles sont âcres et amères, un peu piquantes, surtout celles du *L. parviflora* Delile, qui vient dans les déserts de l'Égypte; les Arabes appellent celui-ci *Raschat-Guébéli*, cresson du désert, et ils le mangent comme nous faisons le véritable cresson.

Usages. — Les feuilles de lunaire, ainsi que les semences, sont réputées apéritives, antiscorbutiques et incisives; on les a préconisées comme diurétiques; on les employait autrefois contre l'épilepsie; elles sont maintenant complétement inusitées ; on mange les racines en salade comme celles de la raiponce (*Campanula Rapunculus*).

LUPIN

Lupinus albus L.
(Légumineuses - Lotées.)

Le Lupin blanc est une plante annuelle, à racine dure, un peu fibreuse, pivotante. La tige, haute de $0^m,35$ à $0^m,65$, cylindrique, velue, dressée, un peu rameuse, porte des feuilles alternes, à pétiole long, muni de deux stipules à la base, à limbe palmé, divisé en cinq ou sept folioles ovales, lancéolées, entières, molles, pubescentes, ciliées, douces au toucher, d'un vert foncé en dessus, plus pâles en dessous. Les fleurs, blanches, courtement pédonculées, sont réunies en grappes terminales dressées. Elles présentent un calice monosépale, velu, à deux lèvres, la supérieure presque entière ou à peine échancrée, l'inférieure à trois dents; une corolle papilionacée, à étendard cordiforme, arrondi, à ailes égalant la carène qui est formée de deux pétales libres dès la base; dix étamines monadelphes, à anthères alternativement arrondies et oblongues; un ovaire simple, libre, allongé, à une seule loge pluriovulée, surmonté d'un style et d'un stigmate simples. Le fruit est une gousse épaisse, coriace, oblongue, velue, brun noirâtre, renfermant plusieurs graines arrondies, comprimées et blanchâtres.

Habitat. — On ne connaît pas bien la véritable patrie du lupin blanc; on pense toutefois qu'il est originaire de l'Orient, d'où il s'est répandu et naturalisé dans le midi de l'Europe et sur les bords du bassin méditerranéen.

Culture. — Le lupin se trouve répandu soit dans les champs, comme plante fourragère, soit dans les jardins, comme végétal d'agrément. Il demande une terre légère et chaude, et se propage très-facilement de graines, semées en place au printemps.

Parties usitées. — Les graines.

Récolte. — On récolte les semences de lupins à la maturité des gousses; elles sont blanches, assez grosses, un peu aplaties; elles possèdent une saveur amère assez désagréable, que l'eau chaude fait disparaître; on les conserve sèches comme les haricots.

Composition chimique. — Outre le principe amer dont nous avons parlé, les graines de lupin contiennent un peu de tannin, de l'amidon, des traces de sucre, et une matière azotée que l'on retrouve d'ailleurs dans les graines d'un grand nombre de légumineuses, matière que M. Braconnot a nommée *Légumine*. Elle a beaucoup d'analogie avec la *caséine* du lait; elle est soluble dans l'eau et coagulable par l'acide acétique; mais ce précipité est soluble dans un excès d'acide, ce qui distingue la matière en question des autres albumines. Elle se dissout dans les alcalis libres ou carbonatés et dans les eaux de chaux et de baryte.

Usages. — La farine de lupin entrait, avec celles de Fève (*Faba sativa*) et d'Orobe (*Orobus vernus*), que l'on remplaçait souvent par celles de l'Ers (*Ervum ervilia*) ou de la Vesce (*Vicia sativa*), dans les *quatre farines résolutives* autrefois très-employées; mais aujourd'hui ces farines sont aussi peu usitées les unes que les autres. Cependant nous devons dire que la *Revalescière*, l'*Ervalenta* et la *Revalenta*, dont le charlatanisme, toujours si plein d'attrait pour la foule, vante les prodigieux effets, ne sont que de la farine de lentilles (*Ervum lens*) mêlée avec des farines de haricots et de lupin, du sucre et un peu de sel.

En Égypte et en Italie, on mange les graines de lupin, mais c'est une triste nourriture. *Tristis Lupinus*, dit Virgile, quoique ses contemporains ne dédaignassent pas ces graines, que l'on vendait cuites dans les rues de Rome, comme on les vend encore aujourd'hui en Égypte. On prétend que le célèbre peintre grec Protogène vécut pendant sept ans de graines de lupin. Dioscoride et le médecin arabe Jahia, fils de Masouiah, vulgairement appelé Jean Mésué, employaient la farine de lupin pour rétablir l'appétit, combattre les maladies de la peau et faire périr les vers. En Italie et en Catalogne, on ne se sert des graines, après les avoir dépouillées de leur amertume en les trempant dans l'eau, pour engraisser les bœufs. La plante, encore jeune, du lupin blanc, fournit un fourrage que l'on donne particulièrement aux moutons. En Égypte, dit Sonnini (*Voyage*, t. III, p. 17), on fait usage de la farine pour adoucir les mains et effacer les rides du visage. Cette farine entrait autrefois dans les trochisques de myrrhe.

D'après Bruce (*Voyage*, t. VIII, p. 67-79), le lupin termis (*L. termis* Forsk) d'Abyssinie, est si amer qu'il communique cette saveur au miel des abeilles qui butinent sur ses fleurs. On cultive le lupin termis dans le royaume de Naples comme un bon fourrage vert pour les chevaux.

LYCOPERDON

Lycoperdon giganteum DC., *L. Bovista* L., etc.
(Champignons-Lycoperdacés.)

Le Lycoperdon gigantesque, vulgairement appelé Vesse-de-loup, est un énorme champignon globuleux, atteignant parfois $0^m,35$ de diamètre, fixé au sol par une très-petite racine. Sous une peau blanc sale, lisse ou un peu pelucheuse, il renferme une chair ferme et blanchâtre dans le jeune âge. Plus tard, cette chair prend des teintes de plus en plus foncées et se change en une poussière brune, formée par les spores, qui sont attachées à des filaments. A la maturité, l'enveloppe s'ouvre au sommet, pour laisser échapper ces spores, dont le singulier mode d'émission a valu à ce cryptogame ses noms vulgaire et scientifique. Il ne reste plus alors qu'une peau assez épaisse, molasse et filandreuse, contenant les débris des filaments.

Habitat. — Ce champignon se trouve dans presque toute l'Europe; il croît, ordinairement solitaire, dans les bois et les pâturages secs.

Citons encore, pour l'emploi qu'on en fait, les Lycoperdons verruqueux (*L. verrucosum* Bull.), carcinomale (*L. carcinomale* L.), effrayant (*L. horrendum*), qui a plus d'un mètre de diamètre, et paraît être le plus volumineux des Champignons.

Parties usitées. — Toute la plante, la poussière qu'elle contient (*Sporidies*.)

Récolte. — On cueille, pour les manger, les lycoperdons comestibles, avant que la partie charnue soit transformée en poussière.

Composition chimique. — Comme celle de la plupart des champignons, l'analyse des lycoperdons n'a pas été faite. Leur chair est peu aromatique; elle possède un peu d'âcreté, qu'elle perd par la cuisson. Plus tard, lorsque la poussière est bien formée, elle est âcre, cause de la cuisson et de l'inflammation, si elle est portée sur les yeux et sur les narines. Selon Bulliard, prise à l'intérieur, elle peut être mortelle.

Usages. — Léveillé dit que l'usage que l'on fait des Lycoperdacées, en Italie, où on les mange, prouve que ces champignons ne sont pas vénéneux; il ajoute toutefois qu'on ne pourrait garder longtemps chez soi un lycoperdon gigantesque sans être incommodé par l'odeur qu'il dégage, et que l'expérience a démontré qu'on ne peut pas en recevoir impunément les nuages des spores dans les yeux.

D'après Tournefort, la poussière des lycoperdons est astringente; elle était très-employée autrefois contre les hémorrhagies externes. En Allemagne, les barbiers en mettaient sur les coupures produites par les rasoirs. La chair des lycoperdons desséchée, battue et trempée dans une solution de nitre, peut servir d'amadou. Thunberg (*Dict. acad.*, t. I, p. 274) rapporte que le *Lycoperdon carcinomale* L. est employé, au cap de Bonne-Espérance, contre le cancer. Le *Lycoperdon verrucosum* Bull., est regardé comme aphrodisiaque; il porte le nom de *Truffe de cerf*, parce que, dit-on, ces animaux le recherchent pendant le rut.

Dans quelques contrées de l'Allemagne, la poussière des lycoperdons a été employée contre les hémorrhagies traumatiques; mais on ajoute que le champignon était préparé, qu'on l'arrosait pendant quinze jours avec une solution de sulfate de zinc, et que chaque fois on faisait sécher au soleil, puis qu'on réduisait en poudre. Félix Plater arrêtait le flux hémorroïdal trop abondant en introduisant dans le rectum de la poussière de lycoperdon. Boerhaave, Tulpius, Adrien Helvetius la considéraient comme un excellent hémostatique. Lecat l'employait pour arrêter les hémorrhagies dans les opérations chirurgicales. Ravius l'employait contre les hémorrhagies traumatiques. Paul Hermann l'a vantée contre les excoriations, les pustules, etc. Il est vrai qu'il la mélangeait avec le colcothar ou peroxyde de fer anhydre. Après M. Cazin, nous avons nous-même employé avec succès le lycoperdon gigantesque contre les hémorrhagies nasales rebelles.

En Angleterre, on emploie depuis longtemps la fumée produite par la combustion lente des lycoperdons pour engourdir les abeilles, lorsqu'on veut enlever le contenu des ruches. C'est probablement cette application qui a donné à M. Richardson l'idée de se servir de cette même fumée comme anesthésique et ne présentant aucun danger. Les expériences faites à ce sujet ne sont pas assez nombreuses pour que l'on puisse se prononcer sur la valeur de ce moyen, mais il est très-probable que les effets anesthésiques constatés sont dus à la production de l'acide carbonique, et surtout de l'oxyde de carbone.

LYCOPODE

Lycopodium clavatum L.
(Lycopodaciées.)

Le Lycopode à massue est une plante vivace, dont la tige, longue parfois de plus d'un mètre, couchée, rampante, radicante, se divise en nombreux rameaux ascendants, entièrement recouverts, ainsi que l'axe primaire, de feuilles alternes, sessiles, linéaires lancéolées, roides, à une seule nervure médiane peu marquée et se terminant par une longue soie, imbriquées sur plusieurs rangs. Les organes reproducteurs consistent en sporanges d'un jaune pâle, naissant chacun à l'aisselle d'une bractée semblable aux feuilles, et disposés en épis allongés, cylindriques, qui sont portés sur des pédoncules terminaux, ascendants, assez longs, munis de bractées espacées, terminés chacun par deux ou trois épis, rarement par un seul; ces sporanges renferment les spores ou granules (Pl. 29).

Le Lycopode sélagine (*L. selago* L.), est une espèce à tige droite, haute d'environ 2 décimètres, rameuse et fastigiée.

Habitat. — Les lycopodes sont assez répandus en Europe; il croissent surtout dans les lieux accidentés, les bois montueux, au pied des rochers, etc., presque toujours à l'exposition du nord.

Parties usitées. — La poussière des capsules; la plante.

Récolte. — Le lycopode des officines nous vient en général de l'Allemagne et de la Suisse. C'est une poussière d'un jaune tendre, très-fine, légère, insipide et inodore, inflammable au contact d'une bougie. Aussi lui a-t-on donné le nom de *Soufre végétal;* on s'en sert dans les théâtres pour imiter les éclairs et les incendies.

Le lycopode du commerce est souvent falsifié avec le talc ou la craie de Briançon, et avec l'amidon. La première de ces substancesse précipite au fond de l'eau, lorsqu'on met la poudre sur ce liquide, tandis que le lycopode surnage. Quant à l'amidon, il est reconnu par l'eau iodée. On a prétendu que l'on falsifiait le lycopode avec les pollens de certaines plantes, et notamment avec ceux des pins, des sapins et des typhas. Nous pensons, comme M. Guibourt, que cette fraude n'est pas aussi facile qu'on le suppose, et nous nous demandons s'il ne coûterait pas plus cher de ramasser les pollens des plantes en question, que ne vaut le lycopode lui-même. D'ailleurs, ces pollens sont en général très-colorés, et leur examen microscopique permet de les distinguer les uns des autres, et du lycopode lui-même, avec la plus grande facilité. Cette distinction ne serait peut-être pas aussi facile avec la *poudre de vieux bois*, poussière jaune et ténue que les larves d'insectes produisent dans les vieux bois de charpente, et avec laquelle on a, dit-on, mélangé quelquefois le lycopode; mais encore ici se présente la difficulté de se procurer ce produit en assez grande abondance pour pouvoir le vendre à un prix inférieur à celui du lycopode.

Composition chimique. — Le lycopode reste à la surface de l'eau; par l'agitation une portion se précipite; par la chaleur, tout tombe au fond, l'eau acquiert une saveur cireuse, et renferme un mucilage qui lui donne la propriété de se prendre en gelée par le refroidissement; l'alcool le pénètre, et l'on obtient par la chaleur une teinture jaune que l'eau précipite en blanc. Ce liquide contient du sucre. L'éther, au contact du lycopode, prend une teinte jaune verdâtre, contenant de la cire en dissolution et précipitant abondamment par l'eau.

Le résidu, insoluble dans tous ces liquides, équivaut à peu près à 0,90 pour cent de la poudre employée. Il est pulvérulent, jaune, combustible. On l'a nommé *Pallénine*. Il est azoté et se putréfie lorsqu'il est humide, en formant une masse putride ayant l'aspect du fromage.

On voit que le lycopode, mouillé avec de l'alcool et examiné au microscope, est formé de granules isolés représentant des sections de sphères formées par trois plans dirigés vers le centre. Ces grains sont rarement réunis; mais ils se présentent sous plusieurs formes. Ils sont imparfaitement transparents, et composés de cellules denses, avec des granulations à leur surface, dans l'intervalle desquelles on trouve de petits poils ou appendices terminés en massue.

Usages. — La poudre de lycopode est employée à deux usages à peu près exclusifs : en pharmacie, on s'en sert pour rouler les pilules et les empêcher d'adhérer entre elles ; en médecine, sous le nom de poudre de vieux bois, on l'emploie comme absorbante contre les excoriations, et chez les enfants, pour panser l'érithème des fesses, des aines et des cuisses, qui accompagne la diarrhée et le séjour prolongé dans l'urine ou les matières fécales. Mais il est bien important de ne pas confondre le lycopode avec la poudre de vieux bois, que M. Devergie préfère dans le traitement de certaines dermatoses sécrétantes.

Toutes les gerçures, les inflammations cutanées légères, telles que l'eczéma des bourses et des seins, l'érysipèle, sont traités avantageusement par le lycopode. Helwich, d'après Murray, a étendu son usage au traitement des ulcères serpigineux. Hufeland l'employait contre les ulcérations des paupières. En Pologne, on en jette sur les cheveux des malades atteints de la plique. Aussi a-t-on nommé la plante *Plicaria* et *Herbe à la plique*.

Quoique vanté avec exagération dans certaines maladies, le lycopode n'est pas employé à l'intérieur. On l'a regardé comme utile contre le rhumatisme, l'épilepsie, les néphrites, les rétentions d'urine, etc. D'après Martius (*Bull. des sc. méd.* de Férussac, tom. XXI, p. 430), on l'emploie, dans certaines parties de la Russie, en Hongrie, en Gallicie, contre la rage. Hufeland l'a recommandé contre la diarrhée des enfants et la strangurie.

La plante entière possède des propriétés vomitives, et on rapporte que des paysans tyroliens, qui avaient mangé des légumes cuits dans de l'eau où avait macéré du *L. selago* éprouvèrent des symptômes d'ivresse et des vomissements. Raclius l'employait en infusion contre les rétentions d'urine. Aujourd'hui l'usage en est abandonné.

Le *L. selago* L. ou *sélagine*, commun dans le nord de l'Europe et de la France, est éméto-drastique. Bischoff, Winkler, Zingler, Haller ont constaté ses propriétés. Linné dit qu'en Suède on emploie sa décoction pour détruire la vermine des animaux.

Quoique rarement employé en médecine homœopathique, le lycopode figure au Codex homœopathique sous le signe *Mlp* et l'abréviation *Lyc.*

LYSIMAQUE

Lysimacchia vulgaris et *nummularia* L.
(Primulacées-Primulées.)

La Lysimaque commune (*L. vulgaris* L.), vulgairement appelée Corneille ou Chasse-bosse, est une plante vivace, à rhizome rampant, muni de racines fibreuses. La tige, haute de 0^{m},60 à 1 mètre, à quatre angles peu marqués, velue, très-rameuse, dressée, porte des feuilles le plus souvent opposées, rarement alternes ou verticillées, brièvement pétiolées, ovales, oblongues, lancéolées, aiguës, pubescentes et d'un vert pâle en dessous. Les fleurs, d'un beau jaune doré, sont disposées en panicules rameuses terminales. Elles présentent un calice monosépale à cinq divisions lancéolées aiguës, ciliées, membraneuses et rouges sur les bords ; une corolle presque rotacée, à tube très-court, à limbe divisé en cinq lobes glanduleux supérieurement; cinq étamines saillantes, à filets soudés à la base, recouvrant un ovaire uniloculaire, multiovulé, surmonté d'un style et d'un stigmate simples. Le fruit est une capsule membraneuse, globuleuse, à une seule loge polysperme, s'ouvrant à la maturité en cinq valves longitudinales.

La Lysimaque nummulaire (*L. nummularia* L.), vulgairement Monnayère, Herbe aux écus, Herbe à cent maux, etc., est une plante vivace, à tiges longues de 0^{m},25 à 0^{m},50, grêles, glabres, simples ou à peine rameuses, radicantes à la base, portant des feuilles opposées, brièvement pétiolées, ovales ou arrondies, glabres. Les fleurs sont solitaires à l'aisselle des feuilles, opposées, longuement pédonculées. Le calice est à cinq divisions ovales aiguës, cordées à la base. Les étamines sont soudées sur une moindre longueur que dans l'espèce précédente. Les autres caractères sont à peu près les mêmes que dans la lysimaque commune.

Habitat. — Ces deux plantes sont très-répandues en Europe ; on les trouve dans les lieux humides des bois, sur le bord des eaux, etc. Elles ne sont cultivées que dans les jardins botaniques.

Parties usitées. — La plante entière.

Récolte. — Pline rapporte que la lysimaque tire son nom de Lysimachus, fils d'un roi de Sicile, qui fit connaître ses propriétés astringentes. Il ajoute qu'elle empêche les chevaux d'être hargneux.

Les Anglais la nomment *Loose-strife, Chasse-querelle*; et le nom de *Chasse-bosse*, qu'on lui donne chez nous, a probablement une origine analogue. On cueille la plante à l'époque de la floraison : on la fait sécher au grenier ou au séchoir.

Composition chimique.—Les lysimaques ont une saveur astringente et un peu acide. Par la dessiccation elles perdent une partie de leurs propriétés.

Usages. — Érasistrate, petit-fils d'Aristote, faisait grand cas de la lysimaque; mais quelques commentateurs pensent qu'il voulait parler de la salicaire (*Lythrum salicaria* L.), que quelques auteurs ont nommée *Lysimachia purpurea*. D'ailleurs, ces deux plantes sont aujourd'hui tout à fait abandonnées. Autrefois, la lysimaque vulgaire était employée comme vulnéraire et astringente, et on la regardait comme utile dans les hémorrhagies, la leucorrhée, la diarrhée, la dyssenterie. La décoction miellée était conseillée contre les aphtes de la bouche, les amygdalites, les inflammations de la gorge, etc.

La nummulaire est négligée par presque tous les praticiens. Cependant Boerhaave, et depuis, Lieutaud, en ont fait grand cas comme astringente. Jérôme Bock, plus connu sous le nom de Tragus, la recommandait, dans le seizième siècle, aux phthisiques, et Gattenhof (*Stirpes agri Heipelle*) rapporte que les pâtres la faisaient prendre aux brebis, pulvérisée, mêlée à du sel, pour les préserver de la phthisie pulmonaire. En Alsace, c'est un remède populaire contre les diarrhées, l'hémoptysie et les hémorroïdes. M. Cazin, qui l'a expérimentée, dit en avoir obtenu de bons effets dans un cas de ménorrhagie lente et passive. Quoi qu'il en soit, elle est aujourd'hui généralement abandonnée dans la pratique médicale, et nous croyons que c'est avec juste raison.

MABI

(Voyez le *Supplément* du T. II.)

MACELLA

(Voyez le *Supplément* du T. II.)

MACERON

Smyrnium olusatrum L.
(Ombellifères-Smyrnées.)

Le Maceron à feuilles ternées, Ache large, Gros-Persil de Macédoine, qu'il ne faut pas confondre avec le Persil de Macédoine (*Athamanta macedonica* Spreng., *Bubon macedonicum* L.), est une plante bisannuelle, à racine fusiforme, épaisse, rameuse. La tige, haute d'environ un mètre, fistuleuse, striée, rameuse, porte des feuilles alternes, pétiolées, découpées, à segments ovales, crénelés, d'un vert foncé en dessus, plus pâle en dessous; les radicales trois fois ternées, les supérieures simplement ternées. Les fleurs, d'un jaune verdâtre, sont groupées en ombelle terminale convexe, dépourvue d'involucre, à ombellules entourées d'involucelles formées de folioles très-petites. Elles présentent un calice à limbe oblitéré; une corolle à cinq pétales ovales lancéolés, entiers, acuminés, à pointe infléchie; cinq étamines saillantes; un ovaire infère, à deux loges uniovulées, surmonté de deux styles divergents. Le fruit est un diakène gros, noir à la maturité, à côtes dorsales fortement saillantes.

Habitat. — Le maceron croît dans le midi de l'Europe; on le trouve surtout dans les lieux frais et ombragés, au bord des chemins, etc. Très-répandu autrefois comme plante maraîchère, il n'est plus guère cultivé aujourd'hui que dans les jardins botaniques.

Citons aussi le maceron perfolié (*Smyrnium perfoliatum* L.), qui se distingue par sa taille plus petite, sa racine napiforme, ses feuilles embrassantes, comme perfoliées, et ses fleurs jaunes. Il croît en Provence, en Italie, en Hongrie.

Parties usitées. — Les racines, les feuilles, les tiges, les fruits.

Récolte. — Le maceron à feuilles ternées ne peut être employé que frais; la dessication lui enlève son arome et ses propriétés.

Composition chimique. — Toutes les parties de la plante dégagent une odeur aromatique due à une huile essentielle. Les racines ont une saveur amère, qu'on leur fait perdre par l'étiolement à la cave.

Usages. — Les propriétés carminatives qu'on a attribuées aux feuilles et aux fruits du maceron sont très-douteuses, et quoiqu'on ait vanté les différentes parties de la plante comme cordiales et antiscorbutiques, elles ne sont plus, en général, usitées.

Les jeunes tiges du maceron, blanchies comme le Céleri, se mangent dans certains pays. On employait autrefois beaucoup la plante comme potagère; mais on lui préfère aujourd'hui le Persil et les jeunes pousses de Céleri, dont la saveur est plus agréable.

Le maceron perfolié se cultive quelquefois à Paris, comme plante potagère. Il possède les mêmes propriétés que le maceron à feuilles ternées. Sa racine, plus grosse et plus charnue, le fait préférer.

MACRE

Trapa natans L.
(Haloragées.)

La Macre flottante, appelée aussi Cornuelle, Écharbot, Châtaigne ou Truffe d'eau, etc.; est une plante annuelle, à racines fibreuses et traçantes, à tige grêle, simple, de longueur variable selon la profondeur de l'eau où elle vit, émettant de distance en distance des faisceaux de racines adventives grêles, fibreuses, blanchâtres. Les feuilles qu'elle porte affectent deux formes et deux dispositions différentes : les unes, constamment plongées dans l'eau, sont opposées, écartées, sessiles et découpées en nombreuses lanières d'une extrême ténuité ; les autres, flottantes et étalées à la surface, sont alternes, très-rapprochées, réunies en rosette, rhomboïdales, dentées sur les bords et portées sur de longs pétioles dont la partie moyenne est renflée et vésiculeuse. Les fleurs, petites et blanchâtres, sont portées par de courts pédoncules renflés spongieux, solitaires à l'aisselle des feuilles nageantes. Elles présentent un calice à tube court, soudé avec la base de l'ovaire, à limbe divisé en quatre lobes persistants; une corolle à quatre pétales plissés; quatre étamines; un ovaire semi-infère, à deux loges uniovulées, surmonté d'un style simple, filiforme, que termine un stigmate en tête. Le fruit est une capsule à enveloppe ligneuse, brune, munie de quatre appendices ou cornes, et renfermant une graine à amande farineuse.

Habitat. — La macre flottante se trouve dans l'Europe centrale et méridionale; elle habite surtout les eaux stagnantes.

Culture. — On a proposé de cultiver cette plante dans les étangs et les marais, pour les utiliser et les assainir. Cette culture est très-simple. Il suffit de jeter dans l'eau quelques fruits, aussitôt après leur maturité. Les graines germeront, et la plante se propagera aisément. Mais il faut, autant que possible, que les eaux aient une profondeur de $0^m,35$ à 1 mètre.

PARTIES USITÉES. — Les fruits, les feuilles.

Nous citerons encore la Macre à deux cornes (*Trapa bicornis* Linné fils), fort commune aux environs de Canton, où elle est l'objet de cultures assidues.

RÉCOLTE. — Les fruits de la macre flottante se récoltent à leur maturité. Ils sont alors noirs et de la grosseur d'une châtaigne ordinaire. Ils présentent trois cornes divergentes, courtes et pointues.

COMPOSITION CHIMIQUE. — La graine de macre est très-riche en amidon. D'après Thompson, la racine de macre serait vénéneuse (*Encyclopédie botanique*, t. III, p. 670) ; mais rien n'est certain à cet égard.

USAGES. — Autrefois on regardait et on employait les fruits de la macre flottante comme astringents, et les feuilles comme résolutives. On appliquait les feuilles en cataplasmes résolutifs. On prétend que la décoction de macre chasse les puces.

Cette plante aquatique a été très-anciennement en usage pour l'alimentation. Les Égyptiens la tenaient probablement en grand honneur, car on en trouve dans les cercueils de leurs momies (*Journ. de pharm.*, t. XVI, p. 434). Dans presque tous les pays de l'Europe, les paysans s'en nourrissent. En Suède, on en fait du pain. En Limousin, on en fait une très-bonne bouillie. Loin de nuire aux poissons, comme on l'a quelquefois prétendu, la macre, pendant les ardeurs de l'été, les protége de l'ombre de ses feuilles qui servent de nourriture aux bestiaux, engraissent les porcs, et ont la propriété d'absorber l'air infect des marais.

MACROCNÈME

Macrocnemum corymbosum et *speciosum* P. Br.
(Rubiacées-Hédyotidées.)

Le Macrocnème à corymbes (*M. corymbosum* P. Br.), confondu, avec quelques autres végétaux, sous le nom de *Faux quinquina*, est un grand arbre, à feuilles opposées, munies de stipules, pétiolées, obovales, allongées, cordiformes à la base, luisantes. Les fleurs, pourpre foncé en dehors et d'un blanc pur en dedans, sont groupées en corymbes terminaux, accompagnés de bractées très-grandes et colorées. Elles présentent un calice turbiné, à cinq dents ; une corolle campanulée, à cinq divisions; cinq étamines saillantes : un ovaire infère, à deux loges pluriovulées, surmonté d'un style simple, terminé par un stigmate bifide. Le fruit est une capsule brun pourpre, turbinée, bivalve, à deux loges contenant chacune plusieurs graines jaunâtres, planes, imbriquées, à bords un peu membraneux.

Le Macrocnème superbe (*M. speciosum* P. Br.) est un arbuste dont la tige, haute d'un à deux mètres, porte des feuilles ovales-lancéolées, et des panicules de fleurs nombreuses, presque sessiles, pubescentes, roses en dehors, rouges en dedans, accompagnées de grandes bractées d'un beau rose.

Le Macrocnème écarlate (*M. coccineum* P. Br.) se reconnaît à ses feuilles, longues de $0^{m},40$, entières et velues, et à ses corymbes de fleurs pourpres accompagnées de bractées écarlates.

Nous citerons aussi les Macrocnèmes à fleurs blanches (*M. candidissimum* P. Br.), tinctorial (*M. tinctorium* P. Br.), de la Jamaïque (*M. Jamaïcense* L.), austral (*M. australe* Rich.), etc.

Habitat.— Ces végétaux croissent dans les régions équatoriales de l'Amérique. Le Macrocnème à ombelles est assez répandu sur la chaîne des Andes; le Macrocnème superbe se trouve à Caracas; les autres espèces habitent les bords de l'Orénoque, le Brésil, la Trinité, etc.

Parties usitées. — Les écorces.

Récolte. — On ne connaît pas au juste les caractères qui distinguent les écorces des macrocnèmes rangées dans les *faux Quinquinas*, de celles des vrais Quinquinas. On sait cependant que l'écorce de macrocnème tinctorial, que l'on trouve quelquefois dans le commerce sous le nom d'*écorce de Paraguatan*, et que l'on nomme *Socchi*, au Pérou, est en morceaux courts de $0^{m},005$ à $0^{m},015$, recourbés en dehors par la dessiccation; râclée à l'extérieur, avec une écorce blanchâtre ou jaunâtre fongueuse, à texture grenue et un peu fibreuse du côté interne, dure et renfermant une grande quantité de matière rouge, qui lui donne une belle coloration foncée, tandis que sa teinte générale est rose. On la trouve au *Musée britannique*, sous le nom de *Cinchona laccifera*. (Voyez aux articles Exostema dans ce volume, p. 41, et Quinquina, t. III, p 158 à 187.)

Composition chimique. — Les écorces des macrocnèmes sont toutes astringentes. D'après Tafalla, on obtient un suc épaissi au soleil, qui peut remplacer la laque, en râclant la surface interne des écorces fraîches du macrocnème tinctorial (*Bull. de pharm.*, t. II, p. 307).

Usages. — D'après Kunth (*Nova gen. et spec.*, I, p. 199), l'écorce du *M. tinctorium*, qui croît dans les Missions de l'Orénoque, est employée en teinture. D'après Ruiz et Pavon, l'écorce du *M. corymbosum* est un peu amère et visqueuse. Associée au quinquina, elle a été employée dans les fièvres intermittentes. On la mêle quelquefois au quinquina, mais on la distingue par sa couleur blanche. Elle doit être placée parmi les écorces constituant les *quinquinas blancs*, qui sont tous de faux quinquinas.

MAGNOLIA

Magnolia grandiflora, glauca, etc. L.
(Magnoliacées - Magnoliées.)

Le Magnolia ou Magnolier à grandes fleurs (*Magnolia grandiflora* L., (*M. altissima* Catesb.) est un arbre, dont la tige, haute de 20 à 25 mètres, se divise en nombreux rameaux, portant des feuilles alternes, courtement pétiolées, longues de $0^m,15$ à $0^m,20$, ovales-oblongues, lancéolées, très-entières, fermes, coriaces, d'un vert vif et brillant en dessus, ferrugineuses en dessous, persistantes. Les fleurs, larges de $0^m,15$ à $0^m,20$, d'un blanc pur, très-odorantes, sont solitaires, dressées, à l'extrémité de courts pédoncules terminaux, accompagnés de bractées spathiformes, très-caduques. Elles présentent un calice à trois sépales étalés, caducs ; une corolle de neuf à douze pétales, disposés sur trois ou quatre rangs, étalés, décidus ; des étamines nombreuses, à filets très-courts, à anthères munies d'un connectif proéminent ; des ovaires nombreux, libres, sessiles, à une seule loge biovulée, groupés en épi imbriqué, terminés chacun par un style et un stigmate simples. Le fruit est une sorte de cône ou strobile, formé de petits follicules coriaces, renfermant chacun une ou deux graines rouges, suspendues à un funicule très-long, blanchâtre, pendant.

Le Magnolier glauque (*M. glauca* L., *M. fragrans* Salisb.) est un petit arbre, dont la tige, haute de 5 à 6 mètres, couverte d'une écorce grise tachetée de blanc, se divise, dès la base, en rameaux nombreux et diffus, verts, portant des feuilles alternes, courtement pétiolées, longues de $0^m,12$ à $0^m,15$, ovales, entières, lisses, d'un vert gai en dessus, glauques en dessous, caduques. Les fleurs, blanches, très-odorantes, larges de $0^m,08$ à $0^m,10$, ont neuf ou douze pétales redressés. Le fruit est un cône de la grosseur d'un œuf de poule.

Le Magnolier Yulan (*M. Yulan* Wall., *M. conspicua* Salisb.) est un arbre de 10 à 12 mètres de hauteur, portant des feuilles alternes, pétiolées, obovales, acuminées, pubescentes, longues de 0m,20 à 0m,25, paraissant après les fleurs et caduques. Les fleurs, très-nombreuses, blanches, quelquefois teintées de pourpre, odorantes, ont six ou neuf pétales, dressés, ainsi que les styles (Pl. 30).

Nous citerons encore les Magnoliers acuminé (*M. acuminata* L.), auriculé (*M. auriculata* Lam.), à grandes feuilles (*M. macrophylla* Michx), parasol (*M. tripetala* L.). etc.

Habitat. — Les magnoliers habitent les régions chaudes et tempérées des deux continents. Les deux premières espèces croissent dans l'Amérique du Nord, la Caroline, la Louisiane, les Florides, etc. Le yulan habite la Chine. Les magnoliers sont aujourd'hui fréquemment cultivés dans les parcs et les jardins d'agrément.

Parties usitées. — Les feuilles, l'écorce, les fleurs.

Récolte. — Les feuilles des divers magnoliers peuvent être récoltées pendant tout l'été. L'écorce est, dit-on, plus amère au printemps et à l'automne. Les fleurs doivent être cueillies au moment de leur épanouissement. Elles perdent toute leur odeur par la dessiccation.

Composition chimique. — Les feuilles et l'écorce des magnolias renferment un principe amer et aromatique abondant. Dans quelques espèces, les fleurs exhalent une odeur des plus exquises, mais qui, malheureusement, est très-fugace et se détruit par la distillation, de sorte qu'on ne peut guère la séparer que par le procédé d'enfleurage des parfumeurs, c'est-à-dire par expression au contact des huiles fixes très-pures.

Usages. — Les écorces, qui sont amères et aromatiques, ont, dit-on, des propriétés toniques. Les graines sont regardées comme fébrifuges. Quelques espèces renferment une huile concrète qui se rapproche du camphre ; d'autres, par leur odeur et par leurs propriétés, se rapprochent du sassafras.

Dans les pays où les magnoliers croissent, on en a souvent employé les écorces comme fébrifuges. Chez nous, elles sont tout à fait inusitées.

En Amérique, on fait macérer les fruits à moitié mûrs du *M. acuminata* L. dans de l'eau-de-vie, pour préparer une liqueur amère; les Américains la boivent le matin, dans le but de se préserver des fièvres et des rhumatismes. L'écorce du *M. glauca* est quelquefois désignée sous le nom de *Quinquina de Virginie*. Elle est tonique et fébrifuge, stimulante et diaphorétique. Bigelow dit qu'on l'emploie beaucoup aux États-Unis contre le rhumatisme chronique et les fièvres. C'est à tort qu'on avait dit que cette plante produisait l'*angusture*. Humboldt et Bonpland ont fait voir qu'elle était fournie par le *Cusparia febrifuga*, de la famille des Rutacées.

D'après M. Ledanois, les semences du *M. grandiflora* L. sont employées au Mexique contre les paralysies. On dit qu'à la Martinique on aromatise les liqueurs avec les graines, mais il est plus probable qu'on emploie à cet usage celles du *M. Plumierii* Sw. (*Talauma* Juss.), ainsi que les fleurs. Le bois est nommé *Bois pin*, *Bois cachiment*.

On confit dans du vinaigre les jeunes boutons du *M. yulan* L.; on met les fleurs dans le thé pour l'aromatiser. Les fruits sont employés en infusion contre les affections catarrhales. En France, les produits des magnoliers ne sont pas en usage; ils sont d'ailleurs moins aromatiques que dans leur pays d'origine.

MAIS

Zea maïs L.

(Graminées - Panicées.)

Le Maïs, vulgairement appelé Blé de Turquie, Millet, etc., est une plante annuelle, à racines fibreuses, fasciculées, naissant en verticilles sur les nœuds inférieurs. La tige ou chaume, haute de 1 à 2 mètres, cylindrique, pleine, robuste, simple, glabre, porte des feuilles alternes, engaînantes, lancéolées, longues de $0^{m},50$ et plus, larges de $0^{m},05$ à $0^{m},06$. Les fleurs sont monoïques, verdâtres. Les mâles sont groupées en épis allongés, recourbés à leur partie supérieure, et formant par leur réunion une grande panicule terminale. Elles présentent une glume à deux valves convexes, mutiques; une glumelle à deux valves membraneuses, carénées, mutiques, échancrées, l'intérieure plus grande et plus velue; des glumellules très-minces, tronquées, un peu charnues, membraneuses et transparentes; trois étamines pendantes. Les fleurs femelles sont groupées en épis très-gros, cylindriques, longs de $0^{m},20$ environ, axillaires, sessiles, étroitement renfermés dans des bractées engaînantes ventrues. Elles présentent une glume à deux valves larges, membraneuses, mutiques, l'inférieure échancrée; une glumelle à deux valves membraneuses, convexes, arrondies, obtuses; un ovaire simple, ovoïde, glabre, lisse, uniovulé, surmonté d'un style très-long, pendant, terminé par un stigmate pubescent. Le fruit est un caryopse arrondi, réniforme, très-gros, luisant, jaune ou rougeâtre, à albumen farineux très-abondant.

Habitat. — Bien qu'il y ait encore quelque doute sur la vraie patrie du maïs, on s'accorde généralement à le regarder comme originaire du Paraguay. Il est aujourd'hui cultivé en grand dans l'Europe centrale et méridionale ; mais ce sujet est essentiellement du domaine de l'agriculture.

Parties usitées. — Les fruits, improprement nommés semences, les écailles des fruits, le tissu cellulaire de la tige, les stigmates, les jeunes épis avec les ovaires.

Récolte. — Les fruits du maïs sont récoltés à leur maturité, qui a lieu en octobre. On coupe les épis ; on les met d'abord en tas sur les champs, plus tard dans les granges; on les dépouille de leurs enveloppes pendant les longues soirées d'hiver, puis on les égrène, et on fait sécher les graines au grenier. On conseille de les exposer à la chaleur du four à mesure qu'on veut les transformer en farine. Dans certains pays, on tresse les épis en guirlandes à l'aide de leurs enveloppes, et on les suspend au plancher pour les faire sécher. La tige est arrachée plus tard, après la récolte. Elle sert à faire des litières. Les stigmates doivent être cueillis à la maturité du fruit, avant qu'ils soient flétris. On les fait sécher au soleil.

Composition chimique.—Les tiges et les feuilles de maïs contiennent à une certaine époque du sucre incristallisable. Cependant, d'après Roques (*Plant. usuel*, t. IV, p. 273), M. de Bonrepos, procureur du parlement de Toulouse, en aurait obtenu jadis un pain de sucre cristallisé du poids de six kilogrammes; et l'on sait que Pallas de Saint-Omer en a, depuis, présenté un pain à Louis XVIII et à l'Académie des sciences. Mais tous les essais industriels faits dans ce sens ont été infructueux ; d'autant plus que le sucre disparaît bientôt des tiges, et que l'on n'y trouve plus que de la *mannite*.

La farine de maïs se distingue de celle des autres céréales par sa coloration jaune ; elle est aussi beaucoup plus riche en matières grasses. L'huile qu'elle contient peut s'altérer en rancissant. Aussi vaut-il mieux ne moudre le grain que par petites quantités, au fur et à mesure des besoins.

MM. Dumas, Boussingault et Payen ont trouvé que la farine d'un maïs blanc, récolté près de Paris, avait la composition suivante : matières azotées, 12 ; amidon, 71 ; matières grasses, 8,70 ; cellulose, 5,80 ; dextrine et sucre, 0,50 ; matière colorante, 0,05 ; sels, 2. Total, 100,05. Une autre variété de maïs, récolté à Hagueneau, a donné à M. Boussingault les résultats suivants : albumine, 12,8 ; amidon, 59 ; huile, 7 ; dextrine et sucre, 1,5 ; ligneux et cellulose, 1,5 ; sels, 1,1 ; eau, 17,1. Total, 100.

M. Boussingault a trouvé que la graine avait la composition élémentaire suivante : carbone, 54,3 ; hydrogène, 7,00 ; azote, 16,3 ; oxygène et cendres, 22,4.

L'amidon du maïs est très-facile à distinguer sous le microscope de celui du blé, de la pomme de terre, des lentilles, etc. Il est formé de très-petits grains à contour ordinairement pentagonal ou hexagonal, avec un petit hile noirâtre au centre, et des couches concentriques visibles. Quand on examine une coupe mince de la graine, on voit que les cellules sont remplies de ces graines très-pressées les unes contre les autres.

Usages. — Les enveloppes des fruits, desséchées, sont employées, en Espagne et dans le sud-ouest de la France, pour remplir des paillasses. Le tissu cellulaire de la tige, bouilli dans une solution de nitre, a été proposé par M. Bonafous, pour faire des moxas. Les stigmates secs en infusion théiforme sont très-vantés comme diurétiques, et les jeunes épis, avec les ovaires peu développés, peuvent être confits dans du vinaigre et remplacer avantageusement les cornichons. Dans l'Inde, les fruits sont mangés, avant leur maturité, en guise de petits pois. Avec les fruits mûrs, on fait une boisson alcoolique nommée *Chica*, et qui est analogue à la bière. Avec les tiges broyées, additionnées de feuilles et de jeunes tiges de vigne, on fait également, par fermentation, une boisson agréable, que l'on colore quelquefois avec la betterave et qu'on aromatise avec des fruits du genévrier. Par distillation de ces liquides, on peut obtenir de l'alcool susceptible de se transformer en vinaigre.

Mais c'est surtout comme aliment que le maïs est précieux. Le pain qu'on en prépare (*Miche, Milhas, Méture*, selon les pays), lève mal et est très-indigeste. La farine, délayée dans de l'eau bouillante ou dans du lait salés, constitue les pâtes connues sous les noms de *Gaude, Polenta, Cruchade*, etc. Préalablement torréfiée, elle sert à préparer l'*escoton*, le *pastet*, etc., préparations qui changent de nom dans les divers pays où on les fait. De Rumford considère cet aliment comme le plus nutritif et le plus économique que l'on puisse employer. M. Duchesne recommande la farine pour préparer des cataplasmes, préférables à ceux qui sont faits avec la farine de lin.

On a mis sur le compte du maïs altéré par des champignons la maladie connue en Italie et en France sous le nom de *pellagre*, et celle que les habitants de la Colombie désignent sous le nom de *maïs pelado*. La pellagre se montre dans toutes les parties de l'Italie et de la France où l'on fait un grand usage du maïs, telles que le Piémont, la Vénétie, les Pyrénées, etc. Elle paraît être déterminée par un champignon inférieur, l'*Ustilago maïdis*, dont les filaments véégétatifs envahissent le grain et produisent une énorme quantité de spores sous forme de poussière verdâtre, d'où le nom de *Verdet, Verdérame* donné à ce champignon par les paysans. On a remarqué que les grains sont plus nuisibles lorsqu'ils ont été cueillis avant la maturité complète, c'est-à-dire avant la formation des spores que le vent disperse. Quand au *maïs pelado* de la Colombie, du Pérou et du Mexique, il paraît être produit par un champignon voisin de l'ergot du seigle, c'est-à-dire du genre *Claviceps;* mais sa nature véritable n'a point été déterminée. Roulin l'a décrit comme un petit tubercule d'une à deux lignes de diamètre et de trois à quatre lignes de long, en forme de poire ou de gourde, de coloration livide. Dans le *pelado,* les cheveux tombent et les dents sont ébranlées ; les porcs nourris avec le maïs ergoté perdent leurs poils. Les pieds des chevaux enflent et leurs sabots se détachent.

MALETHEIRA

(Voyez le *Supplément* du T. II.)

MALPIGHIER

Malpighia glabra et *urens* L.
(Malpighiacées.)

Le Malpighier glabre (*M. glabra* L.), appelé aussi Moureiller, Cerisier des Antilles, est un arbrisseau dont la tige, haute de 4 à 5 mètres, mince, dressée, se divise en rameaux divariqués, portant des feuilles opposées, courtement pétiolées, ovales, entières, glabres et lisses, munies de deux stipules à la base. Les fleurs, d'un rouge clair, sont groupées en petites ombelles axillaires, accompagnées de bractées. Elles présentent un calice hémisphérique, à cinq divisions peu profondes, portant en dehors deux glandes; une corolle à cinq pétales onguiculés, plissés, étalés ; dix étamines, à filets monadelphes à la base; un ovaire simple, libre, à trois loges uniovulées, surmonté de trois styles terminés chacun par un stigmate tronqué. Le fruit est une baie globuleuse, rouge, renfermant des graines osseuses et anguleuses.

Le Malpighier piquant (*M. urens* L.), vulgairement appelé Bois capitaine, diffère du précédent par ses feuilles oblongues, hérissées en dessous de poils en navette jaunâtres, très-acérés et urticants ; ses fleurs blanches, lavées de pourpre, insérées par petits bouquets de quatre à six à l'aisselle des feuilles ; enfin par ses dix glandes calicinales vésiculeuses, arrondies, transparentes, renfermant un liquide jaunâtre.

Le Malpighier à feuilles étroites (*M. angustifolia* L.) présente une tige haute de 2 à 3 mètres, pourprée, couverte de poils soyeux ; des feuilles lancéolées, d'un vert très-foncé en dessus, couvertes en dessous de poils jaunâtres, comme dans le Malpighier piquant; des fleurs purpurines, en petites ombelles, et des fruits d'un rouge vif.

Habitat. — Ces végétaux se trouvent dans l'Amérique du Sud et aux Antilles. On ne les cultive que dans les jardins botaniques, où ils exigent la serre chaude.

Parties usitées. — Les feuilles, les écorces, les fruits, les graines.

Récolte. — Les différentes parties des malpighia ne sont employées que dans les lieux de production; on ne les trouve pas dans le commerce.

Composition chimique. — Les fruits bacciformes et aigrelets des différents malpighia sont mangés, dans divers pays, sous le nom de *Cerise* ou *Merise d'Amérique*. Aux colonies, on mange et on fait des confitures avec les baies du *M. punicifolia* L. On les appelle *Cerises des Antilles*. Il découle du même arbre une gomme analogue à l'arabique, et qui jouit des mêmes propriétés. Quoique l'analyse de ces différents produits n'ait pas été faite, on peut conclure de leur usage et des propriétés qu'on leur attribue, que les fruits renferment du sucre, de la résine ou de l'acide pectique, un ou plusieurs acides organiques, et que l'écorce contient du tannin ou de l'acide gallique, ainsi que des matières colorantes rouges, qui abondent surtout dans le bois.

Usages. — Aux Antilles, on emploie, sous le nom de *Quinquina des Savanes*, l'écorce du *M. crassifolia* pour remplacer le quinquina et le simarouba, contre la dysentérie (*Flore méd. des Antilles*, t. II, p. 164). A Cayenne, on emploie comme fébrifuge l'écorce du *M. Mourala* Aubl. Sa décoction est usitée comme siccative pour déterger les plaies. Le *M. spicata* Cav. est connu sous le nom de *Bois dysentérique*, de *Mérisier doré*, *Boistan*. Ses fruits, jaunes, quoique peu agréables, sont cependant mangés par les nègres. Ils jouissent de propriétés laxatives, et on les a recommandés dans l'angine (*Flore méd. des Antilles*, t. I, p. 445, t. II, p. 97). Le *M. urens* L., appelé *Bois capitaine, Brin d'amour, Couhaya, Cerisier de Courweth*, a des baies astringentes, employées contre la diarrhée, la leucorrhée, les hémorragies. D'après Nicholson, elles surexcitent les passions, et l'écorce jouit des mêmes propriétés. Le *M. verbascifolia* L. donne un bois qui est employé comme astringent et vulnéraire. Il fournit une matière colorante rouge. Toutes les écorces sont employées dans le tannage des cuirs.

MAMMEA

(Voyez le *Supplément* du T. II.)

MANACA

(Voyez le *Supplément* du T. II.)

MANCENILLIER

Hippomane mancinella L.
(Euphorbiacées - Hippomanées.)

Le Mancenillier est un arbre, dont la tige, haute de 5 à 7 mètres, couverte d'une écorce épaisse, lisse et grisâtre, se divise en rameaux portant des feuilles alternes, longuement pétiolées, ovales, acuminées, crénelées, épaisses, assez grandes, d'un vert foncé en dessus, pâle en dessous. Les fleurs sont monoïques ; les mâles, disposées en longs chatons ou épis interrompus terminaux, ont un calice turbiné et bifide, et deux étamines à filets très-courts ; les femelles, solitaires au milieu des épis mâles, ont un calice à trois divisions, un ovaire sessile, à sept loges uniovulées, surmonté d'un style simple, très-court, épais, terminé par sept stigmates aigus et étalés. Le fruit, arrondi, lisse, de la grosseur d'une pomme d'api, d'une odeur assez agréable, renferme une chair mollasse, spongieuse, d'un goût fade d'abord, mais qui ne tarde pas à devenir très-caustique et à produire dans l'intérieur de la bouche une sensation de brûlure. (Pl. 31).

Toutes les parties de cet arbre sécrètent un suc propre, laiteux, âcre, caustique, très-vénéneux, qui, en se durcissant, présente l'aspect et les caractères d'une matière gommo-résineuse jaunâtre, opaque et friable.

Il ne faut pas confondre avec cet arbre celui que l'on appelle improprement aux Antilles *Mancenillier de montagne*, et qui appartient au genre sumac (*Rhus*).

Habitat. — Le Mancenillier croît aux Antilles et dans l'Amérique méridionale, de préférence sur les bords de la mer. Il n'est pas cultivé dans ces régions, où l'on a au contraire soin de le détruire. Il ne se trouve, en Europe, que dans les serres chaudes des jardins botaniques.

Parties usitées. — Les racines, les feuilles, les fruits.

Récolte. — On a prétendu que l'atmosphère et l'ombrage du mancenillier étaient vénéneux. M. Ricord-Madiana a pu voyager pendant deux heures sous cet ombrage sans en être incommodé. Cependant, il paraît certain que pour couper cet arbre sans avoir à redouter de graves accidents, il faut être masqué et ganté.

Le fruit se cueille à la maturité. Il présente des sillons qui convergent en dessous, comme la pomme de Calville. Il répand une odeur agréable de citron.

Composition chimique. — Le suc blanc laiteux que répand le mancenillier, quand on le blesse, l'a fait appeler *figuier*, à Cayenne, d'après Aublet. Examiné en France, ce suc a présenté une odeur analogue à celle de l'absinthe. Respiré fortement, il produit des picotements à la figure; fade d'abord, il amène bientôt à la gorge un sentiment de chaleur et d'âcreté; il enflamme et irrite les parties qu'il touche. Les nègres l'emploient pour empoisonner leurs flèches, et le P. Labat dit qu'on ne peut enlever les propriétés vénéneuses de ces armes que par la calcination (*Nouveau voyage aux îles de l'Amérique* (1722), t. II, p. 39, 79).

MM. Orfila et Ollivier d'Angers, ont analysé et expérimenté le suc de mancenillier. Ils ont vu que c'était un poison âcre et irritant; qu'il tuait rapidement un chien, lorsqu'on l'introduisait dans l'estomac à la dose de quatre grammes, et à celle de un à deux grammes si on l'injectait dans les veines. Ils ont trouvé que son principe actif est un acide cristallin non volatil.

M. Ricord a également analysé le suc du mancenillier. Il y a reconnu un arome qui se rapproche de celui du pêcher, une matière colorante jaune, de l'huile essentielle, une substance savonneuse, des cristaux de *mancenillite,* de la stéarine, de la soude, de l'huile grasse acidifiée, de la résine, de la gomme et du caoutchouc.

Outre le suc dont nous venons de parler, il découle du mancenillier une résine qui ressemble à celle du gayac.

Usages. — Le bois de mancenillier est léger; il se corrompt facilement; en brûlant, il répand des fumées dangereuses, que l'on emploie, dit-on, pour guérir une sorte de tumeur qui vient aux pieds des nègres, et que l'on nomme *Crabe.* On fait avec les feuilles un extrait très-irritant, qui peut remplacer celui de *Rhus toxicodendron,* et qu'on emploie contre les paralysies et l'éléphantiasis (Descourtils, *Flore méd. des Antilles,* t. III, p. 12). C'est un poison très-actif.

On a raconté des choses merveilleuses sur le fruit du mancenillier. On a prétendu qu'il tuait tous les mammifères et les oiseaux, sauf l'ara, qui peut s'en nourrir impunément. On ajoute que lorsque les fruits tombent à la mer, les crabes et les poissons les mangent sans en être incommodés, mais que la chair de ces animaux devient par suite très-vénéneuse et mortelle (Bruce, *Voyage,* t. IV, p. 361); mais tous ces faits auraient besoin d'être confirmés. Descourtils ajoute qu'on fait cuire le poisson, soupçonné d'en être infecté, avec une cuiller d'argent; si elle noircit, on ne doit pas le manger. M. Ricord préconise le fruit du mancenillier comme un excellent diurétique. La résine a été prescrite comme vermifuge.

Pour combattre l'empoisonnement par le mancenillier, on administre des vomitifs et des purgatifs.

MANÇONE

(Voyez le *Supplément* du T. II.)

MANDRAGORE

Mandragora officinarum Pers. *Atropa mandragora* L.
(Solanées.)

La Mandragore officinale est une plante vivace, à racine épaisse, fusiforme, charnue, longue, bifurquée ou trifurquée, munie de radicelles minces, blanc jaunâtre. Les feuilles, toutes radicales, sont grandes, entières, ovales, ondulées, molles, glabres, d'un vert foncé, rapprochées et réunies en rosette, les extérieures obtuses, les intérieures acuminées. Les fleurs, blanc pourpré, sont dressées et solitaires à l'extrémité de courts pédoncules radicaux naissant du milieu des feuilles. Elles présentent un calice turbiné, à cinq lanières étroites, linéaires, acuminées; une corolle campanulée, marcescente, un peu velue en dehors, plissée, à tube court, à limbe divisé en cinq lobes; cinq étamines, égalant à peu près la corolle, à filets dilatés et barbus à la base, à anthères épaisses; un ovaire ovoïde ou globuleux, à deux loges pluriovulées, inséré sur un disque annulaire glanduleux, jaune, et surmonté d'un style simple terminé par un stigmate en tête. Le fruit est une baie ovoïde, jaunâtre, charnue, molle et renfermant quelques graines réniformes.

La Mandragore printanière (*M. vernalis* Bert.), souvent confondue avec la précédente, en diffère surtout par ses feuilles plus larges, son calice relativement plus court, sa corolle blanc verdâtre, et son fruit globuleux et beaucoup plus gros.

HABITAT. — Ces deux plantes croissent dans le midi de la France et sur tout le pourtour du bassin méditerranéen. On les trouve dans les champs, les lieux humides et ombragés, etc.

CULTURE. — Les mandragores ne sont guère cultivées que dans les jardins botaniques et quelquefois aussi dans les jardins d'agrément. On les propage de graines ou d'éclats de racines faits au printemps, en terrain sec. Dans le Nord, il faut les couvrir durant l'hiver.

PARTIES USITÉES. — Les racines, les feuilles, les fruits.

RÉCOLTE. — La mandragore tire son nom de *μάνδρα*, étable, et *ἄγυρος*, nuisible, nuisible aux animaux. Ses racines, grosses et bifurquées, ont été comparées aux cuisses de l'homme; aussi les a-t-on appelées *Anthropomorphon* et *Semihomo*. D'après Matthiole, c'était une profession en Italie que de préparer les racines de mandragore, en leur donnant des formes humaines. On en fabriquait de fausses avec d'autres végétaux, tels que la bryone; on y attachait des idées de magie; on leur attribuait la propriété de rendre heureux, de faire trouver de l'argent, de donner la fécondité, etc. C'était la Circé des anciens. Les fruits, nommés *Pommes de mandragore*, seraient, d'après quelques commentateurs de la Bible, le *Dudaïm*, nom hébreu du bananier (*Mura paradisiaca* L.).

On connaît deux variétés de mandragore. L'une, nommée *Mandragore mâle*, a les feuilles longues et larges, les fleurs blanches, elle est divisions obtuses; son fruit est rond et uniloculaire. L'autre variété, dite *Mandragore femelle*, a les feuilles plus petites, étroites, les fleurs pourpres, elle est à divisions aiguës, et son fruit est allongé avec un calice persistant dont les divisions sont plus aiguës.

Composition chimique. — Par sa composition comme par ses propriétés, la mandragore se rapproche de la belladone, mais elle est moins active.

Usages. — La mandragore entrait autrefois dans le baume tranquille et l'onguent populeum. On la remplace aujourd'hui par la belladone. Pline raconte les cérémonies superstitieuses que l'on faisait pour arracher sa racine. Hippocrate, Galien et Celse en parlent dans leurs écrits. On l'employait comme stupéfiante lorsqu'on voulait pratiquer de grandes opérations; elle calmait les douleurs et produisait un narcotisme profond dont est venu le proverbe des Latins : *Il a pris la mandragore*, pour désigner un homme apathique. Boerhaave la prescrivait, bouillie dans du lait, en cataplasmes que l'on appliquait sur les tumeurs scrofuleuses. Hoffbert et Swediaur la préconisaient contre les indurations cancéreuses et syphilitiques. Gilibert la disait propre à calmer les douleurs de la goutte. Elle est aujourd'hui tout à fait abandonnée, et n'est intéressante qu'au point de vue historique.

Les fruits de la mandragore sont quelquefois la cause d'empoisonnements chez les enfants, qui les prennent pour de petites pommes.

MANGABEIRA

(Voyez le *Supplément* du T. II.)

MANGLIER

Rhizophora mangle L. *Bruguiera gymnorhiza* Lhér.
(Rhizophorées.)

Le Manglier ou Palétuvier est un arbre de moyenne grandeur, à racines les unes traçantes à la surface du sol, les autres adventices et naissant sur la tige et les rameaux. La tige, haute de 4 à 6 mètres, ordinairement tortueuse, couverte d'une écorce épaisse, rugueuse, crevassée, brunâtre, se divise en rameaux nombreux, s'étendant au loin, portant des feuilles opposées, courtement pétiolées, très-grandes, ovales lancéolées, couvertes d'une efflorescence saline blanchâtre, marquées d'une nervure moyenne très-saillante à la face inférieure, qui est d'un vert pâle, et munies de stipules. Les fleurs sont jaune verdâtre, pendantes et accompagnées de deux bractées. Elles présentent un calice à divisions profondes, linéaires ; une corolle de dix à douze pétales carénés, ciliés, velus à la base ; des étamines en nombre double des pétales ; un ovaire semi-infère, surmonté d'un style trigone terminé par un stigmate trifide. Le fruit est une baie ovoïde, rougeâtre, pulpeuse, à une seule loge monosperme, surmonté du style persistant. La graine commence sa germination dans le fruit même, et ne s'en détache que lorsque la radicule s'est implantée dans le sol.

Habitat. — Les mangliers habitent les régions chaudes des Indes Orientales et de l'Amérique ; on en trouve au Mexique, aux Antilles, à la Guyane, au Brésil, etc. Ils se rencontrent surtout aux embouchures des fleuves et le long des rivages de la mer, dans les terrains vaseux, où ils sont souvent baignés par les flots. Les racines soutiennent la tige au-dessus du sol, souvent à une assez grande hauteur. Ces arbres ne sont pas cultivés dans leur pays natal, et, en Europe, on ne les trouve pas même dans les jardins botaniques.

Parties usitées. — L'écorce, le suc qui en découle par incisions.

Récolte. — Lorsqu'on fait des incisions aux écorces des mangliers, il en découle un suc rouge qui, par dessiccation, fournit le kino de la Colombie. Ce produit, qu'un négociant français, M. Anthoine, a fait connaître le premier, se présente sous la forme de pains aplatis, du poids de 1,000 à 1,500 grammes, et porte à l'extérieur l'empreinte d'une feuille de palmier ou de canne d'Inde ; il est recouvert d'une poudre rouge qui lui donne l'aspect d'un sang-dragon commun (Guibourt, *Drogues simples*, t, III, p. 404). Il est friable, à cassure brillante, d'un rouge brunâtre; sa saveur est astringente et amère; son odeur est faible. Il est en grande partie soluble dans l'eau froide, plus soluble dans l'eau bouillante, qui se trouble par le refroidissement. Il se dissout presque en entier dans l'alcool.

A l'histoire des palétuviers se rattache un fait singulier et fort curieux. Certaines plages du Yucatan abondent en mangliers, dont les branches produisent les racines aériennes qui viennent s'implanter dans le sol, et forment un treillis souvent inextricable. Le flux et le reflux des eaux submergent tout à fait et laissent à sec les troncs et les racines des mangliers; les huîtres, entraînées par la marée, sont retenues par les racines, s'y attachent et ensuite se joignent les unes aux autres. Les Indiens coupent les racines au-dessus et au-dessous de cette conglomération de mollusques, qu'ils apportent en ville et vendent sous le nom de grappes d'huîtres (*Racimo de ostiones*). Ces huîtres se conservent fraîches pendant trois ou quatre jours, pourvu qu'on les maintienne à l'ombre et attachées à la racine de manglier. M. le docteur Jourdanet, qui a exercé pendant vingt ans la médecine au Mexique, nous a rapporté que ces huîtres, qui sont mangées crues, ont souvent occasionné de véritables empoisonnements, caractérisés par une abolition presque complète de la sensibilité des lèvres d'abord, des extrémités ensuite; de sorte que les malades ne se sentent pas marcher, et que la sensibilité tactile est abolie aux lèvres et aux mains. Il est très-probable que ce phénomène doit être attribué à une altération ou à une maladie des huîtres analogue à celle que l'on a constatée chez quelques poissons, crustacés ou mollusques, et nullement aux mangliers sur lesquels vivent ces animaux, car ces plantes ne sont pas vénéneuses.

Composition chimique. — Toutes les parties des mangliers sont riches en tannin analogue à celui des kinos et des sang-dragons.

Usages. — Suivant M. Batka, l'écorce du *R. mangle*, nommé *Mangrove*, dans quelques ouvrages, est acidule et astringente. Ce serait le *Cortex astringens* des auteurs (*Journ. de pharm.*, t. XVI, p. 296). Elle sert à tanner les cuirs. Celle du *R. gymnorrhiza* L. (*Bruigeria gymnorrhiza* Lam.) sert à teindre en noir. D'après Perrotet, l'écorce du *R. Tagal* est employée, en poudre, par les habitants des Philippines, en guise de quinquina.

Dans l'Inde, on mange l'écorce et les feuilles de certains rhizophoras. On fait cuire la moelle dans du vin de palmier ou du jus de poisson. Aux Antilles, et en général dans l'Amérique, d'après Pison et Margraff (*Hist. naturalis Brasiliæ*, 1648), on appliquait la poudre de rhizophoras sur la morsure des animaux venimeux. On s'en sert pour teindre en rouge. Les fruits sont bons à manger ; on en fait une sorte de vin aux Antilles (Labat, *Nouveau voyage aux îles de l'Amérique*, 1722, t. II, p. 199).

MANGOSTAN

Garcinia mangostana L.
(Clusiacées.)

Le Mangostan ou Mangoustan est un arbre de moyenne grandeur, dont la tige, haute de 6 à 7 mètres, droite, couverte d'une écorce crevassée et grisâtre, se divise en rameaux obliques, opposés, dont l'ensemble forme une cime assez régulière. Ils portent des feuilles opposées, à pétiole renflé, à limbe ovale lancéolé, aigu, long de $0^m,15$ à $0^m,20$ sur environ $0^m,10$ de largeur, entier, ferme, assez épais, lisse, d'un vert vif et brillant en dessus, olivâtre en dessous, marqué de nervures latérales parallèles. Les fleurs, de moyenne grandeur, rouge aurore, sont solitaires à l'extrémité de courts pédoncules axillaires et terminaux. Elles présentent un calice à quatre divisions ; une corolle à quatre pétales arrondis et concaves ; seize étamines à anthères arrondies ; un ovaire globuleux, offrant cinq à huit loges uniovulées, surmonté d'un style simple terminé par un stigmate étoilé et divisé en lobes dont le nombre égale celui des loges. Le fruit est sphérique, charnu, du volume d'une orange moyenne ; son péricarpe est épais d'un demi-centimètre, charnu, dur ; il renferme de cinq à huit graines à tégument externe développé en un arille pulpeux, comestible ; à graine formée d'une grosse radicule et de cotylédons à peine visibles (Voy. DE LANESSAN, *Étude sur le genre Garcinia et sur l'origine de la Gomme-gutte*).

HABITAT. — Le mangostan est originaire des Moluques, d'où il a été transporté à Siam, à Malacca, à Java, à Luçon, et dans quelques régions voisines. Il est cultivé en grand dans les Indes, où on en fait des avenues ; mais, en Europe, on ne le trouve guère que dans les jardins botaniques, où il est même assez rare.

PARTIES USITÉES. — Les fruits, le suc qui découle de la plante.

Récolte. — Le fruit du mangoustan est arrondi, de la grosseur d'une petite pomme, déprimé au niveau du pédoncule, qui n'a pas plus d'un centimètre de long, couronné à l'autre extrémité par un stigmate à plusieurs lobes déprimés simulant assez bien une croix de Malte. L'épicarpe est épais d'un demi-centimètre; il est dur, mais charnu, brun rougeâtre, foncé à la surface, qui est légèrement rugueuse, rouge vineux dans son épaisseur; quand on le coupe, il en exsude des gouttelettes d'un suc jaune, épais, analogue à la gomme-gutte fraîche. L'épicarpe enveloppe cinq graines appliquées l'une contre l'autre, les cloisons étant à peu près entièrement avortées. La coupe transversale des graines est triangulaire; leurs faces latérales sont très-aplaties par pression réciproque, tandis que leur face dorsale est légèrement bombée; les deux faces latérales s'unissent en dedans par un bord aigu. L'embryon est souvent avorté; les téguments de la graine offrent une couche interne brune, dure, et une couche externe épaissie en une pulpe blanche, très-riche en suc; c'est cette partie succulente des téguments séminaux qui représente la seule portion comestible des fruits du mangoustan. Sa saveur est légèrement acidulée, très aromatique; elle fait du mangoustan l'un des fruits les plus délicats du monde.

Composition chimique. — Nous ne connaissons pas d'analyse des fruits du *Garcinia mangostana*. La pulpe comestible contient certainement du sucre et des acides analogues à ceux de nos fruits, avec de la pectine. Le péricarpe du fruit est riche en tannin. Il contient, ainsi que toutes les parties de la plante, un suc analogue à la gomme-gutte, mais dont l'analyse n'a pas été faite et qui n'est d'aucun usage (Voy. Guttier).

Usages. — Les mangostana et leurs produits sont tout à fait inconnus en France. L'écorce des fruits (épicarpe) d'un pourpre noir, est regardée comme astringente et vermifuge. La partie charnue (sarcocarpe) est très-rafraîchissante; on la croit utile dans les fièvres inflammatoires, le scorbut, etc. Elle est un peu laxative.

Les épicarpes d'autres *mangostana* et *garcinia* sont employés comme astringents. Les fruits jeunes du *M. malabarica*, en décoction, sont regardés, dans l'Inde, comme un bon remède contre les aphtes et les crevasses de la langue (Rhéede, *Hort. Malab.*, t. III, p. 41).

MANGUIER

Mangifera Indica L
(Térébinthacées - Pistaciées.)

Le Manguier ou Arbre de Mango est un arbre dont la tige, haute de 10 à 15 mètres, couverte d'une écorce épaisse, rugueuse et noirâtre, se divise en rameaux nombreux, dont l'ensemble forme une cime large et étalée, et qui portent vers leur sommet des feuilles alternes, oblongues lancéolées, entières, longues d'environ $0^{m},20$ sur $0^{m},05$ de largeur, fermes et coriaces. Les fleurs, petites, blanches, teintées de rouge, quelquefois polygames par avortement, sont disposées en grappes, dont la réunion constitue une large panicule terminale. Elles présentent un calice profondément divisé en cinq lobes égaux et caducs; une corolle à cinq pétales oblongs, sessiles, étalés, alternant avec les divisions du calice; cinq étamines; un ovaire ovoïde, libre, inséré sur un disque glanduleux, et portant un style latéral terminé par un stigmate obtus, globuleux, qui devient d'un rouge carmin après l'épanouissement de la fleur. Le fruit est une drupe ovoïde, jaune, rouge, noire ou verdâtre, de forme assez variable, du volume d'une poire ordinaire, renfermant, sous une peau mince mais ferme, une chair pulpeuse, jaune, succulente quoique filandreuse. Le noyau large et aplati qui s'y trouve contient une amande un peu charnue et très-amère.

Habitat. — Le manguier est originaire du Malabar et des régions voisines, d'où il a été transporté et naturalisé à Cayenne, aux Antilles et à l'île Maurice. On le cultive en grand dans ces divers pays. En Europe, on ne le rencontre que dans les jardins botaniques; il exige la serre chaude, et se multiplie de boutures étouffées.

Parties usitées. — Les feuilles, le bois, le fruit, les graines, le suc résineux qui découle de la plante.

Récolte. — Les fruits des manguiers, qui sont des plus usités des tropiques, se récoltent à leur maturité. Le bois de l'arbre est très-estimé dans l'Inde; il sert, avec celui de santal, à brûler les personnes de distinction. Les feuilles sont employées pour orner les maisons les jours de fête.

Composition chimique. — Les fruits des manguiers, nommés *Mangues*, renferment très-probablement, comme tous les autres fruits charnus, du sucre, un acide organique, de la pectine et de l'acide pectique. Les graines présentent une amande tournée en spirale, formée de deux cotylédons qui paraissent être constitués par des pièces articulées. Cette amande est fortement astringente, et, d'après M. Avequin (*Journ. de pharm.*, t. XVII, p. 421), renferme une grande proportion d'acide gallique libre, que l'on pourrait en extraire économiquement et facilement.

Usages. — Les mangues sont très-recherchées dans l'Inde et en Amérique ; on les mange partout où elles mûrissent. Leur chair est jaune, filandreuse, surtout autour du noyau, d'où le nom de *Mangue à perruque*, qu'on leur donne à l'Ile de France. Leur saveur est fondante, sucrée, légèrement térébenthinée.

Il y a beaucoup de variétés de ce fruit. Quelques-unes ne sentent pas la térébenthine ; d'autres ont la chair rouge. La mangue de Java pèse jusqu'à sept livres. On regarde leur chair comme nourrissante et rafraîchissante, propre à calmer les douleurs intestinales, et à guérir du scorbut. Il est probable que le fruit nommé *Bilubo* aux Philippines est une sorte de mangue.

Les branches et les fruits des mangliers laissent exsuder, avant leur maturité, un suc résineux, qu'on a préconisé comme anti-syphilitique. Les feuilles jouissent d'une réputation anti-odontalgique fort usurpée. Les amandes passent pour être anthelmintiques.

L'écorce du Manguier a été préconisée dans ces derniers temps contre les métrorrhagies et les fièvres intermittentes ; elle est employée en ce moment par quelques médecins, mais son efficacité n'est pas démontrée.

MANIOC

Manihot edulis Plum. *Jatropha manihot* L.
(Euphorbiacées - Crotonées.)

Le Manioc est un arbrisseau à racine très-épaisse, charnue, féculente. La tige, haute de 2 à 3 mètres, noueuse, tendre, cassante, couverte d'une écorce lisse, verdâtre ou rougeâtre, et remplie d'une moelle très-abondante, se divise, vers le sommet, en un petit nombre de rameaux cassants, portant des feuilles alternes, longuement pétiolées, très-grandes, lisses, assez fermes, vert clair en dessus, glauques en dessous, palmées, profondément divisées en trois, cinq ou sept lobes aigus et entiers. Les fleurs, rougeâtres, monoïques, sont disposées en grappes terminales; les mâles ont un calice pétaloïde à cinq divisions, et dix étamines monadelphes; les femelles ont le calice à cinq divisions plus profondes, et un ovaire à trois loges, surmontées chacune d'un style simple à stigmate bifide. Le fruit est une capsule arrondie, lisse, légèrement ridée, à trois loges, se séparant à la maturité en trois coques, dont chacune renferme une graine ovoïde, aplatie, luisante, caronculée, d'un gris blanchâtre mêlé de taches un peu plus foncées (Pl. 32).

Habitat. — Originaire de l'Amérique du Nord, et particulièrement du Mexique et de la Caroline, le manioc a été introduit aux Antilles et dans les régions chaudes de l'Amérique centrale.

Culture. — Cet arbrisseau n'a été jusqu'à ce jour cultivé, en Europe, que dans les jardins botaniques, où on le tient en serre chaude. Il paraît cependant susceptible d'être cultivé en pleine terre, du moins dans les contrées méridionales. Les graines ne reproduisant guère que le type sauvage, il serait préférable de faire venir d'Amérique les variétés à grosses racines que l'on y cultive généralement, et qui se multiplient avec la plus grande facilité par éclats de pieds ou par rejetons.

Parties usitées. — La moelle, les racines.

Récolte. — Le manihot, manioc ou magnoc est une des plantes les plus nécessaires à l'homme. Le nombre des individus qui s'en nourrissent presque exclusivement dépasse de beaucoup celui des hommes qui mangent du blé. On en connaît un grand nombre d'espèces. Deux variétés doivent surtout nous occuper, tant à cause de l'usage qu'on en fait, comme matière alimentaire, qu'en raison du poison violent qu'elles renferment, à côté de la fécule la plus inoffensive.

La première espèce porte le nom de *Manioc doux, Camagnoc, Aipi, Juca dulce* (*Manihot Aipi* Pohl.), ne renferme aucun principe dangereux. La racine peut être mangée cuite sous le cendre ou dans l'eau, comme on le fait des pommes de terre. Les animaux la mangent crue. L'autre espèce, nommée plus spécialement *Manihot, Manioc amer*, *Juca amarya*, *Mandiiba*, *Mandioca,* (*Manihot utilissima* Pohl., *Janipha manihot* Kunth), contient, dans sa racine, un poison des plus violents.

Composition chimique. — Le principe actif du manioc vénéneux est, d'après MM. Boutron et O. Henry, de l'acide cyanhydrique, ou un corps qui se transforme facilement en cet acide. Il tue tous les animaux, en causant des vomissements, des convulsions, des sueurs froides, et détermine rapidement la mort. D'après Rajon, exposé à l'air, il perd ses propriétés en trente-six heures; il les perd également par la coction. Le docteur Firmin, de Surinam, M. Ricord Madiana ont isolé ce principe par distillation, et MM. Boutron et O. Henry ont déterminé sa nature. Le traitement de cet empoisonnement consiste dans des affusions d'eau froide le long du rachis, et des inspirations chlorées; quant au sucre, au rocou, à l'eau de mer et aux sucs de diverses plantes, qui ont été successivement proposés comme antidotes, on ne doit y avoir aucune confiance.

Le suc de la plante laisse déposer une fécule fine qui est la *moussache;* elle est formée de grains arrondis, égaux en volume, d'un diamètre de $\frac{1}{35}$ de millimètre, présentant à leur centre un point noir. Quand cette fécule humide est séchée sur des plaques chaudes, des grains crèvent et s'agglomèrent en petites masses irrégulières, qui forment le *tapioka.* Celui-ci, pulvérisé et soumis à l'action de la vapeur d'iode, prend une couleur chamois. Ce caractère ne peut servir à le distinguer des faux tapiokas que l'on fabrique avec toute espèce de fécule et dont la plupart prennent la même coloration. Le vrai tapioka est en grumeaux irréguliers, composés de grains agglomérés, tandis que le factice est en fragments presque réguliers, d'une structure homogène non granulée.

Usages. — Comme toutes les fécules, celle du manioc peut être utilisée en médecine comme émolliente, mais c'est surtout comme aliment qu'elle est précieuse. On la mange sous la forme de différents produits qui portent le nom de *Couaque, Cassave, Moussache* ou *Cipipa, Tapioka,* etc.

La *farine de manioc* est un mélange d'amidon, de fibre végétale et d'un peu de matière extractive. On la mélange à la farine de froment pour en faire du pain. On l'obtient en enlevant l'écorce de la racine de manioc, en réduisant le corps de la racine en pulpe, au moyen de la râpe, et en passant au travers d'un sac de palmier de forme particulière, ou en exprimant à la presse. La fécule est desséchée sous des cheminées, puis elle est pulvérisée.

La *couaque* s'obtient en séchant sur des claies, exposées à la chaleur, la fécule de l'opération précédente; on la crible ensuite pour l'obtenir d'un volume à peu près égal; on la chauffe par petites parties dans des chaudières de fonte, moyennement chauffées, jusqu'à ce que la fécule ait subi un commencement de torréfaction. Elle se gonfle beaucoup dans l'eau et dans le bouillon.

Pour obtenir la *cassave*, on étend la fécule non séchée en forme de gâteau mince sur une plaque de fer chauffée ; le mucilage et l'amidon, en cuisant, se tiennent entre eux et forment un gâteau solide, qui est très-estimé des créoles.

Nous avons dit que la moussache était la fécule séchée à l'air. On la vend quelquefois pour de l'*arow-root;* mais elle s'en distingue par ses granules sphériques, beaucoup plus petits que ceux de l'arow-root, et que ceux de l'amidon de blé.

Le tapioka sert à faire des bouillies, des potages. Il n'est pas complétement soluble dans l'eau. Ce liquide bouillant, forme, avec lui, une espèce d'empois qui présente un caractère particulier de transparence et de viscosité.

MARCHANTIE

Marchantia polymorpha L.
(Hépatiques.)

La Marchantie polymorphe, vulgairement appelée Hépatique des fontaines, est une petite plante cryptogame, à frondes (expansions foliacées) longues de $0^m,05$ à $0^m,10$, lobées ou pennatifides, à divisions obtuses, presque entières, glabres, d'un vert foncé, ponctuées en dessus, marquées en dessous de nervures anastomosées, couvertes de nombreuses fibres radicales. Les organes reproducteurs sont portés sur des pédicules de deux sortes. Les mâles, longs de $0^m,01$ à $0^m,02$, naissent sur le bord des divisions de la fronde, et se terminent par un disque membraneux, divisé en cinq ou six lobes repliés en haut. C'est dans l'épaisseur de ce plateau que sont logées les *anthéridies;* chacune est formée par un petit sac elliptique, rempli de *cellules mères d'anthérozoïdes*. A la maturité, le sac s'ouvre et met en liberté les cellules mères. Celles-ci, à leur tour, mettent en liberté chacune une cellule mâle mobile ou *anthérozoïde,* à deux longs cils vibratiles. Les pédicules femelles sont plus longs; ils sont terminés par huit à dix lobes étroits, entre lesquels se forment les organes femelles ou *archégones;* ceux-ci sont des sacs contenant chacun une seule cellule femelle, *oospore*. Après la fécondation, l'oospore se développe en un fruit ou *capsule* à quatre valves. On observe encore sur la fronde des cupules sessiles, remplies de petits corps lenticulaires, qui sont de véritables bulbilles servant à la multiplication asexuée de la plante.

Cette plante présente de nombreuses variétés, que plusieurs auteurs ont élevées au rang d'espèces, et parmi lesquelles on remarque la Marchantie hémisphérique (*M. hemisphærica* L.).

Habitat. — Les marchanties sont très-communes en Europe ; on les trouve dans les lieux humides et ombragés, au bord des puits, des fossés, des fontaines, dans les cours inhabitées, etc. C'est à peine si on les cultive dans quelques jardins botaniques.

Parties usitées. — Toute la plante.

Récolte. — L'hépatique des fontaines, que l'on trouve souvent dans les cours ombragées et humides, peut être recueillie pendant toutes les saisons, mais il vaut mieux la cueillir lorsqu'elle est dans toute sa vigueur, c'est-à-dire en été. Après avoir séparé les frondes mortes, on la fait sécher au soleil ou à l'étuve. On la conserve dans un endroit sec et à l'abri du contact de l'air.

Composition chimique. — L'odeur de marchantie est fade, insipide et marécageuse. On ne sait rien sur sa composition.

Usages. — La marchantie tire son nom d'hépatique de la propriété qu'on lui attribuait de guérir les engorgements abdominaux, et principalement ceux du foie. Regardée comme diurétique, dépurative et détersive, elle a été vantée par Lieutaud dans les engorgements du foie et les maladies chroniques de la peau. M. Short, médecin de l'Infirmerie royale d'Édimbourg, lui attribue des propriétés diurétiques et dit l'avoir employée avec succès contre les hydropisies; il l'applique sous forme de cataplasmes, qu'il prépare avec la plante fraîche, bouillie et pulpée dans l'eau et de la farine de lin. Il pose ces cataplasmes sur le ventre et les renouvelle souvent, pendant plusieurs jours. Si, après quinze jours ou un mois de bons effets ne se sont pas produits, il est inutile de continuer. Cette médication, dit M. Short, jette quelquefois les malades dans une grande faiblesse, qui oblige à en suspendre l'emploi. Malgré les résultats que dit avoir obtenus le médecin d'Édimbourg, ce mode de traitement des hydropisies trouvera beaucoup d'incrédules et peu d'imitateurs.

Cependant la marchantie paraît jouir de propriétés diurétiques assez prononcées pour qu'on puisse en faire utilement usage.

MARICIÇO

(Voyez le *Supplément* du T. II.)

MARJOLAINE

Majorana hortensis Mœnch. (*Origanum Majorana* L.)
(Labiées-Saturéiées.)

La Marjolaine des jardins, appelée aussi Grand Origan, est une plante vivace, à racines grêles, fibreuses. La tige, haute de $0^m,30$ à $0^m,50$, sous-ligneuse à la base, tétragone, grêle, pubescente, ferme, dressée, très-rameuse, porte des feuilles opposées, pétiolées, petites, ovales-oblongues, obtuses, entières, cotonneuses, blanchâtres. Les fleurs, petites, blanches ou purpurines, accompagnées de bractées colorées, sont disposées en épis courts, tétragones arrondis, compactes, formant par leur réunion des corymbes dont l'ensemble constitue une grande panicule terminale. Elles présentent un calice à deux lèvres, la supérieure beaucoup plus grande ; une corolle à deux lèvres, la supérieure échancrée, l'inférieure trifide ; quatre étamines didynames, à anthères rougeâtres ; un pistil composé de quatre carpelles uniovulés, surmonté d'un style simple et d'un stigmate bifide. Le fruit se compose de quatre akènes lisses, contenant chacun une seule graine à albumen très rudimentaire, à embryon droit, à cotylédons plan-convexes.

La Marjolaine à coquilles ou Origan d'Égypte (*M. crassifolia* Benth., *Origanum Ægyptiacum* Auct.) est aussi vivace, et se distingue de la précédente, surtout par ses feuilles plus grandes, sessiles, épaisses, cotonneuses, ainsi que les rameaux, les bractées et le calice.

Habitat. — Ces deux plantes sont originaires de la région méditerranéenne, où elles croissent dans les lieux découverts.

Culture. — La marjolaine demande une exposition chaude, une terre légère et assez sèche. On la multiplie de graines, de boutures et d'éclats de pieds, au printemps ou à l'automne. Dans le Nord, elle exige, durant l'hiver, une couverture ou l'orangerie. La marjolaine à coquilles est encore plus délicate.

Parties usitées. — Les sommités fleuries.

Récolte. — On doit récolter la marjolaine au moment de la floraison : On coupe la tige à la base ; on attache les sommités en petits bouquets peu serrés, afin que l'air puisse circuler à l'intérieur ; on les dispose en chapelets avec de la ficelle et on les suspend en guirlandes, au séchoir ou au grenier, mais toujours à l'ombre. Lorsque la plante est sèche, on la conserve dans des boîtes ou dans des sacs parfaitement fermés et à l'abri de la lumière.

Composition chimique. — Toutes les parties de la marjolaine exhalent une odeur aromatique très-forte, analogue à celle de la sauge, du thym et du romarin. Sa saveur est chaude, aromatique. Dans le midi de l'Europe, on l'emploie comme condiment pour l'art culinaire. Elle doit ses propriétés à une huile essentielle oxygénée qu'on en sépare par distillation. D'après Proust, la marjolaine des pays chauds, comme d'ailleurs beaucoup d'autres labiées, contient du camphre ; elle renferme en outre un principe amer assez abondant.

Usages. — La marjolaine entre dans la composition de l'*Eau générale*, de l'*Eau impériale*, de la *Poudre sternutatoire*, du *Sirop d'armoise composé*, du *Baume tranquille*, etc. On en préparait autrefois l'*Onguent de marjolaine*. On l'emploie surtout en infusion et on en fait une eau distillée. Elle présente un des aromatiques indigènes les plus agréables, et si elle est aujourd'hui tombée dans un oubli presque complet, cela doit être attribué à ce que plusieurs plantes de la même famille jouissent des mêmes propriétés, et qu'on peut, sans inconvénient, les substituer les unes aux autres.

La marjolaine était autrefois employée dans les maladies nerveuses. On la prescrivait dans les paralysies, les vertiges, l'épilepsie, etc. On la regardait comme expectorante contre le catarrhe muqueux, et comme propre à donner plus de force et de tonicité au tissu pulmonaire. Elle passait aussi pour donner de la force à l'estomac.

D'après Paulet, la marjolaine est l'*Amaracos* de Théophraste. Selon Stackouse, ce nom devrait être appliqué à la marjolaine coquille, (*O. Egyptiacum* L., *M. crassifolia* Benth). Dioscoride indique la marjolaine d'Héraclée (*O. Héracleoticum* L. et l'*O. onites* L., *O. Smyrneum* L. etc.), comme propres à remédier à la piqûre des serpents. Murray signale l'*O. creticum* L. comme salutaire pour calmer les douleurs dentaires. On l'emploie comme condiment.

MAROUTE

Maruta fœtida Cass. *Anthemis cotula* L.
(Composées - Sénécionidées.)

La Maroute, appelée aussi Camomille des chiens ou Camomille puante, est une plante annuelle, à racines fibreuses. La tige, haute de $0^m,25$ à $0^m,50$, un peu anguleuse, striée, glabre ou à peine pubescente, dressée ou ascendante, très-rameuse, porte des feuilles alternes, sessiles, bipennées, à segments linéaires étroits et pointus, presque glabres, d'un vert assez foncé, d'une odeur très-forte. Les fleurs, jaunes au centre, blanches à la circonférence, sont disposées en capitules solitaires à l'extrémité des rameaux, à réceptacle conique, saillant, offrant à la base de chaque fleur une écaille étroite et subulée, entouré d'un involucre à folioles scarieuses, étroites, blanchâtres sur les bords, imbriquées. Les fleurs du centre sont tubuleuses et hermaphrodites; elles ont cinq étamines épigynes soudées par les anthères, et un ovaire simple, infère, uniovulé, surmonté d'un style simple et d'un stigmate bifide; celles de la circonférence sont ligulées et femelles, quelquefois stériles. Le fruit est un akène ovoïde, gris brunâtre, marqué de dix côtes longitudinales décomposées en tubercules saillants. Les akènes d'un même capitule sont souvent inégaux.

Habitat. — La maroute est commune dans presque toutes les régions de l'Europe ; on la trouve en abondance dans les moissons, les champs en friche, les lieux cultivés, au bord des chemins, le long des ruisseaux et des marais, etc.

Culture. — Cette plante n'est pas cultivée exclusivement pour l'usage médical; elle croit dans tous les sols, et se propage très-facilement par graines, semées en place au printemps. Mais on préfère les pieds qui croissent à l'état spontané.

Parties usitées. — Les inflorescences, ou capitules.

Récolte. — La maroute doit être récoltée lorsque l'inflorescence est parfaitement développée. On coupe les pédoncules au sommet, de manière à séparer le capitule seul, et on fait sécher au grenier ou au séchoir, mais toujours à l'ombre. Il faut éviter de cueillir les fleurs lorsqu'elles sont mouillées, parce qu'alors elles se noircissent en séchant.

Composition chimique. — La maroute répand une odeur des plus infectes, surtout lorsqu'on la froisse; elle la doit à une huile essentielle qu'on peut en séparer par distillation. Elle est d'un vert bleuâtre et d'une odeur très-forte. On a prétendu que comme les matricaires dont elle est voisine, elle pouvait fournir une sorte de camphre cristallisé, mais de nouvelles recherches sont nécessaires à cet égard.

Usages. — L'odeur fétide de cette plante la fait regarder comme un excellent succédané de l'assa-fœtida. C'est donc contre les névroses, et plus spécialement contre l'hystérie qu'on l'a administrée, tantôt en poudre, tantôt sous forme de tisane; on la faisait prendre contre les gastralgies, les entéralgies et les coliques venteuses. Elle était regardée comme un très-bon carminatif. Peyrilhe prétend l'avoir donnée avec succès contre les fièvres intermittentes rebelles au quinquina. Roques dit que son infusion, administrée au moment du frisson, peut empêcher le retour de l'accès, comme le ferait l'absinthe ou la camomille. Zimmermann place l'infusion de maroute immédiatement après l'opium pour combattre la dysentérie, ce qui nous paraît un peu hasardé. Il la considère comme antiseptique. Gilibert la faisait prendre contre les scrofules. On l'a administrée pour combattre les accidents nerveux qui précèdent ou qui suivent la menstruation. M. Cazin l'a employée avec succès dans la dysménorrhée nerveuse et dans les gastralgies accompagnées de flatuosités. M. Dubois de Tournay a préconisé l'infusion de cette plante dans les pneumatoses.

La camomille des champs (*Anthemis arvensis* L.) jouit d'une amertume très-prononcée. Roques la considère comme un de nos meilleurs fébrifuges indigènes. On la substitue souvent à la matricaire. La camomille des teinturiers, ou œil de bœuf (*Anthemis tinctoria* L.) possède des propriétés analogues. Elle fournit à la teinture une couleur jaune.

MARRONNIER D'INDE

Æsculus hippocastanum L.
(Sapindacées-Æsculées.)

Le Marronnier d'Inde est un grand et bel arbre, à racine pivotante et ramifiée. La tige, haute de 20 à 25 mètres, couverte d'une écorce rugueuse et d'un brun grisâtre, se divise en rameaux nombreux, opposés, dont l'ensemble forme une large cime pyramidale, et qui se terminent par des bourgeons très-gros, ovoïdes, pointus, à écailles imbriquées, glutineuses. Ils portent des feuilles opposées, à pétioles très-longs, renflés et articulés à la base, à limbe très-grand, digité, divisé en cinq ou sept folioles obovales, acuminées, rétrécies à la base, dentées, d'un beau vert en dessus, plus pâles en dessous. Les fleurs, grandes, blanches, tachées de rose, odorantes, sont groupées en longues et larges panicules terminales. Elles présentent un calice campanulé, à cinq lobes obtus et ciliés, caduc; une corolle irrégulière à cinq pétales inégaux, libres, étalés, un peu onduleux et ciliés, onguiculés à la base; sept étamines saillantes, insérées sur un disque annulaire, à filets arqués, déclinés, à anthères rougeâtres; un ovaire libre, arrondi, épineux, à trois loges biovulées, surmonté d'un style réfléchi terminé par un très-petit stigmate. Le fruit est une capsule charnue-coriace, globuleuse, épineuse, s'ouvrant en deux ou trois valves, et renfermant une à quatre graines très-grosses, arrondies, déformées par compression, à testa ligneux luisant, marqué d'un hile très-large, et à cotylédons très-volumineux.

HABITAT. — Originaire d'Asie, cet arbre est aujourd'hui répandu et presque naturalisé en Europe. On le plante fréquemment dans les parcs et les jardins; on en fait des avenues et il commence même à s'introduire dans les forêts.

PARTIES USITÉES. — L'écorce, les fruits.

RÉCOLTE. — L'écorce doit être récoltée au printemps et être prise sur des branches de moyenne grosseur. Après l'avoir séparée du bois, on la fait sécher. Dans le commerce, on la trouve en morceaux roulés, d'un brun jaunâtre en dehors, d'un jaune fauve en dedans. La cassure est très-fibreuse, la saveur amère; les écorces présentent une épaisseur variable; on la trouve même quelquefois en fragments aplatis. Les fruits sont récoltés à l'automne.

COMPOSITION CHIMIQUE. — L'écorce de marronnier d'Inde est riche en un *acide esculotannique*, $C^{26}H^{24}O^{12}$, qui lui donne une saveur astringente très-prononcée. Elle est en même temps amère et doit cette qualité à un principe cristallin auquel on a donné le nom d'*esculine*. Celle-ci a pour formule $C^{21}H^{24}O^{13}$; elle cristallise en prismes blanc brillant, souvent divisés en aigrettes; elle est inodore; sa saveur est amère; elle est peu soluble dans l'eau froide, facilement soluble dans l'eau bouillante et dans l'alcool bouillant, peu soluble dans l'éther. La solution aqueuse de l'esculine est très-manifestement dichroïque ; par transmission elle est incolore, tandis que par réflexion elle est bleue ; ce dichroïsme est sensible avec une solution ne contenant qu'une partie d'esculine pour 1,500 parties d'eau. Par l'ébullition avec les acides sulfurique et chlorhydrique étendus, elle se dédouble en glucose et en *esculétine*. Celle-ci a pour formule $C^9 H^6 O^4$; elle cristallise en aiguilles et en lamelles semblables à celles de l'acide benzoïque ; elle est peu soluble dans l'eau froide, soluble dans l'eau bouillante et encore plus dans l'alcool bouillant ; elle est presque insoluble dans l'éther ; sa solution aqueuse est jaune par transmission, bleuâtre par réflexion ; l'acide azotique la transforme, à chaud, en acide oxalique ; la potasse concentrée bouillante la décompose en acide prussique, acide oxalique et en un corps nouveau, l'*acide escioxalique*. Elle se combine avec le sulfate de soude, d'où on ne peut la retirer qu'à l'état de *paraesculétine*, $2(C^9 H^6 O^4) + 5 H^2 O$. On trouve encore dans l'écorce du Marronnier d'Inde un glucoside, la *fraxine*, $C^{21} H^{22} O^{13}$, qui existe aussi dans l'écorce du Frêne et d'un certain nombre d'autres arbres.

Les cotylédons du marron d'Inde sont très-riches en amidon. On en a extrait aussi une substance spéciale, l'*aphrodescine*, que Frémy considérait comme étant de la *saponine*, mais qui, suivant Rochleder, serait distincte de ce corps, et à laquelle il assigne la formule $C^{52} H^{84} O^{23}$. Une autre substance spéciale, l'*argirescine*, a pour formule $C^{54} H^{86} O^{24}$; c'est un principe amer que l'alcool enlève aux cotylédons et qui est précipité par l'éther de sa solution dans l'alcool absolu. Elle cristallise en cristaux microscopiques, d'un blanc argentin ; elle est soluble dans l'eau ; elle est transformée par les acides en glucose et en *argyrénitine*, $C^{42} H^{62} O^{12}$; traitée par la potasse à chaud, elle donne un acide auquel Frémy a donné le nom d'*acide esculique* et assigné la formule $C^{26} H^{46} O^{12}$; les alcalis la dissolvent en donnant de l'acide propionique et de l'*acide escinique*, $C^{48} H^{80} O^{23}$. On retrouve dans les cotylédons l'*acide esculotannique* que nous avons déjà signalé dans l'écorce et qui existe dans toutes les parties de l'arbre.

Usages. — La fécule de marron d'Inde peut être employée dans un grand nombre d'industries pour remplacer l'amidon. En raison de la saponine qu'il contient, on s'en est servi, dans certaines localités, pour savonner le linge. On a quelquefois employé la fécule comme cosmétique, en place de pâte d'amandes. On a voulu l'introduire dans la bougie stéarique : celle-ci devenait alors plus dure, mais elle brûlait très-mal. Le charlatanisme prône comme un spécifique contre la goutte et le rhumatisme une huile qu'on dit en extraire au moyen de l'éther. Cette prétendue propriété de l'huile de marron d'Inde de guérir les douleurs diverses doit être placée sur la même ligne que la vieille croyance populaire d'après laquelle il suffit de porter trois marrons d'Inde dans une poche, placée à gauche, pour être guéri et préservé de toute espèce de maux. Il n'est pas de préjugé, pour si ridicule qu'il soit, qui n'ait encore des adhérents, ni d'absurdité que la spéculation ne puisse exploiter.

Un pharmacien distingué de Lyon, M. Mouchon, a beaucoup préconisé l'esculine comme fébrifuge. Les observations publiées par M. le docteur Durand de Lunel, celles qui ont été recueillies à Lyon et à Saint-Étienne, semblent donner quelque valeur à ce médicament. Toutefois, nous croyons que de nouvelles expériences sont nécessaires, surtout dans les pays où les fièvres intermittentes sont endémiques, tels que l'Algérie, les Dombes, la Sologne et les landes de Gascogne, avant de se prononcer définitivement sur la valeur de ce médicament.

L'écorce en poudre a été prescrite comme tonique et comme fébrifuge.

MARRUBE

Marrubium vulgare L.
(Labiées - Stachydées.)

Le Marrube blanc ou commun est une plante vivace, à racines épaisses, ligneuses, fibreuses, blanchâtres. Les tiges, hautes de 0^m,35 à 0^m,65, fermes, tétragones, cotonneuses blanchâtres, dressées, un peu rameuses, portent des feuilles opposées, pétiolées, ovales aiguës, crénelées, crépues, ridées, d'un vert cendré, cotonneuses, surtout en dessous. Les fleurs, blanches, petites, sessiles, peu nombreuses, très-serrées, sont groupées en faux verticilles axillaires, compactes, accompagnées de bractées courtes, aiguës, subulées. Elles présentent un calice tubuleux, cylindrique, velu, strié, à dix dents alternativement grandes et petites; une corolle irrégulière, bilabiée, à tube légèrement arqué et dépassant le calice, à limbe divisé en deux lèvres, la supérieure dressée, plane, étroite et bifide, l'inférieure à trois lobes inégaux, dont deux latéraux petits, ovales et obtus, et un médian plus grand et échancré; quatre étamines didynames très-courtes, incluses; un ovaire composé de quatre carpelles libres, uniovulés, insérés sur un disque charnu, et surmonté d'un style simple, court, terminé par un stigmate bifide. Le fruit se compose de quatre akènes cunéiformes obovales, lisses et glabres, à trois angles arrondis, renfermés dans le calice persistant.

Habitat. — Le marrube blanc est commun dans toute l'Europe; il croît en abondance dans les lieux incultes, les décombres, au bord des chemins et des fossés, etc.

Culture. — Cette plante, assez abondante à l'état sauvage pour suffire aux besoins de la médecine, n'est cultivée que dans les jardins botaniques. Elle vient à peu près dans tous les sols, et se propage très-facilement par graines, ou par éclats de pieds, plantés à la fin de l'hiver.

Parties usitées. — Les feuilles, les sommités fleuries.

Récolte. — La récolte du marrube se fait au moment de la floraison. Il perd une partie de ses propriétés par la dessiccation, qui doit être faite à l'ombre; mais il conserve son principe amer. Les feuilles se courbent en dessus, de sorte que lorsque la plante est sèche, la partie inférieure des feuilles, qui est plus blanche, devient plus apparente.

Composition chimique. — Lorsque le marrube est frais, il répand une odeur forte, légèrement musquée. Sa saveur est chaude, amère, nauséeuse. Elle doit être attribuée à une huile volatile. Le suc de la plante précipite abondamment en noir par les persels de fer. On a même fait de l'encre par ce procédé. Cette réaction prouve sa richesse en tannin. On y trouve également de l'acide gallique et un principe amer. Ses principes sont solubles dans l'eau et dans l'alcool.

Usages. — Malgré l'enthousiasme avec lequel Cullen et Dehaen ont vanté le marrube, il est tout à fait inusité de nos jours. Gilibert le regardait comme un dépuratif puissant et comme une des meilleures plantes d'Europe. On employait autrefois son suc ou son infusion contre toutes sortes de maladies, mais plus spécialement contre les affections de poitrine. Hufeland vantait l'infusion contre les irritations bronchiques, le catarrhe chronique et même la phthisie. A. de Jussieu l'a employé contre l'ictère. Mérat et Delens le recommandent dans le rhumatisme chronique. Linné dit l'avoir employé avec succès pour combattre le ptyalisme mercuriel. Wauthers le prescrivait contre les fièvres journalières et les fièvres intermittentes, lorsque surtout celles-ci étaient accompagnées d'engorgements des viscères, et c'est surtout dans ces cas qu'on lui attribuait des propriétés souveraines. Fauvel en faisait usage, non sans succès, paraît-il, comme emménagogue, contre les laryngites congestives qui, chez les jeunes filles, accompagnent fréquemment le retard ou l'insuffisance des menstrues (*Annuaire de thér.*, 1875).

Le marrube a été très-préconisé contre la chlorose et l'anémie, et regardé comme un reconstituant de sang. Borelli l'employait dans tous les cas d'anémie, et Freind (*Emmenalogia*, Londini, 1717, p. 160) assure que le suc de cette plante, mêlé au sang, rend celui-ci plus vermeil et plus fluide. Suivant Alibert, c'est à tort que cette plante est tombée dans l'oubli. D'après M. Cazin, elle agit particulièrement sur le système pulmonaire et doit être rapprochée, par ses effets, de l'hysope, du lierre terrestre, du pouliot, que l'on préfère, selon nous, avec raison.

MARUM

Teucrium marum L.
(Labiées-Ajugoïdées.)

Le Marum, appelé aussi Germandrée maritime, Herbe aux chats, etc., est un sous-arbrisseau, à racines ligneuses, fibreuses. La tige, haute de 0^m,30 à 0^m,50, ligneuse à la base, se divise en rameaux nombreux, opposés, presque cylindriques, grêles et effilés, cotonneux et pulvérulents, blanchâtres, dressés, portant des feuilles opposées, courtement pétiolées, très-petites, ovales, aiguës, entières, à bords roulés en dessous, rétrécies brusquement à la base, vert foncé en dessus, blanches et cotonneuses en dessous. Les fleurs, purpurines, terminent de courts pédoncules, solitaires ou géminés à l'aisselle des feuilles supérieures, et constituent par leur réunion une grappe oblongue, terminale, presque unilatérale. Elles présentent un calice tubuleux, assez large, un peu bossu à la base, à cinq dents presque égales, lancéolées, rougeâtre, couvert de poils cotonneux blanchâtres ; une corolle irrégulière, à tube redressé, à limbe divisé en deux lèvres, la supérieure à peine marquée, profondément bifide, terminé par deux dents saillantes et dressées, l'inférieure grande, à trois lobes, dont deux latéraux petits, et un médian plus large, arrondi, concave ; quatre étamines didynames, saillantes; un ovaire composé de quatre carpelles uniovulés, surmonté d'un style simple terminé par un stigmate bifide. Le fruit se compose de quatre akènes ovoïdes, entourés par le calice persistant.

Habitat.—Le marum est originaire de la région méditerranéenne, où il croît dans les lieux stériles. On ne le cultive que dans les jardins botaniques. Dans le Nord, il exige l'orangerie durant l'hiver. On doit surtout le garantir contre les chats.

Parties usitées. — Les sommités fleuries, les feuilles.

Récolte. — On peut recueillir les feuilles de marum pendant tout l'été; l'inflorescence se récolte au moment de la floraison. La dessiccation s'opère facilement et ne lui fait perdre aucune de ses propriétés.

Composition chimique. — Comme tous les teucrium, le marum possède une odeur forte, aromatique, pénétrante, une saveur amère. Il renferme une huile volatile d'une odeur camphrée très-prononcée. D'après Bley (*Bull. des sc. méd.*, t. XXII, p. 256), on y trouverait, outre l'essence du tannin, de l'acide gallique, de l'extractif, de l'albumine, du phosphate de chaux, du gluten : cela nous paraît très-douteux. Les principes actifs sont solubles dans l'eau et dans l'alcool.

Usages. — Le marum, d'après Matthiole (*Com.* 38), est le μάρον de Dioscoride, le *Lamaracus* de Galien et de Paul d'Égine, le *Sampsuchus* de Théophraste. Il a été regardé comme tonique, excitant et sternutatoire. Il agit, dit-on, sur le système nerveux et est regardé comme efficace dans tous les cas d'atonie générale et de débilité.

Cartheuser et Linné ont proclamé les vertus du marum, et Wédelius lui donait le nom de Polychreste. Bodard, qui a beaucoup expérimenté les plantes indigènes, place le marum parmi les cordiaux, et il compare les effets qu'il produit à ceux du camphre. Il assure qu'il s'oppose à l'augmentation de la sécrétion biliaire, ranime l'appétit, favorise les fonctions digestives et rémédie à la lenteur du système circulatoire (*Bot. méd. comp.*, t. III, p. 150). Chaumeton déplore l'oubli dans lequel une plante aussi précieuse est tombé; mais il n'y a rien qui doive nous surprendre, et cela doit être attribué à l'exagération avec laquelle des plantes, actives d'ailleurs, et qui auraient pu rendre des services, administrées avec sagesse et discernement, ont été préconisées à outrance contre des maladies incurables ou des lésions qui nécessitent l'intervention du chirurgien. C'est ainsi que nous avons vu Hufeland et M. Mayer d'Arbon assurer que la poudre de marume prisé guérissait les polypes du nez et s'opposait à leur reproduction.

Au *Teucrium Marum* on peut, sans inconvénient, substituer l'ivette (*T. chamæpitis* L.); l'ivette musquée (*T. iva*); le botrys (*T. botrys*); la sauge des bois (*T. scorodonia*); la germandrée des montagnes (*T. montanum*); la germandrée polium (*T. polium*), préconisée en Orient contre la rage, et la germandrée fleurs en tête (*T. capitatum*).

MASSETTE

Typha latifolia et *angustifolia* L.
(Typhacées.)

La Massette à larges feuilles (*T. latifolia* L.), vulgairement appelée Canne de Jonc, Chandelle, Masse d'eau, Matelasse, Quenouille, Roche, Roseau de la passion, Roseau des étangs, etc., est une plante vivace, à souche rampante, traçante. Les feuilles, toutes radicales, sont très-longues, alternes, engaînantes, fasciculées, planes, d'un vert glauque. La tige ou hampe, haute de 2 mètres et plus, robuste, dressée, se termine par deux épis ou chatons floraux cylindriques, superposés, sortant chacun d'une longue spathe lancéolée aiguë; les mâles, situées à la partie supérieure et dont l'axe persiste après la floraison, se composent d'étamines soudées deux à quatre par leurs filets, terminées par des anthères à connectif proéminent, et entourées de longues soies qui ne sont que des étamines avortées; les feuilles ont un ovaire libre, à une seule loge uniovulée, surmonté d'un style allongé, capillaire, que termine un stigmate élargi en languette, et sont entourées aussi de longues soies qui paraissent être des étamines ou des pistils rudimentaires. Le fruit est un akène, porté sur un pédicelle capillaire, muni de longues soies dilatées au sommet (Pl. 33).

La Massette à feuilles étroites (*T. angustifolia* L.) est aussi vivace, et se distingue de la précédente par sa taille moins élevée; ses feuilles plus étroites, convexes en dehors, un peu concaves en dedans, dépassant souvent la tige; ses deux chatons plus distants, et ses stigmates linéaires.

HABITAT. — Ces plantes sont répandues dans toutes les régions de l'Europe; elles croissent dans les étangs et les marais.

CULTURE. — Les massettes sont très-rustiques, et se propagent facilement par graines, semées au printemps en terre forte et humide, et mieux encore par la division des souches.

PARTIES USITÉES. — La racine, le duvet, le pollen.

RÉCOLTE. — La racine se récolte en automne, après la floraison; le duvet est cueilli au moment où il se détache de l'axe.

COMPOSITION CHIMIQUE. — Il n'a été fait de cette plante aucune analyse chimique digne d'être citée. Le seul fait sur lequel soient d'accord ceux qui l'ont observée, c'est que sa souche contient une proportion assez forte d'amidon. Elle paraît aussi contenir une certaine quantité de tannin ou d'un corps voisin. La tige semble être assez riche en phosphate de chaux.

USAGES. — Les Kalmouks mangent la racine de massette. Elle est d'une grande ressource aux époques de disette. Dans divers pays de l'Europe, on la mange en salade, ou confite au vinaigre. D'après Gmelin, les sangliers en sont très-avides. Les feuilles servent à couvrir les chaumières; on en fait des nattes, des paillassons, et on en rembourre des chaises. Le duvet a été travaillé dans ces derniers temps; on en a fabriqué une espèce de drap feutré assez solide.

En Sibérie, la racine et les feuilles de massette sont employées contre le scorbut (*Découvertes des Russes*, t. III, p. 450). Aublet (*Guyane*, p. 847), dit qu'elle est utile dans la gonorrhée et la blennorrhagie. Gmelin lui attribue la propriété de faire cesser le hoquet (*Flore de Siber.*, t. I, p. 134).

On a essayé de faire des édredons avec le duvet doux et soyeux des massettes, mais il se tasse et n'est pas élastique. On s'en sert avec succès pour le pansement des brûlures. Le docteur Vignal a démontré ses bons effets dans ces cas, et M. le docteur Durand s'en est servi pour les engelures ulcérées.

D'après De Candolle (*Essai sur les propriétés des plantes*, p. 304), le pollen des massettes, qui est très-abondant, peut remplacer le lycopode; mais la récolte de ce pollen coûterait plus cher que le lycopode lui-même. D'ailleurs, celui-ci renferme une matière ciro-résineuse qui le rend imperméable à l'eau, ce qui est très-précieux pour les écorchures, et pour rouler les pilules afin de les préserver de l'humidité.

MATÉ

Ilex Paraguaiensis A.-S.-H.
(Ilicinées.)

Le Maté, appelé aussi Thé du Paraguay ou Herbe du Paraguay, est un grand arbre, à rameaux touffus, portant des feuilles alternes, presque sessiles, ovales, oblongues ou lancéolées, grandes, un peu obtuses, dentées, coriaces, luisantes. Les fleurs, blanches, sont groupées en cymes corymbiformes serrées, à l'aisselle des feuilles de la partie moyenne des rameaux. Elles présentent un calice à quatre sépales arrondis, concaves; une corolle à quatre pétales arrondis; quatre étamines, à filets courts; un ovaire à quatre loges uniovulées, surmonté d'un stigmate sessile quadrilobé. Le fruit est une drupe rouge, de la grosseur d'un grain de poivre, à quatre noyaux monospermes.

Habitat. — Le maté croît au Paraguay, dans les parties méridionales du Brésil et dans les régions voisines; on le trouve surtout dans les forêts. Il n'est cultivé, en Europe, que dans les serres chaudes des jardins botaniques; on le tient en pots remplis de terre de bruyère mélangée de terre franche.

Parties usitées. — Les feuilles.

Récolte. — Le maté, *Yerba maté, Gon gouha, Thé des jésuites, Thé du Paraguay*, que Martius avait cru d'abord être son *Cassine gongouha*, et qu'il a reconnu ensuite être différent, est une plante dont les Brésiliens et tous les habitants de l'Amérique centrale font une consommation considérable. Le commerce de cette plante monte à plusieurs millions par année. *Maté*, nom sous lequel on désigne la boisson, veut dire herbe en brésilien, comme qui dirait *herbe par excellence*. Après avoir récolté ses feuilles vertes, on les fait sécher avec soin, et on les comprime pour qu'elles occupent un moins grand volume.

Composition chimique. — L'analyse complète du maté n'a pas été faite d'une manière satisfaisante : on y a trouvé de la *Caféine* en proportions assez considérables, et nous ferons remarquer que ce principe immédiat, dont nous avons déjà parlé (voyez Café, tome I, p. 213), se retrouve dans un grand nombre de substances qui sont employées dans divers pays pour préparer des boissons alimentaires, ou du moins pouvant, jusqu'à un certain point, suppléer aux aliments en conservant les forces, ou en diminuant la dépense de combustion organique. C'est ainsi que les mineurs belges prennent l'infusion du café; les Chinois, les Anglais, etc., le thé; les Portugais et les Brésiliens, la guarana; et les Américains, le maté. Or, toutes ces substances contiennent de la caféine en assez grande proportion.

Usages. — Les Brésiliens, les habitants du Paraguay, ceux de l'Amérique centrale et de l'Amérique du Sud préparent l'infusion du maté de la manière suivante : On met les feuilles, légèrement torréfiées, avec un peu de sucre, dans une espèce de gourde ou de calebasse (*Calabasa*); on y verse de l'eau bouillante, et, après quelques instants de contact, on aspire le liquide avec un petit tube en paille, ou de toute autre matière. Dans les visites, on offre cette boisson aux visiteurs, et on passe ainsi la calebasse, contenant l'infusion, de main en main. Le plus souvent on emploie, pour boire le maté, un chalumeau terminé par une sphère percée de petits trous (*Bombilla*). On fait plusieurs infusions successives, avec la même herbe, en ajoutant du sucre chaque fois.

L'infusion de maté est considérée comme tonique, diurétique et diaphorétique. Sa saveur n'est pas très-agréable, mais on s'y habitue rapidement, et il est alors difficile de s'en passer. On lui attribue surtout la propriété de soutenir les forces, comme le fait la *Coca* (Voyez ce mot, *Flore médicale,* tome I, p. 356). Dans d'autres pays, les habitants du Paraguay entreprennent de longs voyages sans emporter d'autres provisions que la *Yerba mate.* Lorsqu'ils rencontrent une source, ils préparent leur infusion, et celle-ci est souvent le seul aliment qu'ils prennent pendant plusieurs jours.

D'après les recherches récentes de Couty, le maté n'agit ni sur les centres nerveux, ni sur les appareils nerveux de la vie organique qui sont en rapport direct avec l'encéphale; son influence paraît être « localisée sur les appareils de la vie organique et plus spécialement sur des organes qui sont relativement trés-indépendants des centres nerveux et surtout de l'encéphale, tels que les intestins, la vessie, les nerfs accélérateurs du cœur. » (Voy. *Compt. rend. ac. sc. Paris,* 30 déc. 1878.)

Le *Thé des Apalaches*, ou *Apalachina*, qui est produit par l'*Ilex vomitoria* Aiton, et qui croît abondamment dans la Virginie, la Caroline et la Floride, a été confondu, souvent à tort, avec le thé du Paraguay. Ses feuilles, prises en infusion, sont aussi regardées comme toniques et stomachiques ; mais, à dose un peu élevée, elles sont purgatives et même vomitives. Les Indiens du sud de l'Union les font griller d'abord, puis ils en boivent des infusions qu'ils prennent comme diurétique, contre la goutte, la néphrite, les calculs, etc. Ils en font usage pour exciter leur courage lorsqu'ils vont à la guerre. Cette boisson possède en effet des propriétés enivrantes, analogues à celles que produit le chanvre des Indiens. Les fruits sont plus spécialement vomitifs. On attribue aux feuilles la propriété de calmer la faim.

MATICO

Piper angustifolium Ruis et Pav. (*Artanthe elongata* Miq.)
(Pipéracées.)

Le Matico ou Moho-Moho est un arbrisseau, dont la tige noueuse se divise en branches glabres à gros nœuds, subdivisées en rameaux pubescents, portant des feuilles alternes, stipulées, courtement pétiolées, lancéolées, obliques, longuement acuminées, un peu cordiformes à la base, longues d'environ $0^m,20$ sur $0^m,05$ de largeur, un peu coriaces, verruqueuses et rudes en dessus, plus pâles, réticulées et pubescentes en dessous. Les fleurs sont groupées en épis pédonculés, compactes, légèrement recourbés, opposés aux feuilles, et accompagnées de bractées pédicellées, peltées, ciliées, coriaces, glanduleuses, convexes, à bords un peu étalés, persistantes. Elles renferment trois ou quatre étamines, à filets arrondis, glabres, et à anthères réniformes-cordées ; un ovaire sessile, ovoïde, tétragone, surmonté de deux à quatre stigmates sessiles, filiformes, subulés. Le fruit est une baie presque sèche à la maturité, ovoïde, tétragone, glabre, aromatique, à péricarpe mince sur les côtés, légèrement gonflé au sommet, renfermant une graine de même forme, tronquée au sommet, à testa écailleux, à albumen dur et presque corné.

Cette espèce présente plusieurs variétés : l'une à entre-nœuds et à pétioles plus longs, l'autre glabre dans toutes ses parties, etc.

Habitat. — Le matico croît dans les contrées chaudes de l'Amérique du Sud, au Pérou, au Chili, dans la Bolivie, etc. La variété à longs entre-nœuds se trouve au Brésil, dans les forêts d'Ithea (province de Bahia); la variété glabre croît au bord des ruisseaux, près de Contenda (province des Mines). Quelques espèces du même genre se trouvent aux environs de Quito, à Oxaca sur les Cordilières Mexicaines, à une altitude de 1,000 à 2,000 mètres.

Parties usitées. — Les feuilles.

Récolte. — Les feuilles de matico, telles qu'on les trouve dans le commerce, sont lancéolées, légèrement crénelées, à rainures profondes, d'un brun foncé à la partie supérieure et d'un vert pâle à l'inférieure. Celle-ci est parsemée de points transparents légèrement pubescents. Lorsqu'on les froisse, elles exhalent une odeur de menthe assez prononcée. Leur saveur, d'abord nulle, devient bientôt amère et âcre. Elles paraissent avoir subi quelquefois une forte compression, et les Péruviens recommandent de les faire griller, lorsqu'on les destine à l'usage externe.

Composition chimique. — M. le docteur Hodges, qui a analysé les feuilles de matico, y a trouvé de la chlorophylle, un peu de résine vert foncé, une matière colorante brune, une matière colorante jaune, de la gomme, du nitrate de potasse, un principe amer (maticine), une huile aromatique volatile, des sels, du ligneux.

La *maticine* est une résine molle, d'un vert foncé. D'après cet auteur, le matico ne renfermerait ni tannin, ni acide gallique, tandis que des analyses antérieures y avaient signalé des quantités considérables de tannin; et dans un travail récent, M. J. Marcotte y a constaté la présence de ce principe astringent. Il y a trouvé, de plus, un acide organique fixe qu'il a nommé *acide artanthique*, dont l'étude chimique laisse encore beaucoup à désirer.

Usages. — Le matico tire, dit-on, son nom d'un soldat ainsi nommé qui, le premier, l'employa accidentellement contre une hémorrhagie. Aussi le nomme-t-on, dans toute l'Amérique du Sud, où il est très-employé, *Herbe du soldat*. Les Indiens l'employaient depuis fort longtemps comme hémostatique; il est vrai qu'ils aidaient à ses effets par la compression; mais ils le regardent comme un astringent si puissant, qu'appliqué sur un vaisseau ouvert, il en détermine l'occlusion, *quel que soit*, disent-ils, *son calibre!*

C'est en 1827 que M. Frow (*The North Americ, med. and surg.*, oct. 1827) fit connaître le matico. Plus tard, M. le docteur Dutrouil, de Bordeaux, le rapporta du Pérou. Il en offrit à MM. Mérat et Delens, qui le décrivirent dans leur *Dictionnaire d'histoire naturelle* (tome IV, page 254). En 1835, un capitaine de navire, venant du Pérou, en rapporta à Anvers. M. Sommé, chirurgien de cette ville, constata ses effets astringents, et M. Vanhaesendonck améliora, en l'employant, l'état de quelques malades atteints de catarrhes pulmonaires chroniques, et même de phthisie. En 1850, M. de Santa Cruz, ambassadeur de Bolivie, en envoya à l'Académie de médecine de Paris, où il fut l'objet d'un rapport fait par MM. Mérat et Velpeau, dans lequel étaient constatés les résultats obtenus par M. Sommé, ainsi que ceux acquis par M. Lane, qui dataient de 1843. Mais ce n'est que depuis 1852, époque à laquelle M. Dorvault décrivit le matico, qu'il commença à être connu en France.

Dans le traité de thérapeutique de MM. Trousseau et Pidoux, que nous étions chargé de revoir pour ce qui concernait la pharmacologie et la matière médicale, nous avons placé le matico parmi les stimulants, et non dans les astringents. La famille à laquelle appartient cette plante, sa richesse en huile volatile et en résine odorante, sa saveur, et surtout son odeur, justifient assez cette classification et démontrent ses propriétés balsamiques, aromatiques, toniques et stimulantes.

D'après M. Martius, le matico serait employé au Pérou comme aphrodisiaque. M. Jeffreys, de Liverpool, dit l'avoir employé avec succès contre les maladies des muqueuses, telles que les gonorrhées, les leucorrhées, les ménorrhagies, les catarrhes de la vessie, ainsi que dans les hémorroïdes et les épistaxis. M. H. Lane a confirmé une partie de ces bons effets. M. Lesaulnier a administré avec succès le sirop de matico aux malades atteints de dyspepsies accompagnées de gastralgies, et MM. Trousseau et Pidoux regardent cette plante comme destinée à jouer un rôle important en thérapeutique.

Le matico est administré en poudre, en pilules, en infusion ou décoction (10 à 20 grammes pour un litre d'eau), l'extrait alcoolique à la dose de 0,20 à 0,40 et le sirop à la dose de 20 à 60 grammes.

On importe parfois en Europe, sous le nom de matico, les feuilles du *Piper aduncum* L., qui paraissent avoir la même composition chimique. A la Nouvelle-Grenade, les feuilles du *Piper lanceæfolium* H. B. K. remplacent le matico.

MATRICAIRE

Matricaria Chamomilla L. *Pyrethrum Chamomilla* Coss. et Germ.
(Composées - Sénécionidées.)

La Matricaire Camomille, ou Camomille ordinaire des officines, est une plante annuelle, dont la tige, haute de 0m,30 à 0m,50, striée, glabre, dressée, ascendante ou diffuse, très-rameuse, porte des feuilles alternes, sessiles, épaisses, charnues, glabres, bipennées ou tripennées, à segments linéaires, allongés, étalés. Les fleurs, jaunes au centre, blanches à la circonférence, odorantes, sont groupées en capitules solitaires au sommet des rameaux, très-nombreux, à réceptacle creux, ovoïde-conique aigu, entouré d'un involucre à folioles oblongues, largement scarieuses, blanchâtres. Les fleurs du centre, tubuleuses et hermaphrodites, ont cinq étamines soudées par les anthères, et un ovaire infère, uniovulé, surmonté d'un style simple et d'un stigmate bifide; celles de la circonférence sont ligulées et femelles, quelquefois stériles. Le fruit est un akène très-petit, blanc jaunâtre, presque cylindrique, à trois angles mousses, légèrement arqué, terminé par un rebord obtus ou tranchant, plus rarement par une couronne membraneuse.

La matricaire inodore (*M. inodora* Auct., *Chrysanthemum inodorum* L., *Pyrethrum inodorum* Smith) est aussi annuelle, et se distingue de la précédente par ses fleurs presque inodores; son réceptacle plein, obtus, arrondi-conique ; ses akènes brun noirâtre, finement chagrinés, à quatre angles mousses.

La plante désignée communément en pharmacie sous le nom de *matricaire* appartient au genre Pyrèthre (Voyez ce mot).

HABITAT. — Ces deux plantes sont communes dans les moissons, les lieux incultes, etc. On ne les cultive que dans les jardins botaniques.

PARTIES USITÉES. — Les inflorescences ou capitules.

RÉCOLTE. — On récolte les fleurs de la camomille vraie, ou camomille commune, à l'époque de la floraison. On cueille les capitules isolés et on les fait sécher au grenier ou à l'étuve. On lui substitua quelquefois la camomille des champs (*Anthemis arvensis*), dont les capitules sont plus grands et garnis de paillettes, et on lui préfère la camomille romaine (*anthemis nobilis*). Elle est aussi quelquefois mélangée dans le commerce avec la matricaire odorante (*Matricaria suaveolens*), qui se distingue par ses capitules plus petits et par leur odeur plus forte. Elles jouissent d'ailleurs, d'après Loiseleur-Deslonchamps, des mêmes propriétés.

Composition chimique. — Les matricaires doivent leurs propriétés à une huile essentielle que l'on obtient en Allemagne par distillation. Elle est épaisse, bleu foncé, opaque ; mais, par rectification, M. Guibourt l'a obtenue très-fluide, d'un bleu indigo. Son odeur est toute particulière, moins pénétrante que celle de la camomille romaine, et moins agréable. Les capitules secs ont une odeur agréable, peu amère.

Usages. — Les fleurs de la camomille commune sont très-employées en Allemagne, et on les préfère à la camomille romaine. Elles sont rarement usitées en France. Les anciens, parmi lesquels nous citerons Dioscoride, Zacatus Lusitanus, Rivière, Morton, Hoffmann, Vogel, Pitcairn, Herberden, Cullen et Wauters, prescrivaient les fleurs pulvérisées dans le vin, à la dose de quatre à huit grammes, contre les fièvres intermittentes. On doit rapporter à cette plante ce que l'on trouve dans les anciens auteurs sur la camomille romaine. On l'a regardée comme stomachique, vermifuge, antispasmodique, etc.

L'essence de matricaire, analysée par MM. Dessaignes et Chautard, était produite par le *Pyrethrum parthenium* Smith, dont nous parlerons plus loin.

MAUVE

Malva sylvestris et *rotundifolia* L.
(Malvacées - Malvées.)

La Mauve sauvage ou grande Mauve (*M. sylvestris* L.) est une plante bisannuelle ou vivace, à racine pivotante, presque simple, charnue, blanchâtre. Les tiges, hautes de 0^{m},30 à 0^{m},80, cylindriques, rameuses, velues-hérissées, dressées, portent des feuilles alternes, longuement pétiolées, réniformes, arrondies, à cinq ou sept lobes peu profonds, obtus, crénelés. Les fleurs, purpurines, longuement pédonculées, sont groupées en fascicules axillaires. Elles présentent un calicule à trois divisions étroites ; un calice campanulé, à cinq divisions aiguës ; une corolle à cinq pétales obcordés, onguiculés, échancrés au sommet ; des étamines nombreuses, monadelphes ;

un ovaire composé de nombreux carpelles uniovulés, verticillés, surmontés de styles en nombre égal, soudés entre eux, et libres seulement dans leur partie supérieure, qui se termine par un stigmate simple. Le fruit est composé de nombreuses coques monospermes, fortement réticulées, indéhiscentes, groupées en verticille autour d'un axe central commun.

La mauve à feuilles rondes ou Petite mauve (*M. rotundifolia* L.) se distingue de la précédente par sa taille plus petite ; ses tiges couchées, pubescentes ; ses feuilles plus arrondies ; ses fleurs blanc rosé ou rose lilacé, plus petites ; ses carpelles non réticulés.

Nous citerons encore les mauves glabre (*M. glabra* Lam.), crépue (*M. crispa* L.), musquée (*M. moschata* L.), etc.

Habitat. — Ces plantes sont communes dans les diverses régions de l'Europe ; on les trouve dans les champs, les bois, les lieux incultes, le long des haies, au bord des chemins, etc.

Culture. — Les mauves sont peu cultivées pour l'usage médical. Elles viennent dans tous les sols, mais mieux dans une terre chaude, douce et substantielle. On les propage très-facilement de graines semées au printemps, ou bien aussitôt après la maturité.

Parties usitées. — Les racines, les feuilles, les fleurs, les graines.

Récolte. — Les racines des mauves, rarement employées, doivent être récoltées à l'automne, après la floraison. Elles ne se trouvent pas dans le commerce, et ce n'est guère que dans les campagnes qu'on en fait usage. Les feuilles, que l'on cueille isolées et que l'on fait sécher, se récoltent au mois de juin ou de juillet. Les fleurs sont récoltées à la main pendant l'été, les unes après les autres, au fur et à mesure de leur épanouissement. Fraîches, elles sont d'un rose tendre ; elles deviennent d'un beau bleu par la dessiccation, qui doit être opérée rapidement au soleil. On doit les conserver à l'abri de la lumière, dans un endroit sec. On recueille les graines à la maturité du fruit.

Composition chimique. — Toutes les parties des différentes espèces de mauves sont riches en mucilage visqueux. Les racines, d'après Spielmann, renferment le quart de leur poids de mucilage. Les fleurs contiennent une belle matière colorante bleue, qui est extrêmement sensible à l'action des acides, qui la rougissent, et à celle des alcalis, qui la verdissent. On en fait des infusions et un sirop employés comme réactifs de ces agents.

Depuis quelques années, les fleurs de mauve du commerce sont fournies par le *M. glabra* Lam., que l'on cultive exprès dans les jardins, qui, sèches, donne des fleurs plus grandes et d'un beau bleu, et, fraîches, des fleurs d'un beau rouge. Cette plante paraît originaire de la Chine.

USAGES. — Dans toutes les phlegmasies internes et externes, la mauve est employée avec succès; elle agit comme les semences de lin et la racine de guimauve. Dans les maladies de poitrine, on préfère employer l'infusion des fleurs soit seule, soit associée avec du lait. La racine est quelquefois administrée en décoction sucrée avec du miel. Avec les feuilles hachées on fait des décoctions concentrées que l'on peut appliquer seules en cataplasmes, ou dans lesquelles on ajoute quelquefois un peu de farine de lin. Les feuilles, mangées en guise d'épinards, étaient vantées par Amatus Lusitanus contre les ardeurs d'urine. On les préconise sous cette forme contre les phlegmasies chroniques du tube digestif, la constipation, les irritations des voies biliaires, la néphrite, la cystite, les toux sèches. La décoction des feuilles et des racines est appliquée sous forme de lotions, de fomentations, de collyre, de lavements, toutes les fois qu'il s'agit de calmer des parties irritées et enflammées.

Les *M. rotundifolia*, *glabra*, *moschata* et *crispa* jouissent des mêmes propriétés. L'écorce de la première, d'après Cavanilles, donne un liber qui est employé en Espagne à fabriquer des cordes. Les graines du *M. moschata* peuvent être employées, d'après M. Hannon, de Bruxelles, comme anti-spasmodiques. On peut en retirer une huile essentielle, qu'on a nommée *Musc végétal*, et que l'on peut, dit ce médecin, substituer au musc animal.

MÉDICINIER

Jatropha curcas L. *Castiglionea lobata* R. et P.
(Euphorbiacées - Crotonées.)

Le Médicinier ou Pignon purgatif est un arbrisseau dont la tige, haute de 3 à 4 mètres, couverte d'une écorce grisâtre et lisse, sécrétant un suc laiteux âcre, se divise en rameaux nombreux, touffus, cassants, portant des feuilles alternes, longuement pétiolées, grandes, palmées, à cinq lobes entiers, cordées à la base, épaisses, lisses, luisantes, d'un vert foncé, couvertes de poils urticants. Les fleurs, petites, monoïques, d'un vert blanchâtre, sont groupées en ombelles terminales. Elles présentent un calice petit, à cinq dents. Les mâles ont une corolle en entonnoir, à limbe divisé en cinq lobes lancéolés; dix étamines monadelphes, disposées sur deux rangs, les cinq extérieures plus courtes. Les fleurs femelles ont une corolle à cinq pétales, un ovaire libre, ovoïde, marqué de trois sillons, à trois loges uniovulées, surmonté de trois styles terminés chacun par un stigmate bifide. Le fruit est une capsule arrondie, brunâtre, du volume d'une noix ordinaire, se séparant à la maturité en trois coques, dont chacune est surmontée d'un style persistant et renferme une graine ovoïde, oblongue, aplatie, noirâtre.

Nous citerons les Médiciniers brûlant (*J. urens* L.), acuminé (*J. acuminata* Lam., *J panduræfolia* And.), multifide (*J. multifida* L.), officinal (*J officinalis* Mart., *Adenoporium officinale* Polh), opifère (*J. opiferum* ou *Adenoporium opiferum,* ou *Jalapao, Tiu, Raiz do Pagásto,* Racine de lézard des Brésiliens).

Habitat. — Ces arbrisseaux croissent dans l'Amérique tropicale.

Culture. — Le Médicinier cathartique est cultivé en grand aux Antilles, où l'on en fait des haies de clôture. Il vient mieux dans les endroits humides, et se propage facilement par boutures ou par graines. En Europe, il exige la serre chaude.

Parties usitées. — Les graines, l'huile qu'on en extrait.

Récolte. — La graine de médicinier ressemble, par la forme, à celle du ricin ; elle s'en distingue en ce qu'elle est faiblement luisante, privée de caroncule, et sans écusson comprimé sur le dos ; la face extérieure est bombée, avec un angle peu marqué ; celui de la face inférieure l'est davantage ; l'épisperme est dur, compacte ; l'amande, enveloppée d'une pellicule blanche, est souvent recouverte de paillettes cristallines très brillantes. On a prétendu que le principe purgatif existait seulement dans l'embryon, et que l'endosperme ou albumen très-développé, n'en renfermait pas ; mais cela n'est pas plus exact que pour le ricin. Dans toutes les contrées chaudes de l'Amérique, d'où vient cette graine, les amandes écrasées dans du lait purgent très bien ; exprimées, elles fournissent une huile analogue à celle du ricin, que l'on n'emploie pas en raison de la facilité avec laquelle elle rancit.

La *Noisette purgative* ou *médicinier d'Espagne* (*Jatropha multi-*

fida L., *Curcas multifida*) a des semences de la grosseur d'une noisette, arrondies, anguleuses, à épisperme lisse et marbré, épais. L'amande, blanchâtre, est fortement purgative. L'arbrisseau qui la produit vient de l'Amérique méridionale.

Le médicinier sauvage (*Jatropha gossypifolia* L.), donne des semences qui ressemblent à celles du ricin, mais elles sont plus petites. Elles portent une caroncule charnue très-développée sans l'écusson comprimé qui distingué le ricin. L'épisperme est lisse, luisant et fauve, avec des taches blanches et noires.

Composition chimique. — Un kilogramme de graines de *Jatropha curcas* fournit 344 grammes d'épisperme et 656 grammes d'amandes, dont on peut retirer, par expression, 265 grammes d'une huile incolore très-fluide, qui laisse précipiter par le froid une grande quantité de stéarine. Quoiqu'elle diffère totalement de l'huile de ricin par son peu de solubilité dans l'alcool, qui n'en dissout que quatre pour cent environ, elle doit s'en rapprocher par la composition et par les produits qu'elle fournit au contact des alcalis et par la distillation sèche (Voyez Ricin). M. Soubeiran a trouvé dans les amandes de l'huile fixe, du gluten, de la gomme, un principe sucré, de l'acide malique, un acide gras et une matière âcre particulière. Il ajoute que Nimmo de Glascow a analysé sous le nom d'huile de *Croton tiglium* celle du *J. curcas,* tandis que MM. Pelletier et Caventou ont fait l'inverse.

Usages. — Le médicinier, qui croît en Afrique, en Amérique et aux Antilles, sous les noms de *Pignon de Barbarie et des Barbades, Noix des Barbades, Noix américaine*, est très-actif; il provoque les vomissements et purge violemment, comme l'ont reconnu MM. Geoffroy, Soubeiran, etc. Orfila a vu qu'il tuait les chiens à la dose de quatre à douze grammes. Son huile est moins active que celle du *Croton tiglium,* et beaucoup plus que celle de ricin. Elle purge à la dose de quatre à douze gouttes. Dans l'Inde, on l'emploie en frictions contre la gale, les dartres, les rhumatismes. On s'en sert pour l'éclairage, et M. Lunan assure qu'associée avec son poids d'axonge, elle forme un onguent très-bon contre les hémorroïdes (Ainslie, *Mat. médic.*, t. II, p. 47). Elle contient une matière âcre dont on peut la priver en l'agitant avec de l'alcool. Kunth dit que dans l'Amérique du Sud on prend les amandes du médicinier dans du chocolat ou dans de l'eau sucrée. Le docteur Revel, de Canton, dit qu'on en fait des vernis. M. Lherminier rapporte qne les Nègres emploient mystérieusement les feuilles en nombre impair, et Descourtils prétend que c'est le contre-poison du mancenillier (*Flore méd. des Antilles*, t. II, p. 304).

MÉLAMPYRE

Melampyrum arvense L.
(Scrofulariacées-Rhinanthées.)

Le Mélampyre des champs ou des moissons, vulgairement appelé Blé de vache, Queue de renard, Rougeole, Rougerole, etc., est une plante annuelle, à racines fibreuses, vivant en parasites sur celles des graminées. La tige, haute de $0^m,30$ à $0^m,50$, velue, roide, dressée, rameuse, porte des feuilles opposées, sessiles, lancéolées linéaires, rudes. Les supérieures sont modifiées en bractées ovales lancéolées ou acuminées, laciniées à lobes très-longs linéaires aigus, d'un beau rouge. Les fleurs, purpurines, plus ou moins tachées de jaune, sont disposées en épis presque cylindriques. Elles présentent un calice à ube pubescent, à limbe partagé en divisions triangulaires, lancéolées, terminées en une pointe sétacée, très-longue, rouge; une corolle bilabiée, à lèvre supérieure en casque, échancrée, comprimée, à lèvre inférieure plane, trifide, tachée de jaune; quatre étamines incluses, didynames, à anthères barbues à la base, qui est prolongée en pointe; un ovaire à deux loges biovulées, surmonté d'un style simple à stigmate obtus. Le fruit est une capsule ovoïde, acuminée, comprimée, bivalve, à deux loges contenant chacune deux graines ovoïdes-oblongues un peu anguleuses.

Nous mentionnerons les Mélampyres à crêtes (*M. cristatum* L.), des prés (*M. pratense* L.), des bois (*M. sylvaticum* L.), etc.

Habitat. — Le mélampyre commun est répandu dans presque toute l'Europe; on le trouve dans les moissons, dans les champs en friche, dans les prairies artificielles; les autres espèces se rencontrent surtout dans les bois. Les mélampyres, qui sont, le commun du moins, un fléau pour l'agriculture, et que l'on cherche plutôt à détruire, ne sont cultivés que dans les jardins botaniques.

Parties usitées. — Les semences, les feuilles.

Récolte. — Le mélampyre tire son nom de μέλας, noir, et de

πυρός, blé. Il croît dans les moissons. On le récolte avec le blé et se mêlant avec lui à l'époque du battage.

COMPOSITION CHIMIQUE. — Le *M. arvense*, qui croît dans les terres fortes, est un bon fourrage pour les bestiaux, surtout pour les vaches, ce qui lui a fait donner un de ses noms vulgaires. D'après Linné (*Flora Suec.*), les *M. arvense* et *M. sylvaticum* L. donnent au beurre des animaux une couleur jaune.

Les graines de mélampyre ont été analysées par M. le docteur Gaspard, de Saint-Étienne. Il y a trouvé une matière caséiforme très-soluble dans les alcalis, insoluble dans l'alcool et les acides, précipitable par le tannin; un peu d'albumine, du sucre incristallisable, une gomme résine, une substance blanche, considérée comme de la stéarine, une espèce d'oléine et une matière colorante très-soluble dans l'eau et dans l'alcool, du ligneux et des sels (*Journ. de pharm.*, t. XV, p. 74).

USAGES. — D'après M. Tessier, la graine de mélampyre, mêlée au froment, donne une farine qui produit un pain amer, mais non nuisible (*Mém. de la soc. roy. de méd.*, 1780, p. 363). C'est aussi l'avis de l'abbé Rosier; et nous sommes loin de partager cette sécurité. Les farines mélampyrées donnent un pain incolore, s'il n'est pas fermenté. Il est au contraire d'un rouge violacé, si la fermentation a eu lieu. M. Dizé attribue ce développement de couleur à la matière colorante se dissolvant ou, peut-être, se produisant au contact de l'acide acétique qui se forme pendant la fermentation de la pâte à pain. Aussi conseille-t-il, pour reconnaître la farine mélampyrée, d'en délayer dans du vinaigre affaibli pour en faire une pâte ferme que l'on fait cuire dans une cuillère; si la farine contient du mélampyre, le pain devient violet (*Journal de pharm.*, t. XV, p. 71).

MÉLASTOME

Melastoma Malabathricum L.
(Mélastomacées - Mélastomées.)

Le Mélastome du Malabar est un arbrisseau, dont la tige, haute d'environ un mètre, se divise en rameaux opposés, décussés, hispides, portant des feuilles opposées, ovales-oblongues, rudes sur les deux faces, marquées de cinq ou sept nervures longitudinales, réunies par de nombreuses nervures transversales parallèles. Les fleurs, d'un beau rose, sont disposées en panicule lâche terminale, feuillée. Elles présentent un calice à six sépales caducs ; une corolle à six pétales; douze étamines, à anthères munies d'un appendice bicorne; un ovaire à six loges multiovulées, surmonté d'un style et d'un stigmate simples. Le fruit est une baie noire, polysperme.

Nous citerons encore le Mélastome thé (*M. theezans* Bonpl.)

Habitat. — La première espèce croît au Malabar et à Ceylan; la seconde, au Pérou et dans les contrées voisines.

Parties usitées. — Les feuilles, les fleurs, les fruits.

Récolte. — Le genre mélastoma tire son nom de μέλας, noir, et de στόμα, bouche, car les fruits de ces plantes, originaires de l'Amérique du Sud, donnent un suc noir qui colore fortement la salive. On peut l'employer comme de l'encre.

Composition chimique. — Les fruits des mélastomes sont doux et sucrés. On les mange dans divers pays. Les singes en sont, dit-on, très-friands. D'après Martius, au Brésil, on donne le nom d'*onnianga-pixerica* à des mélastomes avec le suc des baies fermentées desquels on fait une sorte de vin ou de vinaigre.

Usages. — Sous le nom de *Méle*, on désigne, aux Antilles, les petits fruits doux. Or, c'est le nom que l'on donne dans ce pays aux fruits des divers mélastomes. On y mange ceux du *M. flavescens* Aubl., et du *M. guianensis* Poiret. A Cayenne, ceux du *M. spicata* Aubl., ainsi que ceux du *M. succosa* Aubl., appelés *Caca Henriette*, sont recherchés pour leur bon goût. Le bois macaque *M. tococa* Lam. (*Tococa Guianensis* Aubl.) donne des fruits recherchés comme aliments.

Les feuilles et les fleurs sont réputées astringentes. En effet, d'après Aublet, la décoction du *M. alata* sert, dans la Guyane, à laver les vieux ulcères. Les fleurs du *M. grandiflora* Aubl. y sont usitées contre la toux. L'amadou de Panama ou *Yesca de Panama*, dont on transporte de grandes quantités à la Havane, et qui sert à étancher le sang, est préparé avec les fibres des feuilles du *M. holosericea* L. Les feuilles écrasées du *M. lævigata* Aubl. s'appliquent sur les piqûres. Les feuilles et les fruits de plusieurs de ces plantes sont employés pour la teinture en noir. Dans l'Inde, on s'en sert encore contre la dysenterie, la leucorrhée. D'après Horsfield, au Brésil, sous le nom d'*Aninga-Pari*, on emploie les feuilles séchées et pulvérisées du *M. pauciflora* Lam. contre les ulcères. On les applique aussi fraîches et contusées. Le suc des feuilles du *M. tamonea* Sw. (*Fothergilla mirabilis* Aubl.) est appliqué sur les piqûres pour les adoucir, et à Popayan on boit en infusion théiforme les feuilles du *M. theœrans* Humb. et Bonpl., arbuste odorant dont l'infusion aromatique est préférable, d'après Bonpland, à celle du thé ordinaire. Cet arbuste pourrait être cultivé en pleine terre dans le midi de la France.

MÉLÈZE

Pinus Larix L. (*Larix decidua* Mill., *L. europæa* DC., *Abies Larix* Lamk).
(Conifères-Abiétinées.)

Le Mélèze est un grand arbre, à racines pivotantes. La tige, qui atteint jusqu'à 40 mètres de hauteur, est ordinairement très-droite et couverte d'une écorce lisse. Elle se divise en nombreux rameaux, à écorce écailleuse, et dont l'ensemble constitue une cime pyramidale. Les feuilles, d'abord fasciculées sur le vieux bois, plus tard alternes par suite de l'allongement du rameau, sont linéaires, étroites, presque planes, molles, lisses, d'un vert gai, caduques. Les fleurs sont monoïques, et disposées en chatons : les mâles en forme de bourgeons, solitaires et latéraux, composés d'écailles imbriquées, dont chacune porte en dessous deux lobes d'anthère ; les femelles latéraux, ovoïdes, composés d'écailles imbriquées, accrescentes, obtuses, munies en dedans d'une bractée membraneuse et colorée, et portant à leur base deux ovales nus. Le fruit est un cône presque sessile, assez petit, dressé, ovoïde, à écailles ligneuses, obtuses, minces même au sommet, concaves, portant chacune à leur base deux graines à testa coriace, prolongé au sommet en une aile membraneuse.

Habitat. — Le mélèze appartient aux pays froids et aux montagnes élevées. C'est à peu près le dernier arbre que l'on rencontre en s'élevant sur les Alpes. Il se plaît néanmoins sur le bas des coteaux et dans les plus profondes vallées. Il croît moins bien dans les climats tempérés, et ne forme pas de grands massifs dans les plaines ; mais il est répandu dans les parcs et les jardins paysagers. Nous ne dirons rien ici de sa culture, qui appartient essentiellement au domaine de l'art forestier.

Parties usitées. — La térébenthine qui découle des troncs et qui est connue sous le nom de *térébenthine de Venise* ou *de Strasbourg*, la matière sucrée nommée *Manne de Briançon.*

Récolte. — Le mélèze perd ses feuilles l'hiver, il faut donc couper les rameaux pendant l'été; on les fait brûler pour fumigations.

La Manne de Briançon (*Manna Brigantiaca* des pharmacopées) produite par cet arbre est en petits grains de la grosseur de la coriandre, blancs, gluants; on les trouve surtout sur les feuilles des vieux arbres dans les mois de juin et de juillet; il faut récolter la manne le matin, car les rayons solaires la font disparaître; d'après Villars elle est légèrement purgative; les habitants des environs de Briançon l'emploient; elle jaunit en vieillissant et possède alors une odeur nauséabonde désagréable; elle est très-rare (*Journ. des pharm.*, t. VIII, p. 335).

Dioscoride dit que de son temps on apportait de la Gaule subalpine (la Savoie), une résine que les habitants nommaient *Larice*, c'est-à-dire retirée du *Larix*. Pline ajoute : « La résine du *Larix* est abondante, elle a la couleur du miel, elle est plus tenace et ne durcit jamais. » Galien dit que, « parmi les résines il y en a deux très-douces, la première nommée *Térébenthine* et la seconde *Larice;* » ailleurs il l'assimile à la térébenthine et il dit qu'on peut employer le *Larice* pour remplacer celle-ci dans la préparation des médicaments; cette térébenthine du mélèze est épaisse, consistante, opaque, d'une odeur particulière forte, tenace, plus faible que celle de la térébenthine citronnée du sapin, et que celle de Bordeaux; sa saveur est amère et persistante; elle ne s'épaissit pas à l'air comme celle du pin. Pline et Jean Bauhin avaient signalé cette propriété non siccative; elle ne s'épaissit pas davantage au contact d'un seizième de magnésie; elle est complétement soluble dans cinq parties d'alcool à 86° C.; elle constitue la *Térébenthine fine ordinaire* ou *Térébenthine de Strasbourg* ou *de Venise;* on la tire de la Suisse, du Piémont et surtout du Tyrol.

Les fissures naturelles du mélèze produisent très-peu de térébenthine. Pour augmenter la récolte on fait des entailles avec une hache, ou des trous avec des tarières, à un mètre de hauteur, et en continuant, à un mètre de distance, jusqu'à quatre ou cinq mètres de hauteur; à chaque trou on adapte un canal en bois qui conduit la résine dans une auge, d'où on la retire pour la filtrer; le trou est rebouché avec une cheville, que l'on rouvre tous les quinze jours. La récolte dure de mai à septembre. Un beau mélèze peut fournir trois ou quatre kilogrammes par an et produire pendant cinquante ans, mais le bois est alors moins estimé.

Le bois du mélèze est rougeâtre, plus fort et plus serré que celui du sapin ; il résiste pendant des siècles à l'action destructive de l'eau, de l'air et du soleil ; les chalets en Suisse sont construits avec ce bois.

C'est sur les vieux troncs du mélèze que croît l'agaric blanc (*Polyporus officinalis*) dont nous parlerons plus loin (Voyez Polypore).

Composition chimique. — Les mélèzes sont des arbres résineux, la térébenthine qu'ils fournissent, distillée avec de l'eau, donne 15,24 pour 100 d'une essence incolore très-fluide, d'une odeur douce non désagréable, lorsqu'elle a été obtenue par distillation avec de l'eau ; elle dévie le plan de polarisation de la lumière polarisée vers la droite de 5°, 8. Après la distillation de la térébenthine du mélèze, il reste pour résidu une matière résineuse analogue à la colophane ou arcanson.

La *Manne de Briançon* est formée presque en entier par un sucre particulier que M. Berthelot a étudié et nommé Mélézitose ; on l'extrait en traitant cette manne par l'alcool bouillant ; on obtient des petits cristaux, courts, durs, brillants, qui paraissent avoir la même forme que le sucre de canne, et qui séchés à 100° en ont la même composition. Avant la dessiccation, ils contiennent un équivalent d'eau ; le mélézitose est dextrogyre. Au contact des acides et à 100°, son pouvoir rotatoire diminue presque de moitié et devient égal à celui de la glycose de raisin. Il fermente, ne donne pas d'acide mucique par l'acide azotique, et se réduit par le réactif de Frommberg (Berthelot).

Usages. — Nous avons déjà dit que la Manne de Briançon était très-peu employée. Son action purgative est moitié moindre, à peu près, que celle de la manne du frêne.

Les térébenthines, quelle que soit leur origine, jouissent les unes et les autres des mêmes propriétés thérapeutiques. Ce sont des stimulants qui agissent plus spécialement sur les muqueuses pulmonaire et vésicale, qui augmentent l'exhalation cutanée, la sécrétion urinaire et l'expectoration. On emploie celle du mélèze dans toutes les affections catarrhales des muqueuses bronchique, urinaire, uréthrale, etc. C'est un excellent remède contre les douleurs rhumatismales. M. Martinet l'a employée avec le plus grand succès contre le lombago et la sciatique. Elle convient, d'ailleurs, dans un grand nombre de névralgies. C'est plus spécialement l'essence de térébenthine dont on fait usage dans ces cas. Elle a été vantée par M. Récamier et par un grand nombre de médecins. Il serait trop long d'énumérer seulement les cas dans lesquels la térébenthine du mélèze ou son essence ont été employées.

A l'extérieur, l'essence seule ou associée à d'autres substances a été employée comme rubéfiante contre les douleurs. Elle fait partie du *baume de Fioraventi*, ou *alcoolat de térébenthine composé*. La pâte de térébenthine est la base du *savon de Starkey* et des *digestifs* divers, employés comme détersifs. On solidifie la térébenthine par l'ébullition dans l'eau, ce qui constitue la *Térébenthine cuite*, ou par la magnésie. C'est sous cette forme qu'on l'administre dans les catarrhes divers, la gonorrhée, la blennorrhée, la leucorrhée atoniques, les diarrhées muqueuses, la cystite, la strangurie, etc., etc.

L'essence de térébenthine a été utilisée avec succès contre certaines ophthalmies catarrhales. On l'a appliquée en frictions le long du rachis, contre les convulsions des enfants. Émulsionnée avec un jaune d'œuf, elle est anthelmintique et tue très-bien les ascarides lombricoïdes, les oxyures, et même le tœnia. A forte dose, elle peut produire une diarrhée violente, des vomissements. Cependant on a pu, dans certains cas, en porter graduellement la dose jusqu'à cent et cent cinquante grammes. On l'a conseillée pour combattre l'empoisonnement par l'acide cyanhydrique et même par l'opium. On s'en est servi comme désinfectant dans la gangrène d'hôpital, etc.

La térébenthine et les résines qui en dérivent sont la base d'un grand nombre d'onguents et d'emplâtres composés. Nous reviendrons sur les résines de térébenthine en parlant du pin sylvestre, et nous traiterons en même temps du goudron, quoique celui-ci puisse être préparé avec le mélèze et autres conifères.

MÉLIANTHE

Melianthus major et *minor* L.
(Sapindacées-Mélianthées.)

Le Mélianthe pyramidal (*M. major* L.), vulgairement nommé Pimprenelle d'Afrique, est un arbrisseau, dont la tige, haute de 2 à 3 mètres, cylindrique, porte des feuilles alternes, imparipennées, à pétiole muni à la base de deux stipules soudées en une seule, ovale, membraneuse, très-grande, intrapétiolaire, à limbe composé de cinq ou sept folioles opposées, sessiles, décurrentes, oblongues, dentées, glauques. Les fleurs, petites, irrégulières, d'un rouge foncé, sont disposées en grappes pyramidales, sur des pédoncules munis chacun d'une bractée. Elles présentent un calice ample, pétaloïde, à cinq divisions inégales, les deux supérieures plus grandes, planes et lancéolées, comme les latérales qu'elles recouvrent, l'inférieure très-courte, gibbeuse à la base, capuchonnée au sommet, creusée à la base en une cavité qui renferme un nectaire ; une corolle à cinq pétales plus courts que le calice, ligulés, le supérieur très-petit ou presque nul, les quatre autres déclinés, velus et connivents dans leur partie moyenne, libres à la base et au sommet ; quatre étamines didynames, les deux supérieures libres, les deux inférieures plus courtes et cohérentes à la base ; un ovaire quadriloculaire à la base, uniloculaire au sommet, pluriovulé, surmonté d'un style strié, fistuleux, terminé par un stigmate quadrilobé. Le fruit est une capsule membraneuse, vésiculeuse, à quatre loges ailées, cohérentes à la base, libres au sommet et monospermes.

Le Mélianthe à feuilles étroites (*M. minor* L.) se distingue du précédent par sa taille plus petite, ses feuilles à neuf folioles blanchâtres et velues en dessous, et ses fleurs jaune rougeâtre.

Habitat. — Ces deux arbrisseaux sont originaires du cap de Bonne-Espérance. Ils sont quelquefois cultivés dans nos orangeries.

Parties usitées. — Les feuilles, le suc qui en découle.

Composition chimique. — Ces plantes contiennent deux principes distincts : d'abord, la matière sucrée, à laquelle elles doivent leur nom, puis un principe odorant fétide, rappelant l'odeur du stramonium, et dont la nature chimique est inconnue.

Usages. — Le genre *Melianthus* tire son nom de μελι, miel, et de ανθος, fleur, à cause du suc sucré qui découle de ses feuilles. Les différentes parties de ces plantes n'existent pas dans la matière médicale française. D'après Lémery (*Dict. des drog.*, p. 484), les Hottentots sucent, pour se rafraîchir, la liqueur miellée qui s'écoule des glandes situées entre les pétales. Ce liquide est noirâtre et si abondant qu'il tache le sol et les feuilles sur lesquelles il tombe. Il est réputé comme cordial et pectoral. Dans notre pays, on ne fait aucun usage de cette plante.

MÉLILOT

Melilotus officinalis Willd. *M. macrorhiza* Pers. *M. altissima* Thuill.
(Légumineuses - Lotées.)

Le Mélilot officinal, appelé aussi Mirlirot, Trèfle de cheval, est une plante bisannuelle, à racines fortes, fibreuses, blanchâtres. Les tiges, hautes de $0^{m},50$ à un mètre, cylindriques, glabres, striées, dressées ou ascendantes, portent des feuilles alternes, munies de stipules à la base, pétiolées, à trois folioles oblongues, très-étroites, tronquées au sommet, dentées, glabres. Les fleurs, jaunes, très-petites, sont disposées en longues grappes dressées. Elles présentent un calice campanulé, à cinq dents; une corolle papilionacée, à ailes aussi longues que l'étendard, à carène obtuse; dix étamines diadelphes; un ovaire libre, à une seule loge biovulée, surmonté d'un style simple, filiforme, terminé par un petit stigmate en tête. Le fruit est une gousse velue, ridée, atténuée au sommet, surmontée du style persistant, et contenant deux petites graines réniformes.

Le Mélilot de champs (*M. arvensis* Wallr., *M. diffusa* Koch) est aussi bisannuel, et se distingue du précédent par sa taille moitié plus petite; ses feuilles à folioles ovales, plus larges; ses gousses glabres, rugueuses, presque obtuses, renfermant huit à dix graines.

Le Mélilot bleu (*M. cærulea* Lam.), appelé aussi Trèfle musqué, Lotier odorant, Baume du Pérou, etc., est annuel et tient le milieu, pour la taille, entre les deux précédents. Il se reconnaît d'ailleurs à ses fleurs bleuâtres en grappes ovoïdes compactes, ses gousses striées longitudinalement, et son odeur aromatique.

Le Mélilot blanc (*M. leucantha* Koch, *M. alba* Thuill.) est caractérisé par ses fleurs blanches, à long étendard, et ses gousses à trois ou quatre graines.

Habitat. — Toutes ces plantes, sauf le mélilot bleu, qui est originaire de la Bohême, se trouvent dans presque toute l'Europe. On les rencontre dans les prairies naturelles et artificielles, les moissons, au bord des chemins, sur la lisière des bois, dans les jardins, etc.

Parties usitées. — Les sommités fleuries.

Récolte. — On récolte le mélilot au mois de juin ou de juillet. On en forme des paquets que l'on dispose en guirlandes, et que l'on fait sécher au grenier. Le mélilot doit conserver sa couleur jaune; son odeur s'exalte par la dessiccation. D'après M. Chatin, on vend sur les marchés de Paris, pour le mélilot officinal, le mélilot des champs (*M. arvensis* Wallr.). On distingue celui-ci en ce que les bottes sont plus courtes, et toujours mélangées d'un grand nombre de plantes étrangères. Il est d'ailleurs moins aromatique que le mélilot officinal.

Composition chimique. — Vogel, en 1820, avait cru reconnaître, dans le mélilot, la présence de l'acide benzoïque ; mais les recherches ultérieures de MM. Chevallier, Thubeuf, Cadet, Guillemette, ont démontré que ce prétendu acide benzoïque était de la *coumarine*, tout à fait semblable à celle que l'on trouve dans la fève Tonka. C'est une substance blanche, qui fond à 68° et non 50° comme on l'a écrit, et bout à 270°, d'une odeur très-agréable, plus soluble dans l'eau bouillante que dans l'eau froide. Elle cristallise, d'après M. de Laprovostaye, en prismes rectangulaires droits, appartenant au système rhomboïdal. Traitée par la potasse, à chaud, elle se transforme en acide coumarique. La formule de la coumarine est $C^9 H^6 O^2$.

Usages. — Le mélilot est placé dans la classe des émollients, et jouit de la réputation d'être résolutif, anodin, carminatif. Haller le regardait comme suspect, Bulliard dit qu'en séchant, il prend de l'âcreté. Ses propriétés médicales sont mal connues. On lui a attribué une foule de vertus contradictoires ; on l'a préconisé contre les coliques, les rhumatismes, les dysenteries, la dysurie, la néphrite, les douleurs utérines, l'inflammation des viscères abdominaux, la leucorrhée, l'angine, etc., etc. ; mais, malgré les faits avancés par Michaelis, Haller et Tournefort, le mélilot n'est plus guère employé à l'intérieur. Pour l'usage externe, Ettmuller et Simon Paulli, ont recommandé l'infusion et fomentation sur le ventre. Chomel dit que le mélilot lui a souvent réussi contre les coliques venteuses. En Allemagne, on l'ajoute dans les bains pour la goutte, les rhumatismes, etc. Les lavements au mélilot jouissent de la réputation d'être vermifuges et carminatifs. Roques employait l'infusion de mélilot, mêlée au miel, dans les ophthalmies inflammatoires ; l'eau distillée de cette plante est quelquefois encore employée au même usage. On préparait autrefois une huile et un emplâtre de mélilot, que l'on regardait comme résolutifs.

Le mélilot blanc (*M. alba* Thuill.) jouit des mêmes propriétés que le mélilot officinal. Le mélilot bleu (*M. cærulea* Lamk) remplace en Allemagne le mélilot ordinaire; son odeur est très-forte et très-persistante. En Silésie, on l'emploie à la place de thé. Matthiole rapporte que de son temps, en Italie, on préparait avec cette plante des eaux de senteur; et il ajoute que le suc de mélilot, versé dans les yeux, guérit les éblouissements.

Le nom de *Trifolium caballinum* était jadis donné au mélilot officinal, parce que les chevaux aiment beaucoup à rencontrer cette plante dans leur fourrage; les éleveurs anglais ont soin d'y en ajouter. Valmon de Bomare dit qu'il suffit de mettre une pincée de mélilot dans le corps d'un lapin de chou pour lui donner le parfum du lapin de garenne. On emploie les fleurs de Mélilot pour préparer des parfums et des cosmétiques. On pourrait se servir du mélilot pour remplacer la fève Tonka et le substituer au tabac. En Moldavie et en Alsace, on met des paquets de cette plante dans les fourrures et les vêtements, afin d'en éloigner les insectes destructeurs.

MÉLINET

Cerinthe aspera Roth. (*C. major* L.), *glabra* W., *minor* L.
(Borraginées-Borragées.)

Le Mélinet rude ou Grand Mélinet est une plante annuelle, dont la tige glabre, succulente, un peu rameuse, porte des feuilles alternes, larges, ovales, oblongues, obtuses, ciliées, un peu glauques, parsemées de petits points tuberculeux, rudes et blancs; les inférieures pétiolées, spatulées; les supérieures embrassantes, auriculées, cordées, obtuses, mucronées. Les fleurs assez grandes, jaunes, quelquefois pourprées dans leur milieu, sont réunies en grappes scorpioïdes, dont l'ensemble forme presque une cime. Elles présentent un calice persistant, profondément divisé en cinq lobes inégaux; une corolle à tube renflé, à gorge nue, à limbe divisé en cinq dents larges, courtes, acuminées, réfléchies; cinq étamines, à filets courts, élargis, à anthères hastées, divisées en deux lobes un peu obtus, divergents à la base; un ovaire à quatre loges uniovulées, surmonté d'un style simple terminé par un stigmate obtus. Le fruit se compose de deux nucules, dont l'ensemble présente quatre loges monospermes.

Le Mélinet glabre (*C. glabra* W.) est regardé par la plupart des botanistes comme une simple variété du précédent, dont il diffère par ses feuilles glabres, non ciliées, et ses fleurs plus petites, d'un jaune pâle; la corolle est divisée en cinq lobes courts, larges, acuminés, réfléchis en dehors.

Le Mélinet à petites fleurs (*C. minor* L.) ressemble beaucoup au mélinet glabre ; il s'en distingue facilement par sa souche vivace et courte, et surtout par sa corolle petite, jaune, avec cinq taches purpurines au-dessous du limbe, qui est divisé en cinq lobes linéaires, acuminés, dressés et connivents.

Habitat. — Le mélinet rude se trouve dans le midi de l'Europe; il croît de préférence dans les champs sablonneux. Le mélinet à petites fleurs habite surtout les Alpes.

Parties usitées. — Les feuilles.

Récolte. — Le *Cerinthe major* L. doit être récolté à l'époque de la floraison. Linné en distinguait deux variétés, que Roth et De Candole ont élevées au rang d'espèces; l'une est le *C. aspera,* dont les feuilles, d'un vert bleuâtre, sont parsemées de petites aspérités blanches, cornées et prolongées en poils rudes; l'autre espèce, le *C. glabra,* dont les feuilles ne sont ni ciliées, ni velues, présente à peine quelques taches blanches, écailleuses, ressemblant à des fragments d'émail ou de faïence. La dessiccation des feuilles de cérinthe s'opère facilement, mais elles noircissent toujours un peu en se desséchant; il faut les conserver à l'abri de la lumière, et surtout de l'humidité.

Composition chimique. — Comme toutes les borraginées, les feuilles de mélinet sont charnues, aqueuses, et contiennent beaucoup de mucilage dans leur jeune âge ; plus tard, elles deviennent moins émollientes, et plus riches en principes extractifs; elles sont alors amères et dépuratives, et astringentes.

Usages. — Sous le nom de cérinthe, Virgile paraît désigner le *Satureia timbra* L. ou le *Satureia capitata* L. D'après Tendre, c'est Linné qui a appliqué ce nom à la plante de la famille des borraginées, dont nous venons de parler. Lemery, dans son Dictionnaire des drogues, indique le *C. major* comme astringent et rafraîchissant. On l'a autrefois prescrit contre les maladies des yeux. Dans la pratique sérieuse, on n'en use pas aujourd'hui, du moins en France. Les Mélinets jouissent cependant des mêmes propriétés que la Bourrache, et peuvent être employés aux mêmes usages.

MÉLISSE

Melissa officinalis L.
(Labiées-Saturéiées.)

La Mélisse ou Citronnelle est une plante vivace à souche longue, traçante, un peu ligneuse, munie de fibres radicales. La tige, haute de $0^m,40$ à $0^m,80$, tétragone, cannelée, pubescente, dressée, plus ou moins rameuse, porte des feuilles opposées, longuement pétiolées, ovales, crénelées, pubescentes, luisantes et d'un vert foncé en dessus, plus pâles en dessous. Les fleurs, blanches, courtement pédonculées, accompagnées de bractées oblongues mucronées, sont disposées en glomérules, à l'aisselle des feuilles supérieures. Elles présentent un calice assez grand, strié, campanulé ou tubuleux, évasé au sommet, profondément divisé en deux lèvres, la supérieure tridentée, l'inférieure bifide; une corolle à tube long, arqué, à limbe divisé en deux lèvres, la supérieure droite et échancrée, l'inférieure trilobée; quatre étamines didynames, incluses; un pistil formé de quatre carpelles uniovulés, surmonté d'un style simple terminé par un stigmate bifide. Le fruit se compose de quatre akènes entourés par le calice persistant.

Habitat. — La mélisse croît dans les régions méridionales de l'Europe; elle habite surtout les terrains incultes, le bord des haies, la lisière des bois. Cultivée depuis longtemps dans les jardins, elle s'est naturalisée dans plusieurs localités.

Culture. — La mélisse est cultivée assez fréquemment pour l'usage médical. Elle demande une exposition chaude, et, bien que venant dans presque tous les sols, elle préfère une terre légère. On la propage de graines, semées en planche au printemps, et d'éclats de pieds faits dans cette saison, ou de préférence à l'automne. Dès qu'elle a pris possession du sol, elle se ressème le plus souvent d'elle-même.

Parties usitées. — Les feuilles et les sommités.

Récolte. — La récolte de la mélisse se fait vers le mois de mai, avant la floraison; plus tard elle acquiert une odeur assez désagréable analogue à l'odeur de la punaise. Tantôt on cueille les feuilles isolées, tantôt les sommités fleuries; on fait sécher les feuilles au grenier, ainsi que les sommités que l'on dispose en guirlandes. Elle perd une partie de ses principes aromatiques par la dessiccation; mais lorsqu'on froisse les feuilles sèches, elles répandent une odeur des plus suaves. Il faut conserver ces feuilles dans un lieu sec; la lumière les décolore, l'humidité les noircit.

COMPOSITION CHIMIQUE. — Toutes les parties de la plante, surtout les feuilles, lorsqu'on les a cueillies avant la floraison, exhalent une odeur de citron des plus prononcée, mais plus suave, que celle de ce fruit. Sa saveur est chaude, aromatique, peu amère. Ses propriétés sont dues à une huile essentielle oxygénée, et à un principe extractif amer, peu abondant.

USAGES. — Les Latins nommaient la mélisse *Citrago* et les anciens *Melisphylle* et *Melisphyllon*, qui signifie feuille de miel. Virgile recommande d'en mettre à portée des abeilles, d'où est venue l'épithète d'*apiastrum*. L'action légèrement stimulante qu'elle exerce sur le système nerveux lui a valu les qualifications, peu employées de nos jours, de céphalique, cordiale, stomachique, carminative, etc. Elle est cependant considérée comme légèrement stimulante et antispasmodique. Elle convient dans les affections nerveuses, l'hystérie, les cardialgies, les spasmes, les vertiges, la migraine, dans tous les cas d'atonie générale. Hoffmann l'administrait en poudre contre l'hypocondrie, et Rivière en infusion vineuse contre la manie. On la conseille quelquefois contre le catarrhe chronique des vieillards. Son infusion théiforme est d'un fréquent usage contre les flatuosités, l'inappétence, les indigestions. Les Arabes en faisaient grand cas, comme cordial. Rondelet, Forestius, Gratarolus, Fernel, Rivière, Hoffmann, la prescrivaient comme cordiale et stomachique.

Comme cela a lieu en toutes choses, on a exagéré les propriétés de la mélisse. Peyrilhe en faisait la boisson habituelle des syphilitiques. Il prétendait qu'il suffisait d'en mettre de la poudre dans la chemise du malade pour guérir l'aménorrhée. Simon Pauli dit qu'il convient d'en mêler au pain pour le même objet.

C'est surtout en infusion théiforme, à la dose de quinze grammes pour un litre d'eau bouillante, que la mélisse est employée. On en fait une eau distillée. Elle est la base de l'*Eau de mélisse composée* ou *alcoolat de mélisse composé*, *Eau des Carmes déchaussés*, que l'on emploie souvent avec succès, tantôt en inhalations, tantôt à l'intérieur, à la dose d'une cuillerée à café pour un verre d'eau sucrée, contre la syncope, les défaillances, les flatuosités. Les feuilles de mélisse entraient dans l'*eau générale*, l'eau divine, *l'eau impériale*, le *sirop d'armoise composé*, dans la *poudre chalybée*, etc.

Le *Melisse Calamentha* L. ou Calament, Calament des montagnes, et le *Melissa Nepeta*, Calament des Anglais, jouissent des mêmes propriétés. La mélisse *bâtarde*, ou mélisse punaise, mélisse sauvage, mélisse de Tragus, est le *Melissa Melissophyllum*. Le *Dracocephalum L. Moldavicum* porte le nom de *Mélisse de Moldavie*, le *Dracocephalum Canariense* L., porte le nom de Mélisse des Canaries et de *M. turcica*. Enfin la mélisse de Constantinople est le *Molucella Lævis* L.

MÉLITTE

Melittis melissophyllum L.
(Labiées-Stachydées.)

Le Mélitte à feuilles de mélisse, vulgairement appelé Mélissot, Mélisse des bois ou sauvage, Mélisse bâtarde, Herbe sacrée, etc., est une plante vivace, à souche traçante. Sa tige, haute de $0^m,30$ à $0^m,60$, simple, rarement rameuse, robuste, simple, plus ou moins velue ou pubescente, dressée, porte des feuilles opposées, longuement pétiolées, assez grandes, ovales-aiguës, quelquefois cordiformes à la base, crénelées ou dentées, les inférieures plus petites. Les fleurs, très-grandes, blanches, tachées de rouge pourpre, pédonculées, sont solitaires ou géminées, plus rarement ternées, à l'aisselle des feuilles. Elles présentent un calice très-ample, membraneux, campanulé, veiné, obscurément partagé en deux lèvres, la supérieure plus grande, à peine lobée ou presque entière, l'inférieure divisée en deux lobes arrondis; une corolle à tube ample, dépassant le calice, à limbe divisé en deux lèvres, la supérieure droite, arrondie, entière ou à peine échancrée, un peu concave, l'inférieure à trois lobes étalés, le médian plus grand; quatre étamines didynames, incluses, à anthères à deux lobes divergents, rapprochées par paires en forme de croix; un pistil composé de quatre carpelles uniovulés, surmonté d'un style simple terminé par un stigmate bilobé. Le fruit se compose de quatre akènes ovoïdes arrondis, lisses ou finement réticulés ou pubescents, entourés par le calice persistant.

Habitat. — Cette plante est commune dans l'Europe centrale et méridionale, surtout dans les régions montueuses; elle habite les bois. On ne la cultive que dans les jardins botaniques ou d'agrément ; elle demande une exposition ombragée, une terre légère, et se multiplie facilement de graines ou d'éclats de pieds.

Parties usitées. — Les feuilles, les sommités, la racine.

Récolte. — Les feuilles et les sommités de la mélisse sauvage sont rarement employées en médecine. On les cueille au moment de la floraison. Les fleurs, très-belles, sont difficiles à conserver avec leur blancheur ; elles perdent une portion de leur odeur par la dessiccation. La racine se récolte en octobre.

Composition chimique. — L'odeur, assez désagréable, que répand cette plante, lui a fait donner le nom de *Mélisse puante* ou *de punaise*. L'analyse n'en a pas encore été faite.

Usages. — Tournefort et Garidel ont recommandé la mélitte contre les rétentions d'urines. Les feuilles passent pour vulnéraires, diurétiques et stimulantes.

MELOTHRIA

(Voyez le *Supplément* du T. II.)

MÉNISPERME

Menispermum canadense L. *Cissampelos smilacina* Jacq.
(Ménispermées.)

Le Ménisperme du Canada est un arbrisseau, dont la tige, haute de 5 à 6 mètres, s'enroule autour des corps voisins et porte des feuilles alternes, longuement pétiolées, peltées, cordiformes, arrondies ou anguleuses, entières, lisses, d'un vert foncé en dessus, plus pâles en dessous, marquées de nervures fortement saillantes et un peu roulées sur les bords. Les fleurs, dioïques, petites, verdâtres, sont groupées en grappes axillaires ; elles présentent un calice de six à douze sépales, ternés ou quaternés, disposés sur deux ou trois rangs ; une corolle formée d'un nombre égal de pétales. Les mâles ont les étamines en nombre double, hypogynes, disposées sur deux ou quatre rangs, à filets linéaires, à anthères quadrilobées. Les femelles ont un pistil composé de quatre ou cinq carpelles libres, uniovulés, surmontés chacun d'un style court terminé par un stigmate trifide. Le fruit est une drupe noirâtre, pisiforme, à noyau osseux, renfermant une seule graine réniforme (Pl. 34).

Habitat.—Nous citerons encore, comme appartenant à l'Amérique du nord, le Ménisperme de Caroline (*M. carolinianum* L.), qui a des feuilles cordiformes, velues en dessous, des fleurs odorantes, des fruits rouges; et le Ménisperme de Virginie (*M. virginianum* L.), à feuilles peltées, cordiformes, lobées, et à fruits bleus.

Le Ménisperme percé (*M. fenestratum* Gærtn.), dont le bois est considéré par les Hindous comme un excellent amer, se trouve aux Indes orientales. Le Ménisperme creux (*M. lacunosum* D. C.) croît aux Moluques, et le Ménisperme de Plukenet (*M. Plukenetii* D. C.) à Java. Le Ménisperme comestible (*M. edule* Vahl) se trouve en Égypte.

Nous ne parlons ici ni du *Menispermum palmatum* (*Chasmanthera palmata*) qui donne la racine du Colombo (Voy. Colombo), ni du *Menispermum Cocculus* (aujourd'hui *Anamirta Cocculus*), qui donne la Coque du Levant (Voy. Anamirte) parce que ces plantes ne font plus partie du genre *Menispermum*.

Parties usitées. — Les racines, les tiges.

Composition chimique. — Toutes les plantes de la famille des Ménispermées se font remarquer par l'abondance d'un principe amer, souvent toxique, mais, la plupart du temps, tout à fait inactif. La racine du ménisperme du Canada a une saveur douceâtre, mucilagineuse d'abord, et plus tard très-amère. Cette propriété la rapproche de la racine de Rhubarbe et de celle de Colombo. La tige est moins amère, elle possède une saveur amarescente, herbacée, mucilagineuse, et un peu nauséeuse.

Usages. — Les produits de la plupart des ménispermes sont très-rares dans le commerce. Les racines sont tout au plus de la grosseur d'une plume à écrire ; elles sont d'un jaune clair, et renferment, ainsi que les tiges, une matière colorante jaune, que l'on pourrait utiliser. Les racines du ménisperme du Canada doivent, en raison de leurs propriétés, être placées parmi les toniques amers. En Amérique, on emploie le ménisperme comme tonique et dépuratif; on en fait usage contre les maladies de la peau. D'après le capitaine Wright, les Malais emploient, contre les fièvres intermittentes, et avec autant de succès que le Quinquina, les racines de différents ménispermes des Indes orientales, dont les fruits sont vénéneux (Ainslie, *Mat. med. ind.*, t. II, p. 378). Nous ne donnons qu'une médiocre confiance à cette opinion. En Égypte, on mange les baies de ménisperme comestible, et par la fermentation, on en fait une liqueur enivrante.

MENTHE

Mentha piperita L. *M. pyramidalis* Ten.
(Labiées - Menthoïdées.)

Le genre Menthe renferme plusieurs espèces employées en médecine, ou susceptibles de l'être. La plus importante est la Menthe poivrée (*M. piperita* L.), plante vivace, à rhizome long, rampant, traçant, chevelu. Sa tige, haute de $0^{m},30$ à $0^{m},50$, tétragone, glabre ou à peine pubescente, dressée ou ascendante, se divise en rameaux opposés, dressés, portant des feuilles opposées, courtement pétiolées, ovales-oblongues lancéolées, aiguës, dentées en scie, d'un beau vert foncé en dessus, plus pâles en dessous, glabres ou tout au plus présentant quelques poils le long des nervures, qui sont assez fortement saillantes. Les fleurs, violacées, à pédicelles glabres, forment des épis assez courts, ovoïdes, très-compactes, à l'extrémité des rameaux. Elles présentent un calice tubuleux, presque régulier et cylindrique, strié, à cinq dents aiguës, ciliées, les deux supérieures un peu plus courtes; une corolle en entonnoir, à tube court, évasé vers la gorge, à limbe divisé en quatre lobes d'égale longueur, le supérieur un peu plus large et échancré; quatre étamines presque égales, divergentes; un pistil composé de quatre carpelles uniovulés, surmonté d'un style grêle, filiforme, saillant, terminé par un stigmate bifide. Le fruit se compose de quatre akènes lisses, entourés par le calice persistant.

La Menthe sauvage (*M. sylvestris* L.) est aussi vivace, comme toutes les suivantes, et se distingue par ses feuilles sessiles, à dents aiguës; ses fleurs rose pâle, rarement blanches, disposées en épis cylindriques.

La Menthe cultivée (*M. sativa* L., *M. gentilis* Auct.), vulgairement appelée Baume des jardins, est caractérisée par ses fleurs d'un beau rose, en glomérules nombreux, espacés à l'aisselle des feuilles.

La Menthe aquatique (*M. aquatica* L.) se reconnaît à ses feuilles pétiolées, et à ses fleurs en glomérules rapprochés en têtes globuleuses.

Le Pouliot (*M. pulegium* L.) se distingue aisément de toutes les espèces précédentes par son calice, dont la gorge est fermée, après la floraison, par un anneau de poils connivents en cône.

Habitat. — Toutes ces plantes sont abondamment répandues en

Europe; on les trouve surtout dans les lieux humides, au bord des eaux, le long des fossés et des chemins herbeux, dans les champs et les jardins, etc.

CULTURE. — La menthe poivrée et celle des jardins sont les seules qui soient cultivées pour l'usage médical. Elles préfèrent une terre franche, légère et fraîche. On les propage quelquefois de graines, mais le plus souvent par drageons, qui reprennent très-facilement, si on les plante en automne, ou mieux en mars. Les autres espèces se cultivent de même, mais seulement dans les jardins botaniques.

PARTIES USITÉES. — Les feuilles, les sommités fleuries.

RÉCOLTE. — Les feuilles des menthes s'emploient presque toujours sèches. On les recueille en juillet, un peu avant la floraison. La dessiccation doit être opérée rapidement; on rejette les feuilles qui ne sont pas vertes, et dont l'odeur n'est pas forte et agréable. Tantôt ce sont les feuilles isolées que l'on fait désssécher, tantôt ce sont les sommets; ce dernier procédé est en usage pour le pouliot, par exemple.

COMPOSITION CHIMIQUE. — Presque toutes les menthes sont employées en médecine; mais la menthe poivrée est la plus usitée. L'odeur de celle-ci est forte; sa saveur est aromatique, accompagnée de fraîcheur à la bouche. Elle est riche en huile essentielle. On en prépare une eau distillée très-odorante.

L'essence de menthe la plus appréciée vient d'Angleterre; les États-Unis d'Amérique en fournissent aussi, mais qui est moins estimée. Celle qu'on fabrique en France a toujours une saveur désagréable; elle est la base des pastilles et des tablettes de menthe. On attribue la supériorité de l'essence d'Angleterre à la précaution que l'on prend dans ce pays de détruire toutes les autres espèces de menthe. Les Chinois la nomment *Lin-tsao,* ils appellent le pouliot *Pou-ho* ou *Po-ho.*

L'essence de menthe du commerce provenant de la menthe poivrée est un liquide incolore, ou bien jaune pâle ou verdâtre, dont le poids spécifique varie entre 0,84 et 0,92. Son odeur est aromatique, très-agréable; sa saveur est aromatique, brûlante, accompagnée d'une sensation de froid quand on aspire l'air après l'avoir goûtée. Lorsqu'on abaisse sa température à 4° au-dessous de 0, elle laisse déposer des cristaux hexagonaux, incolores, d'un camphre auquel on a donné le nom de *menthol* ou *Camphre de Menthe,* et qui a pour formule $C^{10} H^{20} O$. On le trouve parfois dans le commerce venant de la Chine ou du Japon, sous le nom d'*essence chinoise ou japonaise de Menthe poivrée;* il est alors fréquemment mélangé de sulfate de magnésie. Pur, il cristallise en prismes incolores ayant à un haut degré la saveur et l'odeur de la menthe poivrée; il est peu soluble dans l'eau, très-soluble dans l'alcool, l'éther, le sulfure de carbone, etc.; avec l'acide sulfurique concentré, il donne du menthène, $C^{10}H^{8}$.

La partie liquide de l'essence de menthe poivrée n'a pas été encore suffisamment étudiée, sa constitution est d'ailleurs très-variable.

USAGES. — Les menthes sont des stimulants diffusibles, qui excitent toutes les fonctions et plus spécialement celles du canal digestif. La menthe poivrée est à peu près la seule employée; c'est d'ailleurs celle dans laquelle les propriétés excitantes sont les plus développées. On la regarde comme antispasmodique; elle est prescrite dans tous les cas où il y a des désordres nerveux graves, dans les céphalalgies, les coliques, les vomissements nerveux, la tympanite nerveuse, le hoquet, les flatuosités, les pertes périodiques avec des symptômes nerveux, l'asthme humide, etc., etc. Elle convient dans tous les cas de débilité, lorsqu'il s'agit de fortifier les organes, de ranimer les forces, d'exciter une fonction, de faciliter l'expectoration. On la fait prendre en infusion aux anémiques, aux chlorotiques, aux lymphatiques, aux vieillards, etc., etc. MM. Trousseau et Pidoux recommandent l'infusion de menthe dans la période de concentration du choléra asiatique. Ils conseillent le sirop et l'eau distillée de menthe pour les enfants qui vomissent pendant l'allaitement, pour le sevrage prématuré, dans les fièvres typhoïdes à forme muqueuse. Barthez la conseillait pour les goutteux. Alibert donnait la poudre à la dose de 1 à 2 grammes dans les fièvres nerveuses. Bergius, Cullen, Knigge, Fr. Hoffmann, etc., en faisaient grand cas.

Hippocrate attribuait à la menthe une propriété anaphrodisiaque. Plus tard, Dioscoride, au contraire, en parlait comme d'un breuvage excitant les passions.

La pulpe de menthe a été proposée à l'intérieur comme résolutive contre les engorgements laiteux des mamelles; l'infusion aqueuse ou vineuse a été proposée en lotions et fomentations, comme tonique et résolutive contre les engorgements scrofuleux, les contusions, les ecchymoses, pour panser les ulcères atomiques, etc. L'infusion, très-chargée, a été conseillée contre la gale. L'alcoolat s'emploie en frictions contre les douleurs rhumatismales chroniques. L'essence entre dans la composition des eaux et des poudres dentifrices. A la dose de quelques gouttes, on l'emploie pour les gargarismes; on s'en est servi contre les engorgements indolents des gencives. Elle entre dans la composition de divers liniments excitants.

La menthe aquatique, *M. aquatica* L., la crépue, *M. crispa* L., le pouliot, *M. pulegium,* la menthe sauvage, *M. sylvestris,* la menthe verte, *M. viridis* L., la menthe gentille, *M. gentilis,* celle des champs, *M. arvensis* L., celle des jardins, *M. sativa* L., celle à odeur de citron, *M. citrata* L., jouissent toutes des mêmes propriétés que la menthe poivrée, mais elles sont moins actives.

On préconise beaucoup en ce moment contre les odontalgies et les migraines les cônes de menthol pur ou mélangé de diverses substances (Voy. *Nouv. Rem.*, 1885, p. 178).

MÉNYANTHE

Menyanthes trifoliata L.
(Gentianées-Ményanthées.)

Le Ményanthe trifolié, vulgairement appelé trèfle d'eau ou trèfle des marais, est une plante vivace, à rhizome cylindrique, épais, articulé, rameux, marqué de cicatrices annulaires, traçant, muni de racines fibreuses blanchâtres. Les feuilles, toutes radicales, sont alternes, à pétiole très-long, engaînant et membraneux à la base, à limbe divisé en trois folioles oblongues ou obovales, entières ou légèrement dentées, glabres, d'un vert un peu glauque, plus pâle en dessous. La hampe qui sort du centre de ses feuilles est nue, haute de $0^m,20$ à $0^m,40$, et se termine par une grappe de fleurs blanc rosé, pédonculées et munies de bractées lancéolées-aiguës. Chaque fleur présente un calice campanulé, profondément partagé en cinq divisions lancéolées obtuses; une corolle à entonnoir, à cinq divisions étalées, lancéolées, aiguës, barbues à la face interne, à bords roulés en dedans; cinq étamines incluses, à anthères brun jaunâtre; un ovaire libre, à une seule loge multiovulée, surmonté d'un style simple, filiforme, terminé par un stigmate bilobé. Le fruit est une capsule arrondie, uniloculaire, surmontée du style persistant, et renfermant de nombreuses graines ovoïdes, comprimées, jaunâtres, luisantes.

HABITAT. — Le ményanthe trifolié est assez répandu en Europe ; il habite les localités marécageuses ou tourbeuses.

CULTURE. — Cette plante n'est cultivée que dans les jardins botaniques ou d'agrément. Elle demande un sol marécageux ou inondé. On peut la propager de graines semées au printemps, en terre de bruyère maintenue humide, et mieux d'éclats de pieds, faits à l'automne ou au printemps, en terre argileuse et tourbeuse.

PARTIES USITÉES. — Les feuilles, les tiges, les rhizomes.

RÉCOLTE. — Les feuilles doivent être cueillies à la fin de l'été. Lorsqu'elles sont séchées avec soin, elles conservent bien leur amertume, mais elles perdent un peu leur couleur verte. La plante, qui est souvent employée à l'état frais, peut être récoltée pendant tout l'été.

COMPOSITION CHIMIQUE. — Le ményanthe, comme toutes les gentianées, possède une saveur extrêmement amère et un peu nauséeuse ; son odeur est faible, peu agréable. Brandes en a extrait une matière amère, amorphe, à laquelle on a donné le nom de *ménianthine* et assigné la formule $C^{30} H^{46} O^{14}$. Elle est jaunâtre, friable, neutre, peu soluble dans l'eau froide, soluble dans l'eau chaude et dans l'alcool, insoluble dans l'éther, soluble dans les alcalis sans altération. Lorsqu'on la fait bouillir avec de l'acide sulfurique, il se forme de la glucose et une huile à odeur d'amandes amères, à laquelle on a donné le nom de *ménianthol*.

USAGES. — L'amertume bien prononcée de cette plante l'a fait employer quelquefois par les brasseurs pour remplacer le houblon dans la bière. Elle doit être placée dans les toniques amers ; mais on la considère comme fébrifuge, anti-scorbutique, vermifuge, emménagogue. Elle est aujourd'hui peu employée, si ce n'est peut-être dans les maladies cutanées et les scrofules. Elle entre dans le sirop antiscorbutique du *Codex*. C'est alors la plante fraîche que l'on emploie ; elle concourt à donner à cette préparation une amertume très-prononcée.

Le trèfle d'eau convient dans toutes les maladies où les toniques amers sont indiqués ; mais il ne possède certainement aucune des propriétés spéciales qu'on lui a attribuées. Il est employé avec succès contre les cachexies, la chlorose, et surtout le scorbut ; mais Villiers le regardait comme antihydropisique. Boerhave et Bergius l'avaient trouvé utile contre la goutte ; Simon Scholtius disait en avoir obtenu de bons effets contre le rhumatisme articulaire aigu, et M. Double a appuyé cette opinion (*Journ. gén. de méd.*, t. LXXIV, p. 68). Cullen a constaté ses bons effets contre les affections herpétiques; Roques le conseille contre les dartres. En Angleterre, où l'éruption scorbutique est si fréquente, le suc de ményanthe est un remède populaire contre cette affection. Enfin la décoction des feuilles sèches ou le suc frais peuvent être employés pour le pansement des plaies atoniques.

D'après Linné (*Flore lap.* n° 80), les Lapons extraient du rhizome de cette plante une matière féculente comestible qu'ils font entrer dans la fabrication de leur pain. En Angleterre et dans plusieurs parties de l'Allemagne, les feuilles sèches de ményanthe remplacent partiellement, quelquefois même en totalité, le houblon dans la composition de la bière et du porter. On les préfère pour cet objet à la gentiane, qui donne à tous les liquides dans lesquels on la met une odeur particulière et persistante.

Le *M. Indica* L. est honoré par les Chinois comme une sorte de dieu Lare (Vallot, *Mém. de l'Acad. de Dijon*, 1829, p. 204). D'après Descourtils, elle remplace aux Antilles notre ményanthe. Au Japon, on mange, dit-on, en salade, les feuilles du *M. nymphoïdes* L., et au cap de Bonne-Espérance, c'est le *M. ovata* L. que l'on emploie pour le même usage.

Le docteur Fauvel employait le ményanthe en infusion, comme emménagogue, chez les jeunes filles, dans les cas de laryngites accompagnées de suppression ou de retard des menstrues.

MERCURIALE

Mercurialis annua et *perennis* L.
(Euphorbiacées - Acalyphées.)

La Mercuriale annuelle (*M. annua L.*), vulgairement Mercuriale officinale, Foirolle, Rimberge, Vignette, etc., est une plante annuelle, à racine grêle, fibreuse, pivotante, blanchâtre. La tige, haute de $0^m,30$ à $0^m,50$, anguleuse, articulée, noueuse, glabre et lisse, dressée, se divise, souvent dès la base, en rameaux opposés, dressés, portant des feuilles opposées, pétiolées, ovales ou lancéolées, dentées, ciliées, glabres, molles, d'un vert pâle. Les fleurs sont verdâtres, dioïques, et présentent un calice à trois sépales soudés à la base. Les mâles, disposées en glomérules dont la réunion constitue des épis nus, lâches, grêles, axillaires, opposés, longuement pédonculés, ont dix à vingt étamines. Les fleurs femelles, presque sessiles, groupées par deux ou trois à l'extrémité de courts pédoncules axillaires, ont deux ou trois étamines rudimentaires, réduites à des filets stériles ; un ovaire simple, à deux (rarement trois) loges uniovulées, surmonté d'un même nombre de styles courts, épais, portant à la face interne un stigmate couvert de papilles glanduleuses. Le fruit est une capsule, formée de deux (rarement trois) coques hispides, arrondies, contenant chacune une graine rugueuse.

La Mercuriale vivace (*M. perennis L.*), vulgairement Mercuriale des bois ou Chou de chien, se distingue de la précédente par sa durée ; son rhizome long, traçant, muni de nombreuses fibres radicales fasciculées ; ses tiges, hautes de 0^{m},20 à 0^{m},40, simples ; ses feuilles pubescentes, d'un vert foncé ; ses fleurs femelles longuement pédonculées, et ses capsules plus grosses.

Habitat. — Ces deux plantes sont communes en Europe ; la première se trouve dans les lieux cultivés, les jardins, au voisinage des habitations ; la seconde croît dans les bois et les lieux ombragés. On ne les cultive que dans les jardins botaniques.

Parties usitées. — Toute la plante.

Récolte. — La dessiccation enlève les propriétés de la mercuriale. On ne l'emploie que fraîche, pour en extraire le suc. On la coupe au moment de la floraison. Lorsqu'elle est montée en graines, on la regarde comme moins active. On en extrait le suc par contusion, expression et clarification à chaud, avec du miel ; on en prépare le *miel de mercuriale,* ce qui est à peu près la seule forme sous laquelle on administre cette plante. On en fait toutefois un extrait au moyen du suc dépuré.

Composition chimique. — La mercuriale possède une odeur désagréable, une saveur amère, salée. D'après M. Feneulle, elle contient un principe amer, du mucilage, de l'albumine, une matière grasse incolore, une faible quantité d'huile volatile, de la potasse, quelques sels (*Journ. de chim. médic.* t. II, p. 116). D'après M. Stanislas Martin (*Bull. de Thérap.* t. XLII, p. 359), lorsqu'on la distille avec de l'eau, on en obtient un hydrolat d'une odeur forte, vireuse, détestable, qui provoque les vomissements. Les graines, comme toutes celles de la même famille, renferment un albumen huileux. L'huile qu'on peut en extraire par expression ou par l'éther, est purgative. On a extrait des mercuriales vivaces et annuelles une base liquide, incolore, huileuse, très-alcaline, la *mercurialine*, $CH^{6}Az$. Son odeur rappelle celles de la nicotine et de la conicine ; elle paraît être puissamment narcotique, mais elle n'a pas encore été étudiée à ce point de vue.

Usages. — La mercuriale est laxative, mais elle est inconstante dans ses effets. C'est presque uniquement sous la forme de *miel de mercuriale*, qu'on l'emploie, à la dose de 60 grammes. M. Cazin assure que lorsqu'on l'emploie fraîchement cueillie, elle est plus constante dans ses effets. Le sirop de *longue vie* ou de *Calabre* de Zwinger, autrefois employé, et aujourd'hui tout à fait abandonné, avait pour base la mercuriale.

Hippocrate connaissait les propriétés purgatives de la mercuriale. Il la prescrivait pour expulser le placenta, après l'accouchement. Il la faisait appliquer sur les parties sexuelles. Dioscoride, Galien, Paul d'Égine, Oribase, l'employaient pour purger les femmes enceintes, et dans les fièvres intermittentes. D'après Brassavole, célèbre médecin et philosophe de Ferrare, mort en 1554, les paysans ferrarais en mettaient dans leurs potages, pour se purger. Gonan en faisait préparer une soupe, qu'il donnait à manger aux enfants, pour tuer les vers. Linné lui attribuait des propriétés hypnotiques qui n'ont pas été confirmées. Desbois, de Rochefort, la regarde comme diurétique. Bouillie dans de l'eau, elle cède au liquide son principe purgatif, et le résidu jouit, dit-on, de propriétés excellentes, ce qui, toutefois, est nié par Linné, Cranz, Bergius, Plenck, etc.

La mercuriale est employée dans les campagnes sous différentes formes. On introduit dans l'anus des feuilles et des sommités de mercuriale, broyées avec du miel ou de l'huile d'olive, pour combattre la constipation. M. Cazin regarde comme très-efficace, dans ce cas, un suppositoire fait avec une tige de chou et enduit de suc de mercuriale. C'est, dit-il, un remède souvent employé par les nourrices.

La mercuriale vivace (*M. perennis*) est très-active. Son ingestion a toujours été suivie d'accidents plus ou moins graves.

Le *M. Tomentosa* a été, depuis Pline, le sujet des fables les plus absurdes ; les anciens Maures le nommaient *Carra*. Clusius dit qu'ils l'employaient dans les maladies des femmes.

La mercuriale, surtout la mercuriale vivace, est très-nuisible aux animaux ; M. Chorlet, vétérinaire, à Saint-Aignan (Loir-et-Cher), a cité des cas d'empoisonnements survenus à des vaches qui avaient mangé de la mercuriale annuelle.

Les médecins homœopathes reconnaissent à la mercuriale des propriétés laxatives. Ils l'emploient cependant rarement. Son signe est *smu* et son abréviation *mercurial*.

MESENNA

Acacia anthelminthica H. Bn (*Albizzia anthelminthica* Br.).
(Légumineuses-Mimosées.)

Le Mesenna ou Musenna est un arbre, dont la tige, haute de 4 à 6 mètres, couverte d'une écorce épaisse et très-rugueuse, se divise en rameaux portant des feuilles alternes, pétiolées, imparipennées, à trois ou quatre paires de folioles. Les fleurs, verdâtres, sessiles, sont disposées en cymes globuleuses. Elles présentent un calice campanulé, turbiné, à cinq dents; une corolle régulière, campanulée, deux fois plus longue que le calice; des étamines nombreuses, à filets blanchâtres, soudés à la base, à anthères vertes et très-petites; un ovaire à une seule loge pluriovulée, surmonté d'un style blanchâtre terminé par un très-petit stigmate en tête. Le fruit est une gousse aplatie, blanchâtre, sèche, à une seule loge polysperme.

Le mesenna, généralement appelé *Musenna*, est nommé *Bisenna* par M. Aubert Roche, et *Besenna* par Ant. Petit, ainsi que par A. Richard dans sa *Flore d'Abyssinie*. Mais son véritable nom est *Mesenna*, en Amhara, et *Besenna*, en Tigré (Courbon). On a longtemps discuté sur la nature de l'arbre qui fournit l'écorce de Mesenna. Aubert Roche l'attribuait à un Genévrier; A. Richard y reconnut une Légumineuse, à laquelle il donna le nom de *Besenna anthelminthica*, mais qu'il ne put pas déterminer. Ad. Brongniart put étudier la plante sur des échantillons rapportés par Courbon; il en fit un genre *Albizzia*, que M. Baillon a fait entrer avec raison dans le genre *Acacia*, où il forme cependant une section distincte, à étamines monadelphes.

Habitat. — Cet arbre croît en Abyssinie; on le trouve surtout dans les lieux situés à une élévation moyenne. Il n'est pas encore connu dans les jardins de l'Europe, où il exigerait probablement la serre chaude, comme la plupart de ses congénères.

Parties usitées. — L'écorce.

RÉCOLTE. — L'écorce du mesenna se récolte en fragments plats, d'un brun rougeâtre, durs, compactes, inodores, d'une saveur mucilagineuse.

COMPOSITION CHIMIQUE. — M. le professeur Gastinel, du Caire, a trouvé dans l'écorce de mesenna beaucoup de gomme, et un principe particulier analogue aux alcaloïdes, principe blanc amorphe et qui sature les acides. L'analyse du mesenna n'a pas été faite.

USAGES.— C'est toujours de l'écorce que les Abyssiniens font usage. Ils l'emploient comme anthelminthique, et surtout contre le ténia. Ils l'administrent à la dose de 60 grammes, délayé dans un liquide quelconque, *taidje* (hydromel), *thalla* (sorte de bière) ou eau. Ils mélangent cette poudre avec de la farine pour en faire du pain. Ils la joignent au beurre, au miel, et en forment ainsi des boulettes qu'ils avalent. On prend le remède le matin à jeun, on mange trois ou quatre heures plus tard, et rien n'est changé aux habitudes. Dans la soirée, il survient une selle ordinairement solide, mêlée à de la sérosité, dans laquelle on trouve des fragments de tœnia. Mais ce n'est le plus souvent que le lendemain, que l'entozoaire est rendu comme broyé dans une selle séro-muqueuse. Les jours suivants on continue à rendre des fragments sous le même état.

Les Abyssiniens, qui sont tous atteints du ténia, prennent un téniacide tous les deux mois. Ils regardent le mesenna comme plus efficace que le cousso.

En 1848, à son retour de son voyage en Abyssinie, M. d'Abbadie, rapporta du mesenna qui fut expérimenté par le docteur Pruney-Bey, du Caire. D'après M. Gastinel, 30 grammes suffisent pour la médicamentation. M. d'Abbadie le préfère au cousso, parce que celui-ci est un purgatif drastique, qui détermine des nausées et n'effectue jamais une guérison radicale. Nous pouvons affirmer que le cousso, bien administré, ne détermine jamais d'accidents, et qu'il expulse parfaitement le ténia. Les effets purgatifs du mesenna ne sont pas non plus constants, puisqu'on est souvent obligé d'administrer à sa suite des évacuants.

M. Courbon attribue les insuccès du mesenna, qui ont été observés par des chirurgiens de marine, aux doses insuffisantes qu'ils ont administrées. Il ajoute que le mesenna est tout à fait insipide ; tandis que M. Aubert Roche dit : « Qu'on le prend incorporé à du miel, auquel il communique un goût de térébenthine. »

MÉTHONIQUE

Methonica superba Herm. *Gloriosa superba* L.
(Liliacées - Tulipées.)

La Méthonique superbe, appelée aussi Glorieuse du Malabar, est une plante vivace, à rhizome épais, tubéreux, jaunâtre, muni de fibres radicales. La tige, haute de 1^m,50 à deux mètres, cylindrique, grêle, lisse, dressée, presque sarmenteuse et grimpante, porte des feuilles alternes, sessiles, lancéolées, très-longues, entières, rétrécies à la base, lisses, terminées en vrille. Les fleurs, grandes, d'un jaune orangé qui passe au rouge, naissent à l'extrémité de longs pédoncules solitaires à l'aisselle des feuilles supérieures. Elles présentent un périanthe à six divisions profondes, lancéolées aiguës, canaliculées, brusquement réfléchies dès la base, ondulées sur les bords ; six étamines, un peu plus courtes que les divisions du périanthe, à anthères linéaires ; un ovaire libre, ovoïde, obtus, à trois angles arrondis, marqué de six sillons longitudinaux, à trois loges multiovulées, surmonté d'un style très-long, coudé à la base et terminé par un stigmate trifide. Le fruit est une capsule ovoïde, à trois loges renfermant chacune deux rangées de graines globuleuses et rougeâtres.

La Méthonique changeante (*M. simplex* H. P.) diffère de la précédente par sa tige plus droite et moins élevée ; ses feuilles plus larges ; ses fleurs plus grandes, à divisions non ondulées, passant successivement du vert au jaune et au rouge vif.

Habitat. — La méthonique superbe est originaire de la côte du Malabar. La méthonique changeante croît au Sénégal. Ces deux plantes ne sont guère cultivées, en Europe, que dans les jardins botaniques, où elles exigent la serre chaude. On les propage par caïeux, plantés en pots remplis de terre franche légère.

Parties usitées. — Les feuilles, les fleurs, les bulbes.

Composition chimique. — L'analyse chimique des méthoniques n'a pas été faite ; les feuilles ont une saveur amère, astringente, un peu âcre, les bulbes sont vénéneux.

Usages. — D'après Bodwich, les bulbes sont employés en Guinée, à l'état frais, contre les entorses ; on les pulpe avec divers aromates, et principalement avec la maniguette, ou graine de paradis

(*Amomum grana paradisi*, Amomées), et on les applique sous forme de cataplasmes (Walkenaër, *Voyages*, t. XII, p. 468). Les feuilles passent pour être astringentes. Tous ces produits sont tout à fait inusités et inconnus en France.

MÉUM

Meum athamanticum Jacq. *Athamanta meum* L. *Æthusa meum* L.
(Ombellifères - Sésélinées.)

Le Méum, appelé aussi Fenouil des Alpes, Éthuse à feuilles capillaires, est une plante vivace, à racine fusiforme, rameuse, brunâtre, fibreuse, aromatique. La tige, haute de 0^{m},35 à 0^{m},65, cylindrique, striée, glabre, dressée, un peu rameuse au sommet, porte des feuilles alternes, les radicales pétiolées, les caulinaires presque sessiles, les unes et les autres grandes, très-découpées, trois fois ailées, divisées en segments linéaires, courts, aigus-subulés, et rappelant un peu celles du fenouil. Les feuilles, blanches, petites, sont disposées en ombelles terminales composées de douze à vingt rayons très-inégaux, à involucre nul ou réduit à un très-petit nombre de folioles linéaires, à involucelles formés de dix à douze folioles semblables. Elles présentent un calice très-petit, à limbe oblitéré, à cinq dents; une corolle à cinq pétales presque égaux, obovales, acuminés, étalés, à sommet recourbé en dedans; cinq étamines saillantes, à anthères arrondies; un ovaire infère, à deux loges uniovulées, surmonté de deux styles divergents. Le fruit est un diakène ovoïde, allongé, présentant sur chaque face trois côtés saillants.

Le Méum mutelline (*M. mutellina* Gaertn., *Phellandrium mutellina* L.) est aussi vivace, et se distingue du précédent par ses feuilles à segments plus grands, ses ombelles à rayons presque égaux et ses fleurs blanc rosé.

Habitat. — Ces deux plantes habitent l'Europe centrale; on les trouve surtout dans les régions montagneuses. Elles sont abondantes sur les Alpes, les Pyrénées, les Vosges, etc.

Culture. — Le méum n'est cultivé que dans les jardins botaniques; il préfère un terrain frais, et se multiplie de graines semées en automne, ou d'éclats de pieds. Sa culture est, du reste, celle des plantes Alpines.

Parties usitées. — Les racines, les fruits.

Récolte. — Le commerce fournit la racine de méum desséchée; elle est grosse comme le petit doigt, longue de 0^m,11 environ ; grise en dehors, blanche en dedans, elle ressemble à la racine de livèche surtout par son odeur et sa saveur, quoique ces qualités soient plus faibles dans la racine de méum. Elle est caractérisée par une couronne de poils fibreux, roides, qui entourent son collet, et forment une espèce de petit pinceau, semblable à celui que l'on trouve à celle du chardon Rolland, avec laquelle on pourrait quelquefois la confondre. Mais cette dernière est plus grosse, plus longue, et moins aromatique. La racine de méum est récoltée à l'automne. Après l'avoir lavée pour la débarrasser de la terre, on la fait sécher à l'étuve ou au grenier.

Les fruits sont rarement employés; ils se distinguent par les côtes saillantes que portent chaque méricarpe; les deux marginales sont très-développées. La coupe de chaque semence est demi-circulaire.

Composition chimique. — La racine de méum, dont la saveur est amère, âcre et aromatique, doit ses propriétés à une huile essentielle et à un principe résineux. Les fruits et les feuilles ont une odeur et une saveur analogues, qui ressemblent, quoique beaucoup moins prononcées, à celles de l'angélique, de l'ache et de la livêche.

Usages. — Le méum est aujourd'hui à peu près inusité. Sa racine entre dans la thériaque et le mithridate. Considérée comme tonique, stimulante et diurétique, elle était employée autrefois contre les affections atoniques des voies respiratoires; on le prescrivait surtout contre l'asthme humide; mais il ne paraît pas qu'il fût d'une utilité réelle, car il est entièrement oublié de nos jours. On l'a aussi considéré comme emménagogue, mais sans plus de motifs. Enfin, quelques médecins ont recommandé son infusion, à la dose de 15 à 30 grammes pour un litre d'eau, contre les fièvres intermittentes; on l'a administré contre les affections hystériques. On l'a aussi employé comme masticatoire, et l'on recommandait d'en avaler le suc. Il provoque, quand on le mâche, une salivation abondante et de la chaleur dans la bouche. Les racines du méum mutelline (*M. mutellina*), et celles de l'*Athamanta oreoselinum* L., espèces très-communes, jouissent des mêmes propriétés.

MICHÉLIE

Michelia Champaca L. *M. suaveolens* Pers.
(Magnoliacées-Magnoliées.)

Le Champac ou Michélie odorante est un arbre, dont la tige, haute de 10 à 12 mètres, se divise en rameaux nombreux, étendus, divariqués, couverts d'une écorce verdâtre ponctuée, portant des feuilles alternes, pétiolées, ovales-oblongues, acuminées, atténuées à la base, entières, d'un vert foncé, marquées de nervures fortement saillantes et soyeuses, caduques, renfermées, avant leur développement, dans deux stipules réunies en bourgeon acuminé. Les fleurs, grandes, jaunes, odorantes, sont solitaires à l'extrémité de pédoncules soyeux, axillaires ou terminaux, et entourées, avant leur épanouissement, d'une bractée ou spathe soyeuse, caduque. Elles présentent un calice à trois sépales pétaloïdes, étalés, caducs; une corolle à neuf pétales oblongs, légèrement tordus, disposés sur trois rangs, un peu étalés, caducs; des étamines nombreuses à filets courts, à anthères munies d'un connectif saillant; un pistil couvert d'ovaires nombreux, à une seule loge pluriovulée, formant une sorte d'épi imbriqué, et surmontés chacun d'un style filiforme, recourbé, terminé par un stigmate verruqueux charnu. Le fruit se compose de capsules arrondies, d'un vert pâle, ponctuées de blanc, renfermant chacune trois à sept graines rouges, convexes d'un côté et anguleuses de l'autre (Pl. 35).

Nous ne ferons que nommer les Michélies Tsiampac (*M. tsiampaca* L.), de montagne (*M. montana* Blum.), élevée (*M. excelsa* Wall.) Doltsopa (*M. doltsopa* Hamilt.), etc.

Habitat. — Le champac croît dans la Malaisie et surtout aux Indes, où on le cultive dans les jardins.

Parties usitées. — Les feuilles, les fleurs, le fruit, les graines, et surtout l'écorce.

Composition chimique. — Toutes les parties de la plante, mais surtout l'écorce, sont à la fois amères, et aromatiques, et même âcres. On retire de celle-ci, par distillation, une huile essentielle très-odorante; l'écorce ne contient pas de tannin. Blume attribue ses propriétés à un principe extractif amer.

Usages. — Le champac est, chez les Hindous, l'objet d'une grande vénération. Ils l'ont dédié à Vichnou, la seconde personne de la *Trimourti*, ou trinité Hindoue. D'après Blume, les fleurs de cette plante sont fétides quand elles sont seulement flétries, mais très-agréablement odorantes lorsqu'elles sont sèches; fraîches et conservées dans les appartements, elles causent le vertige, et irritent le système nerveux. Les Javanais en ornent leur lit nuptial. Desséchées, on les met dans les vêtements, auxquels elles donnent une odeur agréable.

Les Javanais regardent le champac comme tonique, stimulant, anti-nerveux, diurétique, diaphorétique et fébrifuge. Les semences sont âcres, amères et résineuses. Ce sont elles surtout que l'on emploie contre les fièvres. On les mélange au gingembre, ou *Jai*, à la Zédoaire ou *Kuaje*, au *Kananga* (*Unona odorata*). On frotte, avec ce mélange, les enfants atteints de fièvres intermittentes. Il est vrai que la plupart des auteurs ajoutent que c'est sans succès.

On attribue, à la décoction des racines, réduites en poudre, la propriété de provoquer les règles. On prétend, même qu'à dose élevée, elles possèdent des propriétés abortives. Les bourgeons, recouverts d'une résine aromatique, sont employés contre la gonorrhée; les feuilles mêlées à la Zédoaire, et réduites en poudre, sont préconisées contre les affections arthritiques. On en prépare des bains, pour combattre lés rhumatismes, ainsi que les douleurs arthritiques; on en use en gargarismes contre l'angine et contre la fétidité de l'haleine. Le jus des baies, en friction sur le bas-ventre, jouit de propriétés carminatives ; et l'huile essentielle, également en friction, s'emploie contre les douleurs articulaires et les rhumatismes.

L'écorce du champac figure dans la pharmacopée officinale de l'Inde. Celle de sa racine est rouge, amère et très-acide. On considère sa poudre comme un emménagogue puissant ; on l'administre aussi contre les fièvres intermittentes, mais cette action paraît plus douteuse. En réalité, elle paraît jouir de propriétés stimulantes incontestables. On emploie les fleurs écrasées dans l'huile pour combattre les écoulements nauséabonds des narines, dans la punaisie. Les graines passent pour être toxiques; on emploie leur poudre pour détruire la vermine.

Les écorces et les feuilles des autres Michélies jouissent des mêmes propriétés. Les bois des *M. Tsiampaca* L., *montana* Blum, *excelsa* Wall., *Doltsopa* Hamilt., et *nilagirica* sont très-estimés pour les constructions.

MIKANIER (GUACO)

Mikania guaco et *scandens* Pers.
(Composées - Eupatoriées.)

Le Mikanier Guaca, appelé plus simplement Guaco, est un arbuste grimpant dont la tige, haute de 10 à 15 mètres, cylindrique à la base, anguleuse au sommet, volubile, se divise en nombreux rameaux striés et velus, portant des feuilles opposées, pétiolées, ovales, légèrement ondulées sur les bords, d'un vert blanchâtre. Les fleurs, blanches, sont groupées en capitules, dont l'ensemble forme des corymbes axillaires, opposés et feuillés. Elles sont monoclines et insérées sur un réceptacle nu, entouré d'un involucre à folioles, peu nombreuses et presque égales. Chacune de ces fleurs présente un calice en aigrette; une corolle tubuleuse; cinq étamines, à anthères soudées et saillantes; un ovaire infère, uniovulé, surmonté d'un style simple terminé par un stigmate proéminent, à deux branches divariquées. Le fruit est un akène pentagonal, surmonté d'une aigrette plumeuse.

Le Mikanier à feuilles de Morelle (*M. scandens* Pers.), confondu avec le précédent, ainsi que la plupart de ses congénères, sous le nom vulgaire de liane guaco, a des tiges grimpantes hautes de 2 à 4 mètres; des feuilles molles, cordiformes, d'un beau vert, et de petites fleurs purpurines, disposées en panicules.

Le Mikanier du Brésil (*M. stipulacea* Pers.) se reconnaît à ses feuilles hastées, velues, munies de deux stipules cunéiformes, et à ses akènes couronnés d'une aigrette pourpre.

Nous citerons encore les Mikaniers de Houston (*M. Houstonii* Pers.), de l'Orénoque (*M. Orenocensis* Pers.), herbacé (*M. herbacea* Pers.), etc.

Habitat. — Ces végétaux sont répandus dans les régions centrales de l'Amérique, depuis le Mexique jusqu'au Brésil, et croissent surtout dans les bois. Ils sont peu connus en Europe, et c'est à peine si on les y trouve dans les serres chaudes des jardins botaniques.

Parties usitées. — La racine, les feuilles, les fleurs.

Composition chimique. — M. Fauré, pharmacien de Bordeaux, qui a analysé les feuilles de guaco, y a trouvé une matière grasse, de la chlorophylle, une résine particulière (*Guacine*), une matière extractive et astringente analogue au tannin, du ligneux. Les cendres renferment des sulfates de soude et de chaux, du chlorure de sodium, du carbonate et du phosphate de chaux, de la silice et de l'oxyde de fer (*Journ. de pharm*, XXII, 293 — 1836).

USAGES. — Sous les noms de Guaco, de Huaco, etc., on a certainement confondu plusieurs plantes appartenant à des genres et à des familles différents, et auxquelles on attribue la propriété de guérir de la morsure des serpents venimeux ; l'une de ces plantes est le *Mikania Guaco*, dont nous allons parler ; les autres appartiennent aux genres *Eryngium* et *Aristolochia*.

D'après M. Roulin, on emploie au Mexique, sous le nom de Guaco ou de Bejucos de Guaco (liane de Guaco), quatre espèces de mikaniers : 1° le vrai mikanier guaco de Mutis, qui a les fleurs blanches ; 2° une autre espèce ou variété à fleurs violettes, employée à la Nouvelle-Grenade sous le nom *Guaco morado* ; 3° le *Mikania amara* des Antilles ; 4° une autre espèce observée à Guatemala (*Revue des Deux-Mondes*, 1er octobre 1833).

L'Académie de médecine a reçu du Mexique, sous le nom de *Guaco*, une racine inodore, d'une saveur douceâtre, qui paraît être inactive ; il est vrai que Cavanilles dit qu'elle perd ses propriétés par la dessiccation. En Amérique, d'après MM. de Humboldt et Bonpland, c'est le suc de la plante que l'on emploie. Ce que nous avons vu sous le nom de Guaco était des inflorescences analogues à celles des eupatoires, qui ressemblaient à des fleurs d'arnica du commerce brisées. En effet, le genre *Mikania* dédié au botaniste Mikan, est un démembrement du genre eupatorium. Enfin le guaco du commerce présente souvent un mélange de tiges brisées, de feuilles et de fleurs.

MM. de Humboldt et Bonpland, dans leurs *Plantes équinoxiales recueillies au Mexique*, citent des expériences de Mutis et d'autres qui leur sont propres, expériences qui ne paraissent laisser aucun doute sur les propriétés que possède le *Mikania guaco*, comme un prophylactique et un curatif de la morsure des serpents venimeux ; il est vrai qu'à l'état sec la plante perd ses propriétés. D'après Cavanilles, elle est amère, aromatique, vermifuge et stomachique. Il est vrai que les propriétés antivenimeuses du guaco ont été révoquées en doute par M. Rochoux, qui a longtemps habité les Antilles, et qui affirme avoir vu à la Guadeloupe des serpents manger cette plante ;

mais nous ferons remarquer avec MM. Mérat et Delens que les serpents ne sont pas herbivores.

On a affirmé, sans preuves suffisantes, que le guaco guérissait la rage, la fièvre jaune et le choléra, malgré les observations de Hawkins, celles du docteur Chabert et de M. Péreira de Bordeaux. Le guaco est regardé comme inefficace dans ces maladies; les observations de MM. Dugès, Dubreuil, etc., ne laissent aucun doute à cet égard. Quant aux faits relatifs au traitement avantageux de la blennorrhagie aiguë, au début, des chancres, des bubons, ulcères, etc. par le guaco, signalés par M. Gomez de Valence, et par MM. Turchetti et Massone, ils ont besoin d'être confirmés par de nouvelles expériences.

Le *M. officinalis* Martius est nommé au Brésil *Coraçao de Jesu.* Il y est employé comme succédané du quinquina et de la cascarille contre les fièvres rémittentes, les faiblesses intestinales, etc. D'après Martius, le *M. opifera* Mart., autre espèce du Brésil, donne un suc en usage contre la morsure des serpents; c'est le *M. contrayerba* Kunt. Le *Mikania guaco* est l'*Eupatorium satureiæfolium* de Linné.

MILHOMENS

(Voyez le *Supplément* du T. II.)

MILLEPERTUIS

Hypericum perforatum L.
(Hypéricinées.)

Le Millepertuis, vulgairement Herbe de Saint-Jean ou Trescalan, est une plante vivace, à racines ligneuses, un peu rameuses, brun jaunâtre. Les tiges, hautes de 0^{m},30 à 0^{m},80, cylindriques, marquées de deux lignes saillantes alternes, fermes, rameuses, dressées ou ascendantes, portent des feuilles opposées, sessiles, ovales, entières, vert foncé en dessus, glauques en dessous, criblées de petits points glanduleux transparents. Les fleurs, d'un beau jaune d'or, sont disposées en panicules terminales très-fournies. Elles présentent un calice à cinq sépales lancéolés, aigus, étalés, persistants; une corolle à cinq pétales ovales, obtus, étalés, bordés de petites glandes noirâtres; des étamines en nombre indéfini, très-fines, saillantes, à filets soudés en trois faisceaux, à anthères marquées d'un point noirâtre ; un pistil à ovaire libre, ovoïde, à trois loges multiovulées, surmonté de trois styles libres, subulés, divergents, terminés chacun par un petit stigmate en tête. Le fruit est une capsule ovoïde, à trois loges, s'ouvrant en trois valves, et renfermant un grand nombre de petites graines oblongues.

Nous citerons encore les Millepertuis tétragone (*H. quadrangulare* L., *H. tetrapterum* Fries), baccifère (*H. bacciferum* L.), de Cayenne (*H. Cayennense* L.), et Androsème (*H. Androsæmum* L., *Androsæmum officinale* Fries), qui se distingue facilement des autres espèces par son fruit bacciforme indéhiscent.

Habitat. — Le millepertuis ordinaire est commun en Europe ; il croît dans les lieux secs, au bord des chemins, sur la lisière des bois, etc. L'androsème habite surtout les endroits humides et ombragés. Les millepertuis baccifère et de Cayenne appartiennent à la Guyane. Ces plantes ne sont cultivées que dans les jardins botaniques.

Parties usitées. — Les sommités fleuries.

Récolte. — Elle se fait, pendant la floraison, au moment où les premières fleurs commencent de s'ouvrir. L'odeur et la saveur résineuse résident surtout dans les fleurs. On les dispose en paquets que l'on fait sécher au grenier. Il faut que ses fleurs, bien sèches, aient conservé leur belle couleur jaune pour être employées ; on rejette celles qui sont noires ou rouges. On trouve quelquefois les fleurs mondées dans le commerce.

Composition chimique. — L'odeur aromatique et résineuse que répand le millepertuis est due à une matière résineuse qui découle des espèces arborescentes des pays chauds, lorsqu'on y fait des incisions. Ce suc jaune est analogue à celui des guttifères. Il est purgatif. Desséché, il ressemble assez à la gomme-gutte. Tel est celui qui est produit par le *Capia* de Pison et Margraff (*Vismia Guianensis* Pers., *Hypericum Guianensis* Aubl., *H. bacciferum* L. F.). Les fleurs du millepertuis renferment deux matières colorantes : l'une jaune, insoluble dans l'eau ; l'autre rouge, résineuse, et soluble dans l'alcool et dans les huiles. Ce dernier principe réside spécialement dans le stygmate et dans le fruit. Les fleurs contiennent, en outre, une huile volatile et du tannin (*Journ. de pharm.*, t. XIII, p. 134). Les deux matières colorantes des millepertuis ont été fixées à l'aide de mordants sur le fil, la laine et la soie.

Usages. — Dans les temps d'ignorance et de superstition, le millepertuis a eu une réputation de sortilége qui lui a valu le nom de *Fuga dæmonum*. En 1714, Eysel soutint une thèse intitulée *de Fuga dæmonum*, et Georges-Wolfgang Wedel en soutint une autre, la même année, à Iéna, qui avait pour titre : *de Hyperico alias fuga dæmonium*. Ange Sala la recommande aussi contre les possessions démoniaques. On employait le millepertuis dans les maladies mentales. En Russie on s'en sert contre la rage.

Les anciens thérapeutistes, tels que Théophraste, Thomas, Bartholin, Tragus, Camerarius, etc., ont conseillé le millepertuis contre une foule de maladies. Matthiole, Paracelse, Fallope, Scopoli, Locher, Geoffroy ont beaucoup vanté ses propriétés prétendues vulnéraires et cicatrisantes. Ettmuller, célèbre médecin et botaniste allemand du dix-septième siècle, le considérait comme diurétique, et l'employait fréquemment contre les maladies des voies urinaires. Baglivi, qui ne jouissait pas, à la même époque, d'une moindre illustration en Italie, croyait qu'il pouvait guérir la pleurésie chronique. Aujourd'hui il est à peu près abandonné, quoique MM. Cazin et Dubois de Tournay en aient obtenu quelquefois de bons effets contre les catarrhes pulmonaires chroniques, certaines leucorrhées, le catarrhe vésical, etc.

Les sommités fleuries du millepertuis entrent dans la thériaque, le baume du Commandeur, le baume Tranquille, l'huile d'hypéricum, l'eau vulnéraire, le sirop d'armoise composé, la poudre contre la rage, ainsi que dans une foule d'autres préparations pharmaceutiques qui ne sont plus employées. En Suède, on se sert des fleurs pour colorer l'eau-de-vie.

L'androsème ou toutesaine (*Hypericum androsæmum* L.), tire un de ses noms des propriétés vulnéraires qu'on lui a attribuées. On la conseille en cataplasmes sur les brûlures, et pour arrêter les hémorrhagies. Le millepertuis tétragone (*H. quadrangulare* L.), très-recommandé par Bergius, n'a pas d'autres propriétés que celles du millepertuis commun.

Quoique peu employé en médecine homœopathique, le millepertuis est indiqué dans le Codex des médicaments homœopathiques. On lui attribue des propriétés résolutives et vulnéraires. Son signe est *Mhp* et son abréviation *Hyper*.

MIMUSOPS

Mimusops Elengi L.
(Sapotacées.)

Le Mimusops Elengi est un grand arbre, dont la tige droite, à écorce crevassée, se divise en rameaux cylindriques et grisâtres, portant des feuilles alternes, pétiolées, ovales-oblongues, entières, coriaces, glabres, luisantes, à nervure médiane saillante et donnant naissance à d'autres nervures très-fines et presque transversales. Les fleurs, d'un beau jaune, sont solitaires ou réunies en petits bouquets à l'aisselle des feuilles. Elles présentent un calice à huit divisions disposées sur deux rangs; une corolle à huit divisions entières ou trilobées; huit étamines fertiles, accompagnées d'un même nombre de filets stériles; un ovaire à huit loges, contenant autant d'ovules qui avortent pour la plupart. Le fruit est une drupe ovoïde, rouge à la maturité, renfermant une ou deux graines osseuses.

L'arbre est connu vulgairement sous les noms de *Marone*, *Cavequi*, *Magouden*, *Elengi*.

HABITAT. — Cet arbre est originaire des Indes, où il est fréquemment planté dans le voisinage des habitations; il croît aux Philippines et aux Moluques.

PARTIES USITÉES. — Le bois, les fleurs, les fruits.

COMPOSITION CHIMIQUE. — Les fruits renferment du sucre, de l'amidon, et une matière astringente. Les fleurs sont très-aromatiques.

USAGES.—L'écorce du *Mimusops Elengi* passe pour être douée d'une très grande astringence. Elle est inscrite dans la pharmacopée de l'Inde comme astringente et tonique.

On en fait usage contre les fièvres intermittentes; mais elle ne paraît pas avoir contre ces affections d'autre action que tous les toniques. L'eau distillée des fleurs, qui sont très-odorantes, est employée par les Indiens, à la fois comme parfum et comme un médicament stimulant auquel ils attachent une grande valeur. Les fruits sont comestibles, et les graines renferment en abondance une huile propre à être utilisée dans la peinture. Mais, ce qui surtout fait rechercher cet arbre par les Indiens, c'est le parfum de ses fleurs et le port ornemental dont il jouit; c'est pour cela qu'on le plante autour des temples et des marchés.

Le *Mimusops Kanki* L. (*M. obtusifolia* Lamk.) produit une sorte de gomme fluide. Les feuilles bouillies avec le gingembre et mêlées à l'écorce sont employées contre le béribéri.

MOLLÉ

Schinus molle L.
(Térébinthacées-Pistaciées.)

Le Mollé des jardins ou à feuilles dentées, appelé aussi Poivrier du Pérou ou d'Amérique, Arbre au poivre, etc., est un grand arbre, dont la tige droite, couverte d'une écorce crevassée, laissant écouler un suc résineux très-odorant, se divise en rameaux nombreux, flexibles, effilés, pendants, qui portent des feuilles alternes, pétiolées, persistantes, imparipennées, composées de vingt à trente folioles lancéolées, sessiles, à odeur poivrée, la terminale très-longue. Les fleurs, blanches, dioïques, sont groupées en panicules terminales. Elles présentent un calice à cinq divisions égales, arrondies, persistantes; une corolle à cinq pétales obovales-oblongs, insérés entre le calice et un disque annulaire ondulé. Les mâles ont dix étamines, à filets libres et subulés, insérés sous le disque, à anthères arrondies; un ovaire rudimentaire. Les femelles ont des filets staminaux stériles; un ovaire libre, uniovulé, surmonté de trois styles très-courts dont chacun est terminé par un petit stigmate en tête. Le fruit est une drupe charnue, globuleuse, à saveur poivrée, renfermant un noyau osseux, monosperme.

Habitat. — Le mollé est originaire des régions centrales de l'Amérique, où il s'étend depuis le Mexique jusqu'au Chili; il habite surtout les plaines et les vallées. Il s'est naturalisé dans quelques autres régions, et jusque dans le midi de l'Europe.

Culture. — Cet arbre croît en pleine terre dans le midi de la France; mais dans le nord il exige l'orangerie ou la serre tempérée. Il préfère une terre franche, légère. On le multiplie de graines, semées sur couche au printemps, et quelquefois aussi de marcottes.

Parties usitées. — L'écorce, les fruits, le suc qui découle de la plante.

Composition chimique. — La résine, que l'on obtient par évaporation du suc laiteux qui s'écoule lorsqu'on coupe les feuilles et les jeunes rameaux du mollé, est extrêmement rare, et à peu près inconnue en Europe. Les fruits donnent, par macération dans l'eau et par fermentation, une liqueur alcoolique très-échauffante, qui, exposée à l'air, s'acidifie, et peut alors remplacer le vinaigre. Les écorces sont amères et astringentes.

USAGES. — Les différentes parties de cette plante ne sont pas connues dans la matière médicale. Les feuilles fraîches, qui ont une odeur rappelant celle du fenouil, quand elles sont brisées par fragments et jetées sur l'eau, semblent s'y mouvoir, ce qui nous paraît devoir être attribué à un suc non miscible à l'eau qui en découle.

Monard, qui le premier a figuré cette plante, rapporte, d'après P. Cicca, que la décoction de l'écorce et des feuilles est employée, au Pérou, pour guérir les douleurs et l'œdème des membres inférieurs. On l'emploie en fomentations. Avec les petits rameaux, on fait des cure-dents. On attribue à la résine du mollé, dissoute dans du lait, la propriété de dissiper les éblouissements. Cette résine, blanche, molle, opaque, est employée contre la carie des dents. On dit qu'elle est purgative. D'après Bertero, le mollé, cité par Molina *Chili*, 140, ne serait pas le même que le précédent, et, sous le nom de *Schinus huigan*, il en signale un autre qui serait le *Schinus areira* L. ou *Larocira* de Pison et Margraff. C'est un arbre qui sent la térébenthine ; par distillation de ses feuilles fraîches, on obtient une eau aromatique qui est employée pour la toilette. Au Brésil, son écorce est regardée comme fébrifuge. D'après Buchner, elle renferme du tannin, et elle pourrait remplacer le cachou (*Journ. de chim. méd.*, VI, 204-1830).

MOLUCELLE

Molucella lævis et *spinosa* L.
(Labiées - Stachydées.)

La Molucelle lisse (*M. lævis* L.), appelée aussi vulgairement, mais à tort, Mélisse des Moluques, est une plante annuelle, dont la tige droite, haute de 0^m,65, unie, rameuse, porte des feuilles opposées, longuement pétiolées, arrondies, dentées, molles, presque glabres, d'un vert gai. Les fleurs, blanc-jaunâtre, accompagnées de bractées subulées, roides, piquantes, sont groupées en faux verticilles axillaires. Elles présentent un calice campanulé, très-ample, évasé, membraneux, strié, réticulé, à cinq dents épineuses ; une corolle incluse, à tube court, à limbe profondément divisé en deux lèvres, la supérieure entière, convexe et dressée, l'inférieure à trois lobes, les deux latéraux un peu dressés, le médian large, obcordé, étalé; quatre étamines didynames ; un ovaire composé de quatre carpelles uniovulés, surmonté d'un style simple terminé par un stigmate bifide. Le fruit se compose de quatre akènes trigones, tronqués au sommet, entourés par le calice persistant.

La Molucelle épineuse (*M. spinosa* L.) est aussi annuelle, et se distingue de la précédente par ses feuilles ovales, un peu cordées à la base, incisées ou lobées; son calice plus grand, presque bilabié, à dix dents épineuses; sa corolle plus longue, d'un rose tendre, à lèvre supérieure largement échancrée et velue sur le dos.

La Molucelle frutescente (*M. frutescens* L.) est un arbrisseau très-épineux, dont la tige, haute de $0^{m},35$ à $0^{m},65$, porte des feuilles pétiolées, petites, ovales, obtuses, pubescentes, et des fleurs blanchâtres.

Habitat. — Ces plantes habitent l'Asie Mineure, la Syrie, la Perse. On les cultive depuis longtemps dans nos jardins, et quelques-unes sont naturalisées dans l'Europe méridionale.

Parties usitées. — Les feuilles.

Composition chimique. — Toutes les molucelles possèdent une odeur forte, que l'on a comparée à celle du melon. Leur saveur est aromatique, un peu âcre et amère.

Usages. — C'est la molucelle lisse que l'on emploie le plus fréquemment. Elle est cependant peu usitée en France. On a attribué à ses feuilles des propriétés cordiales, vulnéraires et céphaliques. On l'emploie le plus souvent pour aromatiser des liqueurs alcooliques. Les Orientaux s'en servent, dit-on, contre les hernies. On ne la trouve pas dans nos officines.

MOMORDIQUE

Momordica Balsamina et *Charantia* L.
(Cucurbitacées.)

La Momordique balsamine (*M. balsamina* L.), appelée aussi Pomme de Merveille, est une plante annuelle, dont la tige grimpante, longue d'environ un mètre, anguleuse, rameuse, munie de vrilles simples, porte des feuilles alternes, pétiolées, palmées, à cinq lobes dentés, glabres et luisantes. Les fleurs, jaunâtres, monoïques, sont solitaires à l'extrémité de pédoncules axillaires, grêles, qui portent vers leur milieu une bractée foliacée, cordiforme, dentée. Les mâles ont un calice court, campanulé, à cinq divisions étalées; une corolle à cinq divisions obtuses, un peu ondulées, étalées; cinq étamines triadelphes, à anthères conniventes, uniloculaires, à connectif épais, ondulé. Les femelles ont un calice à tube ovoïde, adhérent; le limbe, ainsi que la corolle, comme dans les fleurs mâles; trois étamines rudimentaires; un ovaire infère, ovoïde, à trois loges multiovulées, surmonté d'un style cylindrique terminé par un stigmate trifide. Le fruit est une péponide, ovoïde-arrondie, amincie aux deux bouts, tuberculeuse, d'un jaune orangé à la maturité, s'ouvrant irrégulièrement, et laissant voir une pulpe charnue, rouge sanguin, dans laquelle sont disséminées de nombreuses graines brunâtres, à arille rouge.

La Momordique à feuilles de vigne (*M. charantia* L.), appelée aussi Pandipane ou Papareh, se distingue de la précédente par ses dimensions deux fois plus grandes; ses feuilles à sept lobes velus ainsi que les vrilles; ses fruits oblongs, acuminés, anguleux, à pulpe jaune.

Habitat. — Ces deux plantes sont originaires de l'Inde. Elles sont cultivées, en Europe, dans les jardins botaniques, et on les trouve aussi assez répandues comme végétaux d'ornement.

Nous devons citer encore le *Momordica operculata* L. du Brésil, où on le trouve surtout dans la province de Minas et de San-Paulo, et qui est connu sous le nom vulgaire de *Bucha des Paulistes*.

Parties usitées — Les racines, les feuilles, les fruits.

Récolte. — Les racines doivent être arrachées à l'automne.

Composition chimique. — Tous les momordica renferment, dans les feuilles, les racines ou les fruits, un principe âcre, plus ou moins irritant et purgatif; mais on ne sait pas s'ils contiennent le principe blanc, cristallisable, amer, styptique, insoluble dans l'eau, soluble dans l'alcool et dans l'éther, que l'on a trouvé dans l'*elaterium*, et qu'on désigne sous le nom d'*elatérine* (Voy. Elaterium).

Au Brésil, on emploie le fruit du *Momordica operculata* L. comme purgatif drastique; on en fait une infusion à la dose de 8 grammes pour environ 200 grammes d'eau; on boit cette infusion par cuillerée, d'heure en heure, jusqu'à ce que l'effet purgatif se manifeste (*Formulaire Brésil. du Dr Chernoviz*, 1874).

D'après Descourtilz (*Flore méd. des Antilles*, III, 62), dans l'Inde, le fruit du *M. balsamina* est nommé *Nexiquon;* il sert à préparer un extrait qu'on emploie à faible dose, car il est très-vénéneux, contre l'hydropisie; la chair, appliquée en topique, est regardée comme rafraîchissante et siccative; avec l'huile d'olive, on prépare une huile composée qui est employée, en frictions, comme vulnéraire et balsamique; on croit même que c'est de cette propriété qu'elle tire son nom de *Balsamina*. Aux Philippines, cette plante croît dans les haies; elle y est connue sous les noms de *Pavia*, de *Palla*, d'*Appaclia*; ses feuilles y sont appliquées topiquement, contre les céphalalgies, et comme siccatives sur les plaies; la décoction y est regardée comme vomitive.

Dans l'Inde, on mange les fruits du *Momordica Charantia* L. Mais on les fait infuser dans l'eau salée avant de les faire cuire, sans doute pour leur enlever leurs propriétés purgatives. On emploie la plante entière contre les maladies de la peau. Le jus des feuilles est considéré comme antiasthmatique.

Nous citerons encore le *Momordica cylindrica* L. dont le fruit, très-amer, est purgatif, et dont le suc, introduit dans les narines, détermine un flux nasal abondant, propre à guérir les céphalalgies, et même, a-t-on dit, l'apoplexie. La racine du *Momordica dioica* Roxb. de l'Inde est, au contraire, regardée comme émolliente. Les médecins du pays l'emploient en électuaire contre les hémorrhoïdes confluentes, et dans les inflammations intestinales (Ainslie, *Mat. ind.*, II, 274).

MONARDE

Monarda didyma et *fistulosa* L.
(Labiées - Monardées.)

La Monarde didyme ou écarlate (*M. didyma* L., *M. coccinea* Mich., *M. purpurea* Lam.), appelée aussi Monarde pourpre ou à fleurs roses, Thé d'Oswego ou de Pensylvanie, etc., est une plante vivace, dont les tiges, hautes de 0m,50 à un mètre, tétragones, robustes, velues-hérissées, rameuses au sommet, portent des feuilles opposées, pétiolées, ovales lancéolées, acuminées, cordées à la base, velues hérissées, dentées, d'un vert gai, les florales sessiles, oblongues-lancéolées, colorées. Les fleurs, nombreuses, rouge ponceau, accompagnées de bractées linéaires aiguës de même couleur, sont groupées en fascicules globuleux terminaux. Elles présentent un calice tubuleux, strié, pourpré, à cinq dents aiguës presque égales; une corolle à tube grêle et longuement saillant, à gorge dilatée, à limbe divisé en deux lèvres presque égales, l'inférieure trilobée, à lobe médian allongé et échancré; deux étamines saillantes, accompagnées de deux filets staminaux stériles, rudimentaires ou presque nuls; un ovaire composé de quatre carpelles uniovulés, surmonté d'un style simple terminé par un stigmate bifide. Le fruit se compose de quatre akènes lisses, entourés par le calice persistant.

La Monarde fistuleuse ou velue (*M. fistulosa* L., *M. media* W.), est aussi vivace, et se distingue de la précédente par sa taille ordinairement plus élevée; ses feuilles oblongues-lancéolées, aiguës, pubescentes; ses fleurs à calice non coloré, à corolle velue en dehors, rose, passant quelquefois au pourpre et au violet.

HABITAT. — Ces deux plantes sont originaires de l'Amérique du Nord; la première croît plus particulièrement dans la Pensylvanie, la seconde au Canada. D'un tempérament rustique et d'une culture facile, elles sont assez répandues dans les jardins d'agrément.

PARTIES USITÉES. — Les feuilles et les sommités fleuries.

RÉCOLTE. — Les feuilles et les sommités doivent être cueillies à l'époque de la floraison. On les fait dessécher dans un lieu chaud, mais à l'ombre. Elles perdent une partie de leurs propriétés par la dessiccation.

COMPOSITION CHIMIQUE. — Toutes les parties des monardes possèdent une odeur forte, suave, pénétrante, due très-probablement à une huile essentielle, ce qui leur fait attribuer des propriétés analogues à celles de la menthe, de la sauge et du romarin. Toutefois, leur odeur est moins forte et moins flatteuse que celle de ces plantes.

Nous rappellerons que le célèbre chimiste Proust, d'Angers, mort en 1826, a, depuis longtemps, signalé la présence du camphre dans les labiées des pays chauds; ce produit est identique à celui des laurinées.

USAGES. — Les Américains préparent, avec les feuilles de monarde, des infusions théiformes assez agréables, que l'on prend contre les débilités de l'estomac, la gastralgie, etc. Bodard conseillait d'employer cette plante comme un succédané de la muscade et du macis. Aux États-Unis, la monarde fistuleuse est employée comme tonique amer antispasmodique. On la prescrit contre les fièvres intermittentes, d'après Schœpf (*Mat. méd. améric.*).

En Pensylvanie, les feuilles de la monarde coccinée, qui possèdent une odeur très-agréable, sont employées à la place de thé. A Philadelphie, on trouve la monarde ponctuée qui contient une huile essentielle et, dit-on, du camphre. On l'emploie pour calmer les nausées, les vomissements, les fièvres bilieuses (*Bullet. des scienc. méd. de Féruss.*, t. XI, p. 302).

MONBIN

Spondias monbin et *myrobalanus* L.
(Térébinthacées - Spondiacées.)

Le Monbin à fruits rouges (*S. monbin* L.), vulgairement appelé Prunier d'Espagne, est un arbre, dont la tige, haute de 10 à 12 mètres, droite, peu rameuse, porte des feuilles alternes, pétiolées, imparipennées, composées d'une vingtaine de folioles ovales, entières, luisantes. Les fleurs, petites, rouges, solitaires ou germinées sur chaque pédoncule, forment des grappes courtes à l'extrémité des rameaux. Elles présentent un calice petit, caduc, campanulé, à cinq dents; une corolle à cinq pétales étalés; dix étamines courtes, alternativement grandes et petites, insérées sur un disque glanduleux; un ovaire à cinq loges uniovulées, surmonté d'autant de styles et de stigmates distincts. Le fruit est une drupe ovoïde, pourpre orangé, odorante, renfermant un noyau fibreux, pentagonal, à cinq loges monospermes.

Le Monbin blanc, ou à fruits jaunes (*S. myrobalanus* L.) est un arbre élevé, dont la tige, couverte d'une écorce rugueuse et grisâtre, se divise en rameaux nombreux, portant des feuilles très-grandes, imparipennées, d'un vert gai, douces au toucher. Les fleurs, blanches et petites, sont disposées en longues panicules, et présentent la même structure que celles de l'espèce précédente. Ses fruits sont des drupes jaunâtres.

Nous ne ferons que nommer le Monbin de Cythère (*S. cytherea* L.).

Habitat. — Les deux premières espèces croissent aux Antilles, à Carthagène, à la Guyane, etc; la dernière, à Otaïti.

Culture. — Les monbins sont cultivés en grand dans leur pays natal; on les multiplie très-facilement de boutures faites au printemps. On peut aussi les propager par semis. En Europe, on les multiplie de la même manière; mais ils exigent la serre chaude.

Parties usitées. — Les racines, les écorces, le bois, les fruits, la résine et la gomme qui découle des arbres.

Récolte. — Les fruits des divers mombins sont récoltés à leur maturité.

Composition chimique. — On ne sait rien sur la composition chimique des différents produits des monbins ou spondias ; les usages que l'on fait des fruits font supposer qu'ils se rapprochent, par leur composition, de nos prunes.

Usages. — Le seul produit que l'on trouve quelquefois dans la matière médicale, appartenant à ces plantes, est la *Gomme d'amara*, qui est brunâtre, transparente, soluble dans l'eau, un peu amère. Lamarck, en décrivant le *spondias amara* (*Encyclop. bot.*, t. IV, p. 261), qui produirait cette gomme, n'en fait pas mention. Il ne faut pas la confondre avec une résine transparente que les naturels de Taïti nomment *Tapon*, qui suinte de l'écorce du *S. cytherea*, et qui sert à calfater les pirogues, qui sont souvent faites avec le bois du même arbre.

On mange crus les fruits des monbins pourpres (*S. purpurea*) et blancs (*S. lutea*), ainsi que ceux d'autres espèces. Les fruits du *S. purpurea* Lam. *S. monbra* L. (*non* Jacq.), *S. myrobolanus* Jacq. (*non* L.), sont employés, aux Antilles, à faire des gelées et des confitures. Les cochons les mangent avec avidité (Labat, *Nouv. Voyage*, t. VIII, p. 216). A la Martinique, on les nomme *Hucare*. Les fruits du *S. lutea*, *S. monbra* Jacq. (*non* L.), *S. myrobolanus* L. (*non* Jacq.), sont jaunes. Aux Antilles et à Cayenne, on les nomme *Prunes d'Amérique*. Ils sont aigrelets ; on en fait des tisanes rafraîchissantes. Il en est de même de ceux du *S. cytherea*, que l'on ne mange guère que cuits. Les habitants des îles de la Société et des îles Hermites, dans la mer du Sud, ainsi que ceux de l'île de France ou Maurice, dans la mer des Indes, en usent aussi comme aliment.

On croit que l'*Ambulam* de Rééde, *S. mangifera* W. (*mangifera pennata* L.), est le même, ou une variété du *S. amara* Lam. Son suc sert, aux Malabares, à préparer, avec du riz, une sorte de pain qu'ils nomment *Apen*. Sa racine est employée, au lieu de pessaire, pour exciter les règles ; l'écorce, pulvérisée et bouillie dans du lait, est employée contre la dysenterie, et on a vanté la décoction du bois contre la gonorrhée. Enfin, on prétend que le fruit, pilé avec les feuilles, apaise les douleurs d'oreille (*Hort. malab.*, t. I, p. 50).

MONÉSIA

Chrysophyllum glycyphlœum Cas.
(Sapotacées.)

Le Monésia ou Mohica est un arbre de moyenne grandeur, dont la tige, couverte d'une écorce épaisse, compacte, brun foncé, à épiderme grisâtre, se divise en rameaux portant des feuilles alternes, ovales-lancéolées, d'un vert gai en dessus, soyeuses et à reflets métalliques en dessous. Les fleurs sont petites, solitaires et axillaires. Elles présentent un calice à cinq divisions; une corolle campanulée, à limbe divisé en cinq lobes étalés; cinq étamines hypogynes; un ovaire libre, globuleux, à deux loges pluriovulées, surmonté d'un style simple terminé par un stigmate bifide. Le fruit est une baie ovoïde, lisse, renfermant quatre graines aplaties, à amande huileuse.

Habitat. — Cet arbre croît au Brésil; il n'est guère connu que depuis un petit nombre d'années; aussi ne le trouve-t-on pas encore dans nos cultures.

Parties usitées. — Les écorces, les fruits, l'extrait.

Récolte. — L'arbre auquel on attribue l'écorce que l'on récolte pour la droguerie sous le nom de *Monésia*, de *Mohica*, de *Buranhem*, ou de *Guaranhem*, et qui nous vient du Brésil, a été décrit par Pison et Margraff (*Hist. nat. Brasiliæ*, publiée par Jean de Laët, 1648) sous le nom de *Ibiræ*. Il a été reconnu par Biedel, pour un *Chrysophyllum*, et nommé par Casaretti *Chrysophyllum glycyphlœum* (*Journ. de pnarm. et de chim.*, t. VI, p. 64). Virey croit que c'est avec l'écorce de cet arbre, que l'on obtient l'extrait de monésia, qui nous vient tout préparé du Brésil, et celui que l'on fabrique en France. Mais, certains auteurs ont attribué le même extrait au Palétuvier (*rhizophora gymnorhiza* L.); d'autres, à l'*Acacia cochleocarpa* Mart., à l'*Acacia virginalis*, et au *Chrysophyllum cainito*, ou *Caïmitier, Cahimitier*, qui croît aux Antilles. Le nom de *Chrysophyllum*, vient de la couleur dorée que présente le dessous des feuilles de cet arbre.

L'écorce de monésia se récolte en morceaux assez épais. Elle est très-compacte, pesante, dure, d'un brun rougeâtre, sa cassure est nette, non fibreuse. Elle possède une saveur douce, sucrée, mucilagineuse, qui devient bientôt âcre, amère et astringente.

L'extrait de monésia est noir, plus ou moins sec, en masses plates, enfermées dans des feuilles de papier. Sa saveur, d'abord douce et sucrée, devient astringente, amère, très-âcre et très-désagréable.

D'après M. Latour, l'extrait de monésia est quelquefois falsifié avec l'extrait du bois de campêche, dont la saveur sucrée se rapproche de celle du monésia. Mais celui-ci mousse dans la bouche, et colore la salive en brun rougeâtre ; tandis que l'extrait de campêche ne mousse pas et colore la salive en violet.

Composition chimique. — MM. Heydenreich, Bernard Derosne, O. Henry et Payen ont analysé le monésia. Ces derniers chimistes ont trouvé à l'écorce la composition suivante : Matière grasse, cire et chlorophylle 1,2; glycyrrhizine 1,4; *monésine* (matière analogue à la saponine) 4,7 ; tannin 7,5 ; matière colorante rouge (acide rubinique) 9,2 ; malate, acide de chaux 1,3 ; sels de potasse, de chaux, silice, etc. 3 ; pectine et ligneux 71,7 ; total 100. C'est la glycyrrhizine qui lui donne la saveur sucrée, et c'est à la monésine qu'elle doit la propriété de mousser dans l'eau.

Usages. — Lorsqu'en 1839, M. Bernard Derosne fit connaître, dans la pratique médicale, le monésia, il l'annonça comme un tonique astringent, qui n'irritait pas le tissu, et qui n'agissait que contre les flux muqueux et sanguins, passifs et actifs. Il le préconisait dans la chlorose, comme siccatif pour le traitement des plaies et des ulcères, dans tous les cas, en un mot, où la ratania était employée ; mais il lui donnait sur celle-ci l'avantage de ne pas enflammer les parties auxquelles on l'appliquait.

Expérimenté, depuis cette époque, par un grand nombre de médecins et chirurgiens, au nombre desquels nous citerons, MM. Forget de Strasbourg, Alquié, A Bérard, Hervez de Chegoin, Lisfranc, Manec, Monod, Martin Saint-Ange, Trousseau, en France ; MM. Billing, Holmes, Jones, Ruppel, Sigmond, en Angleterre ; MM. Nancrède à Philadelphie, et l'Herminier à la Guadeloupe, l'extrait de monésia a été reconnu pour être bien inférieur à l'extrait de ratania et surtout au kino, comme astringent ; il ne possède aucun des avantages qu'on lui avait attribués ; aussi ses préparations sont-elles aujourd'hui très-peu employées.

L'écorce de monésia était administrée en poudre, en décoction, sous forme d'extrait, de sirop, de pilules, de vin et de teinture, à l'extérieur, comme siccatif. C'était surtout de la solution concentrée d'extrait que l'on faisait usage. On en a retiré de bons effets dans le traitement des fissures du sein et de l'anus, dans les engelures ulcérées. On en faisait des pommades ; avec la poudre de monésia on saupoudrait les plaies.

Mais, c'est surtout contre les écoulements muqueux et sanguins, dans la leucorrhée, la vaginite, la blennorrhée et les hémorragies, que l'extrait de monésia a été employé. Quant à son usage interne, appliqué contre les faiblesses d'estomac, les bronchites, la phthisie, il n'a donné que des résultats douteux dans quelques cas, nuls dans d'autres.

Le genre *Chrysophyllum* renferme des espèces dont les fruits sont comestibles. Ces fruits varient de grosseur, depuis celle d'une olive (*C. oliviforme* Lam.), jusqu'à celle d'une pomme (*C. cainito* L.); leur chair est blanche et rafraîchissante ; l'amande est huileuse ; la chair du *Chrysophyllum macrophyllum* Lam. présente une teinte jaune, d'où lui est venu le nom de *Jaune d'œuf*. Le fruit du *Chrysophyllum philippense*, des îles Philippines, est de la grosseur d'une poire de Rousselet. Il a été observé par M. Perrotet, à Cayenne. On mange celui du *Chrysophyllum macoucou* Aubl.

MONIMIE

Monimia rotundifolia Dup.-Th.
(Monimiacées - Amborées.)

La Monimie à feuilles rondes est un arbrisseau, dont la tige, haute de 3 à 4 mètres, se divise en rameaux diffus, opposés, portant des feuilles opposées, pétiolées, arrondies, entières, longues de 0m,10, membraneuses, couvertes de poils étalés et fugaces à la face supérieure, cotonneuses à l'inférieure. Les fleurs, dioïques, très-petites, munies de bractées caduques, écailleuses, jaune orangé, d'une odeur agréable, sont groupées en panicules axillaires. Elles sont dépourvues de corolle. Les mâles ont un involucre globuleux, terminé au sommet par quatre dents ; des étamines nombreuses appliquées contre les parois. Les femelles ont un involucre globuleux, ouvert seulement au sommet, velu à l'intérieur ; un pistil composé de cinq à dix carpelles à une seule loge uniovulée, surmontés chacun d'un style simple, dressé, et attachés sur la paroi interne de l'involucre. Le fruit se compose de nombreuses drupes monospermes, enveloppées par l'involucre qui s'est accru en prenant une consistance charnue.

La Monimie à feuilles ovales (*M. ovalifolia* Dup.-Th.) se distingue de la précédente par ses feuilles ovales, plus petites, entières, un peu rétrécies à la base; ses fleurs disposées en grappes axillaires latérales, opposées, quelquefois terminales, plus petites, à pédicelles beaucoup plus courts, inégaux, quelquefois nuls.

HABITAT. — Ces arbrisseaux, répandus dans l'hémisphère austral, se trouvent particulièrement aux îles Maurice et de la Réunion, à Madagascar, à Java, etc., où ils croissent surtout dans les régions montagneuses. Ils sont peu connus en Europe, et c'est à peine si on les rencontre dans les serres chaudes des grands jardins botaniques, où leur conservation est assez difficile.

PARTIES USITÉES. — Les écorces, les fruits.

COMPOSITION CHIMIQUE. — Les fruits des monimies sont acides et sucrés. Ils se rapprochent, par leur composition chimique et leur saveur, de ceux des figuiers.

USAGES. — Les écorces des monimies ont été employées comme fébrifuges. On les a aussi préconisées contre les vers, mais elles sont tout à fait inusitées. Les fruits sont émollients et rafraîchissants.

MONODORE

Monodora myristica Dun. *Anona myristica* Gaertn.
(Anonacées.)

Le Monodore aromatique est un arbre, dont la tige, haute de 6 à 7 mètres, rameuse, porte des feuilles alternes, persistantes. Les fleurs, grandes, d'abord blanches, puis passant au jaune, ponctuées de brun, sont solitaires à l'extrémité de pédoncules latéraux, accompagnés d'une bractée foliacée. Elles présentent un calice à trois sépales crispés, ondulés, réfléchis; une corolle à six pétales hypogynes, soudés à la base et disposés sur deux rangs, les trois extérieurs assez larges, carénés, ondulés, crispés, étalés; les trois intérieurs plus étroits, un peu cordiformes, ciliés en dedans, connivents; des étamines nombreuses, hypogynes, insérées sur le côté d'un torus convexe, à filets très-courts, à anthères oblongues; un pistil à ovaire simple, stipité, à une seule loge multiovulée, surmonté d'un stigmate sessile. Le fruit est une grosse baie globuleuse, jaune, lisse, charnue, uniloculaire, renfermant plusieurs graines ovoïdes allongées, anguleuses, couleur rouille (Pl. 36).

HABITAT. — Cet arbre est originaire de l'Afrique tropicale, probablement de la Nigritie, d'où il a été transporté à la Jamaïque et sur le continent américain. On le trouve surtout dans les jardins; aux Antilles, ses fruits mûrissent mal.

CULTURE. — Le monodore aromatique ne se trouve, en Europe, que dans les serres chaudes, où il est rare. Il demande un sol composé de terre franche et de sable. On le multiplie de boutures étouffées, prises sur le bois aoûté.

PARTIES USITÉES. — Les fruits, les graines.

RÉCOLTE. — Les fruits du *Monodora myristica* Dun, sont récoltés à leur maturité; les graines sont logées dans la pulpe et sont devenues anguleuses par suite de leur pression mutuelle; elles sont disposées dans le fruit avec une telle économie que si on les enlève, on ne peut en faire tenir la même quantité dans le même espace.

COMPOSITION CHIMIQUE. — Les graines renferment une huile essentielle analogue à celle de la muscade; ces deux huiles se ressemblent tellement qu'il est à peu près impossible de les distinguer l'une de l'autre. Cependant celle des monodores est moins piquante et un peu moins aromatique.

USAGES. — Le fruit et les graines du *Monodora myristica* peuvent remplacer la muscade. Ils possèdent, comme cette amande, des propriétés stomachiques et stimulantes qui les font employer comme aromates condimentaires. Ces produits sont inusités en Europe.

MORELLE

Solanum nigrum L.
(Solanées.)

La Morelle noire ou commune, appelée aussi vulgairement Mourelle, Morette, Crève-chien, etc., est une plante annuelle, à racine fibreuse, blanchâtre. La tige, haute de $0^m,30$ à $0^m,60$, anguleuse, pubescente, dressée, se divise en rameaux diffus, anguleux, portant des feuilles alternes, pétiolées, ovales aiguës, atténuées à la base, sinuées ou dentées, plus ou moins pubescentes, molles, succulentes, d'un vert sombre. Les fleurs, blanches, petites, pédicellées, sont réunies, au nombre de trois à six, en cimes ombelliformes. Elles présentent un calice très-petit, à cinq lobes courts, triangulaires; une corolle rotacée, à cinq divisions ovales-aiguës, étalées; cinq étamines saillantes, à filets très-courts, à anthères conniventes; un ovaire libre globuleux, multiovulé, surmonté d'un style simple, terminé par un stigmate obtus. Le fruit est une baie globuleuse, pisiforme, ordinairement noire, quelquefois verdâtre, jaune ou rouge, portée sur un pédoncule réfléchi et renfermant plusieurs graines arrondies.

Cette plante présente un certain nombre de variétés, que plusieurs auteurs ont regardées comme des espèces distinctes. Telles sont les Morelles jaunâtres (*S. ochroleucum* Bast., *S. luteo virescens* Gimel), naine (*S. humile* Bernh.), écarlate (*S. miniatum* Bernh.), velue (*S. villosum* Lam.), etc.

A ce genre appartiennent aussi la pomme de terre, l'aubergine ou mélongène, et la douce-amère (Voyez ce mot).

Habitat. — La morelle noire est commune en Europe; on la trouve en abondance dans les lieux cultivés, les décombres, au bord des chemins, etc. On ne la cultive que dans les jardins botaniques.

Parties usitées. — La plante entière, les fruits.

Récolte. — La récolte de la morelle se fait au commencement de l'automne, depuis l'époque de la floraison jusqu'à la maturité des fruits; la plante possède alors toute son énergie. On la fait dessécher à l'étuve et au grenier. On va même jusqu'à prétendre, sans que cela soit prouvé, que l'énergie augmente par la dessiccation. Lorsqu'on veut, au contraire, employer la morelle comme aliment, on la cueille très-jeune.

Composition chimique. — La morelle noire a été analysée par M. Desfosses, de Besançon, qui a trouvé dans les baies un principe immédiat qu'il a nommé *solanine*, principe que l'on trouve également dans les fruits des divers autres solanum, et plus particulièrement dans ceux du *Solanum pseudo-capsicum*, ou *faux piment, pomme-d'amour*, qui est une cause fréquente d'empoisonnement chez les enfants disposés à prendre ses fruits pour des cerises. Nous avons déjà donné les caractères de la *solanine* en parlant de la Douce-amère (Voyez douce-amère, *Flore méd.*, t. I, page 474).

Usages. — La morelle est loin de posséder les propriétés narcotiques de la plupart des autres solanées; Dioscoride (lib. IV, c. 66) mentionne son usage comme plante alimentaire; les créoles des îles Maurice et de la Réunion, ainsi que ceux des Antilles, mangent, sous le nom de *Brèdes*, du *Solanum nodiflorum*, variété du

Solanum nigrum, à la manière des épinards ; ils le préfèrent même à ceux-ci. D'après Dunal et de Candolle, on mange la morelle aux environs de Paris, et on la vend quelquefois hachée en guise d'épinards. Cependant les observations publiées par M. Bourgogne, médecin à Condé (*Journal de chimie médicale*, 1827), et celles de M. Pihan-Dufeillay, médecin à Nantes (*Journal l'Esculape*, 2e année, 7 mars 1840), sembleraient démontrer que, dans quelques cas du moins, la morelle exercerait sur l'économie animale une action assez énergique ; les fruits surtout ont été regardés comme plus toxiques ; mais M. Dunal a pu faire prendre à des animaux et ingérer lui-même jusqu'à cent baies de morelle sans en éprouver le moindre inconvénient. Wepfer parle de trois enfants chez lesquels ces fruits ont occasionné le délire, la cardiagie et les distorsions des membres, et on a cité des cas où des moutons, après avoir mangé de la morelle, étaient morts ayant offert auparavant des symptômes nerveux, tels que vertiges ; à l'autopsie de ces animaux on a constaté une vive inflammation des voies digestives et de la vessie, qui était fortement contractée (*Journ. de chim., de pharm. et de toxicol.*, 1827). Orfila a pu empoisonner des chiens par l'administration interne et l'application externe de l'extrait de morelle. M. Dunal lui-même a remarqué que ce suc, appliqué sur les yeux, contractait la pupille. Il paraît donc certain que si la morelle peut être mangée impunément dans sa jeunesse, dans certains cas elle exerce une action délétère. Il est probable que l'eau lui enlève, à l'ébullition, ses principes actifs : c'est ce qui pourrait expliquer les contradictions que l'on remarque dans les effets qu'elle produit.

La morelle est très-rarement employée à l'intérieur ; on l'administre quelquefois en injections vaginales et rectales, comme émollient, adoucissant et calmant contre les coliques ; pour l'usage extérieur, on en prépare des cataplasmes regardés comme calmants et maturatifs. On employait ces cataplasmes contre le cancer, les hémorrhoïdes douloureuses, les fissures du mamelon, les ulcères douloureux, les scrofules, etc. Alibert les ordonnait pour calmer le prurit produit par les dartres vives. Celse prescrivait les feuilles incorporées à l'axonge contre l'érysipèle. Le docteur Bone les employait contre les tics douloureux. La décoction est quelquefois employée en fomentations contre le rhumatisme articulaire aigu (Cazin).

La morelle servait autrefois à préparer une eau distillée qui était regardée comme calmant; on en faisait une huile par digestion. Elle entrait dans l'*onguent populeum*, le *baume tranquille*, etc.

En médecine homœopathique, les feuilles de morelle sont quelquefois employées comme calmantes et sédatives; leur signe est *msn.n* et son abréviation *Sol. nig.* Plusieurs autres solanum jouissent des mêmes propriétés.

MORINDE

Morinda umbellata et *royoc* L.
(Rubiacées-Guettardées.)

La Morinde à ombelles (*M. umbellata* L.) est un arbrisseau, dont la tige, haute de 2 à 3 mètres, se divise en rameaux étalés, portant des feuilles lancéolées, aiguës, rudes au toucher. Les fleurs, blanches, petites, sont agglomérées en capitules, dont la réunion constitue une sorte d'ombelle. Elles présentent un calice urcéolé, persistant, à cinq dents très-courtes; une corolle monopétale, à tube assez long, à gorge garnie de poils, à limbe partagé en cinq divisions étalées; cinq étamines incluses, à filets très-courts, à anthères linéaires et presque sessiles; un ovaire à deux loges uniovulées, surmonté d'un style simple terminé par un stigmate bifide. Le fruit, constitué par une réunion de baies, portées sur un réceptacle globuleux, est charnu, anguleux, comprimé, ombiliqué, à quatre noyaux cartilagineux, dont chacun renferme une ou deux graines.

Le Morinde royoc (*M. royoc* L.), appelé aussi Fausse rhubarbe, est un arbrisseau dont la tige, haute de 3 à 4 mètres, grêle et flexible, se divise en rameaux courts et sarmenteux, portant des feuilles opposées, pétiolées, ovales aiguës, glabres et lisses. Les fleurs, blanches, sont groupées en capitules globuleux à l'aisselle des feuilles vers l'extrémité des rameaux; la corolle a le tube étroit, le limbe divisé en cinq lobes ovales aigus, rabattus en dehors. Le fruit est arrondi, charnu et assez semblable à une mûre.

Citons aussi la Morinde à feuilles d'oranger (*M. citrifolia* L.).

Habitat. — Ces arbrisseaux croissent dans les régions chaudes des deux continents; on les trouve en Chine, en Cochinchine, aux Moluques, au Mexique, à la Guyane, dans l'Inde.

Parties usitées. — Les racines, les feuilles, les fruits.

Récolte. — Les fruits du *Morinda* doivent être cueillis à la maturité; les racines, récoltées à l'automne, sont plus riches en matières colorantes.

Composition chimique. — On ne sait rien de positif sur la composition chimique de ces plantes, mais leurs usages en thérapeutique et en teinture doivent faire supposer qu'elles sont riches en tannin.

Usages. — Le fruit du *Morinda citrifolia* est connu dans l'Inde sous les noms de *Cada, Calava* et *Nano*. A Taïti, sa racine donne une teinture safranée. Dans l'Inde, en Chine, dans l'Amérique du Sud, à Cayenne, la racine du *M. royoc* L. est employée à faire de l'encre et de la teinture ; celle du *M. umbellata* L. sert à teindre en jaune.

Le fruit du *Morinda citrifolia* est employé en Cochinchine comme emménagogue. Dans l'Inde, on emploie les feuilles pilées contre les plaies et les ulcères. Aux Antilles, on emploie le suc des racines comme purgatif; il agit à faible dose. On le considère aussi comme vermifuge. Dans l'Inde et en Cochinchine, les *M. citrifolia* et *umbellata* sont recherchés pour la matière colorante jaune qu'on retire de leurs racines. En Cochinchine, en y ajoutant du bois de sapan, on prépare une couleur rouge très-belle et très-solide.

MORINGA

Moringa pterygosperma Gaertn. (*Moringa oleifera* Lamk, *Guillandina Moringa* L.), *M. aptera* Gaertn.
(Copparidacées-Moringées.)

Le Moringa oléifère ou Ben est un arbre de moyenne grandeur, dont la tige droite, haute de 7 à 8 mètres, couverte d'une écorce noirâtre, se divise en rameaux à écorce verte, portant des feuilles alternes, deux fois ailées, imparipennées, à folioles ternées. Les fleurs, blanches, sont disposées en panicules terminales. Elles présentent un calice à cinq sépales presque égaux, oblongs, un peu soudés à la base, caducs; une corolle à cinq pétales presque égaux, le supérieur redressé ; dix étamines inégales, à filets libres, à anthères uniloculaires; un ovaire multiovulé, surmonté d'un style filiforme, aigu. Le fruit est une capsule striée, allongée, s'ouvrant en trois valves, renfermant plusieurs graines munies de trois grandes ailes et contenant un embryon à cotylédons épais et huileux, sans albumen.

Le *Moringa aptera* Gaertn. se distingue nettement du précédent par l'absence d'ailes à la graine.

HABITAT. — Le *Moringa pterygosperma* habite l'Inde, la Cochinchine, Ceylan, les Moluques, etc.; le *Moringa aptera* habite l'Égypte et l'Arabie.

PARTIES USITÉES. — Les racines, les feuilles, les fleurs, les graines.

RÉCOLTE. — La graine est la seule partie que l'on trouve dans le commerce. Elle est connue sous le nom de *Semence de Ben*, ou *Noix de Ben.* Les Grecs la nommaient βάλανος μυρετικός (gland de parfum), et les Latins *Glans unguentaria;* on l'appelait aussi *Balanus myrepsus, Glans ægyptica, Benalbum.* On recevait les semences d'Égypte et d'Arabie, où croît seulement le *Moringa aptera.* Il est donc permis de croire qu'autrefois cette espèce seule fournissait, sinon la totalité, du moins la majeure partie des semences de Ben du commerce; mais, même à cette époque, une partie de ces semences pouvaient être originaires de l'Inde et n'avoir fait que passer par l'Arabie, ainsi que le faisaient un grand nombre de produits indiens. A notre époque, le Moringa ailé (*Moringa pterygosperma*) de l'Inde, fournit une quantité plus considérable de semences au commerce européen que le *Moringa aptera.*

Le fruit du Ben ailé est long de 30 centimètres environ, épais de plus de 2 centimètres, triangulaire, muni de stries longitudinales, à trois valves épaisses, développées sur sa face interne en une sorte de pulpe blanche, spongieuse, dans laquelle se trouvent une quinzaine de semences, isolées les unes des autres par la pulpe qui les enveloppe. Les graines ont la taille d'un gros pois; elles sont triangulaires, noirâtres, et munies au niveau de chaque angle d'une grande aile blanche, mince, papyracée. L'embryon est formé d'une courte radicule et de deux gros cotylédons blancs, huileux, à saveur très-amère et âcre.

Decaisne a décrit sous le nom de *Moringa aptera* Dec. une espèce qu'il ne faut pas confondre avec le *M. aptera* de Gaertner, dont le fruit est plus petit que le précédent; il ne renferme que huit à dix graines; il est moins nettement trigone que le précédent. Les graines sont ovales ou trigones turbinées, d'un gris noirâtre en dehors, dépourvues d'ailes.

A cause de leur coloration, les graines du *Moringa aptera* de Decaisne sont souvent désignées sous le nom de *Noix de Ben grises*, pour les distinguer d'autres graines également aptères, souvent mélangées avec elles, et dont la coloration est blanchâtre. On distingue ces dernières sous le nom de *Noix de Ben blanches*. Ce sont les plus estimées de toutes par le commerce.

Si l'on admet l'opinion de Guibourt, les noix de Ben blanches seraient fournies par le *Moringa aptera* de Gaertner, dont le fruit décrit par lui diffère tout à fait de ceux dont nous avons déjà parlé. Il n'a pas plus de 4 à 5 centimètres de long; il est pointu à l'extrémité supérieure et atténué à l'extrémité inférieure, qui se confond insensiblement avec le pédoncule. Il ne contient que deux graines ovoïdes, triangulaires, à angles saillants, mais non ailés, colorées en blanc un peu verdâtre. Au niveau de chacune des graines, le fruit offre un renflement très-marqué.

Composition chimique. — Les graines de Ben sont riches en huile douce, inodore, rancissant difficilement, très-propre à la parfumerie parce qu'elle se charge facilement des parfums des fleurs. Abandonnée au repos, elle se sépare, au bout d'un certain temps, en deux parties : l'une, épaisse, se congelant à 19° au-dessous de zéro; l'autre, restant liquide, fluide, et, par ce motif, recherchée autrefois par les horlogers. L'huile des graines de Ben contient des acides gras spéciaux : l'acide *bénostéarique*, $C^{21} H^{42} O^{2}$ (Voelker), ou $C^{22} H^{44} O^{2}$ (Strecker), qui ressemble à l'acide stéarique; il fond à 76° et se solidifie à 70°; par le refroidissement, il se prend en une masse cristalline d'aiguilles brillantes; l'*acide bénomargarique*, $C^{15} H^{30} O^{2}$, fond à 52°; il est voisin de l'acide palmitique; l'*acide moringique*, autre acide gras qui a pour formule $C^{15} H^{28} O^{2}$, est homologue de l'acide oléique; il se solidifie vers 0°. On ne connaît pas le principe chimique qui donne aux graines de Ben leur propriété purgative.

Usages. — Les graines de Ben sont, nous venons de le dire, purgatives et employées comme telles dans leur pays d'origine; mais, dans les mêmes pays, on mange l'huile fraîche. Les autres parties de la plante jouissent dans l'Inde d'une réputation médicale plus grande probablement que méritée. On prescrit la racine fraîche à titre de stimulant contre les fièvres intermittentes, et on l'applique sur la peau pour produire la rubéfaction dans les cas de rhumatisme et de paralysie. L'odeur de la racine est très-prononcée; sa saveur est aromatique. Il découle de l'arbre une gomme qu'on emploie, mélangée avec du lait, dans le traitement des bubons. On fait également usage, dans l'Inde, du suc des feuilles ou de leur infusion, de l'écorce de la tige comme anti-spasmodiques. On les administre contre une foule de maladies. L'écorce et la racine du *M. pterygosperma* est très-rubéfiante.

MOUTARDE

Brassica nigra Koch (*Sinapis nigra* L.).
(Crucifères-Brassicées.)

La Moutarde noire ou Sénevé est une plante annuelle, à racines blanches, assez épaisses, fibreuses. La tige, haute de 0^m,60 à 1 mètre, assez robuste, rameuse, glauque, velue, dressée, porte des feuilles alternes, pétiolées, les inférieures grandes, lyrées, pennatifides, à lobe terminal très-grand et plus ou moins sinué, les supérieures lancéolées, atténuées aux deux extrémités, entières ou sinuées. Les fleurs, d'un jaune pâle, sont groupées en grappes terminales. Elles présentent un calice à quatre sépales étalés; une corolle à quatre pétales opposés en croix; six étamines tétradynames; un ovaire allongé-linéaire, à quatre loges multiovulées, surmonté d'un stigmate presque sessile. Le fruit est une silique linéaire, à valves carénées, renfermant des graines brun noirâtre (Pl. 37).

La Moutarde blanche (*S. alba* L.) est aussi annuelle, et se distingue de la précédente par sa taille moins élevée ; ses feuilles plus profondément découpées; ses siliques étalées à la maturité; ses graines jaunâtres, finement ponctuées, disposées sur deux rangs.

La Moutarde sauvage ou Sanve (*S. arvensis* L.) est encore une plante annuelle qui diffère de la moutarde blanche par ses feuilles supérieures inégalement sinuées-dentées, sessiles ou à peine pétiolées; ses siliques glabres, et ses graines noires lisses.

HABITAT. — Ces plantes sont communes en Europe; on les trouve dans les lieux cultivés ou herbeux, au bord des chemins et des ruisseaux, etc.

CULTURE. — La moutarde noire préfère une terre douce, légère, un peu fraîche, bien ameublie et modérément fumée. On sème la graine clair et à la volée, au commencement du printemps. La plante ne demande plus ensuite d'autres soins que des binages et des sarclages.

Parties usitées. — Les semences.

Récolte. — La graine de moutarde du commerce provient de la culture de cette plante, qui se fait en Alsace, en Flandre et en Picardie ; la première est plus grosse que les deux autres. Elle présente des grains anguleux, ou comprimés en divers sens. Sa saveur est très-forte, elle est très-estimée. Elle donne une farine tirant beaucoup sur le jaune, et tout à fait jaune, si on sépare l'épisperme. Celle de Picardie est la plus petite des trois. Elle fournit une farine d'un gris noirâtre, mêlé de jaune verdâtre. Elle est moins forte et moins estimée.

Différentes graines de crucifères, telles que celles du colza, de la navette, peuvent être frauduleusement mélangées avec celles de la moutarde. Celles-ci sont menues, rougeâtres, ou recouvertes d'un enduit gris bleuâtre, ou blanchâtre ; leur saveur est très-âcre. Pilées, elles exhalent à peine de l'odeur, mais si on délaye la farine dans l'eau, on perçoit de suite une forte odeur piquante. Quant à la falsification de la farine de moutarde, par celle de graine de lin, du son, de la sciure de bois, elle est très-facile à reconnaître à l'œil nu ou à la loupe. La graine de moutarde, examinée à la loupe, est presque ronde, ou elliptique arrondie ; l'ombilic est à l'une des extrémités de l'ellipse, l'épisperme est rouge translucide et très-chagriné à sa surface, l'amande est jaune vif. Les grains blancs sont recouverts d'un enduit crétacé que l'on peut enlever.

La graine du *S. arvensis* L. est beaucoup plus grosse que celle de la moutarde officinale. Moins volumineuse que la blanche, examinée à la loupe, on remarque que sa surface est chagrinée. Elle est beaucoup moins active que la moutarde officinale, avec laquelle on la mélange souvent. Le pharmacien doit faire piler lui-même, et non moudre, la farine de moutarde nécessaire à sa consommation. La graine de moutarde blanche est beaucoup plus grosse que les précédentes. Sa couleur est jaune, la forme des grains est elliptique arrondie, l'amande est jaune, l'épisperme translucide, et sa surface est très-légèrement chagrinée.

Composition chimique. — Boerhaave, et d'autres avant lui, avaient constaté que la moutarde renfermait une huile inoffensive fixe, et une huile volatile âcre, irritante et caustique. M. Thibierge constata la présence du soufre dans l'essence, celle d'une matière albumineuse dans le macéré aqueux; par expression, il obtint une huile fixe peu odorante, à laquelle l'alcool enlevait son odeur; il vit en outre que l'éther et l'alcool n'enlevaient pas le principe âcre de la moutarde. Cependant il conclut, à tort, à la préexistence de ce principe dans la graine. M. Guibourt démontra le premier que l'essence ne préexistait pas dans la moutarde, et qu'une température élevée, les acides, l'alcool, etc., s'opposaient à sa formation. Ce fait, extrêmement important, fut confirmé par MM. Robiquet et Boutron, et par M. Fauré, de Bordeaux. Ce dernier chimiste, après avoir admis d'abord qu'une température de 70° favorisait la formation de l'essence, prouva bientôt après, que *tous les corps ou agents qui coagulent l'albumine, s'opposaient à la formation de l'huile essentielle.*

C'est M. le professeur Bussy qui, le premier, a fait connaître les phénomènes de la formation de l'essence de moutarde. On supposait avant lui, que l'alcool qui enlevait au tourteau la propriété de produire de l'essence, agissait en enlevant un corps complexe très-sulfuré, différant de celui qui avait été trouvé déjà dans la moutarde blanche, par MM. O. Henry père et Garot, qu'ils avaient nommé *Sulfosinapisine* ou *sinapisine,* et laissait ainsi l'albumine dans le résidu.

M. Bussy a démontré qu'il existait dans la moutarde noire deux principes. L'un, la *Myrosine,* est une espèce de ferment, que l'on trouve également dans la moutarde blanche. L'autre, l'acide *Myronique,* est le corps fermentescible; il ne se trouve dans la moutarde noire qu'à l'état de *Myronate de potasse.* C'est par l'action de ces deux principes l'un sur l'autre, au contact de l'eau tiède, que se forme l'essence de moutarde; et comme la *Myrosine* est une substance albuminoïde, tous les agents qui coagulent l'albumine s'opposent néessairement à la formation de l'essence, ou, comme on l'a dit, à la *fermentation sinapisique.*

Lorsqu'on exprime la farine de moutarde, on obtient une huile fixe, douce, qui peut être utilisée à divers usages. M. Robinet avait proposé de séparer cette huile, afin d'obtenir un tourteau plus actif. Celui-ci pulvérisé, et traité par l'alcool à 90° C. bouillant, lui cède le reste du corps gras, et coagule la *Myrosine,* ou la rend insoluble, c'est-à-dire impuissante. Ce résidu exprimé, et traité par l'eau bouillante, on a le *Myronate de potasse*, que l'on peut obtenir pur et cristallisé, et duquel on peut isoler l'*acide myronique*, au moyen de l'acide tartrique.

Si maintenant on prend du tourteau de moutarde blanche, si on le pulvérise, et si on le fait macérer dans l'eau tiède, on obtiendra, après filtration, un liquide renfermant un peu d'albumine, que l'on sépare par l'ébullition, et une matière mucilagineuse ou gommeuse, que l'on précipite par l'acétate de plomb. Après avoir séparé l'excès de métal par l'hydrogène sulfuré, on traite le liquide filtré par l'alcool absolu : on obtient alors la *Myrosine*. Or, celle-ci dissoute dans l'eau tiède, et mise en contact avec de l'acide myronique, extrait de la moutarde noire, on produit l'*essence de moutarde;* absolument comme avec l'*Émulsine* ou *Sinaptase*, des amandes douces, et l'*Amygdaline* des amandes amères, on obtient l'*essence d'amandes amères*.

L'essence de moutarde est du sulfocyanure d'allyle, $CAz.C^{8}H^{5}S$. C'est une huile transparente, incolore, douée d'une odeur et d'une saveur piquantes, irritantes au point de provoquer le larmoiement; appliquée sur la peau, elle détermine promptement une forte vésication; elle est peu soluble dans l'eau bouillante, très-soluble dans l'alcool et dans l'éther; elle dissout le phosphore et le soufre. Ses propriétés chimiques sont des plus remarquables. Lorsqu'on la traite par l'acide azotique, elle donne naissance à une matière résineuse que l'on a désignée sous le nom de *résine nitrosinapisique;* celle-ci se détruit quand on active la réaction; il se forme alors de l'acide sulfurique, de l'acide oxalique et de l'*acide nitro-sinapisique*. Traitée par l'hydrate de plomb, de soude, de baryte ou de potasse, l'essence de moutarde donne de la *sinapoline*, du carbonate et du sulfure de plomb. L'essence de moutarde se combine avec l'ammoniaque pour donner de la *thiosinnamine*. Celle-ci, traitée par le bioxyde de mercure ou par l'oxyde de plomb, produit de la *sinnamine*. Disulfurée par l'oxyde de plomb, l'essence de moutarde donne du sulfate de plomb et de la *sinapoline*.

L'essence de moutarde peut être produite artificiellement par synthèse chimique. Elle se forme lorsqu'on traite le bromure d'alhyle par le sulfocyanure de potassium; lorsqu'on fait chauffer en vase clos de l'iodure d'alhyle avec du sulfocyanure de potassium, etc.

Les graines de moutarde noire contiennent encore environ 23 pour 100 d'une huile grasse, mais non siccative, inodore, formée de glycérine combinée avec les acides stéarique et oléique et avec l'*acide érucique* ou l'*acide brassique*. On a trouvé dans la moutarde noire et dans la moutarde blanche de l'*acide sinapolique* et de l'*acide bénique*.

Les graines de moutarde blanche paraissent contenir davantage de myrosine que celles de la moutarde noire, de sorte que l'âcreté de cette dernière est souvent augmentée par l'addition de la moutarde blanche, au lieu d'être atténuée, comme certaines personnes le pensent. Privée de son huile grasse, la moutarde blanche donne, sous l'action de l'alcool bouillant, une substance neutre, la *sinalbine;* d'après Will, la sinalbine serait formée de trois corps : le *sulfocyanose d'acrinyle,* le *sulfate de sinapine* et du sucre. La sinalbine aurait ainsi, d'après Will, la formule $C^{30} H^{44} Az^{2} S^{2} O^{16}$.

Usages. — La farine de moutarde est appliquée à deux grands usages. On s'en sert comme rubéfiant, sous forme de poudre, de sinapismes, de pédiluves, manuluves, ou de bains entiers. En second lieu, elle est la base d'une préparation connue sous le nom de moutarde de table, qui est un apéritif et un digestif des plus recherchés.

L'expérience clinique a confirmé ce que la chimie avait avancé, à savoir que pour que la moutarde ait toute son activité, il faut la délayer dans de l'eau tiède de 30° à 40°. Une température de 70° à 100°, les acides, l'alcool, le tannin, etc., coagulent la myrosine, et l'on n'obtient que des médicaments inactifs. M. Trousseau a prouvé, en effet, par des expériences comparatives, que les sinapismes faits avec la farine de moutarde et du vinaigre très-fort, étaient moins rubéfiants que ceux qui avaient été préparés avec de la *sciure de bois et le même vinaigre*. Ce qui démontre que le vinaigre et la moutarde détruisent mutuellement leurs effets. C'est donc l'eau tiède qu'il faudra toujours employer pour les sinapismes et pour les bains; une macération préalable dans le même liquide sera toujours préférable à l'immersion directe de la farine dans l'eau très-chaude.

Les cas dans lesquels les sinapismes, ou les bains révulsifs, partiels ou généraux, peuvent être employés avec succès, sont extrêmement nombreux. Ils sont utiles toutes les fois que l'on veut produire une dérivation, ou une excitation générale, comme dans l'apoplexie, la paralysie, les affections comateuses, les fièvres typhoïdes, quelques névralgies, la sciatique, l'emphysème pulmonaire, etc., etc. Tout sinapisme bien préparé doit agir en dix minutes, et ne pas rester appliqué plus d'un quart d'heure, ou vingt minutes. Lorsque la sensibilité est pervertie ou abolie, lorsque le coma est profond, et que le malade ne manifeste aucune douleur, il faut avoir le soin de changer les sinapismes de place, sans cela il pourrait y avoir vésication, et plus tard gangrène des parties. Dans ce cas, on combat les accidents locaux à l'aide de cataplasmes narcotiques à base de belladone, de jusquiame ou de stramonium.

Les pédiluves et les manuluves sinapisés, sont employés avec succès dans les migraines, les céphalalgies intenses, pour rappeler le cours des menstrues. Les bains généraux sinapisés sont conseillés par M. Trousseau, dans l'algidité du choléra, contre le refroidissement qui survient chez les enfants atteints de convulsions, ou dans la période suffocante du croup, etc.

A faible dose, à l'intérieur, la farine de moutarde noire est dépurative, purgative et antiscorbutique. On l'administre rarement en France, plus souvent en Angleterre, où on l'utilise surtout comme apéritive. La moutarde de table est préparée avec la fleur de farine de moutarde noire, du vin, du vinaigre et divers aromates. Elle excite l'appétit, augmente la sécrétion gastrique, et facilite aussi la digestion.

La graine de moutarde blanche est employée avec succès comme dépurative, à la dose d'une cuillerée à bouche, contre la constipation, les dyspepsies, l'apepsie, les flatuosités, en un mot dans presque tous les cas où il y a des désordres digestifs graves.

MM. Woelher et Liébig ont proposé, sous le nom de révulsif de moutarde, une solution d'essence dans l'alcool. L'essence pure a été elle-même conseillée, dans les cas où il s'agissait d'opérer sûrement et promptement la rubéfaction ; nous avons dit plus haut qu'elle produit non-seulement la rubéfaction, mais la vésication ; elle peut être utilisée dans ce but.

MUCUNA

Mucuna pruriens, urens, gigantea Adans.
(Légumineuses-Phaséolées.)

Le *Mucuna pruriens* Adans. (*Dolichos pruriens* L., *Stizolobium pruriens* Pers., *Mucuna prurita* Hook.), vulgairement Liane à gratter, Poix pouilleux, est un arbrisseau à tige haute de plusieurs mètres, sarmenteuse, grimpante, épaisse, couverte d'une écorce grisâtre et velue, avec des feuilles alternes, à trois folioles ovales, allongées, velues et presque soyeuses en dessous. Les fleurs, papilionacées, forment de longues grappes pendantes, axillaires et terminales; elles ont l'étendard rouge incarnat, les ailes pourpre violacé et la carène verdâtre. Le fruit est une gousse longue, courbée en S, ridée, rouge brunâtre, noircissant à la maturité, couverte de poils courts, pointus, fragiles; elle s'ouvre en deux valves; elle renferme des graines assez grosses, arrondies, aplaties, à testa coriace, d'un rouge brun, panachées, avec le hile blanchâtre, court.

Le Mucuna à gousses ridées (*M. urens* Adans., *Dolichos urens* L.), appelé aussi Liane à Cacone, se distingue du précédent par ses feuilles à folioles ovales, acuminées; ses fleurs jaunes tachées de pourpre; ses gousses, longues de $0^m,10$ à $0^m,15$, brunes, marquées de rides saillantes, renfermant quatre à six graines très-grosses, brunes, arrondies, aplaties, chagrinées, marquées d'un cercle noir sur les bords.

Le Mucuna gigantesque (*M. gigantea* Adans.) est caractérisé par les dimensions considérables de ses gousses et par ses fleurs jaune soufre.

Habitat. — La première espèce habite les Indes Orientales; il paraît qu'elle se trouve aussi aux Antilles. Les deux autres croissent dans ces îles et dans les parties de l'Amérique du Sud qui en sont voisines. Ces plantes se rencontrent dans les lieux incultes, et surtout dans les bois, où leurs longues tiges grimpent le long des arbres. Elles sont peu cultivées dans leur pays natal; en Europe on les trouve à peine dans les serres chaudes des jardins botaniques.

Parties usitées. — Les gousses, les poils, les graines.

Récolte. — On cueille les gousses au moment de la maturité.

1° Les *gros Pois pouilleux*, *Œil de bourrique* (*Zoophtalmum*, Brown, *Mucuna urens* DC., *Dolichos urens* L.), dont les gousses, renflées à l'endroit des semences, plissées transversalement, sont couvertes de poils caducs, roux, fins, durs et acérés, qui causent une vive démangeaison en s'implantant dans la peau ; les graines, très-grosses, portent le nom vulgaire d'*Œil de bourrique*, à cause de leur ressemblance avec l'œil d'un âne; mais M. Guibourt fait remarquer qu'elles ressemblent beaucoup plus à celui d'une chèvre ; elles sont rondes, un peu aplaties, avec un épisperme brun rougeâtre chagriné, entourées dans les deux tiers de leur circonférence par un hile circulaire creux noir, avec un rebord brun pâle.

2° Les *petits Pois pouilleux* (*Stizolobium* Browne *Mucuna pruriens* DC., *Dolichos pruriens* L.) sont produits par une plante qui est commune aux Antilles, dans l'Inde et aux îles Moluques ; les gousses, plus petites que les précédentes, non ridées, sont indéhiscentes, présentent une suture saillante et sont recouvertes de poils roussâtres brillants et qui produisent une vive démangeaison lorsqu'on les touche ; les graines, de la grosseur d'un petit haricot, sont brunes, luisantes, non chagrinées, avec un hile uni, latéral, très-court, avec un bord proéminent très-dur.

Le *Mucuna pruriens*, d'une hauteur excessive, est connu dans l'Inde sous le nom de *Cadjuet*. Les Européens le nomment *Pois à gratter*, et ses semences sont appelées *Fèves puantes*. Dans l'Inde, le *Mucuna urens* porte le nom de *Cowhage*. Il est remarquable par l'aspect de ses fleurs à étendard couleur de chair, à ailes pourpres et à carène verte.

Composition chimique. — D'après Martius, les pois de ces fruits renferment du tannin et des traces de résine (*Bull. des sc. méd. de Férussac*, t. XII, p. 254). Ce sont les poils seuls qui agissent. On ne sait pas à quelle substance ils doivent leurs propriétés irritantes.

Usages. — Les poils qui recouvrent les gousses des *Mucuna* ont été proposés comme urticants dans le cas où l'on voudrait déterminer une vive et rapide rubéfaction. Le frottement seul suffit pour faire disparaître les démangeaisons qu'ils déterminent, mais les frictions huileuses agissent beaucoup mieux encore. Ces poils, incorporés dans du miel, dans de la thériaque ou tout autre électuaire, ont été proposés contre les ascarides ; ils agissent mécaniquement. On en fait usage dans l'Inde, mais ils ne sont plus employés par les médecins européens. On fait usage dans l'Inde de l'écorce du *M. gigantea* contre les rhumatismes; on la pulvérise, on la mélange à d'autres ingrédients, tels que le gingembre, et on l'applique sur la région douloureuse. Les graines du *M. pruriens* passent pour être aphrodisiaques; il est inutile de dire que cette propriété n'a réellement pas plus été démontrée dans cette plante que dans une foule d'autres auxquelles on l'attribue.

MUFLIER

Antirrhinum majus L.
(Scrofulariacées-Antirrhinées.)

Le Muflier des jardins ou à grandes fleurs, appelé aussi Gueule de lion, Gueule de loup, Mufle de veau, Mufleau, etc., est une plante bisannuelle ou vivace, à racines rameuses, blanchâtres. La tige, haute de $0^{m},40$ à $0^{m},80$, cylindrique, ferme, dressée, un peu rameuse, glabre à la base, pubescente ou glanduleuse au sommet, porte des feuilles alternes, courtement pétiolées ou presque sessiles, entières, planes, glabres, d'un vert foncé, à nervure médiane fortement saillante en dessous, un peu épaisses, étalées; les inférieures oblongues lancéolées, les supérieures lancéolées linéaires. Les fleurs, d'un beau rouge pourpre et à gorge jaune dans le type, mais de couleurs très-variables, sont réunies en grappes terminales munies de bractées courtes. Elles présentent un calice à cinq divisions presque égales, ovales ou arrondies, pubescentes-glanduleuses ; une corolle très-grande, personée, à tube large, renflé à la base, un peu comprimé au milieu, à limbe divisé en deux lèvres, la supérieure à deux lobes réfléchis en dehors, l'inférieure trilobée et présentant un palais saillant bilobé et velu qui ferme complètement la gorge; quatre étamines incluses, didynames, ayant des anthères à deux lobes divergents; un ovaire à deux loges inégales, multiovulées, surmonté d'un style simple terminé par un stigmate obtus. Le fruit est une capsule à base oblique, à deux loges inégales, s'ouvrant au sommet par trois trous, et renfermant un grand nombre de petites graines noires.

HABITAT. — Originaire des régions méridionales, où il croît dans les lieux secs, sur les rochers, les vieux murs, etc., le muflier est naturalisé dans le Nord et fréquemment cultivé dans les jardins d'agrément.

PARTIES USITÉES. — Les feuilles, les fleurs, les racines.

RÉCOLTE. — Les feuilles rarement employées, doivent être récoltées à l'époque de la floraison, les fleurs à leur complet épanouissement, les graines à la maturité du fruit.

COMPOSITION CHIMIQUE. — Les mufliers se rapprochent beaucoup, par leur composition et leurs propriétés, des linaires dont nous avons parlé ; ce sont des plantes inodores, amères. D'après Gmelin (*Découvertes des Russes*, t. II, p. 238), on extrait en Perse des semences, une huile fixe, excellente, et aussi bonne à manger que l'huile d'olive. Pour l'obtenir on fait chauffer les graines, on les réduit en pâte et on exprime à chaud, entre des plaques métalliques. D'ailleurs cette huile est très-peu abondante.

USAGES. — D'après Vogel (*Hist. mat. méd.*, p. 124), les mufliers avaient autrefois dans certains pays, la réputation vulgaire de chasser les esprits, de détruire les charmes et les maléfices. A un point de vue moins déraisonnable, on leur a attribué des propriétés stimulantes; on en use peu aujourd'hui; cependant on a conseillé de les appliquer sous forme de cataplasmes sur les tumeurs.

D'après Loureiro, en Cochinchine, on nourrit les porcs avec l'*A. porcinum* Louv.; l'*A. orontium*, ou *tête de mort*, et l'*A. spurium*, sont indiqués comme usités, mais sans spécification de propriétés.

MUGUET

Convallaria maialis L.
(Liliacées - Asparagées.)

Le muguet de mai ou Lis des vallées est une plante vivace, à rhizome horizontal, noueux, longuement traçant, émettant au dessous de chaque nœud des fibres radicales grêles, fasciculées, blanchâtres, et au-dessus des feuilles radicales, pétiolées, ovales, aiguës, entières, glabres, d'un beau vert, réunies par deux et entourées à leur base d'écailles engaînantes. Les fleurs, blanches, odorantes, sont groupées en grappe au sommet d'une hampe ou pédoncule radical, latéral, haut de $0^m,10$ à $0^m,20$, demi-cylindrique, un peu incliné. Elles sont portées sur des pédicelles longs d'environ $0^m,01$, situés à l'aisselle de bractées très-courtes, et présentent un périanthe campanulé-urcéolé, à six dents réfléchies en dehors; six étamines, insérées à la base du périanthe; un ovaire libre, à trois loges biovulées, surmonté d'un style simple, assez épais, terminé par un stigmate obtus, à trois angles mousses. Le fruit est une petite baie pisiforme, rouge, contenant trois graines.

Le Sceau de Salomon (*C. polygonatum* L., *Polygonatum vulgare* Desf.) est aussi vivace; son rhizome long, épais, charnu, blanchâtre, marqué de cicatrices à la face supérieure, donne naissance à des tiges droites, hautes de $0^{m},30$ à $0^{m},50$, anguleuses, striées, portant des feuilles alternes, presque sessiles, ovales oblongues, glabres, rejetées d'un seul côté. Les fleurs, blanches, à sommet vert, inodores, terminent des pédoncules axillaires pendants et rejetés du côté opposé aux feuilles. Elles ont un périanthe tubuleux-cylindrique. Les baies sont d'un noir bleuâtre.

Habitat. — Ces deux plantes sont communes en Europe; elles croissent dans les bois, les pâturages ombragés, etc. On ne les cultive guère que dans les jardins botaniques ou d'agrément.

Parties usitées. — Les rhizomes, les fleurs, les fruits, les feuilles.

Récolte. — Les fleurs du muguet de mai doivent être récoltées au printemps, au moment où elles s'ouvrent. On les fait sécher rapidement au soleil, et on les conserve dans un lieu sec; elles perdent leur odeur, mais elles conservent leur saveur. On récolte les rhizomes à l'automne. C'est après la floraison qu'il faut récolter les feuilles pour l'extraction du principe actif.

Composition chimique. — En 1858, Wals retira du muguet deux principes, auxquels il donna les noms de *convallarine* et *convallamarine*. Il assignait à la *convallarine* la formule $C^{34}H^{42}O^{11}$. La convallarine cristallise en prismes rectangulaires droits, très-peu solubles dans l'eau, doués d'une saveur désagréable. Quand on la fait bouillir avec des acides, la convallarine se dédouble en *convallarétine*, $C^{34}H^{26}O^{3}$, et en sucre; la convallarétine est cristallisable et soluble dans l'éther. Dans les eaux mères qui restent à la suite de la préparation de la convallarine, Walz avait trouvé une autre substance, la *convallamarine*, remarquable par son amertume; traitée par les alcalis ou les acides, elle donne des cristaux de *convallamarétine*. La convallarine et la convallamarine contiennent les deux principes actifs du muguet.

Ces deux corps ont été bien étudiés dans ces derniers temps par M. Tanret au point de vue chimique, tandis que M. Germain Sée attirait l'attention sur le Muguet au point de vue physiologique et thérapeutique.

Usages. — Les fleurs du Muguet, le rhizome de la même plante et surtout celui du Sceau du Salomon ont joui autrefois d'une très-grande réputation; mais ils étaient oubliés lorsque M. G. Sée les a ramenés à la popularité, en signalant le Muguet comme un médicament cardiaque des plus importants. L'extrait de la plante, à la dose de 1 gramme à 1 gramme et demi par jour, détermine un ralentissement prononcé des battements du cœur avec rétablissement du rhythme normal, augmentation de l'énergie cardiaque et de la pression des artères, avec régularisation des battements artériels, augmentation de l'énergie respiratoire et diminution de la dyspnée; il exerce en même temps sur les reins une action diurétique très-prononcée (Voy. *Bull. de thérap.*, 1882, p. 46). M. Sée considère le Muguet comme supérieur à la Digitale dans toutes les maladies du cœur à la suite desquelles se produit une infiltration des membres ou une hydropisie générale. L'action diurétique du muguet et son action cardiaque ont été mises en évidence par un grand nombre d'observateurs, et doivent être aujourd'hui considérées comme incontestables; mais l'extrait du muguet est d'une action variable et il faut avoir recours aux principes actifs. Les expériences faites avec la convallarine et la convallamarine ont démontré que ces substances sont des poisons du cœur dont l'action se rapproche de celles de la digitaline, de l'elléborine, de l'Upas Antiar, etc. L'injection de 15 à 30 milligrammes de convallamarine dans la veine crurale suffit pour tuer les chiens en quelques minutes par arrêt du cœur et avec accompagnement habituel de convulsions cloniques peu intenses. Il n'est pas douteux que le sceau de Salomon autrefois aussi très en honneur ne jouisse des mêmes propriétés que le muguet.

MUNGO

Orphiorhiza Mungos L.
(Rubiacées - Hédyotidées.)

L'Orphiorhise Mungo est une plante vivace, dont la tige sous-frutescente, peu élevée, porte des feuilles opposées, stipulées, courtement pétiolées, ovales-lancéolées, atténuées aux deux extrémités, glabres et membraneuses. Les fleurs, petites, sessiles, sont groupées en épis dont la réunion constitue des cimes ombelliformes, rameuses, terminales et pédonculées. Elles présentent un calice court, turbiné, persistant, à cinq dents; une corolle en entonnoir, à tube court, à limbe partagé en cinq divisions ovales obtuses, velues à l'intérieur, étalées, cinq étamines à filets courts, à anthères saillantes; un ovaire à deux loges multiovulées, surmonté d'un style filiforme terminé par un stigmate globuleux et bilobé. Le fruit est une capsule comprimée, à deux loges renfermant un grand nombre de petites graines brunâtres.

Habitat. — Le mungo croît dans l'Indoustan, à Ceylan, à Java, etc. On le trouve à peine en Europe, dans quelques jardins botaniques.

Parties usitées. — Les racines.

Récolte. — Peu de substances ont porté autant de noms que la racine de *Mungo* ou *Mongo*, ou de *Mangouste*. On l'a encore nommée *Chonlin, Chouline, Chuline, Souline, Racine d'or, Racine jaune, Racine amère de la Chine*; d'après M. Guibourt, la racine désignée sous le nom de *Foli des Chinois* est analogue au *Chynlen* de Bergius (*Mat. méd.*, t. II, p. 967), et au *Raiz de mungo* décrit par Rumphius, que Linné attribue à l'*Ophioxylon serpentinum* L. de la famille des *Apocynées*, que Loureiro et certains auteurs font venir du *Thalictrum sinense*, et plusieurs autres de l'*Ophiorrhiza mungos* Lin. M. Guibourt, contrairement à l'opinion de Linné, rapporte la racine de mungo au *Radix mustelæ*, ou *Raiz de mungo* de Rumphius. Sous le nom de *racines de chylen*, cet auteur décrit deux substances : l'une qui lui a été remise par M. Idt, sous le nom de *Racine d'or*, est de la grosseur d'une plume à écrire, longue de deux à trois centimètres, tortueuse, d'un jaune obscur, inodore et très-amère; elle donne, avec l'eau, une infusion jaune qui rougit par le sulfate de fer; la seconde espèce, que M. Guibourt tenait de M. Lodibert, est plus grosse et peut acquérir le volume du doigt; sa longueur est de cinq à six centimètres.

Composition chimique. — La racine de mungo ou de chylen n'a pas été analysée. On sait seulement qu'elle renferme en abondance un principe amer, et une matière colorante jaune. La matière extractive s'y trouve quelquefois en si grande quantité, que sa cassure est vitreuse.

USAGES. — De même que l'ophiorrhiza a pour étymologie ὄφις, serpent, ῥίζα, racine, la racine de mungo ou de mangouste, tire son nom d'une espèce d'animal appelée mungo ou mongo, appartenant au genre Mangoustan, qui est très-voisin du genre Civette, parce que cet animal, regardé dans les pays qu'il habite comme un ennemi acharné des reptiles, ronge, pour se guérir, la racine de la plante dont il est question quand il est mordu par un serpent. On va même jusqu'à dire qu'il mange de cette racine lorsqu'il se dispose à aller combattre ces reptiles. Ce fait, tout extraordinaire qu'il paraisse, est attesté par Garcias, Kæmpfer et Rumphius. Il a conduit les habitants de l'Indoustan, de Ceylan, des îles de la Sonde et des Moluques, à l'employer contre la morsure des animaux venimeux et contre la rage.

Parmi les substances dites *Serpentaires*, c'est-à-dire employées contre la morsure des serpents venimeux, celle de mungo ou de mangouste a été l'une des plus estimées. Garcias la décrit sous le nom de *Lignum colubrinum, arimum, seu laudatissimum*, et le nom de bois de couleuvre lui est donné dans beaucoup d'ouvrages.

Elle entre, dit-on, dans la composition des fameuses *Pierres de Goa*, espèces de bézoards artificiels, très-recherchés autrefois contre un grand nombre de maladies.

Bergius dit que la racine de chylen est vomitive et qu'il l'a souvent employée avec avantage en Chine. A Batavia, on s'en sert contre les coliques, les fièvres putrides, et les vomissements. On l'administre en décoction.

MURIER

Morus nigra L.
(Morées.)

Le Mûrier noir est un arbre dont la tige, haute de 10 à 12 mètres, irrégulière, couverte d'une écorce rude et grisâtre, à suc laiteux, se divise en rameaux nombreux, longs, étalés, portant des feuilles alternes, pétiolées, ovales-aiguës, profondément échancrées en cœur à la base, dentées, quelquefois lobées, assez épaisses, velues, rudes au toucher, d'un vert sombre. Les fleurs monoïques, petites, verdâtres, sont groupées en épis ou chatons axillaires pédonculés. Les mâles, en épis allongés, ont un calice à quatre sépales ovales, soudés à la base, concaves, étalés lors de la floraison ; quatre étamines à filets grêles, rugueux. Les fleurs femelles, en épis ovoïdes ou arrondis, ont le calice à quatre sépales ovales, concaves, libres, dressés, opposés par paires, devenant charnus et succulents à la maturité; un ovaire libre, à deux loges inégales, uniovulées, surmonté de deux styles grêles, dont le stigmate occupe la face interne. Le fruit est une sorose ovoïde, pourpre noirâtre, formée en grande partie par la réunion et la soudure des calices charnus succulents, dont chacun renferme un petit akène.

On remarque encore dans ce genre le Mûrier blanc (*M. alba* L.), et le Mûrier de Chine ou à papier (*M. papyrifera* L.), devenu le type du genre *Broussonnetia* de Duhamel.

Habitat. — Originaire de la Perse, ou même de la Chine, d'après quelques auteurs, le mûrier noir est aujourd'hui cultivé et presque naturalisé dans les régions méridionales de l'Europe.

Culture. — Cet arbre est très-rustique; il préfère toutefois une exposition abritée et un peu ombragée, un terrain meuble et substantiel. On le propage de graines, et mieux de marcottes ou de boutures; on ne transplante les jeunes pieds que lorsqu'ils sont assez forts. La taille se réduit à enlever le bois mort et à éclaircir les parties trop touffues.

Parties usitées. — L'écorce de la racine, les feuilles et les fruits.

Récolte. — L'écorce de la racine très-employée autrefois, et qui l'est à peine aujourd'hui, doit être recueillie avant la maturité des fruits. On la donne en infusion; la dose est de 5 à 15 grammes, et sèche en poudre de 2 à 4 grammes. Les fruits sont récoltés un peu avant leur parfaite maturité, lorsqu'ils perdent leur couleur rouge pour en prendre une noire.

Composition chimique. — L'écorce des divers mûriers, surtout celle du mûrier à papier (*M. papyrifera*), est très-riche en fibres. Les fruits sont mucilagineux, acides et sucrés. Ils renferment en effet de la pectine, de l'acide pectique, de l'acide tartrique et du sucre.

Usages. — Les fruits du mûrier, nommés mûres, servent à préparer un sirop qui se fait avec le suc légèrement fermenté, dans lequel on fait dissoudre, à une douce chaleur, le double de son poids de sucre. Ce sirop est regardé comme acidulé, rafraîchissant; il est très-agréable à boire. On l'emploie surtout sous forme de gargarismes et de collutoires, dans les inflammations de la gorge et de la bouche. On le prescrit quelquefois à la dose de 60 grammes contre les fièvres bilieuses, putrides et inflammatoires, ainsi que dans les phlegmasies légères. Le fruit fermenté peut être transformé en un vin assez agréable, mais qui se conserve mal. On peut en fabriquer du vinaigre et en extraire de l'alcool par distillation. D'après le naturaliste Pallas, ces diverses opérations se pratiquent en Sibérie.

Déjà à l'époque de Dioscoride, l'écorce de racine de mûrier était employée comme anthelmintique ; un grand nombre d'auteurs, parmi lesquels nous citerons Jérôme Mercurialis, Daniel Sennert, Nicolas Andry, la recommandèrent contre les lombrics et le ténia. Lieutaud au contraire assure qu'elle ne possède aucune propriété vermifuge. Pline dit qu'elle est tout à la fois purgative et vermifuge. Cette écorce est aujourd'hui tout à fait inusitée dans la pratique médicale.

D'après Antoine Ferrein (*Mat. méd.*, t. I, p. 279, t. III, p. 312) et Desbois de Rochefort (*Mat. méd.*, t. II, 197), la racine même du mûrier blanc jouit de propriétés vermifuges.

Les feuilles du mûrier noir peuvent servir à nourrir les vers à soie ; mais on leur préfère avec juste raison celles du mûrier blanc, surtout celles du mûrier multicaule (*M. multicaulis* Perrottet), dont les feuilles sont plus grandes et plus nombreuses. Le *M. tinctoria* L., *Broussonetia tinctoria* Kunth, de l'Amérique du Sud et du Nord, fournit un bois, nommé fustoc, employé pour la teinture en jaune. Le *M. papyrifera* L., *Broussonetia papyrifera* Vent., appelé *Aouta* à Taïti et *Tchukou* en Chine, fournit des fibres qui servent à fabriquer des pagnes et autres vêtements. On en fait aussi du papier et des cordes.

MUSCADIER

Myristica officinalis L. *M. moschata* Lam.
(Myristicées.)

Le Muscadier aromatique est un arbre, dont la tige, haute de 10 à 12 mètres, droite, couverte d'une écorce peu épaisse, assez unie, brun jaunâtre, se divise en rameaux étalés, couverts d'une écorce luisante et d'un beau vert, portant des feuilles alternes, pétiolées, grandes, ovales lancéolées, coriaces, vert foncé en dessus, blanchâtres en dessous, persistantes. Les fleurs, dioïques, petites, jaunâtres, pendantes à l'extrémité de pédicelles longs et grêles, sont réunies, au nombre de quatre à six, en fascicules portés sur des pédoncules axillaires très-courts. Elles présentent un calice campanulé, à trois divisions ovales aiguës, pubescentes, et sont dépourvues de corolle.

Les mâles renferment ordinairement douze étamines, soudées à la fois par les filets et par les anthères en un tube court. Les femelles ont un ovaire libre, ovoïde, à une seule loge uniovulée. Le fruit est une drupe arrondie ou un peu allongée, lisse et d'un vert blanchâtre, du volume d'une petite orange. Le péricarpe ou brou, à chair blanche et filandreuse, s'ouvre par le haut en deux valves charnues, épaisses, laissant voir un arille (ou mieux un faux arille ou *arillode*) découpé en lanières, qui passe de la teinte carnée au rouge écarlate vif (*macis*). On trouve enfin la graine (*noix muscade*), qui, sous une enveloppe fragile, renferme une amande grosse, ovoïde, à chair très-dure, blanche, huileuse, très-odorante (Pl. 38).

HABITAT. — Le muscadier croît dans les régions chaudes de l'Inde, aux îles de la Sonde, aux Moluques, et notamment aux îles de Banda. C'est de là qu'il a été importé successivement aux îles de France et de la Réunion, au Bengale, à Sumatra, à Cayenne, aux Antilles, etc. Sous nos climats, on ne peut le cultiver qu'en serre chaude.

PARTIES USITÉES. — Les amandes ou *Muscades*, et l'arillode ou *Macis*.

RÉCOLTE. — L'amande de muscadier se trouve dans le commerce dépourvue de ses enveloppes. Elle est arrondie, un peu ovoïde, de la grosseur du pouce, et au-dessus elle présente des rides et des sillons nombreux gris blanchâtres, brun rougeâtres sur les saillies; coupée, elle montre un intérieur gris, veiné de rouge; sa consistance est dure, quoique se laissant entamer au couteau; l'odeur en est forte, aromatique, la saveur huileuse, âcre et chaude. On doit préférer les muscades grosses et pesantes; la matière blanche que l'on trouve dans les sillons est du carbonate de chaux, provenant de l'usage qu'on a en Asie de les tremper dans l'eau de chaux avant de les livrer au commerce. Cette opération a pour but d'empêcher les insectes d'attaquer l'amande. Souvent, dans le commerce, les trous faits par les larves sont bouchés avec une pâte préparée avec la poudre et le beurre de muscade.

Les *Muscades de Cayenne* sont plus petites, moins huileuses que celles des Moluques. On en trouve rarement en France. Elles arrivent entourées de leurs coques et quelquefois même de leur *macis*; l'épisperme est brun foncé, ou noir, luisant, comme verni. Voici d'ailleurs les dimensions des deux muscades.

	Longueur des coques.	Largeur.	Longueur des amandes.	Épaisseur.
Muscades des Moluques. . .	0m,027 à 0m,031	0m,022 à 0m,024	0m,023 à 0m,026	0m,020 à 0m,021
— de Cayenne. . .	0m,025 à 0m,027	0m,017 à 0m,019	0m,019 à 0m,022	0m,015 à 0m,081

La muscade ronde des Moluques est nommée quelquefois *Muscade femelle*, et *Muscade cultivée*.

On désigne encore sous le nom de *Muscade longue des Moluques*, ou de *Muscade sauvage* et de *Muscade mâle*, l'amande du *Myristica tomentosa* Thunb. et Willd., *M. fatua* Houtt et Blum., *M. dactyloïdes* Gaertn., arbre très-élevé dont les fruits sont elliptiques et cotonneux ; la semence est également elliptique terminée en pointe mousse, longue de 0m,04, et large de 0m,025 environ. Elle est toujours recouverte de sa coque; celle-ci porte l'impression d'un macis divisé en quatre bandes allant de la base au sommet; l'amande est marbrée en dedans, mais moins huileuse que celle des Moluques.

Le *Macis*, ou la fausse arille, a été improprement appelé quelquefois *Fleur de muscade*. Ce sont des espèces de capsules entourant presque complétement la graine, laissant des dépressions sur l'épisperme ; dans le commerce, le macis est en lanières plates, déchiquetées, cartilagineuses, cassantes, d'une couleur qui varie du jaune au jaune rougeâtre. On le trempe dans l'eau de mer pour lui conserver sa flexibilité; il est plus aromatique que les autres parties du fruit, sa saveur est chaude, aromatique, très-agréable, moins âcre que celle de la muscade.

Parmi les plantes du même genre, qui fournissent des semences plus ou moins comparables à la muscade, nous signalerons le *M. spuria* des îles Philippines, le *M. madagascariensis* de Madagascar, le *M. bicuiba* du Brésil, le *M. otoba* de la Colombie, et le *M. sebifera* (*Virola sebifera* Aubl.), dont la semence fournit un suif jaunâtre peu aromatique, qui sert à faire des bougies ; etc.

Composition chimique. — Par la distillation des muscades avec de l'eau, on obtient une huile essentielle ; par expression des amandes pulvérisées, on extrait un mélange d'huile fixe et d'huile volatile, qui est désigné dans le commerce sous le nom de *Beurre de muscade*. On prépare ce produit sur les lieux de production, avec les amandes brisées, ou avec les rebuts ; il nous arrive sous la forme de pains carrés longs, enveloppés de feuilles de palmier. Il est solide, gras, onctueux, friable, jaune pâle, marbré en jaune, rougeâtre, son odeur est très-forte. Celui du commerce est souvent altéré, soit par l'addition de matières grasses inodores, soit par soustraction de l'essence ; on dit même qu'on le colore par le curcuma. Les pharmaciens consciencieux le préparent eux-mêmes ; il est alors jaune pâle, d'une odeur forte et très-suave, d'une apparence cristalline.

L'huile volatile qui donne aux muscades leur odeur et leur saveur est composée en majeure partie, d'après Cloez, d'un hydrure de carbone auquel il assigne la formule $C^{10} H^{16}$. Gladstone a encore extrait de l'essence brute un corps qu'il nomme *myristicol* et auquel il assigne la formule $C^{10} H^{14} O$; il est isomérique avec le carvol. On a extrait du beurre de muscade un *acide myristicique*, autrefois considéré comme un stéaroptène, auquel on avait donné le nom de *myristine*. On a extrait du macis deux huiles fixes et une essence douée d'une odeur très-agréable, incolore, très-fluide.

On trouve depuis quelque temps dans le commerce deux cires, qui sont produites par des myristicas : la première est la *Cire d'Ocuba ;* elle est d'un blanc jaunâtre, soluble dans l'alcool bouillant, fusible à 36° 5 ; on l'extrait de l'amande de plusieurs *myristicas,* et principalement du *M. ocuba ;* la seconde nommée cire de *Bicuiba* paraît provenir du *M. bicuiba ;* elle est d'un blanc jaunâtre, soluble dans l'alcool bouillant, et fusible à 35°.

USAGES. — La muscade et le macis sont des condiments aromatiques, très-fréquemment employés dans l'art culinaire, peu usités en médecine. On en fait un usage considérable aux Indes Orientales ; les habitants des Moluques en assaisonnent leurs mets et leurs boissons. Ces condiments entrent dans une foule de liqueurs cordiales et stomachiques ; ils aident à la digestion, en augmentant la sécrétion gastrique ; ils conviennent dans la faiblesse de l'estomac et des autres viscères abdominaux. Employés à l'excès, ils peuvent produire une surexcitation susceptible d'aller jusqu'à une sorte d'ivresse. Ils augmentent la circulation et la chaleur animale. Bontius, Lobel, Ettmuller et Ainslie, en faisaient le plus grand cas. Ferrein dit qu'on les emploie contre les fièvres putrides, adynamiques et pestilentielles. Cullen et Hoffmann les conseillent seuls, ou associés à d'autres substances contre les fièvres intermittentes. Ils entrent dans une foule de médicaments composés, parmi lesquels nous signalerons ceux que l'on emploie encore quelquefois, tels que : le *Diaphœnix*, l'*Esprit carminatif de Sylvius*, l'*Eau de mélisse des carmes*, l'*Élixir de Garus*, la *Thériaque*, le *Vinaigre antiseptique* ou *des Quatre voleurs*, etc., etc.

Le beurre de muscade est le principe actif du *Baume Nerval,* très-employé contre les douleurs. Il fait lui-même partie du *Liniment de Rosen,* très-fréquemment usité contre la coqueluche et les douleurs.

Le muscadier *otoba* donne un macis qui, incorporé à la graisse, est employé contre la goutte, les rhumatismes et la gale. Zea rapporte qu'il découle de cet arbre une gomme-résine nommée *Otolea* qui, d'après Alibert (*Mat. méd.*, t. II, p. 250), est employée contre une foule de maladies.

Nous avons dit plus haut que la semence de muscadier à suif (*M. sebifera*) était employée dans l'industrie pour faire des bougies, et qne l'on trouvait dans le commerce deux genres de cires produits par des muscadiers : la cire d'Ocuba et la cire de Bicuiba.

MUSSÆNDA

Mussænda luteola Del. *Ophiorhiza lanceolata* Forsk.
(Rubiacées - Gardéniées.)

Le Mussænda est un arbrisseau à rameaux cylindriques, grêles, couverts d'une écorce brunâtre, velue, portant des feuilles opposées, munies de stipules presque sessiles, ovales lancéolées, atténuées aux deux extrémités, d'un vert pâle à la face inférieure, où les nervures sont saillantes. Les fleurs sont ternées et groupées en courtes panicules dichotomes. Elles présentent un calice adhérent, à cinq dents subulées, dont une plus grande, bractéiforme, jaunâtre, glabre, réticulée ; une corolle à tube grêle, dilaté au sommet, à limbe divisé en cinq lobes ovales lancéolés ; cinq étamines incluses ; un ovaire simple, arrondi, à deux loges multiovulées, surmonté d'un style capillaire, aussi long que le tube de la corolle, et terminé par un stigmate bifide.

Habitat. — Cet arbrisseau croît en Égypte. On ne le trouve, en Europe, que dans les jardins botaniques; il exige la serre chaude.

Parties usitées. — Les écorces.

Récolte. — Plusieurs auteurs ont attribué au *Mussænda stadmanni* ou plutôt *Mussænda landia* Lam., un faux quinquina, que M. Guibourt désigne sous le nom de *Quinquina de l'Ile Bourbon ;* aux îles Maurice et de la Réunion, l'écorce de cette plante porte le nom de *Quinquina indigène;* elle est roulée, couverte d'un épiderme gris noirâtre, avec des taches grises par places, à surface rugueuse, fissurée, ressemblant à du quinquina gris; son liber est mince, gorgé de suc à l'extérieur, dur, compacte, brun foncé.

COMPOSITION CHIMIQUE. — L'analyse des écorces des divers mussænda, toutes placées dans les faux quinquinas, n'a pas été faite; elles présentent une saveur plutôt astringente qu'amère, et légèrement aromatique.

USAGES. — La qualité faiblement astringente de ces écorces n'est pas douteuse; on leur a attribué à tort des propriétés fébrifuges; on ne les a employées que dans les lieux de production; les fleurs de ces plantes sont usitées à l'Ile de France (Maurice) comme diurétiques et pectorales.

MYRICA

Myrica gale L.
(Myricées.)

Cet arbrisseau, qu'on appelle vulgairement Galé odorant, Piment royal ou aquatique, Myrte ou Poivre de Brabant, etc., ne dépasse guère la taille d'un mètre. Sa tige, très-rameuse, porte des feuilles alternes, courtement pétiolées, oblongues ou lancéolées, légèrement dentées dans leur partie supérieure, glabres ou à peine pubescentes, d'un vert assez foncé en dessus, plus pâle en dessous, parsemées de points résineux. Les fleurs, verdâtres, dioïques, sont groupées en chatons latéraux et terminaux. Les mâles sont placées à l'aisselle d'une écaille canaliculée, brunâtre, bordée de blanc; elles présentent quatre étamines à filets courts. Les fleurs femelles, placées également à l'aisselle d'une écaille munie, en dedans et à la base, de deux écailles plus petites, ont un ovaire sessile, uniovulé, surmonté de deux styles grêles, soudés à la base, et portant chacun un stigmate à la face interne. Le fruit est une baie, ou plutôt une petite drupe sèche, arrondie et monosperme.

Parmi les autres espèces que renferme ce genre, nous citerons l'Arbre à cire ou Cirier de la Louisiane (*M. cerifera* L.), petit arbre de 4 à 5 mètres de hauteur, à feuilles lancéolées et persistantes, à fruits petits, arrondis, charnus, d'un noir bleuâtre, recouverts d'une substance d'aspect farineux, blanc verdâtre, onctueux, qui n'est autre que de la cire; et le cirier de Pensylvanie (*M. Pensylvanica* Hort. Par.).

HABITAT. — Le Galé croît dans les régions septentrionales des deux hémisphères; il habite surtout les lieux humides et marécageux. Les deux autres espèces sont propres à l'Amérique du Nord. Ces végétaux ne sont cultivés, en Europe, que dans les jardins botaniques.

Parties usitées. — Les feuilles, les fruits, les cires qu'ils produisent.

Récolte. — Les noms de Myrte, Batavel, Piment royal, etc., ont été donnés à cette plante à cause de l'odeur aromatique de ses feuilles; les fruits du *Myrica* cirier ou arbre à cire (*M. cerifera* et *pensylvanica*) sont disposés en paquets très-serrés, recouverts de petits corps noirâtres, arrondis, portant des poils nombreux; ces corps noirâtres, qui ont une odeur et une saveur de poivre très-marquées, laissent exsuder une matière cireuse d'un blanc de neige très-brillant; aussi, ces plantes ont-elles été nommées Cirier de la Louisiane et Cirier de Pensylvanie; et le *M. cordifolia* L. du Cap de Bonne-Espérance est appelé *Buisson de Cire*. Par ébullition des fruits dans l'eau, on obtient une cire qui sert à faire des bougies et qui, en brûlant, répand une odeur très-aromatique.

La cire des myrica vient des États-Unis. Elle est jaune ou verte; la première est la plus aromatique; elle serait obtenue, suivant Duhamel, en versant de l'eau bouillante sur les fruits placés sur un plan incliné; et la seconde, par l'ébullition du résidu de l'opération précédente dans l'eau. Plus généralement, on jette les fruits dans l'eau bouillante; au bout de quelque temps, la couche de cire qui les recouvrait s'en sépare et surnage; elle est alors verdâtre, mais il est facile de l'épurer et de la blanchir. La cire de myrica est cassante au point de pouvoir être réduite en poudre; mais il suffit de la presser fortement pour la rendre flexible et ductile comme celle des abeilles.

La cire des myrica fond à 43°, au lieu que celle d'abeilles fond à 65°; elle ne prend pas le même lustre par le frottement; mais ces deux défauts disparaissent en partie lorsqu'on la soumet à une longue ébullition dans l'eau ou qu'on la blanchit par l'exposition à l'air, en couches minces; mais son point de fusion ne monte pas au-dessus de 49°; le mélange de la cire d'abeilles avec celle des myrica se reconnaît à l'odeur, et à ce que le mélange étant plus fusible, se ramollit dans les doigts et s'y attache, tandis que la bonne cire d'abeilles peut être pétrie dans les doigts sans y adhérer.

Composition chimique. — Toutes les parties des myrica répandent une odeur aromatique assez agréable; les fruits peuvent donner, d'après M. Boussingault, jusqu'à 25 p. 100 de matière cireuse; cette cire a été examinée par M. Chevreul, qui a vu qu'elle donne à la saponification des acides margarique, stéarique, oléique, et de la glycérine.

Usages. — Nous avons déjà dit que la cire des myrica servait à faire des bougies d'assez mauvaise qualité; mais qui, malgré cela, sont assez recherchées à cause de l'odeur agréable qu'elles répandent en brûlant. Cette cire, ainsi préparée, se consume lentement. Dans la Caroline, on confectionne avec cette substance une espèce de cire à cacheter. D'après Thunberg (*Voyage au Japon par le cap de Bonne-Espérance*, t. I, p. 212), les Hottentots mangent la cire de myrica seule ou avec de la viande.

Dans l'Amérique du Nord, la racine du myrica cirier est employée en décoction comme astringente contre les hémorrhagies de l'utérus, et contre les infiltrations séreuses qui suivent les fièvres d'accès (de Candolle, *Essai*, etc., p. 272). Le *M. gale*, qui est recouvert d'une poussière aromatique jaune d'or, est employé pour chasser les insectes; on emploie les feuilles, surtout en Chine, en infusion théiforme, comme stimulantes, cordiales et stomachiques. Champmann, Dana et Maun (*Mém. de l'Académie royale de médecine*, t. I, p. 459), disent que les racines du *M. pensylvanica* L. sont vomitives; au Brésil, on emploie contre les douleurs une matière ciro-résineuse nommée dans le pays *Tabocas combicurbo*, que l'on croit provenir d'un myrica; on la conserve dans des tiges creuses de végétaux (*Bullet. des Sciences médicales* de Férussac, t. XX, p. 278).

MYROBALAN

Terminalia chebula Lam. *Myrobalanus chebula* Gaertn.
(Combrétacées - Terminaliées.)

Le Myrobalan chébula est un arbre dont la tige, haute de 6 à 8 mèt., se divise en rameaux portant des feuilles presque opposées, pétiolées, ovales, entières, ramassées en bouquets à l'extrémité des rameaux. Les fleurs, polygames, sont groupées en verticilles, dont la réunion constitue une grappe terminale. Elles présentent un calice à limbe partagé en cinq divisions étalées, et sont dépourvues de corolle. Les fleurs mâles ont dix étamines saillantes; les fleurs hermaphrodites ont, en outre, un ovaire infère, à une seule loge pluriovulée, surmonté d'un style et d'un stigmate simple. Le fruit, auquel s'applique plus particulièrement le nom de *Myrobalan*, est une drupe ovoïde, allongée, brunâtre, monosperme par avortement, à noyau allongé, épais, marqué de dix côtes obtuses.

Le mirobalan Indien n'est autre chose que le fruit de l'espèce précédente, cueilli longtemps avant sa maturité, et probablement piqué par un insecte. Il est très-petit, dur, compacte, d'un noir foncé, et présente une cavité à la place du noyau.

Le myrobalan citrin (*T. citrina* Roxb., *M. citrina* Gaertn.) n'est, suivant plusieurs auteurs, qu'une simple variété du chébule. Il est moitié moins gros, ovoïde, allongé, jaune pâle, à angles variables et ridés, à chair sèche et jaunâtre.

Le myrobalan belleric (*T. bellerica* Roxb., *M. bellerica* Gaertn.) est ovoïde, arrondi, brunâtre, et de la grosseur d'une olive.

Le myrobalan emblic est le fruit d'une euphorbiacée du genre Phyllanthe (V. ce mot).

Habitat. — Les Myrobalans chébules, indique et citrin, croissent dans l'Hindoustan et dans les régions voisines. On les trouve rarement dans les jardins botaniques de l'Europe.

Parties usitées. — Les fruits.

Le nom de *Myrobalan* vient de μύρον, onguent, parfum, et de βάλανος, *gland* ou *fruit*, soit que ce fruit ait été employé comme cosmétique, soit à cause de la confusion qui en a été faite par Pline et par d'autres auteurs, avec la noix de ben.

Le *Myrobalan citrin* se présente sous trois formes principales :

1° *Myrobalan jaune et ovoïde anguleux*, dont la substance du noyau présente des cavités rondes pleines d'une résine analogue au succin;

2° *Myrobalan verdâtre et pyriforme*, ressemblant aux chébules par leur forme, mais en différant par leur couleur verdâtre, leur volume, qui est moins grand;

3° *Myrobalan brunâtre et ovoïde arrondi*, à chair extérieure brune, presque noire, ou dure et compacte; dans le commerce, on les vend souvent pour des myrobalans bellerics et pour des chébules.

Les *Myrobalans chébules* (*Myrobalanus chebulæ* Gaertner), allongés en poire, à angles souvent réguliers et rugueux, rudes au toucher, bruns jaunâtres ou verdâtres, pesants, à cassure luisante et résineuse; leur saveur est astringente, l'amande est douce.

Les *Myrobalans indiens* se distinguent par leur petite taille, leur couleur noire, leur surface ridée, leur consistance dure ; leur saveur est astringente et aigrelette ; on croit que c'est le *chebule* cueilli avant sa maturité.

Le *Myrobalan belleric* (*Myrobalanus bellerica* Gaertner), est ovale, presque rond; sa surface n'est pas rugueuse, ses angles sont arrondis ; il est terminé, du côté du pédoncule, en une pointe très-courte, et sa couleur est gris rougeâtre, mat et cendré ; sa chair est brunâtre, poreuse et friable; son amande a un goût de noisette.

On trouve souvent mêlée aux myrobalans citrins du commerce une galle que les Indous nomment *Kadukai* et *Kadukai poo* (fleur de Kadukai), nom que l'on donne dans ce pays aux myrobalans citrins; elle a été décrite par Samuel Dale, et par Geoffroy, sous le nom de *Fève du Bengale;* ces auteurs pensaient que ce pouvait être le fruit du myrobalan citrin, devenu monstrueux par suite de la piqûre d'un insecte.

Composition chimique. — Le nom de myrobalan fait supposer que les fruits auxquels on donnait autrefois ce nom étaient odorants. Ceux que nous connaissons aujourd'hui sous le même nom sont tout à fait inodores. On peut donc supposer qu'il n'y a pas identité entre les myrobolans des anciens auteurs et ceux de la matière médicale moderne. On croit que le myrobolan des Grecs était notre noix muscade, tandis que le myrobolan des Arabes était le fruit auquel nous donnons aujourd'hui ce nom.

Les myrobolans ont une saveur sucrée et astringente. Il n'en a pas été fait d'analyse.

Usages. — On a regardé les myrobalans comme laxatifs d'abord, et astringents ensuite ; ils agissent comme la rhubarbe, qui constipe après avoir purgé ; on les a employés contre la diarrhée, la jaunisse, la dysentérie, etc. ; dans l'Hindoustan, on emploie les chébules contre les aphtes; d'après Ainslie, ces fruits sont d'autant plus purgatifs qu'ils ne sont pas mûrs. Matthiole (Pietro-Andrea Mattioli, né à Sienne en 1500, mort en 1577) parle longuement des myrobalans; il les vante dans un grand nombre de maladies ; ils entraient autrefois dans une infinité de préparations pharmaceutiques ; ils sont aujourd'hui inusités dans la médecine pratique française.

MYROXYLON (TOLUIFERA)

Toluifera Balsamum H. Bn, var. *genuina*, *Pereiræ*, *Punctata*.
(Légumineuses-Sophorées.)

Le *Toluifera Balsamum* var. *genuina* (*Myrospermum Toluiferum* A. Rich., *Myroxylon Toluifera* H. B. K., *M. Hanburyanum* Kl.), qui produit le *Baume de Tolu* véritable, est un arbre toujours vert, à tronc uni, droit, haut, ne se ramifiant qu'à 12, 15 et même 18 mètres au-dessus du sol, et terminé par une magnifique couronne de feuillage. Les feuilles sont alternes, composées, imparipennées, stipulées ; elles ont de sept à neuf folioles membraneuses, ovales, insymétriques à la base, riches en glandes ponctiformes ou linéaires, translucides. Les fleurs sont blanches, disposées en grandes grappes axillaires, denses, simples. Le réceptacle floral est turbiné, revêtu en dedans d'un disque glanduleux. Le calice est gamosépale, divisé en cinq petites dents valvaires et souvent inégales ; la corolle est peu développée, formée d'un étendard presque orbiculaire, d'ailes et d'une carène à pétales petits, étroits, lancéolés. L'androcée est formé de dix étamines à filets libres ou brièvement unis à la base ; le gynécée est formé d'un ovaire excentrique, longuement stipité, uni ou biovulé. Le fruit est formé par un long pédoncule muni de deux ailes membraneuses très-inégales, l'une très-étroite, l'autre très-large, répondant à la face concave du fruit ; la graine est unique, réniforme. Les parois du fruit et ses ailes offrent de nombreuses cavités remplies d'oléo-résine. Des cavités analogues existent dans toutes les parties de la plante. Dans la tige et les rameaux l'écorce contient des canaux pleins d'oléo-résine appartenant probablement à la classe des canaux sécréteurs intercellulaires.

Le *Toluifera Balsamum* var. *Pereiræ* (*Myroxylum Pereiræ* Kl., *Myrospermum Pereiræ* Royle, *M. Sonsonatense* Œrst.), qui produit le *Baume du Pérou*, est un arbre de 15 à 17 mètres de haut environ, à tronc nu seulement jusqu'à la hauteur de 2 à 3 mètres. Les feuilles sont alternes, avec six à dix folioles alternes, légèrement pubescentes, ovales-oblongues. Les fleurs sont disposées en grappes ordinairement simples, longues de 0^{m},15 à 0,^{m}16.

La structure du fruit et des rameaux est la même que dans la variété précédente.

HABITAT. — Les deux variétés du *Toluifera Balsamum* que nous venons de décrire habitent l'Amérique centrale, notamment l'État de San-Salvador, le Vénézuéla, le Guatémala, le Mexique méridional, etc.

RÉCOLTE. — Le Baume du Pérou et le Baume de Tolu, quoique produits par deux variétés botaniques différentes, auraient très-probablement les mêmes caractères extérieurs, comme ils ont les mêmes caractères intimes, s'ils n'étaient pas récoltés de façons différentes.

Le *Baume de Tolu* est récolté surtout dans le Plato et d'autres petits ports de la rive droite du Magdalena, dans la partie de la Colombie désignée sous le nom de Montanas. On le recueille aussi en assez grande quantité dans la vallée du Sinu et dans les forêts situées entre cette rivière et le Cacua. On n'en récolte pas dans le Vénézuéla.

Pour obtenir le baume qui est contenu dans les canaux de l'écorce, on pratique sur cette dernière deux entailles profondes, dont les extrémités se rejoignent dans le bas en formant un angle aigu; à ce niveau on creuse une cavité et on adapte une calebasse de la taille et de la forme d'une tasse à thé. On en place ainsi une vingtaine sur le même arbre, à des hauteurs de plus en plus grandes. Lorsque la calebasse est pleine, le récolteur verse son contenu dans des sacs en cuir qui servent à transporter le produit jusque dans les lieux d'embarquement. Là, on transvase le produit dans des caisses en étain cylindriques, destinées à être expédiées en Europe. La saignée des arbres se fait d'une façon à peu près continue pendant huit mois de l'année.

Le *Baume du Pérou* est récolté dans les forêts épaisses de l'État de San-Salvador, près de Sonsonate, dans la région connue sous le nom de Costa del Balsamo; on en recueille aussi dans le Mexique méridional et dans le Guatémala. La récolte a lieu en novembre ou en décembre; on commence par battre avec le dos d'une hache ou un marteau l'écorce des arbres sur une certaine étendue de l'une des faces, puis on en fait autant un peu plus loin, et ainsi de suite en faisant le tour de l'arbre et en laissant entre chaque place battue un intervalle égal à cette place. Des parties blessées ne tarde pas à exsuder une résine odorante, de belle qualité, mais peu abondante. Pour activer la sécrétion, on carbonise avec des torches ou des bâtons enflammés les parties endommagées de l'écorce. Au bout d'une huitaine de jours, celles-ci se détachent ou bien on les enlève de force, et la tige laisse exsuder une quantité assez grande de baume que l'on recueille à l'aide de chiffons appliqués contre les plaies de l'arbre. Lorsque les chiffons sont imbibés de baume, on les place dans des vases en terre pleins d'eau qu'on fait bouillir doucement en agitant les chiffons jusqu'à ce qu'ils ne contiennent plus de baume. Celui-ci se sépare et tombe au fond du vase. Après avoir retiré les chiffons de l'eau, on les tord pour en retirer le baume qu'ils pourraient encore contenir, et on les remplace par d'autres. Quand tous ont subi ces opérations, on laisse refroidir l'eau qui contient le baume, on la décante et on verse le baume dans des calebasses ou « técomates », qui servent à la porter sur les marchés. Chaque arbre est exploité tous les ans; mais chaque année on ne bat que les places laissées intactes les années précédentes.

Le *Baume de Tolu* se présente, à son arrivée en Europe, sous l'aspect d'une résine assez molle pour que le doigt s'y imprime aisément, et qui n'est pas visqueuse à la surface ; elle est colorée en brun clair et douée d'une odeur agréable. Par la conservation le baume de Tolu durcit peu à peu, au point de devenir cassant ; mais même alors on le ramollit aisément par la seule chaleur de la main ; vu en couches minces, il est transparent et coloré en brun jaunâtre. Pour mettre en relief son odeur, il est bon de le chauffer ou d'abandonner à l'évaporation sa solution alcoolique ; il exhale alors un parfum assez analogue à ceux de la vanille et du benjoin mélangés. Sa saveur est aromatique et légèrement acidulée.

La variété de baume de Tolu que nous venons de décrire est la seule sorte véritable de ce baume que l'on trouve actuellement dans le commerce européen. C'est à elle sans doute que doit être appliquée la dénomination de *Baume de Tolu mou*, donnée par Guibourt à l'une des deux sortes de ce produit, qu'il décrit. Mais on trouve encore chez les droguistes du baume de Tolu datant du siècle dernier, époque à laquelle il était expédié dans des calebasses de petites dimensions. Celui-ci est dur, cassant, facile à pulvériser ; sa cassure est brillante et cristalline ; sa coloration est ambrée, foncée ; son odeur est plus délicate que celle du baume actuel.

Le *Baume du Pérou* offre, à son arrivée dans nos pays, la consistance de la mélasse, avec moins de viscosité. Vu en masse, il paraît presque noir ; en couches minces, il est transparent et coloré en brun orangé foncé. Son odeur est balsamique, mais elle rappelle nettement celle de la fumée, elle devient plus forte et plus agréable quand on chauffe une couche mince de la drogue. Sa saveur est peu prononcée, mais il laisse à la gorge une sensation de brûlure désagréable.

Cette sorte de baume du Pérou est la seule qui figure dans le commerce européen, mais ce n'est pas la seule qui ait porté ou ou qui porte encore ce nom dans les ouvrages destinés à l'étude des drogues. On recueille dans quelques parties de l'Amérique centrale une sorte de baume du Pérou de belle qualité, fourni par un arbre répandu dans la Nouvelle-Grenade, l'Équateur, le Pérou, la Bolivie et le Brésil, le *Myroxylum peruiferum*. L. Fil. Hanbury en a décrit un échantillon authentique comme une substance ayant l'aspect du baume de Tolu, mais avec une coloration plus foncée et plus rouge.

M. Guibourt a encore décrit une sorte de baume qu'il nomme *baume du Pérou brun* ou *baume du Pérou en cocos*, et qu'il suppose venir du Brésil. Cette drogue paraît être la même qui a été décrite à la fin du XVIe siècle par un moine portugais sous le nom de *Cabueriba;* il est dit dans l'ouvrage de cet auteur, que pour obtenir le baume de Cabueriba, on pratique des incisions sur l'arbre et on recueille sur des chiffons le liquide qui s'en écoule. D'après Hanbury et Flückiger, ce baume serait produit par le *Cabriuva preta* des Brésiliens qui est le *Myrocarpus frondosus* All., espèce voisine des *Toluifera*.

Enfin, on extrait des fruits des *Toluifera Balsamum* une autre sorte très-belle de baume, à laquelle on a donné le nom de *Balsamo blanco*. Quand elle sort des réservoirs du fruit, elle est semi-fluide, granuleuse, colorée en jaune d'or, avec des reflets cristallins; son odeur est agréable, rappelant celle du mélilot. Elle durcit assez rapidement.

Composition chimique. — Le baume de Tolu et le baume du Pérou, quoique produits par des arbres très-proches parents, présentent des caractères chimiques assez distincts, par suite, sans doute, des différences considérables qui existent dans les modes de préparation.

Le baume de Tolu se dissout assez facilement dans l'acide acétique froid, dans l'alcool, le chloroforme, l'acétone et la solution aqueuse de potasse caustique ; il se dissout aussi bien dans l'éther, est à peine soluble dans les huiles volatiles et pas du tout dans la benzine ni dans le sulfure de carbone. Il est composé en majeure partie par une résine amorphe encore mal connue. Quand on le fait bouillir dans l'eau, il abandonne un acide que l'on considère généralement comme étant de l'*acide cinnamique;* on enlève aisément cet acide en faisant bouillir le baume dans l'acide acétique. Quand on distille le baume de tolu avec de l'eau on obtient un liquide très-oxydable, auquel on a donné le nom de *Toluène* et assigné la formule $C^{10} H^{16}$. En poussant la distillation jusqu'à destruction, on obtient du *phénol* et du *styrol* comme avec le baume du Pérou ; mais le baume de Tolu ne donne jamais ni styracine, ni cinnaméine. Quand on examine à la loupe une couche mince de baume de Tolu pressée entre deux verres, on voit une grande quantité de cristaux d'acide cinnamique.

Le baume du Pérou ne présente pas ces cristaux, et il peut être abandonné à l'air pendant des années sans en laisser déposer et sans s'altérer. Il est insoluble dans l'eau, mais quand on le malaxe dans ce liquide, il lui abandonne de l'acide cinnamique et des traces d'acide benzoïque. Il est peu soluble dans l'alcool dilué, dans la benzine, l'éther, les huiles essentielles et grasses, mais il se mélange facilement avec l'acide acétique, l'alcool absolu et le chloroforme. Le baume de Tolu est composé en grande partie d'une résine qu'on peut séparer par le bisulfure de carbone dans lequel elle se précipite et qui donne par distillation destructive du *styrol*, $C^8 H^8$, du *toluol*, $C^7 H^8$, et de l'acide benzoïque, $C^7 H^6 O^2$. En faisant fondre cette résine avec la potasse on obtient de l'acide *protocatéchique*. La partie du baume qui se dissout dans le sulfure de carbone a reçu le nom de *cinnaméine;* on lui assigne la formule $C^6 H^{14} O^2$; la chaux caustique concentrée la réduit en *alcool benzilique* et *acide cinnamique*.

Cette réaction montre que la cinnaméine est une *cinnamate benzilique*. D'après Krant et Kachler, le cinnamate benzilique constituerait la majeure partie du baume; ils ont pu, en effet, l'obtenir dans la proportion de 60 pour 100. Le cinnamate benzilique est un liquide épais miscible avec l'alcool et avec l'éther. Par exposition à l'air il devient lentement acide. Quand on le traite par la potasse en solution alcoolique, il se décompose en donnant naissance à du *toluol* et à du cinnamate de potassium, qui se prend lentement en une masse cristalline. La partie liquide dans laquelle sont suspendus les cristaux est formée par un mélange huileux d'alcool benzilique et de toluol; on a donné à ce liquide complexe le nom de *péruvine*.

D'après Delafontaine, la cinnaméine serait formée par un mélange de cinnamate benzilique et de *cinnamate cinnamylique*, $C^{36}H^{32}O^{4}$, substance identique à la *styracine* du Styrax liquide.

Usages. — Les divers baumes de Tolu et du Pérou sont très-usités en parfumerie, particulièrement en Angleterre. En pharmacie, on en prépare un sirop et des tablettes; ce sont à peu près les deux seules formes sous lesquelles on en fait usage. On regarde avec juste raison ces préparations comme des modificateurs puissants des muqueuses; on les emploie avec le plus grand succès et à assez fortes doses contre les catarrhes de la vessie, les cystites, les inflammations de l'urètre, et un très-grand nombre d'autres affections des voies génito-urinaires; mais c'est surtout dans les maladies des bronches et des poumons qu'on en fait un fréquent usage : elles calment la toux, facilitent l'expectoration, et modifient avantageusement les sécrétions bronchiques.

Ces baumes sont quelquefois employés dans les lieux de production pour le pansement des ulcères; on les fait entrer dans la composition de certains onguents et certaines pommades.

MYRTE

Myrtus communis L., *M. Pimenta* L., etc.
(Myrtacées-Myrtées.)

Le Myrte est un arbrisseau, dont la tige, haute de 5 à 6 mètres, se divise dès la base en rameaux nombreux, opposés, portant des feuilles opposées, courtement pétiolées, ovales-aiguës, entières, fermes, persistantes, d'un vert foncé, parsemées de petits points glanduleux transparents. Les fleurs, blanches, odorantes, sont portées sur de longs pédoncules dressés, solitaires à l'aisselle des feuilles. Elles présentent un calice glabre, lisse, à tube ovoïde et soudé avec l'ovaire, à limbe divisé en cinq dents ovales-aiguës ; une corolle à cinq pétales égaux, un peu concaves, étalés ; des étamines en nombre indéfini, à filets libres, disposées sur plusieurs rangs ; un ovaire infère, ovoïde, à trois loges multiovulées, surmonté d'un style et d'un stigmate simples. Le fruit est une petite baie ovoïde, noire (*M. melanocarpa* D.C.) ou blanche (*M. leucocarpa* D.C.), couronnée par le limbe persistant du calice, à trois loges renfermant chacune un grand nombre de graines réniformes, arquées, dont le bord externe est embrassé par une grande caroncule de même forme.

Nous citerons encore les Myrtes giroflée (*M. caryophyllata* L.) et piment (*M. pimenta* L., *M. aromatica* Poir., *Eugenia pimenta* D.C.).

Habitat. — Le myrte commun croît dans tout le pourtour du bassin méditerranéen ; les autres espèces appartiennent aux régions chaudes des deux continents.

Culture. — Le myrte demande une exposition chaude, une terre franche, légère, et mieux encore la terre de bruyère. On le propage de graines, de boutures et de marcottes, et on le rentre en hiver.

Parties usitées. — Les feuilles et les fruits.

Récolte. — Les feuilles nous arrivent sèches du Midi. Les fruits doivent être cueillis à la maturité et choisis récents, gros, secs et noirs, aromatiques et astringents.

Les fruits du *Myrtus pimenta* L., nommés encore *Amomi*, *Piment des Anglais*, *Toute épice*, *Piment et Poivre de la Jamaïque*, sont cueillis avant leur maturité. Ces fruits, tels qu'ils nous arrivent, sont de la grosseur d'un petit pois, presque sphériques, rougeâtres, couverts de petites tubérosités et couronnés par le limbe calicinal ; cette couronne est ordinairement détruite et réduite à un simple bourrelet par le frottement réciproque des fruits ; mais si elle est entière, on remarque que le limbe est recourbé en dedans. Le péricarpe présente une odeur très-forte, très-agréable, qui tient à la fois du girofle et de la cannelle. Le *M. pimenta* L. est le *M. arborea foliis laurinis aromatica* de Sloane. Charles de Lécluse et Plukenet ont décrit un arbre à feuilles elliptiques (*Myrtus acris* Willd), qui, d'après le second de ces auteurs, produirait aussi le piment de la Jamaïque. Il pourrait donc se faire que ces deux arbres fournissent en effet le piment de la Jamaïque. Néanmoins De Candolle, dans son *Prodromus* (t. III), nomma le *Myrtus pimenta* de Linné *Eugenia pimenta*, et le *Myrtus acris*, de Willdenow, *Myrcia acris*, ayant soin, en outre, de distinguer les fruits de ces deux plantes.

Les Mexicains désignent sous le nom de *Piment de Tabasco* un fruit assez semblable à celui du *Myrtus Pimenta*, sphérique, pourvu d'un ombilic et divisé en deux loges contenant deux graines comme le piment de la Jamaïque, mais plus gros, beaucoup moins rugueux, grisâtre intérieurement et pourvu d'une couronne plus petite, sur laquelle on distingue à peine les lobes du calice, plus sec et moins aromatique. C'est le fruit que Guibourt désigne sous le nom de *Piment Tabago*.

Le *Piment couronné*, ou *Poivre de Thévet*, mentionné par Pomet (*Histoire générale des drogues simples et composées*, 1694, in-fol., et 1735, in-4°) ainsi que par Pierre-Jean-Baptiste Chomel (*Plantes usuelles*, 1761, 3 vol. in-12), vient des Antilles, et principalement de l'île Saint-Vincent. Il est produit par le *Myrtus pimentoïdes*, de Nées d'Esenbeck (*Myrcia pimentoïdes* D.C.); il ressemble tout à fait au *Myrcia acris*. Les fruits tuberculeux, très-aromatiques, sont terminés par une large couronne évasée en entonnoir et portant au sommet cinq dents calicinales. Les fruits sont un peu réniformes.

Composition chimique. — Toutes les plantes de la famille des Myrtacées se font remarquer par leur odeur aromatique, qui doit être attribuée à une huile essentielle que l'on peut en retirer par distillation, et qui porte le nom de *Myrtol*.

Usages. — Le myrte était le végétal favori des anciens, qui le consacraient à Vénus et en entouraient toujours le temple de cette déesse. Des couronnes de myrte étaient décernées aux vainqueurs des jeux de la Grèce; dans les festins, les convives en ceignaient leur tête. A Rome, deux myrtes étaient plantés devant le temple de Romulus Quirinus pour représenter l'ordre des Patriciens et celui des Plébéiens. Le parfum du myrte était fort estimé des peuples de l'antiquité; les branches et les fruits étaient employés pour parfumer les vins; on mettait les feuilles dans les bains; enfin, la plante tout entière était fréquemment usitée en médecine; on préparait avec ses feuilles une eau aromatique, appelée *eau d'ange*, très-recherchée pour la toilette; les baies entraient dans des compositions astringentes qui étaient très-réputées. Dioscoride et Pline recommandaient l'usage du myrte à l'intérieur, contre la débilité des organes digestifs, la diarrhée, la leucorrhée ; et, à l'extérieur, contre le relâchement des gencives, la chute du rectum, etc. Le botaniste Pierre Garidel (*Histoire des plantes des environs d'Aix-en-Provence*, 1715, in-fol.), donne la formule d'une huile préparée avec les feuilles et les fruits du myrte, dont il exagère les vertus. Aujourd'hui, le myrte n'est plus guère en faveur que comme arbuste d'agrément. Néanmoins ses fruits sont des condiments aromatiques très-estimés. Au Chili, on prépare avec les fruits rouges, arrondis ou ovoïdes, assez gros, du myrte ugni (*Myrtus Ugni molina*) une liqueur que les habitants de ce pays comparent aux meilleurs vins muscats. Les piments aromatiques du myrte sont employés chez nous comme on le fait du girofle, de la cannelle, du galanga, etc.

L'essence de Myrte ou Myrthol, extraite du *Myrtus communis*, est entrée depuis quelques années dans la pratique médicale. Elle jouit de propriétés désinfectantes et antiseptiques égales à celles du thymol et de l'acide phénique, et grâce à son odeur agréable, elle peut être prescrite dans une foule de cas où l'acide phénique présente de graves inconvénients. M. Linarix (*Thèse de Paris*, 5 août 1878; *Ann. de thérap. de Bouchardat*, 1879, p. 107), qui en a fait une étude complète, la recommande en injections dans les cas d'otorrhée à odeur désagréable, en lotions dans le traitement des plaies compliquées de pourriture d'hôpital. A l'intérieur contre les bronchites fétides et dans les gangrènes pulmonaires; elle modifie rapidement l'haleine. Elle modifie également très-vite la putridité des urines. Elle agit efficacement en lotions contre les parasites végétaux et animaux. Elle jouit de propriétés hémostatiques très-manifestes, surtout dans les cas d'hématurie. Comme excitant général, elle est comparable à l'essence de Cajeput. Mais c'est surtout dans les maladies des voies respiratoires qu'elle est appelée à rendre de réels services.

NANDHIROBA

Nandhiroba hederacea Plum. *Feuillea scandens* L.
(Cucurbitacées-Nandhirobées.)

Le Nandhiroba à feuilles de lierre, vulgairement appelée Liane contre-poison ou Boîte à savonnette, est un arbrisseau, dont la tige, longue de plusieurs mètres, grimpante, flexible, munie de vrilles simples et axillaires, porte des feuilles alternes, pétiolées, cordées, acuminées, palmées, à trois ou cinq lobes, longues de 0^{m},12 à 0^{m},15, larges de 0^{m},10, légèrement dentées, charnues, luisantes et d'un vert sombre. Les fleurs sont petites, rouges et dioïques. Les mâles, courtement pédonculées et disposées en longues panicules rameuses, ont un calice campanulé, à cinq divisions; une corolle à cinq pétales soudés à la base; dix étamines, alternativement stériles et fertiles, à anthères didymes; un ovaire rudimentaire, surmonté de trois styles dont la réunion constitue une sorte d'étoile qui ferme la gorge de la corolle. Les fleurs femelles, portées sur de courts pédoncules solitaires à l'aisselle des feuilles, ont un calice à tube adhérent, à limbe partagé en cinq divisions; une corolle à cinq pétales oblongs, alternant avec cinq appendices qui paraissent être des étamines avortées; un ovaire infère, trigone, à trois loges pluriovulées, surmonté de trois styles terminés chacun par un stigmate large, obtus et bifide. Le fruit est une péponide globuleuse, charnue, de 0^{m},10 à 0^{m},15 de diamètre, à enveloppe verte, ligneuse, cassante, comme chagrinée, assez épaisse, divisée vers le milieu de sa longueur par un bourrelet circulaire produit par le calice, et qui marque la section suivant laquelle elle s'ouvre à la maturité. L'intérieur est divisé en trois loges, qui renferment plusieurs graines ovales, aplaties, lisses et fauves, d'environ 0^{m},03 de diamètre, vulgairement appelées *Noix de serpent*.

Habitat. — Cette plante croît dans les régions tropicales de l'Amérique; elle habite les bois et n'est pas cultivée.

Parties usitées. — Les semences.

Récolte. — Aux Antilles et dans toute l'Amérique du Sud on emploie, sous le nom de *Noix de serpent*, les graines des *Nandhiroba hederacea, scandens, cordifolia*. Ces graines sont larges, d'un fauve grisâtre. L'amande est jaunâtre.

Composition chimique. — On a extrait par expression, de ces

semences, une huile fixe qu'on emploie pour brûler, mais que son amertume empêche de manger.

Usages. — R. Brown, dans sa *Flore de Jamaïque* (p. 374), signale la propriété que possède la noix de nandhiroba de neutraliser le venin des serpents. On la regarde aussi comme un contre-poison des substances toxiques végétales, comme celles du manioc, du mancenillier, etc. M. Drapiez dit en avoir obtenu de bons résultats sur des animaux empoisonnés par la noix vomique, le *Rhus toxicodendron* et la ciguë. On fait prendre cette noix broyée dans un peu d'eau, ou on la réduit en pulpe et on l'applique sur les plaies par lesquelles l'absorption du poison s'est opérée. On estime aussi qu'elle est fébrifuge. A petite dose, la noix de nandhiroba purge doucement. On fait remarquer qu'elle agit comme vomitive sur les animaux. On l'a souvent administrée comme vermifuge.

A la Nouvelle-Grenade, on emploie, comme fébrifuge, les amandes du *Feuillea Javilla* Kunth.

Depuis quelque temps on a essayé de remettre les Nandhirobes en honneur, mais sans qu'ils justifient beaucoup cet honneur. Ils sont tout au plus utiles comme purgatifs légers.

NARCISSE

Narcissus pseudo-narcissus L.
(Narcissées.)

Le Narcisse des prés ou faux narcisse, appelé aussi Narcisse sauvage ou des bois, Aïault, Jeannette, Porillon, Fleur de coucou, etc., est une plante vivace, à bulbe arrondi, oblong, formé d'écailles très-serrées, émettant en dessous des racines fibreuses, fasciculées, blanchâtres, et en dessus des feuilles toutes radicales, linéaires, assez larges, obtuses, aplaties ou légèrement canaliculées, un peu glauques. Du centre de ces feuilles s'élève une hampe (vulgairement tige) haute de $0^m,20$ à $0^m,40$, comprimée, à deux angles saillants, glauque, terminée par une seule fleur grande, jaune, peu odorante, un peu penchée, renfermée, avant l'épanouissement, dans une grande spathe membraneuse, blanchâtre, monophylle, qui se fend longitudinalement sur un de ses côtés. La fleur présente un périanthe en entonnoir, à tube adhérent à la base avec l'ovaire et prolongé en dessus, évasé, jaune verdâtre, à limbe partagé en six divisions ovales, jaune pâle ou soufre, à gorge surmontée d'une couronne tubuleuse, campanulée, d'un beau jaune, à bords frangés et ondulés ; six étamines insérées sur le tube du périanthe au-dessous de la couronne ; un ovaire infère, à trois loges pluriovulées, surmonté d'un style simple terminé par un stigmate à trois lobes peu marqués. Le fruit est une capsule arrondie, trigone, trivalve, à trois loges renfermant chacune plusieurs graines arrondies (Pl. 39).

Habitat. — Le Narcisse des prés est assez commun en Europe ; il habite les bois et les pâturages ombragés.

Culture. — Cette plante n'est cultivée que dans les jardins botaniques ou d'agrément ; elle est rustique, croît à peu près dans tous les sols et se multiplie facilement par la division des caïeux.

Parties usitées. — Les bulbes, les feuilles et les fleurs.

Récolte. — Les bulbes doivent être récoltés pendant l'hiver, les fleurs à l'époque de leur épanouissement ; il faut les cueillir par un temps sec, les faire dessécher rapidement et les conserver dans un lieu sec, à l'abri de la lumière ; sans cela, ils verdissent et jouissent alors de propriétés différentes.

Composition chimique. — Les bulbes de narcisse ont une saveur amère et âcre ; ils sont inodores. D'après M. Carpentier, les fleurs contiennent de l'acide gallique, du tannin, du mucilage, de la résine, du chlorure de calcium, etc. On a extrait un alcaloïde, auquel on a donné le nom de *narcissine*. Cette substance n'est pas encore suffisamment connue. C'est une substance blanche, transparente, douée d'une odeur agréable, soluble dans l'eau, l'alcool et l'acide acétique dilué. D'après Girard, qui l'a étudiée récemment, cette substance présente des propriétés différentes, suivant qu'elle a été extraite des bulbes du narcisse pendant la floraison ou plus tard ; dans les deux cas cependant elle offre à peu près la même composition chimique. D'après les recherches de Jourdain de Binche, qui l'a découverte, les squames contiendraient la moitié de leur poids de cette matière ; les fleurs en renfermeraient moins ; la hampe en contiendrait avant la floraison, et il n'y en aurait plus après cette époque. Il en serait de même des feuilles, et le contraire aurait lieu pour les bulbes.

Usages. — Les bulbes de la plupart des narcisses, et principalement ceux du narcisse des poëtes (*N. poeticus*), du narcisse odorant (*N. odorus*) et du narcisse jonquille (*N. jonquilla*), sont âcres et vomitifs; les fleurs du narcisse-faux-narcisse (*Narcissus pseudo-narcissus*) sont seules employées.

Les propriétés vomitives du narcisse des prés sont incontestables. mais n'expliquent pas toutes les propriétés de cette plante. Plutarque, dans ses *Symposiaques* ou *Propos de table*, dit que le narcisse endort les nerfs. Pline prétend que son nom vient de νάρκη, engourdissement, parce que les personnes qui en respirent la fleur sont engourdies (Pline, *Hist. nat.*, lib. XXI, cap. 19). Les bulbes ont été employés comme vomitifs depuis Dioscoride. On leur a souvent substitué les fleurs pulvérisées.

Les fleurs du Narcisse ont été employées contre un grand nombre de maladies; sous forme de sirop, elles paraissent pouvoir rendre de réels services contre les catarrhes bronchiques.

D'après M. Girard, la narcissine extraite des bulbes pendant la floraison agirait à la façon de l'atropine, c'est-à-dire qu'elle arrête la salivation, détermine la dilatation de la pupille et accélère les mouvements du cœur. Celle qui a été extraite après la floraison produirait des effets contraires; elle déterminerait la salivation, la sudation, des nausées, de la diarrhée; injectée dans la peau, elle ferait contracter la pupille. En réalité, les effets de la narcissine ne sont encore que fort peu connus.

NASITOR

Lepidium sativum L. *Thlaspi sativum* Desf.
(Crucifères-Lépidinées.)

Le Nasitor, appelé aussi Passerage cultivée, Cresson alénois ou des jardins, est une plante annuelle, dont la tige, haute de $0^m,25$ à $0^m,50$, cylindrique, glabre, glauque, dressée, rameuse, porte des feuilles alternes, glabres et glauques; les radicales pétiolées, pennatiséquées, étalées en rosette, les supérieures sessiles, linéaires, entières. Les fleurs, blanches, très-petites, courtement pédonculées, sont réunies en grappes spiciformes à l'extrémité des rameaux. Elles présentent un calice à quatre sépales ovales, arrondis, obtus, un peu concaves en dedans; une corolle à quatre pétales spatulés, un peu étalés; six étamines tétradynames; un ovaire lenticulaire, comprimé, à deux loges uniovulées, surmonté d'un style simple, très-court, terminé par un stigmate en tête. Le fruit est une silicule lenticulaire, un peu échancrée au sommet, à deux loges monospermes, s'ouvrant en deux valves naviculaires, carénées, minces, membraneuses et un peu ailées (Pl. 40).

Habitat. — Originaire de l'Orient, le nasitor est aujourd'hui cultivé dans tous les jardins potagers de l'Europe, et s'est même naturalisé dans plusieurs localités.

Culture. — Cette plante ayant une végétation très-rapide, on la sème, tous les quinze jours, sur couche, depuis janvier jusqu'en mars, et en pleine terre durant la belle saison, en choisissant une exposition fraîche et ombragée. Elle demande des arrosements fréquents; on sarcle et on éclaircit au besoin. Par les temps chauds et dans les terrains secs, le nasitor, si on néglige de l'arroser, s'élève peu, et son âcreté est beaucoup plus prononcée. Cette plante a produit, par la culture, plusieurs variétés.

Parties usitées. — Les feuilles, la plante entière jeune.

Récolte. — Le cresson alénois est cueilli frais, lorsqu'on veut le manger, et c'est sous cet état qu'il a été employé quelquefois en médecine, car il perd toutes ses propriétés par la dessiccation. On administre le jus, qui s'obtient par expression des feuilles fortement contusées et par filtration à froid.

Composition chimique. — L'analyse de cette plante n'a pas été faite. Elle possède une saveur chaude, un peu âcre, piquante et agréable. Elle doit contenir une essence sulfurée ou les éléments nécessaires à sa formation, que l'on trouve dans toutes les plantes de la famille des crucifères.

Usages. — Le nasitor est employé le plus souvent pour assaisonner les salades et en relever le goût. Il est rare qu'on le mange seul. Comme le cresson de fontaine, dont nous avons déjà parlé, il possède des propriétés anti-scorbutiques qui le rendent utile à la santé. On le mange cru ou on fait boire le jus dépuré, plus rarement l'infusion vineuse ou la décoction contre les affections atoniques, les engorgements chroniques des viscères abdominaux, dans les hydropisies, l'anasarque, etc., etc. Ambroise Paré prescrivait cette plante pilée avec de la graisse de porc, qu'il appliquait sur les croûtes qui se forment sur la tête des enfants. Bodard a proposé de la substituer à l'écorce de winter comme tonique, antiscorbutique. Forestus faisait prendre le suc dans les affections soporeuses, à la dose de 30 à 120 grammes. Il est toujours très-facile de se procurer la plante fraîche, car ses graines germent en vingt-quatre heures. Le *Lepidium latifolium*, dont nous parlerons plus loin, jouit des mêmes propriétés (*Voyez Passerage*).

NAUCLÉE

Nauclea gambir Hunt. *Uncaria gambir* Roxb.
(Rubiacées - Cinchonées.)

La Nauclée gambir est un arbrisseau élevé, dont les tiges droites, cylindriques, se divisent en rameaux opposés, obscurément tétragones, effilés, étalés, glabres, portant des feuilles opposées, à stipules sessiles, ovales-obtuses, caduques, à pétiole très-court, à limbe ovale-aigu, entier, long de $0^m,10$ à $0^m,15$, glabre sur les deux faces, veiné, traversé par des nervures simples, latérales. Les fleurs, purpurines, odorantes, très-nombreuses, sont réunies en cymes ombelliformes, à l'extrémité de pédoncules courts, solitaires à l'aisselle des feuilles, et munis, vers leur milieu, d'un petit involucre formé de cinq folioles très courtes, conniventes à la base. Elles présentent un calice oblong, à cinq dents, persistant; une corolle en entonnoir, à tube très-long et grêle, à gorge nue, à limbe divisé en cinq lobes ovales, aigus, étalés; cinq étamines incluses; un ovaire infère, à deux loges multiovulées, surmonté d'un style simple, grêle, filiforme, terminé par un stigmate simple ovoïde. Le fruit est une capsule, très-allongée, couronnée par le calice persistant, à deux loges renfermant de nombreuses graines très-petites, ailées, à albumen charnu.

La Nauclée d'Afrique (*N. Africana* Willd., *Uncaria inermis* Willd.) est un arbrisseau à feuilles larges, ovales, acuminées, longuement pédonculées. Les fleurs, réunies en cymes globuleuses sessiles, ont leurs étamines saillantes et réfléchies. Les capsules inférieures sont presque sessiles.

La Nauclée pourpre (*N. purpurea* Roxb., *N. orientalis* Poir., *Cephalanthus chinensis* Lam.) est un arbrisseau de 3 à 4 mètres, à feuilles pétiolées, ovales oblongues, acuminées, glabres, luisantes; à fleurs pourpres, en cymes globuleuses, à l'extrémité de pédoncules terminaux solitaires ou ternés.

Habitat. — Les nauclées habitent les régions tropicales de l'ancien continent. La nauclée pourpre et le gambir se trouvent aux Indes Orientales; la nauclée d'Afrique, en Guinée, au Sénégal, etc. Elles ne sont cultivées que dans les serres chaudes des jardins botaniques.

PARTIES USITÉES. — L'extrait formé par l'évaporation de la décoction des branches et des bourgeons, ou *Gutta gambir*.

RÉCOLTE. — La plante qui fournit le Gambir commence à être cultivée sur une assez vaste échelle dans certaines parties de l'Inde, à cause des services que rend le gambir dans la teinture et le tannage des cuirs. C'est surtout dans la partie de la péninsule malaise connue sous le nom de Djohor, au voisinage de Singapoor, dans les îles de Bintang et de Lingga, situées au sud de la péninsule, que l'on s'adonne actuellement à cette culture, en ayant soin de combiner avec elle celle du poivre, pour lequel les détritus de la fabrication du gambir constituent un engrais excellent. On laisse les plantes s'élever jusqu'à 2 ou 3 mètres de haut. On cueille les feuilles, qui repoussent sans cesse, trois ou quatre fois par an ; on les fait bouillir avec de l'eau dans de grandes chaudières en fonte pendant environ une heure ; on les sort ensuite de la chaudière et on les presse avec la main dans des baquets pour en extraire les sucs qu'elles contiennent ; ceux-ci se déversent dans la chaudière où a lieu l'ébullition ; on fait alors évaporer la décoction ainsi obtenue jusqu'à consistance sirupeuse. On verse ensuite ce sirop dans des seaux, où un ouvrier l'agite avec un bâton. « Au lieu de le remuer simplement en rond, l'ouvrier enfonce obliquement dans chaque seau un bâton de bois mou, et, plaçant devant lui deux seaux, il fait subir à ses deux bâtons un mouvement de va-et-vient de haut en bas dans un seau, de bas en haut dans l'autre. Le liquide s'épaissit autour du bâton ; la portion épaisse est constamment agitée, et peu à peu toute la masse est mise en mouvement ; l'extrait se prend graduellement en une masse que l'ouvrier certainement ne pourrait obtenir s'il se contentait d'un simple mouvement circulaire. » (Flückiger et Hanbury, *Hist. des drog. simp. d'orig. végét.*, trad. fr., I, p. 591.) Lorsque la pâte a atteint la consistance de l'argile plastique, on la transporte dans des boîtes carrées, peu profondes, où on la laisse durcir un peu ; on la coupe ensuite en cubes qu'on fait sécher à l'ombre.

Le gambir se présente dans le commerce sous l'aspect d'une substance terreuse, disposée en cubes ayant environ $0^m,02$ de côté, plus ou moins agglutinés ensemble ; parfois il est en masses compactes et informes. Les cubes sont colorés extérieurement en brun rougeâtre, mais à l'intérieur ils sont colorés en brun jaune cannelle pâle ; ils sont secs, poreux, friables ; leur odeur est à peu près nulle ; leur saveur est d'abord amère et astringente.

Composition chimique. — Le gambir est composé en majeure partie par de la *catéchine,* comme le cachou que l'on extrait de l'*Acacia Catechu.* En épuisant le gambir par l'eau froide et en faisant cristalliser le résidu dans 2 à 4 parties d'eau chaude, on obtient la catéchine sous la forme d'aiguilles fines et incolores. La formule chimique de la catéchine n'est pas très-exactement déterminée ; on admet généralement $C^{19} H^{18} O^{8}$. Sa réaction est neutre ; sa saveur est faible, presque nulle. La catéchine bouillie avec de l'acide sulfurique étendu, à l'abri de l'air, ou avec de l'alcool mélangé d'acide sulfurique, se transforme, par déshydratation, en *catéchurétine*, $C^{19} H^{14} O^{6}$. Fondue avec de l'hydrate de potassium, elle se dédouble en *acide protocatéchique,* $C^{7} H^{6} O^{4}$, et en *phloroglucine,* $C^{6} H^{6} O^{3}$.

Hlasiwetz a retiré du gambir une matière colorante jaunâtre, qu'il a reconnu être identique avec la *quercétine* du cachou.

C'est à la catéchine que le gambir doit ses propriétés tinctoriales ; en présence des carbonates alcalins ou des alcalis, la catéchine s'oxyde rapidement et donne des corps tous insolubles, tinctoriaux.

Usages. — C'est l'anglais Fothergill, aussi célèbre comme bienfaiteur de l'humanité que comme médecin, mort en 1780, qui a introduit le kino dans la matière médicale, en 1758. Il est assez rarement employé. Astringent puissant, il a été employé avec succès, à l'extérieur, comme détersif et dessiccatif des plaies, et, à l'intérieur, comme le cachou, contre les diarrhées rebelles, la dysentérie, les hémoptisies, la leucorrhée, etc. On lui préfère généralement aujourd'hui l'extrait de ratanhia.

Aux Indes Orientales, on l'emploie comme astringent. On le fait mâcher avec les feuilles de bétel contre les aphthes (Ainslie, *Mat. méd.*, t. II, p. 106). Hunter dit qu'on lui a donné l'assurance qu'il agissait efficacement dans les angines, contre les aphtes, ainsi que dans les cas de diarrhée et de dysentérie. On fait, ajoute-t-il, infuser cette matière dans l'eau, à laquelle elle donne la couleur d'une infusion de thé. Les Malais la mêlent à de la chaux, et l'appliquent à l'extérieur sur les coupures, brûlures, etc. Mais l'usage le plus fréquent qu'on en fait aux Indes Orientales, toujours d'après Hunter, consiste à le mâcher en le mêlant avec des feuilles de bétel, de la même manière que le cachou ; on choisit pour cela la qualité la plus belle et la plus blanche. Au Sénégal, d'après M. Leprieur, le *Nauclea africana* est employé en décoction et en bains contre les fièvres. Fothergill le préconisait contre les flux immodérés, les fièvres intermittentes. On l'associe souvent au quinquina, et Thilenius a constaté les bons effets de la solution de kino, mêlée à l'eau de chaux, contre la leucorrhée ; il introduisait dans le vagin une éponge imbibée de ce mélange (*Med. und Chir.*). On a souvent aussi employé le kino contre les ulcères de la gorge, de même que contre les aphthes. Enfin, le kino est exporté en Chine et à Batavia, pour la teinture et pour le tannage des cuirs.

NÉLUMBO

Nelumbium speciosum Wild. *Nymphæa Nelumbo* L.
(Nymphæacées.)

Le Nélumbo élégant, appelé aussi vulgairement Lis du Nil ou Lotus rose, est une plante vivace, sécrétant un suc laiteux dans presque toutes ses parties, à rhizome charnu, rameux, rampant, muni de nombreuses fibres radicales. Les feuilles, portées sur de longs pétioles cylindriques et nus, sont très-larges, orbiculaires, peltées, ombiliquées, glauques, couvertes d'une efflorescence veloutée qui ne permet pas à l'eau de s'y arrêter. Les fleurs, très-grandes, d'un beau rose vif, sont solitaires à l'extrémité de longs pédoncules radicaux. Elles présentent un calice de six à huit sépales ovales lancéolés, nuancés de vert en dehors ; une corolle de dix à douze pétales, blanchâtres à la base, rose carminé au sommet ; des étamines en nombre indéfini, insérées en spires régulières au-dessous des ovaires, à anthères munies d'un connectif saillant ; un réceptacle en cône renversé, surmonté d'un disque sessile, pelté, creusé de nombreuses alvéoles dans chacune desquelles est inséré un pistil à ovaire ovoïde, adhérent par la base, à une seule loge uniovulée, surmonté d'un style simple, très-court, persistant, terminé par un stigmate entier légèrement déprimé. La partie la plus remarquable de la plante est le fruit. Il est formé par la partie inférieure du réceptacle fortement épaissie et dilatée, de façon à former une sorte de cône à sommet inférieur se confondant avec le pédoncule, et à base supérieure, bombée, creusée d'un très-grand nombre d'alvéoles, dans chacune desquelles se voit un fruit proprement dit. Chaque fruit succède à un carpelle distinct; il est arrondi ou ovoïde, formé d'un péricarpe crustacé, indéhiscent, contenant une seule graine. Celle-ci est formée de deux embryons très-volumineux, charnus, enveloppant une gemmule très-développée, et d'une radicule très-courte (Pl. 41).

D'autres espèces de *Nelumbium,* voisines de la précédente, jouissent de propriétés à peu près identiques; nous nous bornerons à citer particulièrement le *Nelumbium luteum* W. à fleurs jaunes.

Habitat. — Le nélumbo est originaire de l'Orient; on le trouve depuis la Chine et l'Indoustan jusqu'en Égypte. Il habite les eaux courantes ou stagnantes.

Parties usitées. — Les racines, les fruits.

Composition chimique. — Les racines et les graines du nélumbo sont riches en fécule. Les anciens les réduisaient en farine et les mangeaient. C'est surtout dans les gros cotylédons charnus de la graine que se trouve enfermé l'amidon; aussi sont-ce les graines qui encore, dans certains pays, sont recherchées comme comestibles. Les fleurs sont un peu aromatiques. La plante jouit de propriétés astringentes assez prononcées dues, sans doute, à une certaine quantité de matière tannique; quant au suc de ses feuilles, il passe pour jouir de propriétés purgatives et vomitives, mais aucune analyse sérieuse de cette plante n'ayant encore été faite, on ignore à quels principes elle doit la propriété que nous venons de rappeler. L'analogie que ses caractères botaniques présentent avec ceux des *Sarsacena* permet de supposer que les deux plantes offrent des propriétés semblables et dues aux mêmes principes (Voy. Sarracena, t. III, p. 278).

Usages. — Le nélumbo élégant (*Nelumbium speciosum*) est la *fève d'Égypte* (*faba Egyptiaca*, *fève pontique*, χύαμος αἰγύπτιος de Théophraste), le *Lys du Nil,* le *Nelumbo nucifera,* de Gaertner; c'est le *Lotos sacré* qui surmonte la tête d'Isis et d'Osiris; le *Tamara* de la mythologie indoue, qui sert de coque flottante à Vichnou et de siége à Brama. Les semences étaient interdites aux prêtres d'Égypte pendant un certain temps. Dans plusieurs contrées de l'Asie, particulièrement en Chine, le numbo est également considéré comme une plante sacrée, symbole de la fertilité. La plante, si célèbre sous le nom de *Lotus du Nil,* qui existait autrefois sur ce fleuve, a disparu; elle a été retrouvée dans l'Indoustan par Rhéede, et dans les îles Moluques par Rhumphius. Aussi a-t-on pu vérifier les descriptions qu'en ont laissées les anciens, et principalement Théophraste. Raffeneau-Delile attribue sa disparition du Nil, d'abord à ce que la plante n'a pu se prêter sur les bords de ce fleuve aux variations de la sécheresse et des inondations, ensuite au courant du Nil et à la profondeur des canaux, puisque, dit-il, le *Lotus* ne prospère que dans les eaux peu profondes, tranquilles ou peu courantes.

Les graines fraîches du nélumbo ont la saveur de l'amande douce; aussi les a-t-on fait entrer dans la composition des gâteaux et des pâtisseries. Avec du sucre, on en prépare, aux Indes Orientales, une pâte que l'on fait prendre contre la diarrhée, le marasme et le carreau. Les anciens Égyptiens trouvaient dans les rhizomes et dans les graines du lotus un aliment sain et assez abondant; ils faisaient du pain avec les graines qui, fraîches, ont un goût assez agréable d'amande. Dioscoride rapporte qu'on propageait la plante en en jetant les semences dans l'eau, après les avoir enveloppées de limon pour leur faire atteindre le fond. Les Arabes retiraient, dit-on, par expression, du nélumbo, une huile qu'ils employaient en frictions contre les maladies des nerfs, les douleurs, etc. D'après Ainslie, (*Mat. méd.*, t. II, p. 240), Hippocrate aurait employé la racine du nélumbo. Dans l'Indoustan, en Chine et en Cochinchine, on mange cette racine bouillie dans de l'eau ou cuite sous la cendre. Lorsqu'elle est fraîche, il en découle un suc visqueux qu'on a employé contre la diarrhée et les vomissements. En Amérique, on mange les graines de nélumbo jaune (*Nelumbium luteum* Willd., *Cyamus flavicomus* Salisb., *Nymphæa nelumbo* Linn.).

A Java, les pétales du nélumbo sont regardés comme astringents, et on les emploie comme nous faisons chez nous les roses (*Propriétés des plantes de Java. Bulletin des sc. méd. de Férussac,* t. VIII, p. 210). Les fleurs servent à faire des couronnes et des chapelets. Les feuilles, en raison de leur grandeur et de leur force, sont employées, dans l'Indoustan, comme éventail.

NÉNUPHAR

Nuphar luteum Smith. *Nymphæa lutea* L.
(Nymphéacées.)

Le Nénuphar jaune ou Plateau est une plante vivace, à rhizome épais, charnu, couvert de cicatrices, rampant et traçant, émettant en dessous de nombreuses fibres radicales. Les feuilles, toutes radicales, longuement pétiolées, grandes, arrondies, entières, échancrées en cœur à la base, sont, les unes submergées, plus larges, molles, membraneuses, minces, presque transparentes, fortement ondulées; les autres flottantes, ordinairement plus petites, coriaces, d'un vert foncé. Les fleurs, d'un jaune foncé, de moyenne grandeur, sont solitaires à l'extrémité de longs pédoncules axillaires. Elles présentent un calice à cinq sépales ovales arrondis, obtus, roides, colorés, persistants; une corolle de dix à vingt pétales beaucoup plus courts que le calice, épais, charnus, disposés sur deux rangs, luisants à la face externe; des étamines en nombre indéfini, hypogynes; un ovaire libre, arrondi, ovoïde, à loges nombreuses multiovulées, surmonté d'un stigmate sessile, pelté, rayonnant, persistant, fortement ombiliqué à bords, entiers un peu ondulés. Le fruit est une capsule ventrue, rétrécie en col au sommet, à loges nombreuses, renfermant une pulpe abondante dans laquelle sont plongées de nombreuses graines à albumen double (Pl. 42).

Habitat. — Le nénuphar est très-répandu en Europe; il habite les eaux courantes ou dormantes. Le nénuphar bleu (*Nymphæa cærulea* Savigny) croît dans les rivières et les canaux de la Basse-Égypte, ainsi que le nénuphar lotus (*Nymphæa lotus* Linn.).

Culture. — Cette plante est cultivée dans les jardins botaniques et d'agrément, où elle sert à orner les pièces d'eau. Il lui faut une terre vaseuse ou argileuse et un peu tourbeuse. On la multiplie par la division des rhizomes, ou par graines, semées en juin et juillet, dans des pots ou terrines que l'on immerge aussitôt après.

Parties usitées. — Les rhizomes, les pétales.

Récolte. — Le rhizome du nénuphar jaune (*Nuphar luteum*), est blanc; c'est celui que l'on emploie en médecine sous le nom de racine de nymphea ou de nénuphar. Celui du nénuphar blanc, au contraire, est jaune à l'intérieur et n'est pas employé.

Le rhizome du nénuphar jaune est gros, cylindrique, charnu, de la grosseur du bras environ. Il porte des empreintes nombreuses des feuilles. Il serait très-difficile et presque impossible de le dessécher entier. Aussi le coupe-t-on en lanières très-minces, que l'on expose au soleil, et que l'on roule quelquefois en petits paquets lorsqu'ils sont secs; ils ont alors l'aspect de l'amadou, mais ils sont plus blancs, et on les reconnaît toujours aux cicatrices qu'ont laissées les feuilles en tombant.

Les pétales sont récoltés à l'époque du parfait développement de la fleur. On les fait sécher rapidement au soleil. Ce sont ceux du nénuphar blanc (*Nymphæa alba* Linn., vulgairement *Lys des étangs*, quelquefois aussi appelé *Nénuphar officinal*) que l'on emploie de préférence.

Composition chimique. — Toutes les parties des nénuphars sont riches en mucilage ; elles présentent, d'ailleurs, une saveur amère et styptique. Le rhizome contient du tannin et de l'acide gallique. M. Morin, de Rouen, y a trouvé, en outre, de l'amidon, du muqueux, du sucre incristallisable, de la résine, une matière azotée, des sels.

Usages. — Le *nénuphar bleu* (*Nymphæa cœrulea*) et le *nénuphar lotus* (*N. lotus*), étaient, comme le nélumbo, l'objet d'une grande vénération chez les anciens Égyptiens; ils les représentaient sur tous leurs monuments et parmi leurs hiéroglyphes; on en retrouve la figure jusque sous les ruines de Philæ (Tachompso des anciens Égyptiens) et d'Edfou (Atbo des anciens Égyptiens, *Apollinopolis magna* des Grecs), à l'extrémité méridionale de la Haute-Égypte, où il paraît que ces plantes croissaient autrefois, mais d'où elles ont disparu depuis longtemps. Des faisceaux de feuilles et de fleurs de nénuphar bleu étaient figurés parmi les offrandes aux dieux dans les tableaux hiéroglyphiques. On en tressait aussi des couronnes. On mangeait sa graine et ses rhizomes. Le *nénuphar lotus* était plus spécialement consacré à Isis; ses fruits, mêlés à des épis de blé, étaient le symbole de cette déesse et l'emblème de l'abondance. Aussi en trouve-t-on la figure sur un grand nombre de médailles égyptiennes. Le rhizome et la graine de ce nénuphar, comme ceux du précédent, étaient d'un usage alimentaire. Les graines, petites et arrondies, mais nombreuses dans chaque fruit, et qu'Hérodote compare à celles du millet, servaient à faire du pain. Selon Théophraste, on les retirait de l'intérieur des péricarpes en mettant les fruits en tas, les laissant pourrir et lavant ensuite le tout; par ce moyen on les isolait de la pulpe dans laquelle elles sont plongées. Le rhizome, dont la consistance et le goût rappellent ceux de la châtaigne, était également apprécié. Les Égyptiens modernes comptent encore le nénuphar lotus parmi les substances alimentaires; mais ils préfèrent à son rhizome celui du nénuphar bleu. L'un et l'autre ont leur place sur les marchés d'Égypte. Dans les temps de disette, on a essayé d'utiliser le rhizome du *nénuphar blanc* comme aliment, mais il ne renferme pas assez de fécule pour être d'un grand avantage. Dans certains pays, et principalement en Suède, les feuilles de nénuphar jaune servent à la nourriture des bestiaux ; des rhizomes, secs et pulvérisés, entrent dans la composition du pain.

Le rhizome et les graines du *nénuphar blanc* ont longtemps joui de la réputation, bien usurpée, d'avoir des propriétés sédatives et surtout anti-aphrodisiaques; aussi, sous l'empire de cette croyance populaire, s'en faisait-il une immense consommation dans les maisons religieuses. Des expériences précises ont fait à la fin justice d'une idée si fausse; et si quelques auteurs leur accordent encore de simples propriétés émollientes et rafraîchissantes, comme le seraient celles de la guimauve, par exemple, d'autres, au contraire, les considèrent comme toniques et amères. A l'état frais, la substance du nénuphar est rubéfiante ; aussi Delharding l'appliquait-il, sous forme de pulpe, à la plante des pieds, pour combattre les fièvres intermittentes, et Grégoire Horstius (*Observationes medicinales et pharmaceuticæ*, 1661, 2 vol. in-4°) dit-il que, mêlée à du beurre et appliquée sur la tête, elle rend les cheveux plus beaux et plus abondants. Nous laissons, bien entendu, cette opinion à son auteur.

NÉPHRODIE

Nephrodium filix mas Stramp. *Polystichum* Roth. *Aspidium* Sw. *Dryopteris* Matth.
(Fougères - Polypodiées.)

La Néphrodie fougère mâle est une plante vivace, à rhizome épais, rameux, traçant, couvert d'écailles brunâtres scarieuses, émettant en dessous des racines grêles, fibreuses, brun rougeâtre. Les frondes (vulgairement feuilles), toutes radicales, sont longues de 0^{m}, 50 à un mètre, plus ou moins longuement pétiolées, oblongues lancéolées, pennatiséquées, à rachis couvert d'écailles, à segments un peu étalés, lancéolés pennés, offrant quinze à vingt-cinq paires de lobes oblongs-obtus, adhérents dans toute la largeur de leur base, crénelés dans leur partie inférieure, dentés au sommet. Les organes reproducteurs consistent en sporanges, disposés, à la face inférieure des feuilles, en groupes arrondis, assez gros, peu nombreux, formant deux lignes à la partie inférieure de chaque lobe et couverts d'un *indusium* membraneux, arrondi, réniforne et comme pelté.

HABITAT. — La fougère mâle est commune en Europe; elle habite les bois et les buissons, les chemins creux, les fossés, etc. On ne la cultive que dans les jardins botaniques, où on la propage simplement par la transplantation des pieds sauvages.

PARTIES USITÉES. — La souche ou le rhizome, improprement nommé racine, les bourgeons.

RÉCOLTE. — Le rhizome de la néphrodie est plus actif à l'état frais qu'à l'état sec. Contrairement à l'opinion émise par quelques auteurs, nous pensons, avec M. Soubeiran, qu'il vaut mieux le recueillir en hiver; il est certain que pendant l'été il est plus tendre et plus vert, mais il est alors moins actif. A l'état sec, il faut qu'il ait la cassure verte, d'une odeur un peu nauséeuse, d'une saveur d'abord douceâtre, puis astringente, amère, et même un peu âcre. Lorsque sa cassure présente une teinte brune, il a perdu la plus grande partie de ses propriétés. La souche est formée de tubercules oblongs, rangés tout autour et le long d'un axe commun, et recouverts d'une enveloppe brune, coriace et foliacée, entre lesquels tubercules on trouve de nombreuses écailles d'une couleur dorée.

On employait autrefois, concurremment avec la fougère mâle, la souche du *Polypodium folix fomina* Lin. (*Athyrium felix femina* R.), qui est la petite fougère femelle, et celle du *Pteris aquilina* Lin., que l'on nommait la grande fougère femelle. Les frondes ou feuilles de celle-ci sont souvent employées pour coucher les enfants pendant l'été, dans le but de les tenir au frais, et aussi pour tuer les vers. D'après M. Timbal-Lagrave, de Toulouse, on trouve souvent dans le commerce les souches de fougère femelle (celles de l'*Aspidium angulare* et de l'*Aspidium aculeatum*), qui sont vendues pour celles de la fougère mâle. Quoique leurs propriétés soient analogues, il faut préférer la véritable fougère mâle. Malheureusement ces espèces ne se distinguent que par la forme des frondes et celle de l'indusium, et comme on vend les souches isolées, la distinction est difficile à faire.

COMPOSITION CHIMIQUE. — Le rhizome de fougère mâle a été analysé par un assez grand nombre de chimistes, parmi lesquels il faut citer surtout Bock en 1852, Luck en 1860, Grabowski en 1867 et Schoonbroodt en 1869. Les deux premiers ont extrait du rhizome de la Fougère mâle, une huile grasse, verte, des traces d'une huile volatile, un sucre cristallisable que l'on suppose être du sucre de canne, des *acides tannaspidique* et *ptèritannique* et de l'*acide filicique*. Ce dernier paraît être le principe actif de la plante; il représente probablement le corps auquel Pavesi a donné le nom d'*aspidine*. L'acide filicique a pour formule, d'après Grabowski, $C^{14} H^{18} O^{5}$. Il est cristallin, coloré en jaune clair, insoluble dans l'eau et dans l'alcool ordinaire, peu soluble dans l'alcool concentré, assez soluble dans l'éther, facilement soluble dans les huiles grasses, dans l'essence de térébenthine et dans le sulfure de carbone. Quand on fait fondre l'acide filicique avec la potasse, il se dédouble en *phloroglucine* et en acide *butyrique;* la portion verte, liquide, de l'extrait est formée en majeure partie d'un autre corps de la nature des glycérides, la *filixolien*. Luck a retiré de l'extrait éthéré de la fougère mâle, par saponification, deux acides distincts, l'un volatil, *acide filosmylique*, l'autre non volatil, l'*acide filixolinique*. Schoonbroodt a obtenu plusieurs acides volatils mal définis de la série grasse, parmi lesquel probablement l'*acide formique*, un acide non volatil également indéterminé, et une huile douée d'une odeur désagréable.

USAGES. — On assure que les couches des enfants, les coussins et les matelas en feuilles de fougères, sont plus sains que ceux de plume. On les emploie surtout pour les scrofuleux et les rachitiques. Dans plusieurs pays, et notamment dans les contrées septentrionales, on mange les jeunes pousses de fougères à la place d'asperges. Plenck dit que les habitants de la Sibérie font bouillir les souches dans de la bière, ce qui donne à celle-ci une odeur de framboise et un goût agréable. Dans quelques contrées, on les fait manger aux porcs; on prétend même qu'on en a mis dans le pain en Auvergne, pendant la disette de 1694. Enfin, les feuilles fraîches sont données aux bestiaux.

La fougère mâle était connue de Dioscoride (lib. IV, c. 128). Galien (*De simp. med.*, lib. VIII, et *Method. Medend.* lib. XIV, c. 19), Pline et Ætius (le premier médecin chrétien dont on ait un ouvrage sur la médecine, le *Tetrabiblos*, et qui, natif d'Amide en Mésopotamie, florissait à Alexandrie à la fin du cinquième siècle) la signalent comme vermifuge. Le célèbre médecin arabe Avicenne ajoute qu'elle provoque l'avortement. On l'a vantée contre la goutte, le rachitisme, le scorbut, etc. Quoiqu'on l'ait regardée longtemps comme inerte pour expulser les vers, elle est employée avec succès comme teniacide. Depuis les observations de M. Ebers, de Breslau, c'est l'extrait éthéré de fougère que, dans ce cas, l'on emploie à peu près exclusivement, à la dose de deux à quatre grammes; il est la base du remède de madame Nouffer. MM. Bourdier, Rouzel, Trousseau et Pidoux, ont indiqué des méthodes particulières d'administration, dont l'efficacité est incontestable. M. le professeur Christison, d'Édimbourg (*a Treatise on poisons*), a publié de nombreuses observations qui constatent l'efficacité de l'extrait éthéré de fougère contre le ténia.

La fougère femelle, quoique recommandée comme ténifuge, est bien loin de produire les mêmes effets.

D'après un travail récent de MM. Deschamps (d'Avalon), et Collas, l'extrait alcoolique de fougère mâle doit être préféré à l'extrait éthéré, dont l'action est souvent nulle.

NERPRUN

Rhamnus catharticus L.
(Rhamnées - Zizyphées.)

Le Nerprun purgatif est un arbrisseau, dont la tige, haute de 3 à 4 mètres, droite, couverte d'une écorce lisse et grisâtre, se divise en rameaux souvent terminés en pointe épineuse, portant des feuilles alternes ou opposées, groupées en rosette sur les rameaux florifères, pétiolées, ovales, aiguës, dentées, glabres, d'un vert foncé en dessus, jaunâtre en dessous. Les fleurs, polygames ou dioïques, d'un jaune verdâtre, petites, pédicellées, sont groupées en fascicule au sommet de rameaux latéraux très-courts. Elles présentent un calice campanulé ou urcéolé, persistant, à quatre divisions lancéolées, aiguës, étalées; une corolle à quatre pétales linéaires, très-petits, dressés; quatre étamines opposées aux pétales et un pistil rudimentaire dans les fleurs mâles; chez les femelles, un ovaire globuleux, déprimé, à quatre loges uniovulées, surmonté de deux à quatre styles soudés à la base, libres au sommet et terminés chacun par un stigmate obtus. Le fruit est une petite drupe globuleuse, pisiforme, glabre, noire, contenant deux à quatre noyaux monospermes (Pl. 43).

HABITAT. — Le nerprun est très-répandu en Europe; il habite les bois et les haies, surtout dans les lieux humides.

CULTURE. — Le nerprun est fréquemment cultivé dans les jardins; on l'emploie aussi pour faire des haies vives. Il est très-rustique et vient dans tous les sols et à toute exposition. On le propage de graines, semées en pépinière, en octobre, aussitôt après leur maturité; les jeunes sujets sont plantés à demeure à l'automne suivant. Un moyen plus expéditif consiste à faire des marcottes, qui s'enracinent facilement et donnent, la seconde année, des pieds plus forts.

PARTIES USITÉES. — Les fruits, l'écorce, le bois.

RÉCOLTE. — Les baies de nerprun (dont la couleur a fait donner vulgairement à l'espèce le nom de *Noirprun*, d'où est venu celui de nerprun) doivent être récoltées à leur maturité, c'est-à-dire en septembre et en octobre; on les choisit grosses, luisantes, abondantes en suc; on les fait quelquefois dessécher.

COMPOSITION CHIMIQUE. — D'après M. Vogel, le suc du nerprun cathartique contient de la rhamnine, de l'acide acétique, du mucilage, et une matière azotée; on a vu depuis que le mucilage était de la pectine; M. Fleury en a extrait une matière colorante jaune, à peine purgative, qu'il a nommée *rhamnine*, et que M. Preisser a étudiée, dans les graines de Perse et d'Avignon; elle est blanche à l'état de pureté, et elle ne devient jaune que par l'action prolongée de l'air; elle paraît différer de la matière colorante jaune que M. Kane a extraite des graines de Perse et qu'il a nommée *chrysorhamnine*, celle-ci, bouillie, se transforme au contact de l'air en une autre matière jaune olive (*xanthorhamnine*), qui paraît exister dans les fruits mûrs, tandis que l'autre se trouve dans les fruits verts.

D'après Lefort, la chysorhamnine, ne serait autre que la rhamnine de Fleury; il considère aussi comme identique avec cette dernière un autre corps, nommé par Galetly, en 1858, *rhamnétine*. Lefort assigne à la rhramnine, la formule $C^{12}H^{12}O^{5}+2H^{2}O$. Il a trouvé dans les baies du Nerprun un autre corps, distinct de la rhamnine, auquel il donne le nom de *rhamnigine*. Aucun de ces corps n'étant purgatif, on ignore encore quel est le principe actif du Nerprun.

Usages. — Le *nerprun purgatif* (*Rhamnus catharticus* Linn.) est un des purgatifs cathartiques des plus actifs. Les propriétés purgatives que rappelle le nom de cette espèce résident dans les couches libériennes de l'écorce, et surtout dans les fruits. Les fruits écrasés et le suc fermenté au contact de la pellicule, donnent un liquide qui, étant filtré et évaporé en consistance d'extrait mou, constitue le *rob de nerprun*, autrefois employé, et qui ne l'est presque plus aujourd'hui; il entre cependant dans le lavement purgatif des peintres. Le même suc, dans lequel on fait fondre son poids de sucre, et que l'on fait cuire en consistance sirupeuse, produit le *sirop de nerprun*, la seule forme à peu près sous laquelle on emploie aujourd'hui les fruits.

Le sirop de nerprun s'emploie comme purgatif à la dose de trente à soixante grammes; on lui reproche de déterminer des coliques violentes. Quoiqu'on l'ait vanté comme vermifuge, contre les maladies cutanées et les hydropisies, il est à peu près aujourd'hui relégué dans la médecine vétérinaire, où on le regarde comme souverain contre la maladie des jeunes chiens.

Les baies de nerprun sont beaucoup plus actives qu'une quantité correspondante de sirop; quelques-uns de ces fruits suffisent pour purger abondamment; c'est un moyen précieux pour les habitants de nos campagnes. Gilibert prétend que deux baies, prises tous les matins à jeun, éloignent les accès de goutte.

Linné prescrivait les graines de nerprun, torréfiées et pulvérisées, comme purgatives; Tournefort les employait sèches et en poudre; ainsi que les fruits et l'écorce; elles agissent souvent comme *éméto-cathartiques*. M. Fleury en a extrait une huile fixe non purgative.

Le fruit du *nerprun bourdaine* ou *nerprun Bourgène* (*Rhamnus Frangula* Linn.), qui croît parmi les haies, les buissons et les taillis, jouit aussi de propriétés purgatives, mais moins prononcées que celles du fruit de *Rhamnus catharticus*. Ce fruit, d'abord rouge, devient noir en vieillissant. Le bois du nerprun bourdaine est très-léger et sert à faire du charbon qui entre dans la préparation de la poudre à canon; en moyenne, 100 kilogrammes de bois donnent 12 kilogrammes de charbon. Son écorce est purgative et constitue, dans les campagnes, un médicament populaire ; on l'a conseillée comme fébrifuge.

Le bois de nerprun en général est formé d'un aubier blanchâtre et d'un duramen rosé, comme satiné et presque transparent à sa surface, qui le rendrait propre à faire des meubles élégants s'il n'était pas de trop petite dimension.

L'écorce des nerpruns est riche en matière colorante jaune, et pourrait être utilisée pour la teinture; mais on préfère employer à cet usage les fruits du nerprun des teinturiers (*Rhamnus infectorius* Linn.), que l'on connaît sous le nom de *graines d'Avignon*. On retire une couleur jaune estimée, vulgairement appelée *stil de grain*. Les Turcs s'en servent, dit-on, pour colorer leur cuir en jaune. Il nous vient d'Orient des fruits d'autres nerpruns, connus sous les noms de *graines de Perse*, d'*Andrinople* et de *Morée;* ces fruits sont surtout produits par les *Rhamnus amygdalinus, oleoides* et *saxatilis*.

Les *graines de Perse*, les plus estimées de toutes, sont de la grosseur d'un petit pois, arrondies; elles sont recouvertes d'un brou mince, vert jaunâtre, appliqué sur trois coques sèches et monospermes réunis, et formant un fruit trigone ou tétragone; leur saveur est amère, leur odeur nauséeuse. Les *graines d'Avignon* sont plus petites et plus vertes; elles présentent trois coques réunies et souvent deux seulement par avortement de la troisième. Leur odeur et leur saveur sont moins prononcées. Avec ces fruits, de la craie et de l'alun, on prépare une sorte de laque jaune, connue sous le nom de *stil de grain;* le suc du fruit de *Rhamnus catharticus*, cueilli avant sa maturité, et mêlé à de la chaux et de la gomme, constitue le *vert de vessie*, très-employé en peinture. Enfin, c'est du *Rhamnus utilis*, ou *Loza* des Chinois, que l'on extrait la magnifique couleur verte, connue sous le nom de *vert de Chine*.

NIELLE

Agrostemma githago L. *Lychnis githago* Lam. *Githago segetum* D. C.
(Caryophyllées - Dianthées.)

La Nielle des champs, appelée aussi vulgairement Couronne des blés, est une plante annuelle, dont la tige, haute de $0^m,40$ à $0^m,80$, dressée, rameuse, dichotome au sommet, couverte de longs poils soyeux, porte des feuilles opposées, presque connées, linéaires allongées, velues, soyeuses, blanchâtres. Les fleurs, grandes, rouge violacé, sont solitaires à l'extrémité de longs pédoncules axillaires et terminaux. Elles présentent un calice tubuleux, soyeux, à limbe partagé en cinq divisions linéaires, aiguës, très-longues, à tube marqué de nervures; une corolle à cinq pétales à onglet linéaire, muni de bandelettes ailées, à limbe tronqué ou légèrement échancré; dix étamines; un ovaire libre à une seule loge multiovulée, surmonté de cinq styles. Le fruit est une capsule ovoïde, aiguë au sommet, uniloculaire, d'un brun jaunâtre, s'ouvrant au sommet par cinq dents, et entourée par le calice persistant, accru, renflé, ovoïde campanulé, à nervures ou côtes fortement saillantes. Elle renferme, sur un placenta central, un grand nombre de graines réniformes, tuberculeuses, brun noirâtre.

Habitat. — Cette plante est commune en Europe. Elle ne se trouve guère que dans les moissons, et s'est naturalisée dans presque tous les pays où l'on cultive le blé.

Culture. — La nielle étant une plante nuisible à l'agriculture, on recherche plutôt les moyens de la détruire que de la propager. Aussi n'est-elle cultivée que dans les jardins botaniques, et quelquefois dans les massifs d'agrément. Elle est très-rustique, vient dans tous les sols, et se propage, avec la plus grande facilité, de graines semées en place au printemps.

Parties usitées. — Les graines, la plante entière.

Récolte. — Cette plante, qui est très-commune dans les blés, doit être récoltée en fleurs; les graines sont recueillies à la maturité du fruit. Elles sont noires, de la grosseur de celles de la vesce, recourbées sur elles-mêmes, avec un épisperme tuberculeux, rangées par lignes longitudinales. Le célèbre naturaliste anglais Ray les a comparées, lorsqu'on les regarde à la loupe, à un hérisson roulé.

Composition chimique. — Les semences sont inodores; leur saveur d'abord peu prononcée et farineuse, est accompagnée d'un peu d'amertume et devient ensuite assez âcre. M. Malapert, de Poitiers, en a extrait de la *Saponine*, principe âcre et irritant, que l'on trouve dans un grand nombre de plantes de la même famille, et notamment dans la saponaire officinale, et dans la saponaire d'Orient.

Usages. — D'après Simon Paulli, célèbre prélat et médecin danois, mort en 1680, la décoction des graines de nielle aurait été employée pour guérir les ulcères, les fistules, et contre les hémorrhagies. Selon Léonard Fusch, l'un des plus illustres médecins du seizième siècle, ce serait un bon remède contre la gale, la teigne et d'autres maladies de la peau. Mais aujourd'hui la nielle des blés est tout à fait abandonnée dans la pratique médicale.

Ce n'est plus que comme plante nuisible que la nielle intéresse le médecin. La farine des graines de nielle, mêlée au pain, le noircit et passe pour lui donner des propriétés extrêmement irritantes. C'est à sa présence que l'on a attribué les hémorrhagies intestinales graves que l'on a observées dans le Poitou. Il résulte d'expériences faites par M. Malapert, de Poitiers, qu'elle produit les mêmes accidents chez les animaux et notamment chez les poules, auxquelles on en fait manger les graines. La saponine isolée produirait les mêmes effets. Cependant il résulte d'expériences directes et antérieures de M. Cordier, que les semences, quoique âcres au gosier, ne sont pas nuisibles ; huit grammes en décoction n'ont causé à cet expérimentateur aucun accident ; d'après lui elles rendent le pain désagréable, mais non nuisible. Cette opinion a besoin d'être confirmée.

NIGELLE

Nigella arvensis, sativa et *Damascena* L.
(Renonculacées - Helléborées.)

La Nigelle des champs, appelée vulgairement Barbiche, Barbe de capucin, Nielle sauvage ou bâtarde, Poivrette commune, etc., est une plante annuelle, à tige haute de 0^{m},15 à 0^{m},30, grêle, dressée ou ascendante, rameuse, portant des feuilles alternes, pétiolées, profondément découpées en segments linéaires, pubescents. Les fleurs, grandes, d'un bleu pâle, sont solitaires à l'extrémité des rameaux. Elles présentent un calice à cinq sépales pétaloïdes, caducs ; une corolle de cinq à dix pétales très-courts, onguiculés, brusquement coudés, munis, au-dessus de l'onglet, d'une fossette nectarifère profonde couverte par une écaille, à limbe bifide ; des étamines nombreuses, à anthères munies d'un connectif saillant ; un pistil composé de trois à sept carpelles pluriovulés, dont chacun est surmonté d'un style et d'un stigmate simples. Le fruit se compose de trois à sept follicules oblongs, étroits, polyspermes, soudés dans leur moitié inférieure et prolongés en bec au sommet (Pl. 44).

La Nigelle cultivée ou Toute-épice (*N. sativa* L.) se distingue de la précédente par ses rameaux redressés ; ses sépales à onglet plus court que le limbe ; ses anthères mutiques ; ses follicules soudés jusqu'au sommet et formant une capsule ovoïde-globuleuse, chargée de glandes scabres.

La Nigelle de Damas (*N. damascena* L.), vulgairement cheveux de Vénus ou Patte d'araignée, est caractérisée par ses fleurs entourées d'un involucre à folioles très-découpées.

Habitat. — Ces plantes habitent les moissons, les terrains maigres et meubles. La première est répandue dans presque toute l'Europe ; les deux autres sont propres aux régions méridionales. On les cultive dans les jardins botaniques ou d'ornement.

Parties usitées. — Les graines.

Récolte. — Les semences sont récoltées à la maturité des fruits. Elles sont noires, ce qui leur a valu leur nom grec de *Melanthium* (de μέλας, noir), et leur nom latin de *Nigella*, diminutif de *Nigra*. On les a aussi appelées *Melanospermum*. Les graines, à la grosseur près, ressemblent beaucoup à celles de staphysaigre (*Delphinium staphysagria*). Celles de la *Nigella arvensis* L. présentent l'aspect de la grosse poudre à canon : elles sont triangulaires et amincies en pointe à l'extrémité ombilicale. Leur épisperme est chagriné. Elles possèdent une odeur aromatique qui se rapproche beaucoup de celle du carvi, et non de celle du cumin. Aussi les a-t-on appelées *cumin noir*. Celles de la *Nigelle des champs* (*N. arvensis*) se distinguent en ce qu'elles sont moins noires; leurs angles sont très-marqués, et leurs surfaces planes sont chagrinées sans plis transversaux.

Les semences de la *nigelle cultivée* (*N. sativa*) sont noires, excepté dans une variété où elles sont jaunes. Leurs surfaces planes sont plus profondément rugueuses que celles des espèces précédentes. Leur odeur aromatique tient à la fois de celle du citron et de la carotte (Guibourt). La variété citrine sent à la fois le poivre et le sassafras.

La *Nigella indica* de Roxburg, nommée par Ainslie *Nigella sativa*, est, d'après De Candolle, une variété de cette dernière espèce. On la nomme, aux Indes orientales, *Kara-jira*. Ses graines ont été confondues avec celles de la *Veronica anthelmintica ;* elles sont identiques aux graines venues d'Égypte, sous le nom de *graines noires* et de *suneg*. Enfin, il vient de Crète une autre variété de *Nigella sativa*, très-aromatique, qui est employée comme épice, en Orient. Quant à la graine de *Nigelle de Damas*, elle est plus grosse que les précédentes, complétement noire, triangulaire; mais les surfaces, au lieu d'être planes, sont bombées, ce qui donne à cette graine une forme ovoïde.

On y trouve, de plus, de nombreux plis transversaux très-proéminents. Son odeur, très-agréable, ne peut pas être comparée à celle des autres espèces.

Il ne faut pas confondre, comme on l'a fait souvent, les vraies nigelles avec une plante qui porte souvent le même nom, mais qui est de fait la *Nielle des blés* (*Agrostemma githago*).

Composition chimique. — On ne connaît pas la nature du principe qui donne l'odeur aromatique à la graine de nigelle; cet arome existe dans l'épisperme. Sa saveur est âcre et piquante. L'alcool lui enlève un principe amer et astringent, et, d'après Cartheuser, l'extrait aqueux est insipide.

Usages. — Les Orientaux emploient les graines des nigelles comme épices. Les Égyptiens et les Orientaux en général, après les avoir pulvérisées, en saupoudrent le pain ou l'introduisent dans les gâteaux pour les rendre plus appétissants.

Dans l'Inde, les graines du *Nigella sativa* sont considérées comme emménagogues, et même comme abortives. M. Canolle, qui a étudié récemment leur action, affirme qu'elles sont réellement douées de la propriété de provoquer les menstrues, et qu'il en a obtenu de bons effets dans le traitement de la dysménorrhée, qui est très-fréquente chez les Indiennes. Il dit qu'elles provoquent une accélération marquée de la circulation, une élévation de la température, une augmentation des sécrétions et surtout une activité plus grande de la circulation locale des organes génitaux. C'est ainsi que s'expliquerait leur action comme emménagogues; il dit même qu'elles peuvent provoquer un état fébrile manifeste.

NOIX VOMIQUE

Strychnos nux vomica L.
(Loganiacées-Strychnées.)

Le Strychnos noix vomique, Strychnos vomiquier, ou simplement Vomiquier, est un arbre de moyenne grandeur, dont la tige se divise en rameaux opposés, cylindriques, glabres, d'un vert terne, portant des feuilles opposées, courtement pétiolées, ovales, arrondies, entières, glabres et lisses. Les fleurs, blanches, petites, sont groupées en cymes corymbiformes terminales. Elles présentent un calice monosépale, à cinq divisions très-courtes; une corolle tubuleuse, un peu renflée vers la gorge, à limbe partagé en cinq divisions; cinq étamines incluses; un ovaire globuleux ovoïde, à une seule loge multiovulée, surmonté d'un style et d'un stigmate simples. Le fruit est une capsule ovoïde, du volume d'une orange, à enveloppe extérieure crustacée, assez fragile, renfermant une pulpe aqueuse, dans laquelle sont disséminées des graines orbiculaires, aplaties, ombiliquées sur une de leurs faces, larges d'environ $0^m,02$, grisâtres et pubescentes (Pl. 45).

HABITAT. — Cet arbre croît dans les Indes orientales, particulièrement à Ceylan, sur la côte de Coromandel et au Malabar. On ne le cultive, en Europe, que dans les jardins botaniques, où il exige la serre chaude.

PARTIES USITÉES. — Les semences, l'écorce.

RÉCOLTE. — Le *Strychnos vomiquier* ou *Strychnos noix vomique*, n'est autre que le *Caniram* de Rhéede (*Hort. malab.*, vol. I, p. 67, tab. 47). Il a été décrit postérieurement par Loureiro et par Roxburgh. Rhéede indique trois espèces de *Caniram*. La première est le *Tseru-katu-valli-caniram;* elle donne des semences ressemblant à celles de la noix vomique, mais qui sont à peine amères ; c'est le *Strychnos minor* de Blume, qui, d'après M. Guibourt, diffère très-peu du *Cajuullar*, ou *Lignum colubrinum* de Rumphius, le même que le *Strychnos ligustrina* Blum. La seconde espèce de *Caniram* de Rhéede, est le *Wallia-priva-nitica* (*Hort. malab.*, t. VII, pl. 7), dont les feuilles ressemblent à celles de la vigne. La troisième espèce est le *Modira caniram* (*Hort. malab.*, t. VIII, p. 24), *Strychnos colubrina* L., qui fournit le véritable *bois de couleuvre*, quoique celui-ci puisse également provenir du *Strychnos nux vomica*, d'après Commelin, et de plusieurs autres *Strychnos*, dont le fruit, très-gros, contient des graines semblables à la noix vomique, que l'on y mêle dans le commerce, mais qui s'en distinguent par leur couleur vert bleuâtre, foncée.

La noix vomique, telle qu'on la trouve dans le commerce, est orbiculaire, aplatie, ayant l'aspect d'un bouton déformé. Elle est grise, veloutée, douce au toucher; à l'intérieur, on trouve un albumen corné, formé de deux lames aplaties entre lesquelles, sur un point de la conférence un peu saillant et répondant au micropyle, se voit un embryon très-petit. Du micropyle part une crête saillante, qui aboutit au hile situé au centre de l'une des faces et visible comme une petite éminence. Cette graine est douée, d'une saveur amère extrêmement prononcée. Pour étudier la graine, il est nécessaire de la faire macérer pendant quelques jours dans l'eau.

C'est le *Strichnos nux vomica* qui produit la *fausse écorce d'angusture* dont nous avons déjà parlé dans une autre partie de cet ouvrage (Voy. Angusture, t. I., p. 89).

Une autre espèce du même genre, le *Strychnos colubrina* L. passe pour fournir le *bois de couleuvre* des anciens.

Composition chimique. — La noix vomique, d'abord analysée par Braconnot, a été l'objet d'un travail extrêmement important de MM. Pelletier et Caventou. Ils y ont trouvé de l'igazurate de strychnine, de l'igazurate de brucine, de la cire, une huile concrète, une matière colorante jaune, de la gomme, de l'amidon et de la bassorine. Quant à l'igazurine, plus récemment indiquée par M. Desnoix, il paraît certain que c'est un mélange de plusieurs alcalis organiques différents.

Les alcalis organiques existent dans la noix vomique à l'état de combinaison saline très-soluble dans l'eau et dans l'alcool. On croit, sans que cela soit positivement démontré, que l'acide igazurique ne diffère pas de l'acide lactique. La brucine, d'abord découverte par MM. Pelletier et Caventou, dans l'écorce de fausse angusture, a été retrouvée depuis dans la noix vomique et dans la *Fève de Saint-Ignace* (*S. ignatia* Berg. *Ignatia amara* Linn. fils, ou *Noix d'igazur*); seulement la fève de Saint-Ignace est plus riche en strychnine que la noix vomique (voir l'article *Strychnos ignatier*, *Flore médicale*, t. III). Les graines du vomiquier, de la grosseur d'une olive, sont dures, cornées, anguleuses. Elles se distinguent surtout par leur translucidité.

La *Strychnine*, $C^{21} H^{22} Az^2 O^2$, est un des poisons les plus terribles que l'on connaisse. Un centigramme suffit pour tuer un gros chien. Elle est blanche, cristallisable en octaèdres ou en prismes. Elle n'est ni fusible, ni volatile; elle est extrêmement amère, et très-peu soluble dans l'alcool faible. Soluble dans l'alcool concentré bouillant, elle bleuit par l'acide sulfurique et le bichromate de potasse, ou les bioxydes de plomb ou de manganèse. Ses solutions étendues sont précipitées en blanc par le chlore.

La *Brucine*, $C^{23} H^{26} Az^2 O^4$, se distingue de la strychnine par sa très-grande solubilité dans l'alcool faible. Elle cristallise en prismes droits à base rhomboïdale. Elle se dissout dans 500 parties d'eau bouillante, et 800 parties d'eau froide. Elle est insoluble dans l'éther et très-soluble dans l'alcool. Elle est moins vénéneuse que la strychnine, l'acide azotique la colore en rouge de sang, la coloration passe au violet par l'addition d'un peu de proto-chlorure d'étain, le brôme la bleuit.

Comme la strychnine et la brucine sont peu solubles dans l'eau, on préfère employer leurs sels. C'est le sulfate qui est le plus usité.

Usages. — La noix vomique, la strychnine et la brucine sont des poisons violents, qui agissent en abolissant les fonctions des nerfs du sentiment, et en laissant intacts les nerfs moteurs et le système musculaires. On les emploie souvent pour faire périr les animaux destructeurs des récoltes; depuis longtemps, en Alsace, on a substitué à l'arsenic la strychnine, pour se débarrasser des renards qui sont tués sur place, tandis que l'arsenic n'agit que lentement et ne permet pas aux chasseurs de tirer des bénéfices de la vente de la peau de ces animaux.

Les strychnées déterminent des vertiges, qui rendent la démarche chancelante; il survient ensuite des douleurs légères et une roideur des muscles du cou, ainsi que de ceux qui rapprochent les mâchoires. Le pharynx éprouve un resserrement notable, les muscles de la poitrine et de l'abdomen sont roidis. Il se manifeste bientôt des secousses convulsives et tétaniques, ressemblant à des secousses électriques; la roideur devient générale, la tête est renversée en arrière, la respiration ne se fait plus, le pouls diminue, et la mort survient au milieu d'une stupeur et d'une insensibilité complètes.

Dans la pratique médicale, la noix vomique est employée en poudre, sous forme de teinture préparée au sixième, et sous celle d'extrait alcoolique. Elle entre dans la composition de la *Poudre de Hufeland* et des *Gouttes utérines de la reine d'Espagne*. Il serait impossible de pulvériser la noix vomique, tant sa dureté est grande. On commence par la râper, puis on la ramollit au moyen de la vapeur d'eau, et on la pile. On obtient ainsi une pâte que l'on fait sécher, et qui peut alors être pulvérisée facilement. L'écorce de la fausse angusture et la *fève de Saint-Ignace*, produits de l'Ignatier amer (*Ignatia amara* L.), ne sont pas employées.

En thérapeutique, on place ces médicaments dans les excitants du système musculaire, administrés à petite dose et au moment des repas. Ils ne troublent pas la digestion; les facultés digestives sont exaltées, et les évacuations succèdent le plus souvent à une constipation passagère. Les sécrétions, à part la sécrétion urinaire, ne sont pas augmentées ; l'excrétion urinaire est rendue plus fréquente et plus énergique. Magendie et Marshall-Hall ont signalé une action toute particulière sur les nerfs pneumo-gastriques. Nous avons dit comment les strychnées agissent sur le système nerveux en général.

Il n'y a pas plus de deux siècles que les effets thérapeutiques de la noix vomique et de ses dérivés sont connus. L'action qu'ils exercent sur le système musculaire, avait conduit Fouquier à les employer contre les paralysies. On crut d'abord avoir obtenu de bons résultats. Mais les essais de Bretonneau, de Duméril et de Husson restreignirent leur emploi, et ne déposèrent pas en faveur de cette médication. Cependant M. Tanquerel des Planches en obtint de bons résultats dans les paralysies saturnines, et on les a depuis toujours employés dans ces cas.

Liston et M. Miquel ont conseillé la strychnine dans l'amaurose, et MM. Lafaye et Mauricet, mais surtout M. Trousseau, l'ont employée avec succès dans l'incontinence, ou la rétention d'urine dépendant d'une paralysie de la vessie. Niémann, et MM. Cazenave, Fouilhoux, Rougier, Trousseau, etc., l'ont beaucoup vantée dans le traitement de la *danse de saint-guy*, et, de fait, dans cette maladie, son usage est devenu à peu près général.

MM. Rœlants, Van Der Hoven, Van Anckeren, Meeburg, Lévie, Kriegerel, Jones ont obtenu de bons résultats de l'application de la noix vomique au traitement des névralgies faciales. M. Homolle s'en est bien trouvé pour faciliter la réduction des hernies, ainsi que dans les gastralgies, dans la dyspepsie, l'hypocondrie, etc.

La noix vomique est conseillée pour tuer les vers intestinaux, et même le ténia. Dans ce cas, il vaut mieux, à notre avis, faire usage d'autres médicaments moins dangereux et plus efficaces.

Les observations de M. Andral ont prouvé que la brucine agissait comme la strychnine, mais qu'elle était moins active. Cependant les expériences de M. Bricheteau et celles de M. Bouchardat, sembleraient démontrer que l'action de la brucine est plus énergique qu'on ne le pense généralement. M. Bricheteau l'administre d'abord à la dose d'un centigramme, augmentant chaque jour d'un centigramme, tant qu'il n'y a pas d'effet produit. Il l'a surtout administrée dans les hémiplégies survenues à la suite d'apoplexie.

Il n'est pour ainsi dire pas de maladies dans lesquelles la noix vomique, la strychnine et son nitrate, ne soient employés par les médecins homœopathes. Ils l'administrent pour combattre les effets des narcotiques, des liqueurs excitantes, et des alcooliques. Le signe de la noix vomique est *Avi. n.*, et son abréviation *Vom.* Pour la strychnine *Msy* et *Strychninum*, et pour le nitrate *Msy. n.* et *Strych. n.*

NOYER

Juglans regia L.
(Juglandées.)

Le noyer est un grand arbre, dont la tige, haute de 15 à 20 mètres, couverte d'une écorce gris cendré, se divise en branches et en rameaux à écorce blanchâtre, portant des bourgeons bruns et des feuilles alternes, pétiolées, articulées, imparipennées, composées de sept ou neuf folioles ovales aiguës, grandes, glabres, coriaces, d'un vert sombre. Les fleurs, qui paraissent avant les feuilles, sont monoïques. Les mâles, groupées en chatons cylindriques, brun noirâtre, pendants, ont un involucre pédicellé, à cinq ou six lobes membraneux, inégaux, concaves, muni en dehors d'une écaille bractéale, renfermant de nombreuses étamines insérées à diverses hauteurs, à filets très-courts, à anthères bilobées, acuminées par la saillie du connectif. Les fleurs femelles sont solitaires dans les involucres terminaux. Elles présentent un calice à tube adhérent à l'involucre et à l'ovaire, à limbe quadrifide; un ovaire ovoïde, uniovulé, surmonté d'un style simple, court, et de deux stigmates allongés et courbés en dehors. Le fruit est ovoïde, et renferme dans une enveloppe verte et charnue (*brou*) un noyau ou coque (*noix*) à deux valves ligneuses, renfermant une seule graine divisée en quatre lobes très-irréguliers.

On remarque aussi dans ce genre les Noyers noir (*J. nigra* L.), cendré (*J. cinerea* L.), pacanier (*J. olivæformis* Mich.), blanc (*J. alba* Mich.), à feuilles de frêne (*J. fraxinifolia* L.), etc.

Habitat. — Les noyers commun et à feuilles de frêne sont originaires de l'Asie Mineure et de la Perse; les autres espèces le sont de l'Amérique du Nord. Le noyer commun est cultivé en grand comme arbre fruitier; ses congénères ne se trouvent, en Europe, que dans les jardins botaniques ou les parcs d'agrément.

Parties usitées. — Le bois, l'écorce, les feuilles, les fleurs, le péricarpe ou brou, l'amande, les jeunes fruits.

Récolte. — L'écorce de noyer, rarement employée, doit être récoltée à l'automne. Les feuilles, très-odorantes lorsqu'elles sont jeunes, perdent leur odeur agréable en vieillissant. Aussi, faut-il les récolter lorsqu'elles ont acquis à peu près la moitié de leur développement. On les dispose en petits paquets, et on les fait sécher au soleil ou à l'étuve. Si elles sont mal desséchées, elles noircissent, il faut alors les rejeter. Les jeunes fruits que l'on pèle, et que l'on sert sur nos tables, sous le nom de *Cerneaux*, doivent être cueillis lorsque l'amande est un peu formée ; plus tard ils sont trop durs. Les noix que l'on mange, et dont on extrait de l'huile, sont récoltées à leur maturité, c'est-à-dire lorsque le péricarpe s'ouvre, et commence à se dessécher. C'est au contraire avant cette époque qu'il faut cueillir les fruits, lorsqu'on veut en utiliser le *Brou*, soit pour l'usage médical, soit pour la préparation de la liqueur de noix, soit encore pour la teinture.

Composition chimique. — Lorsqu'on froisse entre les doigts les feuilles de noyer, on perçoit une odeur forte, aromatique ; la saveur de ces feuilles est amère, résineuse et piquante. Le brou de noix est amer et piquant. M. Tanret a extrait des feuilles un alcaloïde auquel il donne le nom de *juglandine;* il cristallise en aiguilles allongées, solubles dans l'eau, plus solubles encore dans l'alcool, l'éther et le chloroforme ; il est combiné dans les feuilles avec une matière tannique spéciale qui donne un précipité brun noirâtre avec les sels de fer. Précédemment, M. Phipson avait trouvé dans le brou un principe cristallisant en cristaux octaédriques et en prismes accolés à la façon des barbes d'une plume, auquel il donna le nom de *régianine*. La régianine forme, avec les alcalis fixes et avec l'ammoniaque, des combinaisons colorées en rouge pourpre dont l'acide chlorhydrique sépare un *acide régianique;* celui-ci se présente sous l'aspect d'une poudre noire, amorphe.

L'amande de la noix contient en abondance une huile grasse, comestible, d'une saveur assez agréable, quoique très-prononcée, quand elle est fraîche ; mais elle a l'inconvénient de rancir très-rapidement. Elle est également siccative et peut être employée dans la peinture.

Usages. — Le noyer est un des arbres les plus utiles de notre pays. Son bois est recherché pour l'ébénisterie. Son amande est comestible et douée d'une saveur très-agréable, surtout quand elle est fraîche ; elle donne une huile abondante.

Les différentes parties du noyer sont placées parmi les toniques amers. On les regarde comme astringentes, sudorifiques et détersives. Autrefois très-usitées en médecine, ces préparations étaient à peu près oubliées, lorsque M. Négrier, d'Angers, les vanta contre la scrofule. Elles sont, depuis lors, plus souvent prescrites dans cette maladie, ainsi que dans les affections herpétiques et vénériennes, l'ictère, les ulcères atoniques, scorbutiques, etc. On a même employé l'extrait de brou de noix comme anthelmintique. M. Baudelocque a appuyé les conclusions du travail de M. Négrier sur l'efficacité des préparations de feuilles de noyer, contre la scrofule. Malheureusement, les résultats obtenus n'ont pas été trouvés partout aussi satisfaisants. Le célèbre frère Côme, de l'ordre des Feuillants (Jean de Baseilhac, né en 1703, dans les environs de Tarbes, d'une famille qui exerçait la chirurgie), employait les feuilles de noyer contre l'ictère simple. Souberbielle, son élève, a cité plusieurs cas de guérison ; mais, on le sait, l'ictère simple (ou jaunisse) guérit le plus souvent tout seul.

Les feuilles de noyer appliquées topiquement sur les mamelles, ont été proposées par E. Kœnig, pour arrêter la sécrétion du lait. J. Bauhin, Vitet, Hunezowski, Home, Belloste, MM. Bois de Loury, Dubois de Tournay, Pomeyrol, Brugnier, etc., etc., ont préconisé la même application des feuilles, ou celle de l'eau distillée, de la décoction, de la solution d'extrait, etc., pour le traitement local des ulcères atoniques, scrofuleux, les flux leucorrhéiques, les ulcérations utérines, mais surtout contre la pustule maligne. D'après MM. Pomeyrol, Brugnier, Raphaël, Van Swygendoven, les feuilles et l'écorce fraîches de noyer, produisent d'excellents effets ; toutefois la confiance dans cette médication n'est pas assez grande, pour qu'il ne soit pas prudent de conseiller la cautérisation préalable, au moyen du fer rouge.

Dans ces derniers temps on a recommandé l'acoolature des feuilles contre la granulie, et M. Curtis a conseillé une décoction très-forte du brou contre la dyphthérie, en gargarismes et en vaporisations. Il prétend avoir réussi, même dans les cas graves.

D'après Rey, la pellicule coriace qui sépare les lobes de l'amande, et qui n'est autre chose que les placentas et l'épisperme frais a été administrée contre la dysentérie et ordonnée contre la fièvre. Solenander a préconisé l'infusion des fleurs, contre les hémorragies utérines, et le bénédictin Alexandre (Nicolas, mort en 1728, auteur d'une *Médecine et chirurgie des pauvres*, et d'un *Dictionnaire de botanique*), vantait la poudre des chatons de noyer, prise dans du vin, contre la dysentérie.

L'huile de noix, quoique signalée comme vermifuge et même ténifuge par Hippocrate, Galien, et par un grand nombre de médecins modernes, est à peine quelquefois employée aujourd'hui dans les campagnes. Scarpa et Caron du Villars proposaient de l'instiller dans l'œil, contre les taies de la cornée. On recommandait d'employer l'huile rance. Marc-Antoine Petit la rendait plus active en y ajoutant de l'émétique.

Quoique Schrœder, Ray, Buchner et Hoffman, aient constaté les propriétés vomitives de la seconde écorce, des branches et des racinés, on n'en fait aucun usage. Wauters regardait ces parties comme rubéfiantes, et M. Ébrard, de Nîmes, les employait en cataplasmes contre les fièvres intermittentes. Les propriétés vésicatives et rubéfiantès sont beaucoup plus marquées dans l'écorce du noyer cendré de l'Amérique septentrionale.

L'eau des trois noix des anciennes pharmacopées, très-employée autrefois, était préparée en trois fois et à trois époques différentes, avec les chatons fleuris, avec les noix nouées, et avec les noix mûres. Elle n'est plus prescrite aujourd'hui.

Les produits du noyer sont quelquefois employés en médecine homœopathique. Leur abréviation est *N. jugl.* et leur signe *Sjg n.* Mais, ainsi formulées, on ne voit pas bien quelles sont les parties qu'il faut employer.

NYCTAGE

Nyctago Jalapa D. C. *N. hortensis* Juss. *Mirabilis jalapa* L.
(Nyctaginées.)

Le Nyctage des jardins ou Faux jalap, désigné communément sous le nom de Belle-de-Nuit, est une plante vivace, mais connue et cultivée en Europe seulement comme plante annuelle. Sa racine est fusiforme, tubéreuse, charnue, brun noirâtre. La tige, haute de

0^m,50 à 1 mètre, cylindrique, noueuse, glabre, dressée, rameuse dichotome, porte des feuilles opposées, pétiolées, ovales-aiguës, un peu cordées à la base, molles, ciliées, d'un vert foncé. Les fleurs, grandes, rouges, jaunes, blanches ou panachées, courtement pédonculées, sont groupées en cymes axillaires ou terminales. Elles présentent un involucre caliciforme (calice), tubuleux campanulé, persistant, partagé presque jusqu'à sa base en cinq divisions ovales, lancéolées, aiguës, dressées; un périanthe pétaloïde (corolle) en entonnoir, à tube long, grêle, s'évasant à sa partie supérieure, à limbe divisé en cinq lobes obtus, plissés, échancrés, étalés; cinq étamines à filets grêles, soudées en anneau à leur base et insérées sur un disque hypogyne; un ovaire simple, libre, uniovulé, surmonté d'un long style saillant terminé par un stigmate arrondi et glanduleux. Le fruit est un caryopse ovoïde, noirâtre, entouré par le calice, et renfermant une graine à albumen farineux.

Habitat. — La belle-de-nuit est originaire du Pérou; on la cultive aujourd'hui dans tous les jardins de l'Europe.

Culture. — Cette plante demande une terre un peu argileuse, meuble et profonde. On la propage de graines, semées au printemps en place ou en pépinière. On arrose fréquemment en été. A l'approche des gelées, on peut relever les tubercules et les conserver en hiver, pour les remettre en place au printemps suivant.

Parties usitées. — La racine.

Récolte. — La racine, qui doit être récoltée en automne, est moins active quand elle est recueillie dans le Nord que quand elle provient du Midi; en effet, Gilibert a vu qu'elle purgeait à Lyon et qu'elle ne purgeait pas en Lithuanie. Cette racine est donc soumise à ce principe que nous avons déjà fait observer, à savoir que les plantes des pays chauds perdent de leurs propriétés lorsqu'on les transporte dans les pays froids.

On peut employer également les racines du *Mirabilis dichotoma* et du *M. longiflora*. La première de ces plantes se distingue par ses feuilles plus petites, et par ses fleurs pourprées, qui sont aussi bien moins grandes que celles de l'espèce précédente. Elles s'épanouissent à la nuit, d'où leur est venu le nom de *fleur de quatre heures*. La seconde se distingue par l'odeur agréable et musquée qu'elle dégage la nuit.

Les racines de ces plantes, que l'on trouve rarement dans le commerce, sont à peu près cylindriques, épaisses de 0m,025 à 0m,035, coupées en tronçons de 0m,055 à 0m,110, d'un gris foncé à l'extérieur, plus blanches à l'intérieur. Leur surface est marquée d'un très-grand nombre de cercles concentriques très-serrés; l'intérieur est également marqué des mêmes cercles. D'ailleurs cette racine est dure, compacte, pesante, d'une odeur très-nauséeuse, d'une saveur douceâtre d'abord, et un peu âcre ensuite.

COMPOSITION CHIMIQUE. — La racine de belle-de-nuit contient beaucoup de principes gommeux et résineux; d'après Coste et Wilmet 120 grammes de cette racine, récoltée en octobre et médiocrement séchée, fournissent 25 grammes d'extrait aqueux et 12 grammes d'extrait résineux.

USAGES. — La racine de *Mirabilis jalapa* n'est plus guère employée en médecine. Cependant Coste et Wilmet l'ont proposée comme purgative à la dose de 1 ou 2 grammes pour l'extrait aqueux, et moitié moindre pour l'extrait résineux; d'autre part, M. Cazin a employé cette racine en poudre, administrée dans un verre d'eau, chez les enfants lymphatiques et scrofuleux; ceux-ci en ont été purgés; Gilibert dit l'avoir employée avec succès pour tuer et expulser le ténia; enfin Bodart dit l'avoir employée avec avantage dans un grand nombre de maladies cutanées, et Roques la prescrivait associée au sucre. Quoiqu'on l'ait beaucoup préconisée contre les rhumatismes chroniques et les hydropisies, elle n'est jamais employée dans ces maladies.

La racine de *Mirabilis dichotoma* L. jouit absolument des mêmes propriétés que celle de l'espèce précédente, comme l'ont démontré Bergius, Peyrilhe, Gilibert, Coste et Wilmet; il en est de même de la racine du *M. longiflora*.

NYMPHÉA

Nymphæa alba L.
(Nymphéacées.)

Le Nymphéa blanc, appelé aussi Nénuphar blanc, lis des étangs, etc., est une plante vivace, à rhizome charnu, très-long et très-gros, rameux, noueux, brun-jaunâtre au dehors, blanc à l'intérieur, couvert de cicatrices, donnant naissance en dessous à de nombreuses fibres radicales, et au-dessus à des feuilles longuement pétiolées, nageantes, à limbe arrondi, très-grand, profondément échancré en cœur à la base, entier, lisse, luisant, d'un beau vert. Les fleurs, très-grandes, blanches ou d'un blanc rosé, sont solitaires à l'extrémité de longs pédoncules axillaires radicaux. Elles présentent un calice à quatre sépales libres, lancéolés, caducs, verdâtres en dehors, pétaloïdes à la face interne; une corolle de quinze à vingt pétales lancéolés, disposés sur plusieurs rangs, les extérieurs égalant le calice, les intérieurs progressivement plus petits et portant au sommet une anthère plus ou moins développée; des étamines en nombre indéfini; un ovaire à loges nombreuses incomplètes multiovulées, enchâssé et presque complétement enveloppé dans un disque charnu, et surmonté de stigmates sessiles, étalés, rayonnants, soudés en un plateau convexe à bords crénelés, persistants. Le fruit est une capsule arrondie, charnue-herbacée, enchâssée dans le disque persistant, couronnée par le stigmate, marquée de cicatrices qui résultent de la chute des étamines et des pétales; l'intérieur, divisé en loges nombreuses, renferme une pulpe abondante dans laquelle sont plongées de nombreuses graines à enveloppe succulente, à périsperme double, l'extérieur farineux et l'intérieur charnu (Pl. 46).

Habitat. — Cette plante est très-commune en Europe. On la trouve dans les eaux claires tranquilles ou peu rapides, les mares, les étangs, etc. Elle n'est cultivée que dans les jardins botaniques ou d'agrément.

Parties usitées. — Les rhizomes, les fleurs.

Récolte. — Nous avons déjà dit ailleurs (Voyez *Nénuphar*), que ce qu'on appelait improprement racine de nymphéa dans les pharmacies, était le rhizome blanc du *Nuphar lutea*, tandis que celui du *Nymphea alba* est jaunâtre à l'intérieur, et rendu presque noir à l'extérieur par la grande quantité de tubercules foliacés ou radicaux qui le recouvrent. Mais ces deux produits jouissent des mêmes propriétés, et pourraient sans inconvénient être substitués l'un à l'autre, soit comme aliment, soit comme médicament. On les arrache à l'automne, ou au printemps; on les coupe en lanières longitudinales minces, et on les fait dessécher pour les conserver à l'abri de l'humidité, car les fragments spongieux ainsi obtenus sont très-hygrométriques.

Les fleurs blanches sont cueillies à leur parfait épanouissement.

On les fait sécher entières, ou coupées par fragments, car leur réceptacle est volumineux, épais et visqueux. Il est rare qu'on isole les pétales ; dans tous les cas, la dessiccation doit être très-rapide.

COMPOSITION CHIMIQUE. — Le rhizome de nymphéa a été analysé par M. Morin, de Rouen, qui y a trouvé de l'amidon, une matière muqueuse, du tannin, de l'acide gallique, de la résine, une matière végéto-animale, quelques acides végétaux et des sels (*Journ. de pharm.* t. VII, p. 450).

USAGES. — Les fleurs et les rhizomes de nymphéas ont joui et jouissent encore de la réputation d'être des sédatifs puissants, des hypnotiques précieux. On leur a surtout attribué la propriété de calmer les passions, ce qui a dû engager à en faire consommation dans les couvents. Cependant les Tartares et les Égyptiens s'en nourrissent, après les avoir fait cuire dans l'eau, et ils préparent une sorte de pain avec les graines de la plante, sans que cette alimentation paraisse nuire, d'après Pallas, à la fécondité de ceux qui en font usage. La saveur styptique et un peu amère de la pulpe, indique plutôt une action irritante qu'énervante, et si on l'applique en cataplasmes, elle agit comme rubéfiante. Desbois de Rochefort, qui a vu beaucoup employer le nénuphar dans les couvents de son temps, a constaté que son emploi déterminait souvent des effets contraires à ceux qu'on en attendait.

La réputation du nénuphar comme anti-aphrodisiaque est d'ailleurs très-ancienne. Marquis croit qu'elle doit son origine à la blancheur virginale des fleurs de la plante et à l'habitation de celle-ci au milieu des eaux (*Dict. des scien. méd.*, t. XXXV, p. 439). Dioscoride et Pline avaient signalé cette prétendue propriété. On ordonnait en conséquence le nénuphar pour guérir les insomnies érotiques. Les chanteurs en faisaient usage pour conserver et perfectionner leur voix.

Rien ne confirme non plus les propriétés hypnotiques que l'on a attribuées au nénuphar. C'est plutôt comme émollient et adoucissant, qu'on le conseille dans la leucorrhée, la blennorrhagie, la dysentérie, etc. A une époque, la pulpe a été conseillée en épithème comme antifébrile, et Détharding prétend avoir guéri des fièvres intermittentes, en appliquant aux pieds la racine de nénuphar fraîche coupée par tranches. Le célèbre médecin écossais William Cullen (né en 1712, mort en 1790, qui attaqua la doctrine médicale de Boerhaave, et y substitua, comme on le sait, une doctrine nouvelle dans laquelle il attribuait le principal rôle au système nerveux, trop négligé par l'illustre recteur de l'Université de Leyde) crut devoir bannir, et non sans raison, le nénuphar de la matière médicale (*A treatise of the materia medica*, 1789).

Les Turcs font usage d'une eau distillée de nénuphar comme cosmétique. Dans quelques pays on prépare un sirop avec cette plante. Elle entrait autrefois, dans plusieurs préparations hypnotiques, aujourd'hui oubliées. D'après Scapoli (*Flora carniolica*, p. 316, n° 2), la racine est un poison pour les blattes et les grillons. Simon Pauli dit que les fleurs de nénuphar purifient l'air; aussi conseille-t-il d'en joncher les chambres des malades. Théophraste rapporte que les Béotiens employaient la plante qui nous occupe comme aliment.

ŒILLET

Dianthus caryophyllus L. *D. coronarius* Lam.
(Cariophyllées-Dianthées.)

L'Œillet des fleuristes est une plante vivace, à souche sous-ligneuse, à racines fibreuses, fasciculées. Les tiges, d'abord stériles, couchées, articulées, noueuses, couronnées d'une rosette de feuilles imbriquées, deviennent l'année suivante des tiges fertiles, dressées ou ascendantes, hautes de $0^m,50$ à $0^m,60$, portant des feuilles opposées, connées, linéaires, assez épaisses, glabres, glauques, canaliculées, à nervure dorsale saillante. Les fleurs, rouges dans le type de l'espèce, mais de couleurs très-diverses dans les variétés cultivées, très-odorantes, sont solitaires à l'extrémité de la tige et des rameaux. Elles présentent un calicule formé de quatre écailles coriaces, ovales arrondies, courtes, à pointe mousse, disposées sur deux rangs et opposées par paires; un calice tubuleux, cylindrique, atténué au sommet, à cinq dents lancéolées aiguës; une corolle à cinq pétales à onglets aussi longs que le calice, à gorge munie de dix bandelettes ailées longitudinales, à limbe cunéiforme, entier, un peu découpé sur les bords; dix étamines; un ovaire simple, ovoïde, à une seule loge multiovulée, surmonté de deux styles. Le fruit est une capsule ovoïde, polysperme, s'ouvrant au sommet en quatre valves (Pl. 47).

Cette espèce présente de nombreuses variétés; la seule qui nous intéresse ici est l'Œillet grenadin ou à ratafia.

Habitat. — Originaire du nord de l'Afrique, l'œillet est aujourd'hui cultivé et naturalisé en Europe, en Amérique, etc.

Culture. — L'œillet grenadin est assez souvent cultivé en grand. On le propage par semis en pépinière. Les jeunes pieds sont repiqués en lignes, à $0^m,65$ de distance, et reçoivent tous les ans trois ou quatre labours; à l'époque de la floraison, on fixe les tiges sur des échalas. Tous les quatre ou cinq ans, on renouvelle la plantation sur une autre place.

Parties usitées. — Les pétales.

Récolte. — L'œillet rouge est le seul qui soit employé par les pharmaciens et les liquoristes. On cueille les pétales à l'époque de l'épanouissement de la fleur. On enlève avec soin les onglets, et on fait sécher à l'étuve. Pour la préparation du sirop d'œillets, on emploie les pétales récents; quelquefois aussi il est préparé avec les fleurs sèches; mais alors on prescrit d'ajouter à leur infusion quelques clous de girofle.

Composition chimique. — Le parfum agréable de l'œillet est tout à fait comparable à celui du girofle; c'est ce qui le fait employer par les parfumeurs et par les liquoristes. Ce parfum est dû à une huile essentielle, que l'on peut séparer par distillation, ou par le procédé *d'enfleurage* des parfumeurs, qui consiste à exprimer les fleurs avec des huiles fixes.

Usages. — Les fleurs d'œillets ont été employées comme stimulantes, cordiales, stomachiques; elles sont aujourd'hui peu usitées. On en préparait une eau distillée et un vinaigre; on en fait aussi un sirop qui sert encore à édulcorer les potions cordiales. Elles entraient dans la composition de l'*Eau générale*, et de l'*Eau prophylactique*, dans la *Conserve d'œillet* et dans l'*Opiat de Salomon*. Elles servaient à préparer des liqueurs, d'où leur venait le nom d'*Œillet ratafia*.

En médecine, c'est surtout dans les fièvres malignes et typhoïdes, que le sirop d'œillet a été préconisé ; il est aujourd'hui peu employé.

L'œillet de poëte (*Dianthus barbatus* L.), la mignardise (*D. plumarius* L.), celui des chartreux (*D. carthusianorum*), possèdent aussi, mais à un moindre degré, l'odeur de girofle. L'œillet rouge, ou à ratafia (*Dianthus ruber*), est souvent employé pour remplacer le *Dianthus caryophyllus;* il jouit des mêmes propriétés.

ŒNANTHE

Œnanthe crocata L.
(Ombellifères - Sésélinées.)

L'OEnanthe safranée, vulgairement appelée Pensacre, est une plante vivace, à racines fusiformes, renflées, tubéreuses, charnues, sécrétant un suc laiteux jaunâtre. La tige, haute de 0^m,65 à 1 mètre, cylindrique, fistuleuse, cannelée striée, glabre, dressée, rameuse au sommet, porte des feuilles alternes, pétiolées, engaînantes à la base, grandes, deux ou trois fois pennées, à segments presque cordiformes, dentés au sommet, glabres, d'un vert foncé, luisants en dessus. Les fleurs, petites, blanches, sont groupées en ombelles terminales très-compactes, à rayons grêles, à involucre nul ou réduit à un petit nombre de folioles, à involucelles formés de plusieurs folioles ; celles du centre des ombellules sont presque sessiles et fertiles; celles de la circonférence, pédonculées, rayonnantes, stériles. Chaque fleur présente un calice très-petit, à cinq dents, persistant et accrescent; une corolle à cinq pétales obovales, échancrés; cinq étamines saillantes; un ovaire infère, à deux loges uniovulées, surmonté de deux styles divergents. Le fruit est un diakène cylindrique, oblong, bordé, marqué de trois côtes sur chaque face et surmonté des styles persistants (Pl. 48).

On remarque dans le même genre l'Œnanthe fistuleuse (*Œ. fistulosa* L.), plante vivace, à tiges stolonifères à la base, à feuilles divisées en segments linéaires, à pétioles fistuleux.

Quelques auteurs rapportent aussi à ce genre la Phellandrie aquatique, qui sera l'objet d'un article spécial.

Habitat. — Ces deux plantes sont assez communes en Europe; elles croissent dans les lieux humides, au bord des rivières, dans les marais, etc. On ne les cultive que dans les jardins botaniques, où on les propage très-facilement par éclats de pied, faits dans un sol très-humide.

Parties usitées. — Toute la plante, surtout les racines.

Récolte. — Cette plante peut être confondue avec la phellandrie, (*Œnanthe phellandrium* Lam., *Phellandrium aquaticum* L.), qui est beaucoup moins vénéneuse. Le suc jaune de l'œnanthe safranée suffira pour établir la distinction. Les feuilles ont été quelquefois prises pour du céleri et du persil, et les racines pour des panais, ou des navets; mais les feuilles ne présentent pas l'odeur aromatique de la première de ces plantes, et elles sont plus grandes que la seconde; elles se distinguent d'ailleurs par leur odeur, et par les angles nombreux que présentent les pétioles et les pétiolules; quant aux racines, on les reconnaît au suc lactescent qu'elles laissent écouler. L'œnanthe perd la plus grande partie de ses propriétés par la dessiccation.

Composition chimique. — Le suc d'œnanthe est un poison violent. Les racines présentent une saveur douceâtre, aromatique, âcre, désagréable, qui les rend très-dangereuses, de sorte qu'on les mange souvent avec confiance; mais elles déterminent bientôt une chaleur brûlante au gosier, des nausées, des vomissements, du vertige, du délire, des convulsions violentes et souvent la mort. On combat cet empoisonnement par les vomitifs et les laxatifs d'abord, ensuite par les émollients appliqués *intus et extra*, plus tard on fait prendre des boissons gazeuses et des potions éthérées.

MM. Cormerais et Pihan-Dufailly (de Nantes) ont donné l'analyse de l'œnanthe safranée (*Journ. de chim. méd.*, t. V, p. 459), mais ils n'en ont pas isolé et fait connaître le principe actif. Son suc exhale une odeur analogue à celle de la carotte. Cette racine contient de la résine, une huile volatile abondante, une huile concrète, de la gomme, de la mannite, de la fécule, de la cire et des sels. On croit que la racine est le principe actif.

Usages. — L'œnanthe safranée, est un des poisons des plus violents que l'on connaisse ; son suc et sa teinture alcoolique déterminent une vive rubéfaction. Elle est la cause d'empoisonnements fréquents dans l'ouest de la France, en Angleterre, en Hollande, en Corse, etc. Son application extérieure peut déterminer des accidents très-graves ; sur cinq personnes qui s'étaient frottées avec cette plante, pour se guérir de la gale, deux moururent (*Revue médicale,* février 1837).

L'œnanthe safranée est aujourd'hui complétement abandonnée des médecins allopathes. Les anciens l'employaient contre la toux, les affections de vessie. On l'a même préconisée contre la lèpre. Les médecins homœopathes l'emploient, dit-on, quelquefois, et elle est inscrite à leur *Codex* sous l'abréviation *œnant. croc* et le signe *Eœa.*

L'œnanthe à feuilles de pimprenelle (*Œ. pimpinelloïdes* L.) et l'*Œ. fistulosa* sont beaucoup moins actives. La racine de la première, ainsi que celle de l'*Œ. peucedanifolia* peuvent être mangées, mais il faut bien éviter les confusions ; il est plus prudent de s'abstenir.

OIGNON

Allium cepa L.
(Liliacées - Asphodélées.)

L'Oignon est une plante vivace, à bulbe arrondi ou ovoïde, ventru, très-gros, composé de tuniques épaisses, charnues, distinctes, alternant avec d'autres tuniques membraneuses, minces, transparentes, les extérieures sèches, minces, scarieuses, blanches, jaunes, rougeâtres ou brunes, insérées sur un plateau, qui est la véritable tige, d'où naissent en dessous des racines fibreuses, fasciculées, blanchâtres. La tige ou hampe, haute de 0m,50 à 0m,90, fistuleuse, renflée, ventrue vers le milieu, porte à sa base des feuilles cylindriques, fistuleuses, renflées. Les fleurs, petites, nombreuses, blanc verdâtre, longuement pédicellées, sont groupées en une ombelle terminale globuleuse, renfermée dans une spathe avant l'épanouissement. Elles présentent un périanthe à six divisions alternant sur deux rangs; six étamines; un ovaire à trois loges multiovulées, surmonté d'un style court. Le fruit est une capsule, renfermant des graines noires, trigones.

Habitat. — Cette plante, dont la vraie patrie n'est pas bien connue, mais qu'on croit originaire de l'Orient, est cultivée en grand dans tous les jardins maraîchers, souvent aussi dans les champs et dans les vignes.

Parties usitées. — Le bulbe.

Récolte. — L'ognon ou oignon est récolté à l'automne, aussitôt que les feuilles jaunissent. On fait sécher les bulbes au soleil, tantôt isolés les uns des autres, tantôt réunis et tressés en cordes, au moyen des feuilles et d'un peu de paille. Quelquefois enfin, lorsque les bulbes sont petits, on coupe les feuilles avant de les faire sécher.

Composition chimique.— Toutes les parties de ce végétal répandent une odeur forte et piquante, qui excite le larmoiement lorsqu'on le coupe; le bulbe surtout possède une saveur âcre et alliacée. Fourcroy et Vauquelin y ont trouvé une huile volatile incolore, âcre et odorante, du sucre incristallisable, de la gomme, une matière animale, des acides phosphorique et acétique, du phosphate et du citrate de chaux.

Le suc de l'oignon est sucré; exposé à l'air, il se colore en rose, et éprouve la fermentation alcoolique d'abord, et acétique ensuite. Il forme alors un vinaigre qui est peu estimé. Par l'addition de la levûre de bière, la fermentation est plus active, et du liquide on peut alors retirer de l'alcool par distillation. Par la coction, l'oignon perd ses propriétés irritantes, en conséquence de la volatilisation de l'essence, et il reste alors mucilagineux et émollient.

Usages. — L'oignon doux et sucré du Midi est préféré comme aliment; celui du Nord, qui est plus âcre et plus irritant, est préféré comme médicament.

Dans quelques pays, les oignons constituent la principale nourriture des habitants. On préfère pour manger la variété blanche, qui est plus sucrée et plus douce. En Italie, en Égypte, en Espagne, dans le sud de la France, ils sont si doux qu'on peut les manger crus. Mais c'est surtout comme assaisonnement, que la consommation est considérable. Cependant les oignons rouges semés restent petits, de la grosseur d'une noisette environ; on en fait alors des ragoûts, et on les fait confire dans du vinaigre avec des cornichons, des piments, etc. L'oignon cru jouit de la réputation bien usurpée de dissiper l'ivresse. Il est difficile à digérer et détermine des éructations nidoreuses.

Le bulbe de l'oignon possède toutes les propriétés de l'ail, mais à un moindre degré, il est moins rubéfiant; cuit et mêlé à l'axonge ou à de l'huile, il forme une pulpe très-estimée des habitants des campagnes, comme maturative. On l'applique sous forme de cataplasme. Bouilli dans l'eau, on en fait une tisane, qui est regardée comme expectorante, et que l'on a employée contre les rhumes, les catarrhes et autres inflammations de la poitrine. D'après Belon (*Singularités*, p. 433), les Turcs se préservent du goître en mangeant beaucoup d'oignons crus. Ils en font une grande consommation.

Le suc d'oignon jouit de la propriété d'être diurétique et lithontriptique. On a conseillé de le faire manger cru ou cuit aux graveleux. On le recommande dans les hydropisies ; Lanzoni et Murray ont cité des exemples de ses bons effets dans ces maladies. Malgré l'opinion de l'école de Salerne, le suc en a été très-vanté contre l'alopécie. Associé à la diète lactée, l'oignon cru a été très-vanté par M. Serre, d'Alais, comme diurétique, et il a employé avec succès cette médication contre l'anasarque. Macéré dans du vin, on le regarde comme vermifuge. Le suc d'oignon, vanté autrefois contre la surdité, n'est plus employé aujourd'hui. Les cataplasmes de bulbes cuits sont appliqués sur les tumeurs, les phlegmons, les clous, les panaris, etc.

On trouve dans l'*Hierobotanicon* d'Olaüs Celsius un article très-intéressant sur les oignons, article remarqué par Langlès dans son édition du *Voyage en Perse* de Chardin (Paris, 1811).

Le *Poireau* (*Allium porrum*) est employé, comme l'oignon, en guise d'assaisonnement. Avec les feuilles, on a fait des lavements stimulants et des cataplasmes maturatifs.

OLIBAN

Boswellia Carterii Birw., *B. Ban-Dajiana* Birw., etc.
(Térébinthacées-Burserées.)

Le *Boswellia Carterii* est actuellement considéré par les auteurs les plus autorisés comme la source de beaucoup la plus importante de l'Oliban ou Encens véritable. C'est un petit arbre à rameaux terminaux pubescents ou tomenteux, à feuilles composées, imparipennées. Les pétioles sont pubescents; les folioles sont au nombre de sept à dix paires, ovales-oblongues, crénelées, ondulées ou entières, tantôt glabres en dessus et veloutées en dessous, tantôt pubescentes sur les deux faces. Les fleurs forment des grappes axillaires simples, plus courtes que les feuilles, disposées en fascicules de trois ou quatre grappes. Elles sont hermaphrodites, à réceptacle légèrement concave, à calice petit, gamosépale, divisé en cinq dents courbes, à corolle formée de cinq pétales libres, étalés, blanchâtres, alternes avec les pétales. L'androcée est formé de dix étamines indépendantes insérées en dehors ou sur la face externe d'un disque charnu, épais, rosé. Le gynécée est formé de trois carpelles unis en un ovaire triloculaire contenant, dans chaque loge, deux ovules collatéraux. Le fruit est une drupe dont les parois s'ouvrent en trois panneaux à la maturité.

Birwood a distingué dans cette espèce deux variétés qui se distinguent par le mode d'insertion des étamines; dans l'une, qui constitue le *Maghrayt d'Sheehaz* des Maharas, et qui croît en Arabie, dans les montagnes de Hadramant, les étamines sont insérées sur la face externe du disque; dans l'autre, qui représente le *Mohr Madow* du pays des Somalis, les étamines sont insérées en dehors et au-dessous du disque.

Les *Boswellia Bhau-Dajiana* Birw. et *papyrifera* Rich. paraissent contribuer à produire l'oliban véritable. La première n'est peut-être qu'une variété du *B. Carterii;* elle habite le pays des Somalis, où on la désigne sous le nom de *Mohr Add.* Elle produit beaucoup plus d'oliban que le *B. papyrifera,* qui peut-être même n'est pas exploité en vue de ce produit. Le *B. thuri-*

fera Colebr. ou *Salai* de l'Inde produit une résine employée dans l'Inde comme encens, mais qui n'est pas l'oliban du commerce européen. Enfin, le *B. frereana* Birw., du pays des Somalis, fournit une oléo-résine grise, sans gomme, différente, par conséquent, de l'oliban, et connue dans le pays sous le nom de *Luban Meyeti* ou *Luban Matti;* l'arbre y porte le nom de *Yegaar*.

Habitat. — Les *Boswellia* à encens sont des arbres des côtes de l'Arabie et du pays des Somalis, sur les bords du golfe d'Aden; nous avons vu qu'une espèce au moins habite l'Inde.

Parties usitées. — La gomme-résine.

Récolte. — En Arabie, on pratique des incisions longitudinales dans l'écorce des arbres, au moment où elle est gonflée par la sève, en mai et en décembre. Par ces plaies découle un liquide blanc comme du lait, parfois assez fluide pour couler jusque sur le sol. D'après le capitaine Miles, ce ne sont pas les habitants du pays qui font la récolte, mais des Somalis qui viennent sur les côtes de l'Arabie dans ce but et qui payent un tribu aux Arabes pour avoir le droit de récolter l'oliban. Dans le pays des Somalis on emploie, d'après Cruttenden, une méthode un peu différente. Pendant la saison chaude, on fait aux arbres une incision profonde, au-dessous de laquelle on enlève une bande d'écorce d'une dizaine de centimètres; au bout d'un mois environ, on fait une nouvelle incision plus profonde; au bout du troisième mois, on renouvelle l'opération, et c'est alors seulement qu'on procède à la récolte de l'encens, qui s'est déjà suffisamment durci pour être recueilli en larmes.

La plus grande partie de l'encens du commerce provient du pays des Somalis; mais il est d'abord expédié à Bombay, d'où il est dirigé vers les divers points du globe.

L'oliban se présente dans le commerce en larmes souvent arrondies, mais fréquemment aussi stalactiformes ou très-irrégulières, ordinairement indépendantes les unes des autres, habituellement colorées en jaunâtre ou brunâtre pâle, mais celles de la meilleure qualité presque incolores ou légèrement teintées en verdâtre. Les larmes sont couvertes d'une poussière blanche, au-dessous de laquelle elles sont translucides; leur cassure est cireuse; elles se ramollissent dans la bouche avec une saveur amère et térébenthineuse; leur odeur est agréable.

Composition chimique. — L'oliban est constitué par une gomme soluble dans l'eau, associée à une résine soluble dans l'alcool. L'encens contient encore une huile essentielle, que Kurbatow a trouvée formée d'un hydrure de carbone et d'un corps oxygéné.

Usages. — L'encens n'est plus employé que comme parfum dans les temples de diverses religions. Il a été préconisé contre les maladies de la vessie, de l'urèthre et des bronches.

OLIVIER

Olea Europæa L.
(Oléacées-Oléées.)

L'Olivier est un arbre dont la tige, qui peut acquérir une hauteur de 10 à 15 mètres, est couverte d'une écorce lisse, cendrée, et se divise en branches et en rameaux tortueux, dont l'ensemble forme une cime irrégulière. Les feuilles sont opposées, courtement pétiolées, oblongues, étroites, lancéolées, aiguës, entières, fermes, dures et coriaces, lisses, d'un vert grisâtre en dessus, blanchâtres en dessous, persistantes. Les fleurs, petites, blanc jaunâtre, forment des grappes courtes et serrées à l'aisselle des feuilles de l'extrémité des rameaux. Elles présentent un calice très-petit, à quatre dents courtes, étalées; une corolle campanulée, à tube court, à limbe divisé en quatre lobes aigus, étalés; deux étamines saillantes, insérées sur le tube de la corolle; un ovaire simple, libre, ovoïde, à deux loges biovulées, surmonté d'un style simple, très-court, épais, terminé par un stigmate épais, allongé, bilobé. Le fruit est une drupe ovoïde, violet noirâtre à la maturité, monosperme par avortement.

Cette description s'applique à l'Olivier cultivé. Le type sauvage s'en distingue par ses feuilles ovales, plus courtes et plus larges, et ses rameaux endurcis-épineux à l'extrémité.

Nous citerons encore l'Olivier odorant (*O. fragrans* L.), caractérisé par ses feuilles ovales-lancéolées, dentées en scie, et par ses fleurs solitaires à l'extrémité de pédoncules latéraux, agrégés.

Habitat. — L'Olivier commun nous est venu de l'Asie Mineure; introduit en Provence par les Phocéens fondateurs de Marseille, il s'est répandu et naturalisé dans toutes les contrées de l'Europe méridionale et du nord de l'Afrique, où il est cultivé en grand, comme arbre fruitier et oléagineux. Il croît spontanément en Perse, en Syrie, en Arabie, dans la chaîne de l'Atlas. L'Olivier odorant croît en Chine et au Japon, et ne se trouve, en Europe, que dans les jardins botaniques.

PARTIES USITÉES. — Les feuilles, le bois, l'écorce, les fruits ou olives, la gomme d'olivier.

RÉCOLTE. — Les feuilles d'olivier, d'un rare usage aujourd'hui, sont cueillies au mois de mai et de juin ; il en est de même de l'écorce. On les fait dessécher et on les conserve pour l'usage.

Les olives vertes destinées à être servies sur nos tables sont cueillies avant leur maturité, au mois de juin et de juillet. On les conserve dans de l'eau salée ou *saumure*. On en connaît plusieurs variétés. Les plus estimées sont les olives longues ou *Pichoulines*.

Pour l'extraction de l'huile, on cueille les olives à leur parfaite maturité, c'est-à-dire lorsqu'elles sont d'un violet tellement foncé, qu'elles paraissent noires. On écrase les fruits au moulin ; l'huile qui s'écoule ou qui surnage sans expression porte, à Montpellier, le nom d'*Huile vierge*, tandis qu'à Aix-en-Provence, on nomme ainsi l'huile obtenue par première expression. Cette *huile d'Aix* est très-douce, un peu verdâtre, d'un goût de fruit prononcé, très-solidifiable par le froid ; elle est fort recherchée pour la table.

Sous le nom d'*Huile ordinaire* on fabrique, à Montpellier, une huile obtenue par expression des olives écrasées, mélangées avec de l'eau bouillante. A Aix, on l'obtient de la même manière avec les olives qui ont déjà servi à préparer l'huile vierge. Cette huile est jaune, moins solidifiable que la précédente, douce au goût, très-estimée pour la table et pour les préparations pharmaceutiques.

Les olives fraîches, abandonnées en tas considérables avant d'être écrasées, fermentent, c'est-à-dire que le parenchyme se ramollit, ce qui permet d'en retirer l'huile plus facilement. Pour cela, on mélange les fruits fermentés et écrasés avec de l'eau bouillante et on exprime. L'huile ainsi obtenue est plus abondante ; on la nomme *Huile fermentée ;* elle est âcre, elle a quelquefois un goût de moisi. Ce procédé, très-suivi en Italie, en Espagne et en Algérie, est à peu près abandonné en France.

Enfin, on donne le nom d'*Huile tournante*, ou *Huile d'enfer*, à un produit que l'on obtient en faisant bouillir avec de l'eau tous les résidus des opérations précédentes, et en soumettant à une nouvelle expression. L'huile ainsi obtenue est désagréable, infecte ; elle n'est employée que pour les savonneries et pour l'éclairage. Enfin, l'eau qui a servi à ces diverses opérations est conduite dans de grands réservoirs nommés *Enfers*, et, après quelques jours de repos, on en sépare une huile employée aux mêmes usages que la précédente.

L'huile d'olives est souvent falsifiée, dans le commerce, au moyen de l'huile blanche, ou huile d'œillette, qui est préparée avec les graines de pavots, et qui est beaucoup moins estimée. Les procédés employés pour reconnaître cette fraude sont les suivants : 1° l'huile d'olives pure se congèle vers 11° + 0 ; le point de congélation est d'autant plus retardé qu'elle renferme de l'huile blanche ; 2° l'huile d'olives pure, agitée dans un flacon, fait très-peu de chapelet, c'est-à-dire que les globules d'air enfermés dans l'huile par l'agitation disparaissent rapidement, tandis qu'ils persistent très-longtemps dans l'huile blanche ; 3° l'huile d'olives pure, mise en contact d'une petite quantité de nitrate acide de mercure (Réactif Poutet) ou d'acide nitrique nitreux, se solidifie en se transformant en acides oléique, margarique et éloïdique. Cette solidification est d'autant plus retardée que l'huile examinée contient une plus forte proportion d'huile blanche, et elle n'a pas lieu si on opère sur l'huile blanche pure ; 4° l'abbé Rousseau a construit un instrument qu'il a nommé *diagomètre*, qui sert à démontrer la pureté de l'huile d'olives ; il est basé sur le principe que l'huile d'olives conduit l'électricité 625 fois moins que les autres huiles végétales, et qu'il suffit d'ajouter deux gouttes d'huile d'œillette ou de faîne à 10 grammes d'huile pure pour quadrupler son pouvoir conducteur (*Journ. de pharm.*, t. IX, p. 587, et t. X, p. 216). Le principe de cet instrument est basé sur l'action qu'exerce un courant électrique à faible tension, produit par une pile sèche, sur l'aiguille aimantée ; 5° enfin, sous le nom d'*élaïomètres*, on a construit des *densimètres* qui servent à démontrer la pureté de l'huile d'olives. Les plus employés sont ceux de Lefèvre et de M. Gobley.

La gomme d'olivier, qui était très en réputation chez les anciens, nous venait autrefois de l'Éthiopie. Aujourd'hui elle est récoltée sur les oliviers qui croissent dans le royaume de Naples ; elle ressemble à la sarcocolle ; elle est sous forme de petites larmes rougeâtres, transparentes ou opaques, quelquefois agglomérées, se ramollissant par la chaleur ; elles sont solubles dans l'alcool bouillant. Le liquide laisse déposer par refroidissement une matière particulière que M. Pelletier a désignée sous le nom d'*Olivile* : c'est une matière blanche fusible à 70° ; elle n'est pas azotée et elle se dissout dans les alcalis. Cette substance a été plus récemment étudiée par M. Lévy.

COMPOSITION CHIMIQUE. — Toutes les parties de l'olivier renferment un principe immédiat très-amer auquel on a donné le nom d'*olivérine;* il est granuleux, jaunâtre, un peu odorant, soluble dans l'eau quoique incomplètement, très-soluble dans l'eau acidulée, soluble dans les acides concentrés qui ne le colorent pas, insoluble dans le chloroforme et dans l'éther.

L'huile d'olives est particulièrement riche en *oléine* ou plutôt en *tri-oléine* $C^{17} H^{104} O^{6}$. Elle contient aussi de la *tripalmitine*, $C^{51} H^{98} O^{6}$. Sous l'influence des alcalis, l'huile d'olives se dédouble en *glycérine* et en *acides oléique* et *palmitique*.

USAGES. — L'huile d'olives est le véhicule des huiles médicinales simples ou composées, qui toutes s'obtiennent par digestion des substances fraîches ou sèches au contact de l'eau avec l'huile. Elle entre dans la composition de certaines pommades ou onguents, des savons à base de potasse ou de soude, et de l'emplâtre simple ou savon à base d'oxyde de plomb.

La gomme ou résine d'olivier, autrefois employée à l'extérieur comme cicatrisante et vulnéraire, est tout à fait inusitée aujourd'hui.

Les feuilles et l'écorce d'olivier ont joui d'une très-grande réputation comme propres à remplacer le quinquina dans le traitement des fièvres intermittentes et dans la fièvre typhoïde.

Dans ces derniers temps on a recommandé l'olivérine contre la fièvre intermittente ; mais malgré les assertions de certains médecins, il n'est pas démontré qu'elle soit active.

L'huile d'olives est souvent employée à l'extérieur comme émolliente et adoucissante ; elle sert à préparer l'*huile camphrée,* qui est un léger rubéfiant. Mêlée à l'eau de chaux, elle constitue le liniment oléo-calcaire, très-employé contre les brûlures au premier et au second degré. A l'intérieur, elle est souvent administrée pour combattre les empoisonnements par les substances irritantes. Elle exerce, d'ailleurs, sur le canal intestinal, une légère action laxative.

Le marc d'olives a été proposé contre le rhumatisme chronique, la goutte et la paralysie. On l'appliquait sous forme de cataplasmes, on plongeait même dans ce cas le corps entier dans le marc d'olives, moyen qui n'est pas sans danger.

Les fleurs de l'*Olea fragrans* L., ou *Lanhoa* des Chinois servent à donner l'odeur au thé dit *Chulan* ou *Schoulang*, que l'on mélange aux feuilles d'une variété de thé vert. Cette addition de fleurs aromatiques se fait encore avec les fleurs du *Camellia sesanqua* et celles du *Mongorium sambac*, de la famille des Jasminées. C'est ce qu'on appelle *chulaner* le thé.

Le bois de l'olivier est jaunâtre, marbré de veines brunes, très-dur, compacte, susceptible d'un beau poli, et n'est sujet ni à se fendre, ni à être attaqué par les insectes. Les sculpteurs anciens le préféraient à tout autre pour leurs ouvrages. Quoi qu'on en fasse peu d'usage aujourd'hui, il est éminemment propre aux ouvrages de tour de tabletterie et d'ébénisterie. C'est un excellent bois de chauffage.

OMPHALÉE

Omphalea diandra et *triandra* L.
(Euphorbiacées - Acalyphées.)

L'Omphalée grimpante ou à deux étamines (*O. diandra* L., *O. cordata* Swartz) est un arbrisseau, dont la tige se divise en longs rameaux sarmenteux et grimpants, portant des feuilles alternes, stipulées, pétiolées, cordiformes, aiguës, entières, pubescentes à la face inférieure. Les fleurs, petites, verdâtres, monoïques, munies de bractées lancéolées obtuses, sont disposées en grandes panicules terminales. Elles présentent un calice à quatre divisions inégales, arrondies, concaves, charnues, et sont dépourvues de corolle. Les mâles ont deux étamines incluses, à anthères roses, didymes, sessiles, insérées sur un disque hypogyne pelté, glanduleux, bilobé, pourpre violacé. Les femelles ont un ovaire arrondi, à trois angles mousses et à trois sillons, divisé en trois loges uniovulées, surmonté d'un style court, épais, terminé par un stigmate bifide. Le fruit est une grosse baie globuleuse, jaunâtre, à trois loges remplies d'une pulpe molle, filandreuse, blanchâtre, et contenant chacune une graine à coque dure et brunâtre.

L'Omphalée à trois étamines (*O. triandra* L., *O. mucifera* Swartz), vulgairement Noisetier d'Amérique, est un arbre, dont la tige, haute de 12 à 15 mètres, se divise en rameaux portant des feuilles alternes, oblongues, obtuses, entières, glabres, longues de $0^m,20$ à $0^m,30$, et des fleurs verdâtres, groupées en panicules longues de $0^m,75$ environ, d'abord dressées, puis pendantes. Ces fleurs ont un calice à cinq divisions, dont trois plus grandes, colorées et membraneuses sur les bords. Les mâles ont trois étamines, insérées sur un disque rouge pourpre. Le reste est comme dans l'espèce précédente.

HABITAT. — Les omphalées croissent dans les régions équatoriales de l'Amérique, notamment aux Antilles et à la Guyane. Elles habitent surtout les plages maritimes, et ne sont pas cultivées. En Europe, on ne les trouve que dans les jardins botaniques.

PARTIES USITÉES. — Les semences, le suc desséché.

RÉCOLTE. — Les fruits de l'omphalée ou *Omphalier* renferment des graines qui sont employées. Ces fruits portent le nom de *Graines de l'Anse*, du lieu où croît la plante qui les produit. Les naturels du pays appellent la plante *Liane popaye*.

COMPOSITION CHIMIQUE. — Les amandes donnent, par expression, une huile douce, bonne à manger. Par incision de la plante, on obtient un suc blanc qui, étant concrété au soleil ou au feu, fournit du caoutchouc d'assez bonne qualité.

USAGES. — Les amandes des omphalées sont comestibles; seulement Aublet recommande d'en séparer l'embryon, qui les rend purgatives. M. Pérottet ne cite pas cette particularité; il dit simplement qu'elles sont bonnes à manger, et qu'on en fait des cerneaux (*Ann. de la Société Linn. de Paris*, mai 1824).

Le Noisetier de l'Amérique ou de Saint-Domingue (*Omphalea triandra*) porte un fruit dont les graines sont analogues à nos noisettes. On en retire une huile regardée comme pectorale. On les mange; mais elles rancissent très-vite (Nicholson, *Histoire natur. de Saint-Domingue*, t. II, p. 226). L'huile est administrée aux femmes en couches, et les fleurs sont regardées comme astringentes (*Flore méd. des Antilles*, t. II, p. 52).

OPOPANAX

Opopanax Chironium Koch. *Laserpitium Chironium* L.
(Ombellifères - Peucédanées.)

L'Opopanax ou Panacée est une plante vivace, à racine épaisse, rameuse. La tige, haute de 1 à 2 mètres, cylindrique, fistuleuse, striée, rude, hispide à la base, porte des feuilles alternes, longuement pétiolées, un peu épaisses; les inférieures simples, cordiformes; les caulinaires à pourtour triangulaire, à segments pennés ou ternés, ou bien deux fois pennatiséquées, à segments obliques, cordiformes; les supérieures presque réduites au pétiole élargi et engaînant. Les fleurs, jaunes, sont groupées en larges ombelles planes, terminales, à rayons nombreux, entourées d'un involucre et munies d'involucelles à plusieurs folioles. Elles présentent un calice à bord oblitéré: une corolle à cinq pétales arrondis, entiers, inégaux. Le fruit est un diakène ovale, comprimé, marqué de trois côtes sur chaque face, et entouré d'une aile membraneuse épaisse.

Habitat. — L'opopanax croît sur les bords du bassin méditerranéen. On ne le cultive que dans les jardins botaniques.

Parties usitées. — La gomme-résine opopanax.

Récolte. — La gomme-résine opopanax passait pour être extraite d'une plante nommée *Panaces heracleum* par Dioscoride et dont les caractères se rapprochent de l'*Heracleum panaces* L.; mais on l'attribue aujourd'hui à l'*Opopanax Chironium* Koch. On trouve cette gomme-résine, dans le commerce, en larmes et en masses.

L'opopanax en larmes est en fragments variables de grosseur, mais ne dépassant jamais celle d'une petite noix. Ces fragments sont rougeâtres ou jaunâtres, légers, friables, amers, aromatiques, souvent attaqués par les larves d'insectes, ce qui les distingue, ainsi que leur légèreté, de la myrrhe, avec laquelle on peut les confondre. Leur opacité, leur friabilité, leur légèreté et leur destruction par les larves sont dues à de l'amidon que cette substance contient en abondance.

L'opopanax en masses est sous forme de grumeaux agglutinés, jaunâtres en dehors, blanchâtres en dedans, odorants, ressemblant au galbanum. Il n'est pas attaqué par les larves.

L'opopanax nous vient généralement du Levant, et particulièrement de la Syrie, par Marseille, quoique l'on en récolte aussi aux Indes-Orientales.

Composition chimique. — L'opopanax est formé par le mélange d'une gomme (33,40 pour 100), d'une résine et d'une huile essentielle. D'après Vigier (1869), l'huile essentielle brute, qui est jaunâtre et très-odorante, est formée de deux parties qui distillent à des températures différentes. La résine est jaune, rougeâtre, soluble dans les alcalis, l'éther, l'alcool, le chloroforme. D'après Johnston, elle a pour formule $C^{20} H^{24} O^{7}$.

Usages. — La gomme-résine d'opopanax est considérée comme antispamodique et emménagogue, mais elle est peu usitée. Elle entre dans une foule de médicaments polypharmaques, parmi lesquels nous citerons la thériaque, l'emplâtre diabotanum et le *manus Dei*. Cette gomme, regardée comme tonique et excitante est très-peu employée de nos jours. Cependant son odeur forte peut faire supposer qu'elle possède des propriétés réelles.

ORANGER

Citrus aurantium L.

(Aurantiacées.)

L'Oranger est un arbre de moyenne grandeur, à racines traçantes, jaunâtres. La tige, droite, robuste, couverte d'une écorce brun cendré, se divise en branches et en rameaux, dont l'ensemble forme une cime arrondie, et qui portent des feuilles alternes, articulées, à pétiole ailé, à limbe oblong, pointu, glabre, luisant, d'un vert un peu jaunâtre, parsemé de points glanduleux, transparents. Les fleurs, grandes, blanches, très-odorantes, sont disposées en grappes courtes, terminales. Elles présentent un calice court, à cinq divisions étalées; une corolle à cinq pétales ovales, obtus, épais, un peu charnus, glanduleux; une vingtaine d'étamines, à filets réunis en plusieurs faisceaux et rapprochés en tube; un ovaire globuleux, à huit à dix loges, surmonté d'un style court, terminé par un stigmate épais, arrondi, jaunâtre. Le fruit est une hespéridie arrondie, rouge orangé, renfermant une pulpe fibreuse, douce, sucrée et légèrement acidule.

HABITAT. — Originaire de l'Asie orientale et méridionale, l'oranger est aujourd'hui cultivé sur tout le pourtour du bassin méditerranéen.

PARTIES USITÉES. — Les feuilles, les fleurs, les fruits, les zestes ou écorce des fruits, le bois, les petits fruits ou orangettes.

RÉCOLTE. — Nous avons dit ailleurs, en parlant du bigaradier (Voyez *Flore médicale*, t. I, p. 180), que les diverses préparations de fleurs d'oranger employées en médecine, en pharmacie et en parfumerie étaient faites avec les différentes parties de cet arbre et non avec le véritable oranger, *Citrus aurantium*.

Pour tout ce qui est relatif à la récolte des feuilles, des fleurs et des écorces d'oranger, nous renverrons à l'article BIGARADIER (*Flore médicale*, t. I, p. 180) et au mot CITRONNIER (*Flore médicale*, t. I,

p. 350). Ce que nous disons de ces deux plantes peut également se rapporter à l'oranger vrai, dont les différentes parties peuvent être substituées à celles du bigaradier, quoiqu'elles soient moins suaves. Nous ajouterons seulement quelques détails à ceux que nous avons déjà donnés sur les bois de ces plantes, qui sont presque toujours confondus sous le nom de bois de citronnier ou de citron. On a désigné sous ce dernier nom des bois d'origines bien différentes : ainsi le *bois de citron de Cayenne* ou *bois jaune de Cayenne* est le *bois de Licari* ou *bois de rose de Cayenne;* il est produit par un arbre de la famille des laurinées, le *Licaria Guianensis* (*bois de citron du Mexique*), ou *Lignaloe* ou *Linalué* (bois d'aloès), est attribué à un *Amyris*. Quant au bois de *Citrus* d'Afrique (dont on faisait du temps de Cicéron et de Pline des tables d'un prix si considérable, qu'on en cite une qui appartenait à Tibère, dont le diamètre était de 1^{m},226 et dont la valeur était portée à plus de 100,000 francs de notre monnaie), il est certain qu'il était produit par un arbre de la famille des conifères, des genres *Thuya juniperus* ou *Cupressus*.

Les *pois à cautères* qu'on faisait autrefois, et qu'on nommait *pois d'oranges*, pouvaient être préparés avec toute espèce de bois du genre *Citrus*, ou bien avec les petits fruits à peine développés, ou orangettes.

Les fruits de l'oranger doux que l'on mange sont plus ou moins globuleux, quelquefois un peu déprimés (tels que ceux nommés *mandarines*), revêtus d'un zeste lisse ou à peine rugueux, présentant une couleur jaune safranée, recouvrant une pulpe mince, filamenteuse, insipide ou un peu amère, et n'adhérant pas à la baie qui est très-volumineuse et se laisse séparer facilement en huit ou dix loges, formées chacune par de grandes vésicules oblongues pleines d'un suc doux, sucré, agréable, portant vers leur angle interne une ou deux graines, blanches, oblongues et assez volumineuses.

L'oranger du Portugal est le plus commun, puis vient celui de Chine (Ferrari, Tab., 427), l'*oranger à fruit rouge*, l'*oranger à écorce douce*, celui à écorce épaisse (Ferrari, 379), l'oranger à fruit nain, l'oranger à fleurs doubles, donnant des fruits qui en renferment souvent un second à l'intérieur; la pampelmous d'Amboine (*C. aurantium decumanum*) dont les fruits énormes sont connus sous le nom de *pampelmous*, et par corruption *pamplemousses;* puis enfin un nombre considérable d'hybrides, parmi lesquels nous citerons l'oranger à *figure de limon* ou *lime orangée* (Ferrari, Tab., 385), l'*oranger à fruit panché de blanc* (Ferrari, Tab., 399), et l'oranger à fruit strié (Ferrari, Tab., 401), etc.

Quant aux fruits de l'oranger ou *oranges*, on les distingue par les noms de leurs variétés ou par leur provenance. Les *oranges mandarines*, quoique plus petites, sont les plus estimées; puis viennent, pour la consommation en Europe, les oranges de Portugal, de Valence, de Blidah, d'Italie, de Nice, de Provence, etc.

Les écorces d'oranges douces, que l'on vend quelquefois dans le commerce comme *écorces d'oranges amères*, s'en distinguent par leur nature spongieuse, par leur saveur fade et peu amère.

Composition chimique. — A cet égard encore, tout ce que nous avons dit relativement à la composition chimique du bigaradier et du citronnier s'applique également à l'oranger, si ce n'est toutefois que les parties sont moins riches en essences, que les fruits contiennent moins d'acide citrique et plus de sucre. Quant aux essences retirées des différentes parties de ces plantes, quoiqu'elles paraissent identiques sous le rapport de leur composition chimique et de quelques-unes de leurs propriétés physiques, on les distingue en parfumerie et on leur donne les noms de leurs fruits respectifs. Rappelons que celle que l'on extrait du zeste de l'orange est la plus légère de celles des aurantiacées, puisque à l'état brut sa densité est de 0,844, et de 0,835 lorsqu'elle est distillée. C'est aussi celle qui agit le plus fortement sur la lumière polarisée; elle la dévie de 127 vers la droite.

Usages. — Les feuilles et les fleurs d'oranger sont classées parmi les médicaments antispasmodiques; on les emploie en infusion, soit seules, soit mélangées avec les fleurs de tilleul. L'*eau de fleurs d'oranger*, qui devrait être toujours préparée avec les fleurs, est souvent falsifiée par la présence des feuilles. On considère encore ces préparations comme toniques, stomachiques, vermifuges, sudorifiques et même fébrifuges; on les emploie dans tous les cas où il y a des désordres nerveux plus ou moins caractérisés, dans les névroses, les toux convulsives, les fièvres typhoïdes, etc., mais souvent aussi à titre d'aromatisant dans les potions. L'art culinaire, la confiserie, la pâtisserie et les liquoristes en consomment beaucoup plus que la médecine.

Les feuilles, autrefois si vantées contre l'épilepsie par Locher,

Dehaen, Welse, Storch, Hufeland, etc., sont tout à fait abandonnées aujourd'hui dans cette maladie, ainsi que dans l'onanisme, cas dans lequel Tissot démontre leur impuissance; mais avec Dehaen, ce dernier leur accorde quelque efficacité dans la chorée, la toux convulsive et l'hystérie. M. le professeur Dupré, de Montpellier, les conseille en infusion très-chaude, prise immédiatement après l'huile de foie de morue, dans le but de faire supporter celle-ci.

Les fleurs d'oranger ne sont employées que sous la forme d'eau distillée. L'écorce d'orange est tonique et stimulante; on en prépare un sirop qui est employé avec succès dans tous les cas de débilité générale. M. Hannon, de Bruxelles, recommande l'essence dans les cas de névroses gastro-intestinales.

Les fruits et les sucs, mêlés à l'eau sucrée, forment l'*orangeade*, excellente boisson que l'on donne aux malades dans les fièvres inflammatoires bilieuses, putrides et adynamiques, dans les hémorragies, le scorbut, les irritations gastriques et génito-urinaires, etc. Le *sirop d'oranges* fait avec le suc se donne dans le même cas que l'orangeade.

La pulpe cuite d'oranges a été conseillée par le docteur Wright, sous forme de cataplasmes pour panser les ulcères fétides. Ferrein (*Mat. méd.*, t. III, p. 86) préconisait la partie blanche du fruit contre la dysurie. Enfin nous avons indiqué ailleurs l'usage que l'on fait encore quelquefois des pois d'oranges et des orangettes pour le pansement des cautères.

ORCANETTE

Alkanna tinctoria Tausch. *Anchusa tinctoria* Desf. *Lithospermum* L.
(Borraginées – Borragées.)

L'Orcanette, Buglose tinctoriale ou Grenil tinctorial, en arabe Alkanna, est une plante vivace, à racine dure, ligneuse, rameuse, rougeâtre. La tige, haute de $0^m,20$ à $0^m,30$, ascendante ou couchée, faible, pubescente-laineuse ou hispide, porte des feuilles alternes, étroites, lancéolées, hispides, rudes au toucher; les radicales pétiolées et groupées en rosette; les caulinaires sessiles, cordiformes, embrassantes. Les fleurs, ordinairement bleues, mais passant quelquefois au pourpre ou au blanc, sont réunies en grappes unilatérales, terminales, munies de bractées et roulées en crosse ou scorpioïdes. Elles présentent un calice turbiné, à cinq divisions; une corolle en entonnoir, à tube velu en dedans, ainsi que la gorge, qui est ouverte et munie de cinq callosités glabres, à limbe divisé en cinq lobes obtus; cinq étamines incluses; un pistil composé de deux carpelles à deux loges uniovulées, formant une sorte d'ovaire quadrilobé, surmonté d'un style simple terminé par un stigmate bifide. Le fruit se compose de quatre akènes tuberculeux, entourés par le calice persistant.

On a donné aussi le nom d'orcanette à plusieurs autres plantes de la même famille. Telles sont la lycopside vésiculeuse ou orcanette à vessies (*Lycopsis vesicaria* L., *Echioïdes violacea* Desf.), l'onosma gigantesque (*Onosma gigantea* Lam.) et l'onosma vipérine ou orcanette jaune (*Onosma echioïdes* L.)

Habitat. — La véritable orcanette ou alkanna se trouve dans les régions méridionales de la France et de l'Europe. Elle croît de préférence dans les lieux arides et pierreux. On ne la cultive que dans les jardins botaniques.

Parties usitées. — Les racines.

Récolte. — Dans le commerce, la racine d'orcanette que l'on récolte se présente sous la forme de fragments brisés de la grosseur du doigt, recouverts d'une écorce foliacée écailleuse, ridée, brisée, d'un violet foncé; le corps ligneux est formé de fibres distinctes, accolées, rouges à l'extérieur, mais blanches à l'intérieur. Cette racine est inodore, peu sapide.

Composition chimique. — D'après M. John, l'orcanette présente la composition suivante : anchusine, 5,50; matières extractives, 1,0; gomme, 6,25; ligneux, 18,0; matières indéterminées, 65,0; perte, 4,25; total, 100.

L'anchusine est une substance amorphe, colorée en rouge foncé, insoluble dans l'eau, très-soluble dans l'alcool et dans l'acide acétique; les alcalis et les terres alcalines lui donnent une belle coloration bleue; le chlore et les acides la détruisent, l'acétate neutre, le sous-acétate de plomb, le proto-chlorure d'étain, les sels de fer et d'alumine la précipitent. On l'obtient en épuisant l'orcanette par l'eau, séchant le résidu que l'on reprend par de l'alcool aiguisé d'acide chlorhydrique, évaporant la liqueur en consistance sirupeuse et agitant avec de l'éther qui dissout l'anchusine, que l'on isole par l'évaporation spontanée.

M. John, de Berlin, regarde l'anchusine comme un principe particulier, et la nomme *pseudo-alkannin* pour la distinguer de la couleur de l'alkanna. M. Chevreul a trouvé de l'acide phocénique dans la racine d'orcanette.

USAGES. — L'orcanette n'est pas employée en médecine; on s'en sert en pharmacie pour colorer les pommades en rose; le principe colorant est, en effet, très-soluble dans les corps gras. Aux États-Unis, l'*A. Virginica* fut employée à l'instar de l'orcanette. Dans le nord de l'Europe, on trouve l'*A. officinalis* L., qui, au rapport de Mayer, est regardée par les habitants de Strityki comme infaillible contre la rage (*Nouv. Bibliot. méd.*, 1828, t. III, p. 443, extrait du *Journal d'Hufeland*).

Les diverses plantes de la même famille, auxquelles on a donné le nom d'orcanette, renferment dans leurs racines une matière colorante analogue à celle que l'on trouve dans l'*A. tinctoria*.

ORCHIS

Orchis mascula, Morio et *conopsea* L.

(Orchidées-Ophrydées.)

L'Orchis mâle (*O. mascula* L.), appelé quelquefois Salep ou Satyrion, est une plante vivace, à bulbes entiers, ovoïdes, blancs, charnus, entourés de racines fibreuses, grêles, cylindriques, fasciculées. La tige, haute de $0^m,40$ à $0^m,50$, cylindrique, glabre, simple, porte des feuilles alternes, ovales-oblongues ou lancéolées, glabres, luisantes, quelquefois marquées de taches brunes, et se termine par un épi lâche, allongé, de fleurs purpurines, rarement blanches. Chaque fleur est située à l'aisselle d'une bractée, membraneuse, colorée, à une seule nervure, et présente un périanthe pétaloïde, à six divisions alternant sur deux rangs; les trois extérieures libres, ovales-oblongues; deux des intérieures latérales, étalées, puis réfléchies; la troisième (*labelle*) pubescente, à trois lobes larges, dentés, le médian échancré, prolongé en éperon ascendant ou horizontal, cylindrique, épais, obtus; une étamine à anthère persistante, à deux lobes, remplis de grains de pollen agglomérés en masses; un ovaire infère, formé de trois carpelles, à une seule loge multiovulée, à trois placentas pariétaux saillants, surmonté d'un stigmate glanduleux, sessile. Le fruit est une capsule trigone, surmontée des restes du périanthe, à une seule loge s'ouvrant en trois valves et renfermant un grand nombre de graines très-petites (Pl. 49).

L'orchis morion (*O. Morio* L.) est aussi vivace, et se distingue du précédent par ses bulbes entiers et arrondis; par sa tige moins élevée; ses fleurs d'un rose lilas ou violacé, à divisions conniventes ou en casque arrondi, obtus, veiné de vert, à labelle oblong, divisé en trois lobes larges, obtus, présentant des taches blanches ponctuées de lilas; enfin, son éperon oblong, conique, un peu comprimé (Pl. 49).

L'orchis à long éperon (*O. conopsea* L., *Gymnadenia* Rich.) est une plante vivace, à bulbes palmés; la tige, haute de $0^m,40$ à $0^m,60$, porte des feuilles lancéolées, linéaires, allongées. Les fleurs, rosées ou purpurines, odorantes, placées à l'aisselle de bractées lancéolées, à trois nervures, sont disposées en épi compacte, cylindrique, allongé, aigu, terminal. Elles présentent un périanthe à six divisions; les trois extérieures latérales, étalées, la supérieure connivente en casque avec les deux divisions intérieures; le labelle à trois lobes ovales, obtus, prolongé en éperon grêle, arqué, aigu, deux fois plus long que l'ovaire.

Habitat. — Ces plantes sont assez abondamment répandues en Europe; on les trouve surtout dans les prés et les pâturages humides, sur la lisière et dans les clairières des bois. On ne les cultive que dans les jardins botaniques, où l'on se contente de transplanter des pieds sauvages, qui sont en général assez difficiles à conserver.

Parties usitées. — Les tubercules ou salep.

Récolte. — Geoffroy a démontré le premier que les tubercules des différents *Orchis* indigènes, privés de leur épiderme, lavés, plongés dans l'eau bouillante et séchés, donnaient un salep en tout semblable à celui des Orientaux et qu'ils peuvent le remplacer. Quoiqu'on ait obtenu ainsi un salep qui rivalise avec celui d'Orient, cette exploitation n'est pas faite en France. Les espèces d'orchidées susceptibles d'en fournir sont les *Orchis morio*, *mascula*, *militaris*, etc., les *Orchis fusca*, *bifolia*, *latifolia*, *pyramidalis*, *hircina* et *maculata*, et les *Ophrys apifera*, *arachnites*, et *anchpophora*.

Le salep du commerce nous vient de la Turquie, de la Natolie et de la Perse. Ce sont de petits bulbes ovoïdes, enfilés sous forme de chapelets; ils sont gris jaunâtre, translucides, d'un aspect corné; leur odeur, très-faible, rappelle un peu celle du mélilot; leur saveur est mucilagineuse et salée; ils ont l'aspect de la gomme.

Sous le nom de *salep royal* (*Badshah saleb*), il vient des Indes Orientales un gros salep, dont chaque bulbe est long de 0m,03 à 0m,05 et du poids de 15 à 47 grammes; il a l'aspect du salep ordinaire, mais il s'en distingue par son amertume, un peu d'âcreté et son absence d'amidon, de sorte que si cette espèce de salep devenait abondant, on ne pourrait pas le substituer au produit oriental. M. Lindley croit que le *salep royal* qui nous vient de Bombay, est produit par une tulipe croissant dans l'Afghanistan, peut-être la tulipe *Œil de soleil* (*Tulipa oculus solis*, Saint-Amans).

D'après MM. Mathieu de Dombasle et Beissenhirte, le moment le plus favorable à la récolte du salep est celui où la végétation extérieure de l'année cesse; le bulbe ancien est détruit, mais le nouveau est très-succulent. On ne récolte que ce dernier; on enlève les radicelles, on les lave, on les enfile en forme de chapelets et on fait bouillir à grande eau, jusqu'à ce que quelques bulbes soient transformés en pulpe mucilagineuse; on fait ensuite sécher au soleil ou à l'étuve; l'ébullition a pour but de rendre les bulbes diaphanes et de leur enlever leur odeur.

Composition chimique. — Le salep est formé de grandes cellules, entourées de méats intercellulaires et contenant des grains d'amidon qui diminuent considérablement pendant le développement des parties reproductrices de la plante. Au milieu des cellules ordinaires sont répandues des cellules plus grandes, remplies d'une substance mucilagineuse, qui est le principe le plus important du salep. Ce mucilage forme avec l'eau une solution que l'iode colore en bleu, et qui forme, avec l'acétate de plomb, comme la solution de gomme arabique, un mélange limpide. Quand on ajoute de l'ammoniaque il se forme un précipité abondant. L'alcool se précipite de sa solution aqueuse; le précipité desséché est coloré en bleu par l'iode et par l'iodure de potassium. Quand il est sec il se dissout facilement dans une solution ammoniacale d'oxyde de cuivre; bouilli avec de l'acide nitrique, il donne de l'acide oxalique et non de l'acide mucique, ressemblant ainsi plutôt à la cellulose qu'à la gomme arabique. C'est à lui que le salep doit la propriété de se gonfler dans l'eau.

Usages. — Le salep n'est employé qu'en poudre; c'est un analeptique et non un médicament. Délayé dans de l'eau, du bouillon ou du lait, il sert à préparer des bouillies ou des gelées destinées à sustenter légèrement les convalescents, à tromper leur faim, en leur donnant peu de matière alimentaire sous un grand volume. On le fait entrer dans des pâtes et du chocolat; on le regarde comme émollient et adoucissant; on le fait prendre dans les irritations de poitrine, la phthisie, la fièvre hectique, le marasme, les irritations intestinales, la diarrhée, la dysentérie chronique.

M. Dubois, de Tournay, a proposé la poudre de salep pour remplacer l'amidon dans la confection des bandages inamovibles, mais la dextrine remplit mieux le même but et coûte moins cher.

La famille des orchidées donne encore à la médecine les feuilles de *faham, fahon* ou *fahum*, produit par l'*Angræcum fragrans* Dup.-Thou. Cette dernière plante croît aux îles Maurice et Bourbon; elle est remarquable par son odeur, qui se rapproche de celle de la vanille et de la fève Tonka. On l'administre en infusion théiforme et on en fait un sirop agréable; elle est administrée comme digestive et dans la phthisie.

ORGE

Hordeum vulgare, hexastichon et *distichon* L.
(Graminées - Triticées.)

L'Orge commune (*H. vulgare* L.) est une plante annuelle, à racines fibreuses, capillaires. Les tiges (chaumes), peu nombreuses ou presque solitaires, hautes d'environ un mètre, assez robustes, fistuleuses, noueuses, dressées, glabres et un peu glauques, portent des feuilles alternes, engaînantes, planes, lancéolées-linéaires, très aiguës, glabres, un peu rudes au toucher. Les fleurs, verdâtres, sont groupées en épi serré terminal, dont l'axe présente des dents alternes, portant chacune trois épillets. Chaque épillet est accompagné d'une glume à deux valves linéaires, aiguës, glauques, terminées par une soie très-longue et très-fine. La fleur unique de l'épillet a une glumelle à deux valves, la supérieure marquée de deux carènes, l'inférieure convexe, à sommet terminé par une longue arête; trois étamines pendantes; un ovaire simple, velu au sommet, surmonté de deux stigmates plumeux. Le fruit est un caryopse oblong, un peu comprimé et jaunâtre.

L'orge carrée ou à six rangs (*H. hexastichon* L.), plus connue sous le nom d'*orge d'hiver*, est aussi annuelle et diffère à peine de la précédente; elle s'en distingue néanmoins par son épi plus court, plus épais, presque tronqué, nettement hexagonal, à six séries longitudinales et également proéminentes d'épillets, tandis qu'il y a seulement quatre séries proéminentes dans l'orge commune.

L'orge distique ou à deux rangs (*H. distichon* L.), appelée aussi vulgairement *Pamelle* ou *Paumelle*, est un peu plus distincte des deux autres. Elle a toujours six séries d'épillets, mais deux seulement sont proéminentes. Les épillets moyens ont une fleur hermaphrodite, distique, munie d'une arête robuste beaucoup plus longue que l'épi; les latéraux ont une fleur stérile, rudimentaire, dépourvue d'arête.

Habitat. — Ces plantes, dont on ignore la vraie patrie, mais que les anciens ont cru originaires de la Sicile, sont aujourd'hui cultivées en grand, surtout dans les terrains maigres et les pays froids.

Parties usitées. — Les fruits.

Récolte. — Il n'est personne qui ne sache à quelle époque et comment se fait la récolte de l'orge en général.

Composition chimique. — La farine d'orge délayée dans l'eau et malaxée, à l'état de pâte, dans un linge serré, rien ne passe à cause de l'adhérence du gluten avec l'amidon. Cependant en opérant avec des précautions convenables, Einhof a pu opérer cette opération, et l'analyse a fourni les résultats suivants : amidon et glutine, 67.18; fibre végétale, glutine et amidon, 7.29; albumine, 1.15; glutine, 3.52; sucre, 5.21; gomme, 4.62; phosphate de chaux, 0.24; eau, 9.37; perte. 1.42. Total : 100.

La *diastase* s'obtient en précipitant une infusion d'orge germée par l'alcool; c'est une matière solide, blanche, neutre, amorphe, soluble dans l'eau et dans l'alcool faible; elle n'a pas été analysée; nous en reparlons plus loin.

Usages. — D'après Pline, l'orge a été un des premiers aliments de l'homme civilisé; le pain qu'on en prépare se dessèche rapidement. La nature de l'amidon de l'orge ne permet pas, en effet, d'en fabriquer un pain de bonne qualité. Celui que l'on fait dans certaines contrées du Nord est très-indigeste. L'orge est généralement réservée pour la nourriture des animaux herbivores et pour la fabrication de la bière.

En médecine, on emploie l'*orge mondé* et l'*orge perlé* (les deux seuls cas où le mot orge s'emploie avec un adjectif masculin); ils s'obtiennent l'un et l'autre en faisant passer les grains de l'orge entre deux meules placées horizontalement à distance : dans l'orge germée, le grain perd seulement sa glume, sa glumelle, et conserve son tégument propre; pour l'*orge perlé*, les meules sont plus rapprochées graduellement, de manière à réduire peu à peu le grain à un petit globule blanc et farineux.

L'*orge mondé* ou *perlé* réduit en farine grossière et séché au four constitue l'*orge grue*, *griot* ou *gruau*, qu'il ne faut pas confondre avec le gruau d'avoine; la décoction de ces grains, concentrée jusqu'à consistance de gelée, constitue la *crème d'orge*.

L'orge germée qui est employée pour la fabrication de la bière, est aussi employée en médecine; on la trouve toute préparée chez les brasseurs, mais on peut la préparer soi-même; pour cela on plonge l'orge dans l'eau, on sépare les grains avariés qui surnagent, on laisse en contact jusqu'à ce que les grains soient ramollis; on presse et on étend en couches minces sur le sol carrelé d'une pièce nommée *germoir*, qui doit être située de manière à ce qu'elle éprouve peu de variations de température; la germination commence, la radicule sort du grain et forme ce qu'on appelle les *pattes d'araignée*. On arrête alors la germination en portant l'orge dans une étuve fortement chauffée, et même en la torréfiant dans un appareil nommé *touraille*. On ne dépasse pas 30° à 40° lorsqu'on veut faire la bière blanche et 80° pour la jaune ou ambrée; le malt est alors criblé pour séparer les germes; il doit se dissoudre en entier dans de l'eau à 70°, à l'exception de la pellicule. Lorsque la germination est poussée trop loin, jusqu'au point où la gemmule perce l'enveloppe externe du fruit, la *diastase* est détruite, et l'orge ne peut plus servir à fabriquer de la bière. Cette *diastase*, qui se forme pendant la germination, est une substance azotée, jouant le rôle de ferment énergique, qui jouit de la propriété de transformer l'amidon en dextrine et en sucre, de sorte qu'au contact de l'eau chaude cette transformation s'opère et il ne reste plus que l'enveloppe de l'orge, qui porte alors le nom de *drèche*, et sert à nourrir les bestiaux. Le liquide sucré ainsi obtenu est mis à fermenter au contact d'une décoction de houblon; le sucre se dédouble en alcool, acide carbonique, en d'autres produits secondaires, et une portion de la dextrine non saccharifiée concourt à donner du corps à la bière, c'est-à-dire à augmenter la densité de celle-ci.

L'orge est placée dans la classe des émollients; sa décoction, qui doit être très-prolongée, est employée, au sortir de sa préparation, dans les maladies aiguës et inflammatoires; on en use aussi, comme léger analeptique, dans les affections chroniques fébriles avec irritation. Les propriétés diurétiques qu'on lui a attribuées l'ont fait employer contre l'anasarque ; c'est surtout l'orge hexastique ou à six rangs qu'on a conseillée dans ce cas.

La décoction de malt, la bière de malt concentrée, ont été employées dans les gastralgies, la dyspepsie ; la diastase qu'elles contiennent, agissant comme la diastase salivaire, facilite la digestion des matières amylacées. Magbride, Lind, Huscam, Percy et d'autres médecins ont conseillé ces boissons contre le scorbut. Perceval les disait efficaces contre les scrofules, mais on préfère dans ce cas la bière elle-même, qui est amère, nourrissante et tonique ; celle-ci apaise la soif, excite les sécrétions, et plus particulièrement celle des urines. Quant aux propriétés anthelmintiques que l'on a attribuées à la bière éventée, elles sont très-douteuses.

La levûre de bière, vantée comme antiseptique et administrée dans les fièvres putrides, les fièvres muqueuses vermineuses, a perdu sa réputation. Williams l'appliquait à l'extérieur, comme antiseptique, pour le pansement des plaies gangreneuses et sordides. Moss la faisait prendre délayée dans du lait pour les éruptions furonculeuses. MM. Bird, Herepath, Bouchardat, etc., etc., qui l'ont proposée contre la glycosurie, n'en ont pas obtenu les bons effets qu'ils en avait espérés. Ajoutons que, d'après M. E. Baudrimont, cette substance administrée à un enfant atteint de diabète sucré a déterminé au bout de trois jours des symptômes d'ivresse. Gibson et Magbribge avaient proposé la décoction de drèche contre le scorbut. Henning la recommande dans les maladies éruptives. Rush dit en avoir obtenu de bons effets dans les ulcères de mauvais caractère. Enfin les bains de drèche chauds ont été employés dans les rhumatismes, les engorgements articulaires chroniques, etc. La levûre de bière est aujourd'hui tout à fait inusitée.

ORIGAN

Origanum vulgare et *dictamnus* L.
(Labiées - Saturéiées.)

L'Origan commun (*O. vulgare* L.), est une plante vivace, à rhizome sous-ligneux, noirâtre, rampant, muni de racines fibreuses. La tige, haute de $0^m,35$ à $0^m,65$, à quatre angles mousses, pubescente, rougeâtre, dressée, rameuse à sa partie supérieure, porte des feuilles opposées, pétiolées, ovales, denticulées, d'un vert foncé, velues surtout en dessous. Les fleurs, petites, rosées, rarement blanches, insérées à l'aisselle de bractées ordinairement colorées en rouge pourpre, sont groupées en corymbes terminaux, dont l'ensemble constitue une grande panicule feuillée. Elles présentent un calice tubuleux campanulé, à dix ou douze nervures saillantes, à cinq dents presque égales et à gorge velue ; une corolle à tube assez long, à limbe divisé en deux lèvres, la supérieure droite, presque plane et échancrée, l'inférieure étalée à trois lobes presque égaux ; quatre étamines didynames, saillantes et divergentes, à anthères munies d'un connectif large et presque triangulaire ; un pistil composé de quatre carpelles uniovulés, surmonté d'un style simple, saillant, terminé par un stigmate bifide. Le fruit se compose de quatre akènes ovoïdes arrondis.

Le dictame de Crète (*O. dictamnus* L. *Amaracus* Benth.), est un sous-arbrisseau, dont la tige, haute de 0^{m},35, laineuse, rameuse, diffuse dès la base, porte des feuilles opposées, pétiolées, arrondies, assez grandes, épaisses et molles ; des fleurs pourpres, à bractées colorées.

A ce genre appartiennent encore les marjolaines commune et d'Égypte, qui ont fait l'objet d'un article spécial.

Habitat. — L'origan commun est très-répandu en Europe ; il habite les bois, les prés secs, les buissons, les lieux incultes, les haies, etc. Le nom de l'origan ou dictame de Crète dit assez sa patrie. Ces deux plantes ne sont cultivées que dans les jardins botaniques.

Parties usitées. — Les feuilles, les sommités fleuries.

Récolte. — L'origan vulgaire (mot qui vient de ὄρος, montagne, γάνος, joie, joie de la montagne) se récolte en pleine floraison ; on le dispose en petits paquets et en guirlandes et on le fait sécher au grenier ; il conserve toutes ses propriétés par la dessiccation. On le remplace quelquefois par la marjolaine qui est moins odorante.

Le dictame de Crète du commerce (*Origanum dictamnus*), se distingue par la forme ovale arrondie de ses feuilles, qui d'ailleurs sont recouvertes d'un duvet cotonneux, épais et blanchâtre ; les supérieures sont sessiles, arrondies et rougeâtres, ainsi que les bractées, et les unes et les autres sont recouvertes de nombreux points glanduleux. Dans le commerce, le *dictame de Crète* est souvent comprimé en petits pains cubiques ou allongés.

COMPOSITION CHIMIQUE. — L'origan doit ses propriétés excitantes à une huile essentielle qui, comme celle de la plupart des Labiées, laisse déposer ensuite une matière analogue au camphre; il renferme en outre une substance gommo-résineuse amère; l'essence qu'il fournit est analogue à celles de marjolaine, de thym et de serpolet; elle jouit des mêmes propriétés et s'emploie dans les mêmes cas, surtout en parfumerie.

USAGES. — Les origans sont regardés comme stimulants, stomachiques, expectorants, sudorifiques et même emménagogues; ils ont été employés dans la débilité générale, l'aménorrhée, les engorgements viscéraux, etc.; mais c'est surtout en infusions ou en fumigations qu'on s'en est servi contre l'asthme humide, les catarrhes chroniques, les douleurs rhumatismales, le torticolis, etc.

D'après Murray (*Apparatus*, etc., t. II, p. 172), l'origan, quand on en suspend quelques poignées dans les tonneaux, empêche la bière de tourner. Il entre dans l'*eau vulnéraire*, l'*eau d'arquebusade*, le *sirop d'armoise composé* et de *stœchas*, la *poudre sternutatoire*, etc.

Dès l'antiquité la plus reculée, le dictame était regardé comme un précieux vulnéraire; les poëtes l'ont souvent chanté, et Virgile dit que son héros, Énée, fut guéri par les soins invisibles de Vénus, sa mère, à l'aide de cette plante. Le dictame tire son nom de *Dicté*, montagne et promontoire de l'île de Crète, d'où la nymphe Dicté s'était, selon la fable, jetée dans la mer pour échapper aux poursuites de Minos. On le cueille aussi sur le mont Ida et sur d'autres points. Il contient une huile essentielle dont les Anglais font un fréquent usage contre les douleurs. D'après Tournefort, on l'emploie contre les fièvres tierces, les pâles couleurs, etc. (Ferrein, *Mat. méd.* t. II, p. 70). Le dictame de Crète entre dans la composition de la *thériaque*, du *diascordium* et de la *confection d'hyacinthe*.

ORME

Ulmus campestris L.
(Ulmacées.)

L'Orme est un arbre à racines fortes, nombreuses, pivotantes et traçantes, produisant de nombreux drageons. La tige, haute de

30 mètres, droite, régulière, couverte d'une écorce épaisse, rugueuse ou subéreuse, se divise en branches et en rameaux distiques, dont l'ensemble forme une cime arrondie, très-épaisse. Les feuilles sont alternes, distiques, pétiolées, inéquilatérales, obliques à la base, dentées, rudes, épaisses, vert foncé en dessus. Les fleurs, qui paraissent avant les feuilles, sont rougeâtres et groupées en fascicules latéraux sessiles. Elles présentent un calice membraneux, campanulé, à cinq lobes; cinq étamines; un ovaire libre, à deux loges uniovulées, surmonté de deux styles larges, divergents, dont la face interne est occupée par le stigmate. Le fruit est une samare arrondie, membraneuse, monosperme par avortement.

Habitat. — L'orme est abondamment répandu en Europe, surtout dans les régions tempérées. On le trouve dans les forêts, mélangé avec d'autres essences. Il est cultivé le plus souvent comme arbre d'avenue.

Parties usitées. — La seconde écorce ou liber, autrefois les feuilles et le bois.

Récolte. — La seconde écorce ou liber de l'orme est détachée avant la floraison; on commence par enlever l'épiderme, puis on divise le liber en lanières longues et étroites, que l'on roule en petits paquets allongés et que l'on fait sécher. C'est ainsi qu'on trouve cette écorce dans le commerce; elle a un aspect rougeâtre; on la reconnaît à l'absence d'épiderme, à sa grande flexibilité et à sa saveur mucilagineuse et astringente; elle est mince et inodore.

On trouve souvent sur les feuilles de l'orme des vésicules ou *galles* de la grosseur du poing, qui contiennent une eau claire, appelée *eau d'orme* dans certains ouvrages anciens; elle est douce et visqueuse. Ces galles sont produites par un insecte, le *Tentredo ulmi* L.; vers l'automne, ces productions se dessèchent, les insectes meurent, on y trouve alors un résidu noirâtre appelé *baume d'orme*.

Les fruits ou samares, qui jonchent la terre vers la fin d'avril, étaient connus sous le nom de *pain de hanneton*.

Composition chimique. — L'écorce d'orme est riche en amidon et en mucilage; la décoction rougeâtre, visqueuse, colore en noir les sels de fer. D'après Vauquelin, la séve de l'orme contient du carbonate de chaux, de l'acétate de potasse (*Ann. de Chim.*, t. XXVII, p. 32). Ses cendres renferment une forte proportion de sels alcalins.

L'*ulmine*, découvert par Klaproth dans les excrétions des racines des ormes, est un acide que l'on trouve dans le terreau et dans toutes les matières organiques en décomposition ; elle joue un très-grand rôle en agriculture ; on l'a encore nommée *acide ulmique, géine, acide géique.*

Usages. — L'eau d'orme dont nous avons parlé était autrefois employée dans les maux d'yeux, contre les coups, les contusions, après avoir été filtrée pour en séparer les pucerons. D'après Gmelin (*Découv. des Russes,* t. II, p. 357), le *baume d'orme* était conseillé contre les maladies de poitrine. Dioscoride (lib., I, c. 95), dit que de son temps on mangeait les jeunes pousses et les feuilles d'orme. Pallas (*Voyages*, t. V, p. 318), dit qu'elles sont purgatives. Aujourd'hui on n'emploie plus que l'écorce d'orme. Les anciens et surtout Dioscoride vantaient cette écorce contre un grand nombre d'affections cutanées. On n'en faisait plus usage, lorsqu'un médecin anglais, Lyson, la recommanda de nouveau contre les maladies de la peau, et prétendit avoir guéri, par ce moyen, des affections qui simulaient la lèpre. Lettsom, Banau, Gilibert, confirmèrent ses observations et ajoutèrent qu'on pourrait l'employer avec succès contre les vieux rhumatismes. Swédiaur la recommanda de nouveau contre les maladies cutanées, Struve contre l'ascite. M. Duvergier l'a employée avec succès, dans l'eczéma chronique, comme un excellent modificateur de la constitution. Cependant Sauvages la regarde comme trop débilitante, à cause des doses énormes auxquelles il faut l'employer, et Dubois de Rochefort dit qu'elle a plutôt réussi à ceux qui l'ont vendue qu'à ceux qui en ont usé ; nous partageons volontiers cet avis, appuyé de l'autorité d'Alibert.

L'écorce d'*orme pyramidal,* est administrée sous forme de tisane, de sirop ou d'extrait; on l'a vantée il y a peu d'années contre les maladies syphilitiques, dans lesquelles pourtant elle ne produit aucun effet satisfaisant.

Les charpentiers, les constructeurs de navires, les charrons surtout font grand usage du bois d'orme; celui que l'on nomme *tortillard* sert à une foule d'usages ; il est dur et rougeâtre; les fortes excroissances noueuses naissant sur les troncs, sont recherchées par les ébénistes, qui en font des meubles d'une grande beauté. Le bois d'orme se conserve longtemps dans l'eau, ce qui le rend très-propre à la construction des quilles de navires, des tuyaux de conduite, des pilotis. Comme bois de chauffage, on a estimé sa valeur, comparativement à celle du bois de hêtre :: 1259 : 1540, et réduit en charbon :: 1407 : 1600. Les feuilles d'orme sont utilisées dans quelques contrées pour la nourriture du bétail ; assez souvent on les fait bouillir dans l'eau pour la nourriture des bestiaux.

ORPIN

Sedum Telephium, Cepœa, acre, etc. L.
(Crassulacées.)

L'Orpin reprise (*S. telephium* L.), appelé aussi Herbe à la coupure, Herbe aux charpentiers, Grassette, Joubarbe des vignes, Fève épaisse, etc., est une plante vivace, à racines épaisses, tubéreuses. La tige, haute de $0^m,30$ à $0^m,60$, charnue, rougeâtre, rameuse au sommet, porte des feuilles alternes, sessiles, ovales, aiguës, dentées, charnues, épaisses, glabres, vert glauque ou rougeâtre. Les fleurs, blanches ou purpurines, sont groupées en corymbe terminal, à rameaux épars. Elles présentent un calice à cinq sépales ovales, épais ; une corolle à cinq pétales étalés, recourbés ; dix étamines, accompagnées d'écailles hypogynes ; un ovaire composé de cinq carpelles pluriovulés, surmontés chacun d'un style, qui porte un stigmate à la face interne. Le fruit se compose de cinq follicules libres, s'ouvrant à l'intérieur et renfermant chacun plusieurs graines très-petites.

L'Orpin à larges feuilles (*S. latifolium* Bertol., *S. maximum* Sut.) est une espèce très-voisine, peut-être même une simple variété du précédent, dont il diffère par sa tige plus haute ; ses feuilles très-grandes, ordinairement opposées ; ses fleurs d'un blanc jaunâtre, à pétales non recourbés en dehors.

L'Orpin Rose (*S. Rhodiola* D.C., *Rhodiola rosea* L.) est aussi vivace ; ses racines sont tubéreuses et odorantes ; ses feuilles, alternes, rapprochées, dressées, ovales-oblongues, dentées au sommet. Ses fleurs, purpurines ou un peu jaunâtres, ordinairement dioïques, présentent un calice à quatre sépales ; une corolle à quatre pétales ; huit étamines ; un ovaire et un fruit à quatre carpelles.

L'Orpin Cépée ou Faux oignon (*S. cepœa* L.) est une plante annuelle, dont la tige, pubescente, glanduleuse, porte des feuilles opposées ou verticillées, obovales-cunéiformes, et des fleurs d'un blanc rosé, en petites grappes étalées, dont l'ensemble forme une panicule terminale.

L'Orpin âcre (*S. acre* L.), appelé aussi Vermiculaire brûlante, est une plante vivace, à souche rameuse, gazonnante. Ses tiges, nombreuses, diffuses, nues, couchées et radicantes à la base, puis ascendantes, portent, dans leur partie supérieure, des feuilles alternes, obtuses, ovoïdes, comprimées au sommet, arrondies et prolongées à la base, imbriquées sur les rejets stériles. Les fleurs, d'un beau jaune d'or, presque sessiles, sont groupées en épis scorpioïdes, dont l'ensemble constitue un corymbe terminal. Elles présentent un calice à cinq dents obtuses, prolongées à la base; une corolle à cinq pétales longs, aigus, étalés; dix étamines. Le fruit est composé de cinq follicules divergents.

L'Orpin blanc (*S. album* L.), vulgairement Trique-madame, a aussi une souche vivace et rameuse. Ses tiges, hautes de $0^m,25$ à $0^m,50$, portent des feuilles alternes, oblongues, charnues, glabres, étalées, et des fleurs blanches ou rosées, groupées en corymbe terminal.

L'Orpin réfléchi (*S. reflexum* L.) est un sous-arbrisseau, dont la souche rameuse émet de nombreuses tiges, la plupart stériles. Les tiges fertiles, hautes de $0^m,20$ à $0^m,40$, couchées et radicantes à la base, puis ascendantes, portent des feuilles alternes, cylindriques, très-charnues, lisses, aiguës, prolongées en éperon à la base. Les fleurs, jaunes, presque sessiles, sont groupées en épis scorpioïdes, dont l'ensemble forme un corymbe terminal.

Habitat. — Ces plantes sont abondamment répandues dans les diverses régions de l'Europe; elles croissent dans les lieux montueux, stériles, pierreux, sur les rochers et les vieux murs.

Culture. — Les orpins ne sont guère cultivés que dans les jardins botaniques ou d'agrément. On propage très-facilement les espèces annuelles de graines semées sur couche ou en place au printemps, et les espèces vivaces, d'éclats de pieds, faits au printemps ou à l'automne.

Parties usitées. — Les feuilles, la plante entière.

Récolte. — Les divers orpins frais peuvent être récoltés pendant toute la belle saison. Leur dessiccation est difficile, car ils sont très-charnus. Lorsqu'on les suspend la tête en bas, les fleurs restent fraîches. On les a quelquefois conservées en macération dans l'huile.

Composition chimique. — L'orpin reprise (*Sedum telephium*), est inodore ; ses feuilles sont insipides et un peu visqueuses ; les fleurs et les racines sont âcres et acerbes ; le suc contient du malate du chaux.

Usages. — Les noms de *Reprise*, d'*Orpin reprise*, que l'on donnait autrefois à cette plante indiquaient les propriétés vulnéraires qu'on lui attribuait. Les gens du peuple l'appliquent, en effet, sur les coupures. Par sa nature âcre, elle doit plutôt retarder la cicatrisation que la hâter. L'orpin est, d'ailleurs, employé aux mêmes usages que la joubarbe des toits.

L'orpin âcre ou vermiculaire brûlante donne un suc âcre et brûlant, vomitif, autrefois employé, d'après Linné, en Suède, contre les fièvres intermittentes, dans de la bière ou dans du vin. On l'emploie généralement contre le scorbut. Gesner et Borrichius prétendent avoir guéri des milliers de scorbutiques par ce moyen, et Bulow, médecin suédois,l'administrait en décoction, dans de la bière, contre cette maladie.

Tout récemment (*El Siglo medico,* Madrid, 7 décembre 1884), M. Louis Duval a préconisé la décoction du *Sedum acre* contre la diphtérie. Il fait une décoction des feuilles et filtre le mélange ; puis il administre 1 ou 2 litres de la décoction, à la dose d'un petit verre chaque fois. Après la quatrième dose, des vomissements énergiques surviennent, et les fausses membranes sont rejetées sans que, d'après M. Duval, il s'en reforme d'autres. Il pense que le Sedum détruit la cohésion des membranes avec la muqueuse, et met celle-ci hors d'état d'en produire d'autres.

L'orpin blanc entrait autrefois dans *l'onguent populeum*. Il n'est plus employé. On peut le manger en salade.

L'orpin reprise (*S. telephium*) a été regardé comme rafraîchissant, vulnéraire et résolutif.

ORTIE

Urtica urens, dioïca et *pilulifera* L.
(Urticées.)

L'Ortie brûlante (*U. urens* L.), appelée aussi Ortie grièche ou Petite Ortie, est une plante annuelle, à racine pivotante, fibreuse, blanchâtre. La tige, haute de $0^m,25$ à $0^m,50$, anguleuse, cannelée, hérissée de poils urticants, verte ou rougeâtre, rameuse dès la base, dressée, ascendante ou étalée, porte des feuilles opposées, pétiolées ovales, larges, aiguës, profondément dentées, d'un vert foncé surtout en dessus, un peu luisantes, parsemées de quelques poils urticants. Les fleurs, monoïques, verdâtres, sont réunies en grappes courtes, presque sessiles, axillaires, opposées et comme verticillées. Les mâles ont un calice à quatre sépales presque égaux, soudés à la base, étalés après la floraison ; quatre étamines à filets grêles, élastiques et irritables. Les femelles ont un calice à quatre sépales, opposés sur deux rangs, les extérieures très-petites ou avortées ; un ovaire simple, libre, uniovulé, surmonté d'un stigmate sessile, en pinceau. Le fruit est un akène oblong, comprimé, lisse, luisant.

L'Ortie dioïque ou grande Ortie (*U. dioïca* L.) est vivace, et diffère de la précédente par sa taille plus élevée ; ses feuilles cordées à la base et ses fleurs dioïques, en grappes grêles.

L'Ortie pilulifère ou Ortie romaine (*U. pilulifera* L.) est une plante bisannuelle ou vivace, à tiges ordinairement rameuses, portant des feuilles très-profondément dentées, et des fleurs monoïques, les mâles en grappes grêles, les femelles en têtes globuleuses.

Parmi les espèces exotiques, nous citerons l'Ortie crénulée (*U. crenulata* Roxb.), l'Ortie blanche (*U. nivea* L.), le Rami (*U. utilis* Blum.).

Habitat. — Les trois orties que nous avons décrites sont abondamment répandues en Europe ; elles croissent dans les lieux cultivés ou incultes, les décombres, au pied des murs, etc. On ne les cultive que dans les jardins botaniques.

Parties usitées. — Toute la plante, les fruits.

Récolte. — L'ortie brûlante peut être récoltée fraîche pendant tout l'été, lorsqu'on veut l'employer pour pratiquer l'urtication. Lorsqu'elle est sèche, les poils urticants ne piquent plus. Les fruits renferment des semences légèrement oléagineuses, que l'on récolte à la maturité et que l'on fait sécher au soleil.

Composition chimique. — L'ortie brûlante (*Urtica urens*) est presque inodore ; sa saveur est herbacée, aigrelette et astringente. M. Saladin, qui l'a analysée (*Journ. de chim. méd.*, t. VI, p. 492), y a trouvé du carbonate acide d'ammoniaque, surtout dans les vésicules de la base des aiguillons ; une matière azotée, de la cire, une matière muqueuse, une matière colorante noirâtre, du tannin, de l'acide gallique, de l'azotate de potasse et de la chlorophylle. Le même auteur a trouvé dans la grande ortie (*U. dioïca* L.) du nitrate de chaux, du chlorure de sodium, du phosphate de potasse, de l'acétate de chaux, de la silice, du ligneux et de l'oxyde de fer.

Usages. — Les jeunes pousses d'ortie sont mangées dans plusieurs pays. On les fait bouillir dans l'eau et on les accommode en guise d'épinards. On les fait aussi manger aux bestiaux, surtout aux jeunes dindons, mêlées avec de la farine. Les graines d'ortie excitent l'appétit des volailles. Les maquignons en mêlent quelquefois une certaine quantité à l'avoine, pour donner aux chevaux un air vif et un poil brillant.

Les diverses espèces du genre *Urtica* fournissent des fibres très-estimées. Les Kamschadales et les Baskirs les emploient à la fabrication des cordes, des toiles et des filets pour la pêche. Les Hollandais en ont préparé de beaux tissus. Mais c'est surtout avec l'ortie de la Chine ou ortie blanche (*Urtica nivea*), d'une culture nouvelle en France, qu'on fabrique des tissus qui peuvent être comparés, pour leur finesse et leur blancheur, à la plus belle batiste. M. Decaisne et d'autres botanistes ont aussi fort justement vanté, comme plante textile, l'*Urtica utilis* Bl., qui porte à Java le nom de *Rami;* mais sa culture paraît devoir être plus difficile en Europe que celle de l'ortie blanche qui semble propre aux climats tempérés.

Les Égyptiens extrayaient de l'huile des graines de l'ortie brûlante. D'après Murray, Argstrom attribue à l'ortie plantée autour des ruches la propriété de chasser les grenouilles, dont le voisinage est, dit-on, un obstacle à la sortie des abeilles. Les écrevisses se conservent très-bien dans les orties fraîches.

On a attribué aux diverses orties des propriétés astringentes, et on les a recommandées contre l'hémoptysie, la méthorragie et l'hématemèse. Elles ont été vantées dans ces cas par Zacutus Luzitanus, Scopoli, Lazerne, Geoffroy, Desbois de Rochefort, Peyroux, Lange, Rivière, Joseph Franck et Sydenham employaient l'ortie contre l'avortement; Cocchius la disait propre à faire disparaître les tubercules pulmonaires; d'après Lieutaud, les feuilles ou les racines, introduites dans le nez, arrêtaient les hémorragies nasales; M. Ginestet a conseillé le suc de cette plante contre les ménorrhagies, et M. Fiard l'a employé contre le diabète.

Gesner conseillait la racine d'ortie contre la jaunisse. L'infusion et le suc ont été usités contre le rhumatisme, la goutte, la gravelle, la rougeole, les catarrhes chroniques, l'asthme humide, la pleurésie, etc.

D'après Matthiole, les anciens considéraient la semence d'ortie comme dangereuse. Sérapion prétend que 20 à 30 graines suffisent pour purger. L'ortie est regardée comme emménagogue, purgative, diurétique, vermifuge et même fébrifuge. Bulliard dit qu'il faut l'employer avec précaution. Quoique Linné, Vogel, Richter aient employé les semences d'ortie contre les flux diarrhéiques, Faber contre la dysentérie, Hufeland contre la leucorrhée, elles sont aujourd'hui, ainsi que la plante elle-même, à peu près inusitées, bien qu'on en ait, récemment encore, proposé l'emploi, ainsi que de ses fleurs ou de ses graines, contre les maladies de la peau, les fièvres intermittentes, les rhumatismes et même les paralysies, etc. Nous croyons que c'est avec juste raison que Cullen, Alibert et Peyrilhe les ont bannies de la matière médicale. C'est tout au plus si on s'en sert quelquefois encore pour pratiquer l'urtication, c'est-à-dire pour provoquer un érythème localisé contre les douleurs, etc. Les feuilles, hachées, étaient employées autrefois pour panser les ulcères sanieux et gangreneux.

OSEILLE

Rumex acetosa L.
(Polygonées.)

L'Oseille est une plante vivace, à rhizome rampant, brun noirâtre, muni de racines fibreuses jaunâtres. La tige, haute de $0^{m},60$ à 1 mètre, cylindrique, cannelée, glabre, dressée, rameuse au sommet, porte des feuilles alternes, un peu glauques en dessous : les inférieures pétiolées, oblongues ou ovales, sagittées, longues de $0^{m},10$ et plus; les supérieures plus étroites, sessiles, amplexicaules. Les fleurs, dioïques, petites, verdâtres, sont disposées en faux verticilles, et présentent un calice à six sépales alternant sur deux rangs. Les mâles ont six étamines, opposées par paires aux sépales extérieurs; les femelles, un ovaire simple, trigone, uniovulé, surmonté de trois styles filiformes, terminés chacun par un stigmate multifide, en pinceau. Le fruit est un akène trigone, brun, luisant, renfermé dans le calice persistant et accru.

Habitat. — Cette plante est commune en Europe; elle croît dans les bois et les prés. On la cultive dans les jardins potagers.

Parties usitées. — Les racines, les feuilles, autrefois les fruits improprement appelés semence.

Récolte. — La culture donne des feuilles vertes pendant toute l'année; mais elles ne possèdent l'acidité qu'on y recherche pour l'usage médical que lorsqu'elles sont bien développées et parfaitement vertes, c'est-à-dire vers la fin de l'été. La racine que l'on arrache à l'automne, qu'on lave et que l'on fait sécher, est rougeâtre, longue, très-fibreuse, inodore, d'une saveur amère et astringente. Sous le nom d'oseille, on peut employer encore les feuilles de Surelle (*Rumex acetosella L.*) et d'Oseille en bouclier, appelée aussi Oseille ronde et Petite oseille (*R. scutatus* L.) qui jouissent des mêmes propriétés. Lorsqu'on veut employer les racines fraîches, il vaut mieux les récolter au printemps.

Composition chimique. — L'acidité des feuilles d'oseille est due à la présence d'un oxalate acide de potassium qui paraît être tantôt un bioxalate et tantôt un quadroxalate, et que l'on désigne vulgairement sous le nom de *sel d'oseille*. On retirait autrefois l'acide oxalique du bioxalate de potassium de l'oseille ou de la Surelle (Voy. ce mot, t. III, p. 366); mais aujourd'hui on l'obtient par l'action des alcalins sur l'amidon, la dextrine, la cellulose, etc.

Usages. — L'oseille domestique, nommée aussi Oseille commune, Oseille des prés, etc., entre dans la composition du *bouillon aux herbes*, qui n'est qu'un apozème usité comme rafraîchissant, employé pour faciliter l'action des purgatifs, rafraîchissant qui renferme, en outre, du cerfeuil, du beurre et du sel de cuisine. L'oseille entre aussi dans la composition des sucs d'herbes dont elle facilite la clarification, et auxquels elle donne une saveur acide agréable.

Les propriétés légèrement laxatives, diurétiques et antiscorbutiques de l'oseille l'ont fait fréquemment employer dans les affections bilieuses, inflammatoires, dans les embarras gastriques, le scorbut, les fièvres putrides, etc. Quoique Des Bois de Rochefort, assure que le suc d'oseille guérit les fièvres intermittentes comme par enchantement, il n'est guère, et avec raison, employé dans ce but. Cette substance semble être plus efficace dans les fièvres intermittentes printanières qui d'ailleurs guérissent le plus souvent toutes seules. On recommande, dans tous les cas, de préférer l'oseille sauvage à l'oseille cultivée.

On comprend que l'oseille mâchée agisse bien dans le scorbut; aussi l'a-t-on employée avec succès dans cette maladie, ainsi que dans le *purpura hemorrhagica*. Récamier la vantait contre l'acrodynie; mais on peut assurer que ce ne sont que les manifestations de ces maladies, que quelques-uns de leurs symptômes principaux que l'on fait ainsi disparaître, et non pas les maladies elles-mêmes.

L'oseille est un aliment agréable, mais son usage prolongé peut déterminer des calculs muraux d'oxalate de chaux, surtout chez les individus qui sont sous l'influence d'une diathère calculeuse. Ce fait a été signalé par Magendie.

Dans ces derniers temps, on a recommandé l'acide oxalique pur en potion, à la dose d'un gramme cinquante, contre la diphthérie, le malade prenant avec cela une tisane d'oseille. M. Cornilleau dit avoir obtenu d'excellents effets de ce traitement. On pourrait aussi employer une solution d'acide oxalique, soit en badigeonnages, soit en pulvérisations, pour détruire localement les fausses membranes; l'acide oxalique agirait sans doute aussi bien que l'acide tartrique, qui donne de bons résultats employé de cette façon.

L'oxalate acide de potasse entre dans la composition de poudres rafraîchissantes. L'acide oxalique est employé dans la teinture, pour le nettoyage du cuivre et pour enlever les taches d'encre.

OSMONDE

Osmonda regalis L.
(Fougères-Osmondées.)

L'Osmonde royale, appelée aussi Fougère royale, Fougère aquatique, Osmonde fleurie, est une plante vivace, à souche épaisse, rampante, émettant en dessous des racines fibreuses, allongées, d'un brun foncé, et en dessus des frondes (*feuilles*), disposées en touffe, les unes fertiles, les autres stériles, enroulées en crosse pendant la préfloraison. Ces frondes, toutes radicales, longues de $0^m,60$ à $1^m,20$, ont un pétiole robuste, dilaté à la base, à bords presque membraneux, un peu arqué et terminé en un bec très-étroit au niveau de l'insertion; un limbe très-ample, deux fois pennatiséqué, à segments stériles peu nombreux, espacés, oblongs, divisés en lobes assez amples, oblongs-lancéolés, glabres, à nervures transparentes. Les segments fructifères sont rapprochés en une panicule terminale, à lobes contractés linéaires, couverts de groupes de sporanges arrondis, pédicellés et d'un brun fauve à la maturité (Pl. 50).

Habitat. — L'osmonde royale croît, en France, dans les bois humides, les marais, les tourbières, au bord des eaux, etc. On ne cultive que dans les jardins botaniques, où on les propage simplement par la transplantation de jeunes pieds sauvages.

Nous citerons encore les Osmonde à cicutaire ou Herbe-aux-serpents (*Osmunda cicutaria* Savigni) de Saint-Domingue, dentée en scie (*O. lancea* L.) des Antilles.

Parties usitées. — Les rhizomes, nommés vulgairement *racines*, et les expansions foliacées, nommées vulgairement *feuilles*.

Récolte. — Les frondes ou feuilles, qui sont d'ailleurs peu employées, doivent être récoltées lorsqu'elles ont acquis tout leur développement; les rhizomes s'arrachent à l'automne, et on les divise pour les faire sécher plus facilement.

Composition chimique. — L'analyse de l'osmonde n'a pas été faite; mais, comme toutes les autres Fougères, cette plante renferme du tannin et probablement une huile odorante analogue à celle que l'on trouve dans la Fougère mâle.

Usages. — Cette plante, considérée autrefois comme vulnéraire, astringente et diurétique, était employée dans une foule de maladies, pour les contusions, les blessures, les hernies, la gravelle, etc. Hermann et Allioni l'ont vantée contre le rachitisme, et M. Aubert, de Genève, a plus spécialement indiqué l'espèce de rachitisme dans lequel elle agissait surtout. D'après cet auteur, elle paraît exercer une action spéciale sur les *viscères du bas-ventre*, elle purge un peu, et, selon lui, c'est spécialement contre le carreau et les affections glanduleuses qu'elle convient. M. Cazin dit s'en être bien trouvé dans les engorgements mésentériques. On l'a proposée dans le mal vertébral et dans les affections scrofuleuses des os; mais elle ne paraît pas avoir produit, dans ces cas, de résultats appréciables.

Les feuilles ou expansions foliacées de l'osmonde royale sont souvent employées par les paysans, comme celles de la fougère ordinaire, pour faire des lits aux enfants scrofuleux et rachitiques, mais rien ne démontre l'utilité de cette pratique.

On brûle les feuilles d'Osmonde royale pour en retirer de la potasse.

En Amérique, les Indiens appliquent l'Osmonde cicutaire, en topique, sur la piqûre des serpents.

L'Osmonde dentée en scie est regardée, aux Antilles, comme hépatique. La racine en est purgative et réputée anti-scorbutique. Lors du siége de Saint-Domingue on en a retiré, pour la nourriture, une fécule assez bonne.

FLORE MÉDICALE

DU XIXe SIÈCLE

SUPPLÉMENT AU TOME DEUXIÈME

FLORE MÉDICALE DU XIXe SIÈCLE

SUPPLÉMENT AU TOME DEUXIÈME

EMBELIA

Embelia Ribes Burm.

(Myrsinacées-Ardisiées.)

L'*Embelia Ribes* Burm. est un grand arbuste grimpant, à bourgeons et à pédoncules couverts d'une poussière blanchâtre; à feuilles alternes, entières, oblongues, glabres. Les fleurs sont disposées en panicules terminales poussiéreuses, blanchâtres; elles sont nombreuses, très petites, colorées en jaune verdâtre, régulières. Le réceptacle est convexe; il porte un calice et une corolle régulières, pentamères. Le calice est gamosépale; la corolle est gamopétale; hypogyne, campanulée; elle porte sur le milieu de sa hauteur cinq étamines opposées aux pétales, à filets courts, à anthères déhiscentes par des fentes longitudinales, introrses. L'ovaire est supère, uniloculaire, à placenta central portant un ou plusieurs ovules dont un seul se développe; il est surmonté d'un style simple, court, que termine un stigmate obtus. Le fruit est une baie noire, succulente, de la grosseur d'un grain de poivre, contenant une seule graine peltée, à albumen corné, très dur et à embryon cylindrique, un peu recourbé.

Habitat. — L'*Embelia Ribes* est répandu dans toute la péninsule indienne; on l'y connaît sous le nom sanscrit de *Vellal*, en malais *Vishaul* et en bengali *Baberung*.

Culture. — Cet arbuste n'est l'objet d'aucune culture. En Europe il exige la serre chaude.

Parties usitées. — Les baies.

Récolte. — On les cueille à la maturité. Les habitants du Thibet, où la plante croît en abondance, les font sécher et les mélangent au poivre pour le falsifier ; elles sont très difficiles à distinguer de cette épice.

Composition chimique. — Nous ne connaissons aucune analyse des baies d'*Embelia Ribes*. Il est probable qu'elles doivent leurs propriétés à une matière résineuse. Leur saveur est astringente, un peu âcre.

Usages. — On emploie dans l'Inde l'infusion et la poudre des fruits de l'*Embelia Ribes* comme tœnifuge. On administre la poudre à la dose d'une cuillerée à thé pour les enfants et d'une cuillerée à dessert pour les adultes, deux fois par jour, en ayant soin d'administrer au préalable un purgatif. Cette dose suffit pour tuer le tœnia que l'on retrouve entier dans les selles. La saveur peu désagréable de cette poudre et la dose relativement minime à laquelle elle agit en font un tœnicide préférable à la plupart de ceux que l'on emploie en Europe. D'après Royle, les fruits de l'*Embelia Ribes* jouissent aussi de propriétés purgatives cathartiques très prononcées ; celles-ci favorisent leur action anthelmintique.

EPICHARIS

Epicharis Loureiri Pierre, *E. Bailloni* Pierre.
(Méliacées-Trichiliées.)

L'*Epicharis Loureiri* de Pierre (*Santalum album* de Loureiro) est un bel arbre de 30 à 35 mètres de hauteur, couvert d'une écorce blanchâtre ou grisâtre, remarquable par son bois dont l'aubier est jaunâtre, tandis que le cœur est coloré en jaune brun et doré, d'une odeur très agréable. Les feuilles sont grandes, alternes, composées, paripennées ou sub-alternipennées, à folioles au nombre de sept à dix paires, pétiolulées, oblongues, acuminées ou cuspidées. Les fleurs sont disposées en belles grappes cymifères, couvertes d'un duvet épais, axillaires ou insérées sur le vieux bois. Elles sont hermaphrodites et régulières. Le périanthe est formé d'un calice et d'une corolle tétramères, à folioles indépendantes. L'androcée est formé de huit étamines à filets connés en tube dans la plus grande partie de leur étendue, à anthères biloculaires, introrses, déhiscentes par des fentes longitudinales. L'ovaire est entouré d'un disque annulaire, épais; il est divisé en trois ou quatre loges contenant chacune un ou deux ovules descendants, et surmonté d'un style cylindrique renflé au niveau de son extrémité stigmatique. L'ovaire et le style sont couverts de longs poils. Le fruit est une capsule globuleuse, d'abord pubescente, puis à peu près glabre, jaunâtre, munie de trois ou quatre côtes et divisée en trois ou quatre loges monospermes, déhiscentes, à graines sphériques, arillées, renfermant un embryon à cotylédons épais, plan-convexes, sans albumen.

L'*Epicharis Bailloni* Pierre est un arbre de 35 à 45 mètres de haut, à bois rougeâtre ou brun rouge, à feuilles imparipennées, formées de huit paires de folioles oblongues, acuminées, glabres, glanduleuses, ponctuées sur la face inférieure. Les fleurs sont disposées en inflorescences axillaires, de même longueur ou plus courtes que la feuille axillante; le périanthe est pentamère; l'androcée formé de dix étamines; le fruit glabre.

Habitat. — L'*Epicharis Loureiri* habite la Cochinchine; on le trouve particulièrement dans la province de Bien-Hoa, dans les montagnes de Duih et de Deon, de Tonmau. Les Annamites lui donnent les noms de : *Huinh Dan*, *Huingh Duong* et *Bach Dan*. L'*Epicharis Bailloni* habite le Cambodge, où il porte les noms de *Sdan-phnôm*, *Sadâu*.

Culture. — Ces arbres ne sont l'objet d'aucune culture.

Parties usitées. — Le bois et l'huile essentielle qu'ils contiennent. Le bois de l'*Epicharis Loureiri* est le *Santal citrin de la Cochinchine;* le bois de l'*E. Bailloni* est le *Santal rouge de la Cochinchine*. Ces bois sont très odorants.

Récolte. — On abat les arbres quand ils sont parvenus à une taille assez élevée, et on divise les rameaux en éclats longs de $0^m,15$ à $0^m,20$ que l'on vend dans les bazars de toute l'Indo-Chine et de la Malaisie. L'huile essentielle est obtenue par distillation du cœur du bois, partie dans laquelle l'essence existe en plus grande quantité.

Composition chimique. — Nous ne connaissons aucune analyse du bois des *Epicharis*. Il y a là, sans aucun doute, un objet intéressant d'études chimiques.

Usages. — L'huile essentielle des *Epicharis* est employée par les Annamites dans le traitement d'un certain nombre de maladies, particulièrement dans celles des bronches, de la vessie et de l'urètre. Les médecins européens n'en ont pas encore fait l'essai. Le bois de ces arbres est doué d'une odeur très agréable, due à l'essence qu'il renferme. On le fait brûler, dans l'Indo-Chine, pour parfumer les temples et les maisons.

ÉPIGÉE

Epigæa repens L.
(Éricacées-Andromédées.)

L'Épigée rampante, *Trailing arbustus* (arbuste rampant), *Ground Laurel* (Laurier de terre), *May-Flower* (Fleur de mai) des Américains, est un petit arbuscule toujours vert, à souche vivace, émettant des rameaux également vivaces, rampants, étalés, longs de $0^{m},15$ à $0^{m},20$, hispidulés. Les feuilles sont alternes, entières, ovales-cordées. Les fleurs sont petites, blanches, teintées de rose, très odorantes, disposées en grappes axillaires et terminales. Le réceptacle est convexe. Le calice est gamosépale, régulier, à cinq divisions aiguës, profondes, colorées, et entouré de trois bractées. La corolle gamopétale est hypocratérimorphe, à cinq lobes alternes avec les divisions du calice. Les étamines sont au nombre de dix, à filets subulés, hispidulés, à peine plus courts que le calice. Les anthères sont ovales, bifides au sommet, et à deux loges s'ouvrant longitudinalement. L'ovaire est libre, entouré à sa base par un disque nectarifère; il est divisé en cinq loges renfermant chacune plusieurs ovules. Le style est simple, dressé, à stigmate indivis. Le fruit est une capsule subglobuleuse, déprimée, à cinq loges, entourée par le calice persistant. Il renferme des graines nombreuses et petites.

Habitat. — L'Épigée rampante habite les diverses parties de l'Amérique du Nord. On la trouve dans les bois, où elle recherche particulièrement les flancs des collines exposées au nord.

Culture. — Elle est cultivée en Amérique et surtout en France comme plante d'ornement, pour l'éclat de son feuillage qui reste vert pendant toute l'année

PARTIES USITÉES. — Les feuilles.

RÉCOLTE. — On récolte les feuilles en tout temps.

COMPOSITION CHIMIQUE. — Jefferson a trouvé dans l'Épigée les mêmes principes chimiques que dans la Busserole (*Arbutus uva ursi*), c'est-à-dire de l'*arbutine*, $C^{12}H^{16}O^{7}$; de l'*ursone*, $C^{20}H^{32}O^{2}$; de l'*éricoline*, $C^{34}H^{56}O^{21}$. (Voy. BUSSEROLE, t. II, p. 210). On y a trouvé aussi des acides tannique et formique, et un acide voisin de l'acide gallique.

USAGES. — Un certain nombre de médecins américains emploient l'Épigée comme substitutif des feuilles de Buchu, dans les maladies des organes urinaires et contre les maladies inflammatoires de l'intestin.

En Europe, on ne fait pas usage de ce médicament, qu'on remplace, dans la médecine populaire surtout, par la Busserole.

ERIGERON

Erigeron Canadense L., *acre* L., etc.
(Composés-Astérées.)

L'Erigeron du Canada est une plante annuelle, à tige haute de 0m,30 à 0m,80, dressée, ramifiée dans sa partie supérieure en un grand nombre de branches qui portent les capitules. La tige et les branches sont hérissées de poils fins. Les feuilles sont alternes, pubescentes, à poils rudes, et bordées de cils raides; elles sont lancéolées, étroites ou même linéaires, entières, les inférieures seules étant parfois munies d'un petit nombre de dents. Les capitules sont très nombreux et très petits; ils sont rapprochés en grappes latérales, ordinairement ramifiées, dressées et réunies à l'extrémité de la plante de manière à former une sorte de grande panicule pyramidale. Chaque capitule porte des fleurs de deux sortes; celles de la circonférence sont femelles, irrégulières, ligulées, colorées en blanc jaunâtre, disposées sur plusieurs rangs concentriques, et à peine plus longues que les fleurs du centre qui sont hémaphrodites, jaunâtres, régulières et tubuleuses. L'involucre des capitules est formé de folioles linéaires, imbriquées sur plusieurs rangs, presque glabres. Les fruits sont des akènes comprimés, oblongs, surmontés d'une aigrette à soies blanc pâle, capillaires, un peu scabres, disposées sur un seul rang.

Nuttal a désigné sous le nom d'*E. pusillum* une variété de l'*E. canadense* qui se distingue de la précédente par sa taille moindre, ne dépassant pas 4 à 6 pouces de haut, sa tige lisse, moins ramifiée, ses feuilles toutes entières, scabres sur le bord; sa panicule simple, à pédoncules filiformes, divariqués, portant chacun deux ou trois fleurs.

L'Erigeron âcre (*Erigeron acre* L.) se distingue principalement de l'espèce précédente par la coloration rose violet de ses fleurs ligulées.

L'Erigeron hétérophylle (*E. heterophyllum* WILL., *E. strigosum* BIGEL., non MUHL., *E. annuum* PERS.) est bisannuel; de sa souche ramifiée s'élèvent plusieurs tiges dressées, arrondies, striées, pubescentes, très ramifiées près du sommet, hautes de 0^m,60 à 0^m,90. Les feuilles inférieures sont ovales, aiguës, doublement dentées, avec des pétioles allongés et ailés, les supérieures sont lancéolées, aiguës, doublement serretées au milieu, sessiles, les florales sont lancéolées et entières; toutes, excepté les radicales, sont ciliées à la base; les capitules sont disposés en corymbes terminaux; les fleurs du disque sont jaunes, celles du rayons sont nombreuses, très grêles, colorées en blanc, en bleu pâle ou en pourpre pâle.

L'Erigeron de Philadelphie (*E. Philadelphicum* L.) est vivace, herbacé, à souche jaunâtre, ramifiée, émettant d'une à cinq ou six tiges dressées, hautes de 0^m,60 à 0^m,90 et plus, très ramifiées au sommet, entièrement pubescentes comme toutes les autres parties de la plante; les feuilles inférieures sont ovales, lancéolées, presque obtuses, entières ou à peine serretées, ciliées sur les bords, longuement pétiolées, les supérieures sont oblongues, étroites, obtuses, entières, sessiles et légèrement embrassantes, les florales sont petites et lancéolées; les capitules sont nombreux, disposés en un corymbe paniculé, à pédoncules allongés, portant chacun un à trois capitules; les fleurs ressemblent tout à fait à celles de l'espèce précédente.

L'*Erigeron strigosum* MUHL., souvent confondu avec l'*E. heterophyllum* avec lequel il croît, s'en distingue par ses feuilles presque entières et par ses tiges et ses feuilles à peu près lisses ou munies seulement de poils apprimés.

Habitat. — Toutes ces espèces sont originaires des États-Unis où elles croissent surtout dans les champs incultes. Les *E. canadense, heterophyllum, acre*, ont été introduits en Europe où ils sont assez répandus, surtout le premier qui est très abondant dans les champs en friche et autour des villages. L'E. âcre habite de préférence, dans notre pays, les pelouses sèches et les coteaux arides.

Culture. — Ces plantes ne sont l'objet d'aucune culture ; on ne les trouve qu'à l'état sauvage ou dans les jardins botaniques.

Récolte. — On cueille la plante entière, après son complet développement.

Composition chimique. — Toutes les parties des Erigerons ont une odeur agréable, aromatique et une saveur amère, un peu âcre, se communiquant à l'eau dans laquelle on les fait bouillir. On a extrait de ces plantes une matière amère, des acides gallique et tannique et une petite quantité d'une huile volatile à laquelle elles doivent particulièrement leurs propriétés. Cette huile essentielle, extraite de l'*Erigeron canadense* où elle est particulièrement abondante, est limpide, colorée en jaune paille clair, douée d'une odeur aromatique spéciale, persistante, et d'une saveur douceâtre, caractéristique ; par l'exposition à l'air, sa couleur devient plus foncée et elle s'épaissit ; d'après Procter, son poids spécifique est 0.845 ; elle est facilement soluble dans l'alcool ; quand on la distille avec de l'eau elle devient à peu près incolore et laisse précipiter une petite quantité d'une matière résineuse probablement produite par oxydation de l'une des huiles que l'on considère comme entrant dans sa composition. Elle contient du carbone, de l'hydrogène et de l'oxygène, ce qui fait supposer qu'elle est formée par le mélange d'une essence non oxygénée ou hydrocarbure et d'une huile oxygénée ; elle rougit légèrement sous l'action de la potasse et se combine avec l'iode sans explosion ; l'acide sulfurique la décompose instantanément.

F. L. John a extrait de l'*Erigeron Philadelphicum* une huile essentielle analogue à la précédente, mais plus visqueuse, plus riche en oxygène, d'un poids spécifique plus élevé, colorée en jaune verdâtre.

Usages. — La décoction de la plante entière est employée aux États-Unis comme diurétique et tonique. On l'emploie surtout contre la gravelle et diverses maladie des reins. L'huile essentielle de l'Erigeron du Canada est beaucoup prescrite par les médecins des État-Unis contre la diarrhée, la dysenterie et les hémorragies des organes internes. On la considère comme très efficace contre l'hémoptysie non accompagnée de fièvre et non symptomatique d'une affection constitutionnelle. On la prescrit aussi avec succès contre les hémorragies utérines, à la dose de cinq à six gouttes toutes les heures ou toutes les deux heures. Ce médicament figure dans la pharmacopée des États-Unis; en Europe, il n'est pas encore usité.

ERIODYCTION.

Eriodyction glutinosum BENTH.
(Hydroléacées.)

Sous le nom de *Yorba santa* ou *Mountain balm*, on désigne en Californie un petit arbuste résineux, glabre, à feuilles alternes, elliptiques, lancéolées, à peine dentées à la partie inférieure, atténuées à la base, de 3 à 6 pouces de longueur, blanchâtres en dessous où elles sont couvertes entre les nervures d'un tomenteux fin et serré, et glabres en dessus. Les fleurs, hermaphrodites, sont réunies en cymes uniparés, scorpioïdes, terminales et couvertes de poils fins, glutineux. Le calice, petit, persistant, présente cinq divisions linéaires. La corolle, d'un-demi pouce de longueur environ, est gamopétale, tuberculeuse, à cinq lobes. Elle est caduque. Les étamines sont au nombre de cinq, insérées sur le tube de la corolle, alternes avec ses lobes et incluses. L'ovaire est libre, à une seule loge, caractère qui rapproche cette plante des hydrophyllacées à deux placentas pariétaux, bifide jusqu'à leur milieu, portant des ovules nombreux. Les styles sont au nombre de deux, persistants, divariqués, à stigmates aigus. Le fruit est une capsule loculicide, entourée par le calice et surmontée par le style persistant. Les graines sont sessiles, à albumen charnu, à embryon droit.

HABITAT. — Cette espèce habite les lieux secs de la Californie.

CULTURE. — Elle n'est l'objet d'aucune culture.

PARTIES USITÉES. — La plante entière.

COMPOSITION CHIMIQUE. — D'après Wellcome (*Pharmaceut.*, 1876,

p. 73), elle renferme deux résines aromatiques; avec l'infusion aqueuse évaporée, puis reprise par l'alcool, on obtient, après évaporation subséquente, un extrait d'une amertume considérable. D'après l'analyse de Chas-Mohr (*Amer.*, *Journ. Pharm.*, 1879, p. 549), elle renferme de l'acide tannique, et 8 p. 100 d'une résine amère, âcre, dont l'activité dépend d'une petite quantité d'huile essentielle.

Cette plante est regardée aux États-Unis comme stimulante, expectorante. On l'administre sous forme de teinture ou d'extrait alcoolique dans l'asthme et la bronchite chronique. La teinture faite avec 120 grammes de plante pour 50 grammes d'alcool à 75° se donne à la dose de 0me,08. Celle de l'extrait fluide est de 2 grammes.

ERYTHRINE

Erythrina Indica Lamk (*E. Corallodendron* L.).
(Légumineuses-Papilimacées-Phasiolées.)

L'*Erythrine*, vulgairement *Malungu*, est un arbre épineux haut de 5 à 12 mètres, à feuilles trifoliolées, avec les pétioles et les pétiolules incurvés. Les folioles sont glabres, entières, celle de l'extrémité largement cordée à la base. Les fleurs sont écarlates, disposées en grappes terminales horizontales ; elles sont formées d'un calice tubuleux, étalé, divisé en cinq dents égales ; d'une corolle papilionacée, à étendard trois fois plus long que les ailes et à folioles de la carène indépendantes l'une de l'autre. L'androcée est formé de dix étamines monadelphes dans le bas où elles sont connées en un tube complet; celui-ci se fend dans le haut, où les étamines deviennent diadelphes ; les anthères sont biloculaires, introrses, déhiscentes par des fentes longitudinales. L'ovaire est uniloculaire, à placenta pariétal portant plusieurs ovules. Le fruit est une gousse contenant de six à huit graines, déhiscente en deux valves.

Habitat. — L'*Erythrina Indica* habite l'Inde ; on le trouve particulièrement dans le Coromandel, le Duncan et le Bengale. Les Anglais lui donnent le nom de *Indian Coral tree* (Arbre Corail indien) ; son nom tamul est *Muruka-marum;* son nom malais, *Mooloo-moorikah;* son nom bengalais, *Palitamundar;* en hindoustani, il se nomme *Furrud*, et en télégoo, *Badide-Chettu.* Il a été introduit au Brésil où on lui donne le nom de *Mulungu* ou *Bois corail.* Il existe au Brésil une autre espèce voisine et également employée, l'*Erythrina crista galli*, connu sous le nom de *Malungu crista do gallo.*

Culture. — On le cultive beaucoup dans le Malabar comme suppléant du Poivre Bétel; à cause de ses épines, on le plante aussi autour des champs afin d'en préserver le bétail.

Parties usitées. — L'écorce et le principe actif qu'elle renferme; le bois.

Récolte. — On coupe l'arbre quand il a atteint tout son développement.

Composition chimique. — MM. Bochefontaine et Rey ont extrait récemment de l'écorce de l'*Erythrina Indica* un principe actif qu'ils considèrent comme un alcaloïde et auquel ils ont donné le nom d'*Erythrine;* ce principe, encore peu connu, ne doit pas être confondu avec la matière chromogène du même nom que l'on extrait des Lichens à orseille, particulièrement des *Roccella.*

Afin d'éviter cette cause d'erreur, on pourrait donner au principe actif des Erythrines le nom de *Mulungine*, dérivé de la dénomination brésilienne vulgaire de la plante. Du reste, l'alcaloïde indiqué par les auteurs cités plus haut n'est pas encore connu chimiquement.

Usages. — On trouve dans les pharmacies brésiliennes un extrait d'écorce de Mulungu et un sirop de cette écorce prescrits par les médecins comme sédatifs du système nerveux, calmants et narcotiques, à peu près au même titre que les préparations opiacées. D'après MM. Rey et Bochefontaine, le principe actif de l'Erythrine « agit sur le système nerveux central pour diminuer ou abolir le fonctionnement normal; » l'excitomotricité nerveuse et la contractilité nerveuse persistent, tandis que le nombre des battements cardiaques diminue graduellement, que la température s'abaisse et que l'animal devient immobile, s'affaisse, tombe dans un état profond de torpeur qui se termine par la mort si la dose a été suffisamment élevée (Voy. *Compt. rend. Ac. sc. Paris*, 21 mars 1881, p. 733).

ERYTHRONIUM

Erythronium Americanum Muhl. (*E. lanceolatum* Pursh.).
(Liliacées.)

L'*Erythronium* d'Amérique est une plante herbacée, à souche bulbeuse, profondément enfoncée dans le sol, brune en dehors, blanche et homogène en dedans, émettant des feuilles et un scape floral entièrement glabres et lisses. Les feuilles sont seulement au nombre de deux, à peu près de même taille, lancéolées, colorées en vert brunâtre foncé, marquées de taches irrégulières, terminées par une pointe calleuse et obtuse. Le scape est embrassé à la base par les deux feuilles ; il est grêle, nu, terminé par une seule fleur penchée. Le périanthe est formé de six folioles lancéolées, réfléchies, souvent munies à la base de deux tubercules glanduleux ; toutes les folioles du périanthe sont colorées en jaune ; les trois extérieures sont en partie cramoisies sur la face externe ; les trois intérieures ont sur chaque face, près de la base, une dentelure noirâtre. L'androcée est formé de six étamines plus courtes que le pistil, insérées sur la base du périanthe, à filets aplatis, à anthères oblongues-linéaires, biloculaires, introrses, déhiscentes par des fentes longitudinales. Le pistil est formé d'un ovaire obovale, triloculaire, à loges uniovulées, surmonté d'un style trilobé au sommet et terminé par trois stigmates distincts. Le fruit est une capsule turbinée-globuleuse, dressée, déhiscente en trois valves qui portent chacune un placenta couvert de graines nombreuses.

Habitat. — L'*Erythronium Americanum* habite les bois et les champs des États-Unis.

Culture. — Cette plante n'est l'objet d'aucune culture.

Parties usitées. — Les feuilles et surtout le bulbe à l'état frais ; la dessication atténue les propriétés de la drogue.

Récolte. — On arrache la plante quand elle a atteint son entier développement.

Composition chimique. — Nous ne connaissons aucune analyse de l'*Erythronium* américain, qui cependant mérite, par ses propriétés, d'attirer l'attention des médecins.

Usages. — Toutes les parties de cette plante sont douées de propriétés actives, mais on fait usage surtout du bulbe frais. A la dose de 25 grains, il exerce une action émétique très prononcée. Les feuilles passent pour être plus actives encore. A dose élevée, cette drogue passe pour être toxique.

Quoiqu'il figure dans quelques livres classiques, notamment dans le *United States Dispensatory*, l'*Erythronium* américain ne paraît pas avoir été l'objet d'études physiologiques et thérapeutiques sérieuses. Il n'est pas douteux cependant qu'il puisse être l'objet de recherches intéressantes.

EUPHORBE PILULIFÈRE

Euphorbia pilulifera L. (*E. hirta* Lamk).
(Euphorbiacées-Euphorbiées.)

L'Euphorbe pilulifère est une plante herbacée, annuelle, dressée, haute de $0^m,30$ à $0^m,40$, tantôt ramifiée, tantôt simple, couverte de poils jaunâtres. Les feuilles sont opposées, simples, serretées sur les bords, lancéolées, sessiles, courtement pétiolées, atténuées à la base, aiguës à l'extrémité, velues comme la tige, accompagnées de deux stipules latérales, très petites, linéaires, dentelées. Les fleurs sont très petites, verdâtres, disposées en grand nombre en capitules globuleux ordinairement géminés, portés par de courts pédoncules axillaires. La fleur est regardée en général comme régulière, hermaphrodite et pentamère. Le calice est gamosépale, turbiné et découpé sur ses bords en cinq lobes deltoïdes à préfloraison quinconciale. Dans leurs intervalles se trouvent autant de glandes arrondies, accompagnées d'un petit appendice. Les étamines, en nombre indéfini, sont disposées en cinq faisceaux, dans chacun desquels elles sont disposées sur deux séries parallèles, inégales, et formées chacune d'un filet articulé et d'une anthère biloculaire s'ouvrant par deux fentes longitudinales. Le gynécée, qui est supporté par la colonne centrale du réceptacle, est formé d'un ovaire à trois loges, renfermant chacune dans leur angle interne un ovule descendant, anatrope. Le style est à trois branches dont le sommet stigmatifère est bifide. Le fruit est une capsule tricoque, velue, s'ouvrant avec élasticité en laissant en place la columelle centrale. Les graines, d'un brun rouge, munies extérieurement d'une tunique charnue de nature arillaire, renferment sous leurs téguments un albumen charnu, huileux, entourant un embryon à radicule supère et à cotylédons linéaires.

Habitat. — L'Euphorbe pilulifère est répandue dans presque tous les pays tropicaux.

Culture. — Elle n'est l'objet d'aucune culture.

Parties usitées. — Les feuilles et en général toutes les parties herbacées.

Récolte. — On arrache la plante lorsqu'elle est entièrement développée.

Composition chimique. — Il n'existe aucune analyse complète de cette plante, qui cependant est très digne d'attirer l'attention des chimistes. M. Merck en a extrait une substance résineuse encore mal connue, et il croit qu'elle contient un alcaloïde, mais il n'a pas pu isoler ce dernier. M. Marsset, dans des recherches plus récentes, n'y est pas non plus parvenu.

Usages. — L'Euphorbe pilulifère jouit de propriétés purgatives très prononcées et connues depuis fort longtemps. Dans certaines contrées intertropicales, on emploie couramment sa décoction comme purgative. Mais, depuis quelque temps, l'attention des médecins a été attirée sur cette plante, à cause de propriétés plus importantes. D'après les observations faites d'abord dans divers pays chauds, puis en France, l'Euphorbe pilulifère constituerait un excellent remède contre l'asthme et d'autres affections bronchiques. En Australie, on emploie la décoction concentrée de la plante, à la dose de deux ou trois verres par jour, ou bien la teinture alcoolique. Un chimiste de Queensland, M. Wragge, écrit à son sujet : « J'ai constaté que la teinture et la décoction concentrée produisent d'excellents effets, en facilitant la respiration et calmant l'irritation des tubes bronchiques, dans plusieurs cas où aucun autre médicament n'avait pu produire ces effets. Je suis moi-même très sensible au froid, et mes bronches s'enflammaient très aisément depuis une attaque de bronchite que j'ai eue, il y a douze mois environ ; or aucun médicament connu ne m'a fait autant de bien que la teinture de l'*Euphorbia pilulifera*. Ses effets chez les femmes atteintes d'asthme sont presque magiques ; dans des cas où tous les remèdes connus avaient échoué, un petit nombre de verres de cette teinture ont déterminé une guérison complète. » (Voy. CHRISTY, *New Com. Plants and Dungs,* n° 8, p. 55.) Le docteur Tison a publié récemment (*Conseiller médical,* 15 juill. 1885, p. 268) des observations qui confirment pleinement les précédentes et qui établissent l'action incontestable de l'Euphorbe pilulifère contre l'asthme et contre les congestions pulmonaires. Il emploie de préférence la décoction de la plante, à la dose de 5 grammes d'herbe sèche dans 2 litres d'eau ; il ajoute à la décoction, après refroidissement, 50 grammes de rhum ou d'eau-de-vie, et il en fait prendre trois verres par jour dans les cas ordinaires ; dans ceux qui sont plus rebelles, il ajoute un quatrième verre dans le cours de la nuit. Il cite le cas de plusieurs malades qui, depuis plusieurs semaines ou plusieurs mois, ne pouvaient dormir ni même se coucher, et qui, dès le premier jour du traitement par l'Euphorbe pilulifère, purent jouir d'un repos complet.

M. Marsset a constaté que le principe actif, encore mal connu, de l'Euphorbe pilulifère est toxique à faible dose pour les petits animaux, qu'il tue en arrêtant les mouvements respiratoires et les battements du cœur. (Voy. MARSSET, *Contributions à l'étude de l'Euphorbia pilulifera,* 1884, *Thèse de la fac. de méd. de Paris.*)

EVONYMUS

Evonymus Europæus L., *E. verrucosus* SCOP., *E. atropurpureus* JACQ., etc.
(Célastracées.)

Le Fusain d'Europe (*Evonymus Europœus* L.) vulgairement nommé *Bonnet de prêtre, Bonnet carré, Caprenotier*, est un arbrisseau de 2 à 3 mètres de haut, très ramifié, à rameaux ordinairement opposés et quadrangulaires, recouverts à l'état jeune d'une écorce d'un beau vert, lisse. Les feuilles sont opposées, courtement pétiolées, glabres, oblongues-acuminés, à bords finement dentés. Les fleurs sont petites, d'un blanc verdâtre, disposées en cymes pauciflores axillaires ; le calice est gamosépale, persistant, divisé en quatre ou cinq sépales étalés ou réfléchis, verts. La corolle est dialypétale, insérée sur les bords d'un disque hypogyne, annulaire, épais ; elle est formée de quatre à cinq pétales blanc-verdâtre, caducs, oblongs. L'androcée est formé de quatre à cinq étamines insérées avec les pétales sur les bords du disque, formées d'un filet indépendant et d'une anthère bilobée, à déhiscence latérale. L'ovaire est uni à sa base avec le disque ; il est formé trois à cinq carpelles et divisé en trois à cinq loges biovulées. Le fruit est une capsule colorée en rose à la maturité, en forme de bonnet de prêtre, à trois à cinq angles saillants, divisée en trois à cinq loges qui contiennent chacune une ou deux graines blanchâtres, enveloppées d'un arville charnu, coloré en rouge orangé. La déhiscence est loculicide. Les graines contiennent un embryon droit, enveloppé d'un albumen huileux.

Le Fusain verruqueux (*Evonymus verrucosus* Scop.) se distingue du précédent par ses rameaux verruqueux, par ses feuilles arrondies à la base, par ses pétales suborbiculaires et par son arille qui n'enveloppe pas entièrement la graine.

L'*Evonymus atro-purpureus* Jacq. se distingue des précédents par ses fleurs colorées en pourpre foncé. Ses rameaux sont lisses ; ses feuilles sont lancéolées, assez légèrement pétiolées, dentelées sur les bords ; on lui donne en Amérique le nom de *Wahoo*.

Citons encore l'*E. latifolius* C. Bauh., à feuilles ovales, très larges ; l'*E. nanus* Bieb., remarquable par sa petite taille, à rameaux tombants, presque herbacés, à fleurs brunes ; l'*E. Japonicus* Thunb., à feuilles larges, ovales-obtuses, très épaisses et coriaces, souvent colorées en blanc sur les bords.

Habitat. — Le Fusain d'Europe est abondant dans les bois et les taillis de toute l'Europe ; le Fusain verruqueux se trouve surtout dans les bois de l'Allemagne ; les *E. atro-purpureus* et *Japonicus* sont souvent cultivés dans nos jardins ; on y trouve moins abondamment l'*E. nanus*, qui cependant est très élégant ; le premier est originaire de l'Amérique du Nord, le second du Japon et le troisième du Caucase.

Culture. — Les Fusains ne sont cultivés que comme arbrisseaux d'ornement.

Parties usitées. — Les principes actifs extraits de l'écorce et du bois.

Récolte. — On peut recueillir en tout temps les parties dont on extrait les principes actifs de ces plantes.

Composition chimique. — Rœderer a extrait des baies des Fusains une substance amère, cristalline, insoluble dans l'eau, soluble dans l'alcool et dans l'éther, à laquelle il a donné le nom d'*Evonymine*. Ce corps a besoin d'être étudié de nouveau.

En Amérique, on fait usage dans la thérapeutique, sous le nom d'*Evonymin*, d'une substance résineuse, amorphe, verte, pulvérulente, à odeur forte, vireuse et nauséuse, extraite de l'écorce de l'*Evonymus atro-purpureus*. L'évonymin est un mélange de plusieurs résines; on le prépare en précipitant par l'eau froide une teinture alcoolique de l'écorce du Fusain noir pourpre.

Kubel a extrait du cambium des jeunes branches du Fusain d'Europe une substance voisine de la mannite à laquelle il a donné le nom d'*Evonymite* et assigné la formule $C^6 H^{14} O^6$. L'évonymite cristallise en aiguilles microscopiques dérivant d'un prisme rhomboïdal oblique; elle se distingue encore de la mannite par son point de fusion qui est à 182°, tandis que celui de la mannite est à 166°. L'évonymite est insoluble dans l'alcool absolu et dans l'éther, très soluble dans l'eau chaude, moins soluble dans l'eau froide. D'après Gilmer, elle serait identique avec la dulcite. C'est, sans doute, à l'évonymine et à l'évonymite, qui ont encore besoin d'être étudiées, que l'évonymin des Américains doit ses propriétés.

Usage. — L'évonymin jouit de propriétés purgatives très prononcées. On le prescrit surtout dans les maladies accompagnées de troubles de la sécrétion biliaire. Butherdorf a nettement mis en relief la faculté qu'il a d'exciter les fonctions hépatiques et intestinales. Il agit en déterminant la contraction des fibres musculaires intestinales. A la dose de 20 à 40 centigrammes, il provoque deux ou trois selles quelques heures après son administration, mais il a l'inconvénient de déterminer des coliques provoquées par les contractions intestinales qu'il détermine. Son action s'épuise assez vite quand on l'administre d'une façon continue. Au bout d'une quinzaine de jours, on a beau forcer les doses, il ne produit plus aucun effet.

L'évonymin de la Pharmacopée américaine passe pour être un des meilleurs antihémorroïdaux connus.

EXACUM

Exacum bicolor Roxb., *E. pedunculatum* L., *E. tetragonum.*
(Gentianacées.)

L'*Exacum bicolor* Roxb., vendu dans l'Inde sous le nom de *Country Kariyat*, est une plante herbacée, haute de $0^m,30$ à $0^m,60$, à tige et à branches quadrangulaires. Les feuilles sont opposées, sessiles, ovales, subaiguës au sommet, lisses sur les bords, munies de trois à cinq nervures longitudinales saillantes. Les fleurs sont solitaires à l'aisselle des feuilles, portées par un court pédoncule. Le calice est gamosépale, vert, à quatre divisions. La corolle est tubuleuse, tétramère, blanche, avec le sommet des lobes tachés de bleu. L'androcée est formé de cinq étamines à anthères dressées, biloculaires, introrses, déhiscentes par des fentes longitudinales. Le gynécée est formé d'un ovaire supère, biloculaire, à loges pluriovulées. Le fruit est une capsule biloculaire, à loges plurispermes, déhiscente en deux valves.

Habitat. — Les *Exacum bicolor, pedunculatum* et *tetragonum* habitent l'Inde. Le dernier est commun dans l'Himalaya, ainsi que dans les montagnes et dans les plaines du Bengale et de l'Asie centrale jusqu'à la latitude de Bombay; on lui donne le nom de *Oodochiretta* ou chiretta pourpre; l'*E. bicolor* est commun partout dans le Caucase et le Cuttack, on le désigne sous le nom de *Country Kariyat*; l'*E. pedunculatum* habite les parties occidentales du Mysore.

Culture. — Aucune de ces espèces n'est cultivée.

Récolte. — On cueille ces plantes vers la fin de la floraison et on les fait sécher avec soin.

Composition chimique. — Nous ne connaissons aucune analyse chimique des *Exacum* Leur saveur très amère permet de penser qu'ils contiennent les mêmes principes chimiques que la petite Centaurée et le Chirayta, ou, du moins, des principes analogues.

Usages. — Les *Exacum* sont des toniques amers d'une incontestable valeur. Dans l'Inde, on les substitue volontiers à la Gentiane dont ils ont toutes les propriétés. En Europe ils ne sont pas encore entrés dans l'usage médical; ils ont dans la Gentiane un rival puissant.

FÉRONIE

Feronia Elephantum Corr.
(*Aurantiacées.*)

Le *Feronia Elephantum* Corr., dont le fruit est désigné par les Anglais de l'Inde sous le nom de Pomme d'éléphant ou Pomme des bois (*Elephant apple, Wood apple*), est un arbre haut de 15 à 20 mètres, épineux, à feuilles composées-pennées. Le pétiole commun est ailé ; il porte cinq à sept folioles presque sessiles, obovales. Les fleurs sont petites, disposées en grappes lâches, axillaires ou terminales. Le calice est gamosépale, divisé en cinq dents. La corolle est formée de cinq pétales indépendants, colorés en rose pâle. L'androcée est formé de dix à douze étamines à filets indépendants, à anthères biloculaires, déhiscentes par des fentes longitudinales, colorées en rouge cramoisi. L'ovaire est supère, divisé en cinq loges incomplètes, pluriovulées. Le fruit est une baie de la taille d'une pomme, à écorce épaisse, dure, grisâtre, remplie d'une pulpe charnue dans laquelle sont immergées des graines nombreuses, sans albumen, à cotylédons épais et charnus.

Habitat. — Le *F. Elephantum* habite les forêts de l'Inde et de la Malaisie. Son nom tamul est *Velam marum;* les Malais lui donnent le nom de *Velanga marum;* l'une de ses variétés, qui jouit des mêmes propriétés, porte en tamul le nom de *Cooti-velam;* au Bengale on le nomme *Kuthbel;* son nom hindoustani est *Khoot* (Drury, *Useful plants of India*, p. 312).

Culture. — Dans notre pays, le *F. Elephantum* exige la serre chaude. Dans l'Inde, il n'est pas cultivé.

Parties usitées. — Le fruit, les feuilles, le suc gommeux qui découle du tronc et des branches.

Récolte. — On cueille les fruits à la maturité. Avant ce moment, leur pulpe est très acide ; mais quand le fruit est mûr, elle est acidule et d'une saveur agréable. Les fleurs et les feuilles exhalent une odeur très agréable, rappelant celle de l'Anis. La gomme s'écoule spontanément du tronc et des grosses branches; elle durcit à l'air en formant d'ordinaire des masses stalactiformes, noduleuses, colorées en brun rougeâtre plus ou moins foncé ; plus rarement elle est en petites lames arrondies, transparentes, presque incolores. On récolte souvent cette gomme dans le but de la mélanger à la gomme dite « arabique » des Acacias.

Composition chimique. — La gomme de *Feronia* a été étudiée récemment par M. Flückiger (Voy. Flückiger et Hanbury, *Hist. des drog. d'orig. végét.*, trad. fr., I, p. 428). Dissoute dans deux parties d'eau, elle forme une solution plus sirupeuse que celle de la gomme arabique faite dans les mêmes proportions, presque insipide, rougissant le tournesol et se précipitant sous l'influence de l'alcool, de l'oxalate d'ammonium, des silicates alcalins, du perchlorure de fer, de l'acétate neutre de plomb et de la baryte caustique; mais ne se précipitant ni sous l'action de la potasse, ni sous celle du borax. Après que la solution a été précipitée par l'acétate neutre de plomb, le liquide contient une petite quantité d'une gomme différente de celle qui a subi la précipitation, identique, en apparence, avec la gomme arabique, mais différant de cette dernière par ce fait qu'elle n'est pas précitable par l'acétate de plomb. Traitée par l'acide nitrique, la gomme de *Feronia* donne une grande quantité de cristaux d'*acide Mucique*.

Usages. — La gomme de Féronie ne pénètre en Europe que mélangée frauduleusement à la gomme arabique venant de l'Inde. Nous ignorons dans quelle proportion cette adultération existe; il est probable qu'elle est assez faible.

Dans l'Inde, on emploie cette gomme, réduite en poudre et mélangée avec du miel, contre la diarrhée et la dysenterie.

Les feuilles exhalent, quand on les froisse, une odeur très agréable, analogue à celle de l'Anis, due sans aucun doute à la présence d'une huile essentielle, mais l'analyse n'en a pas été faite. Dans l'Inde, on considère ces feuilles comme stimulantes, stomachiques et carminatives; on en administre des infusions aux enfants dans les cas de coliques; on les emploie aussi pour stimuler la digestion.

La pulpe du fruit est comestible; on en prépare des gelées assez semblables à celles du Cassis, mais plus astringentes.

Le bois est dur et durable, à grain fin, d'une jolie coloration blanc jaunâtre; il convient très bien à l'ébénisterie.

Le *Feronia* pourrait être avantageusement cultivé pour sa gomme qui trouverait aisément place dans l'industrie, et pour son bois.

Quant à ses feuilles, elles sont avantageusement remplacées par celles du citronnier, que nous avons à notre disposition.

FLACOURTIA

Flacourtia cataphracta Roxb., *F. sepiaria* Roxb., *F. sapida* Roxb.
(Bixacées-Flacourtiées.)

Le *Flacourtia cataphracta* de Roxburgh, nommé au Bengale *Panyiala*, est un arbre de moyenne taille, armé de grandes et nombreuses épines. Les feuilles sont alternes, simples, entières, ovales-oblongues, acuminées, serretées sur les bords. Les fleurs sont disposées en grappes axillaires, multiflores ; elles sont petites, verdâtres, apétales, unisexuées, à réceptacle convexe. Le calice est formé de cinq sépales, imbriqués dans le bouton, et l'androcée, d'un nombre indéfini d'étamines à filets libres et à anthères courtes, biloculaires. Le gynécée est formé d'un ovaire supère, uniloculaire, à placentas pariétaux portant de nombreux ovules. Le fruit est une baie de la taille d'une petite pomme, colorée en rouge pourpre, contenant dans sa pulpe des graines à tégument très dur, aplaties, à bord tranchant. Les graines contiennent un embryon axile, entouré d'un albumen charnu.

Le *F. sepiaria* Roxb. est un arbuste haut de 2 mètres, couvert d'épines nombreuses et étalées, sur lesquelles sont insérées des feuilles et des fleurs. Les feuilles sont obovales-oblongues, serretées, les plus vieilles coriaces et très rigides. Les fleurs sont petites, vertes, solitaires à l'aisselle des feuilles. La baie est globuleuse, succulente, de la taille d'un pois.

Le *F. sapida* Roxb. est un petit arbre ou un arbuste à épines rares et nues, à feuilles elliptiques, obtuses, membraneuses à tout âge. Les fleurs sont petites, vertes, en cymes axillaires pluriflores.

Habitat. — Ces espèces habitent la péninsule indienne.

Culture. — Aucune de ces plantes n'est cultivée dans son pays d'origine. En Europe, elles exigent la serre chaude.

Parties usitées. — Les fruits, les feuilles et les jeunes pousses, le bois.

Récolte. — On cueille les fruits à la maturité. On préfère les feuilles jeunes aux vieilles.

Composition chimique. — Nous ne possédons aucune analyse chimique des diverses parties usitées de ces plantes.

Usages. — Les feuilles et les jeunes pousses du *Flacourtia cataphracta* sont amères et astringentes, avec une saveur assez semblable à celle de la Rhubarbe. On les considère comme toniques, stomachiques et astringentes et on les administre, dans l'Inde, contre la diarrhée, la dysenterie et contre l'anémie qui succède aux maladies fébriles ou qui accompagne la phtisie. On y prescrit aussi l'infusion de l'écorce, qui est astringente, contre l'enrouement. On mange les fruits ; on les vend même dans les bazars, mais leur saveur n'est pas très agréable.

Récemment on a introduit dans la pharmacie française la teinture des feuilles du *Flacourtia cataphracta;* quelques médecins la considèrent comme très efficace contre la diarrhée et contre la débilité générale qui accompagne certaines maladies. On administre cette teinture à la dose de 2 grammes.

FONTAINEA

Fontainea Pancheri Heck.

(Euphorbiacées-Jatrophées.)

C'est un arbuste ou un petit arbre, très glabre, à feuilles alternes ou subopposées pétiolées, stipulées, entières, penninervées, réticulées-veinées. Les fleurs sont axillaires et terminales en cymes bractéolées. Elles sont dioïques, plus rarement monoïques. Le calice, gamosépale, est sacciforme, brièvement denté au sommet, valvaire, se déchirant dans sa longueur. La corolle, blanche, odorante, est formée de trois à six pétales épais, subcoriaces, soyeux et imbriqués. Les étamines, très nombreuses, sont entourées à la base par un disque continu, à quatre ou six côtés. Les anthères sont extorses et rameuses; leurs loges sont fixées à un connectif linéaire. Les fleurs femelles ont un calice valvaire s'ouvrant irrégulièrement. La corolle est semblable à celle de la fleur mâle. Un disque hypogyne continu entoure la base du gynécée. L'ovaire est à trois et à six loges oppositipétales et renfermant chacune un ovule à micropyle muni d'un obturateur. Le fruit est monosperme, drupacé, suboviforme ou obscurément anguleux. Le noyau est osseux. La graine est glabre, arillée. L'albumen est abondant et huileux. L'embryon est central. Les cotylédons sont foliacés, elliptiques.

HABITAT. — Cette plante habite la Nouvelle-Calédonie.

CULTURE. — Elle n'est l'objet d'aucune culture.

PARTIES USITÉES. — Les graines constituent la partie active de ce végétal.

RÉCOLTE. — On les récolte lorsqu'elles sont mûres.

COMPOSITION CHIMIQUE. — Les graines contiennent une huile fixe et un principe âcre, encore peu connu, auquel elles doivent leurs propriétés.

USAGES. — Ces semences jouissent de propriétés purgatives fort énergiques que l'on retrouve, du reste, dans la plupart des graines des Jatrophées.

FRAZERA

Frazera Carolinensis WALT. (*F. Walteri* MICH.).
(Gentianacées.)

Le *Frazera* de la Caroline ou *Colombo américain, Gentiane américaine,* est une plante herbacée, à racine bisannuelle, fusiforme, charnue, jaune. La tige est haute de 1 mètre à 1m,50, dressée, subquadrangulaire, lisse. Elle porte des feuilles simples, opposées ou verticillées, sessiles, entières, oblongues-lancéolées, glabres, colorées en vert foncé, atteignant, dans le bas de la tige, plus de 0m,30 de long et 0m,09 à 0m,10 de large. Les fleurs sont nombreuses, grandes, belles, colorées en blanc jaunâtre, disposées en une panicule terminale haute de 0m,30 à 1 mètre. Chaque fleur est solitaire dans l'aisselle d'une feuille de petite taille. Les fleurs sont régulières, hermaphrodites. Le calice est gamosépale, à quatre segments linéaires-lancéolés, aigus, un peu plus courts que ceux de la corolle. Celle-ci est gamopétale, rotacée, caduque, à quatre segments pourvus chacun d'une glande dans leur partie moyenne. L'androcée est formé de quatre étamines insérées sur la base du tube de la corolle, en alternance avec les pétales, avec des filets plus courts que les pétales, subailés, et des anthères jaunes, de grande taille, oblongues, biloculaires, introrses, déhiscentes par des fentes longitudinales. L'ovaire est comprimé, uniloculaire, avec deux placentas parientaux chargés d'ovules anatropes ; il est surmonté d'un style terminé par un stigmate bifide. Le fruit est une capsule très comprimée, ovale, en partie marginée, surmontée d'une pointe constituée par le style persistant ; elle est uniloculaire, déhiscente en deux valves ; elle contient de six à huit graines imbriquées, elliptiques, entourées d'un rebord membraneux.

HABITAT. — Le *Frazera Carolinensis* habite les parties moyennes et méridionales des États-Unis ; il est particulièrement abondant dans les États de l'Arkansas et du Missouri où il recherche, de préférence, les bois et les prairies humides. Il fleurit de mai à juillet, mais seulement la deuxième et la troisième année ; jusqu'alors la souche n'émet que des feuilles radicales.

CULTURE. — Cette plante n'est l'objet d'aucune culture.

PARTIES USITÉES. — La racine.

RÉCOLTE. — On doit arracher la racine avant la floraison, pendant l'automne de la seconde année ou dès le début du printemps de la troisième. On la coupe aussitôt en tranches transversales que l'on fait sécher soigneusement.

Dans le commerce, la racine de *Frazera* se présente en tranches épaisses d'un demi-centimètre environ, un peu spongieuses dans la partie centrale, charnues à la périphérie, jaunâtres sur les deux faces et couvertes d'un épiderme brun rougeâtre. Ces rondelles ressemblent, au premier abord, à celles du Colombo, d'où le nom de *Colombo américain* donné à la drogue ; mais elles s'en distinguent par l'absence de cercles concentriques et par leur coloration d'un jaune pur, sans la teinte verdâtre que présente le Colombo.

La racine du *Frazera* est douée d'une saveur à la fois très amère et douceâtre ; son odeur est à peu près nulle.

COMPOSITION CHIMIQUE. — Kennedy a retiré de la racine de *Fazera* de l'*acide Gentisique*, $C^{14} H^{10} O^{5}$, et de la *Gentiopicrine*, $C^{20} H^{30} O^{12}$, corps qui se trouvent aussi dans la Gentiane. D'après Lloyd, la matière colorante qui donne à la drogue sa coloration jaune serait de l'acide gentisique impur. On n'y a pas trouvé de berbérine, ce qui distingue la racine du *Frazera* du Colombo. L'eau et l'alcool dilué enlèvent à la racine du *Frazera* toutes ses propriétés ; la teinture alcoolique donne un précipité quand on y ajoute de l'eau ; mais elle n'est pas troublée par la teinture de noix de galles. L'infusion chaude n'est pas précipitée par la solution de gélatine et la teinture d'iode n'y révèle aucune trace d'amidon ; ces réactions permettent encore de distinguer la racine du *Frazera* de celle du Colombo.

Usages. — La racine du *Frazera* est un excellent tonique amer qu'on peut employer concurremment avec la Gentiane et le Colombo, mais qui cependant paraît ne pas valoir cette dernière drogue.

A l'état frais, la racine de *Frazera* jouit de propriétés émétiques et cathartiques ; elle est parfois administrée à ce titre. Cette drogue n'a pas encore pénétré dans la médecine européenne où elle trouverait des concurrents puissants. Elle mérite cependant d'attirer l'attention des thérapeutistes.

GAULTHÉRIE

Gaultheria procumbens L.

(Éricacées-Éricinées.)

La Gaulthérie couchée (*Gaultheria procumbens* L.), nommée vulgairement Palémonier, Thé du Canada, Thé de montagne, Thé rouge, *Winter green* ou *Box-Bery* des américains est un arbrisseau à tiges nombreuses, couchées, longues de $0^m,20$ à $0^m,30$, partant d'un rhizome souterrain horizontal. Les rameaux sont légèrement pubescents; ceux qui portent les fleurs sont rougeâtres, d'où l'un des noms vulgaires donnés à la plante. Les feuilles sont alternes, sans stipules simples, rapprochées à l'extrémité des rameaux, coriaces, luisantes, ovales ou obovales, à peu près sessiles, terminées en pointe à l'extrémité, dentelées en scie sur les bords. Les fleurs sont régulières, hermaphrodites, ordinairement solitaires, parfois réunies au nombre de 3 à 5 dans l'aisselle des feuilles, portées par des pédoncules courts, munies de deux bractées alternes. Le réceptacle est convexe et l'ovaire supère. Le calice est gamosépale, pourpré, urcéolé, accrescent, divisé en cinq dents triangulaires, aiguës. La corolle est gamopétale, urcéolée, colorée en blanc rose, divisée en cinq petites dents triangulaires, recourbées en dehors; elle tombe de bonne heure. L'androcée est formé de six étamines indépendantes, insérées sur la base du tube de la corolle, cinq en face des pétales et cinq en alternance avec eux, à filets blancs, velus, à anthères orangées, oblongues, déhiscentes par deux fentes longitudinales et surmontées chacune de deux appendices en forme de cornes. L'ovaire est supère, arrondi, déprimé au sommet, surmonté d'un style dressé, filiforme, à stigmate simple; il est divisé en cinq loges pluriovulées, et entouré à la base d'un disque formé de six écailles. Le fruit est une petite capsule globuleuse, déprimée, pourvue de cinq sillons, déhiscente en cinq valves qui portent chacune un placenta; elle est entourée par le calice devenu charnu, succulent, coloré en rouge vif; elle contient de nombreuses graines petites, à tégument réticulé, à albumen charnu.

Habitat. — La Gaulthérie est indigène de l'Amérique du Nord, depuis le Canada jusqu'à la Caroline. Elle croît particulièrement dans les bois montueux et sablonneux ; elle abonde dans les bois de pins du New-Jersey.

Culture. — La Gaulthérie vient bien en pleine terre dans notre climat; mais on ne la trouve guère que dans les jardins botaniques.

Parties usitées. — Les feuilles, en infusion théiforme; l'huile essentielle obtenue par la distillation des feuilles ou de la plante entière, et connue sous le nom d'*Essence de Winter green.*

Récolte. — On cueille les feuilles particulièrement pendant l'été et l'automne. Ce sont surtout les femmes et les enfants qui font cette récolte; ils en vendent le produit à des distillateurs ambulants qui changent de place lorsqu'une localité est épuisée, pour y revenir au bout d'un certain nombre d'années.

Composition chimique. — Toutes les parties de la Gaulthérie exhalent, surtout quand on les froisse, une odeur aromatique agréable, légèrement camphrée, due à une huile essentielle. Pour obtenir celle-ci on distille les feuilles ou, plus rarement, la plante entière avec de l'eau. L'opération est faite presque toujours sans beaucoup de soin, à l'aide d'appareils très simples; l'essence étant plus lourde que l'eau, on recueille le liquide qui passe et qui est formé par un mélange d'essence et d'eau, dans un appareil assez semblable au « récipient florentin »; l'eau s'écoule par le haut de l'appareil, tandis que l'essence s'accumule dans son fond; l'eau recueillie avec soin sert à de nouvelles distillations avec plus d'avantages que l'eau pure, parce que étant déjà saturée d'essence elle n'en dissout plus. Parfois, on opère la distillation à l'aide de vapeur d'eau qu'on fait passer à travers les feuilles et qui entraîne l'essence. Deux cents parties de feuilles donnent en moyenne une partie d'essence.

A la sortie de l'alambic, l'essence de Gaulthérie est colorée en rouge pâle ou en brun foncé; on la rectifie soit par une nouvelle distillation, soit par la filtration et la décoloration à l'aide du charbon. L'essence du commerce est naturellement incolore, mais elle rougit par l'exposition à l'air. Son odeur est aromatique, agréable; sa saveur est chaude, brûlante même; sa densité est 1,17, c'est-à-dire qu'elle est plus lourde que l'eau; elle bout à 200° C.

L'essence de Gaulthérie est constituée par le mélange d'un hydrure de carbone, $C^{10}H^{16}$, nommé par Cahours *Gaulthérilène*, et d'un salicylate de méthyle, $C^6H^4(OH)CO^2CH^3$. Pour séparer le salicylate de méthyle du gaulthérilène, on distille l'essence à plusieurs reprises jusqu'à ce que le point d'ébulition reste constant à 222° C. Le salicylate de méthyle est alors liquide, incolore, doué d'une odeur forte, agréable, persistante, peu soluble dans l'eau, très soluble dans l'alcool et dans l'éther; les sels ferriques colorent sa solution aqueuse en rouge violacé; il forme avec les alcalis des composés cristallisables; chauffé avec la potasse, il donne de l'alcool méthylique et du salicylate de potassium, d'où il est aisé de retirer l'*acide Salicylique;* aussi emploie-t-on volontiers l'essence de Gaulthérie pour la préparation de cet acide.

Usages. — D'abord employée seulement pour aromatiser les liquides médicaux et dans la parfumerie, l'essence de Gaulthérie ou de Winter green est aujourd'hui prescrite comme antiputride et comme antirhumatismale. Sa solution alcoolique jouit de propriétés antiputrides à peu près aussi énergiques que celles de l'acide phénique et elle a l'avantage sur ce dernier d'exhaler une odeur très agréable ; on fait usage de cette solution surtout dans le pansement des plaies, en pulvérisations, pour désinfecter l'air, etc. Comme antirhumatismale, l'essence de Gaulthérie paraît être préférable à toutes les autres préparations salicyliques, d'abord parce qu'elle agit avec plus d'énergie et ensuite parce qu'elle ne produit pas de troubles gastriques.

On l'administre dans le rhumatisme aigu à doses répétées, en poussant jusqu'à 8 grammes par jour ; elle est très rapidement éliminée par les urines dont elle retarde beaucoup la décomposition ammoniacale et où elle est reconnaissable à l'aide du perchlorure de fer ; celui-ci colore en violet l'urine qui en contient même de faibles proportions. On a aussi préconisé l'essence de Gaulthérie, seule ou associée à la térébenthine, contre la fièvre typhoïde accompagnée de diarrhée.

GARDENIA

Gardenia lucida Roxb., *G. campanulata* Roxb., *G. gummifera* Roxb.
(Rubiacées-Génipées.)

Le *Gardenia lucida* de Roxburgh est un arbre non épineux, à bourgeons résineux, à feuilles opposées, courtement pétiolées, oblongues ou ovales, ou obovales, obtuses ou terminées par une pointe mousse, entières, glabres, lisses, brillantes, munies de nervures parallèles, saillantes. Les fleurs sont terminales, grandes, courtement pédonculées, odorantes, blanches ; elles sont régulières, à réceptacle concave. Le calice est formé de cinq sépales munis sur la face interne de fortes soies. La corolle est hypocratérimorphe, à tube allongé, strié, à limbe profondément divisé en cinq lobes aussi longs ou à peine plus courts que le tube. L'androcée est formé de cinq étamines insérées sur la gorge de la corolle, alternes avec les pétales, à filets courts, à anthères biloculaires, introrses, déhiscentes par des fentes longitudinales. L'ovaire est infère, surmonté d'un disque épigyne ; il est imparfaitement divisé en deux loges pluriovulées. Le fruit est une baie drupacée, oblongue, surmontée par les sépales persistants ; son noyau est dur, épais, allongé, uniloculaire, à deux placentas pariétaux chargés de graines albuminées.

Le *Gardenia campanulata* Roxb. se distingue du précédent par des épines courtes, fortes, tranchantes, terminant de petites branches avortées, opposées. Les fleurs sont colorées en blanc jaunâtre pâle ; elles sont ordinairement solitaires à l'extrémité de petits rameaux courts, rigides, épineux.

Le *Gardenia gummifera* Roxb. ressemble beaucoup au *G. lu-*

cida, dont il se distingue par la pubescence de ses jeunes organes et par la largeur des divisions de son calice.

Habitat. — Les trois espèces dont nous venons de parler sont indigènes de l'Inde.

Culture. — Elles sont cultivées pour leurs fleurs, qui sont très belles et très odorantes, particulièrement dans le *G. lucida*. En Europe, ces plantes exigent la serre chaude.

Parties usitées. — La matière gommo-résineuse qui s'écoule du tronc des *Gardenia lucida* et *gummifera*, et qui est connue sous le nom de *résine de Dikamali;* les fruits du *G. campanulata*.

Récolte. — Les Indiens ne paraissent pas apporter de soins dans la récolte de la résine de Dikamali ; ils la recueillent sur l'arbre d'où elle s'écoule spontanément, détachant avec elle des fragments d'écorce ou les ramuscules sur lesquels elle s'est consolidée. A l'état brut, elle se présente sous la forme de masses très irrégulières, à aspect terreux, colorées en vert olive foncé, plus ou moins mélangées de fragments d'écorce et de ramuscules. Son odeur est spéciale, aromatique, très forte.

Composition chimique. — La résine de Dikamali purifiée est cristalline, transparente, jaune. Son odeur rappelle celles de la Valériane et du Camphre, celles de la Rue et de l'Aloès mélangées. Stenhouse et Groves trouvent son odeur alliacée et l'attribuent à un composé volatil que l'on obtient en distillant la résine dans un courant de vapeur d'eau. Ce principe volatil, rectifié par le sodium, donne un hydrocarbure bouillant à 160° et ayant pour formule $C^{10} H^{16}$; il reste un résidu liquide, brun sombre, doué d'une odeur alliacée, et renfermant du soufre. Indépendamment de ce principe volatil, la résine de Dikamali contient une résine amorphe et un principe particulier, auquel Stenhouse a donné le nom de *Gardénine*.

A l'état de pureté, la gardénine cristallise en aiguilles d'un jaune brillant, fondant entre 163° et 164° C., et ayant pour formule $C^{14} H^{12} O^{8}$. Traitée par l'acide nitrique, elle donne un *acide Gardénique* ayant pour formule $C^{14} H^{10} O^{6}$. Cet acide traité par une solution aqueuse d'acide sulfureux donne un *acide Hydrogardénique,* $C^{18} H^{14} O^{6}$, que les agents d'oxydation convertissent de nouveau en acide gardénique. La résine de Dikamali, formée, en résumé, principalement, d'un hydrocarbure, d'une résine amorphe et de gardénine, mérite de nouvelles études chimiques.

Usages. — Dans l'Inde, les indigènes emploient la résine de Dikamali comme antispasmodique. Dans les hôpitaux de ce pays, quelques médecins s'en servent pour saupoudrer les plaies et les ulcères dans le but d'en éloigner les mouches. Cette résine n'a pas été expérimentée en Europe ; il est permis de croire qu'elle pourrait rendre, comme antispasmodique, des services analogues à ceux que nous demandons à l'Assa-fœtida. D'après Sprengel, la résine du *Gardenia gummifera* serait le *Cancanum* des anciens.

Roxbrugh raconte que les habitants de la province indienne de Chittagung emploient le fruit du *Gardenia campanulata* comme anthelmintique et cathartique. Nous ne croyons pas qu'aucune expérience scientifique ait été faite pour contrôler ces propriétés. Il y a là, sans aucun doute, un sujet intéressant d'études.

GELSEMIUM

Gelsemium nitidum Mich.
(Apocynacées-Gelsémiées.)

Le *Gelsemium nitidum* Mich. (*G. sempervirens* Ait., *Bignonia sempervirens* L., etc.) est un arbuste grimpant, glabre et lisse, à feuilles opposées, simples, entières, ovales ou lancéolées, courtement pétiolées. Les fleurs sont jaunes, très odorantes, disposées en cymes axillaires de quatre à cinq fleurs, ou plus rarement solitaires ; elles sont régulières, hermaphrodites, à réceptacle convexe. Le calice est gamosépale, à cinq divisions profondes, imbriquées dans la préfloraison. La corolle est infundibuliforme, dilatée au niveau de la gorge, divisée en cinq lobes imbriqués dans le bouton. L'androcée est formé de cinq étamines connées au tube de la corolle, incluses, à anthères sagittées, biloculaires, introrses. Le gynécée est composé de deux carpelles unis en un ovaire oblong, biloculaire, surmonté d'un style bifide, et contenant dans chaque loge de nombreux ovules. Le fruit est une capsule aplatie, elliptique, biloculaire, septicide. Les graines sont aplaties, orbiculaires, entourées d'une aile à bord déchiqueté ; elles renferment un embryon droit dans un albumen charnu.

Habitat. — Les terrains plats des côtes et des bords des fleuves de la Virginie, de la Caroline, de la Géorgie, de la Floride et du Mexique.

Culture. — Il n'est pas cultivé en Europe ; il exige la serre tempérée.

Parties usitées. — La racine, le rhizome, la tige aérienne, mais principalement la racine.

Récolte. — On coupe et on arrache la plante en tout temps. On trouve surtout dans le commerce des fragments de la racine et du rhizome ; mais ces derniers sont fréquemment mélangés de morceaux de la tige et des rameaux aériens. Les fragments sont souvent très petits et comprimés en masses à l'aide de la presse hydraulique, ou bien ils sont longs de $0^m,05$ à $0^m,10$ et même $0^m,20$ et davantage.

Les fragments des rameaux aériens sont faciles à distinguer, grâce à la présence d'une cavité centrale produite par la destruction de la moelle ; leur coloration est d'un rouge pourpré ; leur écorce est très fibreuse, son liber étant constitué par des fibres souples et longues, semblables à celles du chanvre. Les fragments du rhizome ont de $0^m,01$ à $0^m,03$ de diamètre ; ils sont ordinairement droits, colorés extérieurement en brun jaunâtre clair, avec des rayures longitudinales plus foncées ; ils offrent parfois, de distance en distance, des ramifications assez volumineuses et des racines adventives grêles, longues et souples ; leur cassure est fibreuse. Sur la coupe transversale, on voit à l'œil nu : une écorce mince, fibreuse ; un bois de coloration jaunâtre, traversé par des rayons médullaires blancs, de longueur inégale, plus larges vers la périphérie que vers la portion interne du bois ; une moelle centrale peu épaisse, mais nettement visible et plus foncée en couleur que le bois. Les fragments de la racine sont caractérisés par l'absence de moelle ; leur diamètre est ordinairement de $0^m,01$ à $0^m,02$ environ. Les gros fragments sont rarement ramifiés, mais on trouve à leur surface un assez grand nombre de petites racines filiformes, jaunâtres, assez résistantes et rigides ; ils sont souvent tordus sur eux-mêmes. Leur surface extérieure est très rugueuse, marquée de crevasses et de sillons longitudinaux irréguliers, avec de nombreuses cicatrices de radicules ; sa coloration est jaune grisâtre plus ou moins foncé.

Sur une section transversale de la racine, on rencontre à l'œil nu une couche corticale mince, jaune brunâtre, très adhérente au bois, et une partie centrale ligneuse, colorée en jaune clair, traversée par des rayons médullaires blancs, de longueur très inégale, s'amincissant à mesure qu'ils s'enfoncent dans le centre de la racine. Lorsqu'on mouille la surface de la section, les rayons médullaires se détachent plus nettement en blanc sur le fond du bois dont la teinte jaune devient plus vive.

STRUCTURE MICROSCOPIQUE. — Un fragment de racine de *Gelsemium nitidum* ayant $0^m,025$ de diamètre nous a offert la structure suivante : sur une coupe transversale examinée à un faible grossissement, on voit en dedans de l'écorce un cercle de faisceaux fibrovasculaires pressés les uns contre les autres et se prolongeant jusqu'au centre de la racine où existent de nombreux vaisseaux; les faisceaux sont nettement cunéiformes et séparés par des rayons médullaires très larges dont les uns se prolongent jusque vers le centre de la racine, tandis que d'autres n'ont qu'une longueur beaucoup moindre.

L'écorce offre de dehors en dedans : 1° une couche de suber assez épaisse, formée de cellules quadrangulaires, aplaties, vides, à parois brunes et sèches; 2° une couche de parenchyme cortical, relativement peu épaisse, formée de cellules allongées tangentiellement, à parois minces et blanches; 3° un liber dont les faisceaux sont séparés les uns des autres par de très larges rayons médullaires, à cellules quadrangulaires, allongées dans le sens du rayon. Les faisceaux libériens sont formés de fibres irrégulières, à parois minces, et de parenchyme dont les éléments paraissent, sur la coupe transversale, disposés en couches irrégulièrement concentriques. Entre les éléments du liber et le bois de chaque faisceau, existe une couche de cambium à éléments petits et pressés les uns contre les autres. Le contour extérieur du faisceau libérien est nettement indiqué par la direction des éléments; il est convexe en dehors. Les faisceaux ligneux sont cunéiformes, à bords latéraux droits et à bord externe concave en dehors. Ils sont séparés les uns des autres par de larges rayons médullaires qui continuent directement en dehors ceux du liber et offrent la même organisation. Un petit nombre de faisceaux seulement se prolongent jusqu'au centre de la racine; les autres sont de longueur très inégale.

Chaque faisceau est formé de fibres ligneuses fusiformes, à parois très épaisses, à cavités linéaires, à contour quadrangulaire ou polygonal sur la coupe transversale. Au milieu de ces fibres sont distribués de très nombreux vaisseaux, larges, arrondis, à parois épaisses et ponctuées. Le centre de la racine offre des fibres ligneuses très pressées les unes contre les autres et des vaisseaux d'autant plus étroits qu'ils sont plus rapprochés du centre. Les cellules de l'écorce contiennent de nombreux grains d'amidon arrondis et un petit nombre de cristaux d'oxalate de chaux. Les fibres ligneuses renferment une matière ligneuse colorée en jaune clair.

Composition chimique. — Le rhizome, la racine et la tige du *Gelsemium* n'ont aucune odeur particulière tant soit peu marquée; leur saveur est un peu amère, surtout celle de l'écorce. En 1870, M. Wormley a extrait du *Gelsemium* une substance à laquelle il donne le nom d'*acide Gelsémique* et qu'il considère comme un corps spécial; mais des recherches plus récentes ont démontré que cet acide n'est autre chose que l'*Esculine,* qu'on trouve dans le marronnier d'Inde et dans un certain nombre d'autres végétaux. Le principe actif du *Gelsemium* est la *Gelsémine,* substance encore imparfaitement connue. On ne l'a obtenue que sous la forme d'une poudre amorphe, rosée, d'une saveur amère, à réaction alcaline, peu soluble dans l'eau et dans l'alcool, très soluble dans l'éther et dans le chloroforme. Ses sels ne sont connus, comme elle, qu'à l'état amorphe. On assigne au chlorhydrate de gelsémine la formule $C^{11} H^{19} Az O^2 H Cl$, et à son chloroplatinate la formule $(C^{11} H^{19} Az O^2, H CL)^2 Pt Cl^4$.

Les acides azotique et sulfurique la dissolvent en la colorant en jaune verdâtre; quand on ajoute à la solution sulfurique concentrée un cristal de bichromate de potassium, la solution se colore en rouge cerise, puis en vert bleu.

Usages. — La gelsémine est un toxique puissant. A la dose de 0 gr. 0015, elle tue un pigeon; une injection de 0 gr. 003 sous la peau d'un chat le tue en une demi-heure. En thérapeutique, on s'est servi surtout, jusqu'à ce jour, de la teinture de *Gelsemium* (1 partie de *Gelsemium* pour 5 parties d'alcool); mais cette teinture détermine facilement des accidents toxiques lorsqu'elle dépasse la dose de 0^{mc},02. Les accidents mortels signalés sont déjà trop nombreux pour que les praticiens n'apportent pas une prudence extrême dans son emploi. La poudre de la racine a été employée à la dose de 0 gr. 06 à 0 gr. 12; mais, à cette dose, elle aussi provoque des accidents. Enfin, on a administré la gelsémine elle-même à la dose de 0 gr. 032 à 0 gr. 065 ; quoiqu'on n'ait pas pu l'obtenir encore à l'état cristallin, ce principe est assez pur pour qu'on doive le préférer à la teinture et à la racine, son action étant plus facilement calculable. Le *Gelsemium* et son principe actif jouissent de la propriété de paralyser les mouvements volontaires et reflexes, en agissant, d'après Ringer et Murell, sur la moelle épinière. A la suite de la paralysie, il survient cependant parfois des convulsions qui ont été décrites sous le nom de *tétanos gelsémique*. Quelques physiologistes pensent que les deux actions contraires, titanisante et paralysante, sont dues à deux substances actives différentes, dont une seule, la gelsémine, serait encore connue. La gelsémine, à la dose de 0 gr. 012 tue les pigeons en déterminant des phénomènes spasmodiques, tandis que la solution aqueuse du *Gelsemium* serait seulement paralysante. Il est fort possible qu'il y ait ici quelque chose d'analogue à ce que nous avons signalé à propos des *Strychnos* (Voy. ce mot, T. III, p. 352), c'est-à-dire que la différence de l'action résulte de la différence de la dose. Dans la pratique médicale, on a recommandé le *Gelsemium* surtout contre les névralgies de la cinquième paire et contre les névralgies dentaires. On le prescrit aussi comme calmant, dans les maladies fébriles; mais, jusqu'à ce jour, son emploi s'est peu répandu, à cause probablement de l'incertitude de son action et des dangers que peut entraîner son emploi.

GERANIUM

Geranium maculatum L., *G*, *Robertianum* L., *sanguineum* L., etc.
(Géraniacées.)

Le *Geranium maculatum* L., est une herbe vivace à rhizome cylindrique, épais, coloré en brun pâle et marqué de cicatrices de feuilles. Du rhizome s'élèvent des rameaux aériens hauts de 0m,30 à 0m,50, très velus. Les feuilles sont palmatilobées, à 5-7 lobes obovales, irrégulièrement incisés sur les bords, munis de nervures très proéminantes sur la face inférieure qui est plus pâle que la supérieure ; les feuilles basilaires sont beaucoup plus longuement pétiolées que les supérieures qui deviennent graduellement presque sessiles. Les fleurs sont colorées en lilas clair, veiné de rose pourpré ; elles sont disposées en cymes terminales, ombelliformes, à ramifications portant deux ou trois fleurs. Le calice est formé de cinq sépales lancéolés, apiculés ; la corolle est à cinq pétales obovales, indépendants, courtement onguiculés. L'androcée est constitué par dix étamines, dont cinq superposées aux pétales et cinq plus courtes, situées en face des sépales, toutes à anthères versatiles, biloculaires, déhiscentes par deux fentes longitudinales et à filet dilaté à la base, au niveau de laquelle tous sont unis en tube. Le gynécée est formé d'un ovaire supère, à cinq loges biovulées, surmonté d'un style divisé en cinq branches stigmatifères. Les ovules sont anatropes, insérés dans l'angle interne des loges. Le fruit est une capsule accompagnée à la base par le calice persistant ; à la maturité les cinq loges se séparent de l'axe du fruit et se relèvent de bas en haut, portées chacune par une lame qui se sépare du style. Les graines sont réticulées ; elles renferment un noyau à radicule incombante sur des cotylédons plissés et un albumen membraneux très réduit. Les feuilles sont couvertes de glandes et très odorantes quand on les froisse, comme celles de tous les Géraniums.

Le *Geranium Robertianum* L., vulgairement Herbe à Robert, Bec de grive, Herbe à l'esquinancie, etc., est une herbe annuelle, à tige très ramifiée, haute de 0m,20 à 0m,60, ascendante, étalée, ordinairement rougeâtre, couverte de poils étalés, très longs. Les feuilles sont palmatiséquées, à segments pétiolulés, pinnatipartis, incisés sur les bords. Les fleurs sont purpurines, striées, portées par des pédoncules ordinairement biflores ; leurs sépales sont longuement aristés ; leurs pétales sont entiers, arrondis au sommet, une fois plus longs que le calice.

Le *G. sanguineum* L. se distingue du précédent par sa souche vivace et par ses pétales émarginés, échancrés ou bifides.

Nous nous bornons à citer les *G. lucidum* L., *molle* L., *dis-*

sectum L., etc., qui jouissent plus ou moins des propriétés des espèces précédentes.

Habitat. — Le *Geranium maculatum* est une plante de l'Amérique du Nord où son rhizome est employé sous le nom d'*Alun Root* (racine d'Alun); les *G. Robertianum, sanguineum, lucidum*, etc., habitent les régions tempérées et chaudes de l'Europe.

Culture. — Ces plantes ne sont cultivées que dans les jardins botaniques.

Parties usitées. — Les parties herbacées, le rhizome.

Récolte. — Ces herbes sont cueillies en plein développement et de préférence employées fraîches ; la souche vivace du *G. maculatum* doit être arrachée à l'automne ou au printemps ; on la fait sécher au soleil. Dans le commerce, ce rhizome se présente à l'état de fragments cylindriques, ordinairement peu ramifiés, longs de $0^m,08$ à $0^m,10$, épais de 1 centimètre environ, ridés, plus ou moins tordus, souvent munis de racines adventives; il est coloré en brun rouge à la surface, en gris rosé à l'intérieur. Il n'a pas d'odeur propre; sa saveur est très astringente, sans amertume.

Composition chimique. — Les Géraniums doivent l'odeur plus ou moins forte et plus ou moins agréable que possèdent toutes les espèces à des huiles essentielles encore très imparfaitement connues, mais dont quelques-unes servent à falsifier l'essence de roses. Il serait intéressant d'isoler les essences des diverses espèces. On a extrait de l'essence du *Geranium* ou *Pelargonium roseum* un *acide Pélargonique* qui se produirait aussi par l'action de l'acide azotique sur les corps gras et sur l'essence de Rue. On a extrait de quelques espèces un principe amer peu connu auquel Müller a donné le nom de *Géraniine*.

Usages. — Les *Geranium maculatum*, *Robertianum*, etc., sont légèrement astringents et employés à ce titre en décoction et sous forme de gargarisme contre les angines. On prescrit aussi leur décoction en lavement contre les diarrhées. Les Géraniums ont joui autrefois d'une grande réputation; on les préconisait contre une foule de maladies plus graves les unes que les autres, telles que la phtisie, le cancer, etc. Aujourd'hui ils ne sont plus employés que dans la médecine populaire des campagnes.

GILLENIA

Gillenia trifoliata MŒNCH, *G. stipulacea* NUTT.
(Rosacées-Spirées.)

Le Gillenia trifolié est une plante à souche vivace, épaisse, tuberculiforme, émettant plusieurs tiges aériennes herbacées, dressées, grêles, flexueuses, lisses, ramifiées, colorées en brun rougeâtre, hautes de $0^m,30$ à $0^m,60$. Les feuilles sont alternes, trifoliolées, courtement pétiolées, et accompagnées de stipules linéaires lancéolées, dentées; les folioles sont lancéolées, amincies, découpées sur les bords en dents aiguës et inégales. Les fleurs sont disposées, en petit nombre, en une sorte de panicule terminale, lâche ; elles sont portées par de longs pédoncules et accompagnées parfois de petites bractées lancéolées. Elles sont régulières et hermaphrodites. Le réceptacle est concave, tubuleux ou sub-campanulé, ventru ; il porte un calice à cinq sépales aigus, réfléchis, une corolle dialypétale, à cinq pétales lancéolés, onguiculés et contractés à la base, blancs avec les bords teintés de rouge, les deux supérieurs un peu écartés des trois inférieurs. L'androcée est formé d'une vingtaine d'étamines insérées en deux verticiles sur la face interne du réceptacle, à filets indépendants, à anthères petites, jaunes, biloculaires, introrses, déhiscentes par des fentes longitudinales. Le gynécée est formé de cinq carpelles unis à la base, contenant chacun deux ovules. Le fruit est formé de cinq capsules divergentes, oblongues, acuminées, gibbeuses sur le bord interne, uniloculaires, déhiscentes en deux valves et contenant chacune une ou deux graines oblongues.

Le *Gillenia stipulacea* NUTT. ressemble beaucoup à l'espèce précédente dont il ne se distingue guère que par ses stipules larges, ovales-cordées, serretées.

HABITAT. — Les Gillenia trifoliolé et stipulacé sont des plantes de l'Amérique du Nord. Le premier se trouve particulièrement à l'est des Alleghanys ; on le trouve dans la Floride et jusque dans le Canada. Le Gillenia stipulacé habite l'État de New-York, l'Ohio, l'Indiana, l'Illinois et le Missouri.

CULTURE. — Ces plantes ne sont pas cultivées.

Parties usitées. — La souche.

Récolte.—On arrache la souche des Gillenia en septembre, c'est-à-dire après la fructification, et on la fait sécher avec soin. Après dessiccation, elle n'est pas plus grosse qu'une plume, ridée longitudinalement et crevassée, parfois rendue comme noueuse par les coudes qu'elle forme. Elle est colorée extérieurement en brun clair. Sur la cassure ou la coupe transversale elle offre une partie extérieure corticale, rougeâtre, et une partie centrale, ligneuse filiforme, grêle, blanchâtre. L'écorce se sépare aisément du bois; elle a une saveur amère, non désagréable. Le bois n'a aucune saveur; il est inerte et doit être rejeté.

Composition chimique. — M. Stanhope a retiré de la racine de Gillenia une substance particulière, à laquelle il a donné le nom de *Gillénine*. Elle est blanchâtre, très amère, légèrement odorante, inaltérable à l'air, soluble dans l'alcool, l'éther et les acides dilués; sa réaction est neutre; elle est colorée en rouge sang par l'acide nitrique et en vert par l'acide chromique. Elle donne des précipités blancs avec la potasse, le sous-acétate de plomb et le tartrate de potasse et d'antimoine. Cette substance est encore imparfaitement connue. La racine de Gillenia contient encore une matière gommeuse, de l'amidon, de l'acide gallotannique, etc.

Usages. — La racine de Gillenia est un émétique doux, mais très efficace, susceptible d'être administré, sans aucun inconvénient, à la place de l'Ipécacuanha. A doses très faibles, il est considéré comme tonique. La gillénine détermine, à la dose d'un grain seulement, des nausées et des vomissements. Cette drogue n'est pas employée en Europe, mais on en fait usage aux États-Unis, où quelques médecins la préfèrent à l'Ipécacuanha.

GLORIOSA

Gloriosa superba L. (*methonica superba* Lamk).

(Liliacées.)

Le *Gloriosa superba* L., est une plante grimpante, à tige herbacée, à racine tubéreuse, cylindrique, recourbée. Les feuilles sont alternes, simples, entières, cirrifères, les inférieures oblongues, les autres ovales-lancéolées. Les fleurs sont grandes, colorées en jaune mélangé de rouge cramoisi. Le périanthe est formé de six folioles réfléchies, duvetées, disposées sur deux cercles concentriques. L'androcée est composé de six étamines à filets indépendants, à anthères biloculaires, introrses, déhiscentes par des fentes longitudinales. L'ovaire est supère, triloculaire, à loges contenant un petit nombre d'ovules anatropes, insérés sur deux rangées parallèles; il est surmonté d'un style simple, oblique, terminé par un stigmate trilobé. Le fruit est une capsule triloculaire, déhiscente en trois valves, contenant un petit nombre de graines albuminées, à embryon droit et cylindrique.

Habitat. — Le *Gloriosa superba* est commun dans les jungles des diverses parties de l'Inde; il y est connu sous les noms de: *Mendoni*, en malais; *Caateejan*, en tamul; *Ulatehandul* en bengali; *Cariari*, en hindoustani; on le nomme aussi *Besh languli* et *Esha langula*.

Culture. — Cette plante est cultivée dans quelques parties de l'Inde pour ses fleurs qui sont d'une grande beauté. En Europe, elle exige la serre chaude.

Parties usitées. — La souche tubéreuse de la plante.

Récolte. — On arrache la plante en tout temps; on emploie les souches fraîches ou desséchées. A l'état frais, la souche du *Gloriosa superba*, ordinairement désignée sous le nom erroné de « racine » est charnue, succulente, colorée extérieurement en brun; au-dessous de la couche épidermique brunâtre le tissu cortical se montre coloré en jaune cireux avec des taches d'un jaune plus foncé; la partie centrale est blanchâtre et riche en amidon. Après dessiccation la cassure est amylacée si la souche a été séchée à l'air, cireuse si elle a été desséchée à la chaleur artificielle de la vapeur d'eau. Le suc frais est amer, un peu acide et âcre.

Composition chimique. — La souche fraîche contient 87.06 pour 100 d'eau; les cendres contiennent une grande quantité de potasse; elles font effervescence avec les acides. Warden (*Pharmaceutical Journal*, sept. 1880) en a extrait un principe amer, spécial, qu'il nomme *Superbine* et auquel il attribue les propriétés de la plante; il considère ce corps, encore imparfaitement connu, comme analogue, sinon semblable, au principe actif de la Scille maritime. Warden a extrait, en outre, de la souche, une résine amorphe, impure, paraissant être composée par le mélange de deux corps résineux distincts : l'un brun foncé, acide, solide ; l'autre jaune, ayant d'abord la consistance du beurre, puis, devenant à la longue presque cristallin. Avec ces résines, on trouve encore une petite quantité d'acide tannique, de l'amidon et du sucre. Des recherches nouvelles sont nécessaires.

Usages. — La souche du *Gloriosa superba* est considérée dans l'Inde comme très toxique; on la trouve souvent mélangée avec la racine de l'Aconit féroce dont elle passe pour avoir les propriétés physiologiques. Dans le Travancore, on l'écrase, on la soumet à des lavages répétés, puis, on l'emploie à l'état de poudre farineuse contre la blennorrhagie. Quelques médecins de l'Inde l'emploient à la dose de 0 gr. 20 à 0 gr. 50, comme tonique et antipériodique. En réalité, on ignore encore exactement quelles sont les propriétés physiologiques et thérapeutiques de cette drogue ; mais ses effets manifestement toxiques et la présence d'un principe actif analogue à celui de la Scille doivent attirer sur elle l'attention des physiologistes et des médecins. C'est à ce titre que nous avons cru devoir la faire figurer ici.

GRINDÉLIE

Grindelia (Histeronica) robusta Nutt., *squamosa* Dun., *integrifolia* Dec., *inuloides* Wild., *glutinosa* Dun., *rubicaulis*.
(Synanthéracées-Astérées.)

Le *Grindelia robusta* Nutt. est une plante herbacée, haute de 0m,30 à 0m,90, glutineuse, à feuilles alternes, glabres, plus ou moins serretées, obtuses au sommet, largement spatulées ou bien oblongues ou lancéolées, ou les supérieures cordées. Les fleurs sont disposés en capitules solitaires, terminaux, munis d'un involucre hémisphérique, à bractées nombreuses, plurisériées, apprimées, terminées par une longue pointe scarieuse. Le réceptacle est convexe, portant des fleurs de deux sortes ; celles de la circonférence sont femelles, pourvues d'une corolle ligulée, bi- ou tridentée ; celles du disque sont hermaphrodites, à corolle régulière, tubuleuse, divisée en cinq dents. L'androcée des fleurs hermaphrodites est formé de cinq étamines insérées sur le tube de la corolle, en alternance avec les pétales, à filets indépendants, à anthères connées, allongées, biloculaires, déhiscentes par deux fentes longitudinales. L'ovaire est uniloculé et uniovulaire. Le fruit est un achaîne comprimé, muni au sommet de deux à trois dents, surmonté d'une aigrette à soies fines, unisériées, peu nombreuses, deux à trois ou cinq au plus, fragiles et caduques.

Le *Grindelia squamosa* Dun. se distingue par ses feuilles plus étroites, lancéolées, cordées à la base, et par son involucre à écailles subulées, réfléchies.

Le *G. integrifolia* Dec. est caractérisé par ses feuilles entières ou à peine serretées, effilées à l'extrémité.

Le *G. inuloides* Wild. a des feuilles oblongues, larges à la base, obtuses au sommet, et un involucre à bractées plus longues que les fleurs.

Le *G. glutinosa* Dun. a des feuiles lancéolées, étroites à la base, aiguës au sommet, et un involucre à écailles linéaires, subulées.

Le *G. rubicaulis* se distingue de toutes les espèces précédentes par sa tige colorée en rouge pourpré, et par les poils qui couvrent son involucre.

Habitat. — Les *Grindelia* sont des plantes américaines; on les trouve sur toute la côte du Pacifique jusqu'au Mexique et au Texas où elles sont abondantes.

Culture. — Les Grindélies ne sont l'objet d'aucune culture.

Parties usitées. — On arrache la plante entière, et on la fait sécher à l'ombre, pour préparer ensuite des teintures, des décoctions, des extraits. Elle se présente dans le commerce américain souvent dépourvue d'une partie de ses feuilles, mais toujours munie de la majeure partie de ses capitules qui sont les organes les plus riches en matière résineuse. Sa saveur est spéciale, aromatique, chaude, très persistante, désagréable.

Composition chimique. — Il n'existe pas d'analyse chimique précise de cette plante. Martindale y a signalé la présence d'un principe actif, spécial, qu'il considère comme un alcaloïde, mais qui n'est pas encore suffisamment connu. Elle contient, en outre, une grande quantité de résine qui en sort pendant la vie, mais qui n'a pas été analysée.

Usages. — On a signalé quelques cas d'empoisonnements accidentels par la Grindélie, ce qui indique chez cette plante des propriétés énergiques. A dose élevé, l'extrait de Grindélie produit d'abord une excitation de la moelle et du cerveau, puis une diminution de l'irritabilité de ces centres ; il survient du sommeil, de l'abattement, puis de la parésie des membres postérieurs, sans que l'irritabilité des nerfs périphériques et des muscles soit diminuée ; plus tard, il y a paralysie des muscles respiratoires et enfin du cœur qui s'arrête en diastole. Il y a toujours augmentation de la salivation et de l'urination. L'oléo-résine s'élimine rapidement par les reins.

On a prescrit avec succès l'extrait de Grindélie contre les maladies inflammatoires des bronches et de la vessie ; il agit dans ce cas principalement par son oléo-résine. On a aussi obtenu des effets sédatifs incontestables contre la toux des phtisiques, contre la bronchite aiguë ou chronique et même contre certaines formes d'asthme. Dans ce cas, les médecins américains lui associent habituellement le datura. En réalité, la Grindélie est un médicament encore peu connu mais susceptible de rendre de réels services.

GUACHAMACA

Malouetia nitida R. Spr.
(Apocynacées.)

Le Guachamaca est un arbrisseau glabre, à rameaux cylindriques, couverts d'une écorce cendrée noirâtre, verruqueuse. Les feuilles sont oblongues-ovales ou ovales-acuminées, obtuses à la base, pétiolées, coriaces, colorées en vert olivâtre pâle, luisantes en dessus, ternes en dessous, longues de $0^m,12$ à $0^m,15$ et larges de $0^m,06$ à $0^m,07$. Les fleurs sont disposées en cymes multiflores à l'aisselle des feuilles. Elles sont régulières et hermaphrodites. Le calice est gamosépale, pentamère, à lobes étroits, lancéolés, acuminés, ciliés sur les bords. La corolle est gamopétale, tubuleuse, à tube dilaté à la base, à limbe divisé en cinq lobes linéaires-lancéolés, convolutés dans la préfloraison, glabres en dehors, pubérulents en dedans et munis au niveau de la gorge de cinq petits appendices squamiformes. L'androcée est formé de cinq étamines insérées un peu au-dessus du milieu du tube de la corolle, en alternance avec les pétales, plus courtes que le tube corollaire, avec des anthères biloculaires, introrses, déhiscentes par des fentes longitudinales. Autour de l'ovaire existe un disque formé de cinq glandes. L'ovaire est supère, formé de deux carpelles indépendants dans le bas, unis dans le haut en un style filiforme, terminé par deux branches stigmatiques. Chaque carpelle contient quatre séries d'ovules anatropes. Le fruit est formé de deux follicules contenant chacun de nombreuses graines rendues anguleuses par pression réciproque, contenant un embryon droit et un albumen peu abondant.

Habitat. — Le Guachamaca habite le Vénézuéla ; il a été décrit par Codazzi, dans sa géographie du Vénézuéla, sous le nom de *Guiacamo*.

Culture. — Il n'est l'objet d'aucune culture.

Parties usitées. — L'écorce.

Récolte. — On récolte l'écorce en tout temps. On la trouve en fragments peu épais, tantôt colorés en gris cendré, tantôt colorés en brun foncé, munis d'un grand nombre de stries longitudinales et de lenticelles blanchâtres. Suivant la coloration plus ou moins foncée, on distingue deux variétés de cette écorce, auxquelles on donne les noms de *Guachamaca blanc* et *Guachamaca noir;* ces différences paraissent tenir uniquement à l'âge de l'écorce.

Composition chimique. — On ignore encore quelle est la composition chimique de cette écorce. Scheffer en a extrait un alcaloïde soluble dans l'eau, moins soluble dans l'alcool, presque insoluble dans l'éther et dans le chloroforme, auquel on attribue les propriétés de la drogue. De nouvelles études sont nécessaires.

Usages. — L'écorce de Guachamaca jouit au Vénézuéla de la réputation d'un toxique très redoutable. Les expériences faites à l'aide de l'extrait aqueux établissent une certaine analogie d'action physiologique entre le Guachamaca et le Curare. Il y a d'abord perte de la motricité, sans que ni le cœur ni les organes de la respiration soient atteints ; les muscles sont encore irritables directement, mais on ne peut pas les faire contracter en agissant sur les nerfs. Le docteur Scheffer a préconisé l'extrait du Guachamaca contre le tétanos et les maladies analogues du système nerveux.

Cette drogue mérite d'attirer l'attention la plus grande des physiologistes et des médecins.

GUAREA

Guarea purgans St-Hil.
(Méliacées-Trichiliées.)

Le *Guarea purgans* de Saint-Hilaire, *Gito* ou *Marinheiro* des Brésiliens, est un arbre à rameaux rougeâtres, à feuilles alternes, composées, formées de cinq à neuf paires de folioles opposées, oblongues-lancéolées, glabres. Les fleurs sont blanches, disposées en panicules axillaires. Le périanthe est formé d'un calice gamosépale, court, à quatre dents, et d'une corolle à quatre pétales distincts. L'androcée est composé de huit étamines à filets unis, dans la plus grande partie de leur étendue, en un tube cylindrique, prismatique, supportant huit anthères biloculaires, introrses, déhiscentes par des fentes longitudinales. L'ovaire est supporté par un disque annulaire très épais; il est divisé en quatre loges contenant chacune deux ovules anatropes, descendants; il est surmonté d'un style simple, terminé par un stigmate discoïde. Le fruit est une capsule lisse, munie de côtes ou de verrues, quadriloculaire, loculicide, contenant une ou deux graines sans albumen dans chaque loge.

Le *Guarea trichilioides* Cav., est un petit arbre à feuilles longues de $0^m,50$ à $0^m,60$, formées de sept à quatorze paires de folioles oblongues, obtuses, atténuées au sommet, à peu près entières. Les fleurs sont disposées en grappes lâches; elles sont colorées en blanc verdâtre et inodores; le tube staminal est blanc. Le fruit est de la grosseur d'une noisette.

Le *Guarea Aubletii* A. de J. (*Trichilia Guarea* Aubl.) se distingue à peine de l'espèce précédente, à laquelle même il paraît devoir être réuni.

Le *Guarea Apiodora* H. Bn est remarquable par l'odeur très prononcée de céleri qu'exhale son écorce.

Habitat — Le *Guarea purgans* habite le Brésil; le *G. trichilioides* se trouve dans les bois des montagnes de Cuba; le *G. Aubletii* est une essence propre à la Guyane; le *G. Apiodora* habite probablement la Colombie.

Culture. — Aucune de ces espèces n'est cultivée.

Parties usitées. — L'écorce et le latex qu'elle contient.

Récolte. — Le latex peut être obtenu par incisions de l'écorce. On récolte cette dernière en tout temps, sur le tronc et sur les branches.

Composition chimique. — Nous ne connaissons aucune analyse de l'écorce ni du latex de ces plantes. L'un et l'autre sont doués d'une amertume très prononcée.

Usages. — L'écorce du *Guarea purgans* est purgative et vermifuge. On la prescrit, au Brésil, comme purgative, en infusion, à la dose de 15 grammes pour 250 grammes d'eau. A dose élevée, on la considère comme toxique.

L'écorce des *Guarea trichilioides*, *Aubletii* et *Apiodora* jouit de propriétés purgatives et émétiques très prononcées.

L'écorce des *Guarea* n'a pas encore été expérimentée par les médecins européens. Elle mérite cependant, sans aucun doute, d'être l'objet de leurs études, ainsi que de celles des chimistes et des physiologistes. Elle figure dans certains formulaires brésiliens.

GUAZUMA

Guazuma ulmifolia Lamk (*G. tomentosum* H. B. K.).
(Malvacées-Buettnériées.)

Le *Guazuma ulmifolia* de Lamark (*G. tomentosum* H. B. K.) est un arbre haut de 15 à 18 mètres, à feuilles alternes, simples, ovales ou oblongues, inégales à la base, acuminées, dentées sur les bords, tomenteuses en dessous, couvertes sur la face supérieure de poils pubérulents, étoilés. Les fleurs sont disposées en corymbes axillaires et terminaux ; elles sont hermaphrodites, régulières, à réceptacle convexe et à ovaire supère. Le calice est gamosépale, profondément divisé en deux ou trois lobes. La corolle est formée de cinq pétales indépendants, onguiculés, obovés, terminés par une languette allongée, colorés en jaune, avec deux houpes pourpres au sommet. L'androcée est formé de dix étamines unies à la base en un androphore campanulé, que surmontent cinq staminodes stériles, en forme de lames étroites et acuminées, alternes avec les pétales, et cinq étamines petites, linéaires, situées en face des pétales, à anthères biloculaires, didymes, extrorses, déhiscentes par des fentes longitudinales. L'ovaire est sessile, divisé extérieurement en cinq lobes qui répondent à autant de loges, et surmonté de cinq styles connés dans une partie de leur étendue, terminés par des stigmates simples. Le fruit est une capsule subglobulaire, ligneuse, à cinq loges contenant chacune plusieurs graines anguleuses.

Habitat. — Cet arbre est répandu dans les Antilles, où on le nomme *Orme d'Amérique, Bois d'Orme,* etc. ; au Brésil, où il porte le nom de *Mutamba* ou *Mutombo;* dans l'Inde orientale, où les Anglais le nomment *Bastard Cedar*, et où il a reçu le nom telegoo de *Oodrick.*

Culture. — Dans tous les pays dont nous venons de parler, il est cultivé pour la beauté de son feuillage et de son port, et aussi pour l'ombre épaisse qu'il donne ; on le plante surtout en avenues.

Parties usitées. — La partie interne ou libérienne de l'écorce, qui est riche en mucilage ; le bois, qui est blanc, mou et facile à travailler ; les fruits et les graines.

Récolte. — On détache l'écorce après avoir abattu l'arbre pour d'autres usages.

Composition chimique. — Nous ne connaissons aucune analyse de l'écorce du Guazuma à feuilles d'orme. Elle doit ses propriétés à un mucilage probablement semblable à celui qu'on trouve dans un grand nombre d'autres Malvacées.

Usages. — L'écorce du Guazuma à feuilles d'orme est employée, dans les pays où l'arbre croît, en décoction, contre un certain nombre de maladies, particulièrement comme sudorifique dans les maladies de la peau. On en prépare un sirop mucilagineux et astringent, usité depuis quelques années en Europe dans les maladies fébriles. La décoction très mucilagineuse obtenue par une ébullition prolongée de l'écorce était autrefois employée, dans les Antilles et dans l'Inde, pour clarifier le sucre. Les fruits contiennent une matière mucilagineuse et sucrée dont on se sert aux Antilles pour fabriquer une sorte de bière, d'une saveur agréable et suffisamment alcoolique ; la pulpe du fruit est riche en matière sucrée. On donne les graines à manger aux chevaux ainsi qu'au bétail.

GULANCHA

Tinospora cordifolia Miers (*Cocculus cordifolia* DC., *Chasmanthera cordifolia* H. Bn).
Tinospora crispa Miers (*Chasmanthera crispa* H. Bn).
(Ménispermacées-Chasmanthérées.)

Le Gulancha est un arbrisseau à tige vivace, volubile, succulente, s'enroulant autour des arbres jusqu'à une grande hauteur et émettant des racines aériennes qui descendent vers le sol et s'y enfoncent. Les feuilles sont alternes, simples, glabres, cordées, acuminées ou aiguës. Les fleurs sont unisexuées, jaunes. Les fleurs mâles sont fasciculées, les femelles ordinairement solitaires, les unes et les autres souvent portées par le vieux bois. Dans les fleurs de l'un et l'autre sexe, le calice est formé de six sépales insérés sur deux verticilles concentriques, les sépales intérieurs étant plus larges et membraneux. La corolle est formée de six pétales indépendants. L'androcée est composé, dans la fleur mâle, de six étamines à filets libres, à loges anthériques obliquement adnées, déhiscentes chacune par une fente oblique. Dans les fleurs femelles, l'androcée est représenté par six staminodes claviformes. Le gynécée est formé de trois carpelles indépendants, surmontés chacun d'un stigmate bifurqué. Les fruits sont au nombre d'un à trois; ils sont piriformes et contiennent chacun une seule graine déprimée, au niveau de la face ventrale, par l'endocarpe qui fait saillie, en se bilobant, dans la cavité du fruit. L'albumen est ramené sur la face ventrale ; l'embryon a des cotylédons foliacés, ovales.

Le *Tinospora crispa* Miers se distingue du précédent par ses feuilles ovales-cordées ou oblongues, par ses étamines adnées à la base des pétales et sa drupe elliptique.

Habitat. — Le *T. cordifolia* se trouve dans toute l'Inde tropicale, du Kumaon à l'Assam et à la Birmanie, à Ceylan et au Carnatic. Le *T. crispa* habite le Tibet, le Pégu, Java, Sumatra, les Philippines.

Culture. — Ces plantes ne sont l'objet d'aucune culture. En Europe, elles exigent la serre chaude.

Parties usitées. — La tige et les racines aériennes.

Récolte. — On coupe la plante quand elle a atteint un développement suffisant ; on la divise en morceaux que l'on fait sécher. Dans les bazars indiens, cette drogue se trouve en fragments longs de 0m,05 à 0m,10, cylindriques, mais cannelés par suite de la dessication, ayant de 0m,005 à 0m,02 et 0m,03 de diamètre ; l'écorce est lisse et translucide quand les morceaux proviennent de tiges jeunes, rugueuse quand la tige est âgée ; ils offrent presque toujours un grand nombre de verrues saillantes et parfois des cicatrices de racines aériennes.

Sur une coupe transversale microscopique de la tige, on trouve, de dehors en dedans : 1° une couche de faux suber formée de cellules aplaties, sèches et brunâtres, représentant les zones les plus extérieures du parenchyme cortical desséchées et mortifiées, aplaties de façon à avoir leur grand diamètre dirigé tangentiellement au rayon de la tige ; 2° un parenchyme cortical formé de grandes cellules irrégulières, laissant entre elles des méats ; ce parenchyme se prolonge, entre les faisceaux libéro-ligneux, jusqu'à la moelle, en constituant de larges rayons médullaires dont les cellules sont allongées tangentiellement, au niveau de la portion externe du liber, et radialement entre le bois des faisceaux. Chaque faisceau libéro-ligneux est constitué par : un liber mou, limité, en dehors ; par un arc de cellules prosenchymateuses à parois épaisses, dures, jaunâtres ; un arc de cambum très mince, et un bois formé de fibres ligneuses polgygonales, à parois très épaisses, entremêlées de nombreux vaisseaux très larges, visibles même à l'œil nu. (M. de Lanessan a donné une figure représentant cette structure dans sa traduction de Fluckiger et Hanbury, *Hist. des Drog. d'orig. végétale*, T. I, p. 83.)

Composition chimique. — Le Gulancha est inodore, doué d'une saveur amère très prononcée. Il n'en a pas encore été fait d'analyse chimique.

Usages. — Le Gulancha est prescrit dans l'Inde comme tonique, diurétique et même fébrifuge. On en prépare un sirop que l'on emploie comme celui de salsepareille dans les maladies syphilitiques, contre les fièvres intermittentes et contre les rhumatismes articulaires. En Europe on n'a pas encore fait usage de cette drogue qui cependant paraît mériter d'être sérieusement étudiée.

HAMAMELIS

Hamamelis Virginica L.

(Saxifragacées-Hamamélidées.)

L'Hamamelis de Virginie est un arbuste de 5 à 6 mètres de haut, très ramifié, à feuilles alternes, simples, insymétriques à la base, ovales, grossièrement dentées, penninerviées, obtuses au sommet. Les fleurs sont jaunes, hermaphrodites ou parfois polygames, régulières, à réceptacle cupuliforme, solitaires ou fasciculées à l'aisselle des feuilles ou sur le vieux bois. Le calice est formé de quatre sépales larges, ciliés sur les bords, insérés sur le pourtour de la capsule réceptaculaire. La corolle est formée de quatre pétales indépendants, alternes avec les sépales, en forme de languettes jaunes, très allongées. L'androcée est formé de quatre étamines fertiles, alternes avec les pétales, et de quatre staminoïdes oppositipétales, stériles; les anthères des étamines fertiles sont biloculaires, introrses, déhiscentes par des valves. L'ovaire, parfois avorté ou rudimentaire, est inséré dans le fond du réceptacle et en grande partie libre; il est divisé en deux loges contenant chacune, dans leur angle interne, deux ovules anatropes dont l'un avorte d'ordinaire; il est surmonté de deux styles terminés chacun par un stigmate simple. Le fruit est une capsule en partie supère, loculicide, contenant dans chaque loge une seule graine oblongue, albuminée.

Habitat. — L'*Hamamelis Virginica* habite l'Amérique du Nord; on le connaît sous le nom de *Witch-Hazel*.

Culture. — Il est souvent cultivé dans les jardins, aussi bien en Europe qu'en Amérique; cependant, en Europe, on ne le trouve guère encore que dans les jardins botaniques.

Parties usitées. — L'écorce du tronc et des branches, les feuilles, les graines.

Récolte. — L'écorce peut être recueillie en tout temps.

Composition chimique. — Nous ne connaissons pas d'analyse chimique de cette drogue.

Usages. — L'écorce de l'Hamamelis de Virginie est amère, astringente, un peu brûlante, avec un arrière-goût douceâtre. On fait usage de la décoction de cette écorce ou de son extrait contre les hémorroïdes; certains médecins en ont obtenu d'excellents résultats. On prescrit aussi ce médicament contre les hémorragies de l'estomac et des bronches, contre la première phase de la phtisie pulmonaire, contre les congestions passives, etc. De nouvelles expériences sont nécessaires pour mettre en évidence ses propriétés encore contestables. Les graines sont comestibles; elles ont une saveur à peu près analogue à celle des noisettes.

HEDEOMA

Hedeoma puligioides Pers. (*Cunila pulegioides* Willd.).
(Labiées-Saturéiées.)

L'*Hedeoma pulegioides* de Persoon, *Pouliot américain*, *Penny-royal,* est une plante herbacée, annuelle, à tige haute de 0m,30 à 0m,50, quadrangulaire, pubescente, ramifiée en branches nombreuses, grêles et dressées. Les feuilles sont opposées, courtement pétiolées, longues de 0m,02 à 0m,03 au plus, oblongues-lancéolées ou ovales, aiguës au sommet, atténuées à la base, lâchement serretées sur les bords, rugueuses, pubescentes, glanduleuses, fortement nerviées. Les fleurs sont très petites, colorées en bleu pâle, courtement pédonculées, disposées en glomérules axillaires sur toute la longueur des rameaux. Le calice est gamosépale, tubuleux, ovoïde, bilabié, gibbeux à la base, divisé en cinq dents subulées, deux supérieures et trois inférieures. La corolle est bilabiée, ouverte, bleue et tachetée, à cinq lobes, deux supérieurs et trois inférieurs, tous plans. L'androcée est formé de quatre étamines dont deux seulement fertiles, exsertes, appliquées contre la corolle. L'ovaire est supère, biloculaire, à loges uniovulées, divisées chacune en deux fausses loges; il est surmonté d'un style gynobasique, terminé par un stigmate bilabié. Le fruit est formé de quatre faux achaines ou nucules.

Habitat. — L'*Hedeoma pulegioides* est commun dans toutes les parties des États-Unis; il recherche de préférence les terrains secs où sa présence est révélée par l'odeur très forte qu'il dégage.

Culture. — Il n'est l'objet d'aucune culture.

Parties usitées. — L'herbe entière; l'huile essentielle qui en est retirée par distillation.

Récolte. — On arrache la plante en pleine floraison; on l'emploie fraîche ou après dessication.

Composition chimique. — Qu'elle soit fraîche ou sèche, cette plante exhale une odeur aromatique, agréable, très prononcée. Sa saveur est aromatique, chaude, brûlante même, rappelant celle de la Menthe. Elle fournit, par la distillation, une huile essentielle très odorante, dont la composition chimique n'a pas été déterminée. Elle abandonne ses propriétés à l'eau bouillante.

Usages. — On emploie, en Amérique, l'*Hedeoma pulegioides*, frais ou desséché, en infusions, et son huile essentielle (*Oleum Hedeomæ*) comme carminatifs et stimulants. L'infusion chaude détermine une sudation abondante et une stimulation énergique du tube digestif. On la considère aussi comme emménagogue; à ce titre, elle est beaucoup employée dans la médecine populaire. En un mot, l'Hedeoma et son huile essentielle jouissent des propriétés propres aux plantes et aux essences les plus actives de la famille des Labiées.

HEMIDESMUS.

Hemidesmus Indicus R. Br. (*Periploca Indica* Willd., *Asclepias pseudo-sarsa* Roxb.)
(Asclépiadacées-Périplocées.)

L'*Hemidesmus Indicus* de Robert Brown est une plante vivace, sarmenteuse, à tige glabre, mince, à feuilles très dissemblables. Celles des jeunes pousses qui naissent des vieilles souches et rampent sur le sol sont linéaires, aiguës et striées de blanc sur le milieu de la face inférieure; celles des parties supérieures et des vieilles branches sont d'ordinaire larges, lancéolées, parfois ovales ou ovoïdes; toutes sont entières, luisantes, lisses, coriaces, très variables en taille. Elles sont accompagnées de stipules latérales, caduques, petites. Les fleurs sont disposées en grappes axillaires et sessiles. Elles sont petites, vertes en dehors, pourpre foncé en dedans. Le calice est gamosépale, à cinq lobes aigus, pourvus de glandes. La corolle est gamopétale, rotacée, à cinq lobes oblongs, pointus, rugueux; elle est munie au niveau de la gorge de cinq écailles obtuses, insérées au-dessous des sinus. L'androcée est formé de cinq étamines à filets connés au tube de la corolle et connés entre eux à la base, distincts dans le haut; à anthères cohérentes entre elles, dépourvues d'appendices, non bifurquées à l'extrémité supérieure, à deux loges introrses, déhiscentes par des fentes longitudinales. Le pollen est granuleux, disposé en deux masses attachées, dans chaque loge, à des appendices dilatés, cuculliformes. Le gynécée est formé d'un ovaire à deux loges, surmonté d'un style à stigmate aplati. Chaque loge ovarienne contient un nombre indéfini d'ovules anatropes insérés dans l'angle interne. Le fruit consiste en deux follicules cylindriques, très divariqués, lisses, allongés et grêles, contenant de nombreuses graines chevelues. Celles-ci renferment, dans un albumen charnu, un embryon axile, à radicule supère.

Habitat. — Cet arbuste est répandu dans toute l'Inde orientale; il est particulièrement commun dans le Travancore. Les Anglais lui donnent le nom de *Country Sarsaparilla* ou Salsepareille de pays; son nom malais est *Narooneendee;* son nom tamul, *Nunnari;* son nom telegoo, *Soogundapola;* en hindoustani, il se nomme *Mugraboo*, et en bengali, *Unanto-mool.*

Culture. — Il n'est l'objet d'aucune culture.

Parties usitées. — La racine.

Récolte. — Elle se fait en tout temps. Lorsque la plante a atteint tont son développement on l'arrache et on fait sécher les racines qui sont très allongées. Dans le commerce, la racine d'Hemidesmus se présente en fragments ayant $0^m,15$ au plus de long, et de $0^m,05$ à $0^m,15$ d'épaisseur, colorée extérieurement en brun foncé, parfois avec des reflets gris violacés. Sur une coupe transversale grossière, elle offre une couche corticale blanchâtre, brunâtre ou violacée, épaisse de $0^m,02$ au plus, et un cylindre ligneux jaunâtre.

Composition chimique. — A l'état frais, la racine d'Hemidesmus exhale une odeur assez agréable, mais très faible, assez analogue à celle du mélilot ou de la fève Tonka; sa saveur est sucrée et un peu âcre. On n'en a pas fait d'analyse chimique sérieuse. Scott en a cependant retiré une substance analogue à un stéaroptène. On pense que son action est due à un principe analogue à la *Coumarine.*

Usages. — La racine d'Hemidesmus est employée dans l'Inde aux mêmes usages que la Salsepareille. On l'administre aussi contre le muguet des enfants, en poudre incorporée dans du beurre. Les indigènes font encore usage de sa décoction ou de sa poudre contre les hémorroïdes et la diarrhée. Elle paraît avoir des propriétés diurétiques très prononcées. En Europe, cette drogue n'a encore été que fort peu expérimentée.

HOLARRHÉNA.

Holarrhæna antidysenterica R. Br.
(Apocynacées-Échitées.)

L'Holarrhœna antidysentérique est un arbuste à feuilles opposées, entières, elliptiques, très obtuses à la base, aiguës ou amincies au sommet. Les fleurs sont régulières, hermaphrodites, blanches, pubérulentes, disposées en cymes terminales pluriflores. Le réceptacle est convexe. Le calice est gamosépale, à limbe divisé en cinq lobes lancéolés. La corolle est gamopétale, tubuleuse, à tube dilaté entre la base et le milieu, rétréci au niveau de la gorge, terminé par un limbe divisé en cinq lobes alternes avec ceux du calice; l'androcée est formé de cinq étamines, à filets connés au tube de la corolle entre la base et le milieu du tube, à anthères biloculaires, introrses, déhiscentes par des fentes longitudinales. L'ovaire est supère, formé de deux carpelles indépendants dans la partie ovarienne, pluriovulés. Le fruit est formé de deux follicules longs de $0^m,30$ à $0^m,35$, contenant un grand nombre de graines chevelues.

Habitat. — Cet arbuste est répandu dans toute l'Inde orientale.

Culture. — Il n'est l'objet d'aucune culture.

Parties usitées. — L'écorce de la tige; les graines.

Récolte. — On arrache l'arbuste en tout temps et on détache l'écorce qu'on fait sécher. Cette écorce a été importée autrefois en Europe sous les noms d'*Écorce de Conessi, Codaga Pala, Corto de Pala, Tellicherry Bark* (*Écorce de Tellicherry*). Elle est spongieuse, colorée en brun rouille foncé, douée d'une saveur amère très prononcée.

Composition chimique. — En 1858, Haines retira de l'écorce de l'*Holarrhœna antidysenterica* un alcaloïde qui fut décrit plus tard par Stenhouse sous le nom de *Conessine*. Récemment, un chimiste indien, Babu Ram Chundra Dutta, a retiré de la même écorce un alcaloïde auquel il donne le nom de *Kurchicine*. C'est une substance blanche, non cristalline, d'une saveur très amère, facilement soluble dans l'alcool, l'éther, les acides dilués, moins soluble dans le chloroforme et la benzine. La soude, l'ammoniaque et la potasse précipitent la kurchicine de ses solutions acides. On a obtenu un acétate et un tartrate de kurchicine cristallins. L'écorce d'Holarrhœna contient environ 3 p. 100 de cet alcaloïde (Voy. *Pharmac. Journ.*, février 1881, p. 714).

Usages. — L'écorce et les graines de l'Holarrhœna antidysentérique jouissent dans l'Inde, la première surtout, d'une grande réputation, et leurs propriétés paraissent être confirmées par des observations sérieuses. Il est même à désirer qu'on les introduise en Europe et qu'on les étudie complètement. L'écorce est considérée comme tonique et fébrifuge, mais c'est surtout dans le traitement de la dysenterie qu'elle paraît rendre des services importants et incontestables. On l'emploie contre cette maladie en décoction, à peu près de la même manière que la décoction d'Ipécacuanha.

Les graines sont également considérées par les indigènes comme très efficaces contre la dysenterie Quelques médecins de l'Inde les ont signalées comme anthelminthiques. On les administre aussi contre les diverses affections intestinales des enfants.

La kurchicine paraît jouir de propriétés fébrifuges semblables à celles des alcaloïdes du Quinquina. Elle ne produit ni nausées, ni vomissements, ni céphalalgie. D'après certains médecins de l'Inde, les propriétés antipériodiques de la kurchicine ne seraient pas inférieures à celles de la quinine. Ce médicament n'a pas encore été expérimenté, à notre connaissance, en Europe. Il mérite sans aucun doute, l'attention des chimistes et des thérapeutistes (Voy. *Christy*, *New Com. Plants*, n° 4, 1884, p. 27).

HURA

Hura crepitans L., *H. Brasiliensis* Mart.
(Euphorbiacées-Excœcariées.)

L'*Hura crepitans* ou *Sablier élastique* est un arbre de petite taille, à fleurs simples, alternes, cordées, acuminées, entières ou très légèrement dentées, pétiolées, lisses, coriaces, accompagnées de grandes stipules ovales, caduques, et de deux glandes sur la base du pétiole. Les fleurs sont monoïques, disposées en chatons. Les fleurs mâles sont disposées en longs chatons coniques, axillaires, dressés, longuement pédonculés et pourvus d'écailles imbriquées, ne présentant chacune qu'une seule fleur dans leur aisselle. Le périanthe est représenté par un calice urcéolé, court, tronqué. L'androcée est composé d'étamines nombreuses, à filets connés en une colonne de laquelle se détachent deux ou trois cercles de tubercules portant chacun une anthère biloculaire, introrse, déhiscente par des fentes longitudinales. Les fleurs femelles sont solitaires à la base du pédoncule des chatons mâles ou dans son voisinage. Elles sont formées d'un calice urcéolé, entier ou divisé, parfois, en trois lobes, et d'un ovaire pluriloculaire, à loges uniovulées, surmonté d'un stigmate pelté, discoïde, très large. Le fruit est une capsule ligneuse, déprimée, ombiliquée, de la taille d'une pomme, munie à la surface de douze à dix-huit sillons longitudinaux, et se séparant, à la maturité, en autant de coques qui s'ouvrent avec élasticité et fracas quand les graines sont parvenues à maturité. Les graines sont aplaties, lenticulaires, lisses, albuminées.

L'*Hura Brasiliensis* Mart. ne se distingue de l'espèce précédente que par des caractères de peu d'importance.

Habitat. — L'*Hura crepitans* habite les Indes occidentales, le Mexique et la Guyane. L'*Hura Brasiliensis* se trouve sur les bords de l'Amazone ; les Brésiliens lui donnent le nom d'*Assaçu*.

Parties usitées. — Les graines, le latex contenu en abondance dans toutes les parties de la plante, l'écorce du tronc et des branches.

Récolte. — On cueille les fruits à la maturité. On obtient le latex par incision du tronc ou des branches de l'arbre.

Composition chimique. — Nous ne connaissons aucune analyse chimique ni du latex des *Hura,* ni de leurs graines ou de leurs écorces. Le latex est doué d'une saveur très âcre et brûlante ; il produit sur la peau une irritation très vive et souvent de la vésication.

Usages. — On sait depuis longtemps que le latex des *Hura* est toxique et que les Indiens s'en servent pour empoisonner le poisson ainsi que comme anthelmintique et émétique.

Depuis quelque temps l'attention des médecins européens a été attirée sur la propriété qu'auraient le latex et l'écorce des *Hura* de guérir l'éléphantiasis. Ces propriétés, utilisées particulièrement dans la province de Para, ont été essayées par les médecins brésiliens qui paraissent avoir obtenu des résultats favorables. On administre le suc en pilules et l'écorce en infusions, à doses journalières et croissantes, tant que l'intestin les supporte convenablement; chaque semaine on purge le malade avec une décoction de l'écorce, qui est très drastique. Les observations qui ont été publiées tendent à faire croire à l'efficacité de cette drogue contre l'éléphantiasis; il est probable qu'elle agit par la purgation et la diaphorèse qu'elle détermine incontestablement. Les graines des *Hura* sont également employées depuis longtemps, dans les Indes occidentales, à la Guyane, au Mexique, au Brésil, comme purgatif drastique. Ces médicaments ne sont pas encore entrés dans la médecine européenne; mais l'attention de celle-ci a été suffisamment attirée pour que nous devions nous attendre à voir faire avant longtemps sur les *Hura* les recherches physiologiques, chimiques et thérapeutiques dont ils sont dignes (Voy. *Journ. de Pharm.*, XIV, p. 124).

HYDRASTIS

Hydrastis Canadensis L.
(Renonculacées-Renonculées.)

L'Hydraste du Canada est une plante à souche vivace, émettant chaque année une tige herbacée, cylindrique, haute d'environ $0^m,30$, portant un petit nombre de feuilles, et terminée par une seule fleur. Les feuilles, ordinairement au nombre de deux, sont alternes et palmatilobées. La fleur est régulière, petite, hermaphrodite, colorée en bleu verdâtre pâle. Son périanthe est formé seulement de trois folioles pétaloïdes, caduques. L'androcée se compose d'un nombre indéfini d'étamines à filets indépendants, plus longs que les carpelles, lancéolés-linéaires, et à anthères basifixes, biloculaires, déhiscentes par des fentes longitudinales presque latérales. Le gynécée est formé de carpelles nombreux, insérés sur un réceptacle très convexe; les carpelles sont uniloculaires et biovulés, glabres, surmontés d'un style court à deux lèvres stigmatiques. Le fruit est formé par la réunion des carpelles devenus bacciformes, rouges, surmontés des styles persistants et desséchés. Les graines sont lisses, albuminées.

Habitat. — L'Hydraste habite, comme l'indique son nom spécifique, le Canada et les parties voisines des États-Unis; on le trouve particulièrement sur les flancs des monts Alleghanies.

Culture. — Il est parfois cultivé comme plante d'ornement.

Parties usitées. — Le rhizome.

Récolte. — On arrache le rhizome en tout temps; on le divise en morceaux et on le fait sécher. Il est de la grosseur d'une plume d'oie, noueux, brunâtre en dehors, coloré en jaune brillant en dedans. Sa saveur est très amère; son odeur est nauséeuse.

Composition chimique. — Le rhizome de l'Hydraste du Canada doit sa belle coloration jaune à la *Berbérine*, $C^{20} H^{17} Az O^4$, qu'il renferme dans la proportion de 4 p. 100. Il renferme aussi un alcaloïde, auquel on a donné le nom d'*Hydrastine*, dans la proportion de 1,5 p. 100, et un autre principe que Lerchen nomme *Xanthropuccine*. La berbérine existe dans un certain nombre de Renonculacées, dans beaucoup de Berbéridacées, etc. Elle se présente en aiguilles cristallines, soyeuses, colorées en jaune clair, solubles dans l'eau, moins solubles dans l'alcool, insolubles dans l'éther et dans le chloroforme. L'*Hydrastine* a pour formule $C^{22} H^{23} Az O^6$. M. Power l'a obtenue récemment en cristaux incolores, brillants, anhydres, insolubles dans l'eau et dans le pétrole, ayant toutes les réactions des alcaloïdes; l'hydrastine est amère; ses propriétés chimiques rappellent beaucoup celles de la quinine. La xanthopuccine se sépare de la solution alcoolique en cristaux jaune orange, ayant les réactions des alcaloïdes. On a encore extrait du rhizome des Hydrastis une petite quantité d'une huile volatile, à laquelle la drogue doit son odeur particulière.

Usages. — Le rhizome de l'Hydraste du Canada jouit en Amérique d'une grande réputation comme tonique, diurétique et même antipériodique. On l'emploie surtout sous la forme de teinture et d'extrait. On fait aussi usage, comme tonique et antipériodique, de l'hydrastine impure, à laquelle on donne la dénomination d'*Hydrastin*. On l'administre à la dose de 0 gr. 05 à 0 gr. 30.

Les préparations du rhizome d'Hydraste et l'hydrastin ont encore été beaucoup vantés, pendant ces dernières années, par quelques médecins américains, contre les hémorragies utérines dues à des congestions de la matrice. Ces substances auraient la propriété de faire contracter les vaisseaux de l'appareil utéro-ovarique. A haute dose, elles diminueraient la fréquence et l'abondance de la menstruation; elles agiraient même très efficacement contre les hémorragies concomittantes de certaines tumeurs utérines (Voy. *Nouveaux remèdes*, 1885, p. 278).

IMBÉRI

Canna glauca L., *C. edulis* Ker., *C. aurantiaca* Rosc., *C. stolonifera* Bouch.
(Amomacées-Marantées.)

Le Canna glauque de Linné est une plante à tige herbacée, dressée, simple, haute de $0^m,90$ à $1^m,20$, partant d'un rhizome tubéreux, noueux, horizontal, couvert de radicules. Les feuilles sont simples, engainantes, oblongues-lancéolées. Les fleurs sont disposées en une grappe terminale simple. Le périanthe est formé de trois sépales verdâtres et de pétales spatulés, rouges. L'androcée est formé d'étamines pétaloïdes se confondant graduellement avec les folioles du périanthe, toutes stériles, sauf une qui porte une seule loge anthérique déhiscente par une fente longitudinale. L'ovaire est triloculaire, à loges pluriovulées et surmonté d'un style simple. Le fruit est une capsule ovale, triangulaire, à trois loges plurispermes.

Le *C. edulis* Ker. se distingue par sa tige colorée en rouge foncé; ses feuilles ovales-oblongues, atténuées aux deux extrémités, lisses, colorées en vert foncé, glauques, avec les bords pourprés; ses fleurs en grappes compactes, pauciflores, à bractées obovales, obtuses, roses, à peu près aussi longues que l'ovaire; ses sépales ovales, roses. Les segments antérieurs de la corolle sont linéaires, lancéolés, dressés; parmi les segments intérieurs, deux sont étroits, oblongs, émarginés, dressés, cramoisis, les autres sont jaunes et révolutés.

Les *Canna aurantiaca* et *stolonifera* sont très voisins des précédents.

Habitat. — Toutes ces espèces habitent l'Amérique du Sud, notamment le Pérou et le Brésil. Au Pérou, le *C. edulis* porte le nom d'*Achiras*. Au Brésil on donne au *C. glauca* les noms de *Imberi, Albara, Herva dos feridos.*

Culture. — La plupart des espèces de *Glauca* citées plus haut sont cultivées dans les régions tropicales de l'Amérique pour l'amidon contenu dans leur rhizome.

Parties usitées. — Le rhizome et l'amidon qu'il renferme en grande quantité; les feuilles.

Récolte. — On arrache la plante après la floraison; on isole le rhizome et on le fait sécher.

Composition chimique. — Nous ne connaissons aucune analyse chimique du rhizome des *Canna.*

Usages. — On emploie au Brésil le rhizome du *Canna glauca* comme diurétique. Les formulaires brésiliens le prescrivent à la dose de 8 grammes en infusion dans 180 grammes d'eau. On emploie également au Brésil la plante entière pour la préparation de bains que l'on prescrit contre les douleurs rhumatismales. On fait usage des feuilles fraîches et pilées contre les blessures et les ulcères.

INÉ

Strophantus hispidus DC. (*S. Kambe* Oliv.).
(Apocynacées-Echidées.)

L'Iné ou Onaie (*Strophantus hispidus* de De Candolle) est un arbuste ligneux, grimpant, à feuilles opposées, elliptiques-oblongues, obtuses à la base, sessiles, brièvement acuminées au sommet, entières. Les fleurs, de couleur jaune, sont disposées en cymes pauciflores terminant les rameaux ou les ramuscules. Le calice est gamosépale, à cinq divisions lancéolées, acuminées, velues à l'extérieur, glabres à l'intérieur et dressées. La corolle est gamopétale, à tube infundibuliforme et à limbe divisé en cinq lobes linéaires, subulés, plus longs que le tube. Entre eux on remarque des appendices elliptiques, obtus, charnus et courts. Les étamines, au nombre de cinq, alternent avec les lobes de la corolle et sont insérées sur la partie inférieure du tube corollaire.

Leurs filets sont linéaires, leurs anthères biloculaires, introrses, linéaires sagittées et brièvement acuminées. Le gynécée est composé de deux carpelles subglobuleux, uniloculaires, renfermant chacun des ovules nombreux, anatropes. Le style est simple et le stigmate cylindrique. Les fruits sont des follicules horizontaux, épais, obtus. Les graines sont oblongues, comprimées et munies d'une couronne de poils autour de l'ombilic.

Habitat. — Le *Strophantus hispidus* est une plante des côtes occidentales de l'Afrique où les Européens la désignent par le nom de *Poison d'épreuve*. Dans la Sénégambie et sur les côtes de la Guinée son nom vulgaire indigène est *Iné* ou *Onaie;* dans le Mangauga, elle porte le nom de *Kombé* ou *Kambé*.

Culture. — Cette plante n'est l'objet d'aucune culture.

Parties usitées. — Les graines.

Récolte. — On cueille les fruits à la maturité.

Composition chimique. — MM. Hardy et Gallois ont retiré des graines de l'Iné, préalablement dépouillées de leurs poils, une substance particulière, encore imparfaitement connue, à laquelle ils ont donné le nom de *Strophantine*. La strophantine ne contient pas d'azote et elle n'offre pas les réactions caractéristiques des alcaloïdes ; on ne peut pas non plus la considérer comme un glucoside, car sa solution aqueuse chauffée après addition d'une petite quantité d'acide sulfurique ne réduit pas la solution de tartrate cupropotassique. C'est une substance cristalline assez soluble dans l'eau froide, plus soluble dans l'eau chaude, presque insoluble dans l'alcool et dans le chloroforme.

Les mêmes chimistes ont retiré des poils qui couvrent les graines de l'Iné une autre substance cristalline qui paraît être un alcaloïde ; ils lui ont donné le nom d'*Inéine*. Comme la précédente, cette substance exige de nouvelles études chimiques.

Usages. — Sur la côte occidentale de l'Afrique l'Iné est employé, concurremment avec quelques autres végétaux toxiques, comme poison d'épreuve.

De quelques expériences faites récemment, il résulte que la Strophantine doit être classée, d'après ses propriétés physiologiques, à côté de la digitaline. Elle constitue, comme cette dernière, un poison du cœur; à dose toxique elle arrête les contractions cardiaques. A dose thérapeuthique elle ralentit les contractions en augmentant leur énergie. On l'a employée surtout en injections hypodermiques, à la dose de 1/120 à 1/60 de grain.

ISONANDRA (GUTTA-PERCHA)

Isonandra Gutta Hook. (*Dichopsis Gutta* Benth.).
(Sapotacées.)

L'*Isonandra Gutta* de Hooker, est un bel arbre de 20 à 30 mètres de hauteur, couvert d'une écorce rugueuse, colorée en gris jaunâtre ou rougeâtre. Les feuilles sont alternes, simples, oblongues ou ovales-oblongues, atténuées à la base, amincies au sommet, à bords entiers, légèrement ondulés et un peu repliés en dessous; à limbe coriace, glabre et lisse en dessus, couvert en dessous d'un duvet jaune orangé. Les fleurs sont petites, régulières, hermaphrodites, colorées en blanc verdâtre, disposées en petites cymes axillaires souvent formées de sept fleurs seulement. Le réceptacle est convexe. Le calice est formé de six sépales disposés sur deux verticilles alternes. La corolle est gamopétale, à limbe divisé en six lobes tordus ou imbriqués dans la préfloraison. L'androcée est formé de douze étamines sur deux verticilles, à filets indépendants, insérés sur la gorge de la corolle, à anthères biloculaires, déhiscentes par des fentes longitudinales. Le gynécée est formé d'un ovaire supère, à six loges uniovulées, surmonté d'un style simple et non renflé au sommet. Le fruit est une baie ovoïde, apiculée par la base persistante du style, duvetée, contenant des graines jaunâtres.

Habitat. — L'*Isonandra Gutta* était autrefois très abondant dans toute la péninsule malaise, à Bornéo, à Sumatra, etc. Il a été presque complètement détruit dans toutes ces localités pour l'extraction de la Gutta-Percha.

Un grand nombre d'autres espèces d'*Isonandra* ou de genres voisins peuvent fournir une partie de la Gutta-Percha du commerce.

Culture. — On ne cultive pas cet arbre, qui cependant est d'une grande utilité. Il pourrait être introduit dans nos établissements de l'Extrême-Orient. En Europe, où il n'a jamais fleuri, il exige la serre chaude.

Parties usitées. — Le latex.

Récolte. — Pour recueillir le latex de l'Isonandra à gutta-percha, on abat l'arbre et on coupe son sommet par lequel s'écoule le latex qu'on recueille dans des vases de diverses sortes. On fait bouillir le latex pour empêcher qu'il ne se durcisse trop à l'air.

La gutta-percha du commerce est une substance dure, élastique, brunâtre, ordinairement mélangée de débris végétaux et de terre. Pour enlever ces impuretés, on précipite la gutta-percha dans de l'eau chaude, ou bien on la fait fondre dans l'essence de térébenthine, puis on filtre et on évapore. On peut aussi faire fondre la gutta-percha coupée en morceaux dans le chloroforme, dans la proportion d'une partie de gutta-percha pour vingt parties de chloroforme. Comme cette solution est trop épaissse pour être facilement filtrée, on y ajoute un quart d'eau, on agite le mélange, puis on l'abandonne à lui-même pendant une quinzaine de jours. Les impuretés viennent à la surface ou tombent dans le fond du vase et peuvent être facilement enlevées; le liquide donne, par la distillation du chloroforme, la gutta-percha à l'état de pureté.

Voici une autre méthode que l'on considère généralement comme meilleure. On fait dissoudre une partie de gutta-percha dans vingt parties de benzol bouillant, on agite fréquemment la solution avec du sulfate de calcium, qui après deux ou trois jours de repos se dépose en entraînant la matière colorante; on décante alors le liquide, et on y ajoute lentement et par petites quantités de l'alcool, en ayant soin d'agiter sans cesse; la gutta-percha se dépose peu à peu à l'état de pureté et parfaitement blanche. Sa dessiccation exige ensuite plusieurs semaines, mais on la hâte beaucoup en agitant la gutta-percha dans un mortier.

La gutta-percha employée par les dentistes doit être absolument pure. M. Baden Benger a recommandé pour sa purification le procédé suivant : on fait digérer pendant quelques jours quatre onces de gutta-percha coupée en petits morceaux dans cinq livres de chloroforme méthylé, puis on filtre la solution de façon à perdre aussi peu de chloroforme que possible. Le liquide filtré est à peu près incolore; on y ajoute une quantité d'alcool suffisante pour déterminer la précipitation de la gutta-percha à l'état d'une masse blanche, qu'on lave à l'alcool, qu'on presse dans une toile et qu'on laisse dessécher à l'air. Dans cet état, la gutta-percha est parfaitement blanche, mais elle est trop spongieuse pour qu'on puisse en faire usage; afin de lui donner la consistance nécessaire, on la fait bouillir pendant une demi-miuute dans une capsule de porcelaine, et on la roule en cylindres tant qu'elle est encore chaude. Elle est alors prête à être employée par les dentistes.

Composition chimique. La gutta-percha pure est blanche ou blanchâtre, parfois avec des stries rougeâtres ou brunâtres; elle est un peu onctueuse au toucher, dure à la température ordinaire, mais flexible en petits fragments, sans saveur et avec une odeur très faible. Son poids spécifique est 0,9791. A 49° C, elle se ramollit et devient plus flexible; mais elle est encore élastique et tenace; entre 66° et 71° C, elle devient molle, très plastique et susceptible d'être moulée dans une forme quelconque qu'elle garde par le refroidissement. A 166° C, elle perd une partie de son eau de constitution, et devient dure, translucide et grisâtre, mais si on la jette dans l'eau, elle reprend ses caractères primitifs. Chauffée dans un vase ouvert, elle fond, monte et brûle avec une flamme brillante et beaucoup de fumée. Soumise à la distillation ignée, elle donne des produits volatils analogues à ceux qu'on retire du caoutchouc par le même procédé. Elle est insoluble dans l'eau, dans l'alcool, dans les solutions alcalines, dans les acides faibles; elle se dissout bien à froid, moins bien à chaud, dans l'éther et dans les huiles volatiles; elle est entièrement soluble dans la térébenthine avec laquelle elle forme une solution claire et incolore que l'évaporation ne change pas; elle se dissout également dans le bisulfure de carbone, le chloroforme, la benzine et le benzol. D'après Baumhauer, la gutta-percha pure, dans l'état où elle s'écoule de l'arbre, est un hydrocarbure ayant pour formule $C^{10} H^{16}$, et auquel il donne le nom de *Gutta;* c'est par l'oxydation de ce corps que se formeraient, d'après ce chimiste, tous les principes qu'on trouve dans la gutta-percha du commerce. Pour obtenir cet hydrocarbure à l'état de pureté, il fait bouillir d'abord la gutta-percha dans l'acide chlorhydrique dilué, puis le résidu dans l'éther qui, en refroidissant, laisse déposer la gutta (Voy. *Journ. f. prakt. Chem.*, T. LXXVIII, p. 279). D'après M. Arppe, la gutta-percha serait un mélange de six résines différentes formées par oxydation de l'hydrure de carbone $C^{10}H^{16}$. Oudemans trouve dans la gutta-percha deux produit résineux : l'un fusible à 42° C., soluble dans l'alcool froid, ayant pour formule $C^{20}H^{32}O$, et auquel il donne le nom de *Fluavile;* l'autre qu'il nomme *Albane*, fusible à 140° C., soluble dans le chloroforme, le bisulfure de carbone et l'éther, cristallisable dans la solution éthérée, ayant pour formule $C^{10}H^{16}O$. En réalité, la composition chimique de la gutta-percha n'est encore qu'imparfaitement connue.

Usages. — La gutta-percha rend à la chirurgie des services qu'il nous paraît inutile d'énumérer ici; rappelons seulement que grâce à sa propriété d'être modelée sous toutes les formes après ramollissement dans l'eau chaude, tandis qu'elle reste solide à la température ordinaire, grâce aussi à son élasticité, on a pu en faire une foule d'instruments, tels que sondes, bandages, etc. Dissoute dans un liquide approprié et susceptible de s'évaporer rapidement, elle peut être appliquée à la surface de la peau; elle forme par le refroidissement un sorte de vernis mettant la surface revêtue à l'abri du contact de l'air. Dans certaines pharmacopées on désigne les solutions de cette sorte sous le nom de *liquor Gutta-Perchæ.* On emploie aussi la gutta-percha comme véhicule de certaines substances caustiques; on réduit celles-ci en poudre fine et on les mélange à la gutta-percha; cela permet d'appliquer les caustiques sous une forme déterminée et rendue nécessaire par le lieu de l'application. Quant aux usages industriels de la gutta-percha nous croyons inutile d'en parler ici; bornons-nous à rappeler que grâce à la facilité qu'elle a d'être vulcanisable comme le caoutchouc, la gutta-percha se prête à peu près aux mêmes usages que lui.

ISPAGHULA.

Plantago Ispaghula Roxb.
(Plantaginacées.)

L'Ispaghula est une plante herbacée, annuelle, à tige aérienne très courte ou nulle et à feuilles alternes, linéaires-lancéolées, trinerviées, finement dentées, un peu laineuses, sessiles, amplexicaules, longues de $0^{m},15$ à $0^{m},20$, et larges seulement de $0^{m},010$

à 0^m,020. De la courte souche qui porte les feuilles partent trois ou quatre hampes florales, axillaires, simples, nues, dressées, arrondies, un peu villeuses, de la même longueur que les feuilles, terminées chacune par un épi floral long, à la maturité, de 0^m,02 à 0^m,04, et portant de nombreuses fleurs sessiles, imbriquées, petites, blanches, situées à l'aisselle de bractées ovales, concaves, carénées, vertes sur la ligne médiane, membraneuses et incolores sur les bords. Le calice est formé de quatre sépales indépendants, oblongs, ovales, à bords incolores, imbriqués dans la préfloraison. La corolle est gamopétale, hypocratérimorphe, membraneuse, à tube gibbeux, à limbe divisé en quatre lobes ovales, aigus. L'androcée est formé de quatre étamines très longues, exsertes, à filets connés au tube de la corolle, à anthères oscillantes, biloculaires, introrses, déhiscentes par deux fentes longitudinales. Le gynécée est formé d'un ovaire biloculaire, chaque loge contenant un ou plusieurs ovules anatropes. Il est surmonté d'un style simple. Le fruit est une capsule biloculaire, déhiscente par une fente circulaire, transversale.

Habitat. — L'Ispaghula est répandu dans une grande partie de l'Afrique et de l'Asie; on le trouve en Egypte, dans les îles Canaries, en Arabie, dans l'Afgahnistan, le Beloutchistan, et dans le nord-est de l'Inde, dans le Bengale, le Nysam, etc.

Culture. — Il n'est l'objet d'aucune culture, sauf dans les jardins botaniques.

Parties usitées. — Les graines.

Récolte. — On récolte les fruits à la maturité, et on fait sécher les graines après les avoir isolées. Il faut les conserver à l'abri de l'humidité. Les graines de l'Ispaghula ont à peine 0^m,002 de long et 0^m,001 de large; 100 graines ne pèsent pas plus de 0 gr. 18. Elles sont creusées en carène sur l'une des faces, colorées en gris rose clair, avec une tache brune sur la face convexe et une membrane blanche sur la face concave. Elles n'ont ni odeur ni saveur; quand on les plonge dans l'eau, elles se recouvrent d'une couche épaisse de mucilage formé par les cellules épidermiques qui s'allongent beaucoup, puis se déchirent en même temps que leurs parois s'épaississent et deviennent mucilagineuses.

Composition chimique. — La quantité de mucilage fournie par

les graines d'Ispaghula est si considérable qu'une seule partie de graines dans vingt parties d'eau suffit pour former une gelée épaisse. Le mucilage séparé par pression des graines n'est pas coloré par l'iode, il ne rougit pas le papier de tournesol, il n'est précipité ni par l'alcool, ni par le borax, ni par le chlorure ferrique. On ne connaît pas exactement sa nature chimique. On n'a pas non plus étudié l'huile fixe qui existe en abondance dans l'albumen et dans les cotylédons de la graine.

Usages. — On emploie dans l'Inde les graines d'Ispaghula, pilées et mélangées avec du sucre, contre la diarrhée chronique et contre la dysenterie. On fait aussi usage de la décoction des graines contre toutes les irritations de l'intestin. On prépare l'infusion en faisant bouillir 1 partie de graines dans 70 à 100 parties d'eau. Ce médicament n'a pas encore été introduit en France où il a de nombreux concurrents, notamment la graine de Lin et la Guimauve. Il peut d'ailleurs servir aux mêmes usages que ces dernières.

IXORA

Ixora Bandhucca Roxb., *I. glandiflora* Ker. (*Pavetta coccinea* Bl.), *I. tenuiflora* Roxb., *I. congesta* Roxb., etc.
(Rubiacées-Coffféées.)

C'est un arbrisseau rameux, à branches ramassées sur elles-mêmes et glabres. Les feuilles sont opposées, sessiles ou subsessiles, oblongues, arrondies à la base ou cordées, rarement cunéiformes, coriaces, d'un vert pâle lorsqu'elles sont sèches. Les stipules sont munies de pointes rigides. Les fleurs sont disposées en cymes sessiles, corymbiformes, à ramifications courtes, articulées. Chacune d'elles est sessile ou courtement pédonculée. Elles sont de couleur écarlate. Le calice est gamosépale, plus court que l'ovaire, à quatre dents petites. La corolle est gamopétale, divisé en quatre lobes exigus, étalés, nus à la gorge. Les quatre étamines, insérées sur la gorge de la corolle, ont des filets libres, longs, et des anthères bifides à la base, biloculaires, introrses, à déhiscence longitudinale. L'ovaire est biloculaire; il renferme dans chaque loge un ovule ascendant, à micropyle introrse. Il est surmonté d'un style filiforme, exsert, plus long que le tube corollaire, à stigmate divisé en deux branches courtes, révolutées. Le fruit, est un peu charnu, de la grosseur d'un pois; il est couronné par les dents du calice; il renferme deux noyaux plan-convexes, coriaces, contenant chacun une seule graine peltée, à enveloppe membraneuse, à albumen très dur.

HABITAT. — L'*Ixora Bandhucca* est répandu dans toute l'Inde orientale où on le cultive comme arbuste ornemental. Les *I. tenuiflora* et *congesta* habitent le Bengale; l'*I. grandiflora* se trouve dans l'Inde continentale et à Ceylan. L'*I. lanceolata* est indigène des Molucques.

CULTURE. — La plupart de ces espèces sont cultivées dans l'Asie orientale comme plantes d'ornement.

PARTIES USITÉES. — On emploie surtout en médecine la racine fraîche de l'*Ixora Bandhucca;* parfois aussi on fait usage des fruits de cette espèce et des autres *Ixora* signalés plus haut.

RÉCOLTE. — On arrache la racine en tout temps; on cueille les fruits à la maturité.

COMPOSITION CHIMIQUE. — Nous ne connaissons aucune analyse chimique de ces drogues.

USAGES. — Quelques médecins indiens recommandent la racine fraîche de l'*Ixora Bandhucca* contre la dysenterie. On administre la teinture alcoolique préparée avec la racine fraîche entière. On ajoute souvent du poivre long de façon à obtenir une teinture composée d'*Ixora* et de poivre long, que l'on administre à la dose de 2 à 4 grammes. On emploie ce médicament à la place de l'Ipécacuanha et dans les mêmes conditions, c'est-à-dire surtout dans les débuts de la dysenterie. L'Ixora a sur l'Ipécacuanha l'avantage considérable de ne pas provoquer de nausées et de pouvoir être administré sans inconvénient aux malades de tout âge. Quant à son action, elle paraît être égale à celle de l'Ipécacuanha; or les médecins qui ont pratiqué dans les pays chauds savent que ce dernier médicament est le plus efficace contre la dysenterie.

JABORANDI

Pilocarpus pennatifolius LEM.

(Rutacées-Zanthoxylées.)

Le *Pilocarpus pennatifolius* de Lemaire est un arbuste haut de 1^m,50 à 2 mètres, ramifié. Les feuilles sont alternes, composées, imparipennées, à trois, quatre ou cinq paires de folioles opposées, courtement pétiolées, coriaces, entières, inégales à la base et tronquées au sommet, munies de glandes translucides. Les fleurs sont colorées en brun rouge foncé, et disposées en une longue grappe. Elles sont hermaphrodites. Le calice est gamosépale, à cinq dents ou presque entier. La corolle est formée de cinq pétales plus longs, triangulaires, étalés, réfléchis, valvaires ou légèrement imbriqués pour la préfloraison. Les étamines sont en même nombre que les pétales, alternes avec eux, insérées au-dessous d'un disque charnu, annulaire. Leurs filets sont libres, subulés, incurvés dans le bouton; leurs anthères sont courtes et larges, versatiles, introrses, biloculaires, déhiscentes par deux fentes longitudinales. Le gynécée est formé de cinq carpelles indépendants dans leur portion ovarienne, unis seulement par une partie des styles. Chaque carpelle contient deux ovules insérés dans son angle interne, d'abord descendants, avec le micropyle dirigé en haut et en dehors, puis plus ou moins horizontaux. Le fruit est formé de cinq capsules, déhiscentes chacune en deux valves par la face dorsale, et contenant d'ordinaire une seule graine. A la maturité, l'endocarpe se sépare du mésocarpe. La graine est noire, luisante, réniforme, dépourvue d'albumen; elle contient, sous un tégument coriace, un embryon à radicule supère, très petite, et à cotylédons plan-convexes. Les feuilles, les parties vertes de la plante et l'écorce de la tige et des rameaux jeunes offrent de nombreuses glandes à huile essentielle.

Habitat. — Le *Pilocarpus pennatifolius* habite le sud du Brésil, particulièrement au voisinage de Pernambuco.

Culture. — Il n'est l'objet d'aucune culture.

Parties usitées. — Les feuilles, l'écorce de la tige.

Récolte. — On cueille les feuilles lorsqu'elles sont entièrement développées. L'écorce n'existe pas isolée dans le commerce, on ne la trouve que sur les rameaux qu'on expédie mélangés aux feuilles.

Les feuilles du *Pilocarpus pennatifolius* sèches ont, lorsqu'on les froisse entre les doigts, une odeur faible, un peu analogue à celle de l'écorce d'orange desséchée. Leur goût est un peu âcre, dépourvu d'amertume, aromatique, rappelant un peu celui de l'écorce d'orange, accompagné d'une sensation de chaleur faible.

La structure histologique des feuilles n'offre aucun autre

caractère important que la présence de glandes à huile. Sur une coupe verticale du limbe on observe : 1° un épiderme supérieur formé de cellules quadrangulaires, aplaties, à cuticule assez épaisse et à parois blanchâtres, brillantes. La cuticule absorbe rapidement le bleu d'aniline dissout dans l'acide acétique, tandis que les couches sous-jacentes de la paroi épidermique externe restent incolores; 2° au-dessous de l'épiderme s'étend une couche de cellules en palissade, allongées perpendiculairement à la surface de la feuille, très pressées les unes contre les autres, étroites et relativement courtes, à direction ordinairement oblique; 3° une couche formée de grandes cellules irrégulières entre lesquelles se voient de vastes méats intercellulaires et même de grandes lacunes. C'est dans cette couche que sont distribués les faisceaux fibro-vasculaires; 4° un épiderme inférieur, formé, comme le supérieur, de petites cellules aplaties, muni de stomates nombreux, et, dans le jeune âge, de poils unicellulaires.

Les glandes à huiles existent aussi bien au-dessous de l'épiderme supérieur qu'au-dessous de l'épiderme inférieur. Elles sont, dans les deux cas, directement appliquées contre la couche épidermique. Lorsqu'elles existent au-dessous de l'épiderme supérieur, elles refoulent de chaque côté les cellules en palissade, qui prennent une direction très oblique. Ces glandes ont la même structure et se forment de la même façon que celles des Citronniers, des Orangers, etc. Leur cavité est vaste, arrondie ou elliptique, à grand diamètre parallèle à la surface de la feuille; elle est remplie d'une huile essentielle jaunâtre. Les parois de la glande sont formées de cellules aplaties, allongées parallèlement à la circonférence de la glande et disposées sur deux ou trois couches au plus. Elles produisent l'huile essentielle qui est déversée ensuite par exosmose dans la cavité centrale de la glande. On trouve ces glandes non seulement dans le parenchyme du limbe des folioles, mais aussi dans leurs nervures et dans le pétiole. Au niveau des nervures, elles sont dans le parenchyme situé au-dessous de l'épiderme et en contact avec ce dernier. On n'en trouve pas dans l'épaisseur des faisceaux. Dans le pétiole commun, les glandes sont très nombreuses, elles sont situées dans le parenchyme cortical, au-dessous de l'épiderme, et forment des cercles assez réguliers.

L'écorce du Jaborandi se détache facilement du bois ; elle est mince, cassante, colorée extérieurement en gris noirâtre ; elle est marquée de rides et de crevasses longitudinales et parsemée de petites fossettes ponctiformes, blanchâtres, répondant à des cavités glandulaires dont la paroi externe a été enlevée par la destruction des couches superficielles de l'écorce à leur niveau ; la surface interne est colorée en jaune blanchâtre un peu rosé ; elle est finement striée dans le sens de la longueur. Observée au microscope, l'écorce de Jaborandi offre de dehors en dedans : 1° une couche subéreuse peu épaisse, formée de plusieurs zones de cellules aplaties, quadrangulaires, à parois minces et brunes, remplies d'une matière brunâtre ; 2° un parenchyme cortical formé de cellules à parois minces, allongées tangentiellement. Un grand nombre de cellules de cette zone sont remplies d'une substance résineuse d'un brun foncé, en partie soluble dans la potasse et colorée en noir verdâtre par le perchlorure de fer. Au milieu du parenchyme sont encore dispersées des cellules sclérenchymateuses à parois épaisses, jaunâtres, ponctuées, et à cavité petite, remplie de substance résinoïde brune. Ces cellules sont tantôt isolées, tantôt réunies en petits groupes. Les autres cellules du parenchyme cortical sont remplies d'amidon et un assez grand nombre offrent des cristaux d'oxalate de calcium. C'est vers la périphérie de cette zone, mais seulement dans l'écorce des rameaux jeunes, que sont situées les glandes oléo-résineuses semblables à celles des feuilles, elliptiques, à grand diamètre tangentiel. Entre le liber et la couche corticale moyenne existe une zone circulaire, continue dans les jeunes tiges, interrompue dans celles qui sont plus âgées, formée de cellules sclérenchymateuses très épaisses, irrégulières, à grand diamètre dirigé radialement, à parois très épaisses, dures, jaunâtres, ponctuées, et à cavité linéaire. Les faisceaux primaires du liber sont immédiatement appliqués contre cette zone ; ils sont constitués uniquement par des fibres à parois brillantes et épaisses. Le liber secondaire est formé de fibres et de parenchyme. Les fibres n'ont dans les jeunes rameaux que des parois minces et ne sont pas distinctes des cellules parenchymateuses ; mais leurs parois s'épaississent graduellement et, dans les vieilles tiges, la portion externe du liber est formée, en grande partie, de fibres à parois épaisses, blanches et brillantes. Le parenchyme est formé de cellules irrégulières, aplaties, à parois épaisses, un peu jaunâtres et d'aspect corné. Dans le parenchyme libérien sont dispersés de grandes cellules résinifères. L'écorce de la racine offre une structure assez analogue à celle de la tige, mais elle est remarquable par le grand nombre et la dimension des cellules résineuses qui sont dispersées dans le parenchyme cortical moyen et dans le parenchyme libérien. La saveur de l'écorce est plus forte et accompagnée d'une sensation de chaleur plus énergique que celle des feuilles.

Dans la tige, le bois ne contient pas de trace de matières résineuses, tandis que dans la racine ses vaisseaux sont remplis d'une substance résinoïde jaunâtre. Dans la racine le bois est formé, en majeure partie, de fibres à parois épaisses, très serrées les unes contre les autres, au milieu desquelles sont dispersés des vaisseaux très larges. Les faisceaux ligneux sont séparés les uns des autres par des rayons médullaires formés d'une ou deux rangées de cellules allongées radialement et ponctuées. Dans la racine, il n'existe pas de moelle. Celle de la tige a un contour irrégulièrement polygonal. Elle est formée de grandes cellules parenchymateuses remplies d'amidon.

Le bois de la tige est formé, en majeure partie, de fibres ligneuses à parois épaisses, à cavité très étroite, à contour polygonal, très pressées les unes contre les autres. Au milieu d'elles sont dispersés des vaisceaux ponctués nombreux, arrondis ou elliptiques. Les faisceaux de fibres sont coupés de distance en distance par des éléments à cavité plus large, disposés en cercles concentriques assez réguliers et marquant sans doute des périodes successives d'accroissement. Ces éléments sont en partie des fibres à parois minces et à grande cavité et en partie des cellules parenchymateuses. Elles sont en général un peu allongées tangentiellement.

Composition chimique. — Les feuilles et les tiges renferment une huile essentielle, des alcaloïdes particuliers, de l'acide tannique, de la chlorophylle et différents sels, entre autres de l'oxalate de calcium.

L'huile essentielle présente dans sa composition une grande analogie avec l'essence de citron. L'alcaloïde a reçu le nom de

Pilocarpine. Il existe dans des proportions variant suivant la provenance des feuilles de 0,30 à 3-5-7 p. 100. C'est une matière sirupeuse incolore, dont la composition correspond à la formule $C^{14} H^{16} Az^2 O^2$. Elle est soluble dans l'eau, plus soluble dans l'alcool, la benzine et l'éther.

Harnack et Meyer (*Lieb. Annal. des Chem.* (C. XIX, 67) ont trouvé en outre dans certains échantillons du commerce une base puissante à laquelle ils ont donné le nom de *Jaborine*, qui se distingue de la première, dont elle présente à peu près la composition centésimale, par son peu de solubilité dans l'eau et sa solubilité plus grande dans l'éther. Ce composé est en masses amorphes, incolores. M. Merck a annoncé en outre la présence de deux autres alcaloïdes, la *Pilocarpidine* et la *Jaboridine*. La pilocarpidine, $C^{10} H^{14} Az^2 O^2$, présente de grandes analogies avec la Pilocarpine, mais elle en diffère en ce que ses solutions salines ne sont pas précipitées par le chlorure d'or. La Jaboridine $C^{16} H^{12} Az^2 O^3$ est sirupeuse, mais son nitrate cristallise en beaux prismes.

Usages. — De nombreuses expériences faites sur le *Pilocarpus pennatifolius* ont mis hors de doute l'action de ses feuilles et de l'écorce de sa tige sur la sécrétion de la salive et de la sueur. M. Hardy tendait à admettre que le Jaborandi renfermait deux alcaloïdes, la Pilocarpine, dont l'action sialogogue est incontestable, et un autre auquel il attribue l'action diaphorétique de la plante. Cette action ne serait-elle pas due plutôt à l'huile essentielle qui, en cela, ressemblerait à celle d'un grand nombre de Rutacées. Un fait qui tend bien à faire considérer la pilocarpine comme le véritable sialagogue du Jaborandi, c'est que les vieilles écorces, quoique dépourvues de glandes à huile essentielle, agissent cependant d'une façon très énergique pour produire la salivation et sont en même temps très riches en pilocarpine.

JEQUIRITY

Abrus precatorius L.
(Légumineuses-Papilionacées.)

L'*Abrus precatorius* de Linné, *Jequirity*, *Liane réglisse*, est une liane volubile, à tige ligneuse, pourvue sur ses jeunes rameaux de poils rares, déprimés. Les feuilles sont alternes, abruptipennées, longues de 0m,05 à 0m,07, munies de huit à quinze paires de folioles opposées, subsessiles, linéaires, oblongues, lisses, obtuses aux deux extrémités. Le pétiole principal et les pétiolules sont accompagnés de stipules lancéolées, celles du pétiole principal étant plus grandes que les autres. Les fleurs sont grandes, colorées en rose pâle, disposées en grappes axillaires ou terminales à l'extrémité d'un rameau court, presque dépourvu de feuilles. Le calice est campanulé, tronqué, à cinq dents peu marquées, les deux supérieures unies entre elles dans une étendue plus grande que les autres. L'étendard de la corolle est ovale, légèrement conné avec la base de la gouttière que forment les filets staminaux, réfléchi sur les bords, de la même longueur que les ailes qui sont falciformes et déjetées horizontalement. La carène est cymbiforme, de la même longueur que les autres pétales. L'androcée est formé de neuf étamines unies en un tube fendu au niveau de sa face supérieure. La partie libre des filets staminaux est de longueur inégale, un filet plus long alternant avec un plus court d'une façon régulière. Les anthères ont toutes la même forme; elles sont ovales et peu volumineuses. L'ovaire est petit, caché dans la base du tube staminal, velu, surmonté d'un style très court, à stigmate capité. La gousse est allongée, rhomboïdale, bivalve, étranglée entre les graines et munie en dedans, à ce niveau, de fausses cloisons transversales qui séparent les quatre ou cinq graines qu'elle contient. Ces dernières sont sphériques ou ovoïdes, lisses, d'un rouge brillant, avec une petite tache noire au niveau du hile, ou, plus rarement, noires avec une tache blanche. Elles renferment sous leurs téguments très durs un embryon à cotylédons charnus et à radicule accombante, sans albumen.

Habitat. — L'*Abrus precatorius* habite particulièrement l'Inde orientale, mais on le trouve dans d'autres régions tropicales.

Culture. — Il n'est habituellement pas cultivé.

Parties usitées. — La racine.

Récolte. — On arrache la plante lorsqu'elle est parvenue à son entier développement.

La racine de Jequirity est très allongée, ramifiée, ligneuse, de la grosseur du petit doigt. Elle est colorée extérieurement en brun clair un peu rougeâtre, et en jaune intérieurement. Sa cassure est courte et fibreuse. Son odeur est faible, spéciale, désagréable; sa saveur est à la fois douceâtre et légèrement amère. Coupée en morceaux, elle offre plus d'une ressemblance avec la racine de Réglisse, d'où le nom de Liane réglisse qui a été donné à l'*Abrus precatorius*.

Examinée au microscope, la racine de Jequirity offre de dehors en dedans : 1° une couche de suber assez épaisse, à cellules aplaties, quadrangulaires, sèches et brunâtres; 2° une zone de parenchyme cortical à cellules allongées tangentiellement, munies de parois minces et blanches ; 3° une zone circulaire à peu près continue de cellules sclérenchymateuses irrégulières, un peu allongées pour la plupart dans le sens tangentiel, à parois épaisses, jaunâtres, dures, munies de nombreuses ponctuations. Cette zone s'exfolie dans la tige avec le parenchyme cortical situé en dehors d'elle, par suite de la formation entre elle et le liber d'une couche phellogène. Elle établit dans la racine une limite précise entre le le liber et le parenchyme cortical. Le liber est formé, en majeure partie, de parenchyme dont les cellules sont irrégulières et munies de parois épaisses, blanches et brillantes. Au milieu d'elles sont dispersées sans ordre des fibres libériennes à parois épaisses.

Le bois, séparé du liber par une couche de cambium à cellules étroites, offre, comme l'écorce, une structure très différente de celle qu'on observe dans la racine de Réglisse. Les faisceaux sont séparés les uns des autres par des rayons médullaires dont les uns sont étroits, formés d'une seule rangée radiale de cellules, tandis que d'autres, beaucoup plus larges, offrent quatre ou cinq rangées de cellules. Ces dernières sont, dans les deux cas, ponctuées et allongées radialement.

Les faisceaux ligneux sont formés de cercles concentriques alternes, disposés avec une grande régularité et offrant une structure différente. Les uns sont constitués par des fibres ligneuses à cavité étroite et à parois très épaisses, ayant la structure des fibres ligneuses et libériennes de la racine de Réglisse. Les autres sont formés d'un parenchyme ligneux dont les cellules sont polygonales, munies de parois relativement minces et ponctuées. Dans ces faisceaux sont distribués des vaisseaux relativement peu nombreux, arrondis ou ovoïdes. Le bois de la tige offre la même structure que celui de la racine ; mais les rayons médullaires y sont très étroits, et il existe au centre une moelle à grandes cellules polyédriques qui manque dans la racine.

Composition chimique. — Les feuilles vertes de la racine du Jequirity contiennent un principe sucré encore mal connu, mais qui paraît ressembler à celui de la racine de Réglisse. L'infusion aqueuse concentrée de la racine a une saveur à la fois douceâtre et un peu âcre ; elle est colorée en brun foncé. Quand on y ajoute une solution alcaline de tartrate de cuivre, il se forme un précipité d'oxyde rouge de cuivre qui indique la présence du sucre. En ajoutant à l'infusion aqueuse une goutte d'acide chlorhydrique, on détermine la formation d'un précipité floconneux abondant, soluble dans l'alcool ; en y mélangeant une petite quantité d'acide acétique, on obtient aussi un précipité qui se dissout dans un excès d'acide, comme cela se produit avec la glycyrrhizine de la racine de Réglisse. Il est donc probable que la racine de Jequirity contient de la *Glycyrrhizine*.

Warden a extrait récemment des graines de Jequirity un acide spécial, auquel il a donné le nom d'*acide Abrique*, et dont la composition serait représentée par la formule $C^{24} H^{24} Az O^{3}$. Il n'a pas pu obtenir le principe actif qu'il considère comme étant une huile essentielle.

Usages. — Dans quelques pays chauds on emploie la racine de Jequirity comme succédané de la racine de Réglisse, mais elle est loin de valoir cette dernière.

Les graines de Jequirity jouissent, au contraire, de propriétés thérapeutiques très prononcées. Leur décoction est employée depuis très longtemps, au Brésil, contre les maladies des yeux ; elle a été expérimentée dans ces derniers temps, en France, par M. de Wecker, qui en a obtenu d'excellents effets dans le traitement de la conjonctivite granuleuse aiguë et chronique. Il fait préparer un collyre de la façon suivante : on enlève l'épiderme, qui est inactif, puis on réduit la graine en poudre que l'on fait macérer dans l'eau froide pendant quelque temps. On filtre l'eau de macération et on s'en sert pour faire des lotions trois ou quatre fois par jour. On ne doit pas employer plus de 6 à 15 grammes de graines par 300 grammes d'eau.

La macération de Jequirity agit en déterminant une inflammation substitutive purulente de la conjonctive, inflammation qui varie d'intensité avec le nombre des injections faites et qui disparaît au bout de dix à quinze jours.

D'après Cornil, cette inflammation est déterminée par une espéce de bactéries qui se développe dans la macération. La macération étant mise en contact avec la conjonctive, les bactéries qu'elle renferme se développent sur la conjonctive et y terminent une inflammation utile. M. Cornil a injecté des macérations de Jequirity riches en cette bactérie sous la peau de divers animaux, notamment de grenouilles, de cobayes, de lapins et de chiens. La première injection détermine un phlegmon qui se termine toujours par suppuration et même quelquefois par gangrène; mais cette première inoculation paraît constituer une véritable vaccination; en effet, on peut ensuite injecter sur le même animal des doses deux ou trois fois plus fortes de la même macération sans provoquer le moindre accident. Chez la grenouille, l'injection de la macération microbienne de Jequirity dans le péritoine, à la dose d'un quart de goutte seulement, suffit pour déterminer l'envahissement de tous les vaisseaux de l'organisme par des milliards de microbes. Une goutte du sang de cette grenouille injectée dans le péritoine d'une seconde grenouille détermine la même septicémie microbienne. Les microbes injectés dans l'économie ou développés à la suite d'une injection sont éliminés par les urines et par les matières fécales. Chez le cobaye, ils sont aussi éliminés par les follicules pileux. A la suite d'une injection de Jequirity on vit sourdre à la surface de la peau du cobaye, au niveau des poils qui tombent très facilement, des gouttelettes d'une sérosité chargée de microbes. Une coupe des follicules révéla au microscope la présence dans ces follicules d'un grand nombre des bactéries qui se forment dans la macération du Jequirity. Il nous paraît inutile d'insister sur l'importance de ces faits; ils sont de nature à servir dans une large mesure aux recherches biologiques.

En Orient, on fait avec les graines du Jequirity une pâte que l'on applique, comme irritant local, sur la peau, contre les douleurs sciatiques, les paralysies locales, les maladies nerveuses; on s'en sert aussi, dans la calvitie, pour déterminer la pousse des cheveux.

JUREMA

Acacia Jurema Mart.
(Légumineuses-Mimosées.)

L'*Acacia Jurema* de Martius est un arbre inerme dont les feuilles sont alternes, bipennées, à folioles petites, plurijuguées, obtuses, pubescentes en dessous. Les stipules sont peu développées. Les fleurs, sont petites, hermaphrodites, réunies en épis subcapités, placés dans l'aisselle d'une bractée. Le calice est à cinq sépales unis entre eux à la base, valvaires. La corolle est formée de cinq pétales valvaires. Les étamines, en nombre indéfini, sont insérées sous le gynécée; elles sont libres avec des anthères biloculaires, introrses, déhiscentes par deux fentes longitudinales. L'ovaire est à une seule loge, renfermant sur un placenta pariétal plusieurs ovules bisériés, anatropes. Le style est simple, terminé par un stigmate dilalé. Le fruit est une gousse renfermant plusieurs graines qui contiennent sous leurs téguments un albumen peu épais, entourant un embryon charnu.

Habitat. — L'*Acacia Jurema* habite le Brésil, dans les provinces de Minas Geraes, de Pernambuco et de Bahia.

Culture. — Il n'est l'objet d'aucune culture.

Parties usitées. — L'écorce, les feuilles, le fruit.

Récolte. — On cueille les feuilles quand elles sont entièrement développées, et le fruit à la maturité. On détache l'écorce en tout temps.

Composition chimique. — Nous ne connaissons aucune analyse chimique du Jurema. Cette étude ne serait cependant pas sans intérêt, étant données les propriétés que l'on attribue aux diverses parties de la plante.

Usages. — D'après le formulaire brésilien du Dr Chernovicz, les différentes parties de la plante jouiraient de propriétés narcotiques, mais il ne paraît pas que ces propriétés aient été constatées à l'aide d'expériences scientifiques. L'écorce est astringente; elle est employée par les Indiens dans le pansement des ulcères. Nous ne faisons figurer ici le Jurema que pour attirer sur lui l'attention des savants de l'Europe.

JURUBEBA

Solanum paniculatum L.
(Solanacées-Atropées.)

Le *Solanum paniculatum* de Linné, *Jurubeba*, *Juripeba*, *Jupeba* des Brésiliens, est une plante frutescente, épineuse, peu ramifiée, à feuilles alternes, cordiformes, sinueuses et anguleuses sur les bords, aiguës au sommet. Les fleurs sont disposées en grappes ramifiées, terminales. Elles sont hermaphrodites, régulières, pentamères. Le réceptacle est convexe. Le calice est gamosépale, à cinq divisions; la corolle est blanchâtre, gamopétale, étalée, à tube court, à limbe divisé en cinq lobes. L'androcée est formé de cinq étamines insérées sur le tube de la corolle, à filets courts, à anthères conniventes, biloculaires, introrses, déhiscentes par deux pores terminaux. Le gynécée est supère, formé d'un ovaire biloculaire, à placenta axile, à loges pluriovulées et d'un style simple, capité. Le fruit est une baie sphérique, biloculaire, à loges plurispermes.

Habitat. — Le *Solanum paniculatum* habite les parties sablonneuses et arides des provinces septentrionales du Brésil, notamment celles de Aara et de Pernambuco.

Culture. — Il n'est l'objet d'aucune culture.

Parties usitées. — La racine, les parties herbacées.

Récolte. — On arrache la plante quand elle est entièrement développée et après la floraison.

Composition chimique. — Toutes les parties de la plante sont riches en principe amer et en mucilage. Nous n'en connaissons aucune analyse chimique.

Usages. — Le *Solanum paniculatum* figure sous le nom de *Jurubeba* dans le formulaire brésilien du Dr Chernovicz. Les Brésiliens des provinces où il se trouve en font usage contres les fièvres intermittentes et contre les affections du foie. On en prépare un sirop, une teinture, un extrait. On prénd l'infusion de la racine, chaude, à la dose de 8 grammes de racine pour 360 grammes d'eau. Les feuilles sont employées fraîches et pilées dans le pansement des ulcères. Ce médicament n'a pas encore été expérimenté en Europe. Le groupe auquel il appartient et les propriétés que lui attribuent les médecins du Brésil doivent attirer sur lui l'attention des chimistes et des médecins.

JUSTICIA

Justicia Gendarussa Roxb. (*Gendarussa vulgaris* Nees).
(Acanthacées.)

Le *Justicia Gendarussa* de Roxburgh est un arbuste haut de 1 à 2 mètres, très ramifié, à branches allongées, divergentes, étalées, et à nervures pourprées. Les feuilles sont opposées, grandes, simples, courtement pétiolées, lancéolées, obtuses, lisses, entières sur les bords, munies de nervures colorées en rouge pourpre. Les fleurs sont irrégulières, hermaphrodites, colorées en blanc verdâtre, teinté de pourpre ; elles sont disposées en épis terminaux, feuillés à la base. Le réceptacle est convexe. Le calice est gamosépale, irrégulier, à cinq divisions profondes. La corolle est irrégulière, gamopétale, à tube court, à limbe bilabié, la lèvre supérieure formée de deux lobes indistincts et arqués, la lèvre inférieure trilobée, étalée. L'androcée est formé de deux étamines à filets insérés au-dessous de la gorge de la corolle, à connectif rhumboïdal-lancéolé, à loges anthériques situées obliquement au dessus l'une de l'autre, ovales, l'inférieure éperonnée. Le gynécée est formé d'un ovaire biloculaire à loges biovulées, surmonté d'un style à stigmate bifide. Le fruit est une capsule biloculaire, contenant deux graines dans la partie supérieure de chacune de ses deux loges, la partie inférieure restant stérile.

Le *Justicia Adhatoda* L. (*Gendarussa Adhatoda* Nees) est très voisin du précédent.

Habitat. — Le *Justicia Gendarussa* est indigène des îles de l'archipel Malais; on le trouve dans les jardins de l'Inde continentale.

Culture. — Il est cultivé dans l'Inde et dans d'autres pays tropicaux comme plante d'ornement.

Parties usitées. — Les feuilles et les jeunes pousses, les inflorescences, les racines.

Récolte. — Les racines peuvent êtres arrachées en tout temps. Les fleurs sont cueillies après leur épanouissement. Les feuilles sont cueillies jeunes ou après leur entier développement.

Composition chimique. — Les feuilles et les bourgeons exhalent quand on les froisse une odeur forte, spéciale, assez agréable. Nous ne connaissons aucune analyse chimique de ces plantes, qui cependant jouissent, dans l'Inde, d'une assez grande réputation.

Usages. — Les indigènes emploient la décoction du *Justicia Gendarussa* contre les rhumatismes. Il est probable qu'elle agit comme diaphorétique. La racine passe pour jouir de propriétés émétiques.

Le *Justicia Adhatoda* est considéré comme antispasmodique. On en a fait un grand usage, et il jouit d'une très grande réputation contre l'asthme et la plupart des maladies bronchiques. Quelques médecins anglais de l'Inde ont publié des observations intéressantes relatives à son emploi dans le traitement de l'asthme et de la bronchite chronique. Il agit surtout dans les cas où il n'existe pas de fièvre. Ces observations demandent à être confirmées par des recherches nouvelles, plus rigoureuses. C'est dans le but d'attirer sur ces plantes l'attention des savants français que nous les faisons figurer ici. Les médecins de l'Inde font surtout usage de l'extrait aqueux et de la teinture alcoolique. Dans la préparation des extraits et de la teinture des Justicia ils ajoutent souvent du Poivre long qui paraît augmenter l'action des Justicia.

KALADANA

Pharbitis Nil Chois. (*Convolvulus Nil* L.).
(Convolvulacées-Convolvulées.)

Le *Pharbitis Nil* de Choisy, auquel il serait préférable de donner le nom d'*Ipomœa Nil*, car les Pharbitis ne sont réellement qu'une section du genre Ipomæa, est une plante volubile, annuelle, à tige et rameaux arrondis, velus, atteignant une hauteur de 2 à 4 mètres et la grosseur d'une plume d'oie. Les feuilles sont pédonculées, larges, cordées à la base, aiguës au sommet, trilobées, laineuses, longues de $0^m,05$ à $0^m,10$. Les fleurs sont disposées en cymes axillaires de deux ou trois fleurs, portées par des pédoncules aussi longs que les pétioles, arrondis et velus, et accompagnées de bractées linéaires. Les sépales sont linéaires. La corolle est large, campanulée, infundibuliforme, colorée en bleu clair très brillant. L'ovaire est triloculaire, surmonté d'un style cylindrique, terminé par un stigmate subglobuleux, volumineux, trilobé. Chaque loge ovarienne contient deux ovules anatropes, dressés, à micropyle dirigé en bas et en dehors. La capsule est beaucoup plus courte que le calice, lisse, triloculaire, chaque loge contenant deux graines à tégument épais et noir, à albumen mucilagineux, à embryon formé d'une grosse radicule dirigée vers le micropyle, et de deux cotylédons foliacés et épais, charnus, très larges, appliqués l'un contre l'autre par leur face interne, munis près de la base de deux auricules qui descendent de chaque côté de la radicule. Les bords externes des deux cotylédons se rapprochent l'un de l'autre, et deviennent contigus au niveau du bord mince de la graine, tandis que leur limbe forme de nombreux replis. L'albumen pénètre dans l'intervalle de tous ces plis.

Habitat. — Le Kaladana habite les régions tropicales des deux mondes.

Culture. — Il est cultivé dans certains pays comme plante d'ornement. Il ressemble beaucoup au Grand Convolvulus de nos jardins (*Convolvulus Hispida*); avec sa grande corolle bleue il produit un très bel effet.

Parties usitées. — La graine.

Récolte. — On cueille le fruit quand les graines sont mûres.

Les graines ont la forme d'une section de sphère, elles ont 0m,005 de long environ, et à peu près autant de large; il en faut une centaine pour un poids de 6 grammes. Leur face dorsale est convexe; leurs faces latérales sont aplaties ou très légèrement concaves; le bord interne, sur l'une des extrémités duquel se trouve le micropyle, est assez mince. Leur coloration est d'un noir foncé, sauf au niveau de l'ombilic qui est noirâtre et un peu velu. Le tégument est épais, dur et sec. Il recouvre un embryon à radicule conique et à cotylédons foliacés, très développés, plissés, logeant entre leurs plis un albumen très mince.

Les téguments de la graine de Kaladana sont constitués de dehors en dedans par : 1° une couche de cellules épithéliales à paroi extérieure épaisse, cuticularisée, soulevée en papilles coniques; 2° une couche de petites cellules quadrangulaires, à parois assez épaisses; 3° une couche de cellules prismatiques, très allongées radialement; 4° une zone formée de plusieurs couches de cellules irrégulières, très comprimées dans certains points, à parois minces et claires. En dedans des téguments on trouve l'albumen, dont la couche extérieure est formée de cellules prismatiques bien distinctes, aplaties sur leur face externe; les couches plus intérieures sont transformées en mucilage et n'offrent plus que des lignes vagues, indécises, les parois cellulaires ayant été gonflées, puis détruites. Les cotylédons sont formés de cellules polygonales. Les glandes qu'ils renferment sont constituées chacune, autant qu'on peut en juger d'après l'état adulte, par un méat intercellulaire, très dilaté, dans lequel s'accumule un liquide jaunâtre; cette cavité est bordée par une couche de cellules allongées dans le sens de la circonférence, un peu aplaties, destinées à sécréter l'huile.

Composition chimique. — Les graines de Kaladana doivent leurs propriétés purgatives à une résine qui est employée dans l'Inde sous le nom de *Pharbitisine* et qui est assez analogue à la résine du Jalap ou *Convolvuline*. La résine de Kaladana est soluble dans l'alcool, insoluble dans l'éther et dans la benzine. Sa saveur est âcre et nauséeuse; son odeur est forte, désagréable surtout quand on la fait chauffer; elle fond vers 160° C; elle forme avec l'acide sulfurique concentré une solution jaune brunâtre qui ne tarde pas à tourner au violet; quand on la fait chauffer avec de l'acide azotique on obtient de l'*acide Ipomœique* (écrit par erreur *acide Ipomique*) de Meyer. D'après Flückiger et Hanbury, le meilleur moyen de préparer en grande quantité la résine de Kaladana serait de traiter les graines par l'acide acétique, puis de précipiter la résine en neutralisant la solution.

En épuisant les graines de Kaladana desséchées à 100° C. avec de l'éther bouillant, Flückiger a obtenu une huile épaisse, colorée en brun clair, se concrétant à 18° C., douée d'une saveur âcre. L'eau enlève aux graines une certaine quantité de mucilage en partie soluble dans l'alcool dilué, d'où il est précipité par une solution alcoolique d'acétate de plomb. Les graines contiennent aussi une petite quantité de tannin.

Usages. — Les graines de Kaladana jouissent de propriétés cathartiques semblables à celles du Jalap; elles peuvent être employées dans les mêmes cas. Les Indiens les font griller et les mangent pour se purger. La Pharmacopée de l'Inde prescrit la résine de Kaladana ou Pharbitisine dont nous avons parlé plus haut, la teinture alcoolique obtenue par macération des graines, un extrait alcoolique et une poudre composée de Kaladana dans laquelle entrent du tartrate acide de potassium et du gingembre

KAMALA

Echinus Philippinensis H. Bn.
(Euphorbiacées-Crotonées.)

Le Kamala, *Echinus Philippinensis* de M. H. Baillon (*Croton Philippinensis* Lamk, *Rottlera tinctoria* Roxb., *Mallotus Philippinensis* Mull. Arg.) est un grand arbuste ou un petit arbre haut de 7 à 10 mètres; les rameaux jeunes, les pétioles et les inflorescences sont couverts de poils étoilés, courts, couleur de rouille. Les feuilles sont alternes, à pétiole ordinairement deux fois plus court que le limbe, renflé au sommet et accompagné à la base de deux bractées latérales, larges, triangulaires, ovales, aiguës. Le limbe foliaire est long de 0^{m},08 à 0^{m},12 et large de 0^{m}06 à 0^{m}07, triplinervié, rhomboïdo-ovale ou rhomboïdo-lancéolé, acuminé, aigu, ou plus rarement subcordé à la base, non pelté, muni à la base de deux glandes, entier ou subdenticulé sur les bords, glabre sur la face supérieure, couvert en dessous de poils tomenteux et de glandes pulvérulentes, rougeâtres. Les fleurs sont disposées en épis axillaires et terminaux, et situées dans l'aisselle de petites bractées. Les fleurs mâles sont disposées trois par trois dans l'aisselle de chaque bractée; leur calice est profondément divisé en trois à cinq lobes valvaires dans la préfloraison, ovales-lancéolés. L'androcée se compose de quinze à vingt-cinq étamines insérées au centre de la fleur sur un prolongement du réceptacle un peu dilaté et dépourvu de glandes. Les filets sont allongés et portent chacun une anthère biloculaire, introrse, déhiscente par deux fentes longitudinales. Les loges sont obliques et surmontées par le connectif ovoïde, épaissi et subapiculé. Les fleurs femelles sont solitaires dans l'aisselle de chaque bractée. Leur calice est divisé en cinq lobes réguliers, ovales-lancéolés. Elles sont dépourvues de disque, ainsi que les fleurs mâles. L'ovaire est triloculaire, couvert de petits poils tomenteux étoilés et de glandes pourprées; il est surmonté d'un style d'abord simple, puis bientôt divisé en trois branches couvertes sur leur face interne de papilles stigmatiques Chaque loge ovarienne contient un seul ovule anatrope, suspendu, à mycropyle dirigé en haut et en dehors. Le fruit est une capsule tricoque, longue de 0m,008 à 0m,009 et à peu près aussi large, deux ou trois fois plus longue que son pédoncule, couverte de glandes jaunâtres. Chaque coque de l'ovaire s'ouvre en deux valves et met à découvert une seule graine suspendue, à micropyle recouvert d'un arille peu développé. Elle renferme sous ses téguments un albumen abondant et un petit embryon à cotylédons foliacés.

HABITAT. — Le Kamala habite l'Abyssinie, le sud de l'Arabie, Ceylan, la péninsule Indienne, la presqu'île Malaise, les Philippines, l'est de la Chine, le nord de l'Australie, le Queensland et la Nouvelle-Galles du Sud.

CULTURE. — Il n'est l'objet d'aucune culture. En Europe, il exige la terre tempérée.

PARTIES USITÉES. — Les glandes qui couvrent la capsule. Ces glandes existent aussi sur tous les autres organes de la plante.

RÉCOLTE. — On ne récolte guère les glandes de Kamala que dans l'Inde. On cueille les fruits à la maturité et on les agite dans un panier, pour faire détacher les glandes, celles-ci tombent à travers le fond du panier sur une toile où on les recueille à l'état d'une poudre rougeâtre.

Tel qu'il se présente dans la droguerie, le Kamala est une poudre granuleuse, cramoisie, ordinairement mélangée de poils grisâtres de la plante, de débris de feuilles et autres impuretés qui ternissent sa coloration. Son odeur et sa saveur sont à peu près nulles, mais sa solution alcoolique versée dans l'eau exhale une odeur de melon. Quand on la projette dans la flamme, elle brûle comme la poudre de Lycopode.

Examinée au microscope, la poudre de Kamala se montre formée de glandes sphériques, irrégulières, formées d'une membrane amorphe, en dedans de laquelle se trouvent une quarantaine de cellules. Entre la membrane extérieure qui représente la cuticule des cellules qu'elle enveloppe et ces dernières, il existe une matière rougeâtre, résineuse. Celle-ci a été sécrétée, puis excrétée par les cellules dont elle a soulevé la cuticule.

Composition chimique. — L'eau attaque à peine le Kamala, même après ébullition; l'alcool, l'éther, le chloroforme et la benzine lui enlèvent 80 p. 100 environ d'une résine rouge, soluble dans l'acide acétique cristallisable, et dans le sulfure de carbone, mais non dans l'éther de pétrole. Leube a dédoublé cette résine en deux autres ayant des points de fusion différents et inégalement solubles. Andenac en a extrait une substance cristalline à laquelle il a donné le nom de *Rottlérine*, et qui a pour composition $C^{22}H^{5}O^{6}$. Cette substance est peu connue. Quand on la fait fondre avec de la potasse caustique, elle fournit l'acide paraoxybenzoïque.

Usages. — La poudre de Kamala est employée dans l'Inde contre le tœnia avec un incontestable succès. On en a fait usage avec non moins de réussite contre l'herpès circiné. Elle sert aussi comme matière tinctoriale; elle donne à la soie une belle couleur brun orange. Cette drogue n'a pas encore pénétré dans la médecine européenne.

KAVA

Piper methisticum Forst.
(Pipéracées.)

Le Kava est un arbuste à feuilles alternes, de grande taille, longuement pétiolées, ovales-arrondies, courtement acuminées au sommet, profondément échancrées en cœur à la base, longuement pétiolées; de l'extrémité du pétiole partent onze à treize nervures finement pubescentes qui s'enfoncent en rayonnant dans le limbe ; celui-ci est mince et membraneux, coloré en vert foncé en dessus, plus pâle en dessous. Les fleurs sont dioïques ; les mâles et les femelles disposées en chatons axillaires, solitaires, très courts. Les fleurs mâles sont réduites à deux étamines insérées à l'aisselle d'une petite bractée, formées d'un filet court et d'une anthère biloculaire, bilobée, déhiscente par deux fentes qui paraissent être transversales. La fleur femelle est formée seulement d'un ovaire sessile, inséré dans une petite fossette à l'aisselle d'une bractée charnue, presque cupuliforme. L'ovaire est uniloculaire, uniovulé, à ovule orthotrope ; il est surmonté d'un stigmate presque sessile, plurilobé. Le fruit est une baie sessile, à péricarpe d'abord charnu, puis sec, contenant une seule graine albuminée, à embryon très petit. La racine est épaisse, ligneuse, aromatique.

Habitat. — Le Kava habite les îles de la Société, les Sandwich, les Wallis et quelques autres archipels de l'Océanie orientale.

Culture. — Il vient à l'état sauvage, mais il est aussi l'objet de quelques soins de la part des indigènes.

Parties usitées. — Les racines.

Récolte. — On arrache la racine lorsque la plante a atteint tout son développement. Les indigènes de l'Océanie la mâchent tant qu'elle est encore fraîche, et ils obtiennent la liqueur de Kava de la façon suivante. Des jeunes filles ou des jeunes gens, après s'être lavé la bouche et les dents, mâchent lentement des fragments de racine jusqu'à ce que le tissu fibreux soit bien divisé et que le tout forme un bol homogène. Tous ces bols gluants de salive sont réunis dans un vase creux en bois dur qui porte le nom d'*urneb ;* on les y délaie dans une quantité d'eau déterminée, en les pressant doucement avec la main. Le breuvage, débarrassé ensuite des filaments en suspension, est servi immédiatement et sans avoir subi aucune fermentation. Deux bouchées de racine mâchée, délayées dans un verre d'eau fraîche, constituent la dose ordinaire.

Les Européens qui veulent prendre le Kava se contentent de gratter la racine et de la mettre en contact pendant un certain temps avec l'eau froide.

Cette sorte de liqueur est d'un jaune trouble. Sa saveur tient de celle de la rhubarbe.

Composition chimique. — La racine de Kava contient une résine âcre, aromatique, mais peu connue, à laquelle probablement elle doit ses propriétés, et qu'on en a retiré dans la proportion de 2 p. 100, et une substance analogue à la Pipérine, trouvée d'abord par Cuzent qui lui donna le nom de *Kavaïne*, puis mieux étudiée par Gobley, qui lui a donné le nom de *Méthysticine*. Elle cristallise par évaporation de sa solution alcoolique en petites aiguilles soyeuses, blanches, inodores et insipides, insolubles dans l'eau, peu solubles dans l'alcool froid et dans l'éther, solubles dans l'alcool chaud. Elle est coloré en jaune par l'acide chlorhydrique et l'acide azotique, et en violet par l'acide sulfurique. Sa formule n'est pas exactement connue, mais elle renfermerait, d'après Gobley, de l'oxygène, de l'azote, de l'hydrogène et du carbone. Ce corps a besoin d'être mieux étudié.

Usages. — Nous avons indiqué plus haut l'usage que les indigènes de l'Océanie font du Kava. Quant à la médecine européenne elle a depuis quelque temps porté une attention assez sérieuse sur cette plante, et elle en a fait l'objet d'observations intéressantes quoique encore très imparfaites.

En ce qui concerne l'action physiologique de la macération de racine de Kava, les opinions des médecins sont très diverses. Les uns lui accordent la propriété de produire une sorte particulière d'ivresse, les autres la considèrent comme n'exerçant aucune action de ce genre. M. Duplouy, particulièrement, raconte qu'il a pu boire, aux îles Wallis, une grande quantité de macération de racine de Kava sans éprouver la moindre ivresse. Il ressentit seulement une augmentation de l'appétit et une certaine excitation du système nerveux central. D'après Messer, lorsque le Kava est pris en excès il détermine une certaine torpeur de la sensibilité et de la parésie du système musculaire. D'après Kerteven, dont les observations concordent à cet égard avec celles de Messer, les gens qui ont bu trop de Kava ressemblent à des ivrognes dont les idées seraient restées saines, tandis que les jambes titubent et peuvent à peine soutenir le corps. D'après Cuzent : « Les gens qui boivent habituellement du Kava ne trébuchent pas quand ils sont ivres et ne parlent pas fort. Ils sont pris d'un tremblement général, marchent lentement et d'un pas incertain ; ils conservent toute leur raison, et lorsque l'effet du Kava est à sa dernière période, ils ressentent une faiblesse extrême dans toutes les articulations. La céphalalgie arrive et l'envie de dormir se fait violemment sentir ; un silence et un repos absolus deviennent alors indispensables. » Le sommeil donné par le Kava serait, d'après le même observateur, accompagné de rêves érotiques et il déterminerait une excitation des désirs génésiques. Il raconte le propos suivant d'un vieillard de Taïti : « Quand on boit du Kava on pense beaucoup aux femmes ; aussi celles-ci ont-elles une grande prédilection pour les buveurs de Kava et les recherchent-elles de préférence comme étant les plus raffinés en amour. » Les observations de Gobley, d'après lesquelles le Kava déterminerait une excitation du système nerveux central et provoquerait en même temps une excitation vasomotrice des capillaires des organes génito-urinaires tendent à confirmer l'opinion des Taïtiens relativement aux propriétés aphrodisiaques du Kava.

En résumé, le Kava serait un excitant du système nerveux central, peut-être aussi un excitant des vasomoteurs des organes du bassin, mais en même temps, et peut-être comme suite à l'excitation du centre nerveux, il produit un affaiblissement de la tonicité musculaire, surtout dans les membres inférieurs. Enfin il active la sécrétion urinaire.

Dans la thérapeutique on fait surtout usage du Kava contre la blennorrhagie ; mais ses vertus contre cette maladie ne sont pas encore hors de contestations. Les premières doses de la macération de Kava produisent, d'après M. Duplouy, une légère augmentation de la douleur en urinant et de la sécrétion muco-purulente, mais bientôt ces deux phénomènes diminuent d'intensité et la guérison ne tarde pas à survenir. Gobley n'a obtenu que des effets beaucoup moins probants, mais cependant assez conformes à ceux que signale Duplouy. D'après ce dernier, le Kava aurait l'avantage sur les autres antiblennorrhagiques de ne provoquer ni troubles gastriques, ni diarrhée, ni constipation, d'être bu sans dégoût et d'exciter l'appétit.

On administre le Kava comme antiblennorrhagique à l'état de macération ou d'infusion dans l'eau, à la dose de 5 à 10 grammes pour 1 litre d'eau. On en a aussi préparé un extrait fluide que l'on prescrit à la dose de 20 grammes mélangés à 64 grammes de glycérine.

KOLA

Kola acuminata R. Br. (*Sterculia acuminata* Pal. Beauv., *S. verticillata* S. et Th., *S. macrocarpa* Don, *Siphonopsis monoica* Karst).

(Malvacées-Sterculiées.)

Le *Kola acuminata* de Robert Brown est un arbre de 10 à 20 mètres de hauteur dont le port rappelle celui du châtaignier, à tronc cylindrique, droit, à écorce épaisse, grisâtre et fendillée. Les rameaux sont cylindriques, lisses, pendants au point de toucher la terre. Les feuilles sont alternes, simples, longuement pétiolées, coriaces, à limbe velu, bordé par un repli glabre sur les deux faces, à nervures très apparentes à la face inférieure. Elles sont ovales, acuminées, mucronées au sommet et très atténuées à la base. Généralement entières, elles deviennent parfois trilobées aux extrémités des rameaux et près des inflorescences. Lorsqu'elles sont jeunes ces feuilles sont couvertes, sur le trajet des nervures surtout, de poils caducs disposés en étoile et entremêlés de nombreuses glandes sphériques sans pédicules. Les fleurs apparaissent deux fois par an, en juin et novembre ; elles sont régulières, apétales, polygames ; elles forment des cymes paniculées terminales et axillaires douées d'une légère odeur de vanille, dépourvues de bractées et articulées. Le calice est gamosépale, cupuliforme, jaune verdâtre ou blanc marqué de pourpre, à cinq ou six divisions cunéiformes, lancéolées, étalées et entièrement couvertes de poils en étoile. La fleur mâle présente dix à quinze étamines réunies en une colonne centrale plus courte que le périanthe, portant les loges des anthères superposées, extrorses, à déhiscence longitudinale. Dans la fleur hermaphrodite le périanthe est analogue ; les étamines sont sessiles, disposées en cercle régulier, à anthères superposées, mais plus petites que dans la fleur mâle, et à pollen souvent avorté. Le gynécée est formé de cinq carpelles superposés aux divisions du périanthe, il est indépendant, uniloculaire et contient dans chaque loge, sur un placenta pariétal situé dans l'angle interne, deux rangées d'ovules ascendants, anatropes. Les styles sont nuls ; les stigmates, au nombre de cinq, sont glanduleux, subulés et réfléchis. Le fruit, qui prend une couleur jaune brunâtre quand il est mûr, est composé d'un nombre de follicules moindre que celui des loges de l'ovaire. Chaque follicule est sessile, oblong, obtus ou rostré, coriace, semi-ligneux, bosselé à l'extérieur, lisse, long de 0^m,08 à 0^m,16, large de 0^m,06 à 0^m,07 ; il renferme de cinq à dix semences oblongues, obtuses, subtétragones, à testa membraneux, rouge ou blanc jaunâtre. Les cotylédons, au nombre de deux, trois, quatre et même cinq et six, sont très épais, durs, apprimés, plans, rouges ou jaunes, à radicule dirigé vers le hile. Ils forment à eux seuls presque toute la graine.

HABITAT. — Le *Kola acuminata* se rencontre sur la côte occidentale d'Afrique, entre le 10e degré de latitude N. et le 5e degré de latitude S., et s'avance dans l'intérieur jusqu'à 800 kilomètres environ. Il paraît être inconnu sur les côtes orientales d'Afrique. On l'a introduit dans les Indes orientales, aux Seychelles, à Calcutta, aux États-Unis.

Culture. — Le Kola recherche les terrains humides et ne s'élève pas à plus de 300 mètres au-dessus du niveau de la mer.

Parties usitées. — Les graines.

Récolte. — Cet arbre peut donner, quand il est âgé de dix ans, jusqu'à 45 kilogrammes environ de graines par récolte et celle-ci peut se faire deux fois par année. Elle est facilitée par la disposition tombante des branches, et elle est pratiquée par des femmes qui enlèvent les graines des gousses, les mondent de leur épisperme et, pour les conserver fraîches, les placent dans des paniers faits d'écorces d'arbre en les recouvrant de feuilles de Bal (*Sterculia cordifolia*) qui, par leur épaisseur et leurs dimensions, les préservent d'une évaporation trop rapide. Leur conservation dans cet état peut se prolonger pendant un mois et même davantage si l'on a soin de laver les graines avec de l'eau fraîche et de renouveler les feuilles. La récolte se fait en octobre, en novembre et en mai-juin.

Les graines de Kola, mises en panier de la façon qui a été indiquée, sont expédiées en Gambie et à Gorée où se fait le commerce principal, et de là portées par caravanes dans l'intérieur de l'Afrique. Dès que ces graines commencent à se rider, on les fait sécher au soleil et, par mouture, on les réduit en une poudre fine que l'on expédie jusqu'au centre du continent africain chez les peuplades riveraines du Niger. On les exporte également au Brésil pour les besoins des nègres africains. Leur valeur est parfois considérable, car une seule graine, qui vaut à Gorée de 0 fr. 30 à 0 fr. 50, se vend jusqu'à 5 francs sur les bords du Niger et atteint même, quand elle est rare, la valeur d'un esclave, ou se vend au poids de l'or.

L'épiderme de la graine est formé d'une couche unique de cellules renfermant les matières colorantes. Il porte dans toute son étendue des stomates placés sur la face externe convexe de la graine et sur la face interne plate. Au-dessous de cet épiderme tout le tissu cotylédonaire est constitué par un amas de cellules dépourvues de méats et gorgées de grains d'amidon très volumineux, comparables à ceux de la pomme de terre. C'est dans ces cellules que sont renfermées à l'état libre la caféine et la théobromine.

Composition chimique. — La composition chimique, d'abord étudiée par Daniell et Attfield, en Angleterre, a été, de la part de Heckel et Schlagdenhaufen, l'objet de nouvelles investigations.

La noix de Kola renferme de la *Caféine* dans la proportion de 2,348 p. 100, de la *Théobromine*, du tannin, du *rouge de Kola*, du glucose, de l'amidon, etc.

Usages. — Le Kola est employé par les Africains à l'état frais comme masticatoire, à l'état sec comme aliment. Sa saveur est d'abord sucrée, puis astringente et amère. Dans la graine sèche l'amertume est remplacée par une saveur plus douce. Les indigènes préfèrent les graines qui ne présentent que deux fentes aux cotylédons, prétendant qu'elles sont moins âpres que les autres. Cette mastication aurait la propriété de rendre agréable et fraîche l'eau la plus chaude et la plus saumâtre. Lorsqu'elles sont ingérées à l'état sec et pulvérisées, les graines apaisent la sensation de la faim, comme le fait la coca, et rendent ceux qui en font usage propres à supporter sans fatigue les travaux prolongés. Elles préservent des flux intestinaux. Les propriétés excitantes de ces graines, dues à la caféine et à la théobromine, sont sans conteste des plus manifestes et les font rechercher par les Européens qui habitent les côtes occidentales d'Afrique dès qu'ils ont surmonté la répugnance que causent l'amertume et l'astringence de ses cotylédons charnus. Quant à leurs propriétés aphrodisiaques elles sont fort controversées.

D'après H. Baillon (*Étude sur l'herbier du Gabon*), d'autres plantes africaines du même genre peuvent donner des graines analogues à celles du vrai Kola. Ce sont : *Kola Duparquetiana* Barka du Gabon, *K. ficifolia,* dont l'embryon charnu à cotylédons épais, obovales, comprimés, remplit toute la graine, *K. heterophila* Mart., *K. cordifolia* Cav., et peut-être *St. tomentosa* Houd. D'après Heckel il est douteux que ces graines renferment de la caféine, car elles seraient dans ce cas aussi recherchées que celles du vrai Kola.

Au point de vue thérapeutique, l'action du Kola a été résumée de la façon suivante par un élève de Dujardin-Beaumetz qui en a fait l'objet de sa thèse inaugurale (MONNET, *Du Kola*, Thèse de Paris, 1874) :

1° Le Kola, par la caféine et la théobromine qu'il renferme, est un tonique du cœur, dont il fortifie la puissance dynamique et régularise les battements; 2° à la seconde phase de son action, à l'exemple de la digitale, c'est un régulateur du pouls dont il ralentit et relève les pulsations; 3° comme corollaire de son action sur la pression du sang dans les vaisseaux, on voit la diurèse augmenter, et, à ce titre, on peut essayer le Kola logiquement dans les affections cardiaques avec œdème et anasarque; 4° excitateur des fibres musculaires lisses à dose thérapeutique, le Kola paraît avoir une action parésiante sur les muscles striés (à dose toxique) ; 5° c'est un aliment d'épargne qui diminue les déchets organiques (urée), probablement en exerçant une action spéciale sur le système nerveux (aliment nerveux de Mantegazza); 6° c'est un tonique dont l'emploi est indiqué dans les anémies, les affections chroniques à forme débilitante et dans les convalescences des maladies graves; 7° il favoriserait la digestion, soit en augmentant la sécrétion des sucs stomacaux (eupeptique), soit en agissant sur les fibres lisses de l'estomac auxquelles il rendrait de l'énergie dans les dyspepsies atoniques; 8° enfin, c'est un antidiarrhéique excellent (Dariau, Cunéo, Huchard), sans qu'on puisse, d'une façon bien nette, expliquer physiologiquement son action.

LEPTANDRA

Leptandra Virginica NUTT. (*Veronica Virginica* L.).
(Scrophulariacées-Rhinanthées.)

C'est une plante herbacée, vivace, à rhizome rameux. Ses tiges annuelles, qui naissent du rhizome, sont hautes de 0m,80 à 2 mètres, dressées, herbacées, verdâtres, arrondies. Les feuilles verticillées par quatre ou six sont simples, entières, brièvement pétiolées et presque sessiles, oblongues ou lancéolées, dentées fortement en scie sur les bords, d'un vert clair à la face supérieure, d'un vert grisâtre à la face inférieure, avec une nervure médiane très saillante. Les verticilles des feuilles sont écartés l'un de l'autre de 0^m,07 à 0^m,08 environ et rapprochés au sommet de la tige. Les fleurs forment à la partie supérieure de la tige feuillée un épi cylindrique, long de 0^m,12 à 0^m,15 environ. Elles sont hermaphrodites, irrégulières, d'un blanc veiné de rose et très petites. Le calice est gamosépale, régulier, à quatre lobes unis. La corolle est rotacée, à quatre lobes, les supérieurs plus grands que les autres. Les étamines sont exsertes, au nombre de deux, à longs filets libres, filiformes, à anthères biloculaires, introrses et déhiscentes par deux fentes longitudinales. L'ovaire est libre, à deux loges renfermant chacune un certain nombre d'ovules anatropes insérés sur un placenta axile. Le style est simple, à stigmate bilobé. Le fruit, de la grosseur d'un grain de millet, est une capsule comprimée perpendiculairement à la cloison, à déhiscence loculicide, s'ouvrant en deux valves et renfermant des graines albuminées à embryon droit.

HABITAT. — Cette plante croît communément au Canada et dans le nord des États-Unis.

PARTIES USITÉES. — Le rhizome.

CULTURE. — Elle n'est l'objet d'aucune culture.

RÉCOLTE. — On récolte le rhizome en tout temps et on le fait sécher à l'ombre.

Il est horizontal, long de 0^m,10 à 0^m,15, épais de 0^m,006 environ, un peu aplati, rameux, d'un brun noirâtre, et couvert de cicatrices sur la partie supérieure. Sa cassure est ligneuse ; son écorce est mince, noirâtre ; son bois est jaunâtre et pourvu d'une moelle épaisse, colorée en brun pourpre. Les radicules sont minces, fragiles. La saveur de ce rhizome est amère et un peu âcre.

COMPOSITION CHIMIQUE. — Le rhizome, d'après l'analyse de Wayn, renferme de la *Leptandrine,* une huile volatile, du tannin, de la gomme, des résines, du glucose, etc.

La *Leptandrine* s'obtient, d'après Wayn, en précipitant l'infusion du rhizome par le sous-acétate de plomb, enlevant l'excès de plomb par le carbonate de sodium, et faisant absorber le principe actif par le charbon animal. Celui-ci est ensuite lavé par l'eau jusqu'à ce qu'il passe avec une saveur amère, puis traité par l'alcool bouillant qui, par évaporation spontanée, laisse déposer une substance cristalline, très amère, soluble dans l'eau, l'alcool et l'éther.

La Leptandrine du commerce ne présente aucun rapport avec cette substance pure. On l'obtient généralement en précipitant par l'eau la teinture alcoolique évaporée en consistance sirupeuse, filtrant pour enlever le liquide et desséchant le produit au bain-marie. On recueille ainsi environ 6 p. 100 du poids du rhizome d'une poudre sèche, résineuse, d'un brun sombre, d'une odeur désagréable et d'une saveur légèrement amère. Examinée au microscope, elle paraît formée de fragments aigus, de dimensions variables, d'un brun rougeâtre, et dont les plus petits sont transparents. Cette préparation, dont la composition varie singulièrement, suivant son degré de pureté et le mode de préparation, ne paraît pas jouir des propriétés actives de la racine.

Lhoyd (*Amer. Journ. of Pharm.*, octobre 1880), se fondant sur ce fait, reconnu du reste par Wayn et Mayer, que l'eau qui a servi à précipiter cette résine présente une saveur très amère et qu'il y a lieu de penser qu'elle retient le principe actif du *Leptendra*, a proposé de remplacer la Leptandrine du commerce par la préparation suivante : La teinture alcóolique est précipitée par l'eau froide ; le liquide séparé par dissolution est évaporé en consistance d'extrait solide, que l'on mélange à la résine desséchée et pulvérisée. Le tout est divisé en menus fragments et desséché dans un courant d'eau chaude. On obtient ainsi 10 p. 100 environ du poids du rhizome d'un extrait dont les propriétés sont analogues à celles de ce rhizome et diffèrent de celles de la Leptandrine commerciale. En effet, lorsqu'on traite cette dernière par l'eau, on obtient un liquide incoloro et insipide, tandis que, dans les mêmes conditions, l'extrait donne une liqueur colorée en brun et d'une amertume très prononcée.

Usages. — Le rhizome du *Leptandra Virginica* passe pour posséder des propriétés altérantes, cholalogues, laxatives et toniques. Il est employé aux États-Unis dans les cas où les fonctions du foie doivent être stimulées, dans la dysenterie, le choléra infantile et spécialement la fièvre typhoïde. Les formes pharmacologiques employées sont l'extrait pilulaire et l'extrait fluide. La Leptandrine commerciale se donne à la dose de 0 gr. 15 à 0 gr. 30. Cette plante figure dans la Pharmacopée des États-Unis.

LERIA

Leria nutans DC.
(Composées-Mutisiées.)

Cette plante, qui porte au Brésil le nom de *Lingua de vacca,* à cause de la forme de ses feuilles, est une plante herbacée, vivace. Son rhizome est tortueux et couvert de fibres radicales minces et comprimées. Les feuilles radicales qui naissent du rhizome sont disposées en rosette et sublyrées ; leurs lobes latéraux sont un peu arrondis, petits, obtus ; le terminal est plus grand, large et ovale. Toutes les feuilles sont denticulées et molles, glabres à la face inférieure. Du milieu des feuilles s'élève une tige simple, fistuleuse, portant des fleurs disposées en capitules multiflores, hétérogamés et radiés. Celles du rayon sont purpurines. L'involucre est formé d'écailles linéaires, subulées, irrégulièrement subimbriquées. Le réceptacle est nu. Les fleurs du disque sont hermaphrodites ; celles du rayon sont femelles. La corolle des premières est tubuleuse, obscurément bilabiée, à lèvres tridentées ; celle des secondes est brièvement ou longuement déchiquetée, suivant qu'elle appartient au rang intérieur ou extérieur. Les anthères des fleurs du disque sont appendiculées au sommet. Dans les fleurs hermaphrodites, le style est filiforme, à stigmate brièvement bilobé ; dans les fleurs femelles les lobes du stigmate sont plus allongés et réfléchis. L'achaine est oblong, comprimé, atténué à la base, terminé au sommet par un bec glabre, grêle, long, portant des soies très fines.

Habitat. — Cette espèce habite les bois montueux et secs du Mexique, près de Jalapa et de San Andrea. On la retrouve à la Nouvelle-Grenade, au Brésil, près de Bahia, à Rio-Janeiro, à la Guadeloupe, à Porto-Rico, etc.

Culture. — Elle n'est pas cultivée.

Parties usitées. — Le rhizome et les feuilles, dont la saveur est extrêmement amère.

Récolte. — Le rhizome se récolte en tout temps ; les feuilles, lorsqu'elles ont acquis tout leur développement et avant la floraison.

Composition chimique. — Ce rhizome n'a pas été, que nous sachions, l'objet d'une étude chimique.

Usages. — Le rhizome est employé comme tonique et apéritif par suite de sa saveur. A l'intérieur on l'a administré dans la bronchite chronique. Le suc des feuilles s'emploie en application externe pour nettoyer et aviver les ulcères anciens.

LEUCŒNA

(*Leucœna glauca* Benth. (*Acacia frondosa et leucocephala* DC.).
(Légumineuses-Mimosées.)

C'est un petit arbre inerme dont les feuilles sont alternes, petites, bipennées, à folioles obliques, plurijuguées, linéaires, aiguës, glauques, membraneuses. Le pétiole commun est souvent glandulifère. Les stipules sont petites. Les fleurs sont blanches, réunies en capitules globuleux et pédonculés. Chacune d'elles occupe l'aisselle d'une bractée étirée à sa base et renflée à son sommet. Le calice est gamosépale, à cinq dents valvaires. La corolle est formée de cinq pétales alternes, rétrécis dans le bas, valvaires dans la partie supérieure. Les étamines, au nombre de dix, sont superposées, cinq aux pétales, cinq aux divisions du calice. Leurs filets sont libres, hypogynes; leurs anthères sont introrses, biloculaires, non glandulifères. L'ovaire, est supporté par un pied court; il est uniloculaire et multiovulé, surmonté d'un style dont l'extrémité stigmatifère est dilatée et creuse. La gousse est longue de 4 à 6 pouces, aplatie, rectiligne, à péricarpe rigide, membraneux, s'ouvrant en deux valves longitudinales. Les graines, un peu obliques, ovales, comprimées, ne sont pas séparées par des fausses cloisons.

Habitat. — Cette espèce, probablement originaire de l'Amérique, est aujourd'hui répandue dans toutes les régions tropicales de l'ancien monde.

Culture. — Cet arbre n'est pas cultivé.

Parties usitées. — L'écorce et la racine.

Récolte. — On récolte l'écorce quand l'arbre a acquis la plus grande partie de son développement et à la saison sèche, pour que les pluies ne lui enlèvent pas ses propriétés. La racine doit avoir quatre à cinq ans d'âge.

Composition chimique. — Cette plante n'a pas été encore examinée chimiquement.

Usages. — Les chevaux mangent avidement ses feuilles, mais on assure qu'ils perdent ensuite leur crinière et leur queue. L'écorce et la racine constituent un emménagogue puissant, dont l'action peut même être poussée jusqu'à l'avortement.

On les emploie sous forme de décoction (4 grammes de racine pour 1 litre d'eau, que l'on fait bouillir un quart d'heure), à la dose d'un verre chaque nuit.

LOCO

Plumbago scandens. L.
(Plumbaginacées.)

Sous les noms de *Loco,* de *Caa promonga* ou *Caa jandiwap,* on désigne, au Brésil, un arbuste subgrimpant, légèrement strié, très rameux, à feuilles alternes, oblongues-lancéolées ou acuminées, atténuées à la base en un pétiole court, amplexicaule, exauriculé. Les fleurs sont disposées en épis terminaux, allongés, lâches. Chaque épi est accompagné de trois bractées oblongues, acuminées, plus courtes que le calice. Les fleurs sont hermaphrodites, régulières. Le calice est gamosépale, tubuleux, quinquelabié au sommet, valvaire et persistant. La corolle est gamopétale, hypocratérimorphe, à tube dépassant le calice, à limbe rotacé, partagé en cinq lobes ovales, brièvement mucronés. Les cinq étamines sont hypogynes, à filets insérés sur un disque lobé, à anthères linéaires, bifides, à déhiscence longitudinale. L'ovaire est libre, sessile, uniloculaire, uniovulé. Le style est filiforme, divisé en cinq stigmates filiformes. Le fruit est une utricule membraneuse, coriace, pentagone à la partie supérieure, mucronée au sommet par le style persistant, s'ouvrant irrégulièrement à la base, à valves cohérentes au sommet. La graine est ovale, à albumen farineux, à embryon droit.

Habitat. — Cette plante habite le Brésil, l'Amérique tropicale, le Chili, les Antilles.

Culture. — Elle n'est, dans tous ces pays, l'objet d'aucune culture.

Parties usitées. — On emploie la racine et surtout le suc de la plante.

Récolte. — La racine se récolte quand l'arbuste a atteint ses dimensions normales, en tout temps.

Composition chimique. — La racine renferme un principe âcre, vésicant, analogue à celui d'un grand nombre de Plumbagos, mais dont la nature chimique n'a pas été étudiée.

Usages. — La racine fraîche et contuse, appliquée sur la peau, détermine une légère vésication qui n'est pas douloureuse. Elle pourrait, dans un grand nombre de cas, remplacer les révulsifs, tels que le thapsia, l'huile de croton tiglium, etc.

D'après Martius, le suc de la plante est usité au Brésil pour combattre les obstructions intestinales; il se donne à la dose de 1 à 2 grammes dans un véhicule approprié. Le suc ne présente pas les propriétés âcres de la racine.

LUFFA

Luffa Ægyptiaca Mell. (*L. cylindrica* L., *L. petala* Ser.; — *Momordrica cylindrica* L.).
Luffa amara Roxb., *L. Bindaal* Roxb.
(Cucurbitacées-Cucurbitées.)

C'est une plante annuelle, grimpante, dont la tige flexible, verte, succulente, peut atteindre 10 mètres de longueur. Les feuilles sont alternes, palmées, lobées et accompagnées de cirrhes multifides. Les fleurs sont grandes, monoïques; les fleurs mâles sont disposées en grappes; les fleurs femelles sont solitaires. Dans les fleurs mâles : le réceptacle est campanulé, glanduleux dans sa concavité; le calice est formé de cinq sépales insérés sur les bords du réceptacle, linéaires, lancéolés et valvaires; la corolle est à cinq pétales entiers, imbriqués; l'androcée est formé de cinq étamines à anthères uniloculaires, dont quatre se réunissent deux par deux pour former des anthères biloculaires flexueuses, la cinquième restant vide et pendante; le gynécée est rudimentaire, glanduliforme. Dans la fleur femelle : le périanthe présente la même disposition que dans la fleur mâle; les étamines sont remplacées par cinq staminodes; l'ovaire est infère, uniloculaire, à trois placentas pariétaux se rejoignant au centre et formant ainsi trois fausses loges à ovules nombreux, subhorizontaux et pyriformes; le style est surmonté d'une tête stigmatifère à trois gros lobes bilobulés. Le fruit, dont la longueur varie de 0^m,50 à 1 mètre et quelquefois à 1^m,50, est charnu, formé, pour la plus grande partie, d'un tissu fibreux et réticulé, ressemblant à une dentelle. L'épiderme est vert et marqué de lignes noires longitudinales. A la maturité, ce fruit s'ouvre au sommet par un opercule. Les graines sont nombreuses, plates, largement ovales, longues d'un demi-centimètre, colorées en brun noirâtre; elles contiennent un embryon sans albumen, à cotylédons plats, d'un brun jaunâtre, huileux.

Le *Luffa amara* Roxb. présente des tiges minces, très longues, grimpantes, peu rameuses, molles et à cinq côtes; elles sont pourvues de vrilles trifurquées. Les feuilles ont cinq-sept lobes rudes. Les stipules sont axillaires, solitaires, cordées, avec des mamelons glandulaires de chaque côté. Les fleurs mâles sont grandes, jaunes, en longues grappes axillaires, dressées, à pédicelles pourvus d'une bractée glandulaire à la base et articulés. Les fleurs femelles sont plus grandes, axillaires, solitaires, pédonculées. Le fruit est oblong, de 0^m,12 à 0^m,15 de long sur 0^m,04 de diamètre, aminci aux deux extrémités, à dix angles, sec lorsqu'il est mûr, grisâtre et pourvu de fibres ligneuses; opercule caduc. Les graines sont d'un gris blanchâtre avec de petits points noirs élevés.

Le *L. Bindaal* Roxb. est dioïque, grimpant, à fleurs mâles en grappes, à fleurs femelles solitaires; le fruit est arrondi, hérissé de longues soies étroites, raides.

Habitat. — Le *Luffa Ægyptiaca* croît communément en Égypte et en Arabie. Le *Luffa amara* est commun dans les haies et dans les terrains secs de l'Inde; le *Luffa Bindaal* est également indien.

Culture. — Elle est cultivée.

Parties usitées. — Le fruit et les graines.

Récolte. — On récolte le fruit lorsqu'il a obtenu son développement normal et les graines quand elles sont mûres.

Composition chimique. — Le fruit renferme une grande quantité de mucilage donnant un précipité avec le sous-acétate de plomb. L'épiderme renferme du tannin, et, par incinération, fournit 12 p. 100 de cendres d'un brun grisâtre, renfermant de la silice, des carbonates et des sulfates de potassium et de calcium.

Les fibres ligneuses traitées par l'eau donnent une solution qui, par évaporation ou refroidissement, devient gélatineuse et présente toutes les propriétés de la *Bassorine*.

Trente grammes de graines pulvérisées et traitées par la benzine bouillante fournissent une solution verte qui, par évaporation, donne 2 1/2 p. 100 d'une huile grasse, brune, et 12 p. 100 d'une masse verte. Cette dernière, traitée par l'acide chlorhydrique dilué, laisse précipiter, après évaporation, de petits cristaux, que l'on obtient également de l'extrait alcoolique vert des graines épuisées déjà par la benzine.

Usages. — Le *Luffa Ægyptiaca* présente, par suite de la grande quantité de mucilage que renferme son fruit, des propriétés émollientes. Mais il est beaucoup plus intéressant par l'emploi que l'on fait de ses fibres qui peuvent servir à remplacer les éponges, et qui possèdent sur elles l'avantage de ne pas être attaquées par les alcalis et de durer presque indéfiniment. Pour les obtenir, on coupe le fruit en long, on le débarrasse de son épiderme et des graines, puis on lave le réseau fibreux, jusqu'à ce que toute la substance mucilagineuse ait été enlevée.

Après dessication, ces fibres ligneuses, grossières et dures, constituent l'*éponge végétale*. Dans l'eau chaude ou froide, elles deviennent molles et s'imbibent avec la même facilité que les éponges ordinaire. Leur imputrescibilité peut, dans un grand nombre de cas, les faire préférer aux éponges (J. Weber, *Amer. Journ. of Pharm.*, juil. 1884).

Toutes les parties du *Luffa amara* sont extrêmement amères. D'après Roxburg, le fruit est émétique et cathartique au plus haut degré. Les tiges en infusion (8 à 10 grammes pour 1 litre d'eau) constituent non seulement un amer, mais encore un diurétique puissant, à la dose de 30 à 60 grammes d'infusion, trois ou quatre fois par jour (J.-A. Green). D'après Dickenson, cette infusion donnerait de fort bons résultats dans les engorgements du foie consécutifs aux fièvres intermittentes. Les graines mûres sont vomitives et purgatives. Cette plante est indiquée dans la Pharmacopée de l'Inde.

Le fruit de *Luffa Bindaal* est employé dans l'Inde comme diastique contre les hydropisies.

MABI

Colubrina reclinata RICH. (*Rhamnus venosus* LAMK, *R. ellipticus* ART.).
Zizyphus Domingensis DUHAM.
(Rhamnacées-Rhamnées.)

C'est à cette plante que G. Planchon, qui l'a cherchée sur des rameaux feuillés, sans fleurs ni fruits, rapporte l'écorce connue aux Antilles sous le nom de *Mabi*, de *Ramneps*, au Mexique, de *Bois costière*. Le *C. reclinata* est un arbrisseau dont les rameaux de grosseur moyenne sont recouverts d'une écorce gris brun foncé, fortement ridée longitudinalement. Les ramuscules sont d'une couleur jaune d'ocre, due à une pubescence assez dense qui les couvre. Les feuilles sont alternes, à pétiole pubescent, longues de $0^{m},10$ environ. Le limbe est elliptique, légèrement atténué à la base, obtusément acuminé au sommet, à bords entiers. La face supérieure est d'un vert gai ; la face inférieure, surtout dans les jeunes feuilles, prend une teinte ocreuse. La nervure médiane est forte, les nervures secondaires sont parallèles entre elles et forment avec la nervure médiane un angle très aigu. Les stipules sont caduques. Les fleurs sont jaunâtres ou verdâtres, polygames, dioïques et disposées en cymes rameuses axillaires. Le réceptacle est obconique. Le calice est formé de quatre sépales triangulaires, épais, valvaires. La corolle présente quatre pétales alternes. Les étamines sont superposées aux pétales, au nombre de quatre, à filets courts, à anthères biloculaires, introrses, déhiscentes par deux fentes longitudinales. L'ovaire est libre au sommet seulement; il est divisé en trois loges renfermant chacune à la base de leur angle interne un ovule ascendant, anatrope. Le fruit est subglobuleux, définitivement sec ; il est presque enchassé dans la capsule que forme le réceptacle accru ; il se sépare à la maturité en trois coques s'ouvrant longitudinalement en dedans. Les graines sont comprimées, à albumen peu abondant, à testa crustacé et blanchâtre.

HABITAT. — Cette plante est très répandue aux Antilles françaises et dans le golfe du Mexique.

CULTURE. — Cette plante n'est pas cultivée.

PARTIES USITÉES. — L'écorce.

Récolte. — L'arbrisseau fleurit au mois de mai ; on récolte l'écorce au mois d'octobre.

L'écorce se trouve dans le commerce en morceaux roulés plusieurs fois sur eux-mêmes de façon à former des cylindres de $0^{m},01$ de diamètre.

La surface externe est d'un gris brun, marquée de nombreuses taches, petites, subéreuses, grisâtres, allongées dans le sens de l'axe. La surface interne est lisse et parcourue par de légers sillons longitudinaux, de couleur jaune sale.

Examinée au microscope cette écorce présente de dehors en dedans : 1° une couche subéreuse à cellules tabulaires, munies de parois épaisses et pressées les unes contre les autres ; 2° des cellules parenchymateuses à parois minces, allongées tangentiellement, et renfermant des grains de fécule. Parmi elles on remarque des cellules prosenchymateuses à parois épaisses, tantôt isolées, et dans ce cas allongées tangentiellement, tantôt disposées par groupes de trois ou quatre et plus grosses, à contours plus arrondis ; 3° une zone libérienne qui s'avance en coin dans le parenchyme, composée de parenchyme libérien à cellules allongées dans le sens de l'axe, à parois légèrement épaisses. Ces cellules renferment des cristaux d'oxalate de chaux. On y remarque en outre des masses de cellules pierreuses ou de fibres libériennes, disposées en cercles concentriques, interrompus, nombreux et réguliers près de la face interne. Sur la coupe transversale ces cellules se présentent en forme d'îlots étendus dans le sens tangentiel ; leurs contours sont presque arrondis et les parois épaissies ne laissent apparaître qu'un point lacuneux au centre.

Ces écorces n'ont pas d'odeur quand elles sont jeunes, mais lorsqu'elles ont atteint deux ans, elles acquièrent une odeur particulière. Leur saveur est amère, avec un arrière-goût sucré, agréable.

Composition chimique. — D'après Stanislas Martin cette écorce renferme une résine colorée par la chlorophylle, un acide libre non déterminé, du tannin, des sels de chaux, etc. On n'y a trouvé aucun alcaloïde.

La résine a une couleur jaune foncé, une odeur aromatique, une saveur très amère. Son point de fusion n'a pas été déterminé.

Quand on la fait bouillir avec de l'eau acidulée d'acide sulfurique, le liquide ne contracte qu'une saveur amère.

Usages. — D'après le Dr Grosudy, l'écorce de Mabi est employée aux Antilles françaises comme fébrifuge, et dans les dysenteries rebelles et chroniques, à des doses variant suivant l'âge et le tempérament des malades. Les feuilles sont prescrites comme vermifuges. On prépare avec l'écorce, à Porto-Rico et dans les grandes Antilles, une bière dans laquelle son amertume lui fait jouer le rôle de houblon.

On fait bouillir l'écorce, sans la briser, dans 1 litre d'eau jusqu'à réduction à la moitié, on laisse refroidir, on ajoute 500 grammes d'eau pour compléter le litre et on passe à travers un linge. A cette décoction on ajoute 8 litres d'eau et 1 litre de mélasse, on bat le mélange à l'air pendant une demi-heure, puis on le met en bouteilles qu'on laisse débouchées jusqu'à ce que la fermentation s'établisse, c'est-à-dire pendant vingt-quatre heures. Cette boisson ne se conserve pas au delà de quatre ou cinq jours. On en met à part un demi-litre qui sert de levure pour la fabrication d'une nouvelle quantité de bière.

Aux États-Unis on ajoute à cette boisson une certaine quantité de bicarbonate de soude, et on la prescrit dans les maladies du foie et les mauvaises digestions.

MACELLA

Anacyclus aureus L. (*Anthemis aurea* DC.).
(Composées-Sénécioïdées.)

Le Macella ou Anacycle de Linné est une plante vivace, odorante, herbacée, à tiges ascendantes, dressées, rameuses, villeuses, à rameaux aphylles au sommet. Les feuilles sont alternes, bipinnatiséquées, villeuses, à lobes linéaires, aigus. Les capitules sont pédonculés, multiflores, hétérogames. L'involucre est hémisphérique, formé de bractées obtuses au sommet, villeuses, pubescentes sur la face dorsale et les bords. Le réceptacle est convexe et paléacé. Les fleurs du rayon sont femelles, unisériées, très peu ligulées; celles du disque sont hermaphrodites et fertiles. Les fleurs du centre sont hermaphrodites, tubuleuses, régulières, à tube comprimé, à cinq divisions entières; l'androcée est formé de cinq étamines à anthères entières et obtuses à la base; le style dépasse la corolle; il est divisé en deux branches stigmatifères; l'ovaire est uniloculaire et uniovulé. Les fruits sont des achaires comprimés sur la face dorsale. Ceux de la circonférence sont munis de deux ailes que l'on ne retrouve pas dans ceux du centre. Leur bord supérieur est muni d'une aigrette courte; scarieuse, denticulée.

Habitat. — Cette plante habite l'Espagne, le Portugal et Madère.

Culture. — Elle n'est pas cultivée.

Parties usitées.— Les fleurs; elles portent en portugais le nom de *Cabeças de macella.*

Récolte. — On récolte les fleurs avant que les graines soient complètement mûres. On les fait sécher avec précaution.

Composition chimique. — Elle n'est pas connue.

Usages. — Cette plante est tonique et stimulante. On l'emploie pour combattre les coliques, les indigestions, l'inappétence, en un mot, dans tous les cas où on emploie la Camomille romaine, car elle jouit des mêmes propriétés.

On l'administre sous forme d'infusion faite avec 10 grammes de fleurs pour 1 litre d'eau.

MALEITHEIRA

Euphorbia papillosa St Hil.
(Euphorbiacées-Euphorbiées.)

L'Euphorbe papilleuse ou *Maleitheira* des Brésiliens est une plante herbacée à tige haute de 0^m,30 à 0^m,50 environ, recouverte de poils fins, denses, courts, veloutés. Les feuilles inférieures sont petites, sessiles, oblongues ou linéaires-lancéolées, aiguës ou un peu obtuses. Les feuilles florales sont petites, oblongues et mucronées. Les fleurs sont disposées en ombelles à cinq rayons bi ou trichotomes. Le calice est brièvement pédonculé, hémisphérique, velouté à l'extérieur, gamosépale, à cinq lobes membraneux, fimbriés, imbriqués, alternant avec cinq glandes d'un vert clair. Les étamines, en nombre indéfini, sont disposées en cinq faisceaux ; leurs filets sont articulés transversalement ; leurs anthères sont biloculaires, déhiscentes par deux fentes longitudinales. Au sommet du réceptacle s'élève une colonne centrale qui se recourbe et porte un ovaire libre à trois loges renfermant chacune un seul ovule descendant, anatrope. Le style est court, à trois branches stigmatiques. Le fruit est une capsule à trois coques veloutées, papilleuses, carénées, se détachant de la colonnette centrale et se séparant en deux valves. Les graines sont ovales, trigones, à albumen charnu, à embryon droit.

HABITAT. — Cette plante habite le Brésil méridional, la province de Santa-Catharina et Rio del Sol.

CULTURE. — Elle n'est pas cultivée.

PARTIES USITÉES. — Le suc de la plante.

RÉCOLTE. — On récolte la plante quand elle a atteint tout son développement, mais avant l'anthèse.

COMPOSITION CHIMIQUE. — Elle n'est pas connue.

USAGES. — C'est un purgatif énergique. On emploie le suc de la plante à la dose de 30 grammes mélangé à du miel ou du sirop de sucre.

MAMMEA

Mammea Americana L.
(Clusiacées-Mammées.)

C'est un grand arbre originaire de l'Amérique tropicale et des îles voisines, à feuilles opposées, entières, coriaces, rigides, ovales ou obovales, luisantes, brièvement pétiolées, longues de $0^m,07$ à $0^m,17$, penninerviées, couvertes de ponctuations glanduleuses et munies de nervures secondaires nombreuses, fines, parallèles. Les fleurs sont axillaires, polygames ou dioïques, solitaires, blanches, courtement pédicellées. Le calice, qui représente dans le bouton un sac clos, valvaire, se divise en deux valves caduques, égales. La corolle est formée de quatre à six pétales imbriqués, coriaces, égaux, caducs. Les étamines, en nombre indéfini, ont leurs filets libres ou légèrement unis à la base, grêles, leurs anthères allongées, biloculaires, dressées, introrses ou latérales, s'ouvrant par deux fentes longitudinales. L'ovaire (rudimentaire ou nul dans les fleurs mâles) est sessile, libre, biloculaire ; il renferme dans l'angle interne de chaque loge deux ovules presque basilaires, collatéraux, ascendants, à micropyle extérieur et inférieur. Le style est court, cylindrique, à extrémité stigmatifère dilatée en une large tête subpeltée et bilobée. Le fruit est une grosse baie arrondie, de $0^m,07$ à $0^m,17$ de diamètre, recouverte d'une écorce double, l'extérieure ressemblant à du cuir, d'un jaune brunâtre à rayures transversales, l'intérieure, jaune, adhérant aupéricarpe qui est ferme, coloré en jaune clair, doué d'une saveur douce, agréable et d'une odeur aromatique. Les graines sont grosses, recouvertes d'une couche semblable à une étoupe fibreuse, épaisse, renfermant un gros embryon charnu, criblé de réservoirs à suc gommo-résineux, et ressemblant beaucoup à celui d'une grosse amande, avec les cotylédons plan-convexes, bien indiqués au dehors, mais unis par leur face plane, et une très courte radicule infère.

Habitat. — Cet arbre est originaire de l'Amérique méridionale et des îles voisines.

Culture. — Il est aujourd'hui cultivé dans l'Asie tropicale.

Parties usitées. — Les fleurs, les fruits, les semences, l'écorce du tronc.

Récolte. — L'écorce est récoltée à la saison sèche, quand l'arbre a acquis tout son développement. On recueille les fruits et les semences à la maturité.

Usages. — Le fruit du *Mammea Americana* porte le nom d'*Abricot sauvage;* son péricarpe est sucré et aromatique; il est très estimé comme comestible aux Antilles et dans l'Amérique tropicale où il sert également à préparer des conserves et des boissons.

Les fleurs, dont l'odeur est fort agréable, sont employées pour obtenir par distillation un hydrolat, connu sous le nom d'*eau des créoles*, qui passe pour digestif et rafraîchissant.

L'écorce du fruit et les graines sont amères et résineuses.

La gomme-résine qui exsude de l'écorce du tronc est employée par les nègres pour faciliter la sortie des chiques qui se logent dans leurs pieds nus. Cette gomme-résine n'a pas encore reçu d'applications en médecine.

MANACA

Franciscea uniflora Pohl (*Brunfelsia Hopeana* DC.).
(Scrophulariacées-Salpiglossidées.)

Le *Franciscea uniflora* (*Manaca, Manacan, Geratacaca, Jerataca, Camyaba*) est un arbuste à feuilles alternes, brièvement pétiolées, oblongues, acuminées, ondulées, plus ou moins rétrécies à la base. Les fleurs sont généralement solitaires à la partie supérieure des rameaux, hermaphrodites et irrégulières. Le calice est gamosépale, tubuleux, campanulé, à cinq dents courtes et persistantes. La corolle est gamopétale, hypocratérimorphe, blanchâtre, bleuâtre ou violacée, deux fois plus longue que le calice; son tube est à peine dilaté au sommet; son limbe est divisé au delà de la moitié en cinq lobes arrondis. Les étamines sont au nombre de quatre et didynames, à anthères confluentes au sommet. L'ovaire est libre, biloculaire, à loges renfermant plusieurs ovules anatropes. Le style est simple, à extrémité stigmatifère bilobée. Le fruit est une capsule épaisse, coriace, s'ouvrant en deux valves. Les graines sont nombreuses, assez grosses, plus ou moins immergées dans les placentas charnus. L'embryon est recourbé dans l'albumen.

Habitat. — Cette plante habite le Brésil, au Para, à Maranhao, dans le bassin de l'Amazone.

Culture. — Elle n'est l'objet d'aucune culture.

Parties usitées. — La racine, la tige et les feuilles.

Récolte. — On récolte la racine en tous temps, et les feuilles avant l'anthèse.

Composition chimique. — Draggendorf avait reconnu dans les feuilles et la racine la présence d'un alcaloïde qu'il n'avait pu séparer à l'état de pureté parfaite, et qui agissait énergiquement sur les grenouilles à la dose de 0 gr. 001 en déterminant tout d'abord l'accélération de la respiration, puis en la retranchant et amenant graduellement la diminution de l'activité du cœur.

L'étude de la Manaca a été reprise par Lenardson de Dorpat, qui en a examiné la tige et la racine. Les deux constituants les plus importants paraissent être un alcaloïde représenté par la formule $C^{15}H^{23}Az^{4}O^{5}$ que l'auteur appelle *Manacine* et une substance fluorescente. La Manacine est une poudre jaune, très hygroscopique, d'une saveur faiblement amère ; elle jouit de propriétés basiques faibles. Elle fond à 115°. On n'a pu l'obtenir à l'état cristallin, bien qu'elle passe facilement à la dialyse. Elle est soluble dans l'eau, les alcools méthylique et éthylique, mais insoluble dans l'éther, la benzine, l'alcool amylique et le chloroforme. Ces solutions sont très instables. Celles qui renferment de l'acide chlorhydrique sont plus stables. Les solutions concentrées donnent en présence de tous les sels métalliques des précipités amorphes solubles dans l'eau. Cet alcaloïde, qui est toxique à doses élevées, paraît être le principe actif de la Manaca. Le composé fluorescent paraît être identique avec l'*acide Gelséminique*, dont il possède les principales réactions. Toutefois il ne donne pas de sucre lorsqu'on le traite par les alcalis caustiques ou l'acide chlorhydrique. M. Lenardson admet du reste que c'est à la suite d'une observation erronée que MM. Robin et Wormley ont attribué ce caractère à l'acide gelséminique.

L'alcaloïde et le composé fluorescent se rencontrent aussi bien dans le bois que dans l'écorce.

Usages. — La racine de cette plante est employée comme purgative à la dose de 30 centigrammes à 1 gramme. Les indigènes l'emploient comme antisyphilitique, sous forme de décoction, à la dose de 15 grammes pour 500 grammes d'eau.

Cette racine est à doses élevées un poison énergique.

MANÇONE

Erythrophlæum Guineense Don.

(Légumineuses-Cæsalpiniées-Dimorphandrées.)

L'*Erythrophlæum Guineense* (*Mançone* ou *Teli* des indigènes de la côte occidentale de l'Afrique) est un grand arbre mesurant jusqu'à 30 mètres de hauteur sur 2 mètres de diamètre, à feuilles alternes, bipennées, à folioles peu nombreuses, assez larges et coriaces. Les fleurs sont blanches, disposées en grappes ramifiées au sommet des rameaux. Chacune d'elles est supportée par un pédicelle articulé à sa base et inséré dans l'aisselle d'une bractée caduque. Leur réceptacle est concave et sur ses bords s'insèrent un calice gamosépale, campanulé, régulier, à cinq dents courtes, une corolle polypétale à cinq pétales égaux entre eux, d'abord légèrement imbriqués, puis valvaires. Les étamines, au nombre de dix, sont périgynes, quatre ou cinq fois plus longues que le calice, libres, superposées, cinq aux dents du calice, cinq aux pétales et inégales entre elles, les cinq dernières étant plus courtes. Les anthères sont biloculaires, introrses et déhiscentes par deux fentes longitudinales. Le gynécée est supporté par un long pied grêle qui s'insère au fond du réceptacle. L'ovaire est chargé de poils laineux; il est ovoïde, allongé, à une seule loge renfermant un grand nombre d'ovules insérés sur un seul côté. Le style est court, à sommet stigmatifère non renflé. Le fruit est une gousse oblongue, aplatie, coriace, s'ouvrant en deux valves. Les graines, entourées d'une pulpe plus ou moins épaisse, sont comprimées et renferment sous leurs téguments un embryon charnu, entouré par un albumen épais et charnu.

Habitat. — Cet arbre croît dans l'Afrique centrale et occidentale et surtout dans le Rio-Nunez.

Culture. — Il n'est l'objet d'aucune culture.

Parties usitées. — L'écorce du tronc et des grosses branches.

Récolte. — On récolte l'écorce du tronc et des grosses branches sur l'arbre ayant atteint ses dimensions normales; les nègres l'apportent ensuite aux lieux de traite.

L'écorce de Mançone se présente « en morceaux aplatis ou légèrement concaves, irréguliers, dont la surface externe est d'un brun rougeâtre, couverte de lichens, de verrucosités, de dépressions alternant avec des élevures, le tout entremêlé de véritables compressions digitales; leur épaisseur est d'environ 0m,01. La face interne est d'un rouge plus clair et uniforme, lisse; sa contexture est fibreuse, facile à désunir en lames longitudinales, mais offrant une résistance transversale. Sa pulvérisation est difficile, et elle provoque de violents éternuements. Cette écorce est inodore; sa saveur, d'abord amère, assez faible, fait naître, après quelques minutes, une sensation d'âcreté considérable que l'on peut comparer à celle d'une brûlure par un liquide bouillant, moins la douleur, et accompagnée d'une grande diminution de la sensibilité tactile. » (Corre.)

« Examinée au microscope sur une coupe transversale, elle présente de dehors en dedans : 1° une couche épaisse de liège, à cellules quadrangulaires, pourvues de parois minces et brunes ; 2° une couche épaisse de parenchyme cortical à cellules irrégulièrement polygonales, ne laissant pas entre elles de méats. Dans cette couche sont disposés, en grande quantité, des éléments scléreux de deux sortes : les uns quadrangulaires et disposés en bandes transversales assez régulières ; les autres situés plus intérieurement et très irréguliers. Ils ont tous des parois épaisses, jaunes, à couches concentriques visibles et à ponctuations simples ou ramifiées. Le liber, qui est très épais, possède une structure si irrégulière qu'il est difficile d'y trouver des faisceaux bien distincts. Il est nettement divisé en deux régions : l'une externe, âgée, l'autre interne, jeune. Cette dernière n'est formée que d'éléments à parois minces et molles ; elle est traversée par des rayons médullaires étroits, bien distincts. Dans la région externe, les rayons médullaires sont difficiles à suivre ; ils sont très sinueux et ne se reconnaissent guère qu'à l'allongement radial de leurs éléments. Les faisceaux libériens, très irréguliers, sont formés en minime partie de liber mou, et pour une part beaucoup plus grande, de liber corné, disposé en bandes radiales irrégulières, et de parenchyme libérien devenu scléreux, et formant des amas irréguliers, disséminés entre les autres éléments qu'ils refoulent de tous côtés. » (De Lanessan.)

Composition chimique. — Gallois et Hardy (*Journal de pharm. et de chim.*, L., T. XXIV), ont donné de cette écorce l'étude suivante. Après l'avoir réduite en poudre, on la soumet à la macération à différentes reprises, pendant trois jours, dans l'alcool à 90°, légèrement acidulé par l'acide chlorhydrique. Les teintures réunies et filtrées sont distillées en partie au bain-marie, et le résidu est évaporé avec précaution à une basse température. On obtient ainsi un extrait d'un beau rouge, très riche en matière résineuse, qui est traité cinq ou six fois par l'eau distillée tiède. Les liqueurs refroidies sont filtrées et évaporées au bain-marie. Après concentration et refroidissement, on ajoute de l'ammoniaque et on les traite par quatre ou cinq fois leur volume d'éther acétique parfaitement neutre. On agite à plusieurs reprises et on sépare l'éther au moyen d'un entonnoir à robinet. La solution aqueuse est de nouveau traitée par quatre fois son volume d'éther acétique. Les solutions éthérées sont filtrées, évaporées à une basse température au bain-marie, et le résidu jaunâtre est traité plusieurs fois par l'eau distillé froide. La solution aqueuse est ensuite filtrée et évaporée dans le vide.

Les auteurs ont aussi suivi la méthode de Stass, en substituant l'éther acé tique à l'éther ordinaire après saturation par le carbonate de soude.

Ils ont ainsi obtenu une substance soluble dans l'eau, donnant un précipité rouge jaunâtre avec l'iode et l'iodure de potassium, blanc avec l'iodure double de mercure et de potassium, jaune avec l'iodure de bismuth et de cadmium, blanc floconneux avec l'iodure de calcium et de potassium, jaunâtre avec le bichromate de potasse, blanc avec le bichlorure de mercure, blanc avec le chlorure de palladium, et d'un vert jaunâtre avec l'acide phosphomolybdique.

Ils regardent cette substance comme un alcaloïde qu'ils nomment *Erythrophléine,* et qu'ils décrivent comme incolore, cristalline, soluble dans l'eau, l'alcool, l'alcool amylique et l'éther acétique, moins soluble dans l'éther sulfurique, le chloroforme et la benzine. Il se combine avec les acides pour former des sels. L'hydrochlorate est incolore, cristallin, et donne un précipité cristallin blanc avec la potasse en solution. Au contact du permanganate de potasse et de l'acide sulfurique, cet alcaloïde revêt une couleur violette, moins intense que celle que prend la strychnine dans les mêmes conditions, et qui devient ensuite presque noire.

Ce serait un poison énergique paralysant les mouvements du cœur et dont le curare retarderait les effets.

Cette écorce a été de nouveau étudiée, en 1882, par Harnack et Zabrocki (*Archiv. f. exp. Path. u. Pharm.*, XV, 403). Leurs principales expériences ont été faites avec une substance basique qu'ils appellent *Erythrophléine* et qu'ils décrivent comme un sirop jaune, épais, à réaction alcaline. Mais ils n'ont pu obtenir ni ce corps, ni ses composés salins, sous forme de cristaux, et il ne doit pas correspondre entièrement à l'alcaloïde décrit par Gallois et Hardy. D'après Harnack et Zabrocki, ce composé amorphe est facilement décomposé à la façon de l'atropine en un acide, l'*acide*

Erythrophléinique, et une base volatile, la *Mançonine,* dont la composition n'a pas été établie.

Ils ont fait cette remarque intéressante que l'érythrophléine paraît exercer, dans une certaine mesure, l'action physiologique de la digitaline et de la picrotoxine, tandis que les deux produits de décomposition ne se comportent pas de la même manière.

D'après Schlagdenhauffen (*Nouv. Rem.*, T. I, p. 294), l'écorce de Mançone ne renferme pas d'alcaloïde. En suivant la marche indiquée par Dragendorff, il obtint un premier extrait par l'éther de pétrole, dans la proportion de 0,50 p. 100 environ ; cet extrait est rouge orange, insoluble dans les acides chlorhydrique et nitrique, et se colorant en vert bleuâtre par l'acide sulfurique. Il est constitué par des corps gras souillés par une matière colorante spéciale.

L'extrait alcoolique donne avec l'alcool une solution d'un rouge intense. Après évaporation, le résidu repris par l'eau abandonne une grande quantité d'une masse résineuse, et la partie liquide qui surnage est acide. On la traite par la chaux, on évapore à sec et on reprend le magma par l'alcool. La solution alcoolique évaporée donne un résidu qui ne présente aucun caractère alcaloïdique. Ce n'est donc pas une base organique.

Il règne donc, comme on le voit, un désaccord assez grand entre les chimistes sur la composition du Mançone.

Usages. — Les nègres de Rio-Nunez emploient cette écorce comme poison d'épreuve judiciaire.

« Deux individus ont-ils une contestation grave? dit Corre (*loc. cit.*); sont-ils dans l'impossibilité de produire des témoins qui jugent leur différend ? Ils doivent boire le *teli* en présence du roi. Pour que les assistants soient convaincus de la gravité de l'épreuve et pour écarter toute idée de supercherie une partie du poison est d'abord donnée à un chien ; quand l'animal est tombé mort, on partage le reste du poison entre les contestants ; celui qui survit à l'épreuve est déclaré innocent. Presque toujours les deux adversaires succombent. On assure pourtant que quelques noirs possèdent un secret pour annihiler les effets du Mançone. Un Arabe, depuis longtemps établi au Rio-Nunez et très initié aux choses du pays, m'a assuré qu'on pouvait combattre les effets du poison avec l'écorce du *Boullé Bété*. Cette écorce est en lanières très longues, minces, étroites, d'un blanc légèrement jaunâtre ; son infusion détermine d'abondants vomissements. »

M. Corre croit que l'écorce de Boullé Bété appartient à un Acacia.

Au point de vue thérapeutique, l'écorce de Mançone agit comme la digitale sur le cœur et sur les artérioles des reins qu'elle fait contracter en augmentant la sécrétion urinaire. C'est donc un médicament cardiaque et diurétique. On l'emploie sous forme de teinture (1 partie d'écorce pour 10 d'alcool à 60°), à la dose de 0 gr. 30, en augmentant graduellement jusqu'à 0 gr. 60. On doit en cesser l'usage lorsque la quantité d'urine émise diminue.

MANGABEIRA

Hancornia speciosa GOMES.

(Apocynacées-Eucarissées.)

Le Mangabeira est un petit arbuste lactescent, à rameaux glabres, à feuilles opposées, très entières, brièvement pétiolées, oblongues, aiguës à la base, obtuses au sommet, glabres, à nervures latérales parallèles, rejoignant à peine les bords. Les fleurs, dont dont l'odeur suave rappelle celle du Jasmin, sont disposées au nombre de 1-3 sur des pédoncules terminaux. Le calice, gamosépale, est à cinq lobes ailés, ovales, aigus, à préfloraison quinconciale. La corolle est gamopétale, hypocratérimorphe, formée d'un tube droit, velu à l'intérieur, et d'un limbe à cinq lanières linéaires, lancéolées, pubérulentes au sommet. Les étamines, au nombre de cinq, sont insérées sur le tube de la corolle; leurs filets sont grêles; leurs anthères sont aiguës et de même longueur que le filet. L'ovaire est biloculaire, fusiforme, glabre, à deux loges renfermant chacune des ovules nombreux, amphitropes. Le style est filiforme et glabre, le stigmate linéaire, conique et bilobé. Le fruit est une baie de la taille d'une prune, globuleuse, charnue, jaune, lactescente, uniloculaire par avortement, plurisperme. Les graines sont ovoïdes, comprimées; elles contiennent un albumen dur et un embryon central, dressé.

Habitat. — Cet arbuste se rencontre au Brésil, dans les provinces du Nord, à Rio-Janeiro, à Bahia.

Culture. — Il n'est pas cultivé.

Parties usitées. — Le suc laiteux qui s'écoule de l'arbre et le fruit. Ce dernier est mangé seulement quand il est bien mûr ou quand on l'a conservé pendant un certain temps.

Quant au suc laiteux, c'est une sorte de caoutchouc.

Récolte. — D'après Fernandez Lopez on recueille le latex de Mangabeira de la façon suivante. On fait tout autour du tronc avec une hache des incisions obliques et rapprochées l'une de l'autre, de façon à n'entamer que l'écorce. On place immédiatement au-dessous de ces incisions des vases récepteurs que l'on maintient avec des liens. Quand ils sont remplis de suc laiteux on les vide dans un bassin plus grand. On continue ainsi pendant toute la journée. Suivant la fertilité de l'arbuste on peut obtenir 2 à 3 bouteilles de suc. Il faut avoir soin de ne pas trop multiplier les incisions, car l'arbuste dépérit peu à peu. C'est ainsi du reste que les collecteurs de caoutchouc ont détruit peu à peu les arbres du Para. On ajoute ensuite au suc une petite quantité d'alun ou de sel marin qui coagule le caoutchouc en deux ou trois minutes. On l'expose à l'air sur des claies serrées et on le laisse ainsi pendant huit jours environ, puis on l'emballe dans des caisses ou des barils (Christy, *New commerc. plant.*). Ce caoutchouc paraît être fort bon pour l'industrie et susceptible de remplacer le caoutchouc du Para. Mais au lieu de le précipiter par l'alun, il serait préférable de le dessécher à la fumée en couches minces superposées, comme on le fait pour le caoutchouc du Para, ou en le faisant traverser par un courant d'air chaud dans des bassines peu profondes.

Composition chimique. — Elle est analogue à celle du caoutchouc.

Usages. — Au Brésil le suc laiteux frais s'emploie, à la dose de une cuillerée trois fois par jour, pour combattre la phtisie pulmonaire.

MARICIÇO

Sisyrinchium galaxioides Gomez.

(Iridacées.)

Le *Sisyrinchium galaxioides* est une plante herbacée, à rhizome tubéreux, cylindrique, vertical, long de $0^{m},05$ sur $0^{m},2\ 1/2$ de largeur, subcharnu, marqué de lignes transversales et couvert de racines fibreuses, longues. Ce rhizome porte au Brésil le nom de *Cabeça de Mariciço*. Les feuilles sont réunies à la partie supérieure du rhizome, ensiformes, planes, vertes, longues de $0^{m},45$ sur $0^{m},01$ à $0^{m},02$ de largeur. La hampe florale est simple, haute de $0^{m},30$ à $0^{m},40$. Les fleurs sont petites, bleues, régulières, hermaphrodites et enfermées dans une spathe. Le périanthe est pétaloïde, tubuleux, divisé en six segments bisériés, égaux. Les étamines sont insérées sur la gorge du périanthe, au nombre de trois, à filets monadelphes, à anthères extrorses, biloculaires, à déhiscence longitudinale. L'ovaire est supère, à trois loges renfermant chacune, dans leur angle interne, des ovules nombreux, anatropes. Le style est simple et terminé par trois stigmates filiformes, alternes avec les étamines. Le fruit est une capsule trigone, triloculaire, s'ouvrant en trois valves loculicides. Les graines sont globuleuses; elles renferment dans un albumen charnu un embryon axile.

Habitat. — Cette plante habite le Brésil, où elle porte les noms de *Mariciço* ou *Caprim rei*.

Culture. — Elle est cultivée dans les jardins.

Parties usitées. — Le rhizome.

Récolte. — Le rhizome est récolté lorsqu'il a atteint tout son développement.

Composition chimique. — Il renferme une fécule amylacée et un principe âcre, encore inconnu chimiquement, auquel il doit ses propriétés.

Usages. — Ce rhizome est un éméto-cathartique que l'on emploie sous forme de poudre ou en lavements, à la dose de 12 à 16 grammes pour un adulte.

La fécule du rhizome se trouve dans le commerce brésilien; elle est blanche et douée d'une saveur amylacée. Elle ne possède aucune propriété particulière et sert de véhicule à une préparation qui se vend à Rio-Janeiro sous le nom de *Purgante de Mariçiço*. La composition de cette poudre varie suivant les individus qui la préparent. Elle est ordinairement composée de sucre, de scammonée, de résine de Jalap, etc.

MELOTHRIA

Melothria pendula L., *M. heterophylla* Cogn., *M. punctata* Cogn.
(Cucurbitacées-Mélothriées.)

Le *Melothria pendula* est une plante herbacée, à feuilles alternes, divisées en cinq lobes dentés et accompagnées de vrilles simples. Les fleurs sont dioïques et régulières ; les fleurs mâles sont petites et disposées en faux corymbes; leur réceptacle est campanulé; leur calice est à cinq sépales dentiformes; leur corolle est campanulée, à cinq lobes dentés, un peu velus; leurs étamines sont au nombre de cinq ; mais quatre d'entre elles se rapprochent deux à deux et la cinquième reste libre. Les anthères sont uniloculaires, linéaires, repliées sur elles-mêmes, et s'ouvrent par une fente longitudinale qui s'étend sur toute leur longueur. Au centre de la fleur mâle se voit un rudiment d'ovaire. Dans les fleurs femelles, qui sont disposées en faux corymbes, le périanthe est analogue à celui de la fleur mâle. Le réceptacle se dilate au-dessous d'un col rétréci en un sac sphérique qui forme un ovaire infère, uniloculaire, muni de trois placentas pariétaux qui se rejoignent au centre. Le style est simple et terminé par trois stigmates frangés. Le fruit est une petite baie ovale-arrondie, pendante, à trois fausses loges formées par la réunion des placentas, renfermant chacune un certain nombre de graines lisses, marginées et dépourvues d'albumen.

Les *M. heterophylla* et *punctata* Cogn. diffèrent peu du précédent.

Habitat. — Cette espèce habite les régions tropicales de l'Amérique.

Culture. — Elle n'est pas cultivée.

Parties usitées. — Le fruit.

Récolte. — On récolte le fruit quand il est mûr.

Composition chimique. — Elle ne nous est pas connue.

Usages. — Le fruit (*Cerejas de Purga*) est extrêmement drastique et dangereux à manier comme purgatif, car il suffit de 4 grammes pour purger violemment un cheval.

Le *M. heterophylla* Cogn. (*Bryonia Rheedii* Blum.) est usité dans le traitement des rhumatismes et des abcès.

Le *M. punctata* Cogn. (*Bryonia maderaspatana* Berg.) s'emploie pour combattre les affections du tube digestif, du foie, les dysenteries et même le choléra.

MILHOMENS

Aristolochia macroura Gom. (*A. appendicutata* Vell., *A. caudata* Booth., *A. lobata* Lindl., *A. trilobata* Lindl., *A. tapelotricha* C. Lem., *Howardia macroura* Kl.).
(Aristolochiacées-Aristolochiées.)

Cette plante, qui porte au Brésil le nom de *Jarrinha*, se fait remarquer dans les forêts par ses tiges ligneuses, grimpantes. Les feuilles sont alternes, à pétioles longs et tordus, à limbe profondément divisé en trois lobes oblongs plus ou moins obtus; elles sont cordées à la base, glabres en dessus, finement pubescentes en dessous, accompagnées de fausses stipules réniformes. Les fleurs sont irrégulières et hermaphrodites, axillaires. Le réceptacle est concave ; il donne insertion à un périanthe pâle et glabre, veiné en dehors, garni en dedans de poils veloutés, et d'un brun pourpre livide à l'intérieur. Après un renflement basilaire ovoïde, il présente un tube dilaté supérieurement en entonnoir, et un limbe à large lèvre cordiforme, terminée en queue plus longue que le calice, de 2 à 3 pieds de longueur, le reste du périanthe n'ayant que $0^m,07$ à $0^m,08$. Les étamines sont au nombre de six, à anthères sessiles, biloculaires, extrorses, s'ouvrant par deux fentes longitudinales. L'ovaire est infère, à six loges renfermant chacune une double série d'ovules anatropes. La colonne stylaire est partagée, à la partie supérieure, en six lobes stigmatifères. Le fruit est une capsule de $0^m,06$ à $0^m,07$ de longueur sur $0^m,02$ à $0^m,03$ d'épaisseur, déhiscente au sommet en six valves. Les graines sont nombreuses; elles renferment un albumen charnu et un embryon basilaire.

Habitat. — Cette plante croît dans les forêts et les haies des provinces de Rio-Janeiro et Corrientes du Brésil.

Culture. — Elle n'est pas cultivée.

Parties usitées. — La racine.

Récolte. — La racine se récolte en tout temps. On la fait sécher avec précaution et à l'ombre.

Composition chimique. — L'étude chimique de la racine n'a pas encore été faite.

Usages. — La racine est épaisse, rampante, irrégulièrement noueuse; elle a une odeur qui rappelle celle de la Rue et une saveur très amère ; elle est indiquée comme stimulante. On la donne à l'intérieur pour combattre l'inappétence, les fièvres adynamiques, la chlorose. On la regarde aussi comme emménagogue. A l'extérieur, on s'en sert pour aviver les ulcères chroniques.

La dose de la poudre est de 1 gramme trois fois par jour. L'infusion, préparée avec 4 grammes de racine et 250 grammes d'eau, est prescrite à la dose de 1/4 à 1/2 litre par jour.

FIN DU SUPPLÉMENT DU TOME DEUXIÈME.

TABLE DES MATIÈRES

DU DEUXIÈME VOLUME DE LA FLORE MÉDICALE ET USUELLE DU XIX° SIÈCLE

E

F

G

H

I

J

K

L

M

N

O

FIN DE LA TABLE DU DEUXIÈME VOLUME DE LA FLORE MÉDICALE.

Paris. — Imprimerie Vve P. Larousse et Cie, rue Montparnasse, 19.

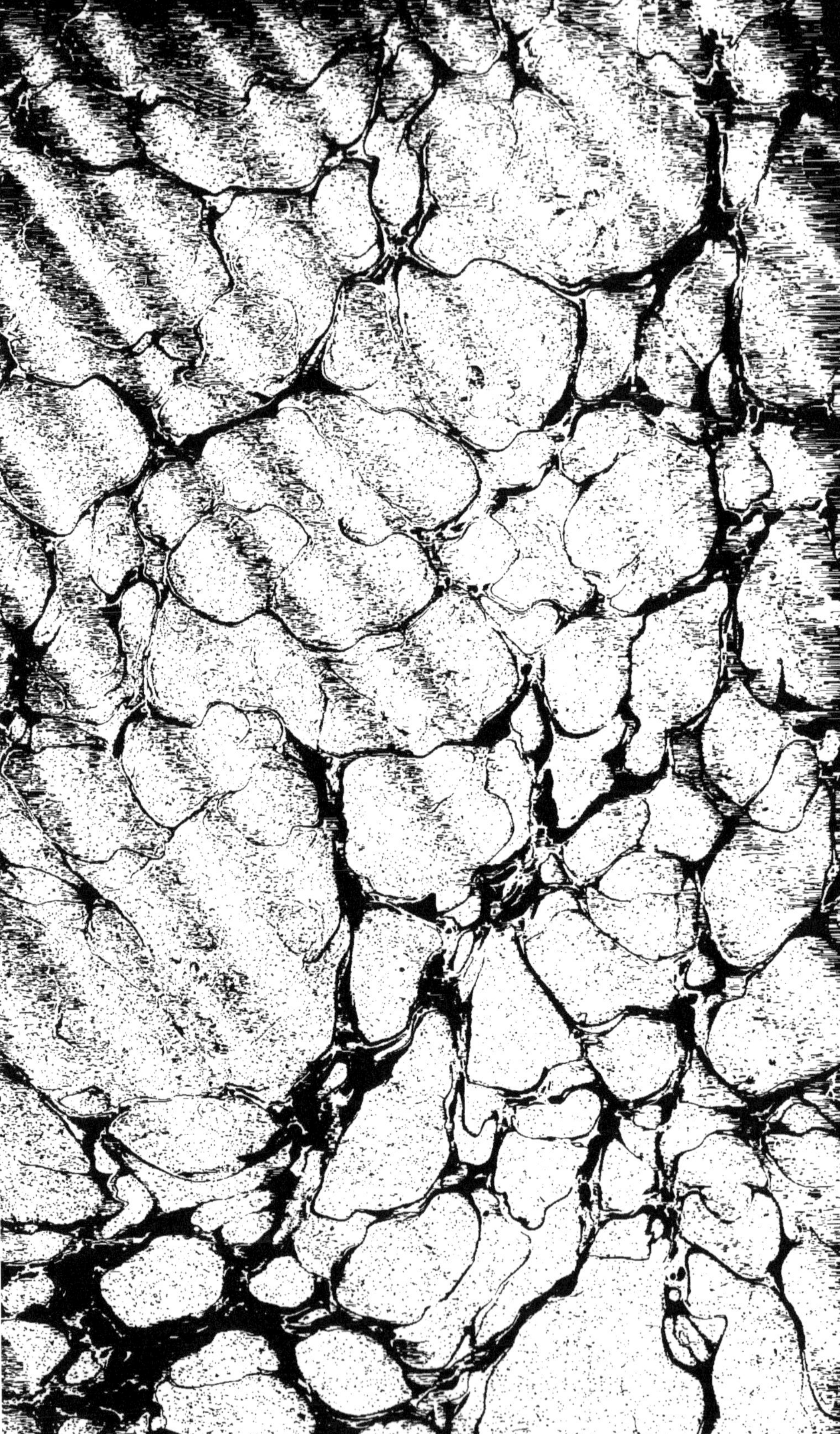

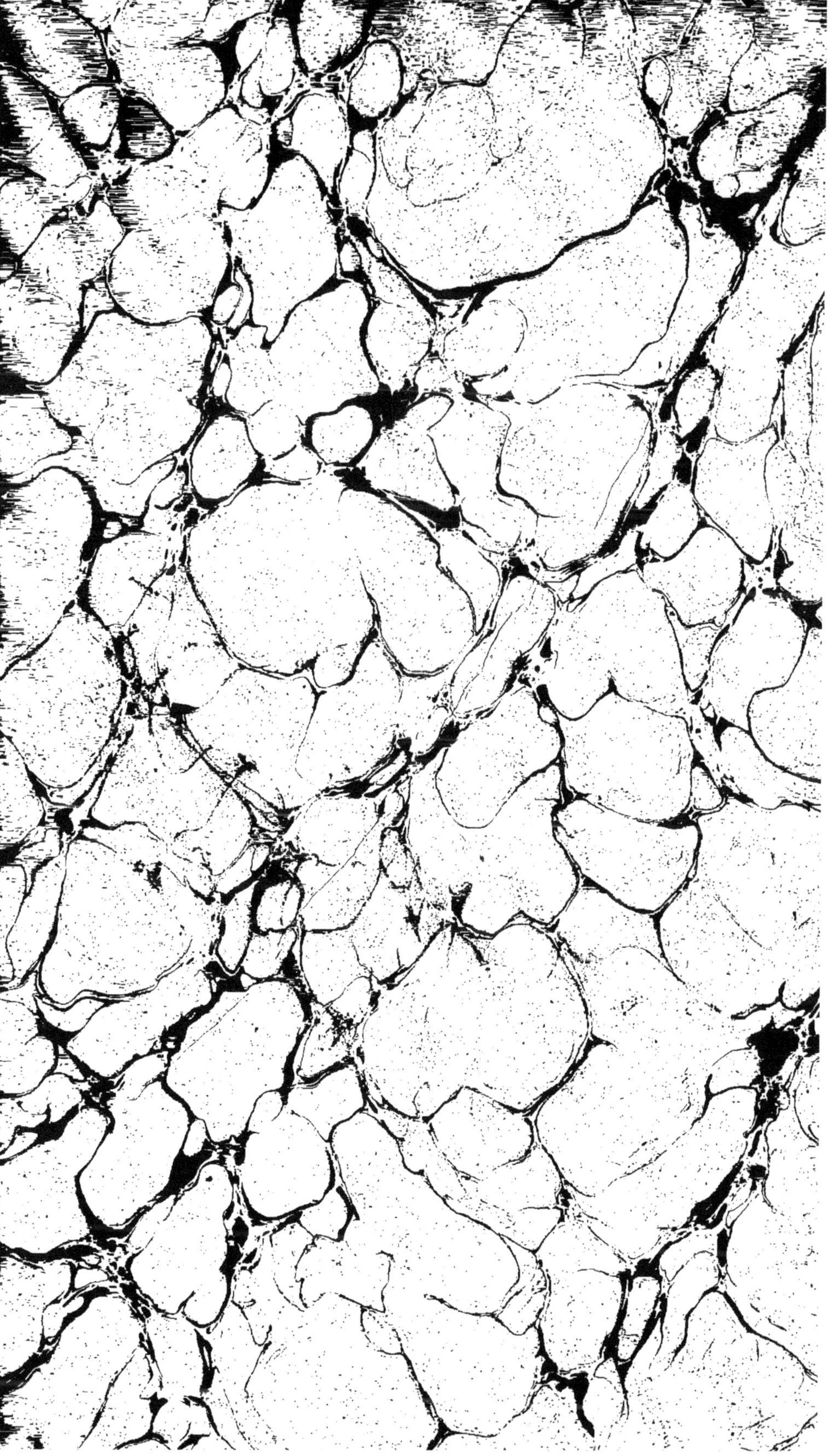

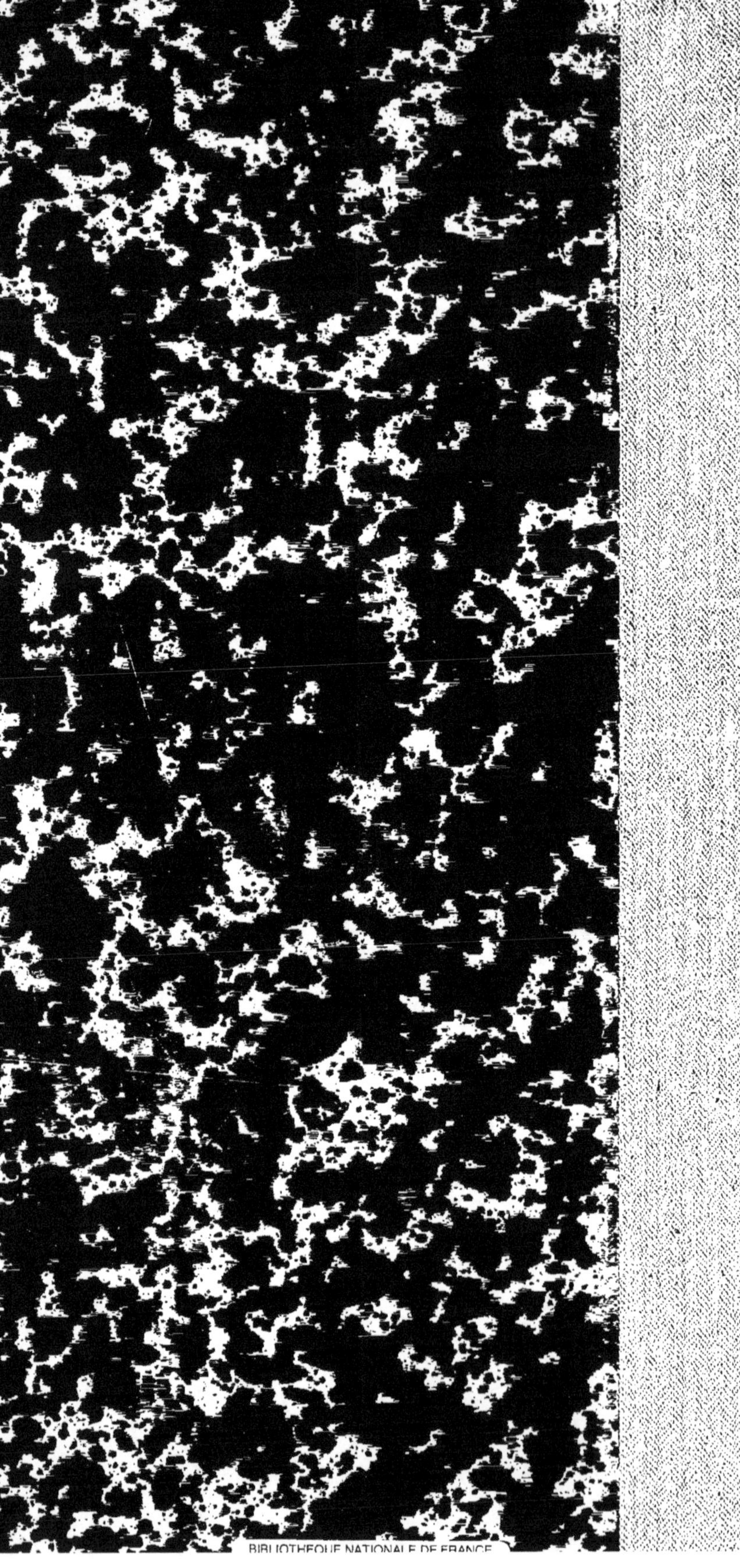

www.ingramcontent.com/pod-product-compliance
Ingram Content Group UK Ltd.
Pitfield, Milton Keynes, MK11 3LW, UK
UKHW020148250726
13967UKWH00002B/944

9 782012 886056